普通高等教育"十一五"国家级规划教材

光电传感器应用技术

第2版（修订版）

主　编　王庆有
参　编　陈晓冬　黄战华　张存林

机 械 工 业 出 版 社

本书系统地介绍了各种光电传感器的基本原理、特性、应用与发展趋势等。内容围绕单元与集成光电器件为主线展开，突出外特性与应用问题，对光电成像，图像、图形等信息的检取、检测与分析等技术进行了详细介绍。光电信息变换、光电信号的数据采集与计算机接口技术是本书的核心内容，介绍光电技术新发展和新的应用技术是本书的创新之处。

本书可作为光电信息科学与工程、测控技术与仪器、光学技术与仪器、测绘工程、光电检测仪器、公安图像技术、生物医学工程、环境工程和机械电子工程等专业的本科生及研究生教材，也可作为光电技术领域科技人员的参考书。

图书在版编目（CIP）数据

光电传感器应用技术/王庆有主编．—3版（修订本）．—北京：机械工业出版社，2020.7（2024.1重印）
普通高等教育“十一五”国家级规划教材
ISBN 978-7-111-66330-0

Ⅰ.①光…　Ⅱ.①王…　Ⅲ.①光电传感器—高等学校—教材
Ⅳ.①TP212

中国版本图书馆CIP数据核字（2020）第149297号

机械工业出版社（北京市百万庄大街22号　邮政编码100037）
策划编辑：刘丽敏　责任编辑：刘丽敏　王　荣
责任校对：王明欣　封面设计：张　静
责任印制：郜　敏
北京富资园科技发展有限公司印刷
2024年1月第3版第5次印刷
184mm×260mm · 26.75印张 · 661千字
标准书号：ISBN 978-7-111-66330-0
定价：69.80元

电话服务　　　　　　　　　　网络服务
客服电话：010-88361066　　机　工　官　网：www.cmpbook.com
　　　　　010-88379833　　机　工　官　博：weibo.com/cmp1952
　　　　　010-68326294　　金　书　网：www.golden-book.com
封底无防伪标均为盗版　　机工教育服务网：www.cmpedu.com

第 3 版前言

“光电传感器应用技术”课程为信息科学类专业中的重要课程。光电传感器应用技术是将传统光学技术与现代微电子技术、计算机与网络技术紧密结合的纽带，也是获取光信息或借助光提取其他信息的重要手段。

光电传感器通俗称为“电眼”，是比人眼响应速度更快、响应范围更宽、灵敏度更高、性能更为优越、抗恶劣环境能力更强的“眼睛”。其突出优点在于它易与各种微型计算机结合，并能够通过网络将获取的信息像人体神经系统那样传输给“大脑”，完成信号的提取、分析、指挥与操控等功能，构成“智慧的眼睛”。因此，光电传感器是实现“为机器安装眼睛与大脑的工程”的重要环节，是智能制造、现代交通与智慧生活的重要器件。

光电传感器使人类有效地扩展自身的视觉能力，使视觉的长波限延伸到太赫兹（THz）波，短波限延伸至紫外线、X 射线、γ 射线乃至高能粒子，响应速度达到纳秒（ns）级；能检测飞秒（fs）级的暂短光脉冲图像和其他超快速现象（如核反应、航天器发射）的变化过程；能观测到人们无法到达的场所发生的瞬变情景与长时间经历留下的历史信息。

光电传感器目前在航天、航空、石油、化工、国防、安全、旅游、交通、城市建设和农业生产等领域都得到广泛的应用，已经深入到国民经济各个部门，成为跨行业应用的器件，凡是需要观察与检测的场所都是其潜在的应用领域。光电传感器具有的非接触、无损害、不受电磁干扰、能够远距离传送信息与远距离操控等优点是广泛应用的保障。

随着信息技术的迅猛发展，光电传感器应用技术也在飞速进步，新器件不断涌现，新的信息传输技术使得其应用技术爆炸式发展。昨天，百万像元的 CCD 为先进水平；今天，千万像元的图像传感器已在工业和民用领域得到推广和应用。为适应飞速发展的时代、掌握发展规律、紧跟世界技术前进的步伐，编者总结多年的教学与科研经验并结合现代科学技术的发展，对本书第 2 版进行全面修订，使其为更多从事“为机器安装眼睛与大脑的工程”的本科生与研究生服务。

本书综合不同院校的教学特点，力求反映当前光电传感器应用技术的发展。在理论方面力求清晰易懂，选材方面力求紧跟技术发展动向。为帮助学生及教师深入掌握教材内容，书中还配备了能够帮助学生消化、理解重点与要点的思考题与习题。

第 3 版对第 2 版的内容进行了系统修订，同时对第 2 章、第 11 章和第 13 章的内容进行了补充，增加了光电技术新发展的内容，并对第 14 章课程设计与毕业设计的内容进行了更新，目的是便于读者学习，提高动手、动脑能力。

本书共 14 章。第 1 章介绍光电传感器技术基础；第 2 章介绍光电传感器应用技术中所用光源；第 3~6 章分别介绍光电导器件、光伏器件、光电发射器件和红外与太赫兹波的探测；第 7~10 章分别介绍图像扫描与图像显示技术、CCD 图像传感器、CMOS 图像传感器和彩色图像传感器与彩色数码相机等；第 11 章介绍光电传感器输出信号的数据采集技术；第 12 章介绍特种图像传感器；第 13 章介绍光电传感器应用实例；第 14 章介绍光电传感器应用技术课程设计与毕业设计的典型实例。

参加本次修订工作的有天津大学精密仪器与光电子工程学院的王庆有、陈晓冬、黄战华和首都师范大学物理系的张存林，其中张存林教授负责第6章第6.5节；陈晓冬教授负责第11章；黄战华教授负责第14章；其他章节均由王庆有教授完成并对全书进行统稿。

本书编写得到了天津大学精密仪器与光电子工程学院领导与同事们的支持，也得到首都师范大学物理系领导与同事们的支持，在此表示感谢！

本书在编写过程中参考了大量的国内外资料，特对这些文献的作者表示衷心感谢！

此外，特别感谢我的家人在著书期间对我的精心照顾！

虽然我们竭力认真编写，但由于水平有限，书中难免出现缺点与错误，诚望读者批评指正。

王庆有
于天津大学

第 2 版前言

光电传感器应用技术为信息科学的一个分支，是将传统光学技术与现代微电子技术以及计算机技术紧密结合的纽带，是获取光信息或借助光提取其他信息的重要手段。

光电传感器俗称为“电眼”，是比人眼响应波长范围更宽、灵敏度更高、响应速度更快、性能更优越、抗恶劣环境能力更强的“眼睛”。尤其是它容易与各种微型计算机结合完成人脑的功能，构成“智慧的眼睛”。因此，它是实现“为机器安装眼睛与大脑工程”的重要环节。

光电传感器使人类有效地扩展了自身的视觉能力，使视觉的长波限延伸到亚毫米波（THz 波），短波限延伸至紫外线、X 射线、γ 射线，乃至高能粒子，响应速度达到纳秒级，能检测飞秒量级的暂短光脉冲图像和其他超快速现象（如核反应、航空器发射）的变化过程。能够到人们目前无法到达的场所，将那里发生的瞬间快速变化过程与长时间历史经历过程记录下来，供人类研究之用。

目前，光电传感器已经深入到国民经济各个部门，成为跨行业应用的器件，它被广泛应用于工业生产的许多方面，凡是需要观察与检测的场所都有应用的可能。它的非接触、无损害、不受电磁干扰、能够远距离传送信息与远距离操纵控制等优点是得到广泛应用的保障。它在航天、航空、石油、化工、国防、安全、旅游、交通、城市建设和农业生产等领域都得到广泛的应用。

随着信息技术的迅猛发展，光电传感器应用技术也在飞速发展，新器件不断涌现，新的应用技术呈现出爆炸式的发展，昨日，百万像元的 CCD 固体摄像器为先进水平；今日，千万像元的传感器已在工业和民用领域得到推广应用。为适应飞速发展的时代，掌握发展规律，跟上世界技术进步的步伐，编者们总结多年的教学与科研经验并跟踪现代科学技术的发展，编写了本书，使它能为培养更多从事“为机器安装眼睛与大脑工程”的本科生与研究生服务。

本书综合了不同院校的教学特点，使用范围广，充分反映当前光电传感器应用技术的发展。在理论方面力求清晰易懂，选材方面力求紧跟技术发展动向。为帮助学生及教师深入掌握教材内容，各章都配备了思考题与习题。

本书共 14 章。第 1 章介绍光电传感器技术基础。第 2 章介绍光电传感器应用技术中所用光源，第 3~6 章分别介绍光电导器件、光生伏特器件、光电发射器件和光电与太赫兹波的探测。第 7~10 章介绍图像扫描与图像显示技术、CCD 光电图像传感器、CMOS 光电图像传感器和彩色图像传感器与彩色数码相机概述。第 11 章介绍光电传感器输出信号的数据采集。第 12 章介绍特种图像传感器。第 13 章介绍光电传感器应用实例。第 14 章介绍光电传感器应用技术课程设计与毕业设计。

本书由天津大学王庆有主编。天津大学陈晓冬编写第 7、9、10 章和第 11 与 13 章的部分内容；天津大学黄战华编写第 14 章；首都师范大学冯立春编写第 2 章；首都师范大学张存林编写第 6 章；其余内容均由王庆有编写，并对全书进行统稿。

本书聘请西安工业学院副院长刘缠牢博士进行了深入细致的审校，对刘院长认真细致的审校工作在此表示衷心的感谢。衷心感谢本书的责任编辑刘丽敏同志的辛勤工作和热情帮助，以及感谢机械工业出版社领导与其他编审人员的辛勤劳动！

本书编写过程中得到天津市耀辉光电技术有限公司全体同仁的帮助与支持，特别是他们提供了许多宝贵的技术资料与信息，在此特向他们表示诚挚的谢意。同时向北京嘉恒中自图像技术有限公司、北京凌云光视数字图像技术公司等单位所提供的技术资料表示感谢！

在本书的编写过程一直得到天津大学精密仪器与光电子工程学院领导和首都师范大学物理系领导与同事的支持，在此表示感谢！

本书第2版改编过程中得到闽南理工学院光电与机电工程系领导与同事们的支持，尤其是得到福建省教委“光学工程”和“省教改立项项目”的支持，在此表示感谢！

本书在编写过程中参考了大量的国内外资料，特对这些文献的作者表示衷心感谢！

此外，特别感谢我的家人在我著书期间对我的精心照顾！

虽然我们竭力认真编写，但由于水平有限，书中难免出现缺点与错误，诚望读者批评指正。

王庆有

于闽南理工学院

第 1 版前言

光电传感器应用技术为信息科学的一个分支，是将传统光学技术与现代微电子技术以及计算机技术紧密结合的纽带，是获取光信息或借助光提取其他信息的重要手段。

光电传感器俗称“电眼”，是比人眼响应波长更为宽广、灵敏度更高、响应速度更快、性能更优越、抗恶劣环境能力更强的“眼睛”。尤其是它容易与各种微型计算机结合完成人脑的功能，它与电脑的结合容易构成“智慧的眼睛”。因此，它是实现“为机器安装眼睛与大脑工程”的重要环节。

光电传感器使人类有效地扩展了自身的视觉能力，使视觉的长波限延伸到亚毫米波（THz 波），短波限延伸至紫外线、X 射线、γ 射线，乃至高能粒子，响应速度达到纳秒级，能检测飞秒量级的暂短光脉冲图像和其他超快速现象（如核反应、航空器发射）的变化过程。能够到人们目前无法到达的场所，将那里发生的瞬间变化过程与长时间历史经历过程记录下来，供人类研究之用。

目前，光电传感器已经深入到国民经济的各个部门，成为跨行业应用的器件，它被广泛应用于工业生产的许多方面，凡是需要观察与检测的场所都有应用的可能。它的非接触、无损害、不受电磁干扰、能够远距离传送信息与远距离操纵控制等优点是得到广泛应用的保障。它在航天、航空、石油、化工、国防、安全、旅游、交通、城市建设和农业生产等领域都得到广泛的应用。

随着信息技术的迅猛发展，光电传感器应用技术也在飞速发展，新器件不断涌现，新的应用技术呈现出爆炸式的发展。昨日，百万像元的 CCD 固体摄像器为先进水平；今日，千万像元的传感器已在工业和民用领域得到推广应用。为适应飞速发展的时代，掌握发展规律，跟上世界技术进步的步伐，编者们总结多年的教学与科研经验并跟踪现代科学技术的发展编写了本教材，使它能为培养更多从事“为机器安装眼睛与大脑工程”的本科生和研究生服务。

本书综合了不同院校的教学特点，充分反映当前光电传感器应用技术的发展。在理论方面力求清晰易懂，选材方面力求紧跟技术发展动向。为帮助学生及教师深入掌握教材内容，各章都配备了思考题与习题。

本书共 13 章。第 1 章介绍光电传感器技术基础理论。第 2 章介绍光电传感器应用技术中所用的光源，第 3~6 章分别介绍光敏电阻、光生伏特器件、光电发射器件和热电器件等单元光电传感器的基本工作原理、特性、变换电路和应用。第 7~10 章介绍集成光电传感器和图像传感器。第 11 章介绍光电传感器输出信号的数据采集与计算机接口技术。第 12 章介绍特种图像传感器。第 13 章介绍光电传感器的典型应用。

本书由天津大学王庆有教授任主编。天津大学陈晓冬副教授编写第 7、9、10 章和第 11、13 章部分内容；天津大学王晋疆副教授编写第 3~5 章和第 13 章第 12 节部分内容；首都师范大学冯立春副教授编写第 2 章；首都师范大学张存林教授编写第 6 章；王庆有教授编写第 1、8、12 章与第 11、13 章部分内容，并对全书进行统稿。

西安工业学院副院长刘缠牢博士、天津理工大学龚正烈教授任主审，对本书进行了深入细致的审校，对他们认真细致的审校工作在此表示衷心的感谢！

编写过程中天津市耀辉光电技术有限公司的全体同仁给予很大的支持和帮助，特别是他们提供了许多宝贵的技术资料与信息，在此特向他们表示诚挚的谢意！同时向北京嘉恒中自图像技术有限公司、北京凌云光视数字图像技术公司等单位提供技术资料表示感谢！

本书编写过程中得到天津大学、天津大学精密仪器与光电子工程学院等校、院领导与同事们的帮助，得到首都师范大学有关朋友的帮助，在此表示感谢！

本书在编写过程中参考了大量的国内外资料，特对这些文献的作者表示衷心感谢！

此外，特别感谢我的家人在著书期间对我的精心照顾！

虽然我们竭力认真编写，但由于水平有限，书中难免出现缺点与错误，诚望读者批评指正。

王庆有

于天津大学

目　录

第 3 版前言

第 2 版前言

第 1 版前言

第 1 章　光电传感器技术基础 …… 1

1.1　光辐射的度量 …… 1

1.1.1　与辐射源有关的参数 …… 2

1.1.2　与接收器有关的参数 …… 5

1.1.3　辐射源的光谱辐射分布 …… 6

1.1.4　量子流速率 …… 7

1.2　物体热辐射 …… 8

1.2.1　黑体辐射定律 …… 8

1.2.2　辐射体的分类 …… 10

1.3　辐度量参数与光度量参数的关系 …… 10

1.3.1　人眼的光视效率 …… 11

1.3.2　人眼的光谱光视效能 …… 11

1.3.3　两种辐射体光视效能的计算 …… 14

1.4　半导体对光的吸收 …… 15

1.4.1　光吸收的一般规律 …… 15

1.4.2　半导体对光的吸收 …… 15

1.5　光电效应 …… 17

1.5.1　内光电效应 …… 17

1.5.2　光电发射效应 …… 21

思考题与习题 1 …… 22

第 2 章　光源 …… 24

2.1　光源的分类 …… 24

2.2　钨丝灯 …… 26

2.2.1　钨丝白炽灯 …… 26

2.2.2　卤钨灯 …… 30

2.3　气体放电灯 …… 31

2.3.1　气体放电 …… 31

2.3.2　氙灯 …… 33

2.3.3　汞灯 …… 34

2.3.4　钠灯 …… 35

2.4　LED 光源 …… 36

2.4.1　LED 的发光机理 …… 36

2.4.2　LED 的基本特性参数 …… 37

2.4.3　发光光谱和发光效率 …… 38

2.4.4　LED 的驱动电路 …… 41

2.4.5　LED 的应用 …… 42

2.5　激光光源 …… 47

2.5.1　氦-氖激光器 …… 47

2.5.2　半导体激光器 …… 49

2.6　光电传感器应用系统中光源与照度的匹配 …… 50

2.6.1　光源的选择 …… 50

2.6.2　照度匹配 …… 51

思考题与习题 2 …… 52

第 3 章　光电导器件 …… 54

3.1　光敏电阻的原理与结构 …… 54

3.1.1　光敏电阻的基本原理 …… 54

3.1.2　光敏电阻的基本结构 …… 54

3.1.3　典型光敏电阻 …… 55

3.2　光敏电阻的基本特性 …… 57

3.2.1　光电特性 …… 57

3.2.2　伏安特性 …… 58

3.2.3　温度特性 …… 58

3.2.4　时间响应 …… 59

3.2.5　噪声特性 …… 61

3.2.6　光谱响应 …… 62

3.3　光敏电阻的偏置电路 …… 63

3.3.1　基本偏置电路 …… 63

3.3.2　恒流电路 …… 64

3.3.3　恒压电路 …… 65

3.3.4　举例 …… 65

3.4　光敏电阻的应用实例 …… 67

3.4.1　照明灯的光电控制电路 …… 67

3.4.2　火焰探测报警器 …… 68

3.4.3　照相机电子快门 …… 69

思考题与习题 3 …… 70

第 4 章　光伏器件 …… 72

4.1　硅光电二极管 …… 72

4.1.1　硅光电二极管的工作原理 …… 72

4.1.2　光电二极管的基本特性 …… 73

4.2　其他类型的光伏器件 …… 76

4.2.1 PIN 型光电二极管 …… 76
4.2.2 雪崩光电二极管 …… 76
4.2.3 硅光电池 …… 78
4.2.4 光电晶体管 …… 81
4.2.5 色敏光伏器件 …… 84
4.2.6 光伏器件组合器件 …… 87
4.2.7 光电位置敏感器件 …… 91
4.3 光伏器件的偏置电路 …… 95
4.3.1 反向偏置电路 …… 95
4.3.2 零伏偏置电路 …… 98
思考题与习题4 …… 98
第5章 光电发射器件 …… 100
5.1 光电发射阴极 …… 100
5.1.1 光电发射阴极的主要参数 …… 100
5.1.2 光电阴极材料 …… 101
5.2 真空光电管与光电倍增管的工作原理 …… 103
5.2.1 真空光电管的原理 …… 103
5.2.2 光电倍增管的原理 …… 103
5.3 光电倍增管的基本特性 …… 105
5.3.1 灵敏度 …… 105
5.3.2 电流放大倍数 …… 106
5.3.3 暗电流 …… 107
5.3.4 噪声 …… 108
5.3.5 伏安特性 …… 109
5.3.6 线性 …… 110
5.3.7 疲劳与衰老 …… 111
5.4 光电倍增管的供电电路 …… 112
5.4.1 电阻分压型供电电路 …… 112
5.4.2 末级的并联电容 …… 113
5.4.3 电源电压的稳定度 …… 113
5.5 光电倍增管的典型应用 …… 114
5.5.1 光谱探测领域的应用 …… 115
5.5.2 时间分辨荧光免疫分析中的应用 …… 116
思考题与习题5 …… 118
第6章 红外与太赫兹波的探测 …… 119
6.1 热辐射的一般规律 …… 119
6.1.1 温度变化方程 …… 119
6.1.2 热电器件的最小可探测功率 …… 120
6.2 热敏电阻与热电堆 …… 121
6.2.1 热敏电阻 …… 121
6.2.2 热电偶探测器 …… 125
6.2.3 热电堆探测器 …… 127
6.2.4 热敏电阻的用途 …… 127
6.2.5 典型热敏电阻简介 …… 128
6.3 热释电器件 …… 129
6.3.1 热释电器件的基本工作原理 …… 129
6.3.2 热释电器件的电压灵敏度 …… 133
6.3.3 热释电器件的噪声 …… 133
6.3.4 响应时间 …… 135
6.3.5 热释电探测器的阻抗特性 …… 135
6.3.6 热释电器件的类型 …… 135
6.3.7 典型热释电器件 …… 137
6.4 红外与热辐射探测技术 …… 138
6.5 太赫兹波的探测技术 …… 139
6.5.1 太赫兹波脉冲探测 …… 140
6.5.2 太赫兹连续波探测 …… 142
6.5.3 太赫兹波单光子探测 …… 143
思考题与习题6 …… 145
第7章 图像扫描与图像显示技术 …… 146
7.1 图像解析原理 …… 146
7.1.1 图像的解析方法 …… 146
7.1.2 图像传感器的基本技术参数 …… 149
7.2 图像的显示与电视制式 …… 150
7.2.1 CRT 电视监视器及其扫描方式 …… 150
7.2.2 电视制式 …… 152
7.3 图像显示器的分类 …… 153
7.3.1 阴极射线管显示器 …… 153
7.3.2 液晶显示器 …… 153
7.4 典型图像显示器 …… 154
7.4.1 TFT-LCD …… 154
7.4.2 TFT-LED 图像显示器 …… 155
7.4.3 LED 图像显示器 …… 156
思考题与习题7 …… 157
第8章 CCD 图像传感器 …… 158
8.1 电荷存储 …… 158
8.2 电荷耦合 …… 160
8.3 CCD 电极结构 …… 161
8.3.1 三相 CCD 电极结构 …… 161
8.3.2 二相 CCD …… 162
8.3.3 四相 CCD …… 163
8.3.4 体沟道 CCD …… 164
8.4 电荷的注入和检测 …… 165
8.4.1 光注入 …… 165

8.4.2 电注入 …… 166
8.4.3 电荷的检测 …… 167
8.5 典型线阵 CCD 图像传感器 …… 167
8.5.1 单沟道线阵 CCD 图像传感器 …… 168
8.5.2 双沟道线阵 CCD 图像传感器 …… 173
8.5.3 线阵 CCD 图像传感器的类型与发展 …… 178
8.6 典型面阵 CCD 图像传感器 …… 178
8.6.1 概述 …… 178
8.6.2 典型帧转移型面阵 CCD 图像传感器 …… 181
思考题与习题 8 …… 189
第 9 章 CMOS 图像传感器 …… 191
9.1 MOS 与 CMOS 场效应晶体管 …… 191
9.1.1 MOS 场效应晶体管的基本结构 … 191
9.1.2 场效应晶体管的主要性能参数 … 192
9.2 CMOS 图像传感器的原理与结构 …… 196
9.2.1 CMOS 图像传感器的组成 …… 196
9.2.2 CMOS 图像传感器的像元结构 … 197
9.2.3 CMOS 图像传感器的工作流程 … 200
9.2.4 CMOS 图像传感器的辅助电路 … 201
9.3 CMOS 图像传感器的特性参数 …… 206
9.4 典型的 CMOS 图像传感器 …… 211
9.4.1 IBIS4 6600 型 CMOS 图像传感器 …… 211
9.4.2 IBIS5-B-1300 型 CMOS 图像传感器 …… 213
9.4.3 高速 CMOS 图像传感器 …… 216
9.5 CMOS 图像传感器的应用实例 …… 218
9.5.1 IM28-SA 型 CMOS 摄像机 …… 219
9.5.2 MC1300 型高速 CMOS 摄像机 …… 221
思考题与习题 9 …… 223
第 10 章 彩色图像传感器与彩色数码相机概述 …… 224
10.1 彩色线阵 CCD 图像传感器 …… 224
10.1.1 ILX522K …… 224
10.1.2 TCD2252D …… 226
10.2 彩色面阵 CCD 图像传感器 …… 229
10.3 彩色面阵 CCD 摄像机概述 …… 233
10.3.1 三管彩色面阵 CCD 摄像机 …… 234
10.3.2 两管彩色面阵 CCD 摄像机 …… 237
10.3.3 单管彩色面阵 CCD 摄像机 …… 238
10.4 彩色面阵 CCD 数码相机概述 …… 242
10.5 彩色面阵 CMOS 数码相机概述 …… 245
思考题与习题 10 …… 246
第 11 章 光电传感器输出信号的数据采集 …… 248
11.1 光电传感器信号的二值化处理 …… 248
11.1.1 单元光电信号的二值化处理 …… 248
11.1.2 序列光电信号的二值化处理 …… 250
11.2 光电信号的二值化数据采集 …… 251
11.3 光电信号的量化处理与 A/D 数据采集 …… 253
11.3.1 单元光电信号的量化处理 …… 253
11.3.2 单元光电信号的 A/D 数据采集 …… 258
11.3.3 序列光电信号的量化处理 …… 260
11.3.4 序列光电信号的 A/D 数据采集与计算机接口 …… 263
11.4 面阵 CCD 的数据采集与计算机接口 …… 266
11.4.1 基于 PC 总线的图像采集卡 …… 267
11.4.2 基于 PCI 总线的图像采集卡 …… 270
11.4.3 基于 USB 接口的图像采集器…… 278
11.4.4 基于嵌入式系统的图像采集器 …… 281
11.4.5 具有 WiFi 功能的图像采集器 … 283
思考题与习题 11 …… 284
第 12 章 特种图像传感器 …… 285
12.1 微光 CCD 图像传感器 …… 285
12.1.1 微光图像传感器的发展概况 …… 285
12.1.2 微光电视摄像系统 …… 287
12.1.3 微光电视摄像系统观察距离的估算 …… 289
12.1.4 微光 CCD 摄像器件 …… 291
12.2 红外 CCD 图像传感器 …… 300
12.2.1 主动红外电视摄像系统 …… 300
12.2.2 被动红外电视摄像系统 …… 302
12.3 X 射线 CCD 图像传感器 …… 304
12.3.1 X 射线像增强器 …… 305
12.3.2 医用 X 射线电视 CCD 摄像系统 …… 307
12.3.3 工业用 X 射线光电检测系统…… 308
思考题与习题 12 …… 309

第13章 光电传感器应用实例 …………310
13.1 板材定长剪切系统 ……………………310
13.2 光电传感器用于一维尺寸的测量 ……312
13.2.1 玻璃管内、外径，壁厚尺寸测量控制仪器的技术要求 ……………312
13.2.2 仪器的工作原理 …………………312
13.2.3 线阵CCD的选择 ………………313
13.2.4 光学系统设计 ……………………314
13.2.5 外径、壁厚的检测电路 …………316
13.2.6 微机数据采集接口 ………………318
13.2.7 讨论 ………………………………319
13.3 CCD的拼接技术在尺寸测量系统中的应用 ……………………………319
13.3.1 CCD的机械拼接技术在尺寸测量中的应用 ……………………319
13.3.2 线阵CCD的光学拼接 …………321
13.4 线阵CCD传感器用于二维位置的测量 ……………………………………323
13.4.1 高精度二维位置测量系统 ………323
13.4.2 光学系统误差分析 ………………325
13.5 CCD图像传感器用于平板位置的检测 …………………………………326
13.5.1 平板位置检测的基本原理 ………326
13.5.2 平板位置检测系统 ………………326
13.6 利用线阵CCD非接触测量材料变形量的方法 ……………………………328
13.7 CCD图像传感器用于物体振动的非接触测量 ……………………………331
13.7.1 工作原理 …………………………331
13.7.2 振动测量的硬件电路 ……………332
13.7.3 软件设计 …………………………333
13.7.4 振动台测试实验结果 ……………334
13.8 CCD在BGA引脚三维尺寸测量中的应用 ……………………………………334
13.8.1 测量原理 …………………………335
13.8.2 数学模型 …………………………335
13.8.3 系统的标定 ………………………336
13.8.4 BGA芯片测量实验 ………………337
13.9 CCD光电传感器用于ICP-AES光谱探测 ……………………………………338
13.9.1 ICP-AES光谱仪的基本原理 ……339
13.9.2 实验结果分析 ……………………340
13.10 扫描成像技术在表面质量检测中的应用 ……………………………………343
13.10.1 宽幅面物体表面质量的检测与分析 ……………………………343
13.10.2 汽车制动钳内凹槽表面质量的检测 ……………………………345
13.11 面阵CCD用于钢板长宽尺寸测量系统 ……………………………………346
13.12 图像传感器在内窥镜系统中的应用 ……………………………………349
13.12.1 工业内窥镜系统 ………………349
13.12.2 医用电子内窥镜系统 …………352
13.12.3 侦察内窥镜系统 ………………356
13.13 利用激光准直技术测量物体的直线度与同轴度 ……………………………357
13.13.1 激光准直测量原理 ……………357
13.13.2 不直度的测量 …………………358
13.13.3 不同轴度的测量 ………………359
13.14 光电信息变换技术在搜索、跟踪与制导中的应用 …………………………360
13.14.1 搜索仪与跟踪仪 ………………360
13.14.2 激光制导 ………………………362
13.14.3 红外跟踪制导 …………………363
13.15 激光多普勒测速技术 ………………365
13.15.1 多普勒测速原理 ………………366
13.15.2 激光多普勒测速仪的组成 ……367
13.15.3 激光多普勒测速技术的应用 …370
13.15.4 多普勒全场测速技术 …………371
思考题与习题13 ………………………………373
第14章 课程设计与毕业设计的典型实例 ……………………………375
14.1 原子发射光谱仪的课程设计 …………375
14.1.1 预备知识 …………………………375
14.1.2 课程设计的目的 …………………379
14.1.3 课程设计的任务与要求 …………379
14.1.4 原子发射光谱课程设计指导 ……………………………………380
14.2 LED发光角度特性测试的课程设计 ……………………………………………384
14.2.1 课程设计要求 ……………………384
14.2.2 课程设计基本内容 ………………384
14.3 红外测温仪的课程设计 ………………387
14.3.1 物体热辐射概念 …………………387
14.3.2 红外测温方法 ……………………388

14.3.3 红外测温仪的设计原则 ………… 389
14.3.4 红外测温仪的设计内容 ………… 390
14.4 红外遥控开关的设计 ………………… 390
14.4.1 设计思路 ……………………… 390
14.4.2 密码的编制方法 ………………… 391
14.4.3 多功能红外遥控开关的技术要求 ……………………… 392
14.4.4 对器材的需求 ………………… 393
14.4.5 多功能红外遥控开关的设计 …… 393
14.4.6 典型红外遥控发射器 …………… 396
14.4.7 典型红外遥控接收器 …………… 399
14.4.8 译码与功能控制器 ……………… 401
14.5 微型光纤光谱仪的毕业设计 ………… 402
14.5.1 设计要求 ……………………… 403
14.5.2 设计思路与内容 ………………… 403
参考文献 ……………………………………… 411

第1章　光电传感器技术基础

光电传感器不仅要完成光与电能量间的转换，而且更为重要的是完成光信息与电信息的变换，它涉及的基础知识较宽，需要掌握光与电两方面的基本理论与基本参数。关于电的基本理论和基本度量参数在许多课程中都阐述得非常清晰，本书不再讨论，而主要探讨光的基本理论和基本度量参数。另外，本章还必须建立起光电转换的基本理论基础，便于读者能够深入掌握光电传感器应用技术。

本章首先讨论光辐射的基本度量方法和度量单位，再讨论物体热辐射的基本定律、光与物质的作用等问题，为光电传感器应用技术的学习打下基础。

光电传感器技术的理论基础是光的波粒二象性。几何光学研究了光的折射与反射规律，得到了许多关于光学成像和像差的理论。物理光学依据光的波动性成功地解释了光的干涉、衍射等现象，为光谱分析仪器、全息摄影技术奠定了理论基础。它们从两个方面描述了光的本质，光是以一定频率振动的物质，它既具有波动性又具有物质性，其本质是一种粒子，称为光量子或光子。光子具有动量与能量，并分别表示为

$$p=\frac{h\nu}{c}\text{与 }E=h\nu$$

式中，h 为普朗克常数，$h=6.626\times10^{-34}\mathrm{J\cdot s}$；$\nu$ 为光的振动频率（$\mathrm{s^{-1}}$）；c 为光在真空中的传播速度，$c=3\times10^{8}\mathrm{m/s}$。

光是以电磁波的方式传播的物质。电磁波谱的频率范围很宽，涵盖了从宇宙射线到无线电波（$10^{6}\sim10^{25}\mathrm{Hz}$）的宽阔频域，波长范围为 $10^{-14}\sim10^{2}\mathrm{m}$。图1-1为电磁波谱的分布。由图可见，光辐射仅仅是电磁波谱中的一小部分，它的波长区域包括从纳米到毫米（即 $10^{-9}\sim10^{-3}\mathrm{m}$）的范围。在这个范围内，只有 0.38～0.78μm 的光才能被人眼感知，而人们希望光电传感器感知的范围要远远大于人眼感知波长的范围，要求从X射线到红外、远红外、太赫兹（$10^{12}\mathrm{Hz}$）波与毫米波的范围，而且要求能够观测到人所无法到达的场所（如特别危险和特别遥远的地方）。

电磁波名称	波长/m
宇宙射线	10^{-14} 10^{-13}
γ射线	10^{-12} 10^{-11}
X射线	10^{-10} 10^{-9}
紫外辐射	10^{-8} 10^{-7}
可见光谱	10^{-6}
红外辐射 太赫兹波 毫米波	10^{-5} 10^{-4}
厘米波	10^{-3}
无线电波	10^{-2} 10^{-1} 10^{0} 10^{1} 10^{2}

图1-1　电磁波谱按波长的分布

1.1　光辐射的度量

为了定量分析光与物质相互作用所产生的光电效应，分析光电传感器的光电特性，以及用光电传感器进行光谱、光度的定量计量，常需要为辐射量规定出相应的计量参数和量纲。光辐射的度量方法有两种：一种是物理（或客观）的度量方法，与之相应的为辐度量参数，

它适用于整个电磁辐射谱区域，能对辐射量进行物理的计量；另一种是从人眼生理（主观）上对辐射量进行计量的方法，是以人眼感知的辐射对大脑刺激的程度进行辐射计量的方法，与之对应的为光度量参数。显然光度量参数只适用于0.38~0.78μm范围内的可见光谱区，是人眼对辐射强度的主观评价，超过这个谱区，人眼不再有反应，光度量参数也就没有任何意义。

辐射度量参数与光度量参数虽在概念上不一样，但它们的计量方法有许多相同之处，为学习和讨论方便，常用相同的符号表示辐射度量与光度量。为区别它们，常在对应符号的右下角标“e”表示辐射度量参数，标“v”表示光度量参数。

1.1.1 与辐射源有关的参数

所谓与辐射源有关的参数是指计量辐射源在辐射波长范围内发射连续光谱或单色光谱能量的参数。

1. 辐能和光量

以辐射形式发射、传播或接收的能量称为辐能，用符号 Q_e 表示，其计量单位为焦耳（J）。

光量是光通量在可见光范围内对时间的积分，以 Q_v 表示，其计量单位为流明秒（lm·s）。

2. 辐通量和光通量

辐通量（或辐功率）是以辐射形式发射、传播或接收的功率，或者说，在单位时间内，以辐射形式发射、传播或接收的辐射能称为辐通量，以符号 Φ_e 表示，其计量单位为瓦特（W），即

$$\Phi_e = \frac{\mathrm{d}Q_e}{\mathrm{d}t} \tag{1-1}$$

若在 t 时间内发射、传播或接收的辐能不随时间变化，则式(1-1)可简化为

$$\Phi_e = \frac{Q_e}{t} \tag{1-2}$$

对于可见光，光源表面在无穷小时间内发射、传播或接收所有可见光谱光量被无穷短时间间隔 $\mathrm{d}t$ 来除，定义为光通量，也称光功率计为 Φ_v，有

$$\Phi_v = \frac{\mathrm{d}Q_v}{\mathrm{d}t} \tag{1-3}$$

若在 t 时间内发射、传播或接收的光量不随时间改变，则式（1-3）简化为

$$\Phi_v = \frac{Q_v}{t} \tag{1-4}$$

式中，Φ_v 的计量单位为流明（lm）。

显然，辐通量对时间的积分称为辐能，而光通量对时间的积分称为光量。

3. 辐出度和光出度

对于有限大小面积 A 的面辐射源表面某点处的面元 $\mathrm{d}A$ 向半球面空间发射的辐通量 $\mathrm{d}\Phi_e$，则定义该面辐射源表面在面元 $\mathrm{d}A$ 处的辐出度为 M_e，它在数值上等于面元 $\mathrm{d}A$ 辐射出的辐通量 $\mathrm{d}\Phi_e$ 与元面积 $\mathrm{d}A$ 之比，即

$$M_e = \frac{\mathrm{d}\Phi_e}{\mathrm{d}A} \tag{1-5}$$

式中，M_e 的计量单位为瓦特每平方米（W/m^2）。

由式（1-5）得出面光源S向半球面空间发射的总辐通量为

$$\Phi_e = \int_A M_e \mathrm{d}A \tag{1-6}$$

对于可见光，面光源S表面某一点处的面元向半球面空间发射的光通量 $\mathrm{d}\Phi_v$ 与面元面积 $\mathrm{d}A$ 之比称为光出度，记为 M_v，显然有

$$M_v = \frac{\mathrm{d}\Phi_v}{\mathrm{d}A} \tag{1-7}$$

其计量单位为勒克斯（lx）或（lm/m^2）。

对于均匀发射辐射的面光源，则有

$$M_v = \frac{\Phi_v}{A} \tag{1-8}$$

由式（1-7），面光源向半球面空间发射出的总光通量为

$$\Phi_v = \int_A M_v \mathrm{d}A \tag{1-9}$$

4. 辐强度和发光强度

对点光源在给定方向的立体角元 $\mathrm{d}\Omega$ 内发射的辐通量 $\mathrm{d}\Phi_e$，与该方向立体角元 $\mathrm{d}\Omega$ 之比定义为点光源在该方向的辐强度 I_e，即

$$I_e = \frac{\mathrm{d}\Phi_e}{\mathrm{d}\Omega} \tag{1-10}$$

辐强度的计量单位为瓦特每球面度（W/sr）。

点光源在有限立体角 Ω 内发射的总辐通量为

$$\Phi_e = \int_\Omega I_e \mathrm{d}\Omega \tag{1-11}$$

对于各向同性的点光源，向所有方向发射的总辐通量为

$$\Phi_e = I_e \int_0^{4\pi} \mathrm{d}\Omega = 4\pi I_e \tag{1-12}$$

对可见光，与式(1-10)类似，定义发光强度为

$$I_v = \frac{\mathrm{d}\Phi_v}{\mathrm{d}\Omega} \tag{1-13}$$

对各向同性的点光源向所有方向发射的总光通量为

$$\Phi_v = \int_\Omega I_v \mathrm{d}\Omega \tag{1-14}$$

一般点光源是各向异性的，其发光强度分布随方向而异。

发光强度的单位是坎德拉（candela），简称为坎（cd）。1979年第十六届国际计量大会通过决议，将坎德拉重新定义为：在给定方向上能发射 540×10^{12} Hz的单色辐射源，在此方向上的辐强度为（1/683）W/sr，其发光强度定义为一个坎德拉（cd）。

由式(1-13)，对发光强度为1cd的点光源，向给定方向1sr内发射的光通量定义为1lm（流明）。发光强度为1cd的点光源在整个球空间所发出的总光通量为

$$\Phi_v = 4\pi I_v = 12.566\mathrm{lm}$$

5. 辐亮度和光亮度

光源表面某一点处的面元在给定方向上的辐强度除以该面元在垂直于给定方向平面上的正投影面积，称为光源表面的辐亮度，计为 L_e，即

$$L_e=\frac{I_e}{dA\cos\theta}=\frac{d^2\Phi_e}{d\Omega dA\cos\theta} \tag{1-15}$$

式中，θ 为所给方向与面元法线之间的夹角；辐亮度 L_e 的计量单位为瓦特每球面度平方米[W/(sr·m²)]。

对可见光，光亮度 L_v 定义为光源表面某一点处的面元在给定方向上的发光强度除以该面元在垂直给定方向平面上的正投影面积，即

$$L_v=\frac{I_v}{dA\cos\theta}=\frac{d^2\Phi_v}{d\Omega dA\cos\theta} \tag{1-16}$$

式中，L_v 的计量单位为坎德拉每平方米（cd/m²）。

若 L_e、L_v 与光源发射辐射的方向无关，可以由式（1-15）和式（1-16）表示，这样的光源称为余弦辐射体或朗伯辐射体。黑体是一个理想的余弦辐射体，而一般光源的光亮度大小与方向有关。粗糙表面的辐射体或反射体以及太阳等都是近似的余弦辐射体。

余弦辐射体表面某一点处面元在 dA 处向半球面空间发射的通量为

$$d\Phi=\iint L\cos\theta dA d\Omega$$

式中，$d\Omega=\sin\theta d\theta d\varphi$（$\varphi$ 为立体角锥平面角）。

对上式在半球面空间内积分的结果为

$$d\Phi=LdA\int_{\varphi=0}^{2\pi}d\varphi\int_{\theta=0}^{\pi/2}\sin\theta\cos\theta d\theta=\pi LdA$$

由上式得到余弦辐射体的 M_e 与 L_e、M_v 与 L_v 的关系为

$$L_e=\frac{M_e}{\pi} \tag{1-17}$$

$$L_v=\frac{M_v}{\pi} \tag{1-18}$$

6. 辐效率与发光效率

光源所发射的总辐通量 Φ_e 与外界提供给光源的功率 P 之比称为光源的辐效率，计为 η_e；光源发射的总光通量 Φ_v 与提供的功率 P 之比称为发光效率，计为 η_v。它们分别为

$$\eta_e=\frac{\Phi_e}{P}\times100\% \tag{1-19}$$

$$\eta_v=\frac{\Phi_v}{P} \tag{1-20}$$

式中，η_e 为辐效率，无量纲；η_v 为发光效率，计量单位是流明每瓦特（lm/W）。

对限定在波长 $\lambda_1\sim\lambda_2$ 范围内的辐效率

$$\eta_{e\Delta\lambda}=\frac{\int_{\lambda_1}^{\lambda_2}\Phi_{e,\lambda}d\lambda}{P}\times100\% \tag{1-21}$$

式中，$\Phi_{e,\lambda}$ 称为光源辐通量的光谱密集度，简称为光谱辐通量。

1.1.2　与接收器有关的参数

接收光源发射辐射的接收器可以是全吸收的探测器，也可以是反射辐射的探测器，或两者兼有的探测器。对接收器的有关度量参数定义如下：

1. 辐照度与照度

辐照度 E_e 的定义为入射到物体表面某处点面元 dA 的辐通量 $d\Phi_e$ 值，它在数值上等于该面元接收的辐通量 $d\Phi_e$ 与面积 dA 的商，即

$$E_e = \frac{d\Phi_e}{dA} \tag{1-22}$$

E_e 的计量单位是瓦特每平方米（W/m^2）。

若辐通量是均匀地照射在物体表面上的，则式(1-22）将简化为

$$E_e = \frac{\Phi_e}{A} \tag{1-23}$$

注意，不要把辐照度 E_e 与辐出度 M_e 混淆起来。虽然两者单位相同，但定义不一样。辐照度是从物体表面接收辐通量的角度来定义的，辐出度是从面光源表面发出辐射的角度来定义的。

本身不发出辐射的反射体接收辐射后，吸收一部分，反射一部分。若把反射体当作辐射体，则光谱辐出度 $M_{er}(\lambda)$（r 代表反射）与辐射体接收的光谱辐照度 $E_e(\lambda)$ 的关系为

$$M_e = \rho_e(\lambda) E_e(\lambda) \tag{1-24}$$

式中，ρ_e（λ）为辐射度光谱反射比，是波长的函数。

式（1-24）对波长积分，得到反射体的辐出度为

$$M_e = \int \rho_e(\lambda) E_e d\lambda \tag{1-25}$$

对应于可见光，照度 E_v 定义为照射到物体表面某一面元的光通量 $d\Phi_v$ 与该面元面积 dA 之比，即

$$E_v = \frac{d\Phi_v}{dA}$$

$$E_v = \frac{\Phi_v}{A} \tag{1-26}$$

E_v 的计量单位为勒克斯（lx）。

对接收光的反射体，同样有

$$M_v(\lambda) = \rho_v(\lambda) E_v(\lambda) \tag{1-27}$$

$$M_v = \int \rho_v(\lambda) E_v d\lambda \tag{1-28}$$

式中，ρ_v（λ）为光度光谱反射比，是波长的函数。

2. 曝辐量和曝光量

曝辐量与曝光量是光电接收器接收辐能的重要度量参数，尤其对于光电图像传感器来讲更为重要。光电图像传感器的像元输出的信号常与所接收的入射辐能呈线性关系。

照射到物体表面某一面元的辐照度 E_e 在时间 t 内的积分称为曝辐量 H_e，即

$$H_e = \int_0^t E_e \mathrm{d}t \tag{1-29}$$

曝辐量 H_e 的计量单位是焦耳每平方米（J/m^2）。

如果面元上的辐照度 E_e 与时间无关，则式（1-29）可简化为

$$H_e = E_e t \tag{1-30}$$

与曝辐量 H_e 对应的光度量是曝光量 H_v，它定义为物体表面某一面元接收的照度 E_v 在时间段 t 内的积分，即

$$H_v = \int_0^t E_v \mathrm{d}t \tag{1-31}$$

H_v 的计量单位是勒克斯秒（lx・s）。

如果面元上的照度 E_v 与时间无关，则式（1-31）可简化为

$$H_v = E_v t$$

上面讨论的辐度量参数和光度量参数的基本定义与基本计量公式，都是从辐射源发出辐能量的角度出发进行度量的，是从物理与人眼不同的角度定义的，为了便于学习掌握这些参数，将其汇总。辐度量参数与光度量参数基本计量公式见表1-1。

表1-1 辐度量参数与光度量参数基本计量公式表

辐度量参数				光度量参数			
名 称	符号	定 义	单 位	名 称	符号	定 义	单 位
辐能	Q_e		J	光量	Q_v		lm・s
辐通量，辐功率	Φ_e	$\Phi_e = \frac{\mathrm{d}Q_e}{\mathrm{d}t}$	W	光通量，光功率	Φ_v	$\Phi_v = \frac{\mathrm{d}Q_v}{\mathrm{d}t}$	lm
辐出度	M_e	$M_e = \frac{\mathrm{d}\Phi_e}{\mathrm{d}A}$	W/m^2	光出度	M_v	$M_v = \frac{\mathrm{d}\Phi_v}{\mathrm{d}A}$	lm/m^2
辐强度	I_e	$I_e = \frac{\mathrm{d}\Phi_e}{\mathrm{d}\Omega}$	W/sr	发光强度	I_v	$I_v = \frac{\mathrm{d}\Phi_v}{\mathrm{d}\Omega}$	cd
辐亮度	L_e	$L_e = \frac{I_e}{\mathrm{d}A\cos\theta} = \frac{\mathrm{d}^2\Phi_e}{\mathrm{d}\Omega \mathrm{d}A\cos\theta}$	$W/(sr \cdot m^2)$	光亮度	L_v	$L_v = \frac{I_v}{\mathrm{d}A\cos\theta} = \frac{\mathrm{d}^2\Phi_v}{\mathrm{d}\Omega \mathrm{d}A\cos\theta}$	cd/m^2
辐照度	E_e	$E_e = \frac{\mathrm{d}\Phi_e}{\mathrm{d}A}$	W/m^2	照度	E_v	$E_v = \frac{\mathrm{d}\Phi_v}{\mathrm{d}A}$	lx
曝辐量	H_e	$H_e = \int_0^t E_e \mathrm{d}t$	J/m^2	曝光量	H_v	$H_v = \int_0^t E_v \mathrm{d}t$	lx・s

1.1.3 辐射源的光谱辐射分布

通常辐射源发射的辐能是按波长分布在辐射光谱范围内的。在单位波长范围内发射的辐射量称为辐射的光谱密度 $X_{e,\lambda}$，简称为光谱辐度量，即

$$X_{e,\lambda} = \frac{\mathrm{d}X_e}{\mathrm{d}\lambda} \tag{1-32}$$

式中，通用符号 $X_{e,\lambda}$ 为波长的函数，代表所有光谱辐度量，如光谱辐通量 $\Phi_{e,\lambda}$、光谱辐出度 $M_{e,\lambda}$、光谱辐强度 $I_{e,\lambda}$、光谱辐亮度 $L_{e,\lambda}$ 和光谱辐照度 $E_{e,\lambda}$ 等。

同样以符号 $X_{v,\lambda}$ 表示光源在可见光区单位波长范围内发射的光度量，称为光度量的光谱密集度，简称为光谱光度量，即

$$X_{v,\lambda}=\frac{dX_v}{d\lambda} \tag{1-33}$$

式中，$X_{v,\lambda}$ 代表所有光谱光度量，如光谱光通量 $\Phi_{v,\lambda}$、光谱光出度 $M_{v,\lambda}$、光谱发光强度 $I_{v,\lambda}$ 和光谱照度 $E_{v,\lambda}$。

光源的辐度参量 $X_{e,\lambda}$ 随波长 λ 的分布曲线称为该光源的绝对光谱辐射分布曲线。该曲线对任意波长 λ 的 $X_{e,\lambda}$ 除以峰值波长 λ_{max} 处的光谱辐量的最大值 $X_{e,\lambda max}$ 所得的商 $X_{e,\lambda r}$，称为光源的相对光谱辐量，即

$$X_{e,\lambda r}=\frac{X_{e,\lambda}}{X_{e,\lambda max}} \tag{1-34}$$

相对光谱辐量 $X_{e,\lambda r}$ 与波长 λ 的关系称为光源的相对光谱辐射分布。

辐射源在波长 $\lambda_1 \sim \lambda_2$ 范围内发射的辐通量为

$$\Delta\Phi_e=\int_{\lambda_1}^{\lambda_2}\Phi_{e,\lambda}d\lambda$$

若积分区间从 $\lambda_1=0$ 至 $\lambda_2\to\infty$，得到光源发出的所有波长的总辐通量为

$$\Phi_e=\int_0^{\infty}\Phi_{e,\lambda}d\lambda=\Phi_{e,\lambda max}\int_0^{\infty}\Phi_{e,\lambda r}d\lambda \tag{1-35}$$

光源在波长 $\lambda_1 \sim \lambda_2$ 之间的辐通量 $\Delta\Phi_e$ 与总辐通量 Φ_e 之比称为该光源的比辐射 q_e，即

$$q_e=\frac{\int_{\lambda_1}^{\lambda_2}\Phi_{e,\lambda}d\lambda}{\int_0^{\infty}\Phi_{e,\lambda}d\lambda} \tag{1-36}$$

式中，q_e 没有量纲，它反映了光源发出我们关注的波长范围。

1.1.4　量子流速率

光源发射的辐功率是每秒发射光子能量的总和。在给定波长 λ 处的很小波长范围 $d\lambda$ 内发射的辐通量 $d\Phi_e$ 与该波长 λ 的光子能量 $h\nu$ 的商为光源在该波长 λ 处每秒发射的光子数，称其为光谱量子流速率，计为 $dN_{e,\lambda}$，即

$$dN_{e,\lambda}=\frac{d\Phi_e}{h\nu}=\frac{\Phi_{e,\lambda}d\lambda}{h\nu} \tag{1-37}$$

光源在波长 λ 为 $0\to\infty$ 范围内发射的总量子流速率为

$$N_e=\int_0^{\infty}\frac{\Phi_{e,\lambda}d\lambda}{h\nu}=\frac{\Phi_{e,\lambda max}}{hc}\int_0^{\infty}\Phi_{e,\lambda r}\lambda d\lambda \tag{1-38}$$

对可见光区域，光源每秒发射的总光子数

$$N_v=\int_{0.38}^{0.78}\frac{\Phi_{e,\lambda}}{hc}\lambda d\lambda \tag{1-39}$$

量子流速率 N_e 或 N_v 的计量单位为光子数每秒（1/s）。

必须注意，尽管量子流速率 N_v 应用了下角标 v，但是，从式（1-39）可以看出，它依然是物理的计量单位。原因在于式（1-39）中只有积分区间（0.38~0.78μm）属于人眼可见波长范围，式中的其他物理量均为辐度量参数，因此它是物理计量单位，它反映了光源单

位时间发出可见光波段的光子数。

1.2 物体热辐射

物体通常以两种不同的形式发出辐能。

第一种是热辐射，靠加热保持一定温度使内能不变而持续辐射的辐射形式称为物体热辐射或温度辐射。任何高于绝对零度的物体都具有发出热辐射的能力。热辐射发出的光谱辐量 $X_{e,\lambda}$ 是波长 λ 和温度 T 的函数。温度低的物体发射红外光，随着温度的升高，辐射光谱波长逐渐变短，到500℃时开始发射一部分暗红色光，再升高到1500℃时开始发出白光。

凡能发射连续光谱，且辐射是温度函数的物体叫热辐射体，如所有动植物、太阳、钨丝白炽灯等均为热辐射体。

第二种是发光。物体不是靠加热保持温度使辐射维持下去，而是靠外部能量激发出的辐射，这种辐射称为发光。发光光谱是非连续光谱，且不是温度的函数。靠外部能量激发发光的方式有电致发光（气体放电产生的辉光）、光致发光（荧光灯发射的荧光）、化学发光（白磷在空气中缓慢氧化发光）、等离子体发光（火焰中的钠或钠盐发射的黄光）。发光是非平衡辐射过程，发光光谱主要是线光谱或带光谱。

下面讨论物体热辐射的基本定律，并计算人眼的光度参量。

1.2.1 黑体辐射定律

1. 黑体

能够完全吸收从任何角度入射的任何波长的辐射，并且在每一个方向都能最大可能地发射任意波长辐能的物体称为黑体。显然，黑体的吸收系数为1，发射系数也为1。

黑体只是个理想的温度辐射体，常被用于作为辐射计量的基准。在有限的温度范围内可以制造出各种黑体模型。例如，如图1-2所示，一个开有小孔的密封空腔恒温辐射体，只要腔体的尺寸远远大于小孔的直径，且腔体的内壁涂有黑色物质，使其反射系数尽量小，再将空腔辐射体置于恒温槽内，使其在工作过程中保持温度不变，该空腔体便为近似的黑体。当辐射从任何方向通过小孔射入空腔体内时，在空腔内部要经过多次反射才能再从小孔射出。然而，由于空腔体内壁所涂的黑色物质反射系数很小，经过多次反射后，从小孔射出去的辐能已经极小，几乎为0，绝大部分入射进来的辐能都被空腔体吸收，因而空腔体的吸收系数很高，接近于1；被空腔体吸收的能量都转变为内能，应该引起腔体的温升，但是，由于腔体置于恒温槽内，所吸收的辐能只能以温度辐射的方式通过小孔向外发出，为黑体辐射。

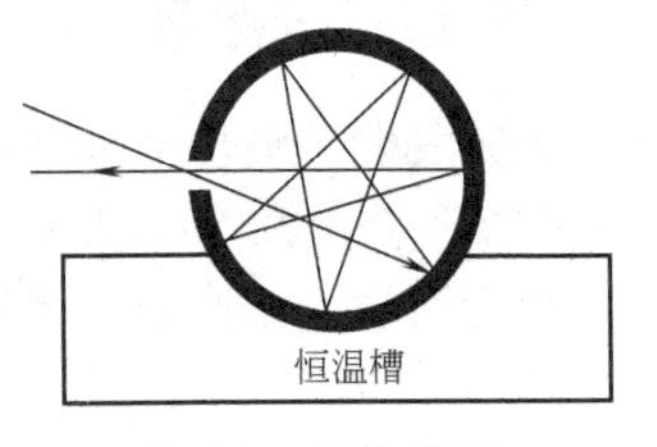

图1-2 黑体模型

2. 普朗克辐射定律

黑体是余弦辐射体，其光谱辐出度 $M_{e,s,\lambda}$（下角标“s”表示黑体）由普朗克公式表示为

$$M_{e,s,\lambda}=\frac{2\pi c^2 h}{\lambda^5(e^{\frac{hc}{\lambda kT}}-1)} \tag{1-40}$$

式中，k 为玻耳兹曼常数；h 为普朗克常数；T 为热力学温度；c 为真空介质中的光速。

式（1-40）表明，黑体表面向半球面空间发射波长 λ 的光谱辐出度 $M_{e,s,\lambda}$ 是黑体温度 T 和波长 λ 的函数，这就是普朗克辐射定律。

黑体光谱辐亮度 $L_{e,s,\lambda}$ 和光谱辐强度 $I_{e,s,\lambda}$ 分别为

$$L_{e,s,\lambda}=\frac{2c^2h}{\lambda^5(e^{\frac{hc}{\lambda kT}}-1)}$$

$$I_{e,s,\lambda}=\frac{2c^2hA\cos\theta}{\lambda^5(e^{\frac{hc}{\lambda kT}}-1)} \tag{1-41}$$

图1-3为不同温度黑体的相对光谱辐亮度 $L_{e,s,\lambda r}$ 随波长的分布曲线。从分布曲线图不难看出，相对光谱辐亮度 $L_{e,s,\lambda r}$ 曲线均具有一个峰值 L_m，不同温度曲线的峰值点 λ_m 与峰值 L_m 都不相同。分布曲线的形状相似，具有随着黑体温度升高，峰值增大，而峰值点 λ_m 向短波方向移动的特点。

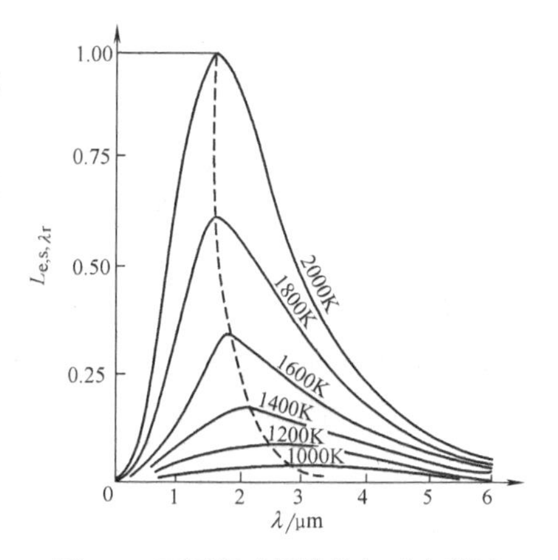

图1-3 不同温度黑体的相对光谱辐亮度 $L_{e,s,\lambda r}$ 随波长的分布曲线

分布曲线的形状遵守式（1-41）描述的函数关系。

3. 斯忒藩-玻耳兹曼定律

将（1-40）对波长 λ 求积分，得到黑体表面发射的总辐出度

$$M_{e,s}=\int_0^\infty M_{e,s,\lambda}\mathrm{d}\lambda=\sigma T^4 \tag{1-42}$$

式中，σ 是斯忒藩-玻耳兹曼常数，单位为 $W/(m^2 \cdot K^4)$，且有

$$\sigma=\frac{2\pi^5k^4}{15h^3c^2}=5.67\times10^{-8}W/(m^2\cdot K^4)$$

由式（1-42）看出，黑体的辐出度 $M_{e,s}$ 与热力学温度 T 的4次方成正比，这就是黑体辐射的斯忒藩-玻耳兹曼定律。

利用斯忒藩-玻耳兹曼定律很容易计算出已知温度黑体的总辐出度 $M_{e,s}$。例如，把310K的人体、处于凝固点（2045K）的纯铂、2856K的标准钨丝白炽灯近似看作黑体，便可以计算出它们的总辐出度 $M_{e,s}$ 与辐亮度 $L_{e,s}$。

$M_{e,s,310K}=310^4\sigma=523.6W/m^2$

$L_{e,s,310K}=M_{e,s,310K}/\pi=1.667W/(sr\cdot m^2)$

$M_{e,s,2856K}=2045^4\sigma=9.92\times10^5W/m^2$

$L_{e,s,2045K}=M_{e,s,2045K}/\pi=3.16\times10^5W/(sr\cdot m^2)$

$M_{e,s,2856K}=2856^4\sigma=3.77\times10^6W/m^2$

$L_{e,s,2856K}=M_{e,s,2856K}/\pi=1.2\times10^6W/(sr\cdot m^2)$

4. 维恩位移定律

将普朗克公式对波长 λ 求微分后令其等于零，则可以得到峰值光谱辐出度 $M_{e,s,\lambda\max}$ 所对

应的波长 λ_{max}（单位为 μm）与热力学温度 T 的关系为

$$\lambda_{max}=\frac{2898}{T} \tag{1-43}$$

可见，峰值光谱辐出度对应的波长与热力学温度的乘积是常数。当温度升高时，峰值光谱辐出度对应的波长向短波方向位移，这就是维恩位移定律。

将式（1-43）代入式（1-40），得到黑体的峰值光谱辐出度［单位为 W/(cm² · μm)］为

$$M_{e,s,\lambda\,max}=1.309T^5\times10^{-15}$$

例如，人体正常体温的峰值光谱辐出度 $M_{e,s,\lambda\,max}=31.8\text{W/(cm}^2\cdot\mu\text{m)}$，对应 $T=310\text{K}$ 的波长 $\lambda_{max}=9.65\mu\text{m}$。

以上 3 个定律统称为黑体辐射定律。

1.2.2 辐射体的分类

按辐射本领，热辐射体可被分为黑体和非黑体。实际上，绝大多数辐射体都是非黑体。非黑体包括灰体和选择性辐射体，也有混合辐射体。下面简单介绍灰体和选择性辐射体。

1. 灰体

若辐射体的光谱辐出度 $M_{e,\lambda}$ 与同温度黑体的光谱辐出度 $M_{e,s,\lambda}$ 之比是一个与波长无关的系数时，该辐射体被称为灰体。同温度灰体与黑体光谱辐出度的比例系数为

$$\varepsilon=\frac{M_{e,\lambda}}{M_{e,s,\lambda}}<1 \tag{1-44}$$

并称其为灰体的发射率。

灰体的光谱辐射分布与同温度黑体的光谱辐射分布曲线的形状基本相同，光谱辐出度最大值的位置（波长为 λ_m）也基本一致，图 1-4 为同温度的黑体与灰体的光谱辐射分布曲线。通常大多数热辐射体都可以当作灰体或黑体进行计算。

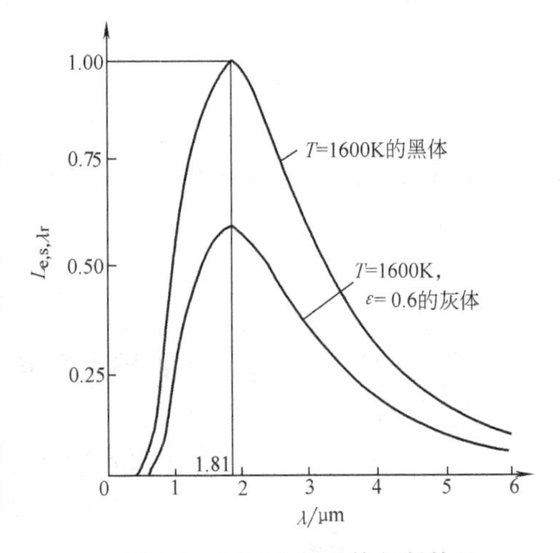

图 1-4 同温度的黑体与灰体的光谱辐射分布曲线

2. 选择性辐射体

凡不服从黑体辐射定律的辐射体称为选择性辐射体，其光谱发射率 $q(\lambda)$ 是波长的函数，辐射分布曲线常有几个最大值。磷砷化镓发光二极管、汞灯、钠灯等均属于选择性辐射体。

显然，选择性辐射体绝对不能用黑体辐射定律进行计算，否则结果会出现很大的误差。

1.3 辐度量参数与光度量参数的关系

辐度量参数与光度量参数是从不同角度对光辐射进行度量的参数，这些参数在一定光谱范围内（可见光谱区）经常相互使用，它们之间存在着一定的转换关系；有些光电器件采用光度量参数标定其性能参数，而另一些器件采用辐射度量参数标定其性能参数，有时必须

比较这些传感器的性能，以便正确选择，可见它们之间的转换十分重要。本节将重点讨论它们的转换关系，掌握了这些转换关系，能够对比用不同度量参数标定的光电器件的优劣。

1.3.1 人眼的光视效率

物体发射或反射的光通过人眼光学系统到达视网膜，产生实物像感，是由于光刺激视网膜上的锥状或柱状细胞。在对标准观察者进行光感的统计测试实验中发现，锥状细胞只对光亮度超过 10^{-3}cd/m^2 的光才敏感，敏感的光谱范围为 0.38~0.78μm，在 0.555μm 处最为敏感，且能够分辨出颜色。锥状细胞的这种视觉称为白昼视觉或明视觉。当光亮度低于 10^{-3}cd/m^{2}时，锥状细胞不再敏感，只有柱状细胞才能引起视觉效应。柱状细胞敏感的光谱范围为 0.33~0.73μm，在 0.507μm 处最为敏感，但是不能分辨出光的颜色。柱状细胞的这种视觉被称为夜间视觉或暗视觉。

用各种单色辐射分别刺激正常人（标准观察者）眼的锥状细胞时，若刺激程度相同，发现所用的 λ_{max} = 0.555μm 波长的光谱辐亮度 $L_{e,0.555\mu m}$要小于其他波长的光谱辐亮度 $L_{e,\lambda}$。把波长 λ_{max} = 0.555μm 的光谱辐亮度 $L_{e,\lambda max}$与其他波长 λ 的光谱辐亮度 $L_{e,\lambda}$ 相除所得的商，定义为正常人眼的明视觉光谱光视效率 $V(\lambda)$，即

$$V(\lambda) = \frac{L_{e,\lambda max}}{L_{e,\lambda}} \tag{1-45}$$

$V(\lambda)$ 是一个与波长有关的相对值，它与波长 λ 的关系如图 1-5。表 1-2 粗略地列出正常人眼的 $V(\lambda)$、$V'(\lambda)$、$K(\lambda)$ 与 λ 的数值关系。

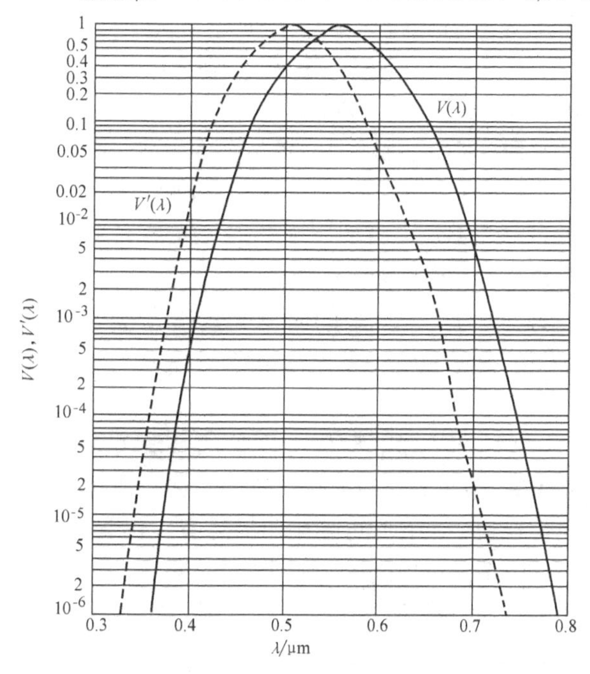

图 1-5 正常人眼的 $V(\lambda)$、$V'(\lambda)$ 与 λ 的关系

对正常人眼的柱状细胞，以微弱的各种单色辐射刺激时，发现在相同刺激程度下，波长为 λ_{max} = 0.507μm 处的光谱辐亮度 $L_{e,507nm}$小于其他波长 λ 的光谱辐亮度 $L_{e,\lambda}$。

把 $L_{e,507nm}$与 $L_{e,\lambda}$的比值定义为正常人眼的暗视觉光谱光视效率 $V'(\lambda)$，即

$$V'(\lambda) = \frac{L_{e,507nm}}{L_{e,\lambda}} \tag{1-46}$$

$V'(\lambda)$ 也是一个无量纲的相对值，它与波长的关系如图 1-5 中的虚线所示。表 1-2 也列出了 $V'(\lambda)$ 与 λ 的数值关系。

1.3.2 人眼的光谱光视效能

无论锥状细胞或柱状细胞，单色辐射对其刺激的程度与 $V(\lambda)L_{e,\lambda}$ 成正比。如果用各种波长的混合辐射刺激时，刺激程度遵守叠加原理，且与 $\int V(\lambda)L_{e,\lambda}\mathrm{d}\lambda$ 成正比。

所谓辐射对人眼锥状细胞或柱状细胞的刺激程度，是从生理上评价辐射度量参数 $X_{e,\lambda}$ 与光度量参数 $X_{v,\lambda}$ 的关系。对明视觉表示为

$$X_{v,\lambda}=K_m X_{e,\lambda} V(\lambda) \tag{1-47}$$

式中，K_m 为光度量参数对辐度量参数的转换常数，计量单位为 lm/W。

同样，对暗视觉表示为

$$X'_{v,\lambda}=K'_m X_{e,\lambda} V(\lambda) \tag{1-48}$$

式中，K'_m 为光度量参数对辐度量参数的转换常数，计量单位为 lm/W。

引进 $K(\lambda)$、$K'(\lambda)$，并令

$$K(\lambda)=\frac{X_{v,\lambda}}{X_{e,\lambda}}=K_m V(\lambda) \tag{1-49}$$

$$K'(\lambda)=\frac{X'_{v,\lambda}}{X_{e,\lambda}}=K'_m V'(\lambda) \tag{1-50}$$

式中，$K(\lambda)$、$K'(\lambda)$ 分别称为人眼的明视觉和暗视觉光谱光视效能。

由式（1-49）和式（1-50），在人眼最敏感的波长 $\lambda_{max}=0.555\mu m$、$\lambda'_{max}=0.507\mu m$ 处，分别有 $V(\lambda_{max})=1$，$V'(\lambda'_{max})=1$，这时 $K(\lambda_{max})=K_m$，$K'(\lambda'_{max})=K'_m$。因此，K_m、K'_m 分别称为正常人眼的明视觉最大光谱光视效能和暗视觉最大光谱光视效能。

图 1-6 为正常人眼的明视觉光谱光视效能 $K(\lambda)$ 和暗视觉光谱光视效能 $K'(\lambda)$ 与 λ 的关系。

$V(\lambda)$、$V'(\lambda)$、$K(\lambda)$ 与 λ 的数值关系见表 1-2，应用时，应该仔细查阅，如果所查的波长在表中没有时可采用比例插值法获取。严格的数值还可以到国际照明委员会 1971 年公布的详细转换表中查找或在《光学技术手册》第 524 页表 4.1-10 中查找，此表中波长步长为 0.001μm，准确度为小数点后 8 位。

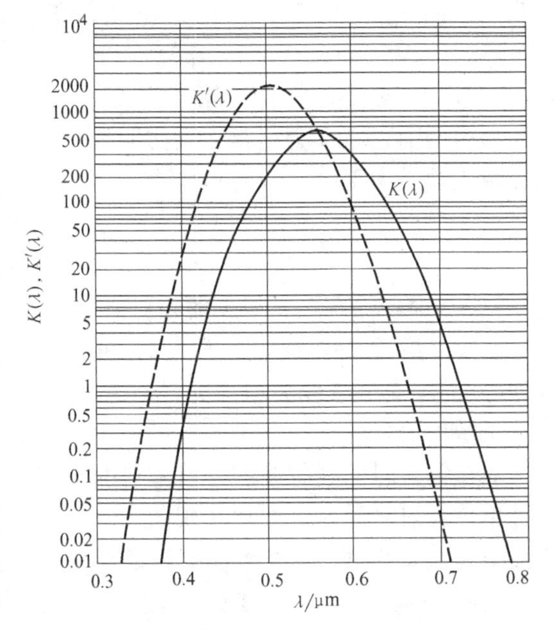

图 1-6 正常人眼的 $K(\lambda)$ 和 $K'(\lambda)$ 与 λ 的关系

表 1-2 $V(\lambda)$、$V'(\lambda)$、$K(\lambda)$ 与 λ 的数值关系

λ/nm	$V(\lambda)$ ($L_v=10cd/m^2$)	$V'(\lambda)$	$K(\lambda)$/(lm/W)	λ/nm	$V(\lambda)$ ($L_v=10cd/m^2$)	$V'(\lambda)$	$K(\lambda)$/(lm/W)
380	0.0000	0.0006	0.0000	410	0.0012	0.0348	0.8169
390	0.0001	0.0022	0.0683	415	0.0022	0.0657	1.5026
395	0.0002	0.0044	0.1366	420	0.0040	0.0966	2.732
400	0.0004	0.0093	0.2732	425	0.0073	0.1482	4.9859
405	0.0006	0.0170	0.4098	430	0.0116	0.1998	7.9228

（续）

λ/nm	$V(\lambda)$ ($L_v=10cd/m^2$)	$V'(\lambda)$	$K(\lambda)$/(lm/W)	λ/nm	$V(\lambda)$ ($L_v=10cd/m^2$)	$V'(\lambda)$	$K(\lambda)$/(lm/W)
435	0.0230	0.2640	11.474	600	0.6310	0.0332	430.97
440	0.0268	0.3281	15.709	605	0.5668	0.0246	387.12
445	0.0298	0.3916	20.353	610	0.5030	0.0159	343.55
450	0.0380	0.455	25.954	615	0.4412	0.0117	301.34
455	0.0480	0.511	32.784	620	0.3810	0.0074	260.22
460	0.0600	0.567	40.980	625	0.3210	0.0054	219.24
465	0.0739	0.618	50.474	630	0.2650	0.0033	180.99
470	0.0910	0.670	62.153	635	0.2170	0.0025	148.21
475	0.1126	0.732	76.906	640	0.1750	0.0015	119.53
480	0.1390	0.793	94.937	645	0.1382	0.0012	94.391
485	0.1663	0.849	111.55	650	0.1070	0.0007	73.081
490	0.2080	0.904	142.06	655	0.0816	0.0005	55.733
495	0.2586	0.943	176.62	660	0.0610	0.0003	41.663
500	0.3230	0.982	220.61	665	0.0446	0.0002	30.412
505	0.4073	0.999	278.19	670	0.0320	0.0001	21.856
510	0.5030	0.997	343.54	675	0.0230	0.00009	15.846
515	0.6082	0.966	415.40	680	0.0170	0.00007	11.611
520	0.7100	0.935	484.93	685	0.0119	0.00006	8.128
525	0.7932	0.873	541.76	690	0.0082	0.00004	5.601
530	0.8620	0.811	588.75	695	0.0057	0.00003	3.893
535	0.9149	0.731	624.88	700	0.0041	0.00002	2.800
540	0.9540	0.650	651.58	705	0.0029	0.00001	1.981
545	0.9803	0.566	669.54	710	0.0021	0.000009	1.434
550	0.9950	0.481	679.59	715	0.0015	0.000008	1.0245
555	1.0000	0.406	683.00	720	0.0010	0.000005	0.683
560	0.9950	0.3288	679.59	725	0.0007	0.000004	0.478
565	0.9786	0.2683	668.38	730	0.0005	0.000003	0.342
570	0.9520	0.2076	650.72	735	0.0004	0.000002	0.273
575	0.9154	0.1645	625.22	740	0.0003	0.000001	0.205
580	0.8700	0.1212	594.21	750	0.0001	0.0000008	0.0683
585	0.8163	0.0936	557.53	760	0.00006	0.0000004	0.0410
590	0.7570	0.0655	517.03	770	0.00003	0.0000002	0.0205
595	0.6990	0.0450	474.62	780	0.00002	0.0000001	0.0137

根据发光强度单位（坎德拉）的定义，明视觉最大的光谱光视效能 K_m 为 683lm/W；暗视觉最大的光谱光视效能 K'_m 为 1725lm/W。

定义 K_m 的倒数为光的最小力学当量，用 M_{min} 表示，即

$$M_{min}=\frac{1}{K_m}=1.46\text{mW/lm}$$

其他波长光的力学当量均大于 M_{min}。

1.3.3 两种辐射体光视效能的计算

一个热辐射体发射的总光通量 Φ_v 与总辐通量 Φ_e 之比，称为该辐射体的光视效能 K，即

$$K=\frac{\Phi_v}{\Phi_e}=\frac{\eta_v}{\eta_e} \tag{1-51}$$

对发射连续光谱辐射的热辐射体，由式（1-51）和式（1-49）可得总光通量 Φ_v 为

$$\Phi_v = K_m\int_{380nm}^{780nm}\Phi_{e,\lambda}V(\lambda)\mathrm{d}\lambda \tag{1-52}$$

将式（1-35）和式（1-52）代入式（1-51），得到

$$K = \frac{K_m\int_{380nm}^{780nm}\Phi_{e,\lambda}V(\lambda)\mathrm{d}\lambda}{\int_0^{\infty}\Phi_{e,\lambda}\mathrm{d}\lambda} = K_m V \tag{1-53}$$

式中，V 为辐射体的光视效率。

下面计算两种常用热辐射体的光视效能。

1. 凝固点温度下的纯铂

国际照明委员会曾规定：在大气压力为101325Pa（帕）环境下纯铂凝固点的热力学温度为 $T=2045$K，将其视为黑体，在其表面的法线方向每平方厘米面积的辐强度为31.55W/sr时，它的发光强度应为60cd。因此可以由式（1-51）推导出该黑体的光视效能为

$$K=\frac{\Phi_v}{\Phi_e}=\frac{I_v}{I_e}=\frac{60}{31.55}\text{lm/W}=1.9\text{lm/W}$$

可见，在凝固点温度下的纯铂，若发射1W辐通量，其发出的光通量便为1.9lm。

2. 2856K标准钨丝白炽灯

用来检测硅、锗等半导体光电器件光电流灵敏度的2856K标准钨丝白炽灯（亦称其为标准钨丝白炽灯），它的光视效能可按式（1-53）和图1-7所示的曲线围成的面积 A_1 和 A_2 的比值进行计算，即

$$K_w=K_m\frac{A_1}{A_2}=17.1\text{lm/W}$$

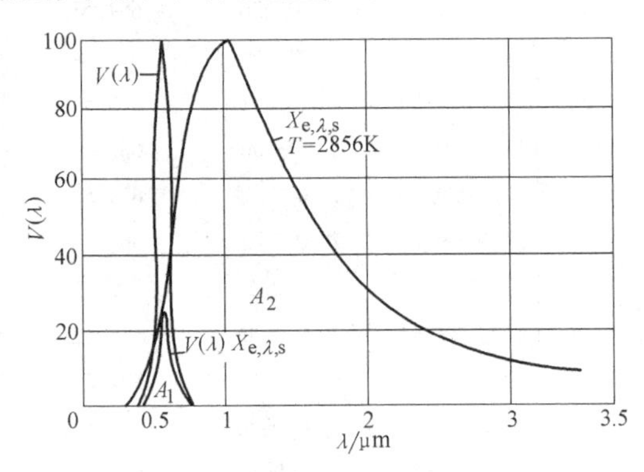

图1-7 2856K标准钨丝白炽灯的辐射分布和人眼明视觉光谱光视效率 V（λ）

由式（1-51），已知某种辐射体的光视效能 K 和辐度量 X_e，就能够计算出该辐射体的光度量 X_v，它是辐射体的辐度量和光度量的转换关系式。例如，对于凝固点的铂（即 $T=2045$K的黑体），光视效能为 $K_{Pt}=1.9$lm/W。当辐照度 E_e 分别为 1×10^{-3}W/cm^2、10×10^{-3}W/cm^2 时，其照度 E_v 应分别为19lx、190lx。这就是说，凝固点热力学温度 $T=2045$K的铂发射的总辐通量为 10×10^{-3}W时，其中光通量为 $\Phi_v=19\times10^{-3}$lm。又如，对于黑体热力学温度 $T=2856$K、光视效能 $K_w=17$lm/W的标准钨丝灯，若已知其发射的总辐通量为 $\Phi_e=10\times10^{-3}$W，其光通量应为 $\Phi_v=170\times10^{-3}$lm。

由此可见，辐射体的温度越高，它的可见光成分越多，光视效能越高，光度量也越高，标准钨丝白炽灯的供电电压降低时，灯丝温度降低，可见光光谱成分减弱，光视效能降低，用照度计检测照度时，照度将显著下降。

1.4 半导体对光的吸收

1.4.1 光吸收的一般规律

光波入射到物质表面上，用透射法测定光通量的衰减时，发现通过路程 dx，光通量变化量 $d\Phi_v$ 与入射光的光通量 Φ_v 及路程 dx 的乘积成正比，即

$$d\Phi_v = -\alpha\Phi_v dx \tag{1-54}$$

式中，α 为吸收系数。

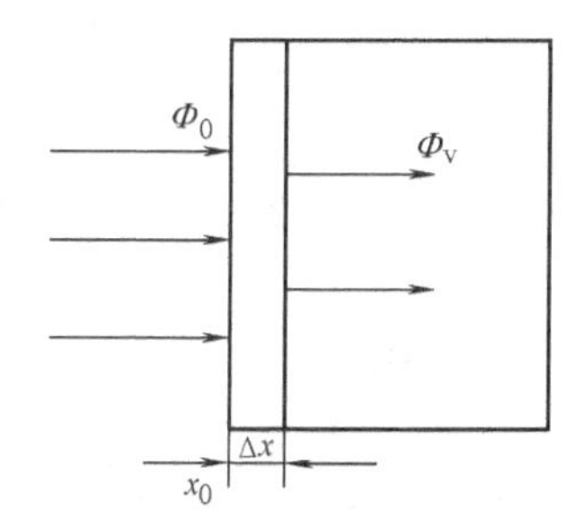

图 1-8 物质对光的吸收

如图 1-8 所示，利用初始条件 $x=0$ 时的光通量 $\Phi_v=\Phi_0$，解这个微分方程，可以找到通过路程 x 的光通量为

$$\Phi_v = \Phi_0 e^{-\alpha x} \tag{1-55}$$

可见，当光在物质中传播时，透过的能量衰减到原来能量的 e^{-1}时所透过的路程 x_0 的倒数等于该物质的吸收系数 α，即

$$\alpha = \frac{1}{x_\alpha} \tag{1-56}$$

另外，根据电动力学理论，平面电磁波在物质中传播时，其电矢量和磁矢量都按指数规律 $e^{-\omega\mu x c^{-1}}$ 衰减。而能流密度正比于电矢量 $\boldsymbol{E}_Y = E_0 e^{-\frac{\omega\mu x}{c}} e^{j\omega(t-\frac{nx}{c})}$ 和磁矢量 $\boldsymbol{H}_Z = H_0 e^{-\frac{\omega\mu x}{c}} e^{j\omega(t-\frac{nx}{c})}$ 的乘积，其实数部分应该是辐通量随传播路径 x 的变化，即

$$\Phi = \Phi_0 e^{-\frac{2\omega\mu x}{c}} \tag{1-57}$$

式中，μ 为消光系数。

由此可以得出

$$\alpha = \frac{2\omega\mu}{c} = \frac{4\pi\mu}{\lambda} \tag{1-58}$$

式（1-58）表明，若消光系数 μ 是与光波波长无关的常数，则吸收系数 α 与波长成反比。半导体的消光系数 μ 与入射光的波长无关，表明它对越短波长的光吸收越强。普通玻璃的消光系数 μ 也与波长 λ 无关，玻璃对短波长辐射的吸收也很强。

当不考虑反射损失时，吸收的光通量应为

$$\Phi = \Phi_0 - \Phi_v = \Phi_0(1-e^{-\alpha x}) \tag{1-59}$$

1.4.2 半导体对光的吸收

半导体对光的吸收可分为本征吸收、杂质吸收、激子吸收、自由载流子吸收和晶格吸收。

1. 本征吸收

在不考虑热激发和杂质的作用时，四价半导体元素中做共有化运动的电子被认为基本上处于价带中，导带中的电子很少。当光入射到半导体的表面时，原子外层的价电子吸收足够

的光子能量，使它摆脱原子核对它的束缚，跨越禁带进入到外层能带（导带）中，成为可以自由运动的自由电子。同时，在价带中留下一个能够自由运动的“空穴”，即产生“电子–空穴”对。如图 1-9 所示，半导体价带电子吸收光子能量跃迁入导带产生电子–空穴对的现象称为本征吸收。

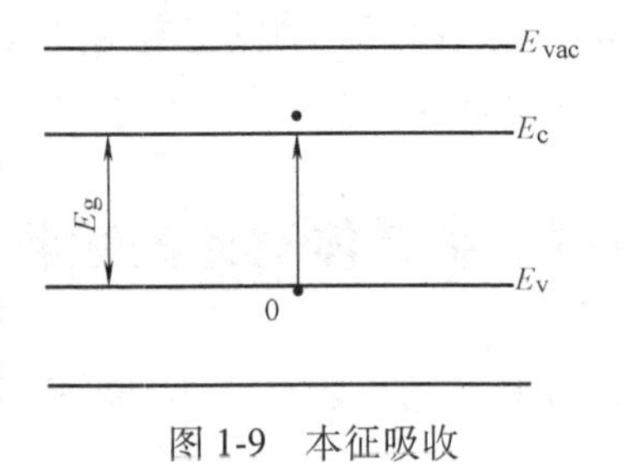

图 1-9　本征吸收

显然，发生本征吸收的条件是光子能量必须大于半导体的禁带宽度 E_g，才能使价带 E_v 上的电子吸收足够的能量跃入到导带底能级 E_c 之上，即

$$h\nu \geqslant E_g \tag{1-60}$$

由此可以得到发生本征吸收的长波限

$$\lambda_L \leqslant \frac{hc}{E_g} = \frac{1.24}{E_g} \tag{1-61}$$

只有波长短于 $\frac{1.24}{E_g}$（单位为 μm）的入射辐射才能使半导体产生本征吸收，改变它的导电特性。

2. 杂质吸收

在低温环境下的 N 型半导体中未电离的杂质原子（施主原子）吸收光子能量 $h\nu$。若 $h\nu$ 大于或等于施主电离能 ΔE_D，则杂质原子的外层电子将克服杂质能级（施主能级）的束缚而跃入到导带成为自由电子。

同样，P 型半导体中，价带上的电子吸收了大于 ΔE_A（受主电离能）的光子能量 $h\nu$ 后，价电子摆脱受主电离能的束缚跃入受主能级，结果价带上出现“空穴”，相当于受主能级上的“空穴”吸收光子能量跃入价带。

这两种杂质半导体吸收足够的光子能量产生电离的过程称为杂质吸收。

显然，杂质吸收的长波限

$$\lambda_L \leqslant \frac{1.24}{\Delta E_D} \tag{1-62}$$

或

$$\lambda_L \leqslant \frac{1.24}{\Delta E_A} \tag{1-63}$$

杂质吸收的长波长总要长于本征吸收的长波长。杂质吸收也会改变半导体的导电特性，引起光电效应。

3. 激子吸收

当入射到本征半导体上的光子能量 $h\nu$ 小于 E_g，或入射到杂质半导体上的光子能量 $h\nu$ 小于杂质电离能（ΔE_D 或 ΔE_A）时，电子不会产生能带间的跃迁成为自由载流子，仍受原来束缚电荷的约束处于受激状态，这种处于受激状态的电子称为激子。吸收光子能量后，产生激子的现象称为激子吸收。显然，激子吸收不会改变半导体的导电特性。

4. 自由载流子吸收

对于一般半导体材料而言，入射光子的频率不够高（或波长较长）时，不足以引起电子产生能带间的跃迁或形成激子时，仍然存在着吸收，而且其强度随入射波长的缩短而增加。这是自由载流子在同一能带内的能级间的跃迁所引起的，称为自由载流子吸收。自由载流子吸收不会改变半导体的导电特性。

5. 晶格吸收

晶格原子对远红外谱区的光子能量也具有吸收效应，它直接转变为晶格振动的加剧，振动动能的增加，在宏观上表现为物体温度升高，引起物质的热敏效应。

以上5种吸收中，只有本征吸收和杂质吸收能够直接产生非平衡载流子，引起光电效应。其他吸收都程度不同地把辐射能转换为内能，使器件温度升高，增加热激发载流子运动速度，而不会改变半导体的导电特性。

1.5 光电效应

光与物质作用产生的光电效应分为内光电效应与外光电效应两类。内光电效应是被光激发所产生的载流子（自由电子或空穴）仍在物质内部运动，使物质的电导率发生变化或产生光伏的现象。而被光激发产生的电子逸出物质表面形成真空中电子的现象称为外光电效应。本节主要讨论内光电效应与外光电效应的基本原理。内光电效应是半导体光电传感器的核心技术，外光电效应是真空摄像管、变像管和图像增强器的核心技术，也可以说光电效应是光电传感器的基础。

1.5.1 内光电效应

1. 光电导效应

光电导效应常分为本征光电导效应与杂质光电导效应两种，本征半导体或杂质半导体价带中的电子吸收光子能量跃入导带产生本征吸收，导带中产生光生自由电子，价带中产生光生自由空穴。光生电子与空穴使半导体的电导率发生变化，这种在光作用下由本征吸收引起的半导体电导率变化的现象称为本征光电导效应。

如果辐通量为$\Phi_{e,\lambda}$的单色辐射入射到如图1-10所示的半导体上时，波长λ的单色辐射全部被吸收，则光敏层单位时间（每秒）所吸收的量子数密度$N_{e,\lambda}$应为

$$N_{e,\lambda}=\frac{\Phi_{e,\lambda}}{h\nu bdl} \tag{1-64}$$

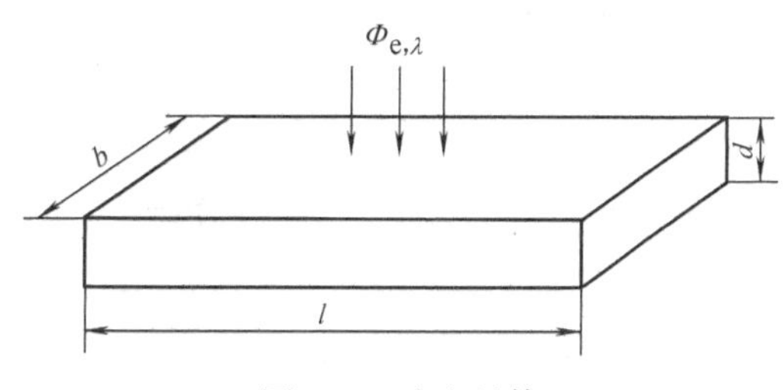

图1-10 光电导体

光敏层每秒产生的电子数密度G_e为

$$G_e=\eta N_{e,\lambda} \tag{1-65}$$

式中，η为半导体材料的量子效率。

在热平衡状态下，半导体的热电子产生率G_t与热电子复合率r_t相平衡。因此，光敏层内电子总产生率应为热电子产生率G_t与光电子产生率G_e之和，即

$$G_e+G_t=\eta N_{e,\lambda}+r_t \tag{1-66}$$

在光敏层内除电子与空穴的产生外，还有电子与空穴的复合。导带中的电子与价带中的空穴的总复合率R应为

$$R=K_f(\Delta n+n_i)(\Delta p+p_i) \tag{1-67}$$

式中，K_f为载流子的复合概率；Δn为导带中的光生电子浓度；Δp为导带中的光生空穴浓度；n_i与p_i分别为热激发电子与空穴的浓度。

同样，热电子复合率 r_t 与导带内热电子浓度 n_i 及价带内空穴浓度 p_i 的乘积成正比。即

$$r_t = K_f n_i p_i \tag{1-68}$$

在热平衡状态载流子的产生率应与复合率相等，即

$$\eta N_{e,\lambda} + K_f n_i p_i = K_f(\Delta n + n_i)(\Delta p + p_i) \tag{1-69}$$

在非平衡状态下，载流子的时间变化率应等于载流子的总产生率与总复合率的差。即

$$\begin{aligned}\frac{d\Delta n}{dt} &= \eta N_{e,\lambda} + K_f n_i p_i - K_f(\Delta n + n_i)(\Delta p + p_i)\\ &= \eta N_{e,\lambda} - K_f(\Delta n\Delta p + \Delta p n_i + \Delta n p_i)\end{aligned} \tag{1-70}$$

下面分为两种情况讨论：

1）在微弱辐射作用下，光生载流子浓度 Δn 远小于热激发电子浓度 n_i，光生空穴浓度 Δp 远小于热激发空穴的浓度 p_i，并考虑到本征吸收的特点，$\Delta n = \Delta p$，式（1-70）可简化为

$$\frac{d\Delta n}{dt} = \eta N_{e,\lambda} - K_f \Delta n(n_i + p_i)$$

利用初始条件 $t=0$ 时，$\Delta n=0$ 解微分方程，得

$$\Delta n = \eta\tau N_{e,\lambda}(1 - e^{-t/\tau}) \tag{1-71}$$

式中，τ 为载流子的平均寿命，$\tau = 1/K_f(n_i + p_i)$。

由式（1-71）可见，光生载流子浓度随时间按指数规律上升，当 $t \gg \tau$ 时，载流子浓度 Δn 达到稳态值 Δn_0，即达到动态平衡状态：

$$\Delta n_0 = \eta\tau N_{e,\lambda} \tag{1-72}$$

光生载流子引起半导体电导率的变化 $\Delta\sigma$ 为

$$\Delta\sigma = \Delta n q\mu = \eta\tau q\mu N_{e,\lambda} \tag{1-73}$$

式中，μ 为电子迁移率 μ_n 与空穴迁移率 μ_p 之和。

半导体材料的光电导 g 为

$$g = \Delta\sigma\frac{bd}{l} = \frac{\eta\tau q\mu bd}{l}N_{e,\lambda} \tag{1-74}$$

将式（1-73）代入式（1-74）得到

$$g = \frac{\eta q\tau\mu}{h\nu l^2}\Phi_{e,\lambda} \tag{1-75}$$

由式（1-75）可以看出，在弱辐射作用下半导体材料的电导与入辐通量 $\Phi_{e,\lambda}$ 呈线性关系。

2）在强辐射的作用下，$\Delta n \gg n_i$，式（1-70）可简化为

$$\frac{d\Delta n}{dt} = \eta N_{e,\lambda} - K_f \Delta n^2$$

利用初始条件 $t=0$ 时，$\Delta n=0$ 解微分方程，得

$$\Delta n = \left(\frac{\eta N_{e,\lambda}}{K_f}\right)^2 \operatorname{th}\frac{t}{\tau} \tag{1-76}$$

式中，τ 为强辐射作用下载流子的平均寿命，$\tau = \frac{1}{\sqrt{\eta K_f N_{e,\lambda}}}$。

显然，可以找到强辐射情况下，半导体材料的光电导与入射辐通量间的关系

$$g=q\mu\left(\frac{\eta bd}{h\nu K_{\mathrm{f}}l^{3}}\right)^{\frac{1}{2}}\Phi_{\mathrm{e},\lambda}^{\frac{1}{2}} \tag{1-77}$$

为抛物线关系。

综上所述，半导体的光电导效应与入射辐通量的关系为在弱辐射作用的情况下是线性的，随着辐射的增强，线性关系变坏，当辐射很强时变为抛物线关系。

2. 光伏效应

光伏效应是基于半导体 PN 结基础上的一种将光能转换成电能的效应。当入射光作用在半导体 PN 结上产生本征吸收时，价带中的光生空穴与导带中的光生电子在 PN 结内建电场的作用下分开并分别向图 1-11 所示的方向运动，形成光伏电压或光生电流的现象。

半导体 PN 结的能带结构如图 1-12，当 P 型半导体与 N 型半导体形成 PN 结时，P 区和 N 区的多数载流子要进行相对的扩散运动，以便平衡它们的费米能级差。扩散运动平衡时，它们具有如图 1-12 所示的同一费米能级 E_{f}，并在结区形成由正、负离子组成的空间电荷区或耗尽区。空间电荷形成图 1-11 所示的内建电场，内建电场的方向由 N 区指向 P 区。当入射辐射作用于 PN 结时，本征吸收产生的光生电子与空穴将在内建电场力的作用下做漂移运动，电子被内建电场拉到 N 区，而空穴被拉到 P 区。结果 P 区带正电，N 区带负电，形成伏特电压。

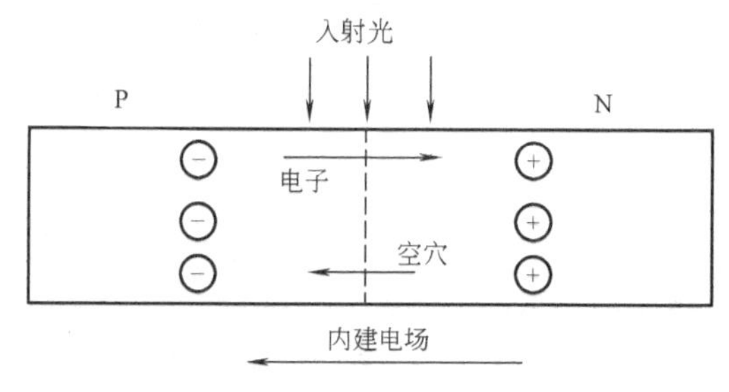

图 1-11　半导体 PN 结示意图

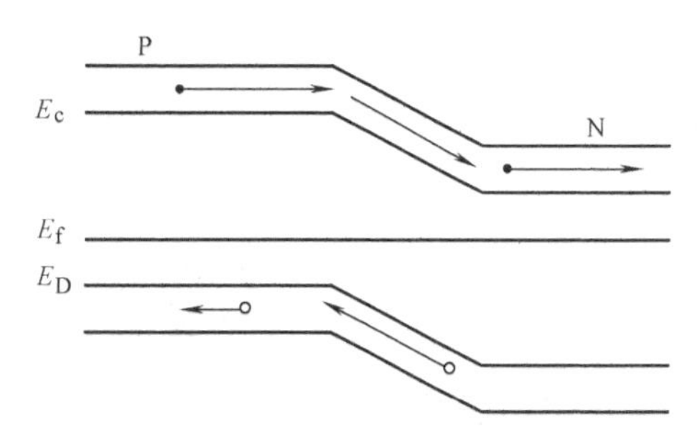

图 1-12　半导体 PN 结的能带结构

当设定内建电场的方向为电压与电流的正方向时，将 PN 结两端接入适当的负载电阻 R_{L}，若入射辐通量为 $\Phi_{\mathrm{e},\lambda}$ 的辐射作用于 PN 结器件上，则有电流 I 流过负载电阻，并在负载电阻 R_{L} 的两端产生压降 U，流过负载电阻的电流应为

$$I=I_{\Phi}-I_{\mathrm{D}}(\mathrm{e}^{\frac{qU}{kT}}-1) \tag{1-78}$$

式中，I_{Φ} 为光生电流，$I_{\Phi}=\frac{\eta q}{h\nu}(1-\mathrm{e}^{-\alpha d})\Phi_{\mathrm{e},\lambda}$；$I_{\mathrm{D}}$ 为暗电流。

当然，从式（1-78）也可以获得 I_{Φ} 的另一种定义，当 $U=0$（PN 结被短路）时的输出电流 I_{SC} 即短路电流，并有

$$I_{\mathrm{SC}}=I_{\Phi}=\frac{\eta q}{h\nu}(1-\mathrm{e}^{-\alpha d})\ \Phi_{\mathrm{e},\lambda} \tag{1-79}$$

同样，当 $I=0$ 时（PN 结开路），PN 结两端的开路电压 U_{OC} 为

$$U_{\mathrm{OC}}=\frac{KT}{q}\ln\ (\frac{I_{\Phi}}{I_{\mathrm{D}}}+1) \tag{1-80}$$

在光电传感器中常用具有光伏效应的光电二极管作为像元，此时的光电二极管常采用反

向偏置，即式（1-78）中的电压 U 为负值，且满足 $|U| \gg \frac{q}{kT}$，在反向偏置的情况下光电二极管的电流为

$$I=I_{\Phi}+I_{\mathrm{D}} \tag{1-81}$$

作为光电二极管的暗电流 I_{D} 一般要远远小于光电流 I_{Φ}，因此，常将其忽略。光电二极管的电流与入射辐射呈线性关系：

$$I=\frac{\eta q}{h\nu}(1-\mathrm{e}^{-\alpha d})\ \Phi_{\mathrm{e},\lambda} \tag{1-82}$$

3. 丹培效应

如图 1-13 所示，当半导体材料的一部分被遮蔽，另一部分被光均匀照射时，在曝光区产生本征吸收的情况下，将产生高密度的电子与空穴载流子，而遮蔽区的载流子浓度很低，形成浓度差。这样，由于两部分载流子浓度差很大，必然要引起载流子由受照面向遮蔽区的扩散运动，由于电子的迁移率大于空穴的迁移率，因此在向遮蔽区进行扩散运动的过程中，电子很快进入遮蔽区，而空穴落在后面。这样，受照面积累了空穴，遮蔽区积累了电子，产生光伏现象。人们称这种由于载流子迁移率的差别产生受照面与遮光面之间的伏特现象为丹培（Dember）效应。

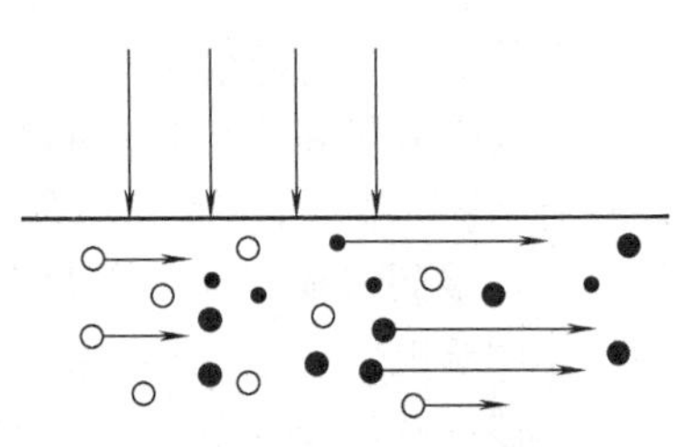

图 1-13 光生载流子的扩散运动

丹培效应产生的光生电压为

$$U_{\mathrm{D}}=\frac{KT}{q}\left(\frac{\mu_{\mathrm{n}}-\mu_{\mathrm{p}}}{\mu_{\mathrm{n}}+\mu_{\mathrm{p}}}\right)\ln\left[1+\frac{(\mu_{\mathrm{n}}+\mu_{\mathrm{p}})\ \Delta n_0}{n_0\mu_{\mathrm{n}}+p_0\mu_{\mathrm{p}}}\right] \tag{1-83}$$

式中，n_0 与 p_0 为热平衡载流子的浓度；Δn_0 为半导体表面处的光生载流子浓度；μ_{n} 与 μ_{p} 分别为电子与空穴的迁移率。$\mu_{\mathrm{n}}=1400\mathrm{cm}^2/(\mathrm{V}\cdot\mathrm{s})$，$\mu_{\mathrm{p}}=500\mathrm{cm}^2/(\mathrm{V}\cdot\mathrm{s})$，显然，$\mu_{\mathrm{n}}\gg\mu_{\mathrm{p}}$。

以适当频率的单色光照射厚度为 d 的半导体样品时，若材料的吸收系数 $\alpha\gg1/d$，则背光面相当于被遮面。迎光面产生的电子与空穴浓度远比背光面高，在扩散力的作用下，形成双极性扩散运动。结果，半导体的迎光面带正电，背光面带负电，产生光伏电压。

4. 光磁电效应

将半导体的两个端面加上磁场，构成图 1-14 所示的光磁电效应实验装置，使磁场的方向与光照方向垂直（图 1-14 中所示 B 的方向），当半导体受光照射产生丹培效应时，由于电子和空穴在磁场中的运动必然受到洛伦兹力的作用，使它们的运动轨迹发生偏转，空穴向半导体的上方偏转，电子偏向下方。结果在垂直于光与磁平面上产生伏特电压，称为光磁电场。这种现象称为半导体的光磁电效应。

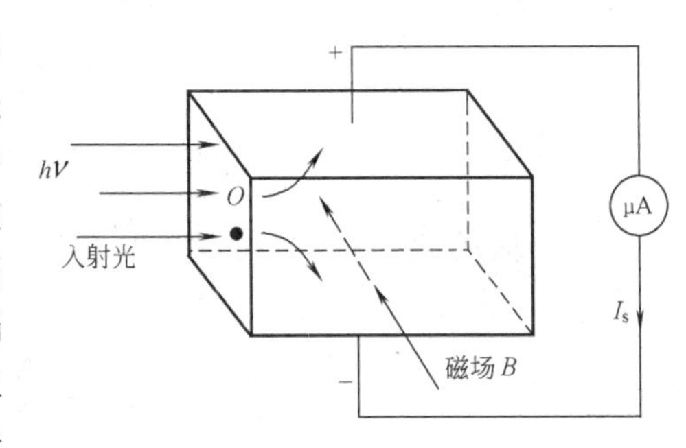

图 1-14 光磁电效应

光磁电场 E_{Z} 为

$$E_{\mathrm{Z}}=\frac{-qBD(\mu_{\mathrm{n}}+\mu_{\mathrm{p}})(\Delta p_0-\Delta p_{\mathrm{d}})}{n_0\mu_{\mathrm{n}}+p_0\mu_{\mathrm{p}}} \tag{1-84}$$

式中，Δp_0、Δp_d 分别为 $x=0$，$x=d$ 处 N 型半导体在光辐射作用下激发出的少数载流子（空穴）的浓度；D 为双极性载流子的扩散系数。

D 在数值上等于

$$D=\frac{D_n D_p(n+p)}{nD_n+pD_p} \tag{1-85}$$

式中，D_n 与 D_p 分别为电子与空穴的扩散系数。

如图 1-14 所示，用低阻微安表测得短路电流为 I_s，在测量半导体样品光电导效应时，设外加电压为 U，流过样品的电流为 I，则少数载流子的平均寿命 τ 为

$$\tau=\frac{B^2D(I/I_s)^2}{U^2} \tag{1-86}$$

5. 光子牵引效应

当高速运动的光子与半导体中的自由载流子作用时，光子把动量传递给自由载流子，自由载流子将顺着光子运动的方向做相对于晶格的运动。结果是在开路的情况下，半导体样品将产生电场，它阻止载流子的运动，这个现象被称为光子牵引效应。

利用光子牵引效应成功地检测了低频率、大功率的 CO_2 激光器的输出功率。CO_2 激光器的输出光的波长（10.6μm）远远超过激光器锗窗材料的本征吸收长波限，不可能产生光电子发射，但是，激光器锗窗的两端会产生伏特电压，迎光面带正电，出光面带负电。

在室温下，P 型锗光子牵引探测器的光电灵敏度为

$$S_v=\frac{\rho\mu_p(l-r)}{Ac}\left[\frac{l-e^{-\alpha l}}{l+re^{-\alpha l}}\left(\frac{p/p_0}{l+p/p_0}\right)\right] \tag{1-87}$$

式中，ρ 为锗窗的电阻率；μ_p 为空穴迁移率；A 为探测器的接收面积；c 为光速；α 为材料的吸收系数；r 为探测器表面的反射系数；l 为探测器沿光行进方向的长度；p 为空穴的浓度。

1.5.2　光电发射效应

当物质中的电子吸收足够的光子能量后，电子将克服原子核的束缚，逸出物质表面成为真空中的自由电子，这种现象称为光电发射效应或外光电效应。

外光电效应光电能量转换的基本关系为

$$h\nu=\frac{1}{2}mv_0^2+E_{th} \tag{1-88}$$

式（1-88）表明具有 $h\nu$ 能量的光子被电子吸收后，只要光子的能量大于光电发射材料的光电发射阈值 E_{th}，则质量为 m 的电子所具备的初始动能 $\frac{1}{2}mv_0^2$ 便大于零，即有电子将以初始速度 v_0 飞出光电发射材料进入真空。

光电发射阈值 E_{th} 的概念是建立在材料的能带结构基础上的。对于金属材料，由于它的能级结构如图 1-15，导带与价带连在一起，因此，它的光电发射阈值 E_{th} 等于真空能级与费米能级 E_f 之差：

$$E_{th}=E_{vac}-E_f \tag{1-89}$$

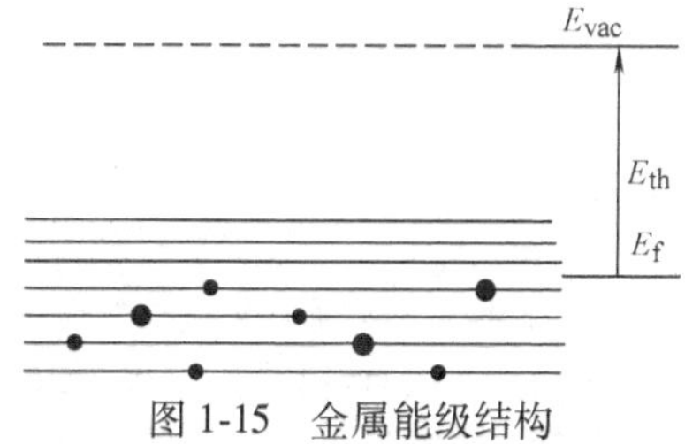

图 1-15　金属能级结构

式中，E_{vac}为真空能级，一般将其设为参考能级为零；E_f 为费米能级，是低于真空能级的负值；E_{th}为光电发射阈值，其值大于零。

半导体的情况较为复杂，它分为本征半导体与杂质半导体，杂质半导体中又分为P型与N型杂质半导体，其能级结构不同，光电发射阈值的定义也不同。图1-16为三种半导体的综合能级结构图，由能级结构图可以得到处于导带中的电子，其光电发射阈值E_{th}为导带到真空能级间的能量差E_A，称其为材料的电子亲和势。

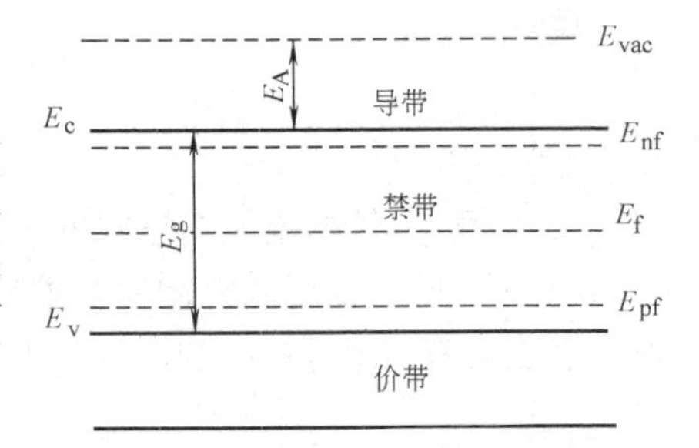

图1-16 三种半导体的综合能级结构图

$$E_{th} = E_A \tag{1-90}$$

即导带中的电子吸收大于电子亲和势E_A的光子能量后，就可以飞出半导体表面。而对于价带中的电子，其光电发射阈值E_{th}为

$$E_{th} = E_g + E_A \tag{1-91}$$

说明电子由价带顶逸出物质表面所需要的最低能量，即光电发射阈值为禁带能级E_g与电子亲和势E_A之和。由此可以获得光电发射长波限λ_L（单位为nm）为

$$\lambda_L = \frac{hc}{E_{th}} = \frac{1239}{E_{th}} \tag{1-92}$$

利用具有光电发射效应的材料也可以制成各种光电探测器件，这些器件统称为光电发射器件。

光电发射器件具有许多不同于内光电器件的特点：

1）光电发射器件中的自由电子可以在真空中运动，因此，可以通过电场增加自由电子运动的动能，或通过电子内倍增系统提高光电探测灵敏度，使它能高速度地探测极其微弱的光信号，是像增强器与变像器像技术基础。

2）很容易制造出均匀的大面积光电发射器件，在光电成像器件方面非常有利。一般真空光电成像器件的空间分辨力要高于半导体光电传感器。

3）光电发射器件需要高稳定的高压直流电源设备，使得整个探测器体积庞大，功率损耗大，不适用于野外操作，造价也昂贵。

4）光电发射器件的光谱响应范围一般不如半导体光电器件宽。

思考题与习题1

1. 光的辐度量与光度量的本质区别是什么？为什么量子流速率计算公式中不能出现光度量？

2. 试写出Φ_e、M_e、I_e、L_e等辐度量参数之间的关系式，说明它们分别是从哪个角度对辐射源进行度量的。意义如何。

3. 试举例说明辐出度M_e与辐照度E_e的主要差异。哪个是描述辐射源性能的物理量？

4. 什么是余弦辐射体？余弦辐射体有哪些主要特征？激光器发出的光属于余弦辐射体吗？

5. 试说明K_m、K_λ、K_w的物理意义及它们在辐度量参数与光度量参数转换中的作用。

6. 一台氦-氖激光器发出波长为0.6328μm的激光束6mW，其光束平面发散角为0.01mrad，放电毛细管直径为2mm。试问当$V_{(0.6328)}=0.235$时，此光束的辐通量、光通量、发光强度、光出度等各为多少？若将其投射到30m远处的屏幕上，问屏幕上的光斑面积有多大？光斑照度为多少？

7. 一束波长为0.5145μm，输出功率为5W的氩离子激光束均匀地投射到0.2cm^2的白色屏幕上，问屏幕上的光照度为多少？若屏幕的反射系数为0.88，其光出度为多少？屏幕每分钟接收多少个光子？

8. 一束波长为0.6328μm，强度为5.0mW激光束发出的光通量Φ_v为多少？它所发出的光子流速率N为多少？

9. 某卫星上测得大气层外太阳光谱的最强光谱辐射峰值波长在0.465μm处，若把太阳视为黑体，试计算太阳表面的温度及太阳的最强光谱辐出度为多少？

10. 年轻人正常体温下发出辐射的峰值波长λ_m为多少？发烧到38℃时的峰值波长又为多少？发烧到39℃时的峰值光谱辐出度$M_{e,s,\lambda m}$又为多少？

11. 通过测量光谱分布方式测得某黑体辐射体的最强光谱波长为0.63μm，试计算出该黑体的温度。

12. 某半导体光电器件的长波限为14μm，该器件的杂质电离能ΔE_i为多少？

13. 什么是丹培效应？产生丹培效应的主要原因是什么？

14. 为什么说CO_2激光器的锗晶体出光窗的两端会产生伏特电压？迎光面与出光面相比哪端电位高？为什么？这属于哪种光电效应？

15. 某厂生产的光电器件在标准钨丝白炽灯光源下做出标定，光照灵敏度为100μA/lm，试求其辐射灵敏度。

16. 若甲、乙两厂生产的光电器件在色温2856K标准钨丝白炽灯下标定出的灵敏度分别为：甲厂S_{ew}=6μA/mW，乙厂S_{vw}=3.5mA/lm，试比较甲、乙两厂光电器件灵敏度的高低。

17. 若已知光伏器件的光电流分别为100μA与500μA，暗电流为1μA，它们的开路电压U_{OC}各为多少？

18. 已知本征硅材料的禁带宽度为E_g=1.2eV，试计算本征硅半导体的本征吸收长波长。

19. 光电发射材料K_2CsSb的光电发射长波长为650nm，试求该材料的光电发射阈值。

20. 已知某种光电器件的本征吸收长波长为1.2μm，试计算该材料的禁带宽度。

第 2 章　光　　源

光源是光电传感器应用技术中的重要部分，选好光源是用好光电传感器的重要环节。本章从应用的角度简单地介绍各类光源的特性、发光光谱，并重点介绍各种电光源的发光机理、供电电路和在光电传感器中的应用特性。

2.1　光源的分类

光源的种类很多，分类方式各异。总结光电传感器应用技术领域中所用的光源特征，可将其分为自然光源与电光源两大类。由自然过程产生的光源称为自然光源，各种天体（包括太阳、月亮、行星）及天空等都属于自然光源。自然光源是客观的存在，人们只能对其进行研究和利用，不能改变它的发光特性。本节主要介绍自然光源。

1. 太阳

太阳是最典型和能量最强的自然光源，人类的视觉观察活动主要是在太阳的照明下进行的。在地球上研究和利用太阳的辐射，必然受到地球公转与自转的影响引起所接收太阳光的时相变化。地球大气的状态变化以及观察者地理位置、纬度与海拔的不同，都将引起所接收太阳辐射量的差异。

从地球上看到的太阳是一个发光圆盘，在地球和太阳的距离为平均距离时，其平面角为32′，对应的立体角约为 7×10^{-5}sr。太阳在大气层外并与辐射方向垂直的表面上形成的辐照度为 $E_{e,sun}=1390W/m^2$，在地-日平均距离上的近日点所形成的辐照度可达到 $1438W/m^2$，远日点也能达到 $1345W/m^2$，在天空较晴朗、太阳位于天顶的情况下，太阳在海平面上所形成的照度 $E_{v,sun}\approx1.24\times10^5$lx。由于地球和太阳间距离的变化引起由太阳的辐照度和照度的变化不超过±3.5%，远远小于天气变化的影响。

图 2-1 为太阳在大气层外和在海平面的光谱辐出度与波长的关系曲线。图中阴影区为海平面上的光谱辐出度因大气吸收所致。由图 2-1 可以看出，在大气层外的光谱辐出度曲线很接近 5900K 黑体的光谱辐出度曲线。大气中的 H_2O、CO_2 和 O_3 形成许多吸收峰，使得海平面上的辐出度大为降低。可以看出，大气在可见光谱范围内为一透明度较高的窗口。

在许多情况下，直接或间接利用太阳作光源时（如地形、地貌勘测分析，空气质量监测等），都必须考虑到天气变化对测量结果的影响。

2. 月亮、行星及天空

月亮、行星及天空也是重要的自然光源。白天，地球表面照度约 1/5 是天空这个自然光源形成的，天空光中的绝大部分是地球大气对太阳光散射形成的，大气辐射只占极少部分。夜间，在晴好天气下月亮、行星所产生的辐射是夜晚野外观察的重要光源。图 2-2 为月亮、行星在最亮情况下的光谱辐射与波长的分布。除月亮、行星光源外，夜间的天空也是不可忽略的光源，天空光由黄道光（约占 15%）、银河光及银河系外辐射（约占 5%）、夜空光（约占 40%）、上述各光源的散射光（约占 10%）以及直射和散射星光（约占 30%）构成。

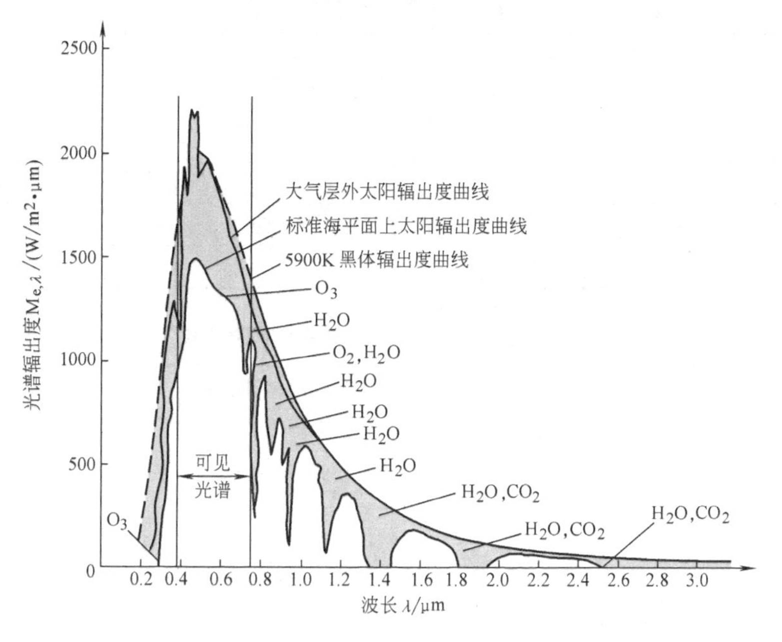

图 2-1 太阳在大气层外和在海平面的光谱辐出度与波长的关系曲线

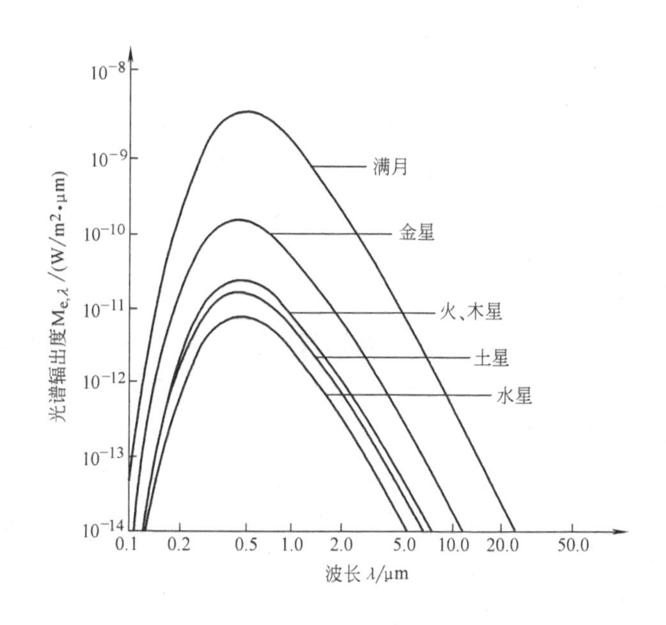

图 2-2 月亮、行星在最亮情况下的光谱辐射与波长的分布

表 2-1 列出了白天和夜间各种条件下自然光源在地球表面形成的照度。

表 2-2 列出了各种条件下接近地平线天空的光亮度值。可见，白昼天空光的最大变化量超过 10^3 倍，夜间照度的变化量更大，在设计野外全天候观测与监控的光电系统时要特别注意。

表 2-1 自然光源在地球表面形成的照度

自 然 条 件	照度值/lx	自 然 条 件	照度值/lx
直射日光	$(1\sim1.3)\times10^5$	深黄昏	1
完全白天光	$(1\sim2)\times10^4$	满月	10^{-1}
白天（阴）	10^3	弦月	10^{-2}
很暗的白天	10^2	星光	10^{-3}
黄昏（黎明）	10	星光（阴天）	10^{-4}

表 2-2 各种条件下接近地平线天空的光亮度值

自 然 条 件	光亮度值/(cd/m²)	自 然 条 件	光亮度值/(cd/m²)
晴朗的白日	10^4	日落后 30min（晴天）	10^{-1}
白天（阴）	10^3	相当明亮的月光	10^{-2}
白天（阴得很重）	10^2	无月（晴朗夜空）	10^{-3}
日落时（阴天）	10	无月（阴天夜空）	10^{-4}
日落后 15min（晴天）	1		

2.2 钨丝灯

为了给光电传感器提供良好、稳定的条件，人们制造了许多种人工光源以便补充自然光源的各种不足，钨丝灯光源为最早应用的电光源。本节主要介绍各种钨丝灯的发光特性及其工作特性。钨丝灯的品种很多，但可以将其归纳为两类——钨丝白炽灯与卤钨灯。

2.2.1 钨丝白炽灯

18 世纪末，伏特发现电流发热和发光现象后，俄国的谢尔盖耶夫（Cergeev）在 19 世纪 60 年代制成了铂丝蜷状的白炽灯，后经改进制成当今仍在普遍使用的普通钨丝白炽灯。

1. 普通钨丝白炽灯的结构

普通钨丝白炽灯是由用熔点高达 3600K 的钨丝制成的灯丝、实心玻璃、灯头和玻璃壳组成的。灯丝是白炽灯的关键部分，几乎都是由钨丝绕制成单螺旋形或双螺旋形。白炽灯的供电电压决定钨丝的长度，供电电流决定灯丝的直径。

为使白炽灯产生的光通量按预期的空间分布，可将钨丝制成直射状、环状或锯齿状。锯齿状可布置成平面、圆柱形或圆锥形。也有用钨片制成带状的钨带灯，形成射状光源。

图 2-3 为仪器仪表中几种典型的钨丝白炽灯结构，其中图 2-3a 为插口型双电极安全灯；图 2-3b 为单电极（相线）在座的底部、零线为白炽灯座壳金属电极的插口灯；图 2-3c、d 均为螺口结构，其中金属螺旋接口兼作零线入端。它们均由实心玻璃和钼丝钩做成的支架支撑钨丝，再通过金属导线与外电源连接。玻璃壳一般采用透明的普通玻璃吹制成不同形状与尺寸的泡状，如图 2-3 所示。它的形状和尺寸由采用的冷却条件、功率与使用要求或特殊技术要求决定。有时把透明的玻璃壳的表面加以腐蚀（磨砂），或采用具有散光性强的乳白玻

璃制作，以便得到均匀发射的、亮度较为柔和的白光。有时也将部分外表面蒸镀金属等反光物质，使钨丝发出的光能加倍从透光面输出。

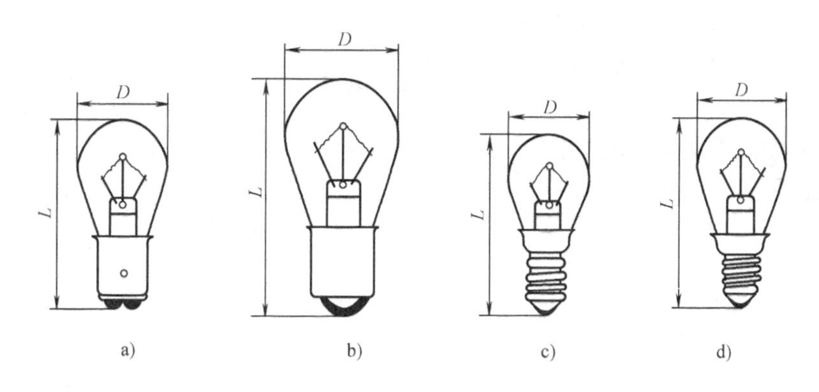

图 2-3 仪器仪表中几种典型的钨丝白炽灯结构图

为防止高温时钨丝氧化，必须把玻璃壳内抽成真空。对功率大于 40W 的白炽灯，其玻璃壳内充入了稀有气体，以减少钨丝蒸发，延长灯的寿命。其原理为稀有气体原子与蒸发出来的钨原子碰撞，使一部分钨原子又返回钨丝，从而延长钨丝的寿命，但稀有气体原子也会散失部分热量，使灯丝温度降低。因此，白炽灯中常充入分子量大的氙气。

2. 钨丝白炽灯的特性

（1）发光光谱 钨丝白炽灯在电流作用下维持钨丝的温度而发生辐射，属于热辐射体。在低温时，热辐射体的发射系数较小，且随波长的增大而减小。当温度升高时，光谱发射系数随波长的变化减小，最后在温度很高时趋向于 1，服从黑体辐射定律。

$$M_e = \alpha_T \sigma T^4 \tag{2-1}$$

式中，α_T 为温度系数，$\alpha_T = 1-e^{-\beta_w T}$，其中 $\beta_w = 1.47\times10^{-4}K^{-1}$；$\sigma$ 为斯忒藩-玻耳兹曼常数；T 为灯丝的热力学温度。

由式（2-1）可以看出，钨丝白炽灯的温度越高，它所发出的辐出度越强。同时，根据维恩位移定律，钨丝白炽灯的温度越高，短波长光谱辐射的含量越多，光的颜色“越白”。国际照明委员会规定灯丝温度为 2856K 的钨丝白炽灯为标准钨丝灯。

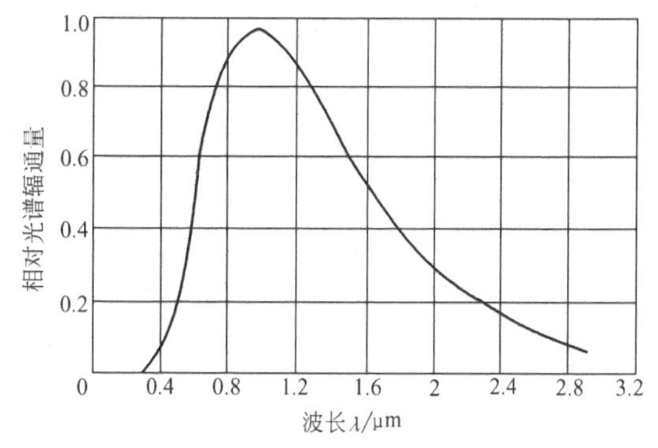

图 2-4 标准钨丝灯的相对光谱辐通量随波长的分布特性曲线

图 2-4 为标准钨丝灯的相对光谱辐通量随波长的分布特性曲线。从图中可以看出，波长在 1.0μm 处标准钨丝灯的光谱辐出度值最高，即标准钨丝灯光谱辐出度的峰值波长为 1.0μm，与维恩位移定律计算出来的峰值波长相符合。它发出的辐射光谱范围涵盖了整个可见光谱区，并延长至中红外区。它在可见光谱区的辐通量只占全部辐通量的一小部分。

（2）钨丝白炽灯的功率、光通量和发光效率 钨丝白炽灯的功率由所需要的光通量

（或照度）与灯的发光效率确定。灯的发光效率取决于灯丝的温度。如果要求光通量大，灯丝的直径要粗，这样流过的电流大，电功率就大，灯丝温度高，发光效率就高。100W 以下的钨丝白炽灯的发光效率一般为 6%～12%。

图 2-5 为钨丝白炽灯的功函数与温度的关系曲线。

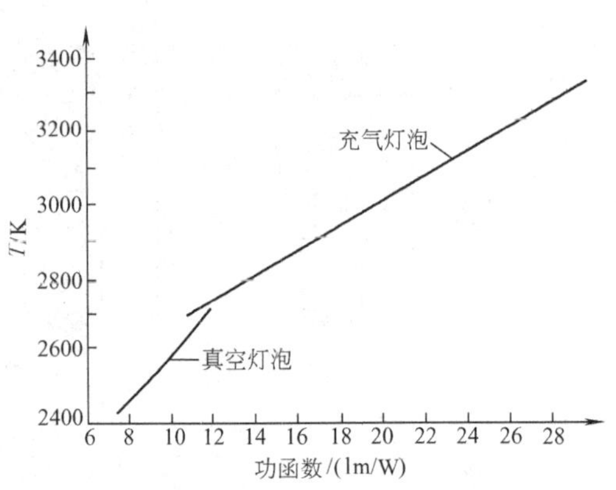

图 2-5 钨丝白炽灯的功函数与温度的关系曲线

当钨丝白炽灯的供电电压变化时，对白炽灯的电流、光通量、灯的功率损耗、灯的寿命等都有很大影响。如果电压增加，则灯丝温度上升，光通量增加，发光效率提高。但是，灯丝温度太高时，则钨丝的蒸发加快、加剧，使灯丝的一些局部迅速变细，从而使电阻值增大，局部功耗加大并很快被烧断。表 2-3 列出在真空中钨丝的蒸发率和寿命随温度的变化。由表 2-3 可知，蒸发率和寿命的乘积基本为常数，灯丝温度升高，发光光谱的短波成分提高，但是蒸发率也提高，灯的寿命降低。灯丝温度降低时，发光光谱的长波成分提高，发光效率降低，好处是灯的寿命大为提高。

表 2-3 在真空中钨丝的蒸发率和寿命随温度的变化

温度 T/K	蒸发率 r_m/[g/(cm^2·s)]	直径为 0.1mm 钨丝的寿命 τ/h	$r_m\tau$
2000	15.5	1.04×10^7	16.1×10^{-8}
2200	22.4	7.20×10^4	16.1×10^{-8}
2400	13.8	1.11×10^3	16.1×10^{-8}
2600	41.7	3.86×10	16.1×10^{-8}
2800	8.33	1.9	15.8×10^{-8}
3000	10.5	0.15	15.7×10^{-8}

通过实验得到，灯的电压变化使灯的电流 I、发光效率 η_v、光通量 Φ_v、寿命 τ 均发生变化。它们之间的关系为

$$\frac{U_N}{U}=\left(\frac{I_N}{I}\right)^2=\frac{\eta_{vN}}{\eta_v}=\left(\frac{\Phi_{vN}}{\Phi_v}\right)^{0.278}=\left(\frac{\tau_N}{\tau}\right)^n \tag{2-2}$$

式中，I_N、η_{vN}、Φ_{vN}、τ_N 分别为加在灯丝两端的电压为额定电压 U_N 时流过灯丝的电流值、发光效率、额定光通量与额定寿命；而 I、η_v、Φ_v、τ 分别为加在灯丝两端的电压为 U 时的相应值。

对于真空白炽灯，发光效率 $\eta_v=7.69\%$，对于充气灯，发光效率 $\eta_v=7.14\%$。

图 2-6 为供电电压变化对钨丝白炽灯各项参量的影响。

例如，由式（2-2），对真空灯，要使光通量增加 18%，需提高电压 5%，但寿命就要降

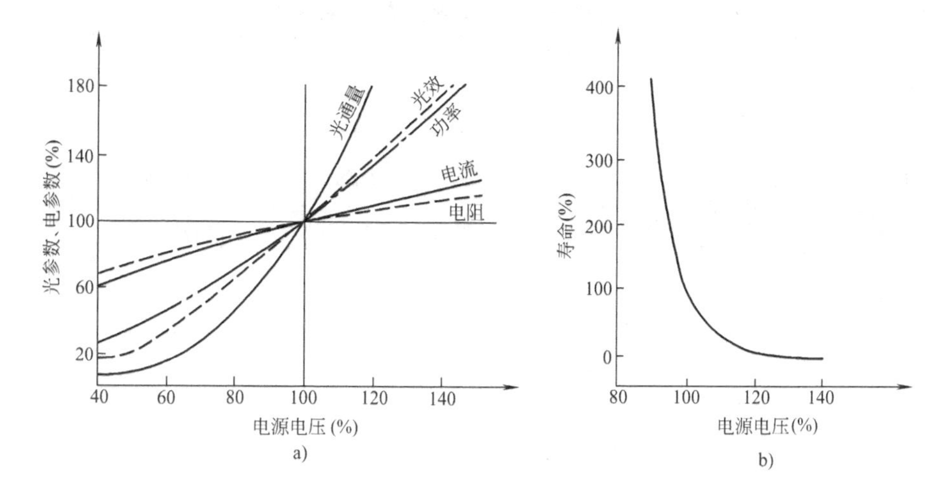

图 2-6　供电电压变化对钨丝白炽灯各项参量的影响

低 50%。反之，若把灯额定电压从 220V 降为 180V，灯发出的光通量就降低 52%，而寿命却增加为 220V 时的 13.6 倍。

另外，钨丝白炽灯在稳定电流的作用下将产生稳定的光通量。为此，对要求照明光源稳定度较高的情况下，常采用稳定电流电源供电，称为稳流电源光源。

（3）钨丝白炽灯的开关动作对灯寿命的影响　正常情况下，开关动作并不严重影响灯的寿命，只有当灯丝变得相当细时，由于开关动作造成的快速温度变化而产生的机械应力，才会使灯丝损坏。在开关灯时应注意：在灯启动的瞬间，灯的电流很大。这是由于钨有正的电阻特性，在工作时的热态电阻远大于冷态（20℃）电阻。一般钨丝白炽灯灯丝的热态电阻是冷态电阻的 12~16 倍。因此，当使用大批钨丝白炽灯时，要对灯进行分批启动控制，以免过大的电流对电源或电网的冲击导致电源或电网寿命的降低以致损坏。

（4）钨丝白炽灯的色彩与调光特性　钨丝白炽灯的灯丝温度常在 2800K，远比太阳表层的温度（6000K）低，因此，它的色温偏低，颜色偏红。

普通钨丝白炽灯可以调光，没有限制。调光可使灯丝温度降低，从而使灯的色温降低，发光效率降低，但寿命延长。因此，长寿命是以牺牲发光效率为代价的。在要求连续调整灯的光照情况下，一般采用功率较低的为好。

当钨丝白炽灯工作在标称电压的 50% 以下时，灯几乎不发光。然而此时灯的能量损耗依然不小。因此，当调光到这种程度时应该将它熄灭。

3. 钨丝白炽灯的分类

钨丝白炽灯的规格很多，分类方法也很多，常分为真空灯和充气灯。另外，从钨丝白炽灯的应用方面来分，有普通照明用灯、仪器仪表照明用灯、标准光源、标准光谱灯、仪器指示灯等。表 2-4 列出常用钨丝白炽灯的型号、类别、名称和用途。目前钨丝白炽灯的应用还比较普遍，是因为它结构简单、售价低廉，但由于其寿命和发光效率都很低，能源耗费较高，使它在很多方面的应用受到 LED（半导体发光器件）的冲击。随着 LED 的发展，LED 光源将逐渐取代各种钨丝白炽灯光源。

表 2-4 常用钨丝白炽灯的型号、类别、名称和用途

类别	名称	型号及数位表示意义			主要用途
		1	2	3	
普通照明灯	普通照明灯泡	PZ	额定电压	额定功率	照明
	局部照明灯泡	JZ			
指示灯	槌形电源指示灯泡	DC	额定电压	额定功率	各种仪器指示灯
	锥形电源指示灯泡	DZ			
	圆柱形指示灯泡	DY			
	梨形指示灯	DL			
	环形指示灯	DQ			
	小型指示灯	XZ			
	微型指示灯	WZ			
照明灯	仪器灯泡	YQ	额定电压	额定功率	提供仪器电光源
	红外灯泡	HW			烘干机等医用
标准灯	普通测光标准灯	BDP			计量光通量时用的标准光源
	发光强度标准灯	BDQ	顺序号		计量发光强度时用的标准光源
	光通量标准灯	BDT			计量光通量时用的标准光源
	辐通量标准灯	BDW	额定温度		作为光谱辐射能标准
	温度标准灯	BW			作为检测高温计的标准

2.2.2 卤钨灯

卤钨灯是一种改进的钨丝白炽灯。钨丝在高温下蒸发会使灯泡变黑，而如果降低钨丝白炽灯的灯丝温度，则发光效率降低。在灯泡中充入六价元素（氟、氯、溴或碘等卤族元素），可使它们与蒸发在玻璃壳上的钨形成卤化物。当这些卤化物回到灯丝附近时，遇到高温便会分解，使钨又回到钨丝上。这样，灯丝的温度可以大大提高，而玻璃壳也不会发黑。因此，卤钨灯具有灯丝发光强度高、效率高、形体小、成本低的特点。

常用的卤钨灯有碘钨灯和溴钨灯。在光电传感器技术中应用最多的卤钨灯为溴钨灯。图 2-7 为仪器用部分国产卤钨灯的外形与结构。图 2-7a、c 为低功率的溴钨仪器灯；图 2-7a 为具有矩形灯丝的面光源灯，它基本能满足测量仪器对光源均匀性的要求；而图 2-7c 的灯丝很小，近似为“点”光源，用于要求光源发光面尽量小的测量仪器中。图 2-7b、d 为大功率照明灯，它们的耗散功率常大于 50W，灯丝直径很粗，额定工作电压高，耗散功率很大，发光强度很高，发光效率也很高。图 2-7b 所示为 500W 的溴钨灯，可以发出 13000lm 以上的光通量，光视效能高达 26lm/W，远高于标准钨丝灯的光视效能。大功率溴钨灯主要用作投影仪、电影放映机等大型照明设备中的光源。

表 2-5 列出了仪器用国产卤钨灯的型号、规格和性能等参数，供选用时参考。

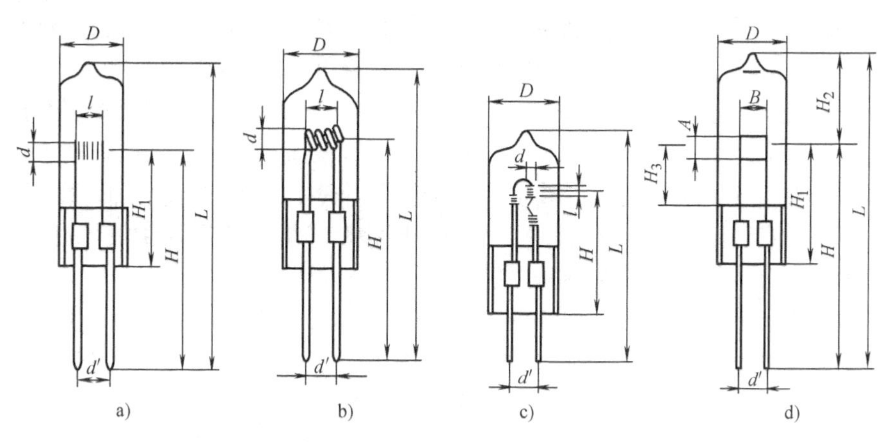

图 2-7 仪器用部分国产卤钨灯的外形与结构

表 2-5 仪器用国产卤钨灯的型号、规格和性能

型 号	规格		光通量/lm	平均寿命/h	主要尺寸					图号
	额定电压/V	额定功率/W			最大直径 D/mm	全长 L/mm	光中心高 H/mm	灯丝尺寸 d/mm×l/mm 或 A/mm×B/mm	开档 d′/mm	
LYQ5-40	5	40	800~1000	50	10. 5	≤42	$H=20\pm1$	1×3	5	图 2-7c
LYQ6-15	6	15	270	200	8. 5	≤42	$H_1=14\sim15$	1. 1×1. 2	4	图 2-7a
LYQ6-20	6	20	360~400	200	8. 5	≤42	$H_1=11\sim12$	0. 8×2. 3	4	图 2-7a
LYQ6-25	6	25	500~600	50	10. 5	≤45	$H=30\pm1$	1×3	4. 5	图 2-7c
LYQ6-30	6	30	510~570	100	10. 5	≤42	$H=25\pm1$	1×3	6. 5	图 2-7a
LYQ12-50	12	50	12600~1400	50	11. 5	≤52	$H=36\pm1$	1. 5×1. 6	6. 5	图 2-7d
LYQ12-75	12	75	2025~2250	50	11. 5	≤52	$H=36\pm1$	2×3	6. 5	图 2-7d
LYQ12-100	12	100	2700~3000	50	11. 5	≤52	$H=36\pm1$	1. 9×3. 7	6. 5	图 2-7d
LYQ24-150	24	150	4050~45000	50	12. 5	≤54	$H=37\pm1$	2. 3×3. 5	6. 5	图 2-7d
LYQ24-250	24	250	6750~7500	50	14	≤57	$H=38\pm1$	2. 5×5. 5	6. 5	图 2-7d
LYQ30-400	30	400	9700~10800	50	18	≤70	$H_1=32\pm1$	9×6	8	图 2-7d
LYQ55-500	55	500	13500~15000	50	15	≤57	$H=45\pm1$	5×8	6. 5	图 2-7b

2. 3 气体放电灯

气体放电灯包含汞灯、钠灯、氙灯和铟灯等。它们通过高压使气体电离放电产生很强的光辐射，而不像钨丝灯那样通过加热灯丝使其发光，因而也称气体放电灯，属于冷光源。气体放电灯的共同特点是发出的光谱为线光谱或带状光谱，它们的发光机理属于等离子体发光。

2. 3. 1 气体放电

在通常情况下，气体是不导电的，但在紫外线或宇宙射线作用下，会有少量气体分子被电离成正、负离子和自由电子。当汞在约为133.32Pa的气压下时，密封在玻璃管内的两个电极上加有一定电压（见图2-8a）。若电压较低，玻璃管内的汞蒸气中只有少量正、负离子和自由电子导电，形成极弱的电流，约为10^{-11}A，这就是所谓的气体的暗放电部分电流，这时电流与电压呈线性关系，如图2-8b中的*OA*段。随着电压增高，电流增长很快达到饱和，相当于曲线*AB*段。电压继续增高，被加速的带电粒子数以雪崩方式增加，相当于曲线的*BCD*段。达到*D*点后，当电压再稍微增加，由于阴极附近存在很高的阴极电压降和很大的离子浓度，这些离子中的正离子强烈轰击阴极表面，从阴极表面打出二次电子，使电流迅速增加，而极间电压反而迅速降低，并很快到达*E*点，形成辉光放电的过渡区，故*D*点称为着火点或破裂点。从*E*点开始气体进入自持放电阶段，无论增高电源电压还是减小外电路电阻，玻璃管两电极间的电压均保持恒定，这就是正常的辉光放电现象。如若再继续增高电压和减小外电路的负载电阻，会使中性气体原子遭受离子的撞击，形成强电离现象，从而使电流急剧增大，极间电压随之增高，气体发光强度和气体温度也逐渐增高，形成异常辉光放电（*FG*段）。从*G*点开始，电流增加，而极间电压急剧降低，阴极强烈炽热，引起热电子发射和场致发射电子，形成弧光放电，放电电流为0.1A以上。再继续减少外电路电阻，会使电极熔化而损坏放电管。

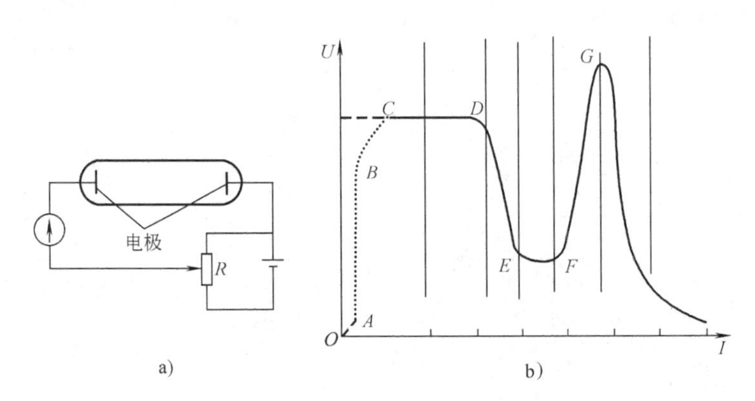

图2-8 气体放电原理电路及其特性

a）气体放电电路 b）气体放电的*U-I*特性

在辉光放电时，将产生明暗相间的区域（见图2-9），各区域的电动势和电场强度分布也表示在图中。弧光放电发出的光辉极其明亮，可用在电影放映和公共场所照明。无论辉光

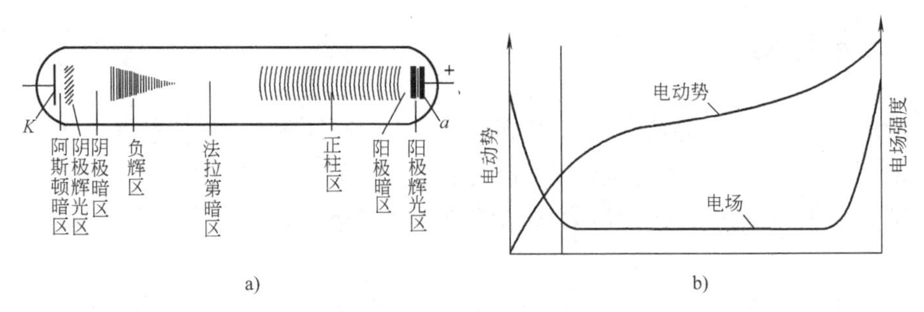

图2-9 辉光放电的明暗区域及电场电动势分布

a）辉光放电区域分布 b）辉光放电的电场电动势分布

放电或弧光放电，都是气体的场致发光现象。在气体放电过程中，由于电场的作用使带电粒子动能增加到足以能电离其他气体分子时，气体分子吸收带电粒子的能量，使其电子处于激发状态。这种激发态是不稳定的，一般持续时间在 10^{-8}s 以内。从激发态回到低能态或基态，气体分子会以发光的形式放出能量。如钠蒸气原子辐射出波长为 589.0nm 和 589.6nm 的双黄光。

2.3.2 氙灯

氙灯是充有氙气的石英灯，用高电压触发放电。目前氙灯可以分为长弧氙灯、短弧氙灯和脉冲氙灯。下面以脉冲氙灯为例介绍氙灯的工作过程。

脉冲氙灯是一种时间很短的脉冲闪光光源，它分为单次闪光和重复闪光两种。脉冲氙灯的单次闪光电路如图 2-10 所示。对单次闪光电路，电源对电容 C_1 充电至几千伏，同时对电容 C_2 也进行充电。当开关 S 闭合后，C_2 通过一次脉冲绕组放电，在二次侧产生很高的脉冲电压。此脉冲电压加到闪光灯电极上，使闪光灯被触发电离，储存于电容 C_1 的电能通过闪光灯形成强烈的弧光放电。C_1 上的电能放电完毕，闪光即完成一次。

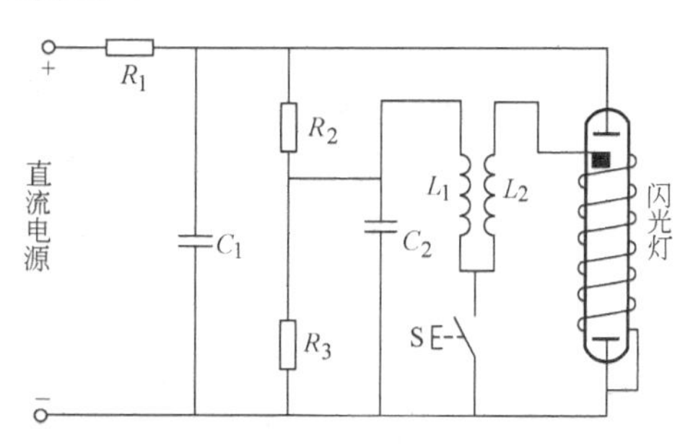

图 2-10 脉冲氙灯的单次闪光电路

充电电阻 R_1 除对电容 C_1 充电外，还限制充电电流的大小，以便当电容 C_1 迅速放电时，闪光灯能消除电离并熄灭，不至于连续闪光。因此，R_1 的选择必须满足条件

$$R_1C_1 \geqslant \frac{1}{4f} \tag{2-3}$$

式中，f 为闪光频率。

对重复闪光电路，触发开关 S 通常用一个多谐振荡器所驱动的冷阴极电子管代替，其振荡频率范围为几赫兹到 300Hz。

图 2-11 为色温达 7000K 的长弧氙灯的光谱辐射功率分布。由长弧氙灯的光谱辐通量的分布可以看出长弧氙灯发光光谱的峰值与人眼的最灵敏波长接近，因此是一种比较理想的日光照明光源。

长弧氙灯的电极间距较长，一般在 150mm 以上，发出的弧光也比较长，适合于需要较大面积照明的情况。短弧灯的电极间距一般很短，在几毫米范围内，发光也比较集中。图 2-12 为短弧氙灯的光谱功率分布曲线。从图中可以看出，它在可见光波段发出的辐射能量较强，且有部分紫外光，在近红外谱区（0.8~1.0μm）有比较强的辐射输出。

除激光光源外，脉冲氙灯亮度最高，光谱分布范围也宽，脉冲光与 CCD 的转移脉冲同步后可以获得高速运动物体的瞬态图像。这在高速摄影技术中获得广泛的应用。但脉冲氙灯的电源系统复杂，需要一个近万伏的引燃脉冲电压。如果线路布置不当，会引进干扰信号。又因闪光频率高，寿命也不太长，如单次闪光管的寿命为 5000~50000 次，重复闪光管的平均使用寿命为 100~200h。

表 2-6 给出几种国产氙灯的主要特性参数。从表中不难看出氙灯的工作电流较大，功率

损耗也比较大，常需要进行冷却。

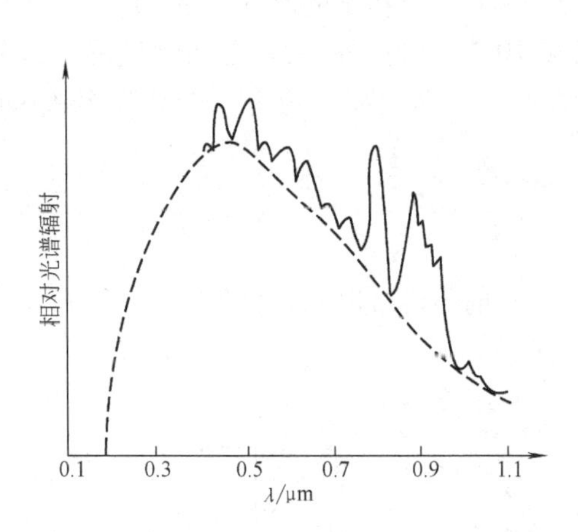

图 2-11 色温达 7000K 的长弧氙灯的光谱辐射功率分布

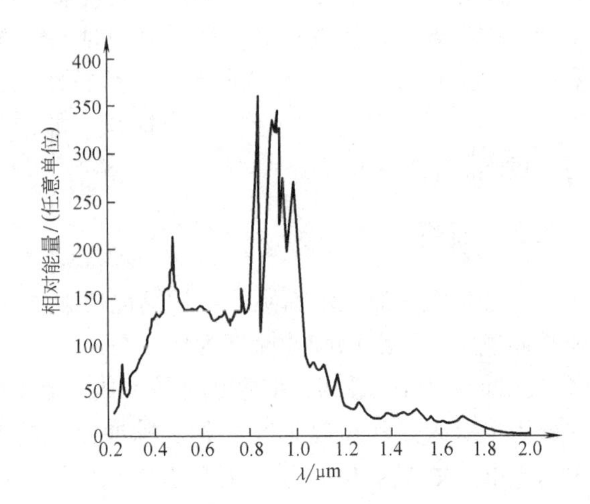

图 2-12 短弧氙灯的光谱功率分布曲线

表 2-6 几种国产氙灯的主要特性参数

类 型	型 号	功耗/W	电源电压/V	工作电压/V	工作电流/A	极间距/mm	泡壳外径/mm	冷却方式
长弧	SZ1500	1500	≈220	60	20	150	32	自然冷却
	SZ1500F	1500	≈200	90	17	190	15	风 冷
	SZ3000	3000	≈220	220	14	620	12	自然冷却
短弧	SQ75	75	≥50	16	≤5	1.0	13	自然冷却
	SQ150	150	≥50	18	≤8	2.0	18	
	SQ300	300	≥50	20	≤15	3.0	25	
	SQ300A	300	≈220	18	≤18	2.0	25	
	SQ500	500	≥50	20	≤25	3.4	30	
	SQ1000	1000	≥65	22	≤50	4.0	40	

2.3.3 汞灯

汞灯是在石英玻璃管内充入汞，当灯点燃时，灯中的汞被蒸发，汞蒸气压强增至几个大气压，从而产生辉光放电。图 2-13a 为汞灯的基本结构，它由灯座、灯内支架与内部发光室（在这里汞蒸气被两电极间的电场所激发）等组成。由于汞灯的光是金属汞蒸气在高压下被激发产生，其中包含汞光谱的多条特征谱线。这些谱线的强弱及光谱分布均与汞原子自身有关，常将其用作标定光谱仪器的已知光谱光源。

另外，还有一种汞灯称为紫外汞灯，它的外壳玻璃为石英材料，因而使紫外光谱得以通过石英窗口输出，发射出多条紫外波段的单色谱线，当然也有几条可见光和红外光谱线。图 2-14 为典型紫外汞灯发光光谱。从图中很容易找到金属汞的特征光谱如 253.7nm、296.8nm、312.6nm、365.0nm、404.7nm、435.8nm、546.1nm、577.0nm、579.0nm、1014.0nm 等波长的谱线。紫外光谱仪器常用紫外高压汞灯 GQ40 所发射的这些光谱谱线来校正光谱仪器或分光光谱仪谱线的位置、行走机构的位置精度及凹面镜安装位置。

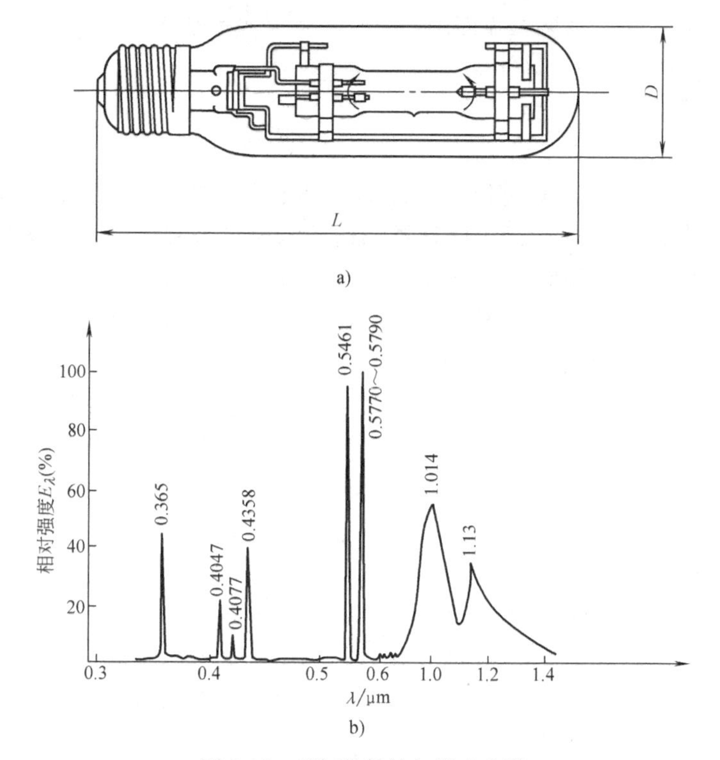

图 2-13 汞灯的结构与发光光谱

a）结构 b）光谱辐射分布

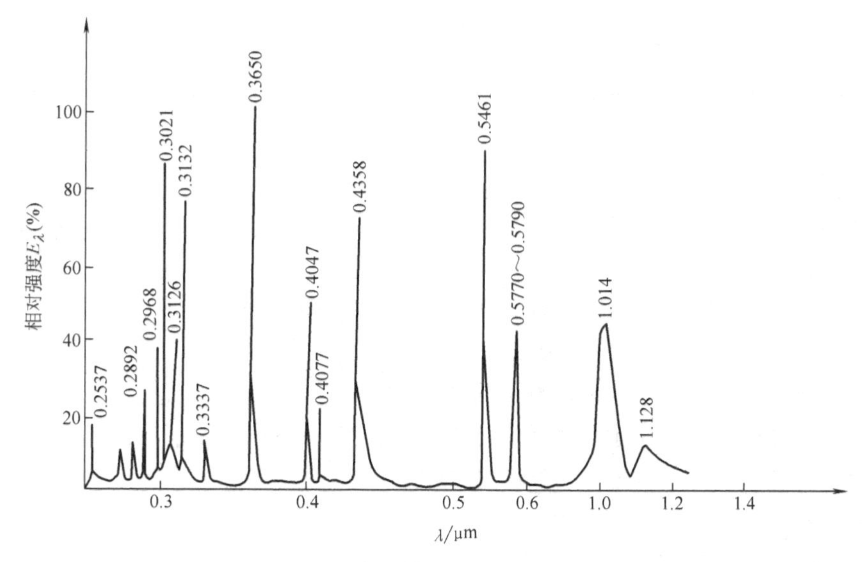

图 2-14 典型紫外汞灯的发光光谱

2.3.4 钠灯

在钠-钙玻璃做外壳的钨丝白炽灯内充入钠蒸气，当钨丝点燃后，就会只发出 589.0nm、589.6nm 的双黄光，因此可用来校正光谱仪器或作其他用途。此外，还有氢灯、氘灯等光谱定标用灯，这里不再讨论，需要这方面内容时可参考《光学技术手册》。

2.4 LED 光源

LED（Light-Emitting Diode）是指在1962年发明的发光二极管，它是一种在正向偏置情况下能够发光的器件。1970年以后，LED被用作数码显示器和简单的图像图形显示器。而1993年高亮度蓝色LED的研制成功，使LED发光光谱更为丰富，也使LED图像显示器的功能更加突出，高亮度蓝色LED与荧光材料配合可以获得各种不同功率的高效“白色”光源，使节能照明光源行业得到突飞猛进的发展。

由于LED的发光效率提高、发光光谱扩展与制造工艺的进步，使LED的使用成本急剧下降，应用市场急剧升温，成为21世纪科技发展的一大亮点。LED的突出优点可以归纳为：

1）电光转换效率高（高于90%）、响应速度快（可达到吉赫兹）。

2）体积小（单珠尺寸已经小于1mm）、重量轻、便于集成。

3）工作电压低、耗电少、驱动简便、容易通过软件和硬件实现计算机控制。

4）既能制成单色性好的各种单色LED，又能制成发各种色品的白光LED。

5）发光强度高、功率控制简单、便于组合，构成适合于各种场合的照明灯具。

6）色泽鲜艳，易于数字调整与控制，易于组合成为各种规模的图像显示部件，用于室内、外的大屏幕显示。

7）易于与各种光学器件组合构成各种特殊光形的光源（线、面光源），用于特殊应用的光电检测系统。

2.4.1 LED的发光机理

LED是一种注入型电致发光器件，由P型和N型半导体组合而成。发光机理常分为PN结注入发光与异质结注入发光两种类型。

1. PN结注入发光

处于平衡状态的PN结存在一定的势垒区，形成图2-15所示的注入发光能带。将正偏压加在PN结区后，势垒降低，从扩散区注入大量的非平衡载流子（电子），这些电子将从高能级E_C跌落到低能级E_V，并与价带中的多数载流子空穴复合，复合的过程（即电子由高能级跌落到低能级的过程）要释放出多余的能量，释放的方式为发出辐射或发光，显然发光主要发生在P区。如图2-15所示，LED在正向电压的作用下，电子与空穴做相对运动，即电子沿导带由N区向P区运动，而空穴则沿价带向N区运动。因为电子的迁移率μ_n远高于空穴的迁移率μ_p（通常高20倍左右），电子很快从N区迁移到P区；N区的费米能级因简并而处于很高能级的位置；而P区的受主能级很深，且形成杂质能带，因而减少了有效带隙的宽度使电子易于跌落到价带与空穴复合并发光。

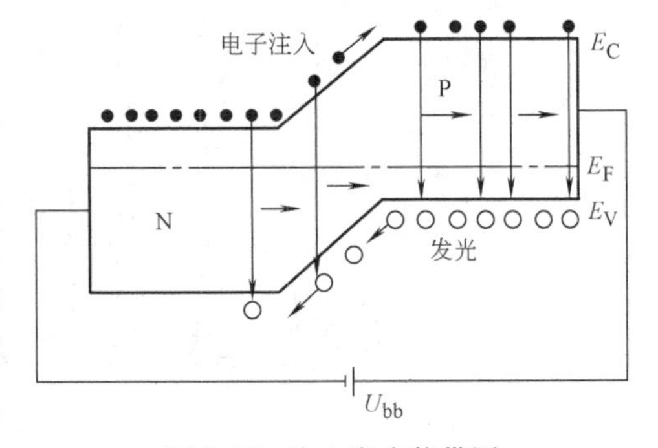

图2-15 注入发光能带图

PN 结型发光器件有发红外光的 GaAsLED、发红光的 GaP 掺 Zn-OLED、发绿光的 GaP 掺 ZnLED、发黄光的 GaP 掺 Zn-NLED 等各种单色 LED。

2. 异质结注入发光

为了提高载流子注入效率，常采用异质结 PN 结结构。图 2-16a 表示理想的异质结能带图。由于 P 区和 N 区的禁带宽度不相等，当加上正向电压时小区的势垒降低，两区的价带几乎相同，空穴就不断向 N 区扩散。保证了空穴向发光区（N 区）的高注入效率。对于 N 区的电子，势垒仍然较高，不能注入 P 区。于是，禁带宽大的 P 区成为注入的源，禁带宽度小的 N 区成为载流子复合发光的发光区，如图 2-16b 所示，在 N 区电子由导带跌入到价带，因释放能量而发光。例如，禁带宽度 $E_{g2}=1.32\text{eV}$ 的 P-GaAs 与禁带宽度 $E_{g1}=0.7\text{eV}$ 的 N-GaSb 组成异质结后，P-GaAs 的空穴注入 N-GaSb 区复合发光。由于 N 区所发射的光子能量 $h\nu$ 比 E_{g2}小得多，它进入 P 区不会引起本征吸收而直接透射出去。因此，异质结 LED 中禁带宽度大的区域（注入区）又兼作光的透射窗。

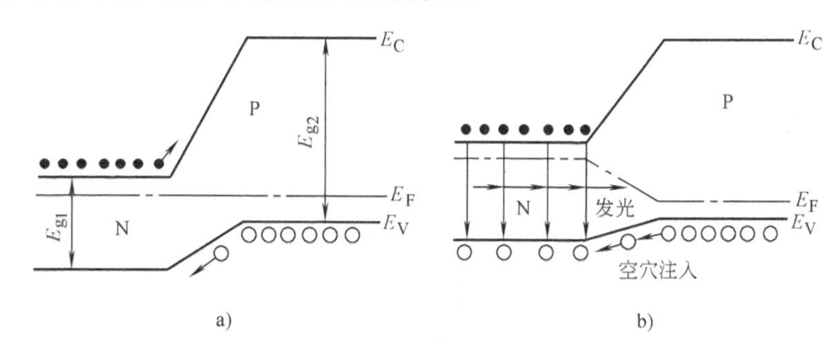

图 2-16 异质结注入发光

a）理想的异质结能带图 b）加正压后势垒降低

2.4.2 LED 的基本特性参数

在正向偏置电压的作用下流过 LED 的 PN 结的正向电流 I_f 使注入到 PN 结内的载流子在 P 区复合发光，发光强度 I_v 与电流 I_f^n 成正比，$n>1$，即

$$I_v=\eta_v I_f^n$$

式中，η_v 为 LED 的发光效率。

图 2-17 为 GaP（红色）LED 的发光强度与电流密度的关系曲线，可以看出，LED 发光强度基本与流过的电流成正比，说明能够通过控制电流对 LED 的发光强度进行控制。由于 LED 的正向伏安特性曲线在发光区呈现为$I=I_0 e^{\frac{qU}{nkT}}$的形式，并且 $1<n<2$，通常可以忽略，因而求出发光强度 I_v 与 LED 两端电压 U 的关系为

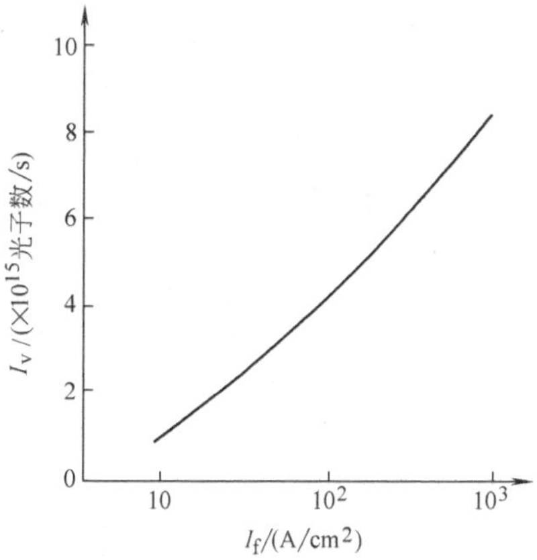

图 2-17 GaP（红色）LED 的发光强度与电流密度的关系曲线

$$I_v=\eta_v I_f^n=\eta_v I_{f0}^n e^{\frac{qU}{kT}}=I_{v0} e^{\frac{qU}{kT}} \tag{2-4}$$

由式（2-4）可见，发光强度 I_v 与 PN 结电压 U 是成指数关系，说明通过控制 PN 结两端电压方式控制 LED 发光强度的方案是不可取的。

2.4.3 发光光谱和发光效率

由上面讨论的发光机理可知，LED 发射光谱的峰值波长由材料的禁带宽度决定。例如，GaAs 红外 LED 的禁带宽度在室温下为 1.4eV，发光峰值波长为 0.86~0.9μm；发绿光的 LED，即 GaP 的禁带宽度为 2.26eV，发光峰值波长为 0.55μm。对异质结 LED，禁带宽度由元素的组分量决定，如 $GaAs_{1-x}P_x$，最佳组分 $x=0.4$，发光峰值波长为 0.65~0.66μm。改变组分量 x 可以改变发光峰值波长。

LED 发出的光通量与输入电功率之比为发光效率，单位为 lm/W；也有人把发光强度与注入电流之比（cd/A）称为发光效率。GaAs 红外 LED 的发光效率定义为输出辐通量与输入电功的百分比。

发光效率由内部量子效率与外部量子效率两个参数决定。内部量子效率可表示为

$$\eta_{in}=\frac{n_{eo}}{n_i} \tag{2-5}$$

式中，n_{eo}为 PN 结每秒发射出的光子数；n_i 为每秒注入到 LED 的电子数。

在平衡时，电子-空穴对的激发率等于非平衡载流子的复合率（包括辐射复合和无辐射复合），而复合率又分别取决于载流子的寿命 τ_r 和 τ_n，其中复合率为 $1/\tau_r$，无辐射复合率为 $1/\tau_n$。内部量子效率又可以表示为

$$\eta_{in}=\frac{1/\tau_r}{1/\tau_r+1/\tau_n} \tag{2-6}$$

式中，τ_r 为辐射复合的载流子平均寿命；τ_n 为无辐射复合的载流子平均寿命。由式（2-6）可以看出，只有 $\tau_n \gg \tau_r$，才能获得较高内部量子效率的光子发射。

以间接复合为主的半导体材料，一般既存在发光中心，又存在其他复合中心。通过发光中心产生辐射复合，通过其他复合中心的复合不产生辐射。因此，要使辐射复合占压倒优势，必须使发光中心的浓度远大于其他杂质的浓度。

必须指出，辐射复合发光的光子并不是全部都能离开晶体向外发射。光子通过半导体时有一部分会被吸收，有一部分在到达界面后因遇到高折射率（折射系统的折射系数为 3~4）材料产生全反射而返回晶体内部，返回后又被吸收，只有部分光子能够发射出去。因此，将单位时间发射到外部的光子数 n_{ex}除以单位时间内注入到器件的电子-空穴对数 n_{in}定义为器件的外部量子效率 η_{ex}，即

$$\eta_{ex}=\frac{n_{ex}}{n_{in}} \tag{2-7}$$

对 GaAs 这类直接带隙的半导体，其内部量子效率 η_{in}可接近 100%。但是，外部量子效率 η_{ex}很低，如 CaP［Zn-O］红光发射效率 η_{ev}很低，最高仅为 15%；发绿光的 GaP［N］的外部量子效率 η_{ev}约为 0.7%；对发红光的 $GaAs_{0.6}P_{0.4}$，其外部量子效率 η_{ex}约为 0.4%；发红外光的 $In_{0.32}Ga_{0.68}P$［Te，Zn］的外部量子效率 η_{ev}约为 0.1%。

提高外部量子效率的措施有三条：

1）用比空气折射率高的透明物质，如环氧树脂（$n_2=1.55$）涂敷在 LED 上。

2）把晶体表面加工成半球形。

3）用禁带较宽的晶体作为衬底，以减少晶体对光吸收。

表 2-7 为几种典型 LED 的发光效率与发光波长。

表 2-7 几种典型 LED 的发光效率与发光波长

名称		峰值波长/μm	外部量子效率（%）		可见光发光效率/(lm/W)	禁带宽度 E_g/eV
			数变值	平均值		
$GaAs_{0.6}P_{0.4}$	红光	0.65	0.5	0.2	0.38	1.9
$Ga_{0.65}Al_{0.35}As$	红光	0.66	0.5	0.2	0.27	1.9
GaP：EnO	红光	0.79	12	12.3	2.4	1.77
GaP：N	绿光	0.568	0.7	0.05~0.15	4.2	2.19
GaP：NN	黄光	0.59	0.1	—	0.45	2.1
GaP	纯绿光	0.555	0.66	0.02	0.4	2.05
$GaAs_{0.35}P_{0.65}$：N	红光	0.638	0.5	0.2	0.95	1.96
$GaAs_{0.15}P_{0.85}$：N	黄光	0.589	0.2	0.05	0.90	2.1
GaAs	红外	0.9				1.35
$In_{0.32}Ga_{0.68}P$ [Te，Zn]			0.2	0.1		

1. 时间响应特性与温度特性

LED 的时间响应较短，小于 1μs，比人眼的时间响应要快得多，但是，用作光信号传递时，响应时间又显得太长。LED 的响应时间取决于注入载流子非发光复合的寿命和发光能级上跃迁的几率。

通常 LED 的外部发光效率均随温度上升而下降。图 2-18 表示 GaP（绿色）、GaP（红色）、GaAsP 三种 LED 的相对发光强度与温度的关系曲线。从曲线中不难看出，随着温度的升高，相对发光强度显著下降，冷却 LED，会使相对发光强度增大。这就是为什么在光电检测系统中作为光源应用的 LED 常常工作在脉冲状态下而不工作在直流状态的原因。直流状态 LED 始终保持有一定的电流，尽管其耗散功率小，但是，耗散功率加热 LED，会使 LED 的温度逐渐上升，结果其发光强度随时间减弱。

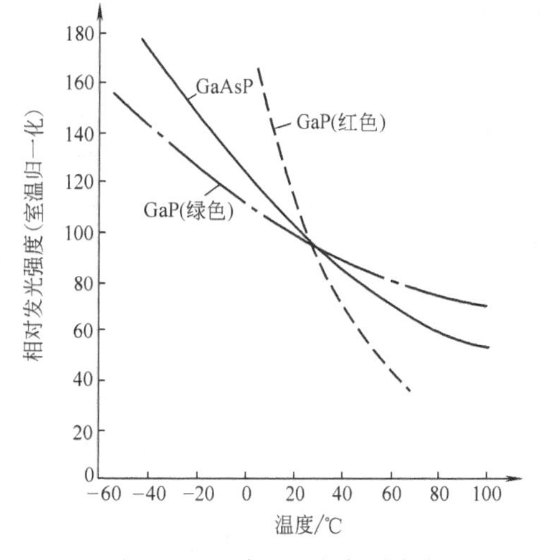

图 2-18 三种 LED 的相对发光强度与温度的关系曲线

2. 最大工作电流

图 2-19 为典型发红光的 GaPLED 内部量子效率 η_{in} 的相对值与电流密度 J 和温度 T 的关系曲线。从中可以看出一般的 LED 所具有的特性。在工作电流较低的情况下，LED 内部量子效率随电流密度的增加而明显增加，但是，当电流密度增加到一定值时，LED 的内部量子效率不再增加，反而随工作电流的继续增加而降低。因为当电流密度超过这一值后，随着电流密度的增加，PN 结的温度升高将导致热分解，使内部量子效率降低。因此，LED 的最大工作电流密度应低于最大发射效率处的电流密度值。若 LED 的最大功耗为 P_{max}，则最大工作电流为

$$I_{\max}=\frac{(I_f r_d+U_f)\ +\sqrt{(U_f-I_f r_d)^2+4r_d P_{\max}}}{2r_d} \tag{2-8}$$

式中，r_d 为LED的动态内阻；I_f、U_f 为LED在较小工作电流时的电流和正向压降。

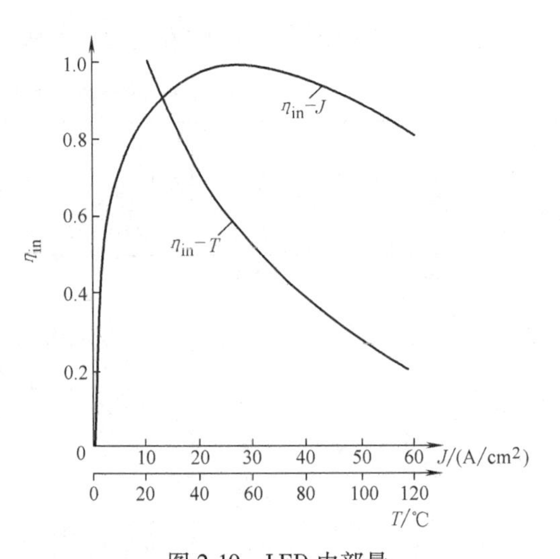

图2-19 LED内部量子效率 η_{in} 与电流密度 J 和温度 T 的关系曲线

3. 伏安特性

LED的伏安特性曲线如图2-20所示，它与普通二极管的伏安特性大致相同。LED的正向电压低于开启点的电压时基本没有正向电流流过，电压一但超过开启电压，LED就会发光，正向电流将随正向电压的增大而快速增长，并遵守式（2-9）关系

$$i=i_o\exp(U/mkT) \tag{2-9}$$

式中，m 为复合因子。在较宽禁带的半导体中，当电流 $i<0.1$mA时，通过结内深能级进行复合的空间复合电流起支配作用，这时 $m=2$。电流增大后，扩散电流占优势时，$m=1$。因而实际测得的 m 值大小可以标志器件发光特性的好坏。

LED在反向电压作用下表现为如图2-20左侧所示特性，当反向电压高于击穿电压后，反向电流将快速增长，表现出击穿特性，一般LED的反向击穿电压都在-5V以上，有些LED的反向击穿电压可超过-200V。

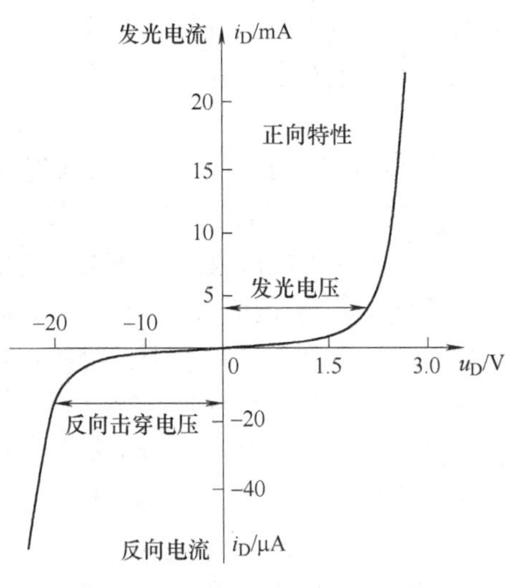

图2-20 LED的伏安特性曲线

4. 寿命

LED的亮度降低到原有亮度一半时所经历的时间称为LED的寿命。LED的寿命通常都很长，在电流密度小于1A/cm²时，一般可达 10^6h，最长可达到 10^9h。随着工作时间的加长，LED的亮度下降现象称为老化。老化的快慢与工作电流密度有关，随着电流密度的加大，LED的老化变快，寿命变短。

5. 响应时间

响应时间是衡量电器器件对输入电信号变化反应程度的物理量，LED响应时间是指输入信号电流加载到器件上以后其开始发光的延迟时间与电流消失以后发光停止的延迟时间。实验证明，LED的开始发光的延迟时间随电流密度的增加而近似呈指数衰减。LED的响应时间很短，如 $GaAs_{1-x}P_x$ 仅为几纳秒，GaP约为100ns。在用脉冲电流驱动LED时，脉冲的间隔和占空比必须在器件响应时间所允许的范围内，否则LED发出的光脉冲与输入脉冲的差异将会很大。

6. 发光强度分布

不同型号的 LED 所发出的光在空间范围内具有不同的发光强度分布。通常用如图 2-21 所示的发光强度分布曲线描述。图 2-21a 为 LED 外形图，在 xyz 直角坐标系中，z 为 LED 的机械轴方向。而 LED 发光的主方向可能不与机械轴重合，设 LED 发光主方向与 LED 机械轴 z 的夹角为 θ，则主光线发光强度 I_v 可视为角度变量 θ 的函数，有

$$I_v = f(\theta) \tag{2-10}$$

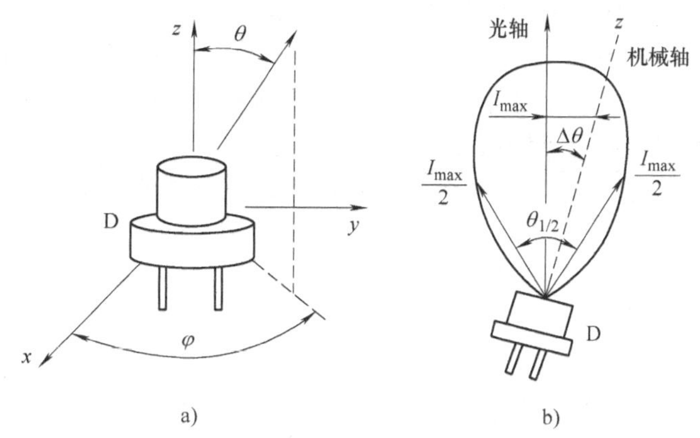

图 2-21　LED 外形与发光强度的空间分布

显然，若 $\theta=0$，标志着 LED 主光线方向与机械轴重合，为此，可称 θ 为 LED 的机械角。

LED 封装工艺会使 LED 的主光线方向与机械轴不重合而产生图 2-21b 所示的偏差，记为 $\Delta\theta$，称其为偏差角或偏向角。

描述 LED 发光空间特性的另一个参数是半发光强度角，常用 $\theta_{1/2}$ 表示。这里的下标 1/2 是指发光强度下降到原值的 1/2 时所对应的角度，它是描述 LED 发光范围特性的量。从图 2-21b 不难看出，半发光强度角是关于光轴的角度。为获得更宽更均匀的面光源，总希望 LED 的 $\theta_{1/2}$ 更大，而要使 LED 能够在更远的地方获得更强的照度，则希望 $\theta_{1/2}$ 尽量小些，使光量在传播过程中损耗更小。注意：LED 手册中常将半发光强度角称为视角。

2.4.4 LED 的驱动电路

LED 需要在正向偏置电流的作用下才能发光，提供给 LED 正向偏置电流的电路称为驱动电路。驱动电路有多种，根据具体的应用，LED 驱动电路可以分为直流驱动、脉冲驱动与交流驱动三种方式。典型的直流驱动电路如图 2-22 所示，由电源与限流电阻构成，调整限流电阻的阻值即可以调整流过 LED 的电流而改变 LED 的发光强度。流过 LED 的电流 I_L 与限流电阻阻值 R_L 的关系为

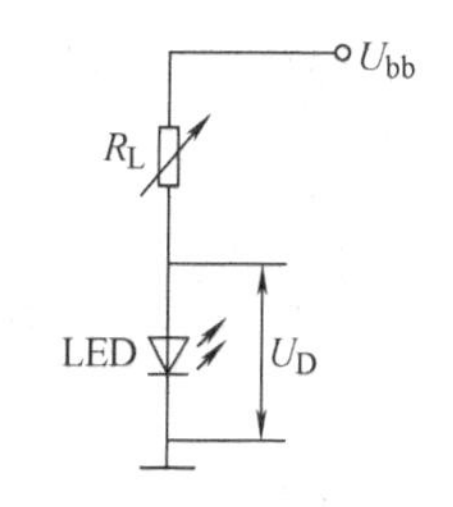

图 2-22　LED 直流驱动电路

$$I_L = \frac{U_{bb} - U_D}{R_L} \tag{2-11}$$

式中，U_{bb} 为电源电压；U_D 为 LED 的正向电压，它与 LED 的性质有关，蓝光 LED 最高，接近 3.7V，红光 LED 最低，在 0.9V 左右。如果所提供的电源是脉冲源，则 LED 将在脉冲的作用下发出脉冲光。

图 2-23 所示为能够发出缓变交流光的 LED 交流驱动电路，将 LED 串入晶体管的集电极，通过调节晶体管基极偏置电阻 R_{b2} 来调整晶体管通过 LED 的静态电流，在交流信号 U_i 的作用下，流过 LED 的正向电流将会随之变化，发出发光强度被 U_i 调制的缓变光。该电路常用于光通信中作为信息光源。当然 U_i 也可以是脉冲信号。

LED 的驱动电路种类很多，还有很多专用的集成 LED 驱动电路使 LED 应用变得更加简

便。图2-24所示为一款低功率MOSFET集成LED驱动电路——SGM3732外形图。输入端（VIN）接2.7~5.5V的低电压，VOUT可输出38V的电压，提供260mA的电流，能驱动10只串联的蓝色LED（正向电压为3.7V）。SGM3732工作温度范围很宽，为-40~85℃，采用1.1MHz的开关频率，极大降低了芯片的导通损耗并减少了外部元器件的尺寸，使其能够采用TSOT-23-6封装形式。

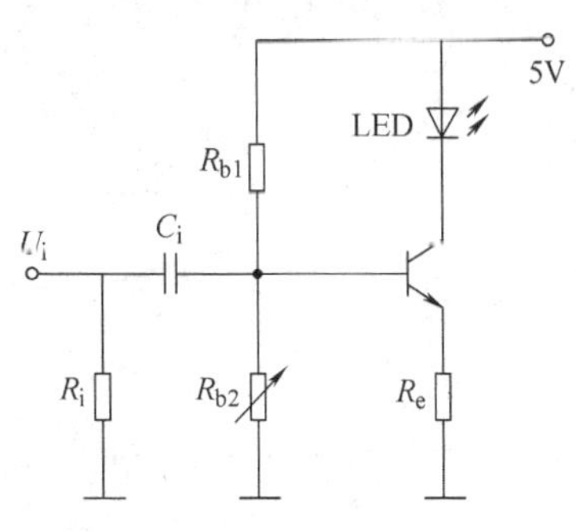

图2-23 LED的交流驱动电路

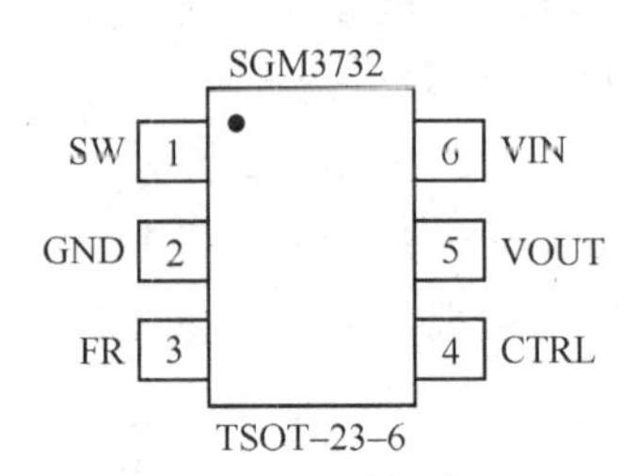

图2-24 SGM3732外形图

SGM3732内置数字脉冲PWM调光接口（SW），可通过CTRL实现LED电流的调节，其频率范围为2~60kHz，因此被广泛地应用于LED背光、手机、手持式电子设备、数码相框和汽车导航等设备上。

另外，还有能够直接驱动三色LED的集成驱动电路与8路、16路及多种方式的集成驱动电路，在应用时可以根据实际需要查找。

2.4.5 LED的应用

1. 绿色节能照明光源

利用LED制成的照明灯具电光转换效率高（>90%），节约了大量的电能，因而被称为绿色照明光源。目前已经被越来越多的人所喜爱，并在各个照明领域逐渐取代钨丝白炽灯、气体放电灯以至于紧凑型荧光灯。

近年来，LED照明灯具已有很大的发展，到2013年，我国照明行业的总产值已到达4800亿元，其中包括350亿美元国际市场份额和2000多亿元的国内市场份额。现阶段我国LED球形灯泡已经实现了标准化，售价已降低到2~3元，与钨丝白炽灯售价接近，而其寿命远远长于钨丝白炽灯，节电能力更是突出。

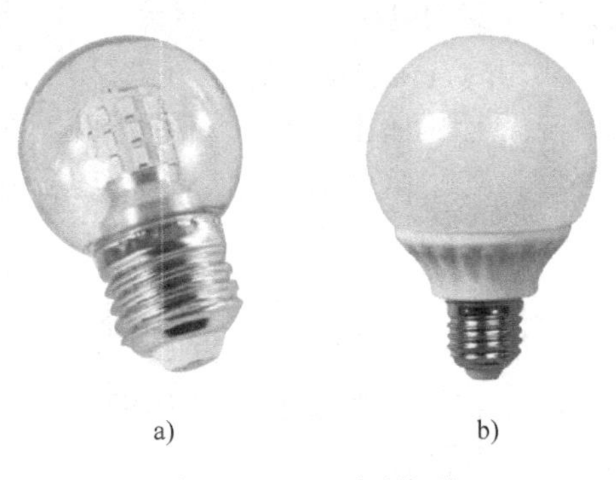
a) b)

图2-25 LED球形灯泡
a）透明灯泡 b）乳白灯泡

（1）LED球形灯泡 图2-25a为典型的透明LED球形灯泡，可以直接看到LED发光体，而图2-25b为乳白色LED球形灯泡。它的内部使用频率较高的开关电源电路来驱动LED，具有良好的电流控制能力，发光效率高，发光光谱较为丰富。不同的厂家生产的LED球形灯泡采用不同的供电方式，有降压式的也有升压式的。降压式驱动应用于电源电压高于LED的正向电压或采用多个 LED 并联的情况。升压式驱动应用于电源电压低于 LED 的正向电压或采用多个 LED 串联的情况。

（2）LED 吸顶灯　图 2-26 是为了室内照明、美化室内环境而设计的三款安装在顶棚上的 LED 吸顶灯。这些吸顶灯的发光色泽有暖色的和冷白色的，可以根据房屋色调进行选择。

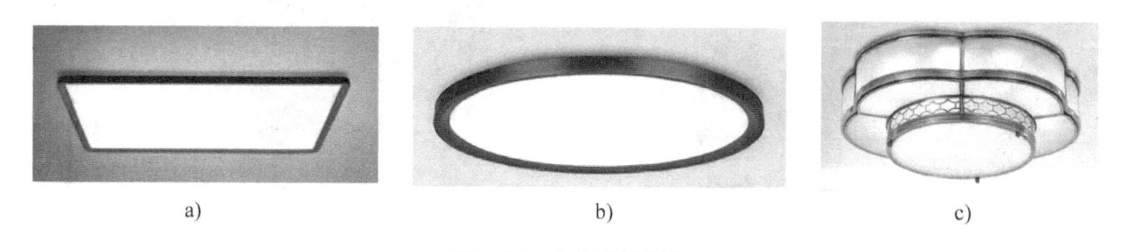

a)　　b)　　c)

图 2-26　LED 吸顶灯

a）矩形 LED 吸顶灯　b）圆形 LED 吸顶灯　c）花式 LED 吸顶灯

此外还有几十种形状、尺寸各异的吸顶灯，能够满足人们的需要。

（3）LED 筒灯　LED 筒灯是在传统筒灯的基础上开发设计的产品，既可以替代传统筒灯完成各种装饰，又能充分发挥 LED 长寿命、色品显示效果好、调光不改变颜色的优点。LED 筒灯可突出被照装饰品或展品展示效果，并与建筑装饰的整体完美统一。不破坏原有灯具的设置，内藏式 LED 筒灯能够隐藏在建筑装饰的内部，不使光源外露，又无眩光，使人的视觉效果更为柔和、均匀。

图 2-27 所示的三种典型 LED 筒灯（射灯），常用于橱窗、酒柜和室内需要特殊装饰照明与渲染展示的地方。

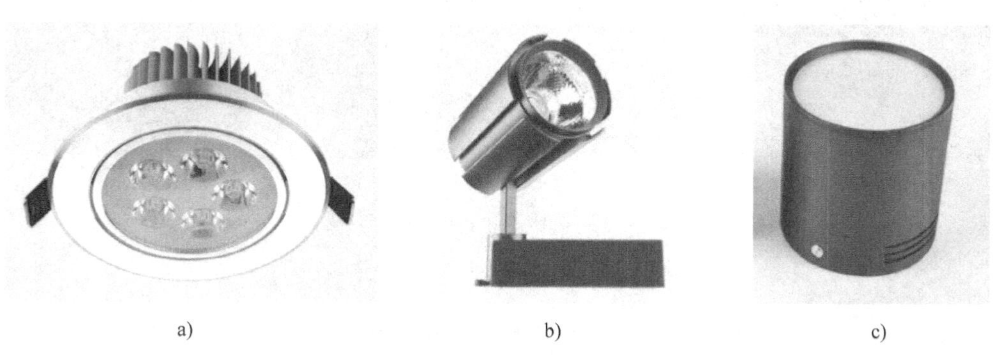

a)　　b)　　c)

图 2-27　LED 筒灯

a）内藏式 LED 筒灯　b）坐式 LED 射灯　c）LED 射灯筒

（4）LED 壁灯、庭院与草坪灯　如图 2-28 所示，家庭装饰用的壁灯也可使用 LED 作为光源。造型各异的 LED 壁灯不但能为用户增添很强的室内装饰效果，还能够为夜间活动带来诸多的便利。LED 壁灯同样可以用于庭院，并且现在也有专用于庭院的 LED 庭院灯。

图 2-29a 所示为几款 LED 草坪灯，在草坪灯的顶部可以安装太阳电池，在日间将太阳能

转换成电能存储于内部蓄电池内，夜间为草坪灯的照明提供能源。

图 2-28 典型 LED 壁灯

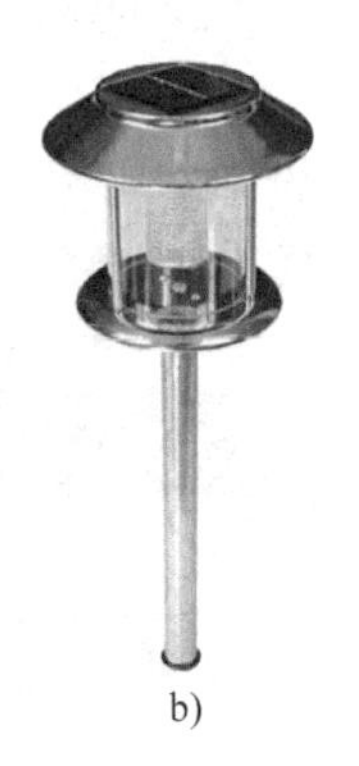

a) b)

图 2-29 LED 草坪灯与太阳能庭院灯
a）LED 草坪灯 b）LED 太阳能庭院灯

图 2-29b 所示为一种 LED 太阳能庭院灯，该庭院灯不但能够利用太阳能供电，而且还能对灯进行控制，在日间能够自动关闭 LED 灯，夜间自动点亮。

一些草坪灯与庭院灯还增加了灭飞虫的功能，利用飞虫的趋光特性，将飞虫吸引到灯内高压电网处被电击杀死。

LED 壁灯与 LED 庭院灯均可以利用 LED 光控不改变色品的特点而增加各种光控，如声光控制、智能调光等。

（5）LED 路灯 各种道路的照明需要各具特色的 LED 照明灯具。图 2-30 所示为几款 LED 路灯。

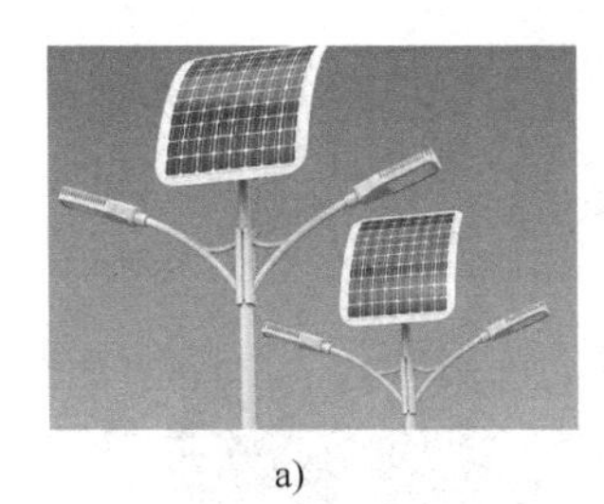
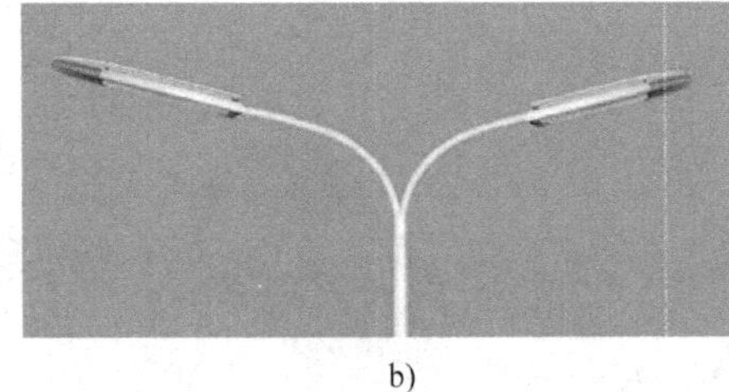
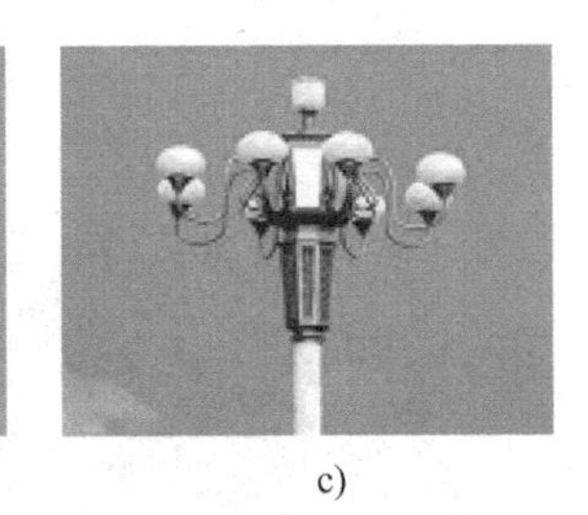

a) b) c)

图 2-30 几款 LED 路灯
a）太阳能路灯 b）高杆双灯路灯 c）LED 华灯

目前的路灯有很大部分采用了太阳能供电与光电控制技术，更节能、更清洁、更便利和更适合道路照明需求，成为 LED 路灯设计的基本出发点。

（6）其他 LED 照明灯 主要指响应国家节能降耗的号召，代替钨丝白炽灯与其他节能效果一般的其他 LED 照明灯。图 2-31 展示了其他应用的 LED 照明灯，其中图 2-31a 为替代荧光灯管的 LED 灯管，用于办公室、教室等场所。LED 灯较荧光灯更为节能，而且更容易控制亮度，其寿命也是荧光灯的数十倍。图 2-31b 为手术台上的 LED 无影灯。LED 无影灯采用低压供电，无触电的风险，而且亮度可以控制到最佳，寿命与节能效果都非常显著。图 2-31c 为室内无土栽培植物的 LED 照明光源，该光源可以根据作物的不同生长阶段控制 LED 的发光颜色与发光强度，更有利于作物的生长。

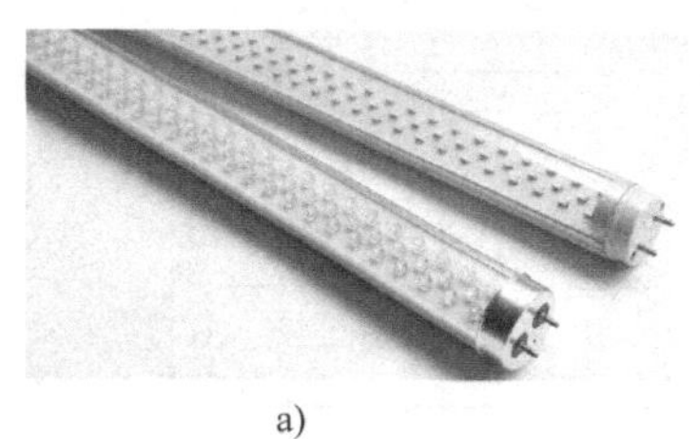

a)

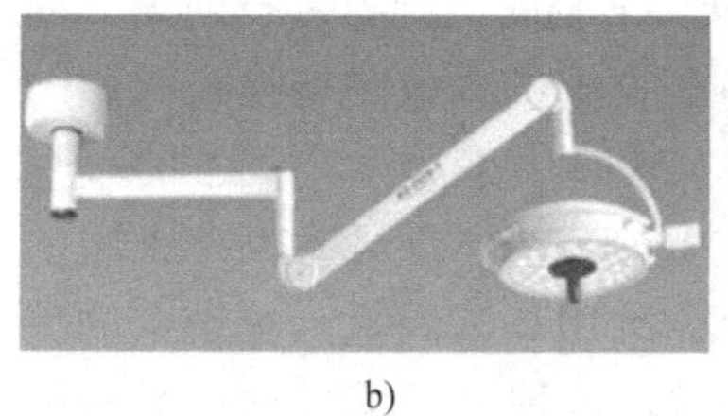

b)

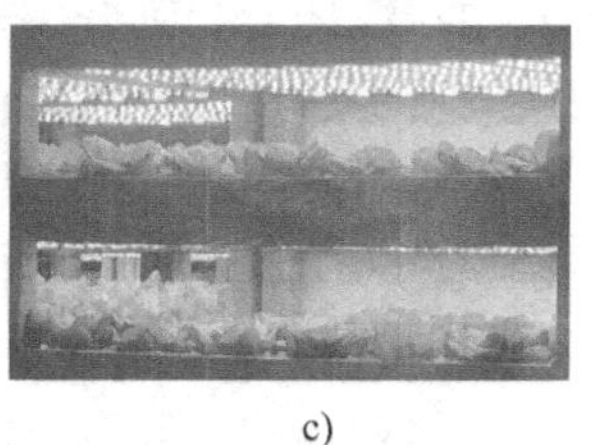

c)

图 2-31 其他应用的 LED 照明灯

a）LED 灯管 b）LED 无影灯 c）LED 照明光源

2. LED 在显示方面的应用

LED 体积小，易组装成各种各样的形状而且颜色种类也特别丰富，因此能够实现多种内容的显示，制成各种各样的显示器。

（1）数码显示器 7 段数码管是最简单的数码显示器，将 LED 切成细条，并拼成如图 2-32 所示的形状，分别点亮一些细条，便能够显示 0~9 数字。7 段数码管用于各种台式及袖珍型半导体电子计算器、数字钟表和数字化仪器的数字显示。

（2）文字字符显示器 图 2-33 是 16 段的字码管，它不但可以显示 10 个数字和 26 个字母，还可以显示加、减、乘、除等运算符号。

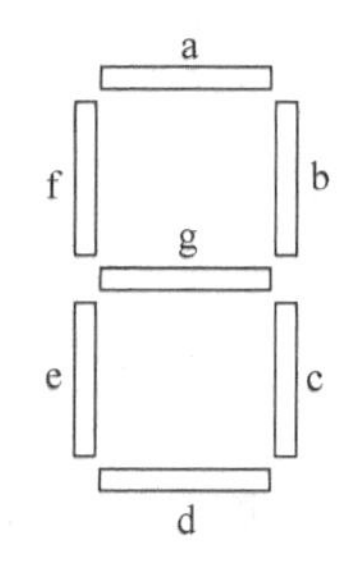

图 2-32 7 段数码管

图 2-33 16 段字码管

把 LED 排列成矩阵方式可以构成各种不同规模的 LED 阵列显示器件。如图 2-34 所示为最小规模（5×7）的阵列显示器。它除能完成显示数码数字与符号外，还能显示简单的文字和其他符号。将多个最小规模的显示器拼接起来可以组成更大规模的显示器，用来显示内容更为丰富的文字或图像。

观察图 2-34 所示的 LED 阵列显示器的连接电路，为减少引出线，常将每行 LED 的阳极连接在一起，引出电极标注 Hi（i=1~5），分别称为行地址。LED 的阴极引出线分别为 a~g 电极，分别称为列地址。

LED 只有在正向偏置电流的作用下才能发光，因此需要将行与列分别通过电子开关接成如图 2-35 所示的电路，它分别由行开关与列开关控制，每行 LED 的阳极接于行地址，而阴极接于列地址上，行地址通过开关接到电源正极上，列地址分别通过开关和限流电阻接到电源负极。显然，行、列开关能够点亮每个

图 2-34 LED 阵列显示器

LED，如H1闭合，列开关接到a列时，则第1行的第1列LED被点亮。为此，可以通过高速扫描电路切换行与列的控制开关状态，点亮阵列单元LED，经过一定编程的单片机能够使LED阵列按一定的规则发光，在频率高于人眼的频率响应极限后，人眼就能看到LED阵列显示出稳定的数字、符号或静止与活动的图像。这种显示模式被称为扫描显示。

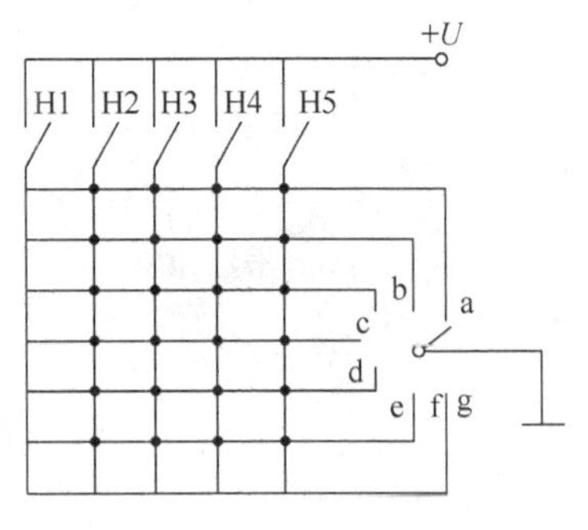

图2-35 阵列显示原理

（3）图像显示模组 LED阵列显示器所显示的内容与质量受矩阵单元数的限制，为显示更为丰富的内容和更高质量的图像，可以将多块LED阵列显示器拼接起来构成图像显示模组。若想减少LED阵列显示器的拼接数量，可以增多LED单元即加大LED矩阵尺寸（如5mm间距的LED数为32×32，则相应的外形尺寸就增加到160mm×160mm），并将其驱动电路也通过印制电路板组装在显示板的背面，就形成了如图2-36所示的大型显示单元板也称为LED显示模组。图2-36a所示为显示模组的正面，图2-36b为显示模组背面。LED显示单元（像元）有单色、双色与三色等，外形有各种尺寸的矩形与正方形等多种规格。LED单元尺寸与间距也有多种规格，通常根据应用的不同，分为室内与室外用两类，二者主要考虑视距的差别，室内通常观察距离很近，需要密集度更高的显示模组才能使显示的效果更好，而室外视距较远用比较稀疏的显示模组也能获得较好的显示效果，这样还会降低成本。一般情况下LED显示模组中的LED的直径与间距是相等的（实际可能有误差），常用数字与英文大写字母“P”组合表示，如P3，指LED的直径和间距均为3mm。室内LED显示模组常为P1.6、P3、P4与P5等多款，室外常为P8、P10、P16与P20等多款，选用时要根据具体的视距、用途、显示内容的重要性与经费情况进行选用。如大型会议室内的大屏幕，视距范围很大，内容又很重要，就应选用密集度较高的显示模组（如P3模组）进行设计与组装。对于室外的电子商标及大型广告屏幕，可选用P8、P10与P20等模组进行设计与组装。

a)

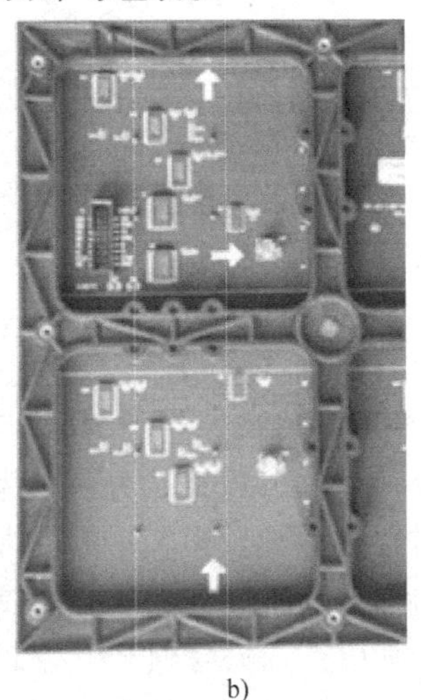

b)

图2-36 LED显示模组外形图

a）正面 b）背面

（4）指示与装饰用LED　采用单个LED作为仪器开关指示灯、示波器标尺照明、道路交通指挥显示灯、仪器仪表盘照明灯、文字与图片背光照明灯等的应用随处可见。作为室内、外装饰（如景观照明、转轮渲染）的应用也在增多，甚至在小孩的鞋子和交通指挥员的服装上也都有LED的应用。目前已有各种色彩的单色、双色、多色甚至变色单体LED出现，如将红、绿、蓝三色LED组装在一个管壳内，成为能够显示多种色彩的单体LED，用于各种玩具与装饰。

此外，LED还可以与光电二极管等半导体传感器组合构成光电开关、光电报警器、光电遥控器与光电耦合器件等，用来完成更多的功能。

3. LED在信息通信系统的应用

LED能够发出高频调制光的特点，使其在光电信息的传输、数字通信（如可见光无线通信，即LiFi）、信号与图像等信息通信等方面显示出巨大的优势。随着大规模集成电路的发展与超小型LED制作工艺的提高，LED在通信系统中的应用将有很大的发展。为满足通信技术的发展，LED的频率响应与发光光谱等技术指标在不断提高，因此我们必须密切关注LED性能的提高，及时获得它的最新发展信息，这对开发设计LED应用产品非常有利。

在光电信息传输、数字、符号与图像显示等方面应用LED时，必须考虑LED发光光谱与光电器件光谱响应的匹配问题和LED光通量与时间响应是否满足信号频率与带宽要求等。采用PIN技术制造出的长波长光谱响应和高速响应LED器件在光通信技术领域得到飞速的发展，发白光的大功率平面LED光源也已经得到迅速发展。

2.5 激光光源

激光是通过谐振腔发出来的光，它的单色性、相干性和方向性都非常好，而且它的光亮度很高，在国防、科研、工农业生产和医疗仪器等方面都得到广泛的应用。激光器的种类很多，有体积较小的半导体激光器、固体激光器、气体激光器与染料激光器等。从功率上看有毫瓦级和千兆瓦级。从输出光的形式上看，有连续激光、单脉冲激光与序列脉冲激光等。

序列脉冲激光常与图像传感器系统组合完成高速摄影，获得高速运动物体的运动姿态。单脉冲激光常用于激光武器。半导体激光器和氦-氖激光器属于连续激光器，常用作光电检测系统的光源。

考虑到光电信息科学与工程专业与测控技术与仪器专业都要学习“激光原理”课程，因此这里不再重复讨论激光的产生机理，而直接讨论激光器在光电信息变换与光电测量系统的应用问题。

2.5.1 氦-氖激光器

1. 氦-氖激光器的结构

图2-37为氦-氖激光器的3种结构示意图，它由放电管、光学共振腔与激光电源3部分组成。

放电管包括放电毛细管、储气管和电极3部分。放电毛细管是发生气体放电和产生激光的区域，管内径为1.2~1.3mm。氖气管与放电毛细管同轴并相通。氖气管相当于扩大了放电毛细管储气的体积，可缓冲因氦气逃逸快而造成氦、氖气压比失调，并且对漏入的杂质气体起稀释作用。此外，因毛细管很细，容易发生形变，易造成共振腔的形变，所以配置储气管来加固共振腔。

电极有阳极和冷阴极。它们都是具有良好发射电子能力和抗溅射能力的特种材料，并容易加工，因而常选用镍、铅和钼等制造冷阴极，用钨杆制成阳极，以便减少对地的电容量，降低出现张弛振荡的几率，使其输出稳定。

共振腔常采用一块凹面反射镜和一块平面镜组成，其中凹面反射镜的反射率接近100%，而平面镜的反射率视激光器的增益大小而定，一般取98.5%~99.5%。

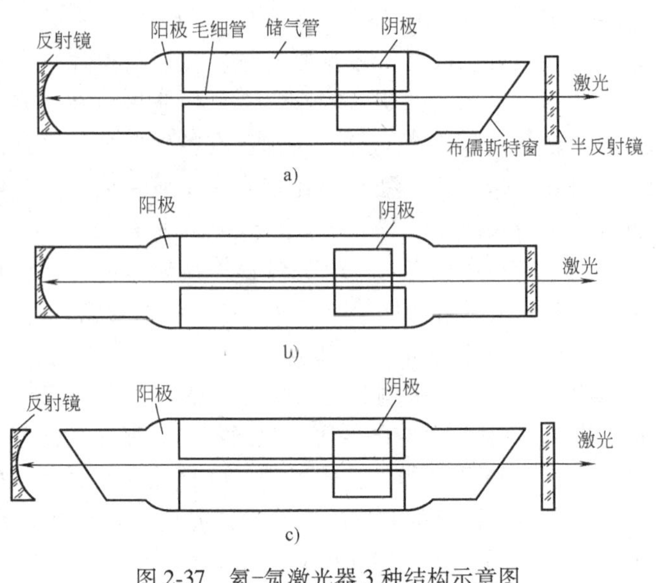

图2-37　氦-氖激光器3种结构示意图
a）半内腔式　b）内腔式　c）外腔式

激光电源一般可采用稳定的直流电源或工频及射频交流电源供电。在精密测量中，常采用直流稳压电源，以获得稳定的激光输出。

按照共振腔与放电管的接触与否，共振腔分为半内腔式、内腔式和外腔式3种结构（见图2-37）。在外腔式氦-氖激光器中，放电管两端贴有两块镜片，镜片法线与放电管轴成一夹角 θ 并满足条件 $\tan\theta=n$，角 θ 称为全偏振角或称为布儒斯特角，该镜片也称为布儒斯特窗。对于石英玻璃窗，$n=1.45$，当波长 $\lambda=0.6328\mu m$ 时，$\theta=55°30'$。

当平行于放电管轴的光束射入布儒斯特窗口时，其中平行于图面的偏振光可以通过窗口，在共振腔内被反射并产生自激振荡而产生激光，垂直图面的偏振光不能通过或很少通过窗口，因此，这种激光器将产生线偏振光。

外腔式结构的优点是制造简单，但调整困难，稳定性较差，为此常采用内腔式结构。

内腔式结构虽然制造困难些，但不需要调整，反射镜也不易弄脏。另外还有一种半外腔式结构，兼有制造简单、调整较易的优点。

2. 氦-氖激光器的特点

氦-氖激光器具有连续输出激光的能力。输出激光功率不高，只有几毫瓦。激光波长 λ 为 $0.6328\mu m$，波长的稳定性度高达 10^{-10} 量级。

氦-氖激光器输出光束的相干性及方向性均很强，居各类激光器的首位。对于 $0.6328\mu m$ 谱线，相干长度长达几十千米以上，光束的发散角为 1×10^{-3}rad。氦-氖激光器输出功率随时间的波动量常常较大，且变化方式各不相同，有缓慢变化的，也有周期性迅速变化的。输出功率的波动频率低于1Hz的称为漂移，高于1Hz的称为噪声。

漂移产生的原因与谐振腔几何长度受环境温度的影响较大，因此，降低漂移的主要办法是控制共振腔长度不受温度的影响并稳定其放电电流。

产生噪声的主要原因是供电电源的交流分量和放电电流值的稳定范围，因此，降低噪声的方法是消除电源的直流纹波和选择放电电流的最佳值。设计得比较好的氦-氖激光器，其放电电流一般在 3~9mA 范围内无固定频率的噪声，白噪声也比较小。

氦-氖激光器的输出光通量因玻璃壳体的缓慢漏气，真空体的放气，工作气体的吸附、吸收和渗透，阴极溅射以及反射镜的沾染和损伤等原因减小，使得氦-氖激光器的寿命下降。当氦-氖激光器的发光效率下降到原来的 1/e 时，所经历的时间即称为激光器的寿命。目前这种激光器的寿命不是很长，需要从材料和工艺上进行解决。

表 2-8 列出几种国产氦-氖激光器的特性参数，供使用时参考。

表 2-8　几种国产氦-氖激光器的特性参数

结构类型	型　号	输出功率/mW	模式	谐振腔长/mm	发散角/mrad	光束直径/mm	外形尺寸/mm
全外腔	QJH-T1800	>50	TEM_{00}	1880	<0.7	2	2100×410×200 1400×200×240
	QJH-T1000	>25	TEM_{00}	1100	<1	0.9	
	QJH-T800	>18	TEM_{00}	800	<1	0.8	665×150×120
	QJH-T500	>7	TEM_{00}	500	<1	0.8	
全内腔	H101D	≥1	TEM_{00}	190			ϕ32
	H103C	1.5~2	TEM_{00}	250			ϕ42
	H104B	≥2	TEM_{00}	300			ϕ42
	H102B	4~5	TEM_{00}	350			ϕ43
	H102C	≥5	TEM_{00}	350			ϕ43
	H105B	≥5	TEM_{00}	400			ϕ43
	H107B	≥7	TEM_{00}	600			ϕ43
	H108B	8	TEM_{00}	600			ϕ45

2.5.2　半导体激光器

半导体激光器（LD）是体积最小的激光器件。它具有效率高、工作电压低、功率损耗小、驱动与调整都很方便等特点，非常适合于野外短距离的激光通信、激光测距、激光遥控、激光遥测、激光引爆等。

半导体激光器有电子束激励的和注入式的两种，后者应用最为普遍，因此，着重介绍注入式的半导体激光器。注入式半导体激光器中以砷化镓激光器的性能最好、应用最广泛。这里以砷化镓半导体激光器为例，介绍它的基本工作原理。

1. 砷化镓半导体激光器的结构与工作原理

根据产生激光所必须具备的条件，激光器一般由激发装置（泵浦源）、工作物质和谐振腔 3 部分组成。砷化镓半导体激光器是由 GaAs 材料制成的半导体面结型二极管的结构。图 2-38 为 PN 结型 GaAs 半导体激光器的结构原理图，该激光器由P-GaAs、N-GaAs 和散热片等部分组成，典型尺寸为 100μm×300μm。图中由 P-GaAs 和 N-GaAs 的载流子的扩散，形成一个 PN 结势垒区，如果沿正向偏压注入大电流（在 N-GaAs 一边注入电子）进行激励，会使电子自下而上进入 PN 结区，空穴自上向下进入 PN 结区相互复合，并把多余的能量以光的形式放射出来。光子的波长 $\lambda = hc/(E_C - E_V)$。由于 PN 结两端研磨成的自然解理面所形成谐振腔的光反馈作用，便产生出定向受激发射的激光。在室温下，输出激光的波长 λ 为 0.9μm，在液氮 77K 温度下为 0.84μm。

对于半导体砷化镓激光器，室温下连续工作时注入的电流密度为每平方厘米几千安培，脉冲状态工作的电流密度为每平方厘米几万安培，才能形成粒子数反转。脉冲输出激光功率可达几十瓦，连续输出功率为几百毫瓦。

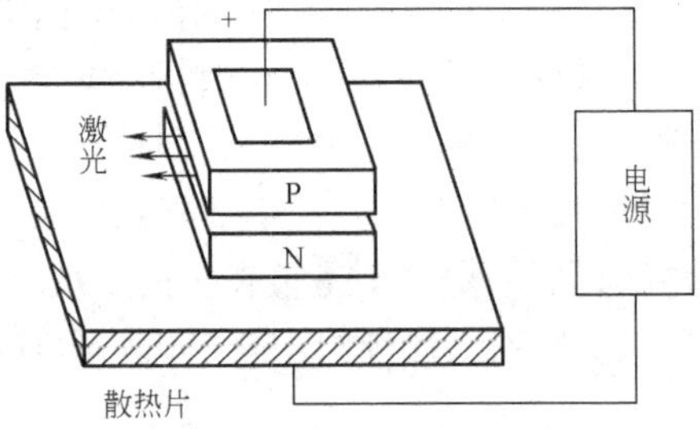

图 2-38 PN 结型 GaAs 半导体激光器的结构原理图

2. 异质结 PN 结半导体激光器

在 N-GaAs、P-GaAs 上生长另一种重掺杂 P^+-$Al_xGa_{1-x}As$ 晶体，如图 2-39a 所示，构成单异质 PN 结型的半导体激光器。其中 P-GaAs 的厚度为 2μm 左右，激光集中在 P 区产生。它的发光阈值比较低，辐射波长较长。图 2-39b 所示结构为双异质结型砷化镓半导体激光器。由于双异质结型半导体的 P 区很窄，电子和空穴只能集中在 P 区附近的很小区域内复合而受激发射激光，因此，发光阈值更低，性能更好。从图 2-39b 可以看出，电子向右扩散到 P-P+结区时，受到 P+区高电子势垒的阻挡，不能再往右扩散；而空穴往左扩散到 P 区时受到高空穴势垒的阻挡也不再往左扩散。因此，电子、空穴在很窄的 P 区集中、集中发射出受激激光。对图 2-39a 来说，电子向右扩散到 P 区受到 P+区的高电子势垒的阻挡，但空穴向左扩散到 P 区时，N 区的空穴势垒不高，可继续扩散，因而发光一般不太集中。

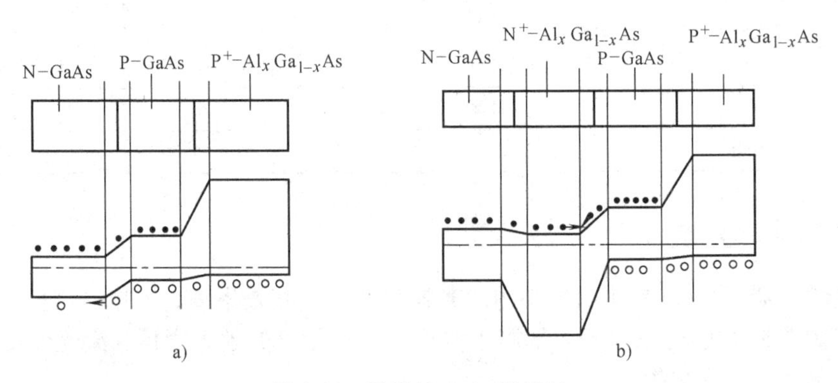

图 2-39 异质结 GaAs 储能级

a）单异质结 b）双异质结

2.6 光电传感器应用系统中光源与照度的匹配

2.6.1 光源的选择

图像传感器的应用系统大致可分为图像传感、图像分析和图像检测 3 种类型。不同的应用类型对照明光源的要求也不相同，应该根据具体的需要选用不同的照明光源。

摄像是为了真实地记录景物的结构、状态和颜色。根据色度学的基本常识，景物的颜色与照明光源的光谱功率分布有关。人们对景物的观察一般是在日光照明下形成的，所以，在摄像应用中，照明光源的发光光谱应尽量接近于日光，或尽量采用日光进行照明。由于氙灯发光的光谱功率分布接近于日光的光谱功率分布，故摄像时可采用大功率氙灯作照明光源。

图像检测系统一般有两种：一种是通过测量被检测物体的像来测量被检测物体的某些特征参数；另一种是通过测量被检测物体的空间频谱分布确定被检物体的某些特征参数。对于前者，只要选用钨丝白炽灯或卤钨灯作为照明光源就可以了；而对于后者，应选用激光照明，因为它能满足单色性好、相干性好、光束准直精度高等特点。但是一定要注意，激光的输出功率集中也很强，不要将激光束直接照射在图像传感器的像元上，以免激光过强的能量损坏图像传感器的像元；另外，激光的相干性好，很容易产生干涉和衍射现象，形成干涉和衍射条纹，虽然可以利用干涉或衍射进行微小位移和尺寸的测量，但是由于干涉和衍射条纹的存在会引起较大的测量误差；激光的时间漂移与不稳定也是影响它在测量系统中应用的一个不可忽视的原因。

图像传感器的光谱响应范围与所用光敏材料有关，硅器件的图像传感器的光谱响应范围为0.2~1.1μm，峰值响应波长多为0.55μm，氦-氖激光器的激光波长为0.6328μm，光谱响应灵敏度很接近其峰值响应波长的光谱灵敏度，与其他激光器相比，用相同功率氦-氖激光器光束照明，可得到较大的输出信号。并且，此种激光器的制造技术比较成熟，且结构简单、使用方便、价格便宜，故常被选用。

2.6.2 照度匹配

半导体集成图像传感器大部分为光积分型的器件（如电荷耦合摄像器件），它的输出电流不但与像面上的照度有关，也和两次取样的间隔时间，即积分时间有关。若以 I_o 代表它的输出电流信号，E_v 代表像面上的照度，t 代表两次取样的间隔时间，则在正常工作范围内有

$$I_o = KE_v t = KQ_v \tag{2-12}$$

式中，K 为比例常数；Q_v 为曝光量，$Q_v = E_v t$，单位为 lx·s。

对于既定器件，曝光量应限定在一定的范围之内，其上限为饱和曝光量 Q_{sat}。对于摄像和以光度测量为基础的CCD应用系统，像面上任何像元上的曝光量 Q_v 均应低于 Q_{sat}，否则将产生画面亮度的失真，或产生较大的测量误差。

因为 $Q_v = E_v t$，所以可通过适当选择CCD像面上照度 E_v 和两次采样间隔时间 t 来达到 $Q_v < Q_{sat}$。但是，t 一般由驱动器的转移脉冲周期 T_{SH} 确定，当采用石英晶体振荡器为主时钟设计驱动器时，T_{SH} 可认为是常数。所以调节曝光量通常是通过调节CCD像面上的照度来实现的，要求像面上任何点的照度应满足

$$E_v \leqslant \frac{Q_{sat}}{t} \tag{2-13}$$

像面的照度也不能太低。如果某些点的照度低于CCD的灵敏阈值，这些较暗部分便无法测出，从而降低画面亮度的层次或产生测量误差。最好是把像面上的最大照度 E_{max} 调节为略低于 Q_{sat}/t，以充分利用器件的动态范围。

对于CCD应用系统，CCD像面的照度就是经光学系统成像后的像面照度或者是经光学系统进行傅里叶变换后的谱面照度。

发光特性接近于余弦辐射体的物体经光学系统成像，其轴上像点的照度 E'_0 和轴外像点照度 E' 可分别用下列两式表示：

$$E'_o = \left(\frac{n'}{n}\right)^2 K\pi L\sin^2 U' \tag{2-14}$$

$$E' = E'_o\cos^4\omega \tag{2-15}$$

式中，n'和 n 分别为光学系统的像方和物方介质的折射率；K 为光学系统的透过率；L 为物体的亮度；U'为像方孔径角；ω 为所考虑点对应的视场角。

对于观察或测量自然景物，由于景物的亮度不易改变，一般选取 U'角取得合适的像面照度。对于观察无限远景物，应使用望远镜，这时 $\sin U' \approx \frac{D}{2f'}$，轴上像点的照度为

$$E_o = \frac{K\pi L}{4}\left(\frac{D}{f'}\right)^2 \tag{2-16}$$

可见，这种情况下像面照度与相对孔径 D/f'的二次方成正比，主要靠选择望远镜的相对孔径来达到像面照度与 CCD 像敏特性相匹配。

对于观测人工照明目标，则可用合理选择照明光源的功率及照明系统的参数来调节被观测对象的亮度值 L，并配以合适的观测光学系统来保持所需的像面照度。

有些测量系统像面或谱面照度分布不均匀，最大和最小照度之差远超过 CCD 的响应范围，这时，单靠调节照明和光学系统的参数不能达到目的。例如，调节光源或光学系统孔径角使像面照度最大值 $E_{max} < \frac{Q_{sat}}{t}$，则暗区照度过低无法检测，如调节使暗区照度达可测值，则 $E_{max} > \frac{Q_{sat}}{t}$。为了在这种情况下能够完成测量，可采用滤光补偿法。这种方法适合于像面或谱面照度分布有一定规律、明暗差较大的情况。

滤光补偿法就是在 CCD 像面前放置一块透过率按一定规律分布的滤光镜，使高照度区的照度降下来，达到 $E_{max} < \frac{Q_{sat}}{t}$，而低照度区的照度不受影响或少受影响。这样，就可使整个像面或谱面测量值均在可测范围之内。而各点的实际照度 $E(x, y)$ 可由实测照度 $E_m(x, y)$ 和滤光镜相应点的透过率 $\tau(x, y)$ 求得

$$E(x, y) = \frac{E_m(x, y)}{\tau(x, y)} \tag{2-17}$$

实际上，滤光镜的透过率不要求制作得很准确，准确值可在系统组装后通过实验标定。

思考题与习题 2

1. 试计算白天自然光源在地球表面形成的照度的最大变化量。
2. 试描述夜间有哪些自然光源对地球表面的照度做出贡献。其影响程度如何？
3. 降压使用钨丝白炽灯时，它的使用寿命将如何变化？它发出的峰值光谱波长如何变化？发光效率又如何变化？
4. 卤钨灯的最大特点是什么？它发出的光谱属于连续光谱吗？能否通过调整它的电流使其稳定发光？
5. 汞灯、钠灯、氙灯和铟灯发出的光谱各有什么特点？为什么常用汞灯做光谱仪的标定工作？
6. 为什么说 LED 在 P 区发光？它与电子和空穴的迁移速率有什么关系？
7. LED 发出光的颜色与哪些因素有关？发蓝色光的 LED 禁带宽度比发红光的 LED 禁带宽度宽吗？

8. 据你观察（可以查找资料）发白光的LED采用了哪些技术？为什么LED发出的白光有的偏黄（常称为暖色），有的偏白（常称为冷色）？是什么在起作用？

9. 已知某LED的最大允许功耗为0.5W，LED正向电压为2.3V，问流过它的最大允许直流电流是多少？如果用占空比为0.5的脉冲驱动，最高允许的峰值电流又为多少？

10. 试设计发光电流$I_f=20mA$的稳定发光电路（设电压U_f为1.5V、电源电压为5V）。若要求LED发出的光稳定，应采取什么措施？

11. LED光源与LD光源的本质区别是什么？相同功率的两种器件发出的光斑在距离1m远处，哪个器件发出的光获得的照度高？

12. LED的发光光谱与半导体禁带宽度有什么关系？为什么发蓝光的LED正向电压要高于发红光的LED正向电压？

13. 发650nm红光的LED与发红色光的半导体激光器使用的材料相同，为什么它们发出的光谱半宽度相差那么大？它们的发光机理有哪些差别？结构有什么差别？

14. 能否利用LED做“LiFi”的信息传输？如果能，是利用了LED的哪些特点？

15. 已知某线阵CCD的饱和曝光量为0.06lx·s，线阵CCD的积分时间为0.01s，试计算线阵CCD像面上的最高允许照度。

第3章　光电导器件

某些物质吸收光子的能量产生本征吸收或杂质吸收，从而改变物质电导率的现象称为物质的光电导效应。利用具有光电导效应的材料如硅（Si）、锗（Ge）等本征半导体与硫化镉（CdS）、硒化镉（CdSe）、硫化铅（PbS）、硒化铅（PbSe）、锑化铟（InSb）等杂质半导体可以制成电导率随入射辐射量变化的器件，称为光电导器件或光敏电阻。

光敏电阻具有体积小、坚固耐用、价格低廉、光谱响应范围宽等优点，广泛应用于微弱辐射信号的探测领域。

本章主要介绍光敏电阻的工作原理与结构、基本特性、光敏电阻的偏置电路和光敏电阻的典型应用实例。

3.1　光敏电阻的原理与结构

3.1.1　光敏电阻的基本原理

图3-1为光敏电阻的原理与符号。在均匀的具有光电导效应的半导体材料的两端加上电极，便构成光敏电阻。当光敏电阻的两端加上适当的偏置电压U_{bb}后，便有电流I_p流过，用检流计可以检测到该电流。改变照射到光敏电阻上的光度量（如照度），发现流过光敏电阻的电流I_p发生变化，说明光敏电阻的阻值随照射到光敏电阻上的光度量变化而变化。

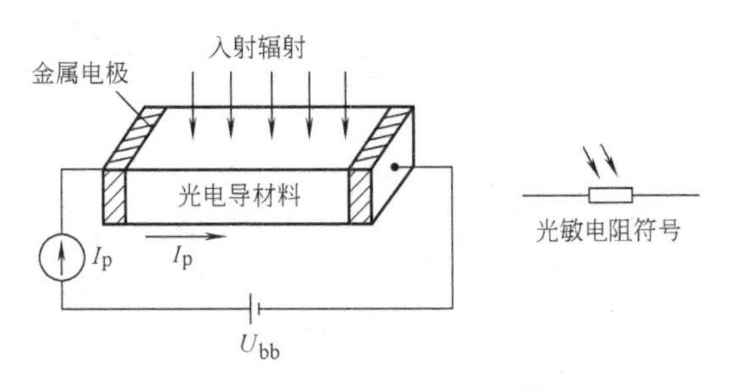

图3-1　光敏电阻的原理与符号

根据半导体材料的分类，光敏电阻有两大基本类型：本征型半导体光敏电阻与杂质型半导体光敏电阻。由1.4节半导体对光的吸收特性可以看出，本征型半导体光敏电阻的长波长要短于杂质型半导体光敏电阻的长波长。因此，本征型半导体光敏电阻常用于可见光波段的探测，而杂质型半导体光敏电阻常用于红外波段甚至于远红外波段辐射的探测。

3.1.2　光敏电阻的基本结构

通过对1.5.1节光电导效应的讨论得出下面的结论：

1）光电导材料的光电导灵敏度S_g与光电导材料两电极间的距离l有关。

2）光电导材料在微弱辐射作用的情况下光电导灵敏度与光敏电阻两电极间距离l的二次方成反比。

3）在强辐射作用的情况下光电导灵敏度S_g与光敏电阻两电极间距离l的2/3次方成反比。

因此，为了提高光敏电阻的光电导灵敏度S_g，要尽可能地缩短光敏电阻两电极间的距

离 l。这就是光敏电阻结构设计的基本原则。

根据光敏电阻的设计原则可以设计出如图 3-2 所示的 3 种基本结构。图 3-2a 为光敏电阻的梳形结构，两个梳形电极之间为光敏电阻材料，由于两个梳形电极靠得很近，电极间距很小，光敏电阻的灵敏度很高。图 3-2b 为光敏电阻的蛇形结构，光电导材料制成蛇形，光电导材料的两侧为金属导电材料，并在其上设置电极。显然，这种光敏电阻的电极间距（为蛇形光电导材料的宽度）也很小，提高了光敏电阻的灵敏度。图 3-2c 为光敏电阻的刻线式结构，在制备好的光敏电阻衬底基片上刻出狭窄的光敏材料条，再蒸涂金属电极构成刻线式结构的光敏电阻。

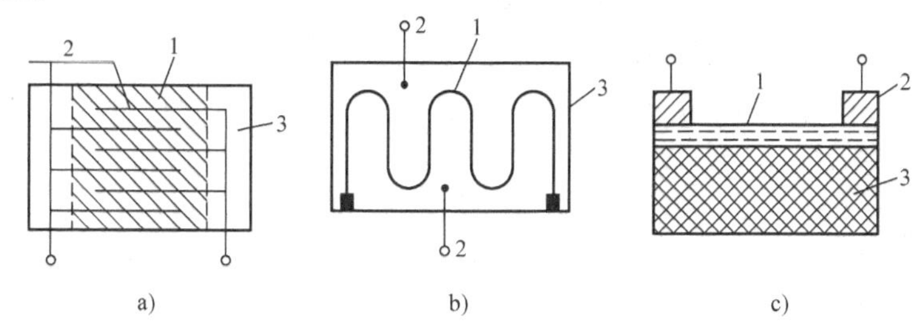

图 3-2 光敏电阻结构示意图

a）梳形结构 b）蛇形结构 c）刻线式结构

1—光电导材料 2—电极 3—衬底材料

3.1.3 典型光敏电阻

1. CdS 光敏电阻

CdS 光敏电阻是最常见的光敏电阻，它的光谱响应特性最接近人眼光谱光视效率 $V(\lambda)$，它在可见光波段范围内的灵敏度最高，因此，被广泛地应用于灯光的自动控制以及照相机的自动测光等。CdS 光敏电阻的光敏面常为如图 3-2b 所示的蛇形结构。CdS 光敏电阻常采用蒸发、烧结或黏结的方法制备。在制备过程中把 CdS 和 CdSe 按一定的比例制配成 Cd（S，Se）光敏电阻材料；或者在 CdS 中掺入微量杂质铜（Cu）和氯（Cl），使它既具有本征光电导器件的响应又具有杂质光电导器件的响应特性，可使 CdS 光敏电阻的光谱响应向红外谱区延长，峰值响应波长也变长。

CdS 光敏电阻的峰值响应波长为 0.52μm，CdSe 光敏电阻为 0.72μm，一般调整 S 和 Se 的比例，可使 Cd（S，Se）光敏电阻的峰值响应波长控制在 0.52~0.72μm 范围内。

表 3-1 为典型 CdS 光敏电阻的特性参数。

表 3-1 典型 CdS 光敏电阻的特性参数

型号	暗电阻/MΩ	亮电阻/(kΩ/100lx)	峰值波长/nm	时间响应/ms	温度系数/(10^{-2}·℃$^{-1}$)	使用温度/℃	最高工作电压/V	γ值（测试条件 100lx）	生产厂家
RGD1	0.5~10	1~25	530	30	0.15	-40~60	50	0.5~0.7	合肥半导体厂
RGD2	0.5~50	5	530	30	0.15	-40~60	100	0.5~0.7	
RGD3	10~50	5	530	30	0.15	-40~60	100	0.5~0.8	
RGD4	5~50	50	530	30	0.15	-40~60	100	0.5~0.8	
RGD5	1~50	50	530	30	0.15	-40~60	100	0.5~0.8	

（续）

型号	暗电阻/MΩ	亮电阻/(kΩ/100lx)	峰值波长/nm	时间响应/ms	温度系数/(10^{-2}·℃$^{-1}$)	使用温度/℃	最高工作电压/V	γ值（测试条件100lx）	生产厂家
MG45-5	0.5~20	0.5~100	520	30	0.2	-30~60	100	0.6	南阳市晶体管厂
MG45-7	0.5~20	0.5~100	520	30	0.2	-30~60	200	0.6	
MG45-9	0.5~20	0.5~100	520	30	0.2	-30~60	200	0.6	

2. PbS光敏电阻

PbS光敏电阻是近红外波段最灵敏的光电导器件。PbS光敏电阻常用真空蒸发或化学沉积的方法制备，光电导体的厚度为微米数量级的多晶薄膜或单晶硅薄膜。表3-2为PbS等光敏电阻特性参数。由于PbS光敏电阻在2μm附近的红外辐射的探测灵敏度很高，因此，常用于火灾等领域的探测。

表3-2 PbS等光敏电阻特性参数

型号	材料	外形尺寸/mm	工作温度/K	长波限/μm	峰值比探测率D^*/cm·$Hz^{0.5}$·W^{-1}	响应时间/s	暗电阻/MΩ	亮电阻/kΩ	应用
MG41-21	CdS	ϕ9.2	233~343	0.8		≤2×10^{-2}	≥0.1	≤2	可见光探测
P397	PbS	5×5	298	3	2×10^{10}[1300,100,1]	$(1\sim4)\times10^{-4}$	2		火焰探测
P791	PbSe	1×5	298	3	1×10^{9} [λ_m, 100, 1]	2×10^{-4}	2		火焰探测
9903	PbSe	1×3	263	3	3×10^{9} [λ_m, 100, 1]	10^{-5}	3		火焰探测
OE-10	PbSe	10×10	298	3	2.5×10^{9}	1.5×10^{-6}	4		红外探测
OTC-3M	InSb	2×2	253		6×10^{8} [λ_m, 100, 1]	4×10^{-6}	4		红外探测
Ge(Au)	Ge		77	8.0	1×10^{10}	5×10^{-8}			红外探测
Ge(Hg)	Ge		38	14	4×10^{10}	1×10^{-9}			红外探测
Ge(Cd)	Ge		20	23	4×10^{10}	5×10^{-8}			中红外探测

PbS光敏电阻的光谱响应和峰值比探测率等特性与工作温度有关，随着工作温度的降低，其峰值响应波长和长波长将向长波方向延伸，且峰值比探测率D^*增加。例如，室温下的PbS光敏电阻的光谱响应范围为1~3.5μm，峰值波长为2.4μm，峰值比探测率D^*高达1×10^{11}cm·$Hz^{0.5}$·W^{-1}。当温度降低到195K时，光谱响应范围为1~4μm，峰值响应波长移到2.8μm，峰值比探测率D^*也增高到2×10^{11}cm·$Hz^{0.5}$·W^{-1}。

3. InSb光敏电阻

InSb光敏电阻是3~5μm光谱范围内的主要探测器件之一。InSb光敏电阻由单晶材料制备，制造工艺比较成熟，经过切片、磨片、抛光后的单晶材料，再采用腐蚀的方法减薄到所需要的厚度便制成单晶InSb光敏电阻。光敏面的尺寸从0.5mm×0.5mm到8mm×8mm不等。大光敏面的器件由于不能做得那么薄，其探测率较低。InSb材料不仅适用于制造单元探测器件，也适宜制造阵列红外探测器件。

InSb光敏电阻在室温下的长波长可达7.5μm，峰值波长在6μm附近，峰值比探测率D^*约为1×10^{11}cm·$Hz^{0.5}$·W^{-1}。当温度降低到77K（液氮）时，其长波长由7.5μm缩短到5.5μm，峰值波长也将移至5μm，恰为大气的窗口范围，峰值比探测率D^*升高到2×10^{11}cm·$Hz^{0.5}$·W^{-1}。

4. $Hg_{1-x}Cd_xTe$系列光电导探测器件

$Hg_{1-x}Cd_xTe$ 系列光电导探测器件是目前所有红外探测器中性能最优良、最有前途的探测器件，尤其是对于4~8μm大气窗口波段辐射的探测更为重要。

$Hg_{1-x}Cd_xTe$ 系列光电导体是由HgTe和CdTe两种材料的晶体混合制造的，其中x标明Cd元素含量的组分。在制造混合晶体时选用不同Cd的组分x，可以得到不同的禁带宽度E_g，便可以制造出不同波长响应范围的$Hg_{1-x}Cd_xTe$探测元器件。一般组分x的变化范围为0.18~0.4，长波长的变化范围为1~30μm。

3.2 光敏电阻的基本特性

光敏电阻为多数电子导电的光电敏感器件，与其他光电器件特性的差别表现在它的基本特性参数上。光敏电阻的基本特性参数包含光电特性、伏安特性、温度特性、时间响应、噪声特性和光谱响应等。

3.2.1 光电特性

光敏电阻在黑暗的室温条件下，由于热激发产生的载流子使它具有一定的电导，该电导称为暗电导，其倒数为暗电阻，一般的暗电导都很小（即暗电阻值很大）。当有光照射在光敏电阻上时，它的电导将变大，增加的电导称为光电导。电导随光照量变化越大的光敏电阻就越灵敏，这个特性称为光敏电阻的光电特性。

在1.5.1节讨论光电导效应时看到，光敏电阻在弱辐射和强辐射作用下表现出不同的光电特性（线性与非线性）。式（1-75）和式（1-77）分别给出了它在弱辐射和强辐射作用下的光电导与辐通量的关系，这是两个极端的情况，那么光敏电阻在强、弱之间辐射作用下的情况如何呢？实际上，光敏电阻在弱辐射到强辐射的作用下，它的光电特性可用在“恒定电压”作用下流过光敏电阻的电流I_p与作用到光敏电阻上的照度E的关系曲线来描述，图3-3所示的特性曲线反映了流过光敏电阻的电流I_p与入射光照度E间的变化关系，由图3-3可见，它是由线性渐变到非线性的。

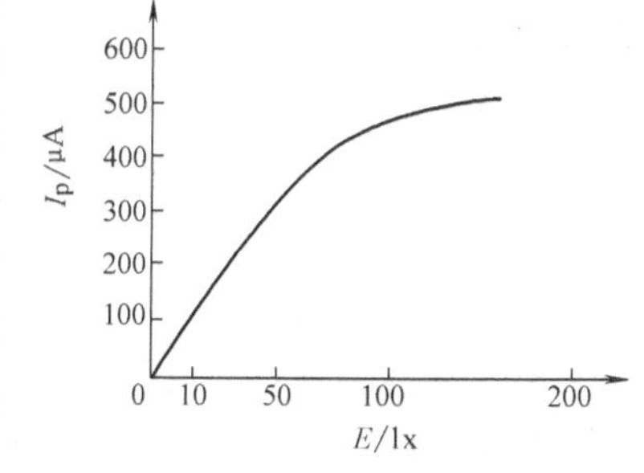

图3-3 CdS光敏电阻的光照特性曲线

在恒定电压的作用下，流过光敏电阻的光电流I_p为

$$I_p = g_p U = US_g E \tag{3-1}$$

式中，S_g为光电导灵敏度；E为光敏电阻的照度。

显然，当照度很低时，曲线近似为线性，S_g由式（1-75）描述；随照度的提高，线性关系变坏，当照度变得很高时，曲线近似为抛物线，S_g由式（1-77）描述。为此，光敏电阻的光电特性可用一个随光度量变化的指数γ来描述，并定义γ为光电转换因子。将式（3-1）改为

$$I_p = g_p U = US_g E^{\gamma} \tag{3-2}$$

光电转换因子在弱辐射作用的情况下为1（$\gamma=1$），随着入射辐射的增强，γ值减小，当入射辐射很强时γ值降低到0.5。

在实际使用时，常常将光敏电阻的光电特性曲线改用图3-4所示的特性曲线。图3-4为两种坐标框架的特性曲线，其中图3-4a为线性直角坐标系中光敏电阻的阻值 R 与入射照度 E_v 的关系曲线，而图3-4b为对数直角坐标系下的阻值 R 与入射照度 E_v 的关系曲线。由图3-4a可见，光敏电阻的阻值 R 与入射照度 E_v 在光照很低时随照度的增加而迅速降低表现为线性关系，照度增加到一定程度后，阻值的变化变缓，然后逐渐趋向饱和。但是，在图3-4b所示的对数坐标系中光敏电阻的阻值 R 在某段照度 E_v 范围内的光电特性表现为线性，即式（3-2）中的 γ 保持不变。因此，γ 值为对数坐标下特性曲线的斜率，即

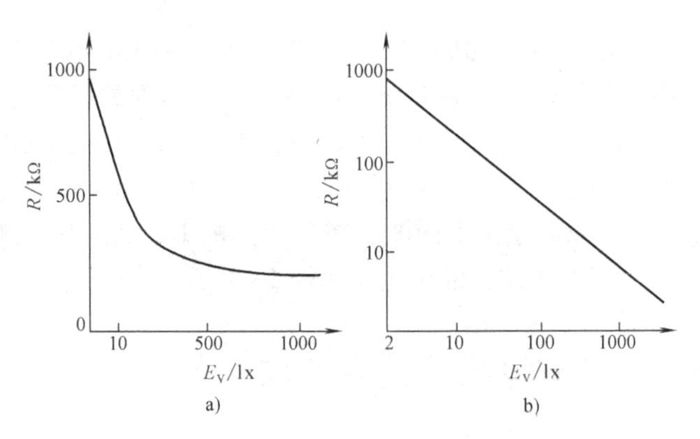

图3-4 光敏电阻的光电特性曲线
a）线性直角坐标系 b）对数直角坐标系

$$\gamma=\frac{\lg R_1-\lg R_2}{\lg E_{v2}-\lg E_{v1}} \tag{3-3}$$

式中，R_1 与 R_2 分别为照度为 E_1 和 E_2 时光敏电阻的阻值。

显然，光敏电阻的 γ 值反映了在照度范围变化不大或照度的绝对值较大甚至于光敏电阻接近饱和情况下的阻值与照度的关系。因此，定义光敏电阻 γ 值时必须说明其照度范围，否则 γ 值没有任何意义。

3.2.2 伏安特性

光敏电阻的本质是电阻，符合欧姆定律。因此，它具有与普通电阻相似的伏安特性，但是它的电阻值是随入射光度量而变化的。利用图3-1所示的电路可以测出在不同光照下加在光敏电阻两端的电压 U 与流过它的电流 I_p 的关系曲线，并称其为光敏电阻的伏安特性。图3-5为典型CdS光敏电阻的伏安特性曲线。显然，它符合欧姆定律。图3-5中的虚线为允许功耗线或额定功耗线，使用时应不使光敏电阻的实际功耗超过额定值。在设计光敏电阻变换电路时，应使光敏电阻的工作电压或电流控制在额定功耗线之内。

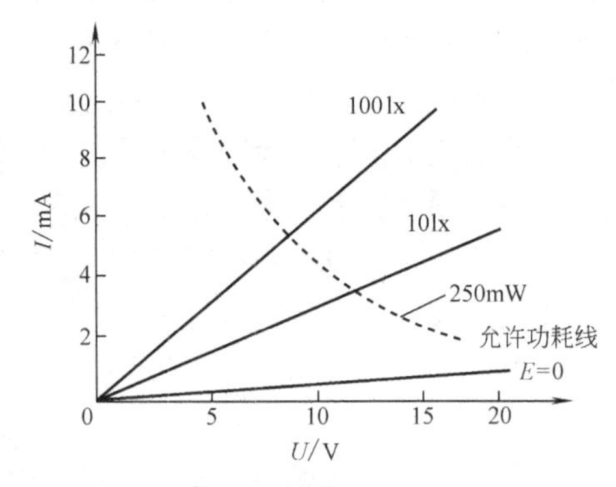

图3-5 典型CdS光敏电阻的伏安特性曲线

3.2.3 温度特性

光敏电阻为多数载流子导电的光电器件，具有复杂的温度特性。光敏电阻的温度特性与光电导材料有着密切的关系，不同材料的光敏电阻有着不同的温度特性。图3-6为光敏电阻的温度特性曲线。设室温（25℃）下的相对光电导率为100%，观测光敏电阻的相对光电导

率随温度的变化关系，可以看出光敏电阻的相对光电导率随温度的升高而下降，光电响应特性随着温度的变化较大。因此，在温度变化大的情况下，应采用制冷措施，降低或控制光敏电阻的工作温度是提高光敏电阻工作稳定性的有效办法，尤其对长波长红外辐射的探测领域更为重要。

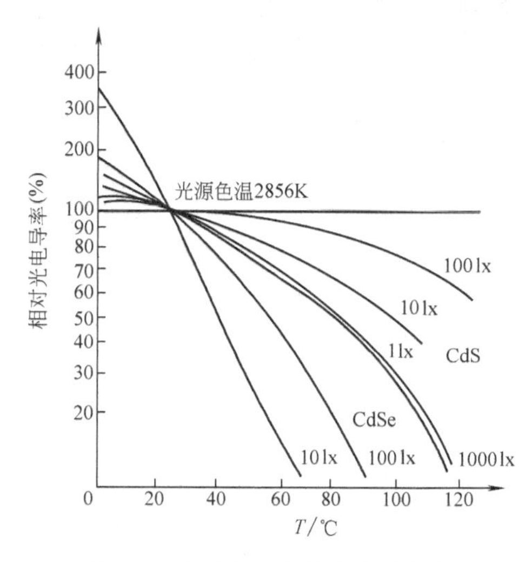

图 3-6 光敏电阻的温度特性曲线

3.2.4 时间响应

光敏电阻的时间响应（又称为惯性）比其他光电器件要差（即惯性要大）些，频率响应要低些，而且具有特殊性。当用一个理想方波脉冲辐射照射光敏电阻时，光生电子要有产生的过程，光生电导率 $\Delta\sigma$ 要经过一定的时间才能达到稳定。当停止辐射时，复合光生载流子也需要时间，表现出光敏电阻具有较大的惯性。

光敏电阻的惯性与入射辐射信号的强弱有关，下面分别讨论。

（1）弱辐射作用情况下的时间响应　如图 3-7 所示，当微弱的入射辐射通量 Φ_e 作用于光敏电阻的情况下，设入射辐通量 Φ_e 为可用下式表示的光脉冲：

$$\Phi_e(t)=\begin{cases}0 & t=0\\ \Phi_{e0} & t>0\end{cases}$$

对于本征光电导器件在非平衡状态下光电导率 $\Delta\sigma$ 和光电流 I_Φ 随时间变化的规律为

$$\Delta\sigma=\Delta\sigma_0(1-e^{-t/\tau}) \tag{3-4}$$

$$I=I_{\Phi_{e0}}(1-e^{-t/\tau}) \tag{3-5}$$

式中，$\Delta\sigma_0$ 与 $I_{\Phi_{e0}}$ 分别为弱辐射作用下的光电导率和光电流的稳态值。

显然，当 $t\gg\tau_r$ 时，$\Delta\sigma=\Delta\sigma_0$，$I_\Phi=I_{\Phi_{e0}}$；当 $t=\tau_r$ 时，$\Delta\sigma=0.63\Delta\sigma_0$，$I_\Phi=0.63I_{\Phi_{e0}}$；$\tau_r$ 定义为光敏电阻的上升时间常数，即光敏电阻

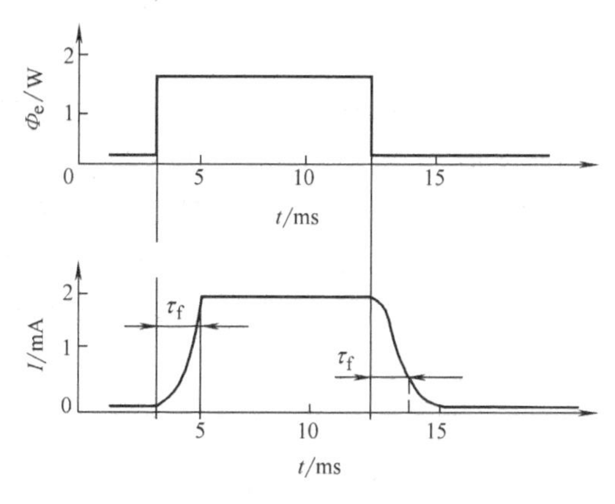

图 3-7 光敏电阻弱辐射作用下时间响应

的光电流上升到稳态值$I_{\Phi_{e0}}$的63%所需要的时间。

停止辐射时，入射辐通量Φ_e与时间的关系为

$$\Phi_e(t)=\begin{cases}\Phi_{e0} & t=0\\ 0 & t>0\end{cases}$$

同样，可以推导出停止辐射情况下，光电导率和光电流随时间变化的规律为

$$\Delta\sigma=\Delta\sigma_0 e^{-t/\tau} \tag{3-6}$$

$$I=I_{\Phi_{e0}}e^{-t/\tau} \tag{3-7}$$

当$t=\tau_f$时，$\Delta\sigma_0$下降到$\Delta\sigma=0.37\Delta\sigma_0$，$I_{\Phi_{e0}}$下降到$I_\Phi=0.37I_{\Phi_{e0}}$；当$t\gg\tau_f$时，$\Delta\sigma_0$与$I_{\Phi_{e0}}$均下降到0。所以，在辐射停止后，光敏电阻的光电流下降到稳态值的37%所需要的时间称为光敏电阻的下降时间常数，记为τ_f。显然，光敏电阻在弱辐射作用下的上升时间常数τ_r与下降时间常数τ_f近似相等。

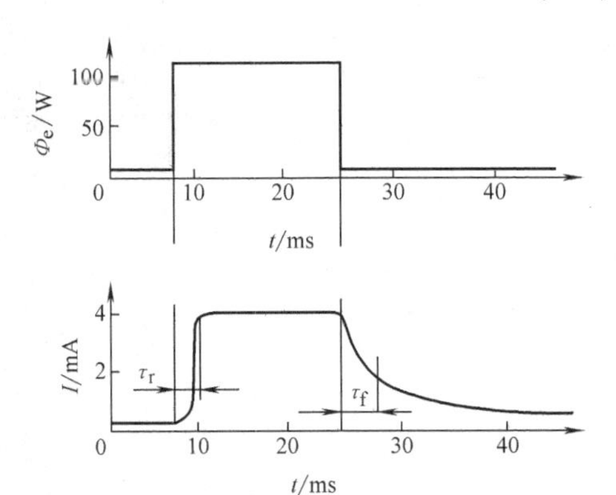

图3-8 光敏电阻强辐射下的时间响应

（2）强辐射作用情况下的时间响应 如图3-8所示，当较强的辐通量Φ_e脉冲作用于光敏电阻上时，无论对本征型还是杂质型的光敏电阻，强光激发载流子的变化规律由式（1-76）表示。设入射辐通量为方波脉冲

$$\Phi_e(t)=\begin{cases}\Phi_e=0 & t=0\\ \Phi_e=\Phi_0 & t\geqslant 0\end{cases}$$

光敏电阻电导率σ的变化规律为

$$\Delta\sigma=\Delta\sigma_0\tanh\frac{t}{\tau} \tag{3-8}$$

其光电流的变化规律为

$$\Delta I_\Phi=\Delta I_{\Phi_{e0}}\tanh\frac{t}{\tau} \tag{3-9}$$

显然，当$t\gg\tau$时，$\Delta\sigma=\Delta\sigma_0$，$I_\Phi=I_{\Phi_{e0}}$；当$t=\tau$时，$\Delta\sigma=0.76\Delta\sigma_0$，$I_\Phi=0.76I_{\Phi_{e0}}$。在强辐射入射时，光敏电阻的光电流上升到稳态值的67%所需要的时间τ_r定义为强辐射作用下的上升时间常数。

当停止辐射时，由于光敏电阻体内的光生电子和光生空穴需要通过复合才能恢复到辐射作用前的稳定状态，而且随着复合的进行，光生载流子数密度在减小，复合概率在下降，所以，停止辐射的过渡过程要远远大于入射辐射的过程。停止辐射时光电导率和光电流的变化规律可表示为

$$\Delta\sigma=\Delta\sigma_0\frac{1}{1+t/\tau} \tag{3-10}$$

$$I_\Phi=I_{\Phi_{e0}}\frac{1}{1+t/\tau} \tag{3-11}$$

由式（3-10）和式（3-11）可知，当 $t=\tau$ 时，$\Delta\sigma_0$ 下降到 $\Delta\sigma=0.5\Delta\sigma_0$，而光电流 $I_{\Phi_{e0}}$ 下降到 $I_{\Phi}=0.5I_{\Phi_{e0}}$；当 $t\gg\tau$ 时，$\Delta\sigma_0$ 与 $I_{\Phi_{e0}}$ 均下降到0。因此，当停止辐射时，光敏电阻的光电流下降到稳态值的50%所需要的时间称为光敏电阻的下降时间常数，记为 τ_f。

图3-9为光敏电阻的频率特性曲线，从曲线中不难看出硫化铅（PbS）光敏电阻的频率特性稍微好些，但是，它的频率响应也不超过 10^4Hz。

当然，光敏电阻在被强辐射照射后，其阻值恢复到长期处于黑暗状态的暗电阻 R_D 所需要的时间将是相当长的。因此，光敏电阻的暗电阻 R_D 常与其检测前是否被曝光有关，这个效应常被称为光敏电阻的前例效应。

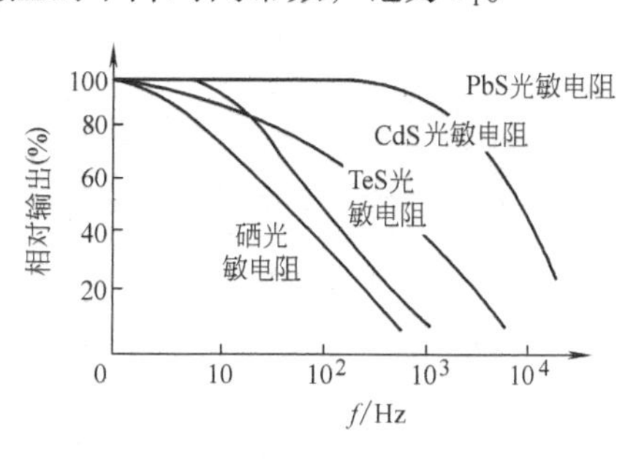

图3-9　光敏电阻的频率特性曲线

3.2.5　噪声特性

光敏电阻的主要噪声有热噪声、产生复合噪声和低频噪声（或称1/f噪声、电流噪声）。

1. 热噪声

光敏电阻内的载流子热运动产生的噪声称为热噪声，或称约翰逊（Johson）噪声。由热力学和统计物理学可以推导出热噪声公式

$$I_{NJ}^2(f)=\frac{4KT\Delta f}{R_d(1+\omega^2\tau_0^2)} \tag{3-12}$$

式中，τ_0 为载流子的平均寿命；ω 为信号角频率，$\omega=2\pi f$。

在低频情况下，$\omega\tau_0\ll1$ 时，热噪声电流 $I_{NJ}^2(f)$ 可简化为

$$I_{NJ}^2(f)=\frac{4KT\Delta f}{R_d} \tag{3-13}$$

当 $\omega\tau_0\gg1$ 时，式（3-13）可简化为

$$I_{NJ}^2(f)=\frac{4KT\Delta f}{\pi^2f^2\tau_0^2R_d} \tag{3-14}$$

显然，热噪声电流是调制频率 f 的函数，随频率的升高而减小。另外，它与光敏电阻的阻值成反比，随阻值的升高而降低。

2. 产生复合噪声

光敏电阻的产生复合噪声与其平均电流 $\bar{I}$ 有关，产生复合噪声数学表达式为

$$I_{ngr}^2=4q\bar{I}\frac{(\tau_0/\tau_1)\ \Delta f}{1+\omega^2\tau_0^2} \tag{3-15}$$

式中，τ_1 为载流子跨越电极所需要的漂移时间。

同样，$\omega\tau_0\ll1$ 时，产生复合噪声简化为

$$I_{ngr}^2=4q\bar{I}\Delta f\frac{\tau_0}{\tau_1} \tag{3-16}$$

3. 低频噪声

光敏电阻在偏置电压作用下产生信号光电流，由于光敏层内微粒的不均匀或电阻内的杂

质，在偏置电压作用下会产生微火花电爆放电现象。这种微火花放电引起的电爆脉冲就是低频噪声（电流噪声）的来源。

低频噪声的经验公式为

$$I_{nf}^2=\frac{c_1 I^2 \Delta f}{bdl\ f^b} \tag{3-17}$$

式中，c_1 为与材料有关的常数；I 为流过光敏电阻的电流；f 为光的调制频率；指数 b 为接近于1的系数；Δf 为调制频率的带宽。

显然，低频噪声与调制频率成反比，频率越低，噪声越大，故称低频噪声。

这样，光敏电阻的噪声方均根值为

$$I_N=(I_{NJ}^2+I_{ngr}^2+I_{nf}^2)^{1/2} \tag{3-18}$$

对于不同的器件，三种噪声的影响不同，在几百赫兹以内以低频噪声为主；随频率的升高，产生复合噪声开始显著；频率很高时，以热噪声为主。光敏电阻的噪声与频率的关系如图3-10所示。

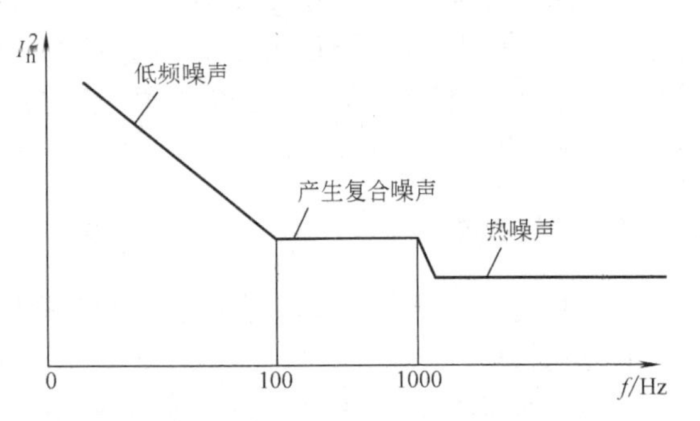

图3-10 光敏电阻的噪声与频率的关系

3.2.6 光谱响应

光敏电阻的光谱响应主要与光敏材料禁带宽度、杂质电离能、材料掺杂比与掺杂浓度等因素有关。图3-11为3种典型光敏电阻的光谱响应特性曲线。显然，CdS材料制成的光敏电阻的光谱响应很接近人眼的视觉响应，CdSe材料的光谱响应较CdS材料的光谱响应范围宽，PbS材料的光谱响应范围最宽，覆盖了0.4～2.8μm的范围，PbS光敏电阻常用于火点探测与火灾预警系统。

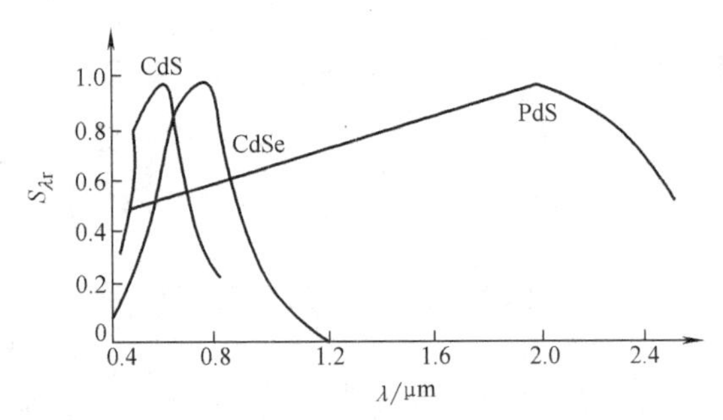

图3-11 3种典型光敏电阻的光谱响应特性曲线

表3-3为常用红外光敏电阻探测器的主要参数。

表3-3 常用红外光敏电阻探测器的主要参数

系 列	型 号	响应范围/μm	峰值响应/μm	比探测率 D^*/(cm·Hz$^{0.5}$·W^{-1})	响应时间 τ/ms	冷却方式	表面电阻 R/Ω
MPC	MPC	0.5～12	10.6	≥3×10^6	≤1	室温	150～250
R005	R005-2	2～12	10.6	≥2×10^6	≤1	室温	30～80
	R005-3	2～12	10.6	≥3×10^6	≤1		
	R005-5	2～12	10.6	≥5×10^6	≤1		
	R005-6	2～12	10.6	≥6×10^6	≤1		

（续）

系 列	型 号	响应范围 /μm	峰值响应 /μm	比探测率 D^*/ (cm·$Hz^{0.5}$·W^{-1})	响应时间 τ /ms	冷却方式	表面电阻 R /Ω
PCI-L	PCI-L-1	2~12	10.6	$\geqslant 2\times10^7$	$\leqslant 1$	室温	30~80
	PCI-L-2	2~12	10.6	$\geqslant 5\times10^7$	$\leqslant 1$		
	PCI-L-3	2~12	10.6	$\geqslant 1\times10^8$	$\leqslant 1$		
PCI	PCI-4	2~12	4	$\geqslant 6\times10^9$	$\leqslant 1000$	室温	30~150
	PCI-5	2~12	5	$\geqslant 2\times10^9$	$\leqslant 300$		
	PCI-6	2~12	6	$\geqslant 3\times10^8$	$\leqslant 200$		
PCI-2TE	PCI-2TE-4	2~12	4	$\geqslant 5\times10^{10}$	$\leqslant 3000$	半导体制冷	200~500
	PCI-2TE-6	2~12	6	$\geqslant 1\times10^{10}$	$\leqslant 100$		150~200
	PCI-2TE-12	2~12	12	$\geqslant 1\times10^8$	$\leqslant 10$		50~80

3.3 光敏电阻的偏置电路

光敏电阻的阻值或电导随入射辐射量的变化而改变，因此，可以用光敏电阻将光学信息变换为电学信息。但是，电阻（或电导）值的变化信息不能直接被人们接受，需要将电阻（或电导）值的变化转变为电流或电压信号输出，完成这个转换工作的电路称为光敏电阻的偏置电路或变换电路。

3.3.1 基本偏置电路

简单偏置电路如图3-12所示，图3-12a为偏置电路，图3-12b为其微变等效电路。

设在某照度 E_v 下，光敏电阻的阻值为 R，电导为 g，流过偏置电阻 R_L 的电流为 I_L，则

$$I_L=\frac{U_{bb}}{R+R_L} \tag{3-19}$$

若用微变量表示，式（3-19）变为

$$\mathrm{d}I_L=-\frac{U_{bb}}{(R+R_L)^2}\mathrm{d}R$$

而 $\mathrm{d}R=-R^2S_g\mathrm{d}E_v$，因此

$$\mathrm{d}I_L=\frac{U_{bb}R^2S_g}{(R+R_L)^2}\mathrm{d}E_v \tag{3-20}$$

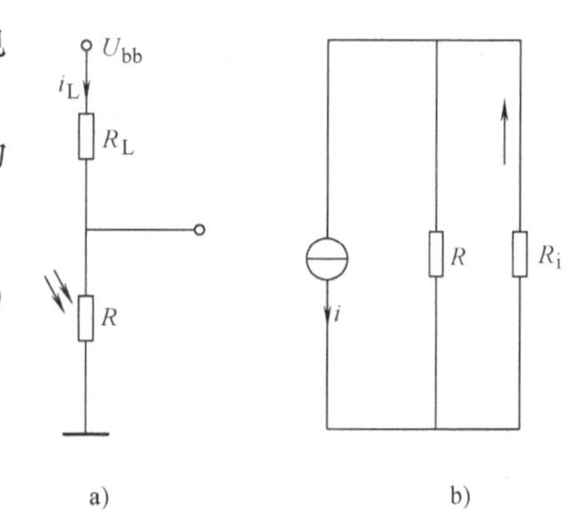

图3-12 简单偏置电路
a）偏置电路 b）微变等效电路

在用微变量表示变化量时，设 $i_L=\mathrm{d}I_L$，$e_v=\mathrm{d}E_v$，则式（3-20）为

$$i_L=\frac{U_{bb}R^2S_g}{(R+R_L)^2}e_v \tag{3-21}$$

加在光敏电阻上的电压为 R 与 R_L 对电压 U_{bb} 的分压，即 $U_R=U_{bb}R/(R+R_L)$，因此，光电流的微变量为

$$i = U_R S_g e_v = \frac{U_{bb} R}{R + R_L} S_g e_v \tag{3-22}$$

将式（3-22）代入式（3-21）得

$$i_L = \frac{R}{R + R_L} i \tag{3-23}$$

由此式可以得到如图3-12b所示的光电流的微变等效电路。

偏置电阻 R_L 两端的输出电压为

$$u_L = R_L i_L = \frac{R R_L}{R + R_L} i = \frac{U_{bb} R^2 R_L S_g}{(R + R_L)^2} e_v \tag{3-24}$$

从式（3-24）可以看出，当电路参数确定后，输出电压信号与弱辐射入射辐射量（照度 e_v）呈线性关系。

3.3.2 恒流电路

在简单偏置电路中，当 $R_L \gg R$ 时，流过光敏电阻的电流基本不变，此时的偏置电路称为恒流电路。然而，光敏电阻自身的阻值已经很高，再满足恒流偏置的条件就难以满足电路输出阻抗的要求，为此，可引入如图3-13所示的晶体管构成的光敏电阻恒流偏置电路。

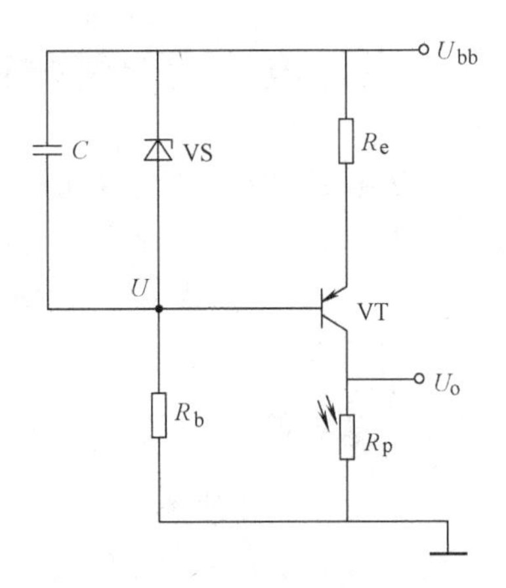

图3-13 恒流偏置电路

电路中稳压二极管VS使晶体管基极到电源 U_{bb} 的电压恒定，流过晶体管发射极的电流 I_e 值也恒定，即

$$I_e = \frac{U_W - U_{be}}{R_e} \tag{3-25}$$

式中，U_W 为稳压二极管的稳压值；U_{be} 为晶体发射结电压，当晶体管处于放大工作状态时基本为恒定值；R_e 为固定电阻。

因此，发射极的电流 I_e 为恒定不变的。晶体管在放大状态下集电极电流与发射极电流近似相等，所以流过光敏电阻的电流为恒定电流。

在恒流偏置电路中的输出电压 U_o 为

$$U_o = I_c R_p \tag{3-26}$$

对式（3-26）求微分得

$$dU_o = I_c dR_p \tag{3-27}$$

由于 $R = 1/g$，$dR_p = -\frac{1}{g_p^2} dg_p$，而 $dg = S_g dE_v$，因此，$dR_p = -R_p^2 S_g dE_v$，将其代入式（3-27）得

$$dU_o = -\frac{U_W - U_{be}}{R_e} R_p^2 S_g dE_v \tag{3-28}$$

式中，负号表明输出电压信号 U_o 与入射辐强度的变化方向相反，入射辐强度增大，输出电位 U_o 降低。

若用 u_o 表示交变的输出电压信号，则有

$$u_o \approx -\frac{U_W}{R_e} R_p^2 S_g e_v \tag{3-29}$$

显然，输出信号 u_o 与入射辐射量 e_v 的变化反相，电路的电压灵敏度 S_v 为

$$S_v = -\frac{U_W}{R_e} R_p^2 S_g \tag{3-30}$$

它与光敏电阻阻值的二次方成正比，与光电导灵敏度成正比。采用较高阻值的光敏电阻可以获得更高的光电灵敏度。

3.3.3 恒压电路

在图 3-12 所示的简单偏置电路中，若使 $R_L \ll R$，加在光敏电阻上的电压便近似为电源电压 U_{bb}，为不随入射辐射量变化的恒定电压，此时的偏置电路称为恒压偏置电路。显然，简单偏置电路很难构成恒压偏置电路。但是利用晶体管就很容易构成光敏电阻的恒压偏置电路。图 3-14 为一种典型的光敏电阻恒压偏置电路。在电路中处于放大工作状态的晶体管 VT 的基极到电源 U_{bb}的电压被稳压二极管 VS 稳定，使光敏电阻 R_p 两端的电压被稳定在 $U_p = U_W - U_{be}$，处于放大状态的晶体管，其 U_{be}近似为 0.7V，因此，当 $U_W \gg U_{be}$时，$U_p \approx U_W$，即加在光敏电阻 R_p 上的电压为恒定电压 U_W。

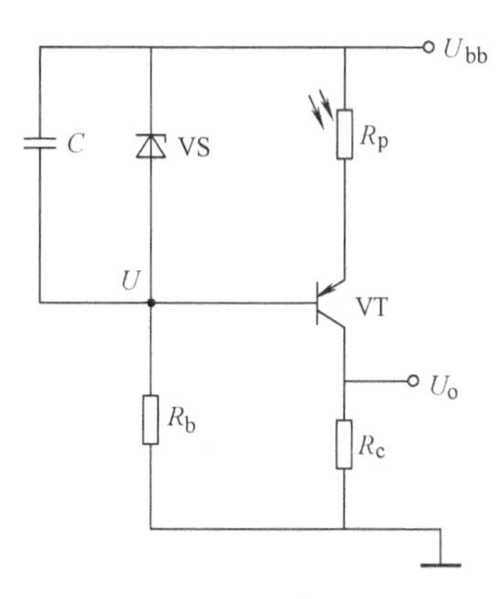

图 3-14 恒压偏置电路

恒压偏置的光敏电阻变换电路的输出电流 I_p 与处于放大状态的晶体管发射极电流 I_e 近似相等。因此，恒压偏置电路的输出电压 U_o 为

$$U_o = I_p R_c \tag{3-31}$$

对式（3-31）取微分，则得到输出电压的变化量为

$$dU_o = R_c dI_p = R_c S_g U_W d\phi \tag{3-32}$$

式（3-32）说明恒压偏置电路的输出信号电压与光敏电阻的阻值 R_p 无关。这一特性在采用光敏电阻作测量仪器的应用中特别重要，在更换光敏电阻时只要使光敏电阻的光电导灵敏度 S_g 保持不变即可以保持输出信号电压不变。

3.3.4 举例

例 3-1 在图 3-15 所示的恒流偏置电路中，已知电源电压为 12V，R_b 为 820Ω，R_e 为 3.3kΩ，晶体管的放大倍率不小于 80，稳压二极管的输出电压为 4V，照度为 40lx 时输出电压为 6V，80lx 时为 8V（设光敏电阻在 30～100lx 之间的 γ 值不变）。

试求：（1）输出电压为 7V 的照度。

（2）该电路的电压灵敏度。

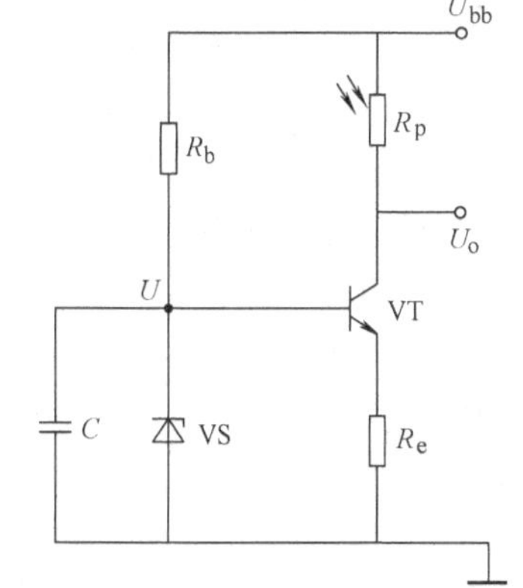

图 3-15 恒流偏置电路

解 根据图 3-15 所示的恒流偏置电路中所给的已知条

件，流过稳压二极管VS的电流 $I_W=\frac{U_{bb}-U_W}{R_1}=\frac{8V}{820\Omega}\approx 9.8mA$，满足稳压二极管的工作条件，$U_W=4V$，流过晶体管发射极电阻的电流 $I_e=\frac{U_W-U_{be}}{R_e}=1mA$。以上所得为恒流偏置电路的基本工作状况。

（1）根据题目给的在不同光照情况下输出电压的条件，可以得到不同光照下光敏电阻的阻值

$$R_{p1}=\frac{U_{bb}-6V}{I_e}=6k\Omega$$

$$R_{p2}=\frac{U_{bb}-8V}{I_e}=4k\Omega$$

将 R_{e1} 与 R_{e2} 值代入 γ 值计算公式，得到照度在40~80lx之间的 γ 值

$$\gamma=\frac{\lg 6-\lg 4}{\lg 80-\lg 40}=0.59$$

输出为7V时光敏电阻的阻值应为

$$R_{p3}=\frac{U_{bb}-7V}{I_e}=5k\Omega$$

此时的照度可由 γ 值计算公式获得

$$\gamma=\frac{\lg 6-\lg 5}{\lg E_3-\lg 40}=0.59$$

$$\lg E_3=\frac{\lg 6-\lg 5}{0.59}+\lg 40=1.736$$

$$E_3=54.45lx$$

（2）电路的电压灵敏度 S_v 为

$$S_v=\frac{\Delta U}{\Delta E}=\frac{7-6}{54.45-40}V/lx=0.069V/lx$$

例3-2 在图3-16所示的恒压偏置电路中，已知VS为2CW12型稳压二极管，其稳定电压值为6V，设 $R_b=1k\Omega$，$R_c=510\Omega$，晶体管的电流放大倍率不小于80，电源电压 $U_{bb}=12V$，当CdS光敏电阻光敏面上的照度为150lx时恒压偏置电路的输出电压为10V，照度为450lx时输出电压为8V，试计算输出电压为9V时的照度（设光敏电阻在500~100lx间的 γ 值不变）和照度到500lx时的输出电压。

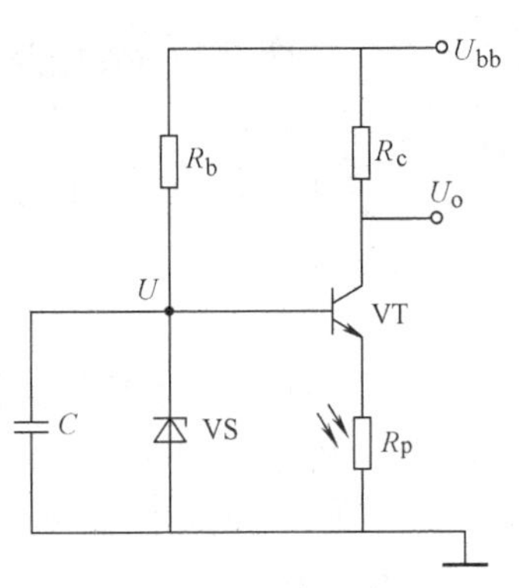

图3-16 恒压偏置电路

解 分析电路可知，流过稳压二极管的电流满足2CW12的稳定工作条件，晶体管的基极被稳定在6V。

照度为150lx时流过光敏电阻的电流及光敏电阻的阻值分别为

$$I_1=\frac{U_{bb}-10V}{R_c}=\frac{12-10}{510}A=3.92mA$$

$$R_1=\frac{U_W-0.7V}{I_1}=\frac{6-0.7}{3.92}k\Omega=1.4k\Omega$$

同样，照度为450lx时流过光敏电阻的电流 I_2 与电阻 R_2 为

$$I_2=\frac{U_{bb}-8V}{R_c}=7.8mA$$

$$R_2=680\Omega$$

由于光敏电阻在500～100lx间的 γ 值不变，因此该光敏电阻的 γ 值应为

$$\gamma=\frac{\lg R_1-\lg R_2}{\lg E_2-\lg E_1}=0.66$$

当输出电压为9V时，设流过光敏电阻的电流为 I_3，阻值为 R_3，则

$$I_3=\frac{U_{bb}-9V}{R_c}=5.88mA$$

$$R_3=900\Omega$$

将其代入 γ 值的计算公式便可以计算出输出电压为9V时的入射照度 E_3：

$$\gamma=\frac{\lg R_2-\lg R_3}{\lg E_3-\lg E_2}=0.66$$

$$\lg E_3=\lg E_2+\frac{\lg R_2-\lg R_3}{0.66}=2.292$$

$$E_3=196lx$$

即输出电压为9V时的入射照度为196lx。

当然，由 γ 值的计算公式可以找到500lx时的阻值 R_4 及晶体管的输出电流 I_4 为

$$R_4=214\Omega$$

$$I_4=24.7mA$$

而此时的输出电压 U_o 为

$$U_o=U_{bb}-I_4R_4=6.7V$$

即在500lx的照度下，恒压偏置电路的输出电压为6.7V。

3.4　光敏电阻的应用实例

光敏电阻与其他光电敏感器件不同，它是无极性的器件，因此，可直接在交流电路中作为光电传感器完成各种光电控制。但是，在实际应用中光敏电阻主要还是在直流电路中用于光电探测与控制。

3.4.1　照明灯的光电控制电路

路灯、廊灯与院灯等公共场所的照明灯的控制开关常采用光电敏感器件实现自动控制。照明灯实现光电自动控制后，可根据自然光的情况决定是否开灯，以便节约用电。图3-17为一种最简单的由光敏电阻作光电敏感器件的照明灯的自动控制电路。该电路由三

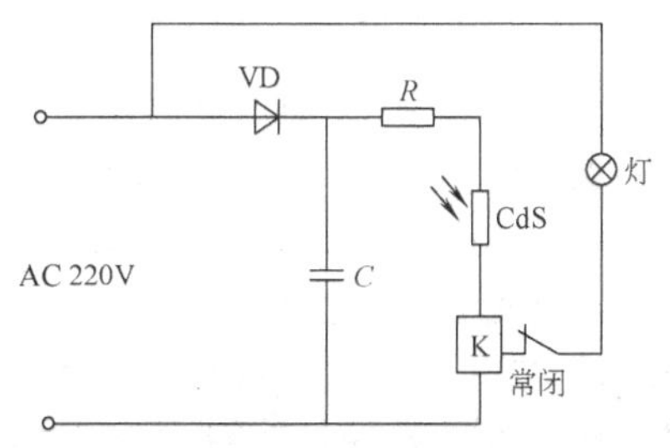

图3-17　照明灯的自动控制电路

部分构成：第一部分为由整流二极管 VD 和滤波电容 C 构成半波整流滤波电路，它为光电控制电路提供直流电源；第二部分为由限流电阻 R、CdS 光敏电阻及继电器绕组构成的测光与控制的电路；第三部分为由继电器的常闭触头构成的执行电路，它控制照明灯的开关。

当自然光较暗需要点灯时，CdS 光敏电阻的阻值很高，继电器 K 的绕组电流变得很小，不能维持工作而关闭，常闭触头使照明灯被点亮；当自然光增强到一定的照度 E_v 时，光敏电阻的阻值减小到一定的值，流过继电器的电流使继电器 K 动作，常闭触头断开将照明灯熄灭。设使照明灯点亮的照度为 E_v，继电器绕组的直流电阻为 R_k，使继电器吸合的最小电流为 I_{min}，光敏电阻的光电导灵敏度为 S_g，暗电导 $g_0=0$，则

$$E_v=\frac{\dfrac{U}{I_{min}}-(R+R_k)}{S_g}$$

显然，这种最简单的光电控制电路还有很多缺点需要改进。因此在实际应用中常常要附加其他电路，如楼道照明灯常配加声控开关或微波等接近开关，使灯在有人活动时照明灯才被点亮；而路灯光电控制器则要增加防止闪电光辐射或人为的光源（如手电灯光等）对控制电路干扰的措施。

3.4.2 火焰探测报警器

图 3-18 是采用光敏电阻为探测元件的火灾探测报警器电路。PbS 光敏电阻的暗电阻的阻值为 1MΩ，亮电阻值为 0.2MΩ（辐照度 1mW/cm^2 下测试），峰值响应波长为 2.2μm，恰为火焰的峰值辐射光谱。

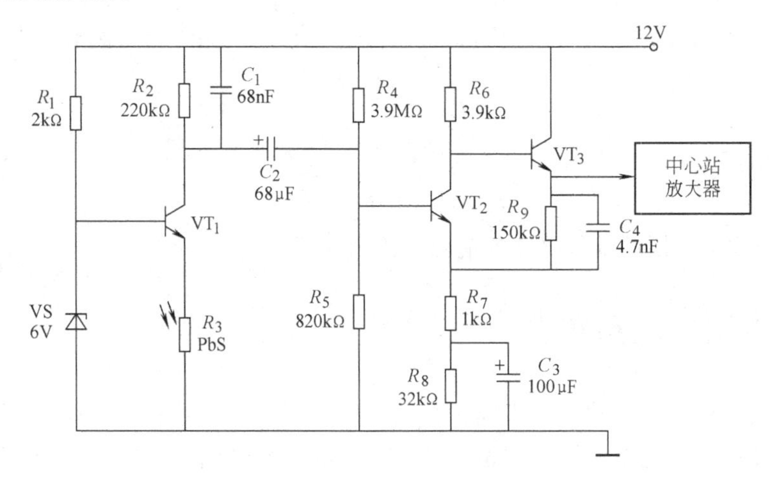

图 3-18 火灾探测报警器电路图

对光敏电阻 R_3 的恒压偏置电路由晶体管 VT$_1$，电阻 R_1、R_2 和稳压二极管 VS 构成。恒压偏置电路具有更换光敏电阻时只要保证光电导灵敏度（S_g）不变，输出电路的电压灵敏度不会因为更换光敏电阻的阻值而改变，使前置放大器的输出信号稳定的作用。当被探测物体的温度高于燃点或被点燃发生火灾时，物体将发出波长接近于 2.2μm 的辐射（或跳变的火焰信号），该辐射光将被 PbS 光敏电阻 R_3 接收，使前置放大器的输出跟随火焰跳变的信号，并经电容 C_2 耦合，送给由晶体管 VT$_2$、VT$_3$ 组成的高输入阻抗放大器放大。火焰的跳

变信号被放大后送给中心站放大器，并由中心站放大器发出火灾警报信号或执行灭火动作（如喷淋出水或灭火泡沫）。

3.4.3 照相机电子快门

图3-19为利用光敏电阻构成的照相机自动曝光控制电路，也称为照相机电子快门。电子快门常用于采用电子程序快门的照相机中，其中测光器件常采用与人眼光谱响应接近的硫化镉（CdS）光敏电阻。照相机曝光控制电路是由光敏电阻R、开关S和电容C构成的充电电路，时间检出电路（电压比较器），晶体管VT构成的驱动放大电路，电磁铁M带动的开门叶片（执行单元）等组成。

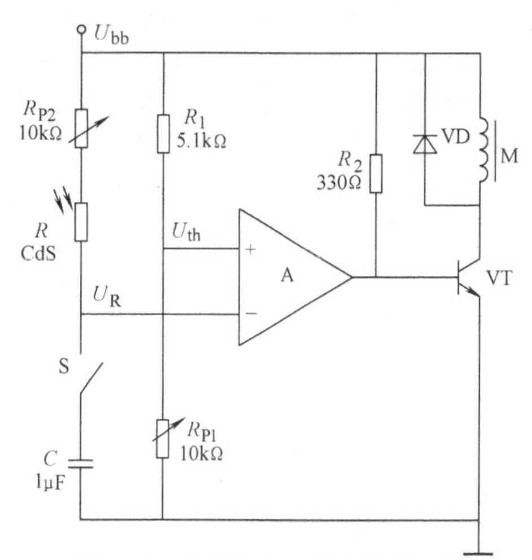

图3-19 照相机自动曝光控制电路

在初始状态，开关S处于如图3-19所示的位置，电压比较器的正输入端的电位为R_1与R_{P1}分电源电压U_{bb}所得的阈值电压U_{th}（一般为1～1.5V），而电压比较器的负输入端的电位U_R近似为电源电位U_{bb}，显然电压比较器负输入端的电位高于正输入端的电位，比较器输出为低电平，晶体管截止，电磁铁不吸合，开门叶片闭合。

当按动快门的按钮时，开关S与光敏电阻R及R_{P2}构成的测光与充电电路接通。这时，电容C两端的电压U_C为0，由于电压比较器的负输入端的电位低于正输入端而使其输出为高电平，使晶体管VT导通，电磁铁将带动快门的叶片打开快门，照相机开始曝光。快门打开的同时，电源U_{bb}通过电位器R_{P2}与光敏电阻R向电容C充电，且充电的速度取决于景物的照度，景物照度越高光敏电阻R的阻值越低，充电速度越快。U_R的变化规律可由电容C的充电规律得到

$$U_R=U_{bb}\left[1-e^{-\frac{t}{\tau}}\right] \tag{3-33}$$

式中，τ为电路的时间常数。

$$\tau=(R_{W2}+R)C \tag{3-34}$$

而光敏电阻的阻值R与入射光的照度E_v有关，由式（3-2）不难推出

$$R=1/g=E^{-\gamma}/S_g$$

当电容C两端的电压U_C充电到一定的电位（$U_R \geqslant U_{th}$）时，电压比较器的输出电压将由高变低，晶体管VT截止而使电磁铁断电，快门叶片又重新关闭。快门的开启时间t可由下式推出

$$t=(R_{P2}+R)C\ln U_{bb}/U_{th}$$

显然，快门开启的时间t取决于景物的照度，景物照度越低，快门开启的时间越长；反之，快门开启的时间变短，实现照相机曝光时间的自动控制。当然，调整电位器R_{P1}可以调整阈值电压U_{th}；调整电位器R_{P2}可以适当地修正电容的充电速度，就能适当地调整照相机的曝光时间，使照相机曝光时间的控制适应照相底片感光度的要求。

思考题与习题3

1. 为什么本征光电导器件在越微弱的辐射作用下，时间响应越大，而灵敏度越高？

2. 对于同一种型号的光敏电阻来讲，在不同照度和不同环境温度下，其光电导灵敏度与时间常数是否相同？为什么？如果照度相同而温度不同时情况又会如何？

3. 设某只CdS光敏电阻的最大功耗为30mW，光电导灵敏度 $S_g=0.5\times10^{-6}$S/lx，暗电导 $g_0=0$。当CdS光敏电阻上的偏置电压为20V时的极限照度为多少？

4. 在图3-20所示的照明灯控制电路中，用题3所给的CdS光敏电阻作光电传感器，若已知继电器绕组的电阻为5kΩ，继电器的吸合电流为2mA，电阻 $R=1$kΩ时，为使继电器吸合所需要的照度为多少？

5. 设某光敏电阻在100lx光照下的阻值为2kΩ，已知它在90~120lx范围内的 $\gamma=0.9$，试求该光敏电阻在110lx光照下的阻值。

6. 已知某光敏电阻在500lx的光照下的阻值为550Ω，而在700lx的光照下的阻值为450Ω，试求该光敏电阻在550lx和600lx光照下的阻值。

7. 在图3-21所示的电路中，已知 $R_b=820\Omega$，$R_e=3.3$kΩ，$U_W=4$V，光敏电阻为 R_p，当照度为40lx时输出电压为6V，80lx时为9V。设该光敏电阻在30~100lx之间的 γ 值不变。试求：

（1）输出电压为8V时的照度为多少？

（2）若 R_e 增加到6kΩ，输出电压仍然为8V，问此时的照度为多少？

（3）若光敏面上的照度为70lx，问 $R_e=3.3$kΩ与 $R_e=6$kΩ时的输出电压各为多少？

（4）该电路在输出8V时的电压灵敏度为多少？

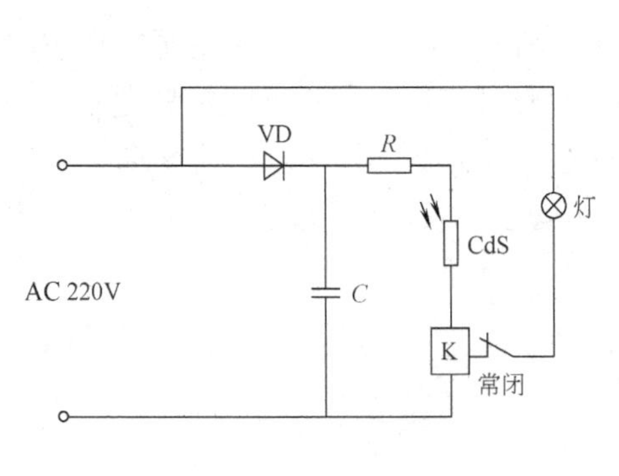

图3-20 题4图

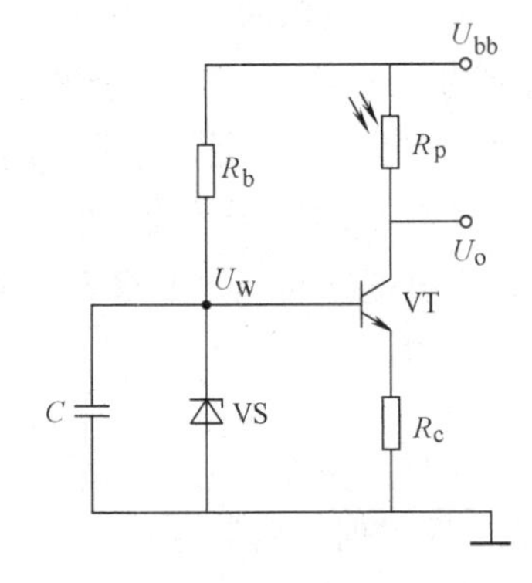

图3-21 题7图

8. 试设计光敏电阻的恒压偏置电路，要求照度变化在100~150lx范围内的输出电压的变化不小于2V，电源电压为12V，所用光敏电阻可从表3-1中查找。

9. 试鉴别下列结论，正确的在括号里填√，错误的填×。

（1）光电导器件在方波辐射的作用下，其上升时间大于下降时间。（ ）

（2）在测量某光电导器件的 γ 值时，背景光照越强，其 γ 值越小。（ ）

（3）光敏电阻的恒压偏置电路比光敏电阻的恒流偏置电路的电压灵敏度要高一些。（ ）

（4）光敏电阻的阻值与环境温度有关，温度升高光敏电阻的阻值也随之升高。（ ）

（5）光敏电阻的前历效应是对由于被光照过后所产生的光生电子与空穴的复合需要很长的时间，而且随着复合的进行，光生电子与空穴的浓度与复合概率不断地降低，使得光敏电阻恢复被照前的阻值需要很长时间这一特性的描述。（ ）

10. 在图3-18所示的火灾探测报警器电路中，设 $U_{bb}=12$V，若PbS光敏电阻的暗电阻值为1MΩ，在辐

照度为 $1\mathrm{mW/cm^2}$ 的情况下的亮电阻阻值为 $0.2\mathrm{M\Omega}$，问前置放大器 VT_1 集电极电压的变化量为多少？

11. 图3-19所示的照相机快门自动控制电路中，设 $U_{bb}=12\mathrm{V}$，$R_{P1}=5.1\mathrm{k\Omega}$，$R_{P2}=8.2\mathrm{k\Omega}$，$C_1=1\mathrm{\mu F}$，CdS光敏电阻在1lx时的阻值约为 $15\mathrm{k\Omega}$，问景物照度为1lx时快门的开启时间为多少？

12. 试分析图3-22所示的放大电路中光敏电阻的作用。

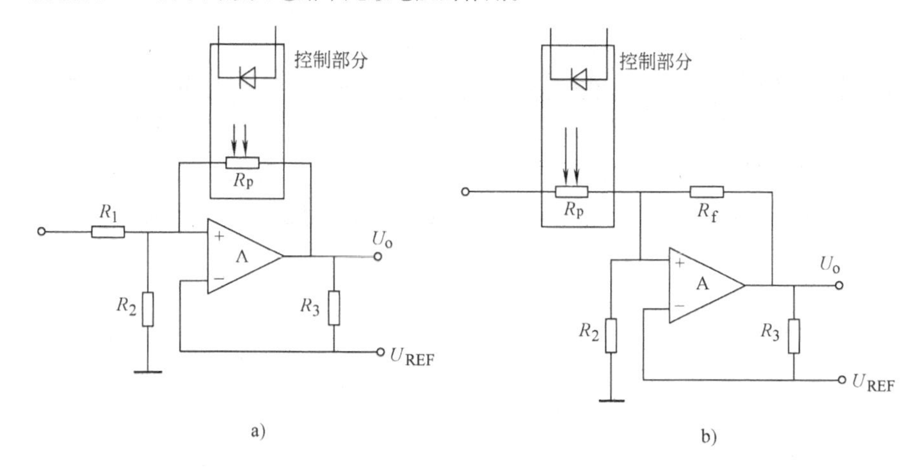

图3-22　题12图

第 4 章　光伏器件

利用光伏效应制造的光电敏感器件称为光伏器件。光伏效应与光电导效应同属于内光电效应，然而两者的导电机理相差很大。光伏效应是少数载流子导电的光电效应，而光电导效应是多数载流子导电的光电效应。这就使得光伏器件在许多性能上与光电导器件有很大的差别。其中，光伏器件的暗电流小、噪声低、响应速度快、光电特性的线性与受温度的影响小等特点是光电导器件无法比拟的，而光电导器件对微弱辐射的探测能力和光谱响应范围又是光伏器件所望尘莫及的。

具有光伏效应的半导体材料有很多，如硅（Si）、锗（Ge）、硒（Se）、砷化镓（GaAs）等。利用这些材料能够制造出具有各种特点的光伏器件，其中硅光伏器件具有制造工艺简单、成本低等特点，使它成为目前应用最广泛的光伏器件。本章主要讨论硅光伏器件的原理、特性与偏置电路，并在此基础上介绍一些具有超常特性与功能的光伏器件及其应用。

4.1　硅光电二极管

硅光电二极管是最简单、最具有代表性的光伏器件。其中，PN 结硅光电二极管为最基本的光伏器件。其他光伏器件是在它的基础上为提高某方面的特性而发展起来的。学习硅光电二极管的原理与特性可为学习其他光伏器件打下基础。

4.1.1　硅光电二极管的工作原理

1. 光电二极管的基本结构

光电二极管可分为以 P 型硅为衬底的 2DU 型与以 N 型硅为衬底的 2CU 型两种结构形式。图 4-1a 为 2DU 型光电二极管的结构原理。在高阻轻掺杂 P 型硅片上通过扩散或注入的方式生成很浅（约为 1μm）的 N 型层，形成 PN 结。为保护光敏面，在 N 型硅的上面氧化生成极薄的 SiO_2 保护膜，它既可保护光敏面，又可增加器件对光的吸收。

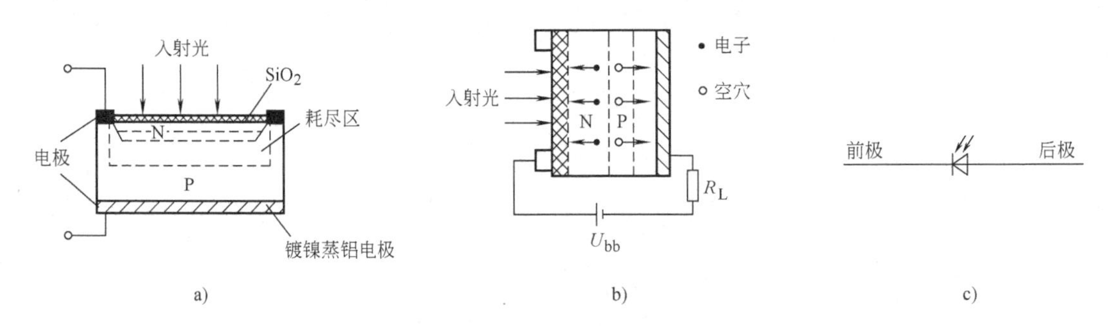

图 4-1　2DU 型光电二极管

a）结构原理　b）工作原理　c）电路符号

图 4-1b 为光电二极管的工作原理，当光子入射到 PN 结形成的耗尽层内时，PN 结中的

原子吸收了光子能量，并产生本征吸收，激发出电子-空穴对，在耗尽区内建电场的作用下，空穴被拉到P区，电子被拉到N区形成反向电流即为光电流。光电流在负载电阻 R_L 上产生与入射光度量相关的信号输出。

图4-1c为光电二极管的电路符号，符号左部箭头图形表示正向电流的方向（普通整流二极管中规定的正方向），光电流的方向与之相反。图中的前极为光照面，后极为背光面。

2. 光电二极管的电流方程

在无辐射作用的情况下（暗室中），PN结硅光电二极管的正、反向特性与普通PN结二极管基本一样，均为如图4-2所示的特性曲线。其电流方程为

$$I=I_D(e^{qU/kT}-1) \tag{4-1}$$

式中，U 为加在光电二极管两端的电压（又称为偏置电压）；T 为器件的温度；k 为玻耳兹曼常数；q 为电子电荷量。

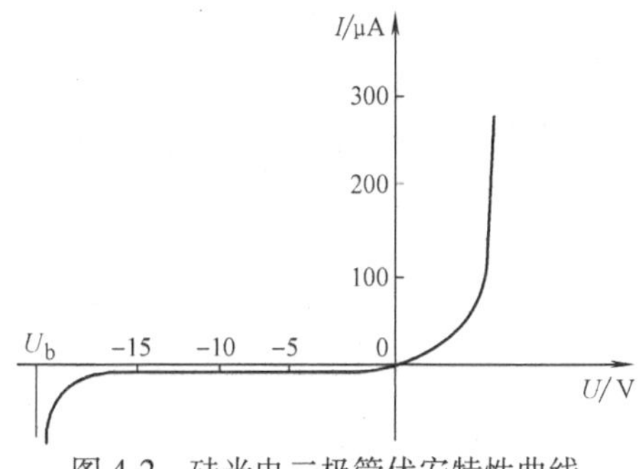

图4-2 硅光电二极管伏安特性曲线

显然 I_D 和 U 为负值（反向偏置），且 $|U| \gg kT/q$（室温下 $kT/q \approx 26\text{mV}$，很容易满足这个条件），前项（指数项）很快衰减为零，因此从式（4-1）得到此时的电流为负值，称为反向电流或暗电流。

当辐射作用于光电二极管时，由式（1-79）可知，光生电流为

$$I_\Phi=\frac{\eta q}{h\nu}(1-e^{-\alpha d})\Phi_{e,\lambda} \tag{4-2}$$

其方向应为反向。光电二极管的全电流方程为

$$I=-\frac{\eta q\lambda}{hc}(1-e^{-\alpha d})\Phi_{e,\lambda}+I_D(e^{qU/kT}-1) \tag{4-3}$$

式中，η 为光电材料的光电转换效率；α 为材料对辐射的吸收系数。

4.1.2 光电二极管的基本特性

由光电二极管的全电流方程可以得到如图4-3所示的特性曲线，它反映了光电二极管在不同偏置电压、不同辐照度作用下的输出特性。

光电二极管在正向偏压下表现出与普通二极管相似的特性，没有光电效应产生，只有工作在如图4-3所示的第三象限与第四象限才能表现出光电效应。因此，必须在第三、四象限讨论光电二极管的特性，显得极为不便。为此，在光电技术中常采用重新定义光电二极管电流、电压正方向的方法对坐标进行旋转，定义光电二极管电流、电压的正方向为与PN结内建电场方向相同的为正向。重新定义后，图4-4所示光电二极管的光电效应发生在第一、二象限，再讨论它的光电效应就方便多了。

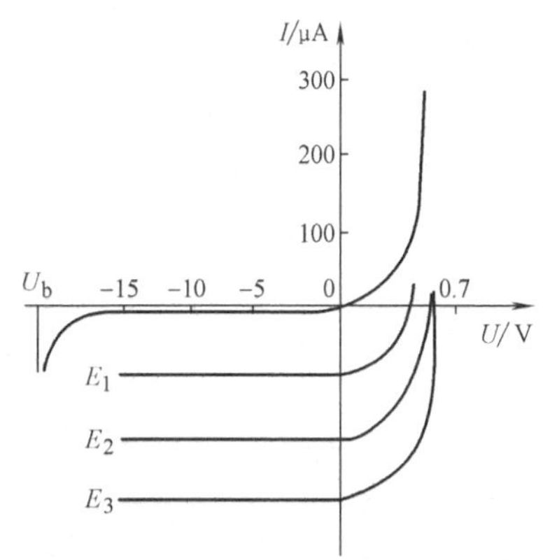

图4-3 硅光电二极管伏安特性曲线

1. 光电二极管的灵敏度

由图 4-4 可见，入射到光电二极管光敏面上辐照度变化 dE 时，将产生 dI 的电流变化，故将电流变化 dI 与辐照度变化 dE 之比定义为光电二极管的电流灵敏度，即

$$S_i=\frac{dI}{dE}=\frac{\eta q\lambda}{hc}(1-e^{-\alpha d}) \tag{4-4}$$

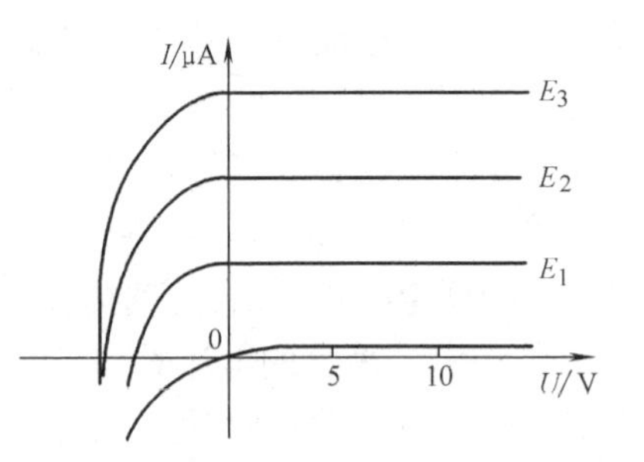

图 4-4 硅光电二极管输出特性曲线

注意，式（4-2）与式（4-4）的区别仅在于所用辐射的度量上。显然，电流灵敏度仅是入射辐射波长的函数。对于单色辐射，光电二极管的电流灵敏度应该是常数，表征光电二极管的光电转换特性的线性关系。必须指出，电流灵敏度与入射辐射波长 λ 的关系是复杂的，定义光电二极管的电流灵敏度时通常定义其峰值响应波长的电流灵敏度为光电二极管的电流灵敏度。在式（4-4）中，表面上看它与波长 λ 成正比，但是，材料的吸收系数 α 隐含着与入射辐射波长的复杂关系。因此，常把光电二极管的电流灵敏度与波长的关系曲线称为光谱响应。

2. 光谱响应

定义光电二极管的光谱响应为以等光通量的不同单色波长的光作用于光电二极管时，其电流灵敏度或称响应程度与波长的关系称为光谱响应。图 4-5 为几种典型材料光电二极管的光谱响应特性曲线。由光谱响应特性曲线可以看出，硅光电二极管光谱响应的长波限为 1.1μm 左右，短波限接近 0.4μm，峰值响应波长为 0.9μm 左右。硅光电二极管光谱响应的长波限受硅材料禁带宽度 E_g 限制，短波长受窗口材料及 PN 结的厚度吸收光的影响，减薄 PN 结的厚度可提高它的短波响应。GaAs 材料的光谱响应范围小于硅材料的光谱响应范围，而锗（Ge）的光谱响应范围较宽，更偏向于红外辐射。

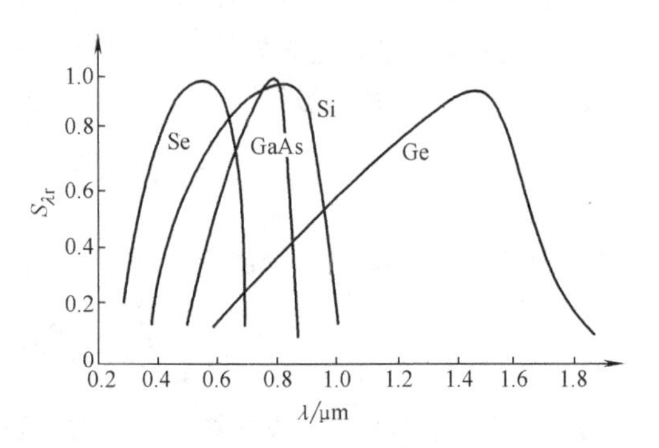

图 4-5 几种典型材料光电二极管的光谱响应特性曲线

3. 时间响应

以 f 频率调制的辐射作用于 PN 结硅光电二极管的光敏面时，PN 结硅光电二极管电流的产生要经过下面 3 个过程：

1）在 PN 结区内产生的光生载流子渡越结区的时间，在此区间光生载流子以漂移运动的方式渡越结区，故称这段时间为漂移时间记为 τ_{dr}。

2）在 PN 结区外产生的光生载流子需要扩散到 PN 结区内才能产生电流，故称这段时间为扩散时间记为 τ_p。

3）由于 PN 结电容 C_j 和管芯电阻 R_i 及负载电阻 R_L 构成 RC 时间的延迟，称这段时间为 τ_{RC}。

设载流子在结区内的漂移速度为 v_d，PN 结区的宽度为 W，载流子在结区内的最长漂移时间为

$$\tau_{dr}=\frac{W}{v_d} \tag{4-5}$$

一般的PN结硅光电二极管，内电场强度E_i都在10^5V/cm以上，载流子的平均漂移速度要高于10^7cm/s，PN结区的宽度常在100μm左右，由式（4-5）可知漂移时间$\tau_{dr}=10^{-9}$s，为纳秒数量级。

对于PN结硅光电二极管，入射辐射在PN结势垒区以外激发的光生载流子必须经过扩散运动到势垒区内才能在内建电场作用，并分别拉向P区与N区。载流子的扩散运动往往很慢，因此，扩散时间τ_p很长，约为100ns，它是限制PN结硅光电二极管时间响应的主要因素。

另一个因素是PN结电容C_j和管芯电阻R_i及负载电阻R_L构成的时间常数τ_{RC}，τ_{RC}为

$$\tau_{RC}=C_j(R_i+R_L) \tag{4-6}$$

普通PN结硅光电二极管的管芯内阻R_i约为250Ω，PN结电容C_j常为几皮法，在负载电阻R_L低于500Ω时，时间常数τ_{RC}也在纳秒数量级。但是，当负载电阻R_L很大时，时间常数τ_{RC}将成为影响硅光电二极管时间响应的一个重要因素，应用时必须注意。

由以上分析可见，影响PN结硅光电二极管时间响应的主要因素是PN结区外载流子的扩散时间τ_p，如何扩展PN结区是提高硅光电二极管时间响应的重要措施。增高反向偏置电压会提高内建电场的强度，扩展PN结的耗尽区，但是反向偏置电压的提高也会加大结电容，使RC时间常数τ_{RC}增大。因此，必须从PN结的结构设计方面考虑如何在不使偏压过大情况下使耗尽区扩展到整个PN结器件，才能消除扩散时间。

4. 噪声

与光敏电阻相同，光电二极管的噪声包含低频噪声I_{nf}、散粒噪声I_{ns}和热噪声I_{nT}3种噪声。其中，散粒噪声是光电二极管的主要噪声，低频噪声和热噪声为其次要因素。散粒噪声是由于电流在半导体内的散粒效应引起的，它与电流的关系为

$$I_{ns}^2=2qI\Delta f \tag{4-7}$$

光电二极管的电流应包括暗电流I_d、信号电流I_s和背景辐射引起的背景光电流I_b，因此散粒噪声应为

$$I_{ns}^2=2q(I_d+I_s+I_b)\Delta f \tag{4-8}$$

根据电流方程，反向偏置的光电二极管电流与入射辐射的关系代入式（4-8）得

$$I_{ns}^2=\frac{2q^2\eta\lambda(\Phi_s+\Phi_b)}{hc}\Delta f+2qI_d\Delta f \tag{4-9}$$

另外，当考虑负载电阻R_L的热噪声时，光电二极管的噪声应为

$$I_n^2=\frac{2q^2\eta\lambda(\Phi_s+\Phi_b)}{hc}\Delta f+2qI_d\Delta f+\frac{4kT\Delta f}{R_L} \tag{4-10}$$

目前，用来制造PN结型光电二极管的半导体材料主要有硅、锗、硒和砷化镓等，用不同材料制造的光电二极管具有不同的特性。

4.2 其他类型的光伏器件

4.2.1 PIN 型光电二极管

为了提高PN结硅光电二极管的时间响应，消除在PN结外光生载流子的扩散运动时间，常采用在P区与N区之间生成I型层，构成图4-6a所示的PIN型光电二极管，PIN型的光电二极管与PN结光电二极管在外形上没有什么区别，都如图4-6b所示。

PIN型光电二极管在反向电压作用下，耗尽区扩展到整个半导体，光生载流子在内建电场的作用下只产生漂移电流，因此，PIN型光电二极管在反向电压作用下的时间响应只取决于τ_{dr}与τ_{RC}，为10^{-9}s左右。

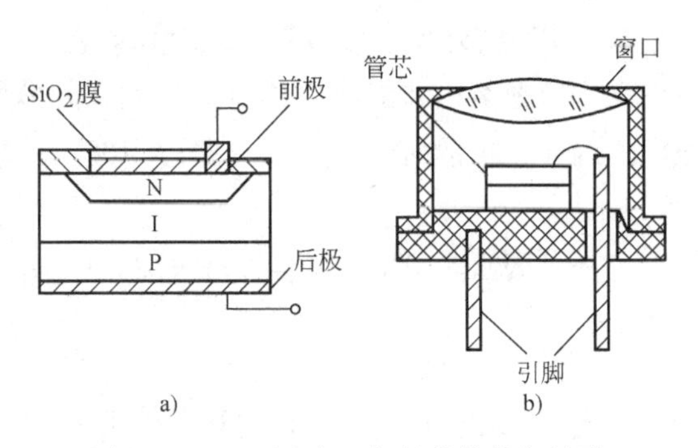

图4-6 PIN型光电二极管的结构与外形
a）结构 b）外形

4.2.2 雪崩光电二极管

PIN型光电二极管提高了PN结光电二极管的时间响应，但未能提高器件的光电灵敏度，为了提高光电二极管的灵敏度，人们设计了雪崩光电二极管，使光电二极管的光电灵敏度提高到需要的程度。

1. 结构

图4-7为雪崩光电二极管的3种结构示意图。图4-7a为在P型硅基片上扩散杂质浓度大的N^+层，制成P型N结构；图4-7b为在N型硅基片上扩散杂质浓度大的P^+层，制成N型P结构的雪崩光电二极管。无论P型N结构还是N型P结构，都必须在基片上蒸涂金属铂形成硅化铂（约10nm）保护环。图4-7c为PIN型雪崩光电二极管。由于PIN型光电二极管在较高的反向偏置电压的作用下耗尽区扩展到整个PN结结区，形成自身保护（具有很强的抗击穿功能），因此，雪崩光电二极管不必设置保护环。目前，市场上的雪崩光电二极管基本上都是PIN型雪崩光电二极管。

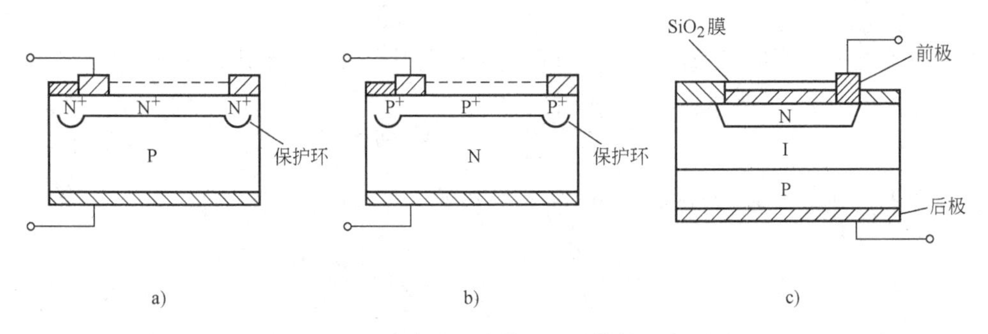

图4-7 雪崩光电二极管的3种结构示意图
a）P型N结构 b）N型P结构 c）PIN型

2. 工作原理

雪崩光电二极管为具有内增益的一种光伏器件。它利用光生载流子在强电场内的定向运动，产生的雪崩效应获得光电流的增益。在雪崩过程中，光生载流子在强电场的作用下进行高速定向运动，具有很高动能的光生电子或空穴与晶格原子碰撞，使晶格原子电离产生二次电子-空穴对，二次电子和空穴在电场的作用下又获得足够的动能，又使晶格原子电离产生新的电子-空穴对，此过程像雪崩似地继续下去。电离产生的载流子数远大于光激发产生的光生载流子数，这时雪崩光电二极管的输出电流迅速增加，其电流倍增系数 M 定义为

$$M=\frac{I}{I_0} \tag{4-11}$$

式中，I 为倍增输出的电流；I_0 为倍增前输出的电流。

雪崩倍增系数 M 与碰撞电离率有密切的关系。碰撞电离率表示一个载流子在电场作用下，漂移单位距离所产生的电子-空穴对数目。实际上电子电离率 α_n 和空穴电离率 α_p 是不完全一样的，它们都与电场强度有密切关系。由实验确定，电离率 α 与电场强度 E 可以近似写成以下关系：

$$\alpha=A\mathrm{e}^{-\left(\frac{b}{E}\right)^m} \tag{4-12}$$

式中，A、b、m 都为与材料有关的系数。

假定 $\alpha_n=\alpha_p=\alpha$ 时，可以推导出电流倍增系数与电离率 α 的关系为

$$M=\frac{1}{1-\int_0^{X_D}\alpha\mathrm{d}x} \tag{4-13}$$

式中，X_D 为耗尽层的宽度。

式（4-13）表明，当

$$\int_0^{X_D}\alpha\mathrm{d}x\rightarrow 1 \tag{4-14}$$

时，$M\rightarrow\infty$。因此，称式（4-14）为发生雪崩击穿的条件。其物理意义是：在强电场作用下，当通过耗尽区的每个载流子平均能产生一对电子-空穴时，就发生雪崩击穿现象。当 $M\rightarrow\infty$ 时，PN 结上所加的反向偏压就是雪崩击穿电压 U_{BR}。实验发现，在略低于击穿电压时，其实也会发生雪崩倍增现象，不过 M 较小，这时 M 随反向偏压 U 的变化可用经验公式近似表示为

$$M=\frac{1}{1-(U/U_{BR})^n} \tag{4-15}$$

式中，指数 n 与 PN 结的结构有关，对 N^+-P 结，$n\approx2$；对 P^+-N 结，$n\approx4$。

由式（4-15）可见，当 $U\rightarrow U_{BR}$时，$M\rightarrow\infty$，PN 结发生击穿。

适当调节雪崩光电二极管的工作偏压，便可得到较大的倍增系数，一般雪崩光电二极管的偏压在几十伏到几百伏。目前，雪崩光电二极管的偏压分为低压和高压两种，低压在几十伏，高压达几百伏。雪崩光电二极管的倍增系数可达几百倍，甚至数千倍。

从图 4-8 可以看到，工作偏压增加时，输出亮电流（即光电流和暗电流之和）按指数形式增加。在偏压较低时，不产生雪崩过程，即无光电流倍增。所以，当光脉冲信号入射后，产生光电流脉冲信号很小（如 A 点波形）。当反向偏压升至 B 点时，光电流便产生雪崩倍

增，这时光电流脉冲信号输出增大到最大（如 B 点波形）。当偏压接近雪崩击穿电压时，雪崩电流维持自身流动，使暗电流迅速增加，光生载流子的雪崩放大倍率却降低，即光电流灵敏度随反向偏压增加反而降低，如在 C 点处光电流的脉冲信号减小。换句话说，当反向偏压超过 B 点后，由于暗电流增加的速度更快，使有用的光电流脉冲幅值减小。所以最佳工作点在接近雪崩击穿点附近。有时为了压低暗电流，会把工作点向左移动一些，虽然灵敏度有所降低，但是，暗电流和噪声特性有所改善。

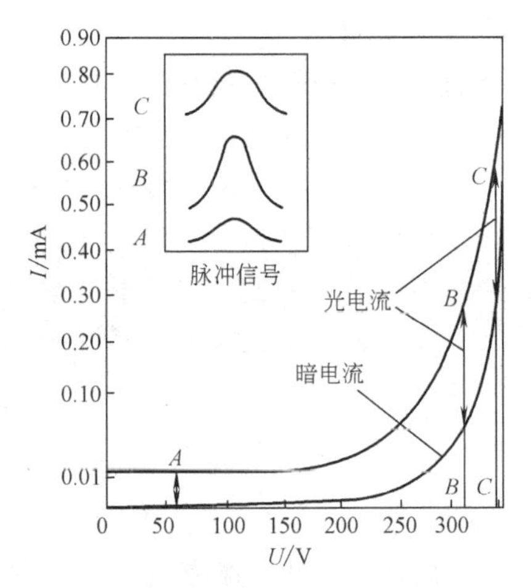

图 4-8 暗电流、光电流与偏置电压的关系

从图 4-8 所示的伏安特性曲线可以看出，在雪崩击穿点附近电流随偏压变化的曲线较陡，当反向偏压有较小变化时，光电流将有较大变化。另外，在雪崩过程中 PN 结上的反向偏压容易产生波动，将影响增益的稳定性。所以，在确定工作点后，对偏压的稳定度要求很高。

3. 噪声

由于雪崩光电二极管中载流子的碰撞电离是不规则的，碰撞后的运动方向更是随机的，所以它的噪声比一般光电二极管要大些。在无倍增的情况下，其噪声电流主要为式（4-7）所示的散粒噪声。当雪崩倍增为原来的 M 倍后，雪崩光电二极管的噪声电流的方均根值可近似由式（4-16）计算：

$$I_{\mathrm{n}}^{2}=2qIM^{n}\Delta f \tag{4-16}$$

式中，指数 n 与雪崩光电二极管的材料有关。对于锗管，$n=3$；对于硅管，$2.3<n<2.5$。

显然，由于信号电流按原来的 M 倍增加，而噪声电流按原来的 $M^{n/2}$ 倍增加。因此，随着 M 增加，噪声电流比信号电流增加得更快。

4.2.3 硅光电池

硅光电池是一种不需加偏置电压就能把光能直接转换成电能的 PN 结光电器件，按硅光电池的功用可将其分为两大类，即太阳能光电池和测量光电池。太阳能光电池主要用作向负载提供电源，对它的要求主要是光电转换效率高、成本低。由于它具有结构简单、体积小、重量轻、高可靠性、寿命长、可在空间直接将太阳能转换成电能的特点，因此成为航天工业中的重要电源，而且还被广泛地应用于供电困难的场所和一些日用便携电器中。

测量光电池的主要功能是进行光电探测，即在不加偏置的情况下将光信号转换成电信号，此时对它的要求是线性范围宽、灵敏度高、光谱响应合适、稳定性高、寿命长等。它常被应用在光度、色度、光学精密计量和测试设备中。

1. 硅光电池的基本结构和工作原理

按衬底材料的不同，硅光电池可分为 2DR 型和 2CR 型。图 4-9a 为 2DR 型硅光电池结构，它是以 P 型硅为衬底（即在本征型硅材料中掺入三价元素硼或镓等），然后在衬底上扩散磷而形成N型层并将其作为受光面。2CR型光电池则是以N型硅作衬底（在本征型硅材料中掺入五价元素磷或砷等），然后在衬底上扩散硼而形成P型并作为受光面。构成PN结后，再经过各种工艺处理，分别在衬底和光敏面上制作输出电极，涂上SiO_2作保护膜，即成硅光电池。

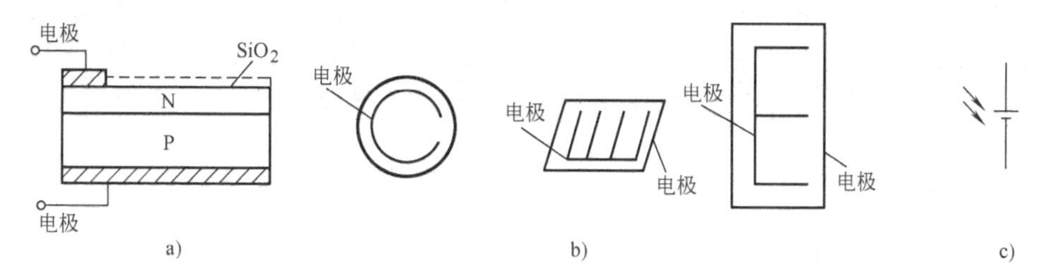

图4-9　硅光电池的结构、外形与电路符号

a）结构　b）外形　c）电路符号

硅光电池受光面的输出电极多做成如图4-9b所示的外形，图中所示的梳齿状或“E”形电极，其目的是减小硅光电池的内电阻。另外，在光敏面上涂一层极薄的SiO_2透明膜，它既可以起到防潮、防尘等保护作用，又可以减少硅光电池表面对入射光的反射，增加对入射光的吸收。图4-9c为硅光电池的电路符号。

2. 硅光电池工作原理

如图4-10所示，当光作用于PN结时，耗尽区内的光生电子与空穴在内建电场力的作用下分别向N区和P区运动，在闭合的电路中将产生如图4-10所示的输出电流I_L，且负载电阻R_L上产生电压降为U。显然，PN结获得的偏置电压U与硅光电池输出电流I_L与负载电阻R_L有关，即

$$U=I_LR_L \tag{4-17}$$

当以输出电流的I_L为电流和电压的正方向时，可以得到如图4-11所示的伏安特性曲线。从曲线可以看出，负载电阻R_L所获得的功率为

$$P_L=I_LU \tag{4-18}$$

其中，硅光电池输出电流I_L应包括光生电流I_p、扩散电流与暗电流3部分，即

$$I_L=I_p-I_d(e^{\frac{qU}{kT}}-1)=I_p-I_d(e^{\frac{qI_LR_L}{kT}}-1) \tag{4-19}$$

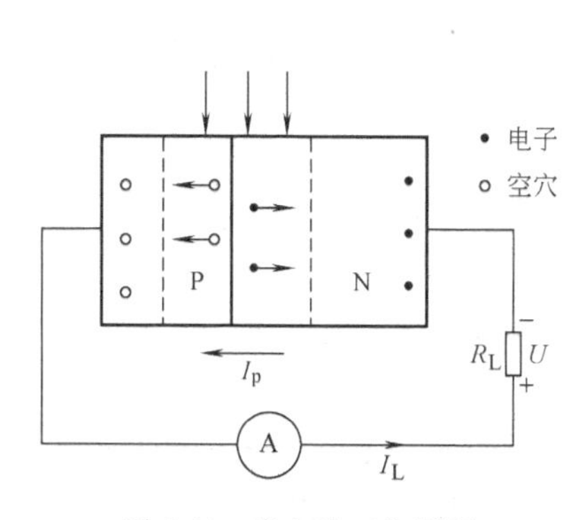

图4-10　光电池工作原理

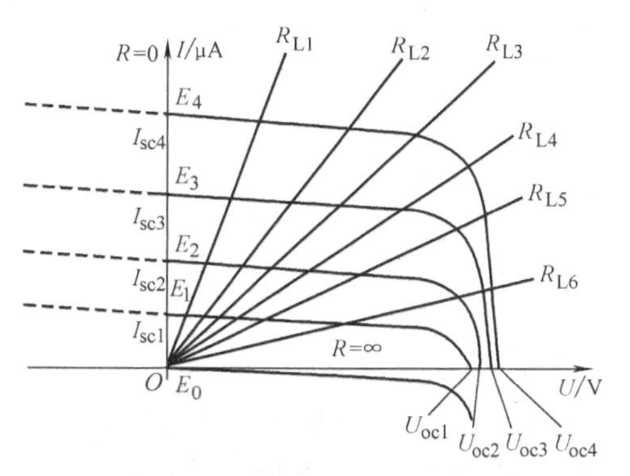

图4-11　硅光电池伏安特性曲线

3. 硅光电池的输出功率

负载所获得的功率为

$$P_L = I_L^2 R_L \tag{4-20}$$

显然，负载电阻 R_L 所获得的功率 P_L 与负载电阻的阻值有关，当 $R_L=0$（电路为短路）时，$U=0$，输出功率 $P_L=0$；当 $R_L=\infty$（电路为开路）时，$I_L=0$，输出功率 $P_L=0$；$0<R_L<\infty$ 时，输出功率 $P_L>0$。显然，存在着最佳负载电阻 R_{opt}，在最佳负载电阻情况下负载可以获得最大的输出功率 P_{max}。通过对式（4-20）求关于 R_L 的1阶倒数，当 $R_L=R_{opt}$时，$\left.\frac{dP_L}{dR_L}\right|_{R_{opt}}=0$求得最佳负载电阻 R_{opt}的阻值。

在实际工程计算中，常通过分析图4-11所示的输出特性曲线得到经验公式，即当负载电阻为最佳负载电阻时，输出电压 $U=U_m$，且有

$$U_m=(0.6\sim0.7)U_{oc} \tag{4-21}$$

而此时的输出电流近似等于光电流，即

$$I_m=I_p=\frac{\eta q\lambda}{hc}(1-e^{-\alpha d})\Phi_{e,\lambda}=S\Phi_{e,\lambda} \tag{4-22}$$

式中，S 为硅光电池的电流灵敏度。

硅光电池的最佳负载电阻 R_{opt}为

$$R_{opt}=\frac{U_m}{I_m}=\frac{(0.6\sim0.7)U_{oc}}{S\Phi_{e,\lambda}} \tag{4-23}$$

从式（4-23）可以看出硅光电池的最佳负载电阻 R_{opt}与入射辐通量 $\Phi_{e,\lambda}$有关，它随入射辐通量 $\Phi_{e,\lambda}$的增加而减小。

负载电阻所获得的最大功率为

$$P_m=I_mU_m=(0.6\sim0.7)U_{oc}I_p \tag{4-24}$$

4. 硅光电池的光电转换效率

硅光电池的输出功率与入射辐通量之比定义为硅光电池的光电转换效率，记为 η。当负载电阻为最佳负载电阻 R_{opt}时，硅光电池输出最大功率 P_m 与入射辐通量之比定义为硅光电池的最大光电转换效率，记为 η_m。

显然，硅光电池的最大光电转换效率 η_m 为

$$\eta_m=\frac{P_m}{\Phi_e}=\frac{(0.6\sim0.7)qU_{oc}\int_0^{\infty}\lambda\eta\Phi_{e,\lambda}(1-e^{-\alpha d})d\lambda}{hc\int_0^{\infty}\Phi_{e,\lambda}d\lambda} \tag{4-25}$$

式中，η 为与材料有关的光谱光电转换效率，表明硅光电池的最大光电转换效率与入射光的波长及材料的性质有关。

常温下，GaAs材料硅光电池的最大光电转换效率最高，为22%~28%，实际使用效率仅为10%~15%。因为实际器件的光敏面总存在着一定的反射损失、漏电导和串联电阻的影响等。

4.2.4　光电晶体管

光电晶体管与普通晶体管一样有两种基本结构，即 NPN 结构与 PNP 结构。用 N 型硅材料为衬底制作的光电晶体管为 NPN 结构，称为 3DU 型；用 P 型硅材料为衬底制作的光电晶体管为 PNP 结构，称为 3CU 型。图 4-12 为 3DU 型光电晶体管的工作原理及其符号。其中图 4-12a为 NPN 型光电晶体管的原理结构，图 4-12b 为光电晶体管的电路符号，从图 4-12b 中可以看出，它们虽然只有两个电极（集电极和发射极），常不把基极引出来，但仍然称为光电晶体管，因为它们具有晶体管的两个 PN 结的结构和电流的放大功能。

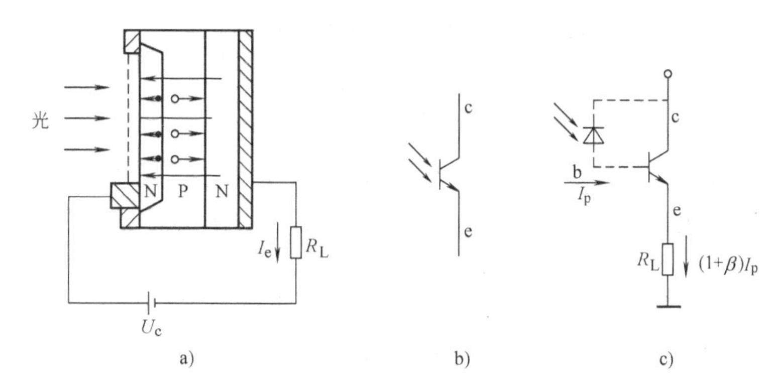

图 4-12　3DU 型硅光电晶体管的工作原理及其符号
a）原理结构　b）电路符号　c）工作原理

1. 工作原理

光电晶体管的工作原理分为两个过程：①是光电转换；②是光电流放大。下面以 NPN 型硅光电晶体管为例，讨论其基本工作原理。光电转换过程与一般光电二极管相同，在集-基 PN 结区内进行。光激发产生的电子-空穴对在反向偏置的 PN 结内电场的作用下，电子流向集电区被集电极所收集，而空穴流向基区与正向偏置的发射结发射的电子流复合形成基极电流 I_p，基极电流将被集电结放大为β 倍，这与晶体管的放大原理相同。不同的是一般晶体管是由基极向发射结注入空穴载流子控制发射极的扩散电流，而光电晶体管是由注入到发射结的光生电流控制。集电极输出的电流为

$$I_c = \beta I_p = \beta \frac{\eta q}{h\nu}(1-e^{-\alpha d})\Phi_{e,\lambda} \tag{4-26}$$

可以看出，光电晶体管的电流灵敏度是光电二极管的β 倍。相当于将光电二极管与晶体管接成如图 4-12c 所示的电路形式，光电二极管的电流 I_p 被晶体管放大为原来的β 倍。在实际的生产工艺中也常采用这种形式，以便获得更好的线性和更大的线性范围。3CU 型光电晶体管在原理上和 3DU 型相同，只是它以 P 型硅为衬底材料构成 PNP 的结构形式，它工作时的电压极性与 3DU 型相反，集电极的电位为负。为提高光电晶体管的增益，减小体积，常将光电二极管或光电晶体管及晶体管制作到一个硅片上构成集成光电器件。图 4-13 为 3 种形式的集成光电器件。

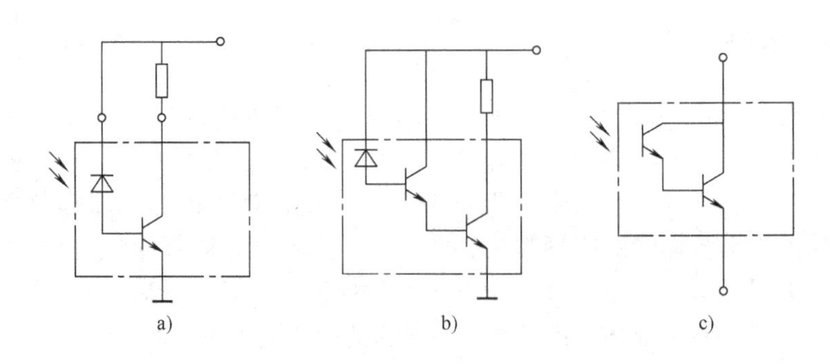

图4-13　3种形式的集成光电器件

a）光电二极管-晶体管集成器件　b）光电晶体管-晶体管集成器件　c）达林顿光电晶体管

图4-13a为光电二极管与晶体管集成而构成的集成光电器件，它比图4-12a所示的光电晶体管具有更大的动态范围，因为光电二极管的反向偏置电压不受晶体管集电结电压的控制。图4-13b所示的电路为图4-12c所示的光电晶体管与晶体管集成构成的集成光电器件，它具有更高的电流增益（灵敏度更高）。图4-13c所示的电路为图4-12b所示的光电晶体管与晶体管集成构成的集成光电器件，也称为达林顿光电晶体管。达林顿光电晶体管可以用更多的晶体管集成而成为电流增益更高的集成光电器件。

2. 光电晶体管的特性

（1）伏安特性　图4-14为硅光电晶体管在不同光照下的伏安特性曲线。从特性曲线可以看出，光电晶体管在偏置电压为零时，无论照度有多强，集电极电流都为零。说明光电晶体管必须在一定的偏置电压作用下才能工作，偏置电压要保证光电晶体管的发射结处于正向偏置，而集电结处于反向偏置。随着偏置电压的升高，伏安特性曲线趋于平坦。但是，它与图4-4所示光电二极管的伏安特性曲线不同，光电晶体管的伏安特性曲线向上偏斜，间距增大。这是因为光电晶体管除具有光电灵敏度外，还具有电流增益β，并且，β值随光电流的增大而增大。

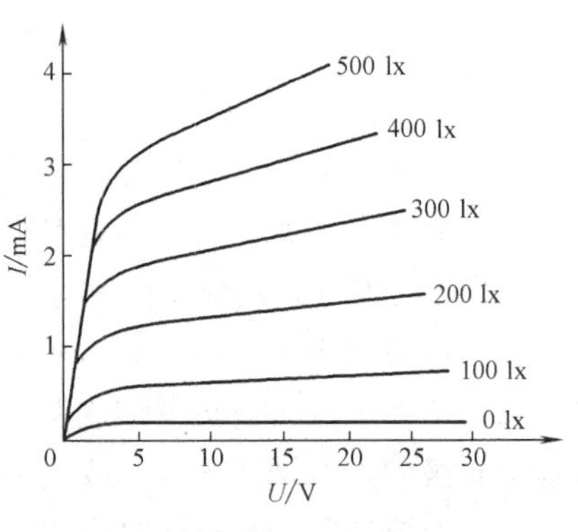

图4-14　伏安特性曲线

特性曲线的弯曲部分为饱和区，在饱和区光电晶体管的偏置电压提供给集电结的反偏电压太低，集电极的收集能力低，造成晶体管饱和。因此，应使光电晶体管工作在偏置电压高于5V的线性区域。

（2）时间响应　光电晶体管的时间响应常与PN结的结构及偏置电路等参数有关。为分析光电晶体管的时间响应（频率特性），首先画出光电晶体管输出电路的微变等效电路。图4-15a为光电晶体管的输出电路，图4-15b为其等效电路。分析等效电路不难看出，由电流源I_p、基-射结电阻r_{be}、电容C_{be}和基-集结电容C_{bc}构成的部分等效电路为光电二极管的等效电路。表明光电晶体管的等效电路是在光电二极管的等效电路基础上增加了电流源I_c和基-射结电阻R_{ce}、电容C_{ce}、输出负载电阻R_L。

选择适当的负载电阻，使其满足$R_L<R_{ce}$，这时可以导出光电晶体管电路的输出电压为

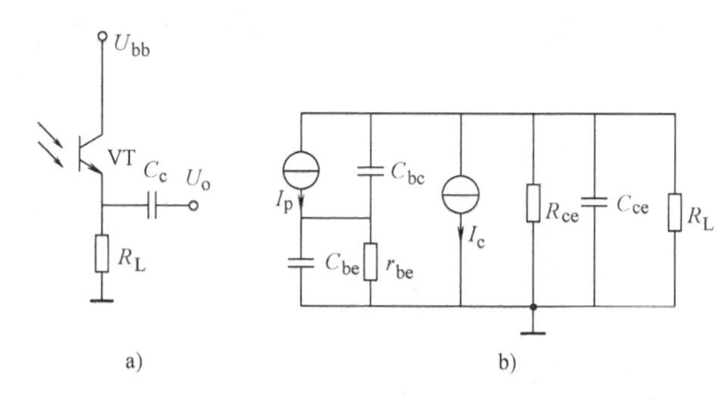

图 4-15 输出电路与等效电路

a）输出电路 b）微变等效电路

$$U_o=\frac{\beta R_L I_p}{(1+\omega^2 r_{be}^2 C_{be}^2)^{1/2}\ (1+\omega^2 R_L^2 C_{ce}^2)^{1/2}} \tag{4-27}$$

可见，光电晶体管的时间响应由以下4部分组成：

1）光生载流子对发射结电容 C_{be}和集电结电容 C_{bc}的充放电时间。

2）光生载流子渡越基区所需要的时间。

3）光生载流子被收集到集电极的时间。

4）输出电路的等效负载电阻 R_L 与等效电容 C_{ce}所构成的 RC 时间。

总时间常数为上述四项之和。因此，它比光电二极管的响应时间要长得多。

光电晶体管常用于各种光电控制系统，其输入的信号多为光脉冲信号，属于大信号或开关信号，因而光电晶体管的时间响应是非常重要的参数，直接影响光电晶体管的质量。

为了提高光电晶体管的时间响应，应尽可能地减小发射结阻容时间常数 r_{be}、C_{be}和时间常数 $R_L C_{ce}$。即一方面在工艺上设法减小结电容 C_{be}、C_{ce}，另一方面要合理选择负载电阻 R_L，尤其在高频应用的情况下尽量降低负载电阻 R_L。

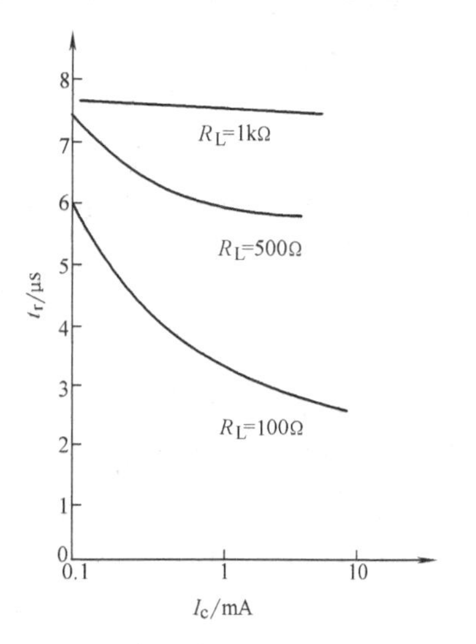

图 4-16 时间响应与输出电流的关系

图4-16为不同负载电阻 R_L 情况下，光电晶体管的时间响应与输出电流 I_c 的关系。由曲线可见，光电晶体管的时间响应不但与负载电阻 R_L 的阻值有关，而且与光电晶体管的输出电流有关，增大输出电流可以缩短响应时间，提高光电晶体管的频率响应。

（3）温度特性　硅光电二极管和硅光电晶体管的暗电流 I_d 和光电流 I_L 均与温度有关，硅光电晶体管的电流放大功能使硅光电晶体管暗电流 I_d 和亮电流 I_L 受温度的影响要比硅光电二极管大得多。图4-17a为光电二极管与晶体管暗电流 I_d 与温度的关系，显然，光电晶体管比光电二极管随温度升高暗电流增长得更快；图4-17b为它们的亮电流 I_L 与温度的关系曲线，光电晶体管亮电流 I_L 随温度的变化比光电二极管亮电流 I_L 随温度的变化得快。由于暗电流的增加，使输出的信噪比变差，不利于弱光信号的探测，用来检测弱光信号时应特别注意温度对光电器件的影响，必要时应采取恒温或温度补偿的措施。

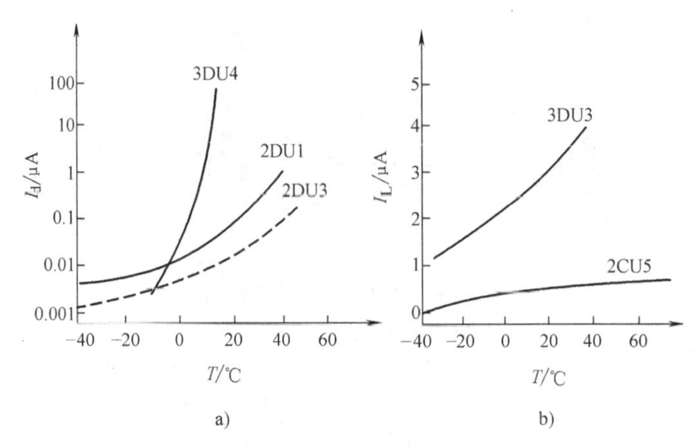

图 4-17 光电二极管、晶体管的温度特性

a）暗电流 I_d 的温度特性曲线 b）亮电流 I_L 的温度特性曲线

（4）光谱响应 硅光电二极管与硅光电晶体管具有相同的光谱响应。图 4-18 为光电晶体管的光谱响应特性曲线，它的响应范围为 0.4~1.0μm，峰值波长为 0.85μm。对于光电二极管，减薄 PN 结的厚度可以使短波段波长的光谱响应得到提高，因为 PN 结的厚度减薄后，长波段的辐射光谱很容易穿透 PN 结，而没有被吸收。短波段的光谱容易被减薄的 PN 结吸收。因此，可以利用 PN 结的这个特性制造出具有不同光谱响应的光伏器件，例如，蓝敏光伏器件和色敏光伏器件等。但是，一定要注意，蓝敏光伏器件是以牺牲长波段光谱响应为代价获得的（减薄 PN 结厚度，减少了长波段光子的吸收）。

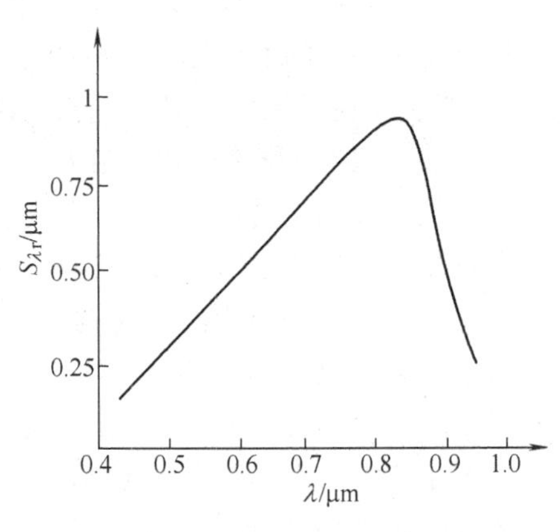

图 4-18 光电晶体管的光谱响应特性曲线

4.2.5 色敏光伏器件

色敏光伏器件是根据人眼视觉的三原色原理，利用不同厚度 PN 结对不同波长的吸收特性制成的能够分辨彩色光源或物体颜色的器件。色敏光伏器件具有结构简单、体积小、重量轻、变换电路容易掌握、成本低等特点，被广泛应用于简易颜色测量与识别等领域，例如，彩色印刷生产线中色标位置的测量与判别，颜料、染料颜色测量与判别，彩色电视机荧光屏色彩测量与自动调整等，是一种具有发展前途的新型半导体光电器件。

图 4-19 为双色硅色敏器件结构和等效电路。在同一硅片上制作两个深浅不同的 PN 结构成光电二极管 VD_1 和 VD_2。根据半导体对光吸收的理论，PN 结较深，对长波光谱辐射的吸收较强，响应增大，而浅 PN 结对短波长辐射的响应较好。因此，具有浅 PN 结的 VD_1 光谱响应的峰值在蓝光，具有深 PN 结的 VD_2 光谱响应的峰值在红光。这种双结硅色敏器件的光谱响应如图 4-20 所示，具有双峰效应，VD_1 为蓝敏，VD_2 为红敏。

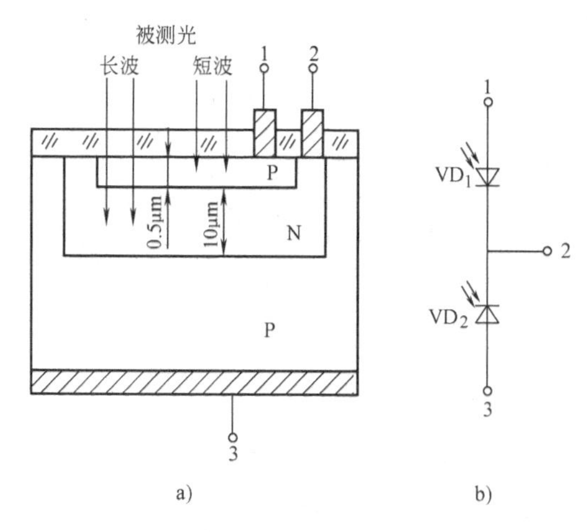

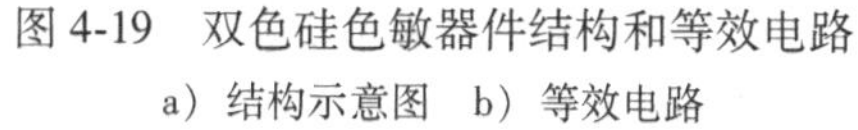
图 4-19　双色硅色敏器件结构和等效电路
a）结构示意图　b）等效电路

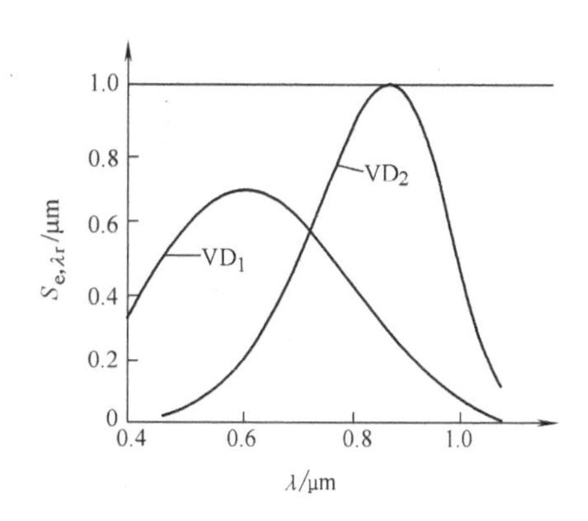

图 4-20　双结硅色敏器件的光谱响应

双结硅色敏器件只能通过测量单色光的光谱辐射功率与黑体辐射相接近的光源色温来确定颜色。用双结硅色敏器件测量颜色时，通常测量两个光电二极管的短路电流比（I_{sc2}/I_{sc1}）与入射波长的关系（见图 4-21），从关系曲线中不难看出，每一种波长的光都对应于一个短路电流比值，根据短路电流比值判别入射光的波长，达到识别颜色的目的。上述双结硅色敏器件只能用于测定单色光的波长，不能用于测量多种波长组成的混合色光，即便已知混合色光的光谱特性，也很难对光的颜色进行精确检测。

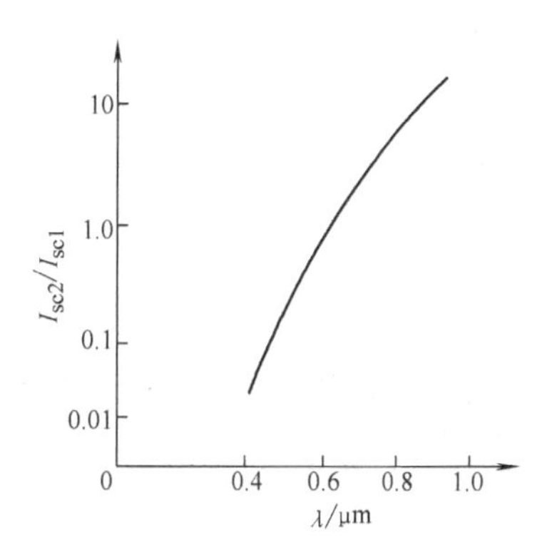

图 4-21　短路电流与入射波长关系

国际照明委员会（CIE）根据三原色原理建立了标准色度系统，制订了等能光谱色的 $\bar{r}$、$\bar{g}$、$\bar{b}$ 光谱三刺激值，得出了如图 4-22a 所示的 CIE1931-RGB 系统三刺激值曲线 σ_{rgb}。从曲线中看到 $\bar{r}$、$\bar{g}$、$\bar{b}$ 光谱三刺激值有一部分为负值，计算很不方便，又难以理解。因此 1931 年 CIE 又推荐了一个新的国际通用色度系统，称为 CIE1931-*xyz* 系统。它是在 CIE1931-RGB 系统的基础上改用 3 个假想的原色 x、y、z 所建立的一个新的色度系统。同样，在该系统中也定出了匹配等能量光谱色的三刺激值 $\bar{x}$、$\bar{y}$、$\bar{z}$，得出了如图 4-22b 所示的 CIE1931-*xyz* 系统光谱三刺激值曲线 σ_{xyz}。根据以上理论，对任何一种颜色，都可由颜色的三刺激值 x、y、z 表示，计算公式为

$$X=K\int_{380}^{780}\Phi(\lambda)\bar{x}(\lambda)\mathrm{d}\lambda,Y=K\int_{380}^{780}\Phi(\lambda)\bar{y}(\lambda)\mathrm{d}\lambda,Z=K\int_{380}^{780}\Phi(\lambda)\bar{z}(\lambda)\mathrm{d}\lambda \tag{4-28}$$

式中，$\Phi(\lambda)$ 为进入人眼的光谱辐射通量，称为色刺激函数；K 为调整系数。

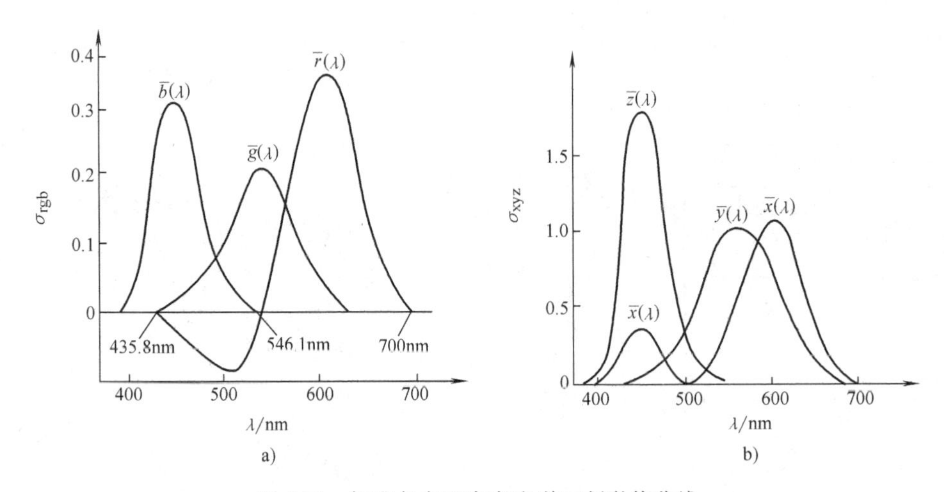

图 4-22 标准色度观察者光谱三刺激值曲线

a）CIE1931-RGB 系统三刺激值曲线 σ_{rgb} b）CIE1931-*xyz* 系统光谱三刺激值曲线 σ_{xyz}

根据色度学理论，日本的深津猛夫等人研制出可以识别混合色光的三色色敏光电器件。图 4-23 为非晶态硅集成全色色敏传感器结构。它是在一块非晶态硅基片上制作 3 个检测器件，并分别配上 R、G、B 滤色片，得到如图 4-24 所示的近似于 CIE1931-RGB 系统光谱三刺激值曲线，通过 R、G、B 输出电流的比较，即可识别物体的颜色。

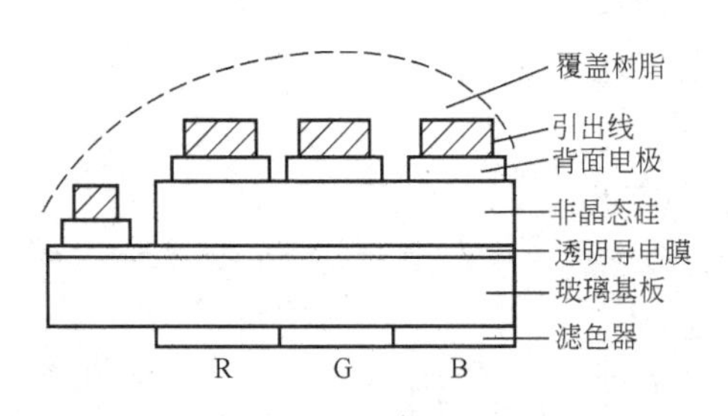

图 4-23 非晶态硅集成全色色敏传感器结构

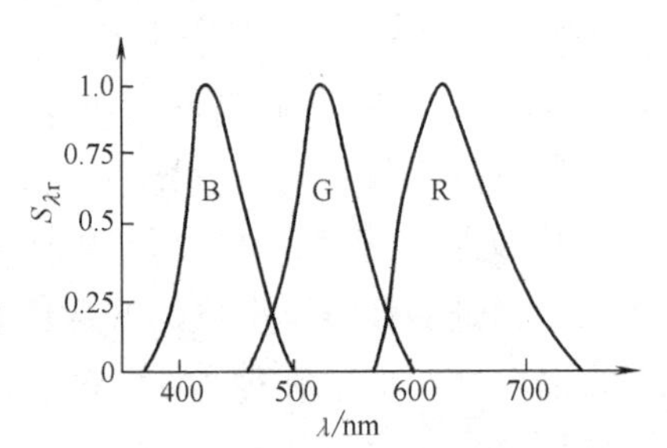

图 4-24 非晶态硅集成全色色敏传感器光谱响应

图 4-25 为典型硅集成三色色敏器件的颜色识别电路框图。

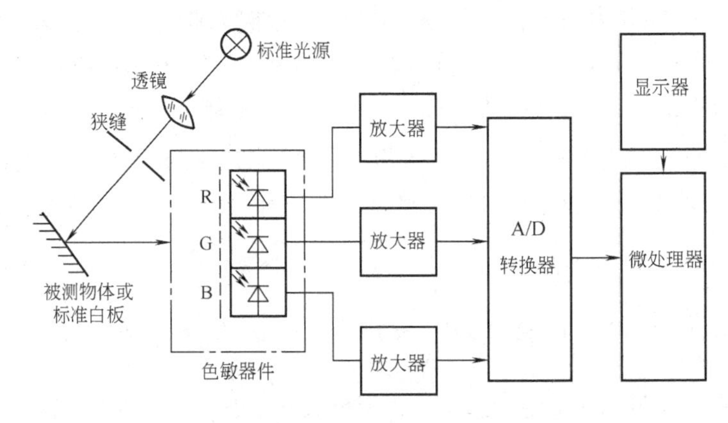

图 4-25 典型硅集成三色色敏器件的颜色识别电路框图

从标准光源光发出的光，经被测物反射，投射到色敏传感器后，R、G、B 三个敏感器件输出不同的光电流。经运算放大器放大、A/D 转换后，将转换后的数字信号输入到微处理器中。微处理器根据式（4-28）进行颜色的识别，并在软件的支持下，在显示器上显示出被测物的颜色。颜色计算公式为

$$\begin{cases} S=R_{o1}+G_{o1}+B_{o1} \\ R'=KR_{o1}\times 100\% \\ G'=KG_{o1}\times 100\% \\ B'=KB_{o1}\times 100\% \end{cases} \tag{4-29}$$

式中，R_{o1}、G_{o1}、B_{o1}为放大器的输出电压。

测量前应对放大器进行调整，使标准光源发出的光，经标准白板反射后，照到色敏器件上时应满足 $R'=G'=B'=33\%$。

4.2.6 光伏器件组合器件

光伏器件组合器件（简称光伏器件组合件）是在一块硅片上制造出按一定方式排列的具有相同光电特性的光伏器件阵列。它广泛应用于光电跟踪、光电准值、图像识别和光电编码等方面。用光电组合器件代替由分立光伏器件组成的变换装置，不仅具有光敏点密集量大、结构紧凑、光电特性一致性好、调节方便等优点，而且它独特的结构设计可以完成分立元件无法完成的检测工作。

目前，市场上的光伏器件组合件主要有硅光电二极管组合件、硅光电晶体管组合件和硅光电池组合件。它们分别排列成象限式、阵列式、楔环式和按指定编码规则组成的列阵方式。本节主要讨论象限阵列光伏器件组合件和楔环阵列光伏器件组合件。

1. 象限阵列光伏器件组合件

图 4-26 为几种典型的象限阵列光伏器件组合件示意图。其中，图 4-26a 为二象限光伏器件组合件。它是在一片 PN 结光电二极管（或硅光电池）的光敏面上经光刻的方法制成两个面积相等的 P 区（前极为 P 型硅），形成一对特性参数极为相近的 PN 结光电二极管（或硅光电池）。这样构成的光电二极管（或硅光电池）组合件具有一维位置的检测功能，或称具有二象限的检测功能。当被测光斑落在二象限器件的光敏面上时，光斑偏离的方向或大小就可以被图 4-27 所示的电路检测出来。如图 4-27a 所示，光斑偏向 P_2 区，P_2 区的电流大于 P_1 区的电流，放大器的输出电压将为正电压，电压值的大小反映光斑的偏离量；反之，若光斑偏向 P_1 区，输出电压将为负电压。同样，负电压的大小反映光斑偏向 P_1 区的多少。因此，由二象限器件组成的电路具有一维位置的检测功能，在薄板材料的生产中常被用来检测和控制边沿的位置，以便卷制成整齐的卷。

图 4-26b 为四象限光伏器件组合件，它具有二维位置的检测功能，可以完成光斑在 x、y 两个方向的偏移量。

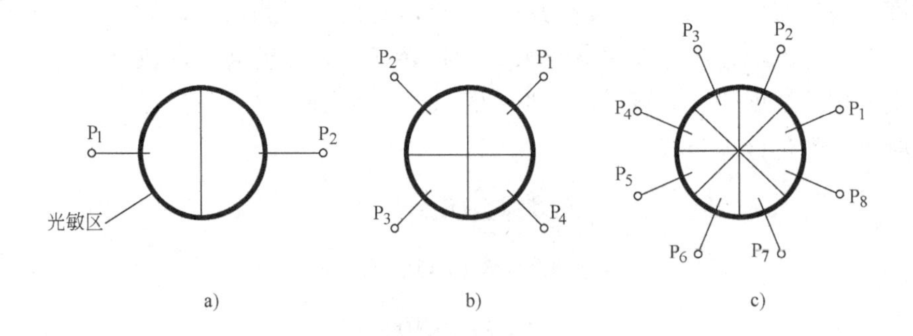

图 4-26 象限阵列光伏器件组合件示意图

a）二象限器件 b）四象限器件 c）八象限器件

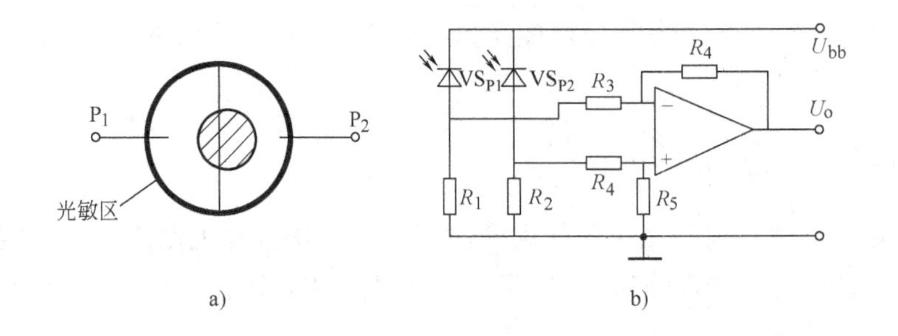

图 4-27 光斑中心位置的二象限检测电路

a）光斑中心位置示意图 b）二象限检测电路

采用四象限光伏器件组合件测定光斑的中心位置，可根据器件坐标轴线与测量系统基准线间的安装角度的不同，采用下面不同的电路进行测定。

（1）和、差检测电路 当器件坐标轴线与测量系统基准线间的安装角度为0°（器件坐标轴线与测量系统基准线平行）时，采用图4-28所示的四象限组合器件的和、差检测电路。电路用加法器先计算相邻象限输出光信号之和，再计算和信号之差，然后，通过除法器获得偏差值。

设入射光斑形状为弥散圆，其半径为 r，光出射度均匀，投射到四象限组合器件每个象限上的面积分别为 S_1、S_2、S_3、S_4，光斑中心 O' 相对器件中心 O 的偏移量 $OO'=p$（可用直角坐标 x，y 表示），又运算电路得到的输出偏离信号 u_x 和 u_y 分别为

$$u_x=K[(u_1+u_4)-(u_2+u_3)]$$

$$u_y=K[(u_1+u_2)-(u_3+u_4)]$$

式中，K 为放大器的放大倍数，它与光斑的直径和光出射度有关；u_1、u_2、u_3、u_4 分别为四个象限输出的信号电压经放大器放大后的电压值；u_x、u_y 分别为光斑在 x 方向和 y 方向偏离四象限器件中心 O 点的情况。

通常为了消除光斑自身总能量的变化对测量结果的影响，采用和差比幅电路（除法电路），经比幅电路处理后输出的信号为

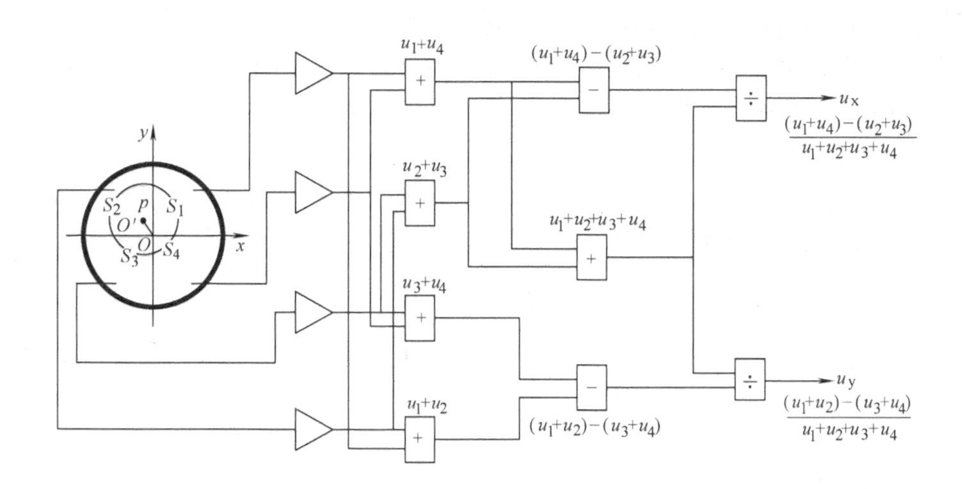

图 4-28　四象限组合器件的和、差检测电路

$$\begin{cases} u_x = \dfrac{(u_1+u_4)-(u_2+u_3)}{u_1+u_2+u_3+u_4} \\ u_y = \dfrac{(u_1+u_2)-(u_3+u_4)}{u_1+u_2+u_3+u_4} \end{cases} \tag{4-30}$$

（2）直差电路　当四象限器件的坐标线与基准线成 45°时，常采用图 4-29 所示的直差电路。直差电路输出的偏移量为

$$\begin{cases} u_x = K\dfrac{u_1-u_3}{u_1+u_2+u_3+u_4} \\ u_y = K\dfrac{u_2-u_4}{u_1+u_2+u_3+u_4} \end{cases} \tag{4-31}$$

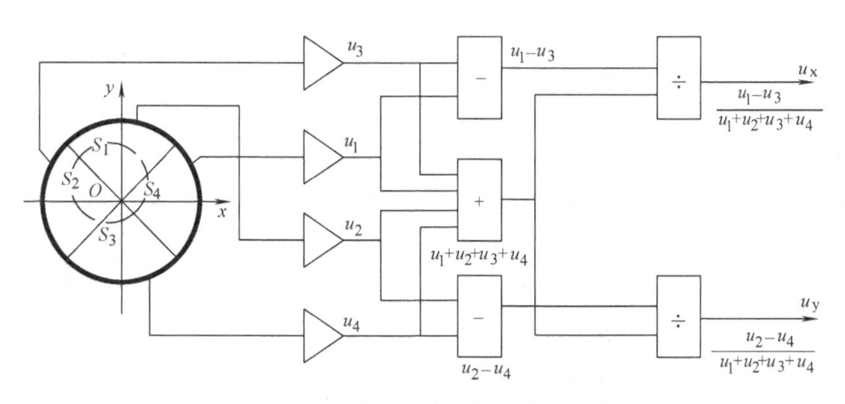

图 4-29　四象限组合器件的直差电路

这种电路简单，但是，它的灵敏度和非线性等特性相对较差。

象限光伏器件组合件虽然能够用于光斑相位的探测、跟踪和对准工作，但是，它的测量精度受到器件本身缺陷的限制。象限光伏器件组合件的明显缺陷为：

1）光刻分割区将产生盲区，盲区会使微小光斑的测量受到限制。

2）若被测光斑全部落入某一象限光敏区，输出信号将无法测出光斑的位置，因此它的测量范围受到限制。

3）测量精度与光源的发光强度及其漂移密切相关，测量精度的稳定性受到限制。

图 4-26c 为八象限阵列器件，它的分辨力虽然比 4 象限的高，但是，依然解决不了上述的缺陷。

2. 线阵列光伏器件组合件

线阵列光伏器件组合件是在一块硅片上制造出光敏面积相等，间隔也相等的一串特性相近的光伏器件阵列。图 4-30 为 16 个光电二极管构成的线阵列光伏器件组合件，其型号为 16NC。图 4-30a 为器件的正面视图，它由 16 个共阴的光电二极管构成，每个光电二极管的光敏面积为 5mm×0. 8mm，间隔为 1. 2mm。16 个光电二极管的 N 极为硅片的衬底，P 极为光敏面，分别用金属线引出到管座（见图 4-30b）。光电二极管线阵列器件的原理电路如图 4-30c 所示，N 为公共的阴极，应用时常将 N 极接电源的正极，而将每个阳极通过负载电阻接地，并由阳极输出信号，形成反向偏置的输出电路。

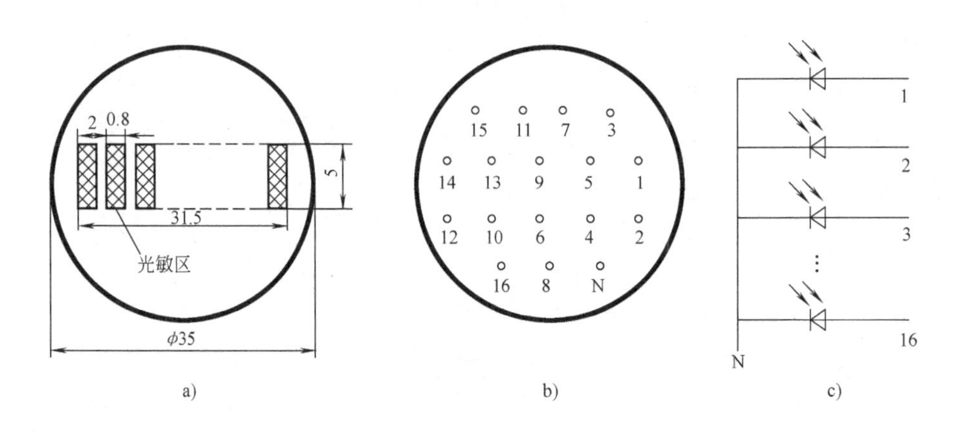

图 4-30 线阵列光伏器件组合件

a）正面 b）背面 c）原理电路

图 4-31 为 15 个光电晶体管构成的线阵列光伏器件组合件。图 4-31a 为器件的正面视图，每只光电晶体管的光敏面积为 1. 5mm×0. 8mm，间隔为 1. 2mm，光敏区总长度为 28. 4mm，封装在图 4-31a 所示的 DIP30 管座中。光电晶体管线阵列器件的原理电路如图 4-31b 所示。图 4-31c、d 分别为该管座的两个侧视图，表明其安装尺寸。显然，光电晶体管线阵列器件没有公共的电极，应用起来可以更灵活地设置各种偏置电路。

另外，还有用硅光电池等其他光伏器件构成的线阵列器件。线阵列光伏器件组合件是一种能够进行并行传输的光电传感器件，在精度要求和灵敏度的要求并不太高的多通道检测装置、光电编码器和光电读出装置中得到广泛的应用。但是，线阵 CCD 传感器的出现对这种器件的应用受到很大的冲击。

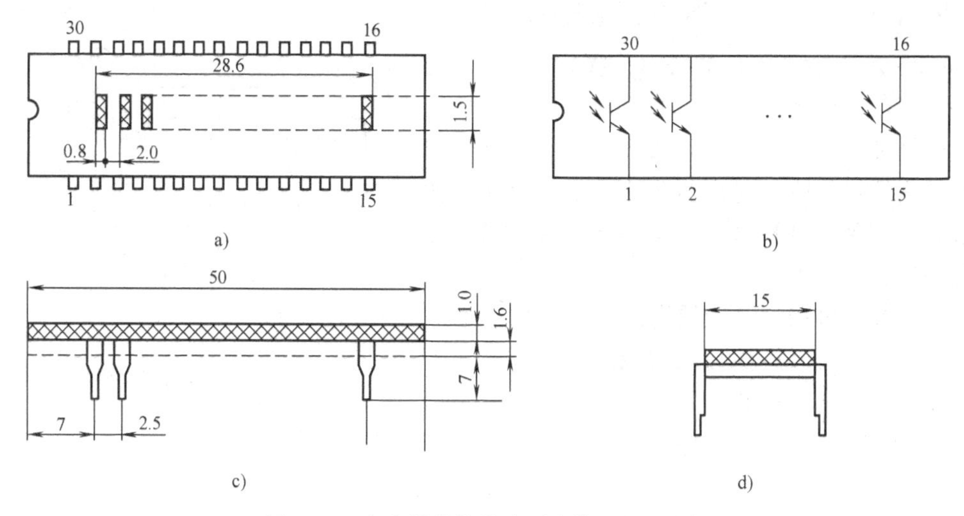

图 4-31 光电晶体管线阵列光伏器件组合件

a）俯视图 b）原理电路 c）侧视图 1 d）侧视图 2

3. 楔环阵列光伏器件组合件

图 4-32 为一种用于光学功率谱探测的阵列光伏器件组合件。它是在一块 N 型硅衬底上制造图 4-32 所示的多个 P 型区构成光电二极管或硅光电池的光敏单元阵列。显然，这些光敏单元由楔与环两种图形构成，故称其为楔环探测器。楔环探测器中的楔形光电器件可以用来检测光的功率谱分布，极角方向（楔形区）用来检测功率在角度方向的分布，环形区探测器用来检测功率在半径方向的分布。因此，可以将被测光功率谱的能量密度分布以极坐标的方式表示。

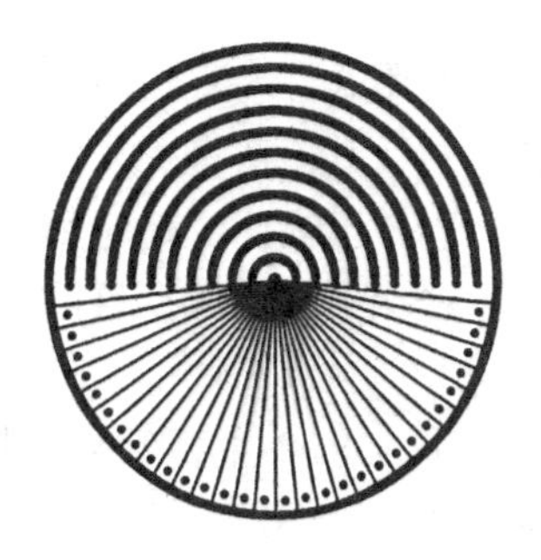

图 4-32 楔环探测器

这种变换方式可以完成并行的光电变换，通过并行变换电路和并行 A/D 转换电路将楔与环传感器所得到的瞬时功率谱能量密度信息，并送入计算机，计算机在软件的作用下完成图像识别、图像分析等工作。

目前，楔环探测器已广泛应用于面粉粒度分析、癌细胞早期识别与疑难疾病的诊断技术中。

另外，还有以其他方式排列的光伏器件组合件，如角度、长度等光电码盘传感器中的探测器常以格雷码的形式构成光伏器件组合件。

4.2.7 光电位置敏感器件

光电位置敏感器件（Position Sensing Detector，PSD）是基于光伏器件的横向效应的器件，是一种对入射到光敏面上的光点位置敏感的光电器件。PSD 在光点位置测量方面具有比象限探测器件更多的优点。例如，它对光斑的形状无严格的要求，即它的输出信号与光斑是否聚焦无关；光敏面也不必分割，消除了象限探测器件盲区的影响；它可以连续测量光斑在光电位置敏感器件上的位置，且位置分辨力高，一维的 PSD 的位置分辨力可高达 0. 2μm。

1. PSD的工作原理

图4-33为PIN型PSD的结构示意图。它由3层构成，上面为P型层，中间为I型层，下面为N型层；在上面的P型层上设置有两个电极，两电极间的P型层除具有接收入射光的功能外还具有横向的分布电阻的特性，即P型层不但为光敏层，而且是一个均匀的电阻层。

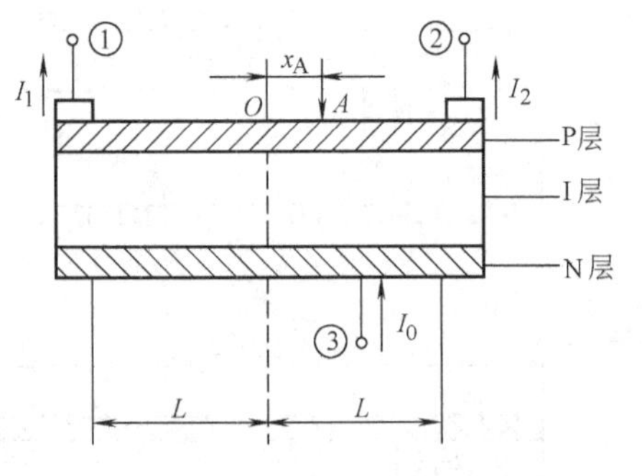

图4-33 PIN型PSD的结构示意图

当光束入射到PSD光敏层上距中心点的距离为x_A时，在入射位置上产生与入射辐射成正比的信号电荷，此电荷形成的光电流通过P型层电阻分别由电极①与②输出。设P型层电阻是均匀的，两电极间的距离为$2L$，流过两电极的电流分别为I_1和I_2，则流过N型层电极的电流I_0为I_1和I_2之和，即

$$I_0=I_1+I_2 \tag{4-32}$$

若以PSD的几何中心点O为原点，光斑中心距原点O的距离为x_A，则

$$I_1=I_0\frac{L-x_A}{2L},\ I_2=I_0\frac{L+x_A}{2L},\ x_A=\frac{I_2-I_1}{I_2+I_1}L \tag{4-33}$$

利用式（4-33）即可测出光斑能量中心对于器件中心的位置x_A，它只与电流I_1和I_2的和、差及其比值有关，而与总电流无关。

PSD已被广泛地应用于激光自准直、光点位移量和振动的测量、平板平行度的检测和二维位置测量等领域。目前，PSD已有一维和二维两种。

2. 一维PSD

一维PSD主要用来测量光斑在一维方向上的位置或位置移动量的装置。图4-34a为典型一维PSD S1543的原理图，其中①和②为信号电极，③为公共电极。它的光敏面为细长的矩形条。图4-34b为S1543的等效电路，它由电流源I_p、理想二极管VD、结电容C_j、横向分布电阻R_D和并联电阻R_{sh}组成。被测光斑在光敏面上的位置可由式（4-33）计算出来。即

$$x=\frac{I_2-I_1}{I_2+I_1}L \tag{4-34}$$

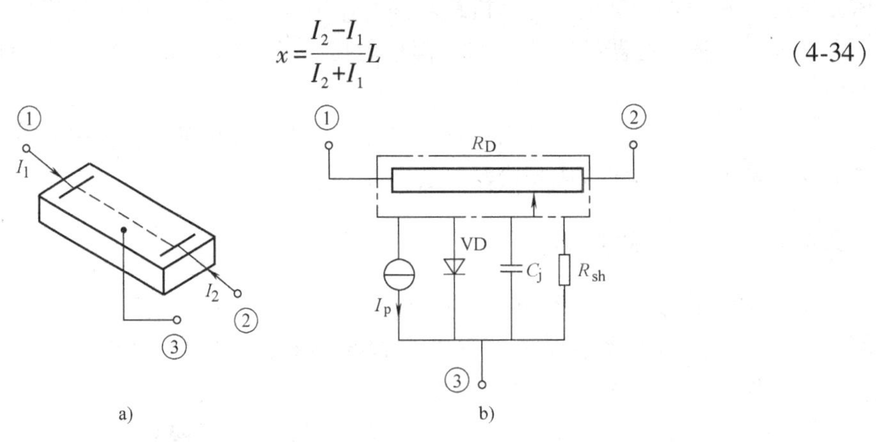

图4-34 典型一维PSD S1543的结构与等效电路
a）原理图 b）等效电路

所输出的总光电流 I_p

$$I_p = I_1 + I_2 \tag{4-35}$$

由式（4-34）和式（4-35）可以看出，一维 PSD 不但能检测光斑中心在一维空间的位置，而且能检测光斑的强度。

图 4-35 为一维 PSD 位置检测电路原理图，光电流 I_1 经反相放大器 A_1 放大后分别送给放大器 A_3 与 A_4，而光电流 I_2 经反相放大器 A_2 放大后也分别送给放大器 A_3 与 A_4，放大器 A_3 为加法电路，完成光电流 I_1 与 I_2 相加的运算（放大器 A_5 用来调整运算后信号的相位）；放大器 A_4 用于减法电路，完成光电流 I_2 与 I_1 相减的运算。最后，用除法电路计算出（I_2-I_1）与（I_1+I_2）的商，即为光点在一维 PSD 光敏面上的位置信号。光敏区长度 L 可通过调整放大器的放大倍率，利用标定的方式进行综合调整。

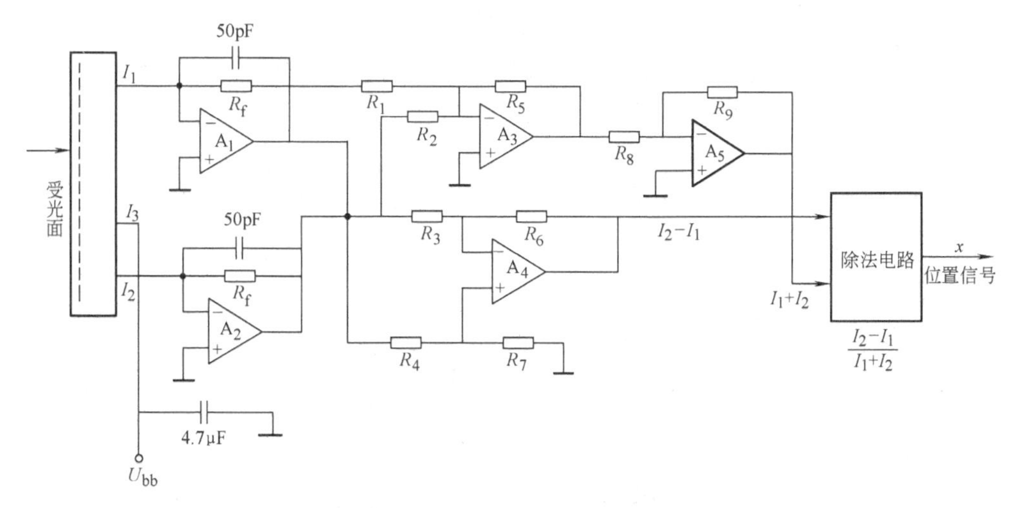

图 4-35　一维 PSD 位置检测电路原理图

3. 二维 PSD

二维 PSD 可用来测量光斑在平面上的二维位置（即 x、y 坐标），它的光敏面常为正方形，比一维 PSD 多一对电极，它的结构如图 4-36a 所示，在正方形的 PIN 硅片的光敏面上设

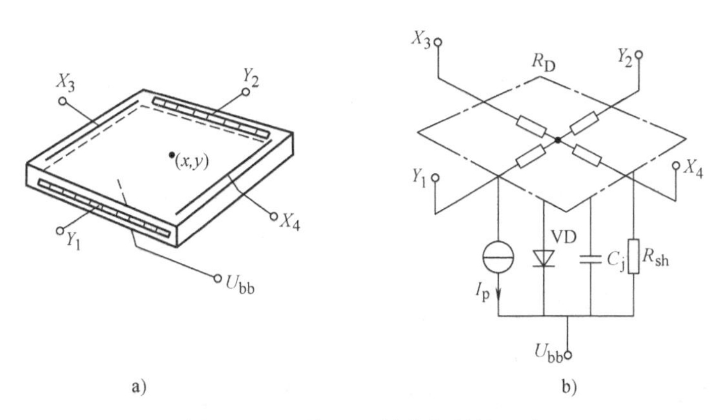

图 4-36　二维 PSD 结构与等效电路
a）结构图　b）等效电路

置两对电极，分别标注为 Y_1、Y_2、X_3 和 X_4，其公共 N 极常接电源 U_{bb}。二维 PSD 的等效电路如图 4-36b 所示，它与图 4-34b 类似，也由电流源 I_p、理想二极管 VD、结电容 C_j、两个方向的横向分布电阻 R_D 和并联电阻 R_{sh} 构成。由等效电路不难看出，光电流 I_p 由两个方向的 4 路电流分量构成，即 I_{X3}、I_{X4}、I_{Y1}、I_{Y2}。可将这些电流作为位移信号输出。

显然，当光斑落到二维 PSD 上时，光斑中心位置的坐标可分别表示为

$$\begin{cases} x=\dfrac{I_{X4}-I_{X3}}{I_{X4}+I_{X3}} \\ y=\dfrac{I_{Y2}-I_{Y1}}{I_{Y2}+I_{Y1}} \end{cases} \tag{4-36}$$

式（4-36）对靠近器件中心点的光斑位置测量误差很小，随着距中心点距离的增大，测量误差也会增大。为了减少测量误差常将二维 PSD 的光敏面进行改进，改进后的 PSD 光敏面如图 4-37 所示，4 个引出线分别从 4 个对角线端引出，光敏面的形状好似正方形产生了枕形畸变。这种结构的优点是光斑在边缘的测量误差被大大地减少。

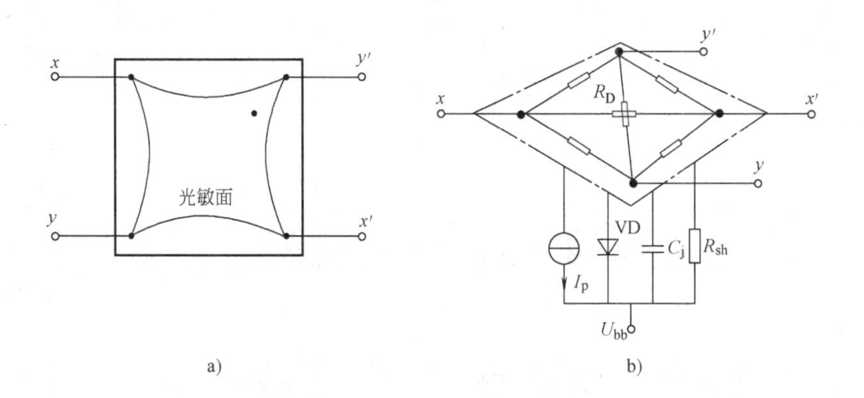

图 4-37 二维 PSD 的改进电路
a）结构示意图 b）等效电路

结构改进后的等效电路比改进前多了 4 个相邻电极间的电阻，入射光点（如图中黑点）位置（x，y）的计算公式变为

$$x=\frac{(I_{x'}+I_y)-(I_x+I_{y'})}{I_x+I_{x'}+I_y+I_{y'}},\ y=\frac{(I_{x'}+I_{y'})-(I_x+I_y)}{I_x+I_{x'}+I_y+I_{y'}} \tag{4-37}$$

根据光点位置（x，y）的计算公式，可以设计出二维 PSD 的光点位置检测电路。图 4-38为二维 PSD 光点位置检测电路原理图，电路利用了加法器、减法器和除法器进行各分支电流的加、减和除的运算，以便计算出光点在 PSD 中的位置坐标。目前，市场上已有适用于各种型号的 PSD 转换电路板，可以根据需要选用。

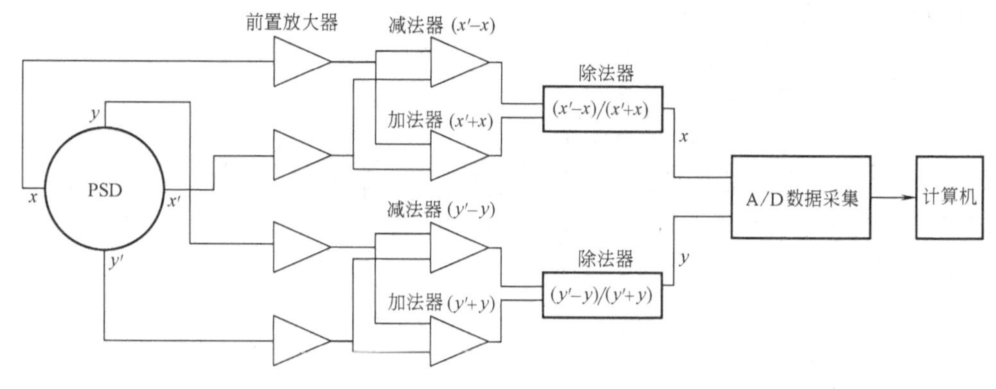

图 4-38　二维 PSD 光点位置检测电路原理图

图 4-38 所示电路中的 A/D 数据采集系统把 PSD 检测电路所测得的 x 与 y 位置信息送入计算机，将使 PSD 位置检测电路得到更加广泛的应用。当然，上述电路也可以进一步地简化，在各前置放大器的后面都加 A/D 数据采集电路，并将采集到的数据送给计算机，在计算机软件的支持下完成光点位置的检测工作。

4. PSD 的主要特性

PSD 属于特种光伏器件，它的基本特性与一般硅光伏器件基本相同，如光谱响应、时间响应和温度响应等与前面讲述的 PN 结光伏器件相同。作为位置传感器，PSD 有其独特的位置检测特性。PSD 的位置检测特性近似于线性，图 4-39 为一维 PSD 位置检测误差特性曲线，由曲线可知，越接近中心位置测量误差越小。因此，利用 PSD 来检测光斑位置时，尽量使光点靠近器件中心。

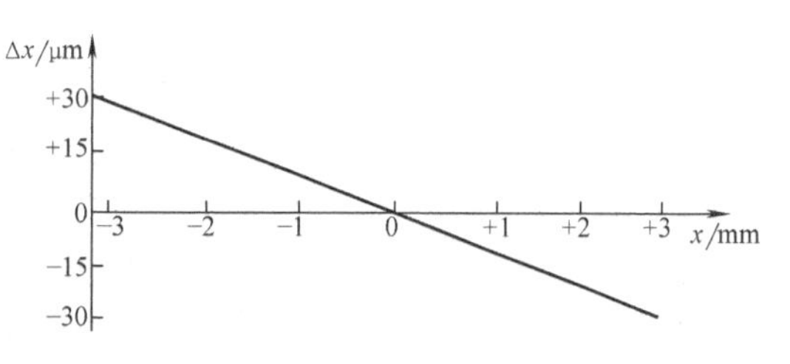

图 4-39　一维 PSD 位置检测误差特性曲线

4.3　光伏器件的偏置电路

PN 结型光伏器件一般有自偏置电路、反向偏置电路和零伏偏置电路 3 种偏置电路。每种偏置电路使得 PN 结光伏器件工作在特性曲线的不同区域，表现出不同的特性，使变换电路的输出具有不同特征。为此，掌握光伏器件的偏置电路是非常重要的。

前面介绍硅光电池的光电特性时，已经讨论了自偏置电路。自偏置电路的特点是光伏器件在自偏置电路中具有输出功率，且当负载电阻为最佳负载电阻时具有最大的输出功率。但是，自偏置电路的输出电流或输出电压与入射辐射间的线性关系很差，因此，在测量电路中很少采用自偏置电路。关于自偏置电路的计算问题本节不再赘述。

4.3.1　反向偏置电路

定义加在光伏器件上的偏置电压与内建电场的方向相同的偏置电路称为反向偏置电路。所有的光伏器件都可以进行反向偏置，尤其是光电晶体管、光电场效应晶体管、复合光电晶体管等必须进行反向偏置。图 4-40 为光伏器件的反向偏置电路，其中图 4-40a 为反向偏置电路的原理示意图，图 4-40b 为反向偏置电路图。光伏器件在反向偏置状态 PN 结势垒区加宽，有利于光生载流子的漂移运动，使光伏器件的线性范围和光电变换的动态范围加宽。因此，反向偏置电路被广泛地应用到大范围的线性光电检测与光电变换中。

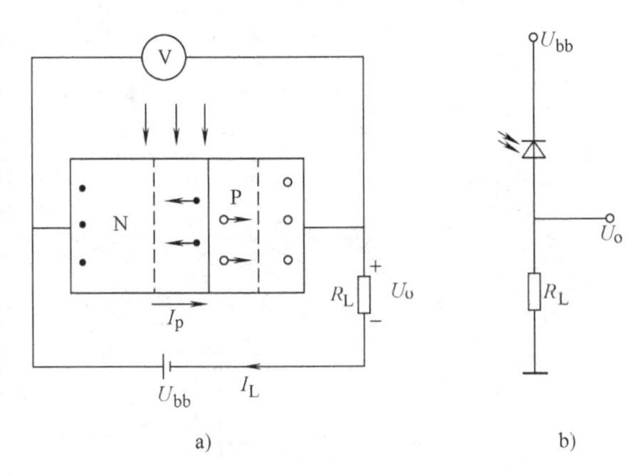

图 4-40 光伏器件的反向偏置电路
a）原理示意图 b）反向偏置电路图

1. 反向偏置电路的输出特性

在图 4-40 所示的反向偏置电路中，当 $U_{bb} \gg \frac{kT}{q}$时，流过负载电阻 R_L 的电流 I_L 为

$$I_L = I_p + I_d \tag{4-38}$$

输出电压为

$$U_o = U_{bb} - I_L R_L \tag{4-39}$$

光伏器件的输出特性曲线如图 4-41 所示。从特性曲线不难看出反向偏置电路的输出电压的动态范围取决于电源电压 U_{bb} 与负载电阻 R_L，电流 I_L 的动态范围也与负载电阻 R_L 有关。适当地设计 R_L，可以获得所需要的电流、电压动态范围。图 4-41 所示特性曲线中静态工作点都为 Q 点，负载电阻 R_{L1} 大于 R_{L2}，负载电阻 R_{L1}所对应的特性曲线 1 输出电压的动态范围要大于负载电阻 R_{L2}所对应的特性曲线 2 输出电压的动态范围；而特性曲线 1 电流输出的动态范围要小于特性曲线 2 输出电流的动态范围。应用时要注意选择适当的负载。

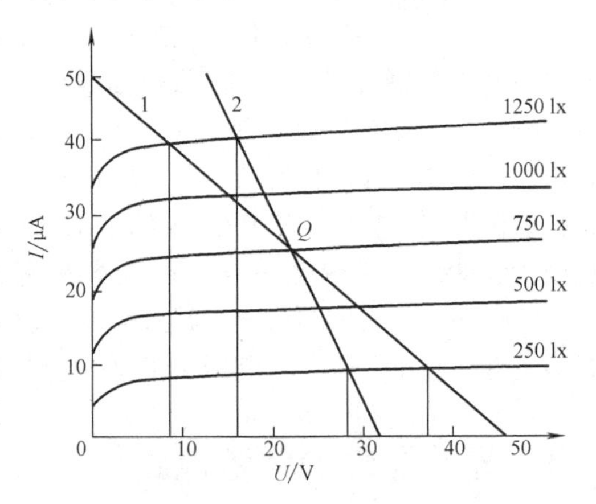

图 4-41 反向偏置电路输出特性曲线

2. 输出电流、电压与辐射量间的关系

由式（4-38）可以求得反向偏置电路的输出电流与入射辐通量的关系

$$I_L = \frac{\eta q \lambda}{hc} \Phi_{e,\lambda} + I_d \tag{4-40}$$

由于制造光伏器件的半导体材料一般都采用高阻轻掺杂的器件（太阳电池除外），因此暗电流都很小，可以忽略不计，即反向偏置电路的输出电流与入射辐通量的关系可简化为

$$I_L = \frac{\eta q \lambda}{hc} \Phi_{e,\lambda} \tag{4-41}$$

同样，反向偏置电路的输出电压与入射辐通量的关系为

$$U_L = U_{bb} - R_L \frac{\eta q \lambda}{hc} \Phi_{e,\lambda} \tag{4-42}$$

输出电压信号 ΔU 为

$$\Delta U=-R_{\mathrm{L}}\frac{\eta q\lambda}{hc}\Delta\Phi_{\mathrm{e},\lambda} \tag{4-43}$$

表明反向偏置电路的输出电压信号 ΔU 与入射辐通量的变化成正比，变化方向相反，输出电压随入射辐通量增加而减小。

例 4-1 用2CU2D型光电二极管探测激光器输出的调制信号 $\Phi_{\mathrm{e},\lambda}=20\mu\mathrm{W}+6\sin\omega t\mu\mathrm{W}$ 的辐通量时，若已知电源电压为15V，2CU2D的光电流灵敏度 $S_{\mathrm{i}}=0.5\mu\mathrm{A}/\mu\mathrm{W}$，结电容 $C_{\mathrm{j}}=3\mathrm{pF}$，引线分布电容 $C_{\mathrm{i}}=7\mathrm{pF}$，试求负载电阻 $R_{\mathrm{L}}=2\mathrm{M}\Omega$ 时该电路的偏置电阻 R_{B}。并计算输出最大电压信号情况下的最高截止频率。

解 首先找出入射辐通量的峰值 Φ_{m}

$$\Phi_{\mathrm{m}}=(20+6)\ \mu\mathrm{W}=26\mu\mathrm{W}$$

再求出2CU2D的最大输出光电流 I_{m}

$$I_{\mathrm{m}}=S_{\mathrm{i}}\Phi_{\mathrm{m}}=13\mu\mathrm{A}$$

设最大输出电压信号时的偏置电阻为 R_{B}，则

$$R_{\mathrm{B}}/\!/R_{\mathrm{L}}=\frac{U_{\mathrm{bb}}}{I_{\mathrm{m}}}=1.15\mathrm{M}\Omega$$

于是可以求出偏置电阻为 R_{B} 值

$$R_{\mathrm{B}}=2.7\mathrm{M}\Omega$$

此时，最大输出的电压时的最高截止频率 f_{b} 为

$$f_{\mathrm{b}}=\frac{1}{\tau}=\frac{R_{\mathrm{L}}+R_{\mathrm{B}}}{R_{\mathrm{L}}R_{\mathrm{B}}\ (C_{\mathrm{j}}+C_{\mathrm{i}})}\approx 87\mathrm{kHz}$$

3. 反向偏置电路的设计与计算

反向偏置电路的设计与计算常采用图解的方法，下面通过实际例题讨论它的设计与计算。

例 4-2 已知某光电晶体管的伏安特性曲线如图4-42所示。当入射光通量为正弦调制量 $\Phi_{\mathrm{v},\lambda}=55\mathrm{lm}+40\sin\omega t\mathrm{lm}$ 时，今要得到5V的输出电压，试设计该光电晶体管的变换电路，并画出输入输出的波形图，分析输入与输出信号间的相位关系。

解 首先根据题目的要求，找到入射光通量的最大值与最小值

$$\Phi_{\max}=(55+40)\,\mathrm{lm}=95\mathrm{lm}$$

$$\Phi_{\min}=(55-40)\,\mathrm{lm}=15\mathrm{lm}$$

在特性曲线中画出光通量的变化波形，补充必要的特性曲线。

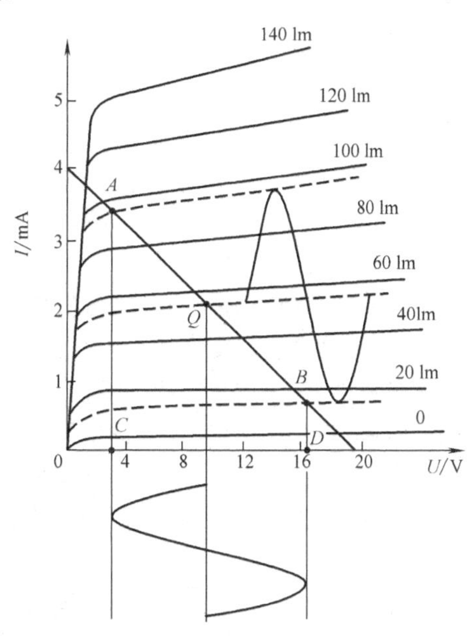

图 4-42 某光电晶体管的伏安特性曲线

再根据题目对输出信号电压的要求，确定光电晶体管集电极电压的变化范围，本题要求输出5V，指的是有效值，集电极电压变化范围应为双

峰值，即

$$U_{ce}=2\sqrt{2}U\approx 14\text{V}$$

在 Φ_{max} 特性曲线上找到靠近饱和区与线性区域的临界点 A，过 A 点作垂线交于横轴的 C 点；在横轴上找到满足题目对输出信号幅度要求的另一点 D，过 D 作垂线交 Φ_{min} 特性曲线与 B 点，过 A、B 点作直线，该直线即为负载线。负载线与横轴的交点为电源电压 U_{bb} 的最小值，负载线的斜率即为负载电阻 R_L。于是可得 $U_{bb}=20\text{V}$，$R_L=5\text{k}\Omega$。最后，画出输入光信号与输出电压的波形图。从图可以看出输出信号与入射光信号为反相关系。

4.3.2 零伏偏置电路

PN 结光伏器件在自偏置的情况下，若负载电阻为零，该偏置电路称为零伏偏置电路。由式（4-3）可知，光伏器件在零伏偏置下，输出的短路电流 I_{sc} 与入射辐通量（或辐照度）呈线性关系变化，因此，零伏偏置电路是理想的电流放大电路。

图 4-43 为采用高输入阻抗放大器构成的近似零伏偏置电路。图 4-43 中 I_{sc} 为短路光电流，R_i 为光伏器件的内阻，集成运算放大器的开环放大倍数 A_o 很高，使得放大器的等效输入电阻很低，光伏器件相当于被短路，即

$$R_i\approx\frac{R_f}{1+A_o} \tag{4-44}$$

一般集成运算放大器的开环放大倍数 A_o 高于 10^5，反馈电阻 $R_f\leqslant 100\text{k}\Omega$，则放大器的等效输入电阻 $R_i\leqslant 10\Omega$，因此，可认为图 4-43 所示的电路为零伏偏置电路，放大器的输出电压 U_o 与入射辐射量呈线性关系，即

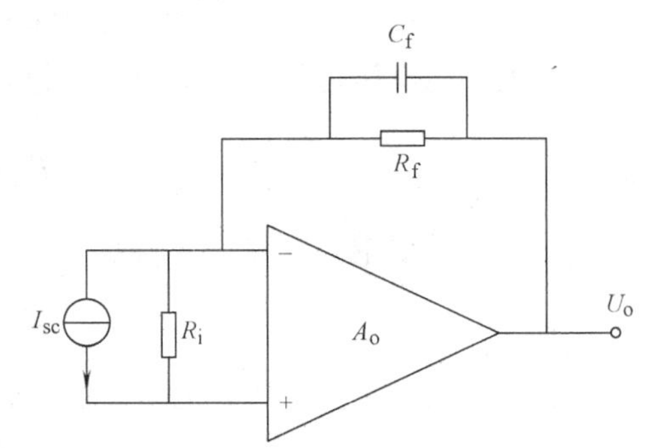

图 4-43 采用高输入阻抗放大器构成的近似零伏偏置电路

$$U_o=-I_{sc}R_f=-R_f\frac{\eta q\lambda}{hc}\Phi_{e,\lambda} \tag{4-45}$$

反馈电阻 R_f 很高，电路的放大倍率和灵敏度都很大。

除上述利用具有很高开环放大倍率的集成放大器构成的零伏偏置电路外，还可以利用变压器的阻抗变换功能构成的零伏偏置电路，将光伏器件接到变压器的低阻抗端（绕组匝数少），光的波动产生的交变信号被变压器放大并输出；另外，还可以利用电桥的平衡原理设置直流或缓变信号的零伏偏置电路。但是，这些零伏偏置电路都属于近似的零伏偏置电路，它们都具有一定大小的等效偏置电阻，当信号电流较强或辐强度较高时将使其偏离零伏偏置。故零伏偏置电路只适合对微弱辐射信号的检测，不适合较强辐射的探测领域。若要获得大范围的线性光电信息变换，应该尽量采用光伏器件的反向偏置电路。

思考题与习题 4

1. 试比较硅整流二极管与硅光电二极管的伏安特性曲线，说明它们的差异。
2. 写出硅光电二极管的全电流方程，说明各项的物理意义。

3. 比较2CU型硅光电二极管和2DU型硅光电二极管的结构特点，说明引入环极的意义。

4. 影响光伏器件频率响应特性的主要因素有哪些？为什么PN结型硅光电二极管的最高工作频率小于等于10^7Hz？怎样提高硅光电二极管的频率响应？

5. 为什么硅光电池的开路电压在照度增大到一定程度后，不再随入射照度的增大而增大？硅光电池的最大开路电压为多少？为什么硅光电池的有载输出电压总小于相同照度下的开路电压？

6. 硅光电池的内阻与哪些因素有关？在什么条件下硅光电池的输出功率最大？

7. 光伏器件有几种偏置电路？各有什么特点？

8. 已知2CR21型硅光电池（光敏面积为5mm×5mm）在室温300K时，在辐照度为100mW/cm^{2}时的开路电压$U_{oc}=550$mV，短路电流$I_{sc}=6$mA，试求：

（1）室温情况下，辐照度降低到50mW/cm^{2}时的开路电压U_{oc}与短路电流I_{sc}为多少？

（2）当将该硅光电池安装在如图4-44所示的偏置电路中时，若测得输出电压$U_o=1$V，问此时光敏面上的辐照度为多少？

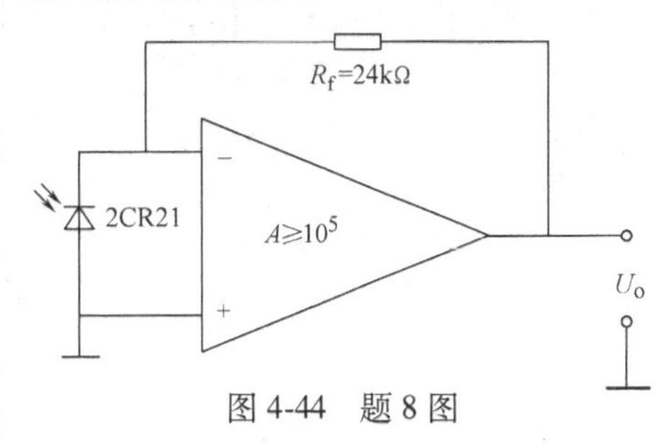

图4-44　题8图

9. 已知2CR44型硅光电池的光敏面积为10mm×10mm，在室温300K时，在辐照度为100mW/cm^{2}时的开路电压$U_{oc}=550$mV，短路电流$I_{sc}=28$mA。试求辐照度为200mW/cm^{2}时的开路电压U_{oc}、短路电流I_{sc}、获得最大功率的最佳负载电阻R_L、最大输出功率P_m和转换效率η。

10. 已知光电晶体管变换电路及其伏安特性曲线如图4-45所示，若光敏面上的照度变化为$e=120\text{lx}+80\sin\omega t\text{lx}$，为使光电晶体管的集电极输出电压不小于4V的正弦信号，求所需要的负载电阻R_L、电源电压E_C及该电路的电流、电压灵敏度，并画出晶体管输出电压的波形图。

11. 利用2CU2型光电二极管和3DG40型晶体管构成如图4-46所示的探测电路中，已知光电二极管的电流灵敏度$S_i=0.4\mu\text{A}/\mu\text{W}$，其暗电流$I_d=0.2\mu$A，3DG40型晶体管的电流放大倍率$\beta=50$，最高入射辐通量为400μW时的拐点电压$U_Z=1.0$V。求使输出信号$U_o$在最高入射辐通量时达到最大值的电阻$R_e$值与输出信号$U_o$的幅值。入射辐通量变化50μW时的输出电压变化量为多少？

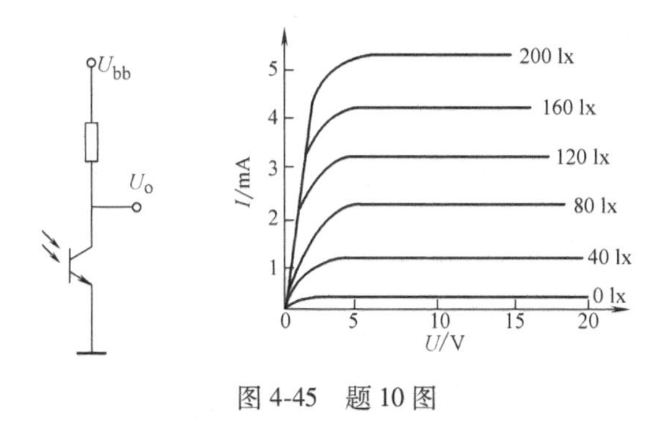

图4-45　题10图

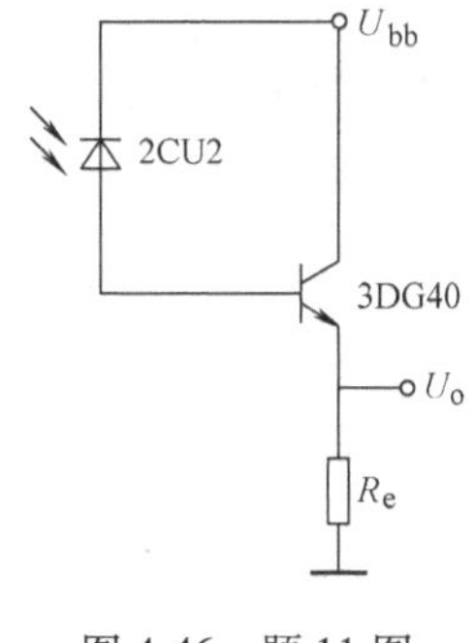

图4-46　题11图

12. 试说明楔环探测器、四象限光伏探测器件、线阵列光伏探测器件的功能及其应用。

13. 画图说明用四象限光伏探测器件检测光点的二维偏移量的测量方法。

14. 试分析非晶硅集成全色色敏器件与双色硅色敏器件在结构与测色原理上的差异。

15. 什么是PSD？PSD有几种基本类型？试设计用一维PSD探测光点在被测体上的位置。

16. 为什么越远离PSD几何中心位置的光点位置检测的误差越大？

第 5 章　光电发射器件

光电发射器件是基于外光电效应的器件，它包括真空光电二极管、光电倍增管、变像管、像增强器和真空电子束摄像管等器件。20 世纪以来，由于半导体光电器件的发展和性能的提高，真空光电发射器件的许多应用领域已被性能价格比更高的半导体光电器件所占领。但是，由于真空光电发射器件具有灵敏度极高、响应快等特点，它在微弱辐射的探测和快速弱辐射脉冲信息的捕捉等方面仍具有相当大的应用领域。例如，在天文观测快速运动的星体或飞行物、材料工程、生物医学工程和地质地理分析等领域中仍得到广泛的应用。

5.1　光电发射阴极

光电发射阴极是光电发射器件的重要部件，它是吸收光子能量发射光电子的部件。它的性能直接影响着整个光电发射器件的性能，为此，首先讨论用于制造光电阴极的典型光电发射材料。

5.1.1　光电发射阴极的主要参数

光电发射阴极的主要特性参数为灵敏度、量子效率、光谱响应和暗电流等。

1. 灵敏度

光电发射阴极的灵敏度应包括光谱灵敏度与积分灵敏度两种。

（1）光谱灵敏度　在单色（单一波长）辐射作用于光电阴极时，光电阴极输出电流 I_k 与单色辐通量 $\Phi_{e,\lambda}$ 之比为光电阴极的光谱灵敏度 $S_{e,\lambda}$，即

$$S_{e,\lambda}=I_k/\Phi_{e,\lambda}$$

其单位为 μA/W 或 A/W。

（2）积分灵敏度　定义在某波长范围内的积分辐射作用于光电阴极时，光电阴极输出电流 I_k 与入射辐通量 Φ_e 之比为光电阴极的积分灵敏度 S_e，即

$$S_e=\frac{I_k}{\int_0^\infty \Phi_{e,\lambda}\mathrm{d}\lambda}$$

其单位为 mA/W 或 A/W。

在可见光波长范围内的白光作用于光电阴极时，光电阴极输出电流 I_k 与入射光通量 Φ_v 之比为光电阴极的白光灵敏度 S_v，即

$$S_v=\frac{I_k}{\int_{880}^{780} \Phi_{v,\lambda}\mathrm{d}\lambda}$$

其单位为 mA/lm。

2. 量子效率

定义在单色辐射作用于光电阴极时，光电阴极单位时间发射出去的光电子数 $N_{e,\lambda}$，与入

射的光子数 $N_{p,\lambda}$ 之比为光电阴极的量子效率 η_λ（或称量子产额），即

$$\eta_\lambda=\frac{N_{e,\lambda}}{N_{p,\lambda}}$$

显然，量子效率和光谱灵敏度是一个物理量的两种表示方法。它们之间存在着一定的关系

$$\eta_\lambda=\frac{I_k/q}{\Phi_{e,\lambda}/h\nu}=\frac{S_{e,\lambda}hc}{\lambda q}=\frac{1240S_{e,\lambda}}{\lambda} \tag{5-1}$$

式中，波长 λ 的单位为 nm。

3. 光谱响应

光电阴极的光谱响应特性用光谱响应特性曲线描述。光电阴极的光谱灵敏度或量子效率与入射辐射波长的关系曲线称为光谱响应。

4. 暗电流

光电阴极中少数处于较高能级的电子，在室温下获得了热能产生热电子发射，形成暗电流。光电阴极的暗电流与材料的光电发射阈值有关。一般光电阴极的暗电流极低，其强度相当于 $10^{-18}\sim10^{-16}\mathrm{A/cm^2}$ 的电流密度。

5.1.2 光电阴极材料

目前，光电阴极按光电发射材料种类区分基本上有4类：单碱与多碱锑化物光电阴极、银氧铯和铋银氧铯光电阴极、紫外光电阴极、Ⅲ-Ⅴ族元素的光电阴极。图5-1为几种光电阴极材料的光谱响应曲线，纵坐标的数值是以10为底的对数，否则容纳不了那么大的范围。

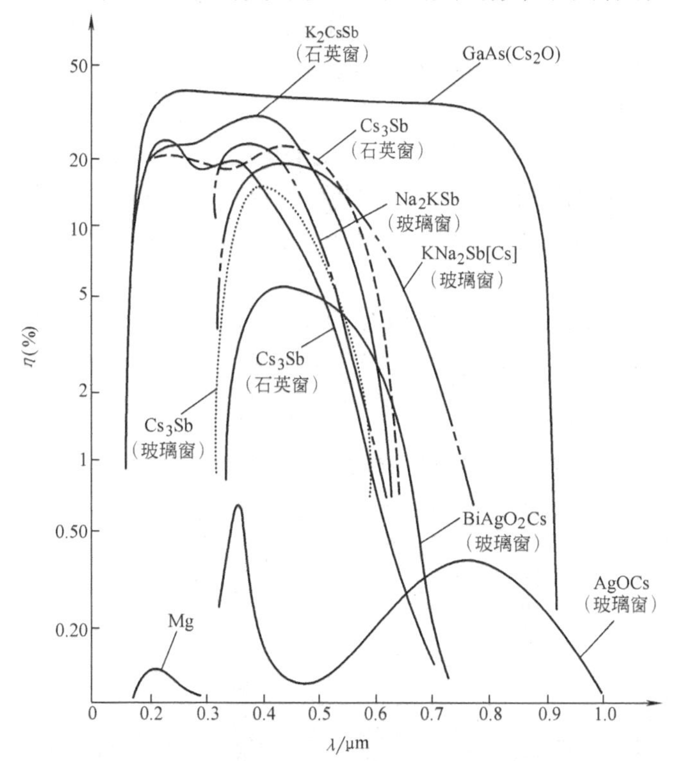

图5-1 几种光电阴极材料的光谱响应曲线

1. 单碱与多碱锑化物光电阴极

锑铯（Cs_3Sb）光电阴极是最常用的、量子效率很高的光电阴极。它的制作方法非常简单，先在玻璃管的内壁上蒸镀一层厚约零点几纳米的锑膜，然后在一定温度（130℃、170℃）下通入铯蒸气，反应生成 Cs_3Sb 化合物膜。如果再通入微量氧气，形成 Cs_3Sb（O）光电阴极，可进一步提高灵敏度和长波响应。

锑铯光电阴极的禁带宽度约为 1.6eV，电子亲和势为 0.45eV，光电发射阈值 E_{th} 约为 2eV，表面氧化后阈值 E_{th} 略减小，阈值波长将向长波延伸，长波限约为 650nm，对红外不灵敏。锑铯光电阴极的峰值量子效率较高，一般高达 20%～30%，比银氧铯光电阴极高 30 多倍。

两种或三种碱金属与锑化合形成多碱锑化物光电阴极。其量子效率峰值可高达 30%，且暗电流低、光谱响应范围宽，在传统光电阴极中性能最佳。

Na_2KSb 光电阴极的光谱响应峰值波长在蓝光区，使用温度可高达 150℃ 左右。K_2CsSb 光电阴极材料的光谱响应峰值在 385nm 处，暗电流特别低。含有微量铯的 Na_2KSb(Cs)光电阴极的电子亲和势由 1.0eV 左右降到 0.55eV 左右，对红光敏感的光电阴极甚至降到 0.25～0.30eV。所以，它不仅有较高的蓝光响应，而且光谱响应延伸至近红外区。含铯的光电阴极材料通常使用温度应不超过 60℃，否则铯会被蒸发，光谱灵敏度显著降低，甚至被破坏而无光谱灵敏度。

2. 银氧铯与铋银氧铯光电阴极

银氧铯（Ag-O-Cs）光电阴极是最早使用的高效光电阴极。它的特点是对近红外辐射灵敏。制作过程是先在真空玻璃壳壁上涂上一层银膜再通入氧气，通过辉光放电使银表面氧化，对于半透明银膜，由于基层电阻太高，不能用放电方法而用射频加热法形成氧化银膜，再引入铯蒸气进行敏化处理，形成 Ag-O-Cs 薄膜。

从图 5-1 中可以看出，银氧铯光电阴极的相对光谱响应曲线有两个峰值，一个在 350nm 处，一个在 800nm 处。光谱范围在 300～1200nm 之间。量子效率不高，峰值处为 0.5%～1%。

银氧铯光电阴极使用温度可达 100℃，但暗电流较大，且随温度变化较快。

铋银氧铯光电阴极可用各种方法制成。在各种制法中，4 种元素结合的次序可以有各种不同方式，如 Bi-Ag-O-Cs、Bi-O-Ag-Cs、Ag-Bi-O-Cs 等。

Bi-Ag-O-Cs 光电阴极的量子效率大致为 Cs_3Sb 光电阴极的一半，其优点是光谱响应与人眼相匹配。暗电流比 Cs_3Sb 光电阴极大，但比 Ag-O-Cs 光电阴极小。

表 5-1 列出几种常用光电阴极材料的特性参数，供选用时参考。

表 5-1 几种常用光电阴极材料的特性参数

光电阴极材料	光谱响应范围/nm	峰值波长/nm	峰值波长量子效率（%）	灵敏度典型值/(μA/lm)	灵敏度最大值/(μA/lm)	20℃时的典型暗电流/(A/cm²)
Ag-O-Cs	400～1200	800	0.4	20	50	10^{-12}
Cs_3Sb	300～650	420	14	50	110	10^{-16}
Bi-Ag-O-Cs	400～780	450	5	35	100	10^{-14}
Na_2KSb	300～650	360	21	50	110	10^{-18}
K_2CsSb	300～650	385	30	75	140	10^{-17}
Na_2KSb(Cs)	300～850	390	22	200	705	10^{-16}

5.2 真空光电管与光电倍增管的工作原理

5.2.1 真空光电管的原理

真空光电管主要由光电阴极和光电阳极两部分组成，因管内常被抽成真空而称为真空光电管。然而，有时为了使某种性能提高，在管壳内也充入某些低气压稀有气体形成充气型的光电管。无论真空型还是充气型均属于光电发射型器件，称为真空光电管或简称为光电管。其工作原理电路如图5-2所示，在光电阴极和阳极之间加有一定的电压，且阳极为正极，光电阴极为负极。

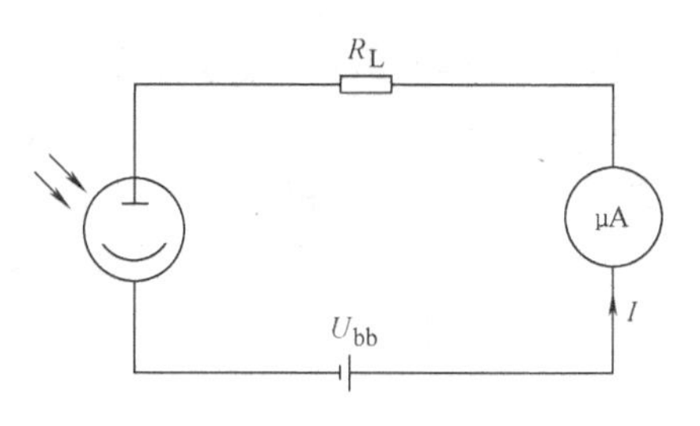

图5-2 真空光电管原理电路

（1）真空光电管的工作原理 当入射光透过真空光电管的入射窗照射到光电阴极面上时，光电子就从光电阴极发射出去，在光电阴极和阳极之间形成的电场作用下，光电子在极间做加速运动，被高电位的阳极收集，其光电流的大小主要由光电阴极灵敏度和入射辐射的辐强度决定。

（2）充气型光电管的工作原理 光照产生的光电子在电场的作用下向阳极运动，由于途中与稀有气体原子碰撞而使其发生电离，电离过程产生的新电子与光电子一起都被阳极接收，正离子向反方向运动被光电阴极接收，因此在光电阴极电路内形成数倍于真空光电管的光电流。

由于半导体光电器件的发展，真空光电管已基本上被半导体光电器件所替代，因此，这里不再对光电管做进一步的介绍。

5.2.2 光电倍增管的原理

1. 光电倍增管的基本原理

光电倍增管（Photo-Multiple Tube，PMT）是一种真空光电发射器件，它主要由入射窗、光电阴极、电子光学系统、倍增极和阳极等部分组成。

图5-3为光电倍增管工作原理示意图。从图中可以看出，当光子入射到光电阴极面K上时，只要光子的能量高于光电发射阈值，光电阴极将产生电子发射。发射到真空中的电子在电场和电子光学系统的作用下经电子限束器电极F（相当于孔径光阑）汇聚并加速运动到第一倍增极D_1上，第一倍增极在高动能电子的作用下，将发射比入射电子数目更多的二次电子

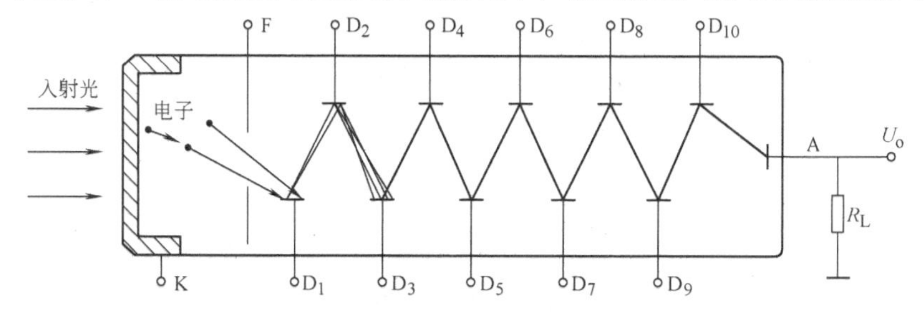

图5-3 光电倍增管工作原理示意图

（即倍增发射电子）。第一倍增极发射出的电子在第一与第二倍增极之间电场的作用下高速运动到第二倍增极。同样，在第二倍增极上产生电子倍增，接下来，在第三、第四、…、第N级倍增极产生电子倍增后，电子数目被放大N次。最后，数目被放大N次的电子被阳极收集，形成阳极电流I_a，I_a将在负载电阻R_L上产生电压降，形成输出电压U_o。

2. 光电倍增管的结构

（1）入射窗结构　光电倍增管通常有端窗式和侧窗式两种形式，端窗式光电倍增管的结构如图5-4a、b、c所示，光通过管壳的端面入射到端面内侧光电阴极面上；侧窗式光电倍增管的结构如图5-4d所示，光通过玻璃管壳的侧面入射到安装在管壳内的光电阴极面上。端窗式光电倍增管通常采用半透明材料的光电阴极，光电阴极材料沉积在入射窗的内侧面。一般半透明光电阴极的灵敏度均匀性比反射式光电阴极好，而且光电阴极面可以做成从几十

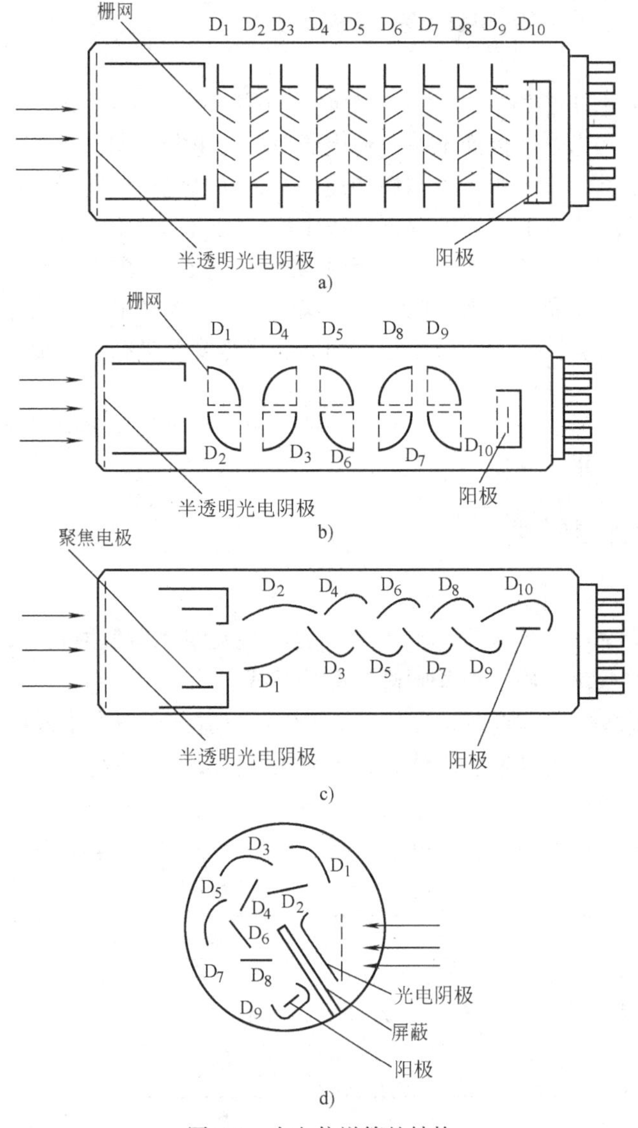

图5-4　光电倍增管的结构

a）百叶窗倍增极结构　b）盒栅倍增极结构　c）瓦片静电聚焦结构　d）笼型结构

平方毫米到几百平方厘米大小各异的光敏面。为使光电阴极面各处的灵敏度均匀，受光均匀，光电阴极面常做成半球状。另外，球面形状光电阴极面发射出的电子经电子光学系统汇聚到第一倍增极的时间散差最小。因此，光电子能有效地被第一倍增极收集。侧窗式光电倍增管的光电阴极为独立的，且为反射型的，光子入射到光电阴极面上产生的光电子在聚焦电场的作用下汇聚到第一倍增极，因此，它的收集效率也是接近于1的。

另外，窗口玻璃的不同，将直接影响光电倍增管光谱响应的短波限。从图5-1中可以看出，同样光电阴极材料 Cs_3Sb 的光电倍增管，石英玻璃窗口的光谱响应要比普通光学玻璃窗口的光谱响应范围宽，尤其对紫外波段的光谱响应影响更大。

（2）倍增极结构

倍增极用于将以一定动能入射来的电子（或称光电子）增大为原来的 δ 倍，即倍增极将入射电子数为 N_1 的电子以电子数为 N_2 的二次电子发射出去，其中，$N_2=\delta N_1$，显然 $\delta>1$，称 δ 为倍增极材料的发射系数。

倍增极发射二次电子的过程与光电发射的过程相似，不同的是二次发射电子的过程由高能电子的激发材料产生电子发射，而不是光子激发所致。因此，一般光电发射性能好的材料也具有二次电子发射功能。常用的倍增极材料有以下几种。

1）锑化铯（CsSb）材料具有很好的二次电子发射功能，它可以在较低的电压下产生较高的发射系数，电压高于400V时的 δ 值可高达10。但是，当电流较大时，它的增益将趋于不稳定。

2）氧化的银镁合金（AgMgO［Cs］）材料也具有二次电子发射功能，它与锑化铯相比二次电子发射能力稍差些，但是，它可以工作在较强电流和较高的温度（150℃）。它在400V电压时，发射系数 δ 最大为6左右。

3）铜-铍合金（铍的含量为2%）材料也具有二次电子发射功能，不过它的发射系数 δ 比银镁合金更低些。

4）新发展起来的负电子亲和势材料 GaP[Cs]，具有更高的二次电子发射功能，在电压为1000V时，发射系数可大于50或高达200。

光电倍增管按倍增极结构可分为聚焦型与非聚焦型两种。非聚焦型光电倍增管有百叶窗倍增极结构（见图5-4a）和盒栅倍增极结构（见图5-4b）两种结构；聚焦型有瓦片静电聚焦结构（见图5-4c）和笼型结构（见图5-4d）两种结构。

5.3　光电倍增管的基本特性

5.3.1　灵敏度

灵敏度是衡量光电倍增管质量的重要参数，它反映光电阴极材料对入射光的敏感程度和倍增极的倍增特性。光电倍增管的灵敏度通常分为光电阴极灵敏度与阳极灵敏度。

（1）光电阴极灵敏度　定义光电倍增管光电阴极电流 I_k 与入射光谱辐通量 $\Phi_{e,\lambda}$ 之比为光电阴极的光谱灵敏度（简称阴极灵敏度），即

$$S_{k,\lambda}=\frac{I_k}{\Phi_{e,\lambda}} \tag{5-2}$$

其单位为 μA/W。

若入射辐射为白光，则定义为光电阴极积分灵敏度，即光电阴极电流 I_k 与所有入射辐射波长的光谱辐通量积分之比，记为 S_k，即

$$S_k = \frac{I_k}{\int_0^{\infty} \Phi_{e,\lambda} d\lambda} \tag{5-3}$$

其单位为 μA/W，当用光度单位描述光度量时，单位为 μA/lm。

（2）阳极灵敏度 定义光电倍增管阳极输出电流 I_a 与入射光谱辐通量 $\Phi_{e,\lambda}$ 之比为阳极的光谱灵敏度（简称阳极灵敏度），并记为 $S_{a,\lambda}$，即

$$S_{a,\lambda} = \frac{I_a}{\Phi_{e,\lambda}} \tag{5-4}$$

其单位为 A/W。

若入射辐射为白光，则定义为阳极积分灵敏度，有

$$S_a = \frac{I_a}{\int_0^{\infty} \Phi_{e,\lambda} d\lambda} \tag{5-5}$$

其单位为 A/W，当用光度单位描述光度量时，单位为 A/lm。

5.3.2 电流放大倍数

电流放大倍数（增益）表征了光电倍增管的内增益特性，它不但与倍增极材料的二次电子发射系数 δ 有关，而且与光电倍增管的级数 N 有关。理想光电倍增管的增益 G 与电子发射系数 δ 的关系为

$$G=\delta^N \tag{5-6}$$

考虑到光电阴极发射出的电子被第一倍增极所收集，其收集系数为 η_1，且每个倍增极都存在收集系数 η_i，因此，增益 G 应修正为

$$G=\eta_1(\eta_i\delta)^N \tag{5-7}$$

对于非聚焦型光电倍增管的 η_1 近似为 90%，η_i 要高于 η_1，但小于 1；对于聚焦型的，尤其是在光电阴极与第一倍增极之间具有电子限束电极 F 的倍增管，其 $\eta_i \approx \eta_1 \approx 1$，可以用式（5-6）计算增益 G。

倍增极的二次电子发射系数 δ 可用经验公式计算。

对于锑化铯（Cs_3Sb）倍增极材料有经验公式

$$\delta=0.2U_{DD}^{0.7} \tag{5-8}$$

对于氧化的银镁合金（AgMgO[Cs]）材料有经验公式

$$\delta=0.025U_{DD} \tag{5-9}$$

式中，U_{DD} 为倍增极的极间电压。

显然，光电倍增管上述两种倍增极材料的电流增益 G 与极间电压 U_{DD} 的关系式可由式（5-6）、式（5-7）和式（5-8）得到。

对于锑化铯倍增极材料有

$$G=(0.2)^N U_{DD}^{0.7N} \tag{5-10}$$

对银镁合金材料有

$$G=(0.025)^N U_{DD}^N \tag{5-11}$$

当然，光电倍增管在电源电压确定后，电流放大倍数可以从定义出发，通过测量阳极电流 I_a 与光电阴极电流 I_k 确定，即

$$G=\frac{I_a}{I_k}=\frac{S_a}{S_k} \tag{5-12}$$

式（5-12）给出了增益与灵敏度之间的关系。

光电倍增管的量子效率、光谱响应两个参数主要取决于光电阴极材料，这里不再讨论。

5.3.3　暗电流

光电倍增管在无辐射作用下的阳极输出电流称为暗电流，记为 I_d。光电倍增管的暗电流值在正常应用的情况下是很小的，一般为 $10^{-16}\sim10^{-10}$A，是所有光电探测器件中暗电流最低的器件。但是，影响光电倍增管暗电流的因素很多，注意不到会造成暗电流的增大，甚至使光电倍增管无法正常工作，因此要特别注意。

影响光电倍增管暗电流的主要因素有：

（1）欧姆漏电　欧姆漏电主要指光电倍增管的电极之间玻璃漏电、管座漏电和灰尘漏电等。欧姆漏电通常比较稳定，对噪声的贡献小。在低电压工作时，欧姆漏电成为暗电流的主要部分。

（2）热发射　由于光电阴极材料的光电发射阈值较低，容易产生热电子发射（简称热发射），即使在室温下也会有一定的热电子发射，并被电子倍增系统倍增。这种热发射暗电流将对低频率弱辐射光信息的探测影响严重。光电倍增管正常工作状态下它是暗电流的主要成分。根据 W. Richardson 的研究，热发射暗电流与温度 T 和光电发射阈值的关系为

$$I_{dt}=AT^{5/4}e^{-\frac{qE_{th}}{kT}} \tag{5-13}$$

式中，A 为常数。

可见，对光电倍增管进行制冷降温是减小热发射暗电流的有效方法。例如，将锑铯光电阴极的倍增管从室温降低到0℃，它的暗电流将下降90%。

（3）残余气体放电　光电倍增管中高速运动的电子会使管中的残余气体电离，产生正离子和光子，它们也将被倍增，形成暗电流。这种效应在工作电压高时特别严重，使倍增管工作不稳定。尤其用作光子探测器时，可能引起“乱真”脉冲的效应。降低工作电压可减小残余气体放电产生的暗电流。

（4）场致发射　光电倍增管的工作电压高时还会引起管内电极尖端或棱角的场强太高产生的场致发射暗电流。显然降低工作电压，场致发射暗电流也将下降。

（5）玻璃壳放电和玻璃荧光　当光电倍增管负高压使用时，金属屏蔽层与玻璃壳之间的电场很强，尤其是金属屏蔽层与处于负高压的光电阴极电场最强。在强电场下玻璃壳可能产生放电现象或出现玻璃荧光，放电和荧光都要引起暗电流，而且还将严重破坏信号。因此，在光电阴极为负高压应用时屏蔽壳与玻璃管壁之间的距离至少为10mm。

分析上述暗电流产生的原因可以看出，随着极间电压的升高暗电流将增大，极间电压高至100V，热电子发射急剧增大；电压再继续升高就将发生气体放电、场致发射以致玻璃放

电或玻璃荧光等，使暗电流急剧增加；图 5-5 为 PMT 的阳极电流（包括阳极暗电流与信号电流）与光电倍增管的供电电源电压的关系曲线。由图 5-5 可见，电源电压较低时，暗电流较低（图中 a 段），随着电压的升高暗电流也随之增大，当电压升高到一定程度时，暗电流随电压增高的斜率增大，以致直线增长（图中 b 段），电压再升高，有可能进入图中 c 段，此时电压再升高，暗电流随电压增高的斜率更高，可能使倍增管产生自持放电而损坏倍增管。当然，电源电压的增高使倍增管的增益增高，信号电流也随之增大，对弱信号的检测非常有利。但是，不能过分地追求高增益而使光电倍增管的极间电压或电源电压过高。否则将损坏光电倍增管。

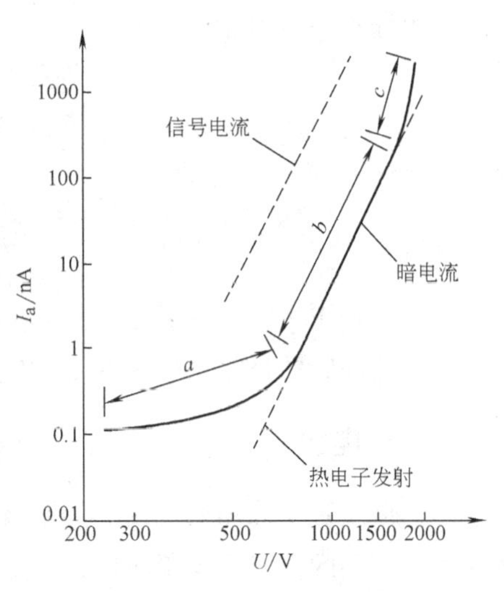

图 5-5 PMT 的阳极电流与电源电压的关系曲线

5.3.4 噪声

光电倍增管的噪声主要由散粒噪声和负载电阻的热噪声组成。负载电阻的热噪声 I_{na}^2 为

$$I_{na}^2 = \frac{4kT\Delta f}{R_a} \tag{5-14}$$

散粒噪声 I_{sh}^2 主要由光电阴极暗电流 I_d、背景辐射电流 I_b 以及信号电流 I_s 的散粒效应所引起的。光电阴极散粒噪声电流 I_{nk}^2 为

$$I_{nk}^2 = 2qI_k\Delta f = 2q\Delta f(I_{sk}+I_{bk}+I_{dk}) \tag{5-15}$$

这个散粒噪声电流将被逐级放大，并在每一级都产生自身的散粒噪声。如第一级输出的散粒噪声电流为

$$I_{nD1}^2 = (I_{nk}\delta_1)^2 + 2qI_k\delta_1\Delta f = I_{nk}^2\delta_1(1+\delta_1) \tag{5-16}$$

第二级输出的散粒噪声电流为

$$I_{nD2}^2 = (I_{nD1}\delta_2)^2 + 2qI_k\delta_1\delta_2\Delta f = I_{nk}^2\delta_1\delta_2(1+\delta_2+\delta_1\delta_2) \tag{5-17}$$

可以推得第 n 级倍增极输出的散粒噪声电流 I_{nDn}^2 为

$$I_{nDn}^2 = I_{nk}^2\delta_1\delta_2\delta_3\cdots\delta_n(1+\delta_n+\delta_n\delta_{n-1}+\cdots+\delta_n\delta_{n-1}\cdots\delta_1) \tag{5-18}$$

为简化问题，设各倍增极的发射系数都等于 δ（各倍增极的电压相等时发射系数相差很小）时，则倍增管末级倍增极输出的散粒噪声电流为

$$I_{nDn}^2 = 2qI_kG^2\frac{\delta}{\delta-1}\Delta f \tag{5-19}$$

δ 通常在 3~6 之间，$\frac{\delta}{\delta-1}$接近于 1，并且，δ 越大，$\frac{\delta}{\delta-1}$越接近于 1。光电倍增管输出的散粒噪声电流简化为

$$I_{nDn}^2 = 2qI_kG^2\Delta f \tag{5-20}$$

总噪声电流为

$$I_n^2 = \frac{4kT\Delta f}{R_a} + 2qI_kG^2\Delta f \tag{5-21}$$

在设计光电倍增管电路时，总是力图使负载电阻的热噪声远小于散粒噪声，使下式成立：

$$\frac{4kT\Delta f}{R_a} \ll 2qI_k G^2 \Delta f \tag{5-22}$$

设光电倍增管的增益 $G=10^4$，光电阴极暗电流 $I_{dk}=10^{-14}$A，在室温（300K）情况下，只要阳极负载电阻 R_a 满足

$$R_a \geqslant \frac{4kT}{2qI_k G^2} = 52\text{k}\Omega \tag{5-23}$$

电阻的热噪声就远远小于光电倍增管的散粒噪声，在计算电路的噪声时，只考虑散粒噪声。实际应用中，光电倍增管的光电阳极电流常为微安数量级，为使阳极得到适当的输出电压，阳极电阻总要大于52kΩ，式（5-23）很容易满足。

当然，提高光电倍增管的增益（增高电源电压）G，降低光电阴极暗电流 I_{dk} 都会减少对阳极电阻 R_a 的要求，提高光电倍增管的时间响应。

表5-2为几种典型光电倍增管的基本特性参数。

表5-2 几种典型光电倍增管的基本特性参数

型号	光电阴极材料	级数	外径/mm	光敏面直径/mm	长度/mm	光谱范围/nm	峰值波长/nm	典型工作电压/V	阳极灵敏度/(A/lm)	上升时间/ns
GDB14P	CsSb	9	14	10	63	300~680	440	800	1	
GDB23T	K_2CsSb	11	28	23	128	300~650	420	900	200	
GDB44D	K_2CsSb	10	51	44	124	300~650	420	1050	50	
GDB52D	K_2CsSb	13	51	44	140	300~650	420	1400	2000	2
GDB53L	K_2CsSb	13	51	10	140	300~650	420	1200	2000	2.5
GDB54Z	$Na_2KSb(Cs)$	11	51	44	154	200~850	420	1200	200	2
GDB76D	K_2CsSb	11	80	75	171	300~650	420	1250	200	2.5

5.3.5 伏安特性

（1）光电阴极伏安特性　当入射到光电倍增管光电阴极面上的光通量一定时，光电阴极电流 I_k 与光电阴极和第一倍增极之间电压（简称光电阴极电压 U_k）的关系曲线称为光电阴极伏安特性曲线。图5-6为不同光通量下测得的光电阴极伏安特性曲线。从图5-6中可见，当光电阴极电压较小时光电阴极电流 I_k 随 U_k 的增大而增加，直到 U_k 大于一定值（几十伏）后，光电阴极电流 I_k 才趋向饱和，且与入射光通量 Φ 呈线性关系。

（2）阳极伏安特性　当入射到光电倍增管阳极面上的光通量一定时，阳极电流 I_a 与阳极和末级倍增极之间电压（简称阳极电压 U_a）的关系曲线称为阳极伏安特性曲线。图5-7为三组不同强度的光通量的伏安特性。从阳极伏安特性曲线可以看出，阳极电压较小时（如小于40V），阳极电流随阳极电压的增大而加大，因为阳极电压较低，被增大的电子流不能完全被较低电压的阳极所收集。这一区域称为饱和区。当光电阴极电压增大到一定程度后，被增大的电子流已经能够完全被阳极所收集，阳极电流 I_a 与入射到光电阴极面上的光通量 Φ 呈线性关系

$$I_a = S_a \Phi_{e,\lambda} \tag{5-24}$$

而与阳极电压的变化无关。因此，可以把光电倍增管的输出特性等效为恒流源处理。

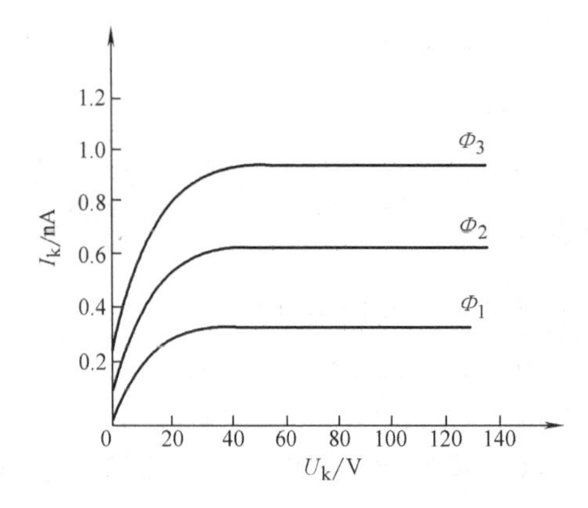

图 5-6 光电阴极伏安特性曲线

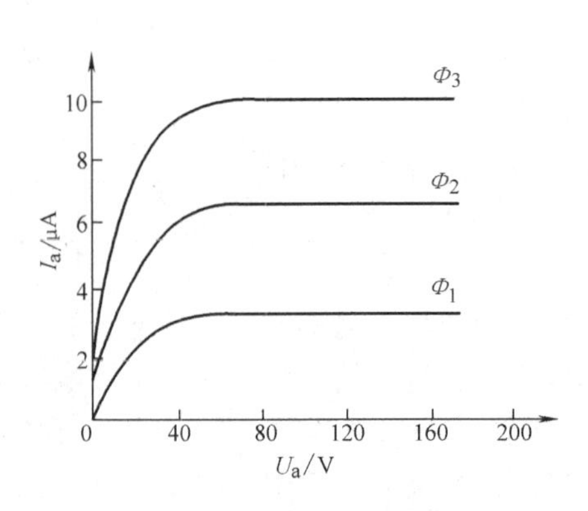

图 5-7 阳极伏安特性曲线

5.3.6 线性

光电倍增管的线性一般由它的阳极伏安特性表示，它是光电测量系统中的一个重要指标。线性不仅与光电倍增管的内部结构有关，还与供电电路及信号输出电路等因素有关。造成非线性的原因可分为两类：①内因，即空间电荷、光电阴极的电阻率、聚焦或收集效率等的变化；②外因，光电倍增管输出信号电流在负载电阻上的压降对末级倍增极电压产生负反馈和电压的再分配，都可能破坏输出信号的线性。

空间电荷主要发生在光电倍增管的阳极和最后几级倍增极之间。当阳极光电流大，尤其阳极电压太低或最后几级倍增极的极间电压不足时，容易出现空间电荷。有时，当光电阴极和第一倍增极之间的距离过大或电场太弱，在端窗式光电倍增管的第一级中也容易出现空间电荷。为防止空间电荷引起的非线性，应使这些极间的电压保持较高，而让管内的电流密度尽可能小一些。

光电阴极电阻也会引起非线性，特别是当大面积的端窗式光电倍增管的光电阴极只有一小部分被光照射时，非照射部分会像串联电阻那样起作用，在光电阴极表面引起电位差，于是降低了被照射区域和第一倍增极之间的电压，这一负反馈引起的非线性是被照射面积的大小和位置的函数。

光电倍增管中，不同的倍增极结构，其对入射电子的收集特性差别较大，因此对线性影响也有较大的差别。表 5-3 列出了各种倍增极结构的基本特性。

表 5-3 各种倍增极结构的基本特性

结构形式	上升时间/ns	最大线性（2%）输出电流/mA	收集效率（%）	均匀性	抗磁场能力/mT	特　点
百叶窗式	6~18	10~40	≤90	好	0.1	面积大、电流大
盒栅式	6~20	1~10	≥97			尺寸小、收集效率高
瓦片静电聚焦型	0.7~3.0	10~250	≥94	差		收集效率高、速度快
笼型	0.9~3.0	1~10	≥94			尺寸小、速度快、收集效率高

负载电阻和光电阴极电阻具有十分相似的效应。当光电流通过该电阻时，产生的压降使得阳极电压降低，易引起阳极的空间电荷效应。为防止负载电阻引起的非线性，可采用运算放大器作为电流电压转换器，使等效的负载电阻降低。

阳极或倍增极输出电流引起电阻链中电压的再分配，从而导致光电倍增管线性的变化。一般当光电流较大时，再分配电压使极间电压（尤其是接近阳极的各级）增加，阳极电压降低，结果使得光电倍增管的增益降低；当阳极光电流进一步增大时，使得阳极和最末级电压接近于零，结果尽管入射光继续增加，而阳极输出电流趋向饱和。因此，为降低该效应，常使电阻链中的电流至少大于阳极光电流最大值的10倍。

5.3.7 疲劳与衰老

光电阴极材料和倍增极材料中一般都含有铯金属。当电子束较强时，电子束的碰撞会使倍增极和光电阴极板温度升高，铯金属蒸发，影响光电阴极和倍增极的电子发射能力，使灵敏度下降，甚至使光电倍增管的灵敏度完全丧失。因此，必须限制入射的光通量使光电倍增管的输出电流不得超过极限值 I_{aM}。为防止意外情况发生，应对光电倍增管进行过电流保护，阳极电流一旦超过设定值便自动关断供电电源。

在较强辐射作用下光电倍增管灵敏度下降的现象称为疲劳，这是暂时的现象，待光电倍增管避光存放一段时间后灵敏度将会部分或全部恢复过来。当然，过度的疲劳也可能造成终身损坏。

光电倍增管在正常使用的情况下，随着工作时间的积累，灵敏度逐渐下降，且不能恢复的现象称为衰老。这是真空器件特有的正常现象。

表5-4列出部分国产光电倍增管的外形尺寸和主要特性参数。

表5-4　部分国产光电倍增管的外形尺寸和主要特性参数

型　号	直径/mm	长度/mm	级数	窗口材料	光电阴极材料	光谱响应/nm	峰值波长/nm	光电阴极灵敏度/(μA/lm)		阳极灵敏度/(A/lm)	
								白光	蓝光	电源电压1	电源电压2
GDB-106	14	68	9	透紫玻璃	SbKCs	200~700	400±50	30		30/800V	
GDB-126	30	84	9	透紫玻璃	SbKCs	200~700	400±20	20	4	1/750V	10/1100V
GDB-142	30	100	9	硼硅玻璃	SbKCs	300~700	400±30	30	4	1/750V	10/1100V
GDB-143	30	100	9	硼硅玻璃	SbNaKCs	300~850	400±20	20		1/800V	
GDB-147	30	100	9	透紫玻璃	SbNaKCs	200~850	400±20	50	红光：12.7	10/1100V	
GDB-151	30	97	9	石英玻璃	SbNaKCs	185~850	400±20	20	红光：3	1/800V	
GDB-152	30	97	9	石英玻璃	TeCs	200~300	235±15		20mA/w	1000/1000V	
GDB-153	30	72	10	硼硅玻璃	CaAs	200~910	340±20	150		20/1250V	
GDB-221	30	95	8	钠钙玻璃	SbKCs	300~700	420±20	50		1/800V	10/1200V
GDB-235	30	110	8	钠钙玻璃	SbCs	300~650	400±20	40	6	1/750V	10/1000V
GDB-239	30	120	11	钠钙玻璃	AgOCs	400~1200	800±100	10		1/500V	
GDB-333	51	200	14	钠钙玻璃	SbNaKCs	300~850	420±30	70	红光：15	50/1800V	500/2200V
GDB-404	30	119	9	硼硅玻璃	SbNaKCs	300~850	450±20	90	红光：0.5	1/850V	10/1250V
GDB-411	30	120	11	硼硅玻璃	AgOCs	400~1200	800±100	15	红外：9	10/1300V	

（续）

型号	直径/mm	长度/mm	级数	窗口材料	光电阴极材料	光谱响应/nm	峰值波长/nm	光电阴极灵敏度/(μA/lm)		阳极灵敏度/(A/lm)	
								白光	蓝光	电源电压1	电源电压2
GDB-413	30	120	11	硼硅玻璃	SbKCs	300~700	400±20	40	8	100/1250V	
GDB-415	30	120	11	硼硅玻璃	SbNaK	300~650	420±20	20	4	1/1500V	10/2000V
GDB-424	40	125	11	硼硅玻璃	SbNaK	300~650	420±20	25	5	1/1500V	10/1900V
GDB-526	51	128	11	硼硅玻璃	SbKCs	300~700	420±20	30	8	1/700V	10/950V
GDB-546	51	154	11	硼硅玻璃	SbNaKCs	300~850	420±20	70	红光：0.2	20/1300V	200/1800V
GDB-567	77	163	11	硼硅玻璃	SbKCs	300~700	420±20	30	8	10/1000V	
GDB-576	91	173	11	硼硅玻璃	SbCs	300~650	420±20	20		10/1200V	
1975A	28.5	66	9	石英玻璃	SbNaKCs	185~870	420±20	50	红光：0.25	100/1000V	

5.4 光电倍增管的供电电路

光电倍增管具有极高的灵敏度和快速响应等特点，使它在光谱探测和极微弱快速光信息的探测等方面成为首选的光电探测器。另外，微通道板光电倍增管与半导体光电器件的结合构成独具特色的光电探测器。例如，微通道板与 CCD 的结合将构成具有微光图像探测功能的图像传感器，并广泛应用于天文观测与航天工程。

正确使用光电倍增管的关键是设计好它的供电电路。光电倍增管的供电电路种类很多，可以根据应用的情况设计出各具特色的供电电路。本节介绍最常用的电阻分压型供电电路。

5.4.1 电阻分压型供电电路

图 5-8 为典型光电倍增管的电阻分压型供电电路。电路由 11 个电阻构成电阻分压器，分别向 10 级倍增极提供电压 U_{DD}（U_{DD}为相邻倍增极间的电压）。

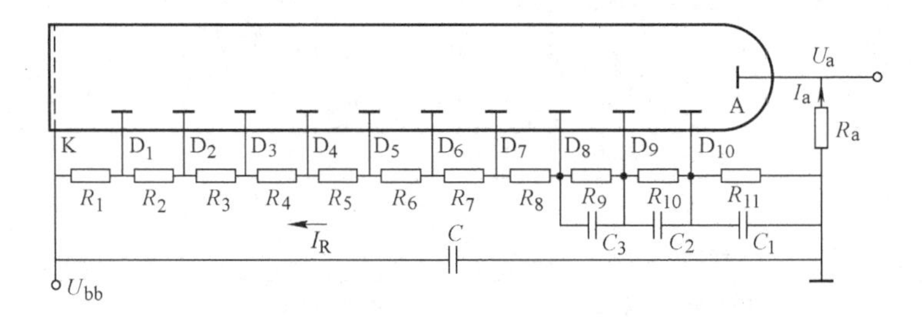

图 5-8 典型光电倍增管的电阻分压型供电电路

U_{DD}直接影响着二次电子发射系数 δ 或光电倍增管的增益 G。因此，根据增益 G 的要求可以设计极间供电电压 U_{DD}与电源电压 U_{bb}。考虑到光电倍增管各倍增极的电子倍增效应，各级的电子流按放大倍率分布，其中，阳极电流 I_a 最大。因此，电阻分压器中流过每级电阻的电流并不相等，但是，当流过分压电阻的电流 $I_R \gg I_a$ 时，流过各分压电阻 R_i 的电流近似相等。工程上常采用

$$I_R \geqslant 10I_a \tag{5-25}$$

当然，I_R 的选择要根据实际使用的情况，选择得太大将使分压电阻功率损耗加大，倍增管温度升高导致性能的降低，以致温升太高而无法工作。另外，I_R 过大也会使电源的功耗增大。

选定电流后，可以计算出电阻分压器的总阻值 R

$$R=\frac{U_{bb}}{I_R} \tag{5-26}$$

根据式（5-26），各分压电阻 R_i 便可计算出来，考虑到第一倍增极与阳极的距离较远，设计 U_{D1} 为其他倍增极的 1.5 倍，即

$$R_1 = 1.5R_i \tag{5-27}$$

$$R_i=\frac{U_{bb}}{(N+1.5)I_R} \tag{5-28}$$

5.4.2 末级的并联电容

当入射辐射信号为高速的迅变信号或脉冲时，末 3 级倍增极电流变化会引起 U_{DD} 的较大变化，引起光电倍增管增益的起伏，将影响信息变换。为此，在末 3 级并联 3 个电容 C_1、C_2 与 C_3，通过电容的充放电过程使末三级电压稳定。3 个电容 C_1、C_2 与 C_3 的计算公式为

$$C_1 \geqslant \frac{70NI_{am}\tau}{LU_{DD}},\quad C_2 \geqslant \frac{C_1}{\delta},\quad C_3 \geqslant \frac{C_1}{\delta^2} \tag{5-29}$$

式中，N 为倍增极数；I_{am} 为阳极峰值电流；τ 为脉冲的持续时间；U_{DD} 为极间电压；L 为增益稳定度的百分数，$L=\frac{\Delta G}{G}\times 100$。

在实际设计中，一般取 $C_1=0.01\mu F$，$C_2=1000pF$，$C_3=330pF$，基本满足要求。

5.4.3 电源电压的稳定度

对式（5-8）和式（5-9）进行微分，并用增量形式表示，可得到光电倍增管的电流增益稳定度与极间电压稳定度的关系式：

对锑化铯倍增极，有

$$\frac{\Delta G}{G}=0.7n\frac{\Delta U_{DD}}{U_{DD}} \tag{5-30}$$

或

$$\frac{\Delta G}{G}=0.7n\frac{\Delta U_{bb}}{U_{bb}} \tag{5-31}$$

而对银镁合金倍增极，则有

$$\frac{\Delta G}{G}=n\frac{\Delta U_{bb}}{U_{bb}} \tag{5-32}$$

由于光电倍增管的输出信号 $U_o=GS_k\Phi_v R_L$，因此，输出信号的稳定度与增益的稳定度有关，即

$$\frac{\Delta U}{U}=\frac{\Delta G}{G}=n\frac{\Delta U_{bb}}{U_{bb}} \tag{5-33}$$

光电倍增管倍增极的级数常大于10。因此，在实际应用中常常对电源电压稳定度的要求简单地认为高于输出电压稳定度一个数量级。例如，当要求输出电压稳定度为1%时，则要求电源电压稳定度应高于0.1%。

例5-1 设入射到PMT光敏面上的最大光通量Φ_v为12×10^{-6}lm，当采用GDB-235型光电倍增管为光电探测器探测入射光发光强度，已知GDB-235为8级的光电倍增管，光电阴极材料为SbCs，倍增极也为SbCs材料，光电阴极灵敏度为40μA/lm，若要求入射光发光强度在6×10^{-6}lm时的输出电压幅度不低于0.2V，试设计该PMT的变换电路。若供电电压的稳定度只能做到0.01%，试问该PMT变换电路输出信号的稳定度最高能达到多少？

解 1）首先计算供电电源的电压。根据题目的输出电压幅度要求和PMT的噪声特性，可以选择阳极电阻$R_a=82\text{k}\Omega$，光电阳极电流应不小于I_{amin}，因此

$$I_{amin}=U_o/R_a=0.2\text{V}/82\text{k}\Omega=2.439\mu\text{A}$$

入射光通量为0.6×10^{-6}lm时的光电阴极电流为

$$I_k=S_k\Phi_v=40\times10^{-6}\times0.6\times10^{-6}\text{A}=2.4\times10^{-5}\mu\text{A}$$

此时，PMT的增益应为

$$G=\frac{I_{amin}}{I_k}=\frac{2.439}{2.4\times10^{-5}}=1.02\times10^5$$

由于$G=\delta^N$，$N=8$，因此，每一级的增益$\delta=4.227$，另外，SbCs倍增极材料的增益δ与极间电压U_{DD}有关，$\delta=0.2U_{DD}^{0.7}$，可以计算出$\delta=4.227$时的极间电压U_{DD}为

$$U_{DD}=\sqrt[0.7]{\frac{\delta}{0.2}}\text{V}=78\text{V}$$

总电源电压U_{bb}为

$$U_{bb}=(N+1.5)U_{DD}=741\text{V}$$

2）计算偏置电路电阻的阻值。偏置电路采用如图5-8所示的供电电路，设流过偏置电阻的电流为I_{Ri}，流过阳极电阻R_a的最大电流为

$$I_{am}=GS_k\Phi_{vm}=1.02\times10^5\times40\times10^{-6}\times12\times10^{-6}\mu\text{A}=48.96\mu\text{A}$$

取$I_R\geqslant10I_{am}$，则

$$I_{Ri}=500\mu\text{A}$$

因此，电阻的阻值$R_i=U_{DD}/I_R=156\text{k}\Omega$。取$R_i=120\text{k}\Omega$，$R_1=1.5R_i=180\text{k}\Omega$。

3）计算稳定度。根据式（5-33），输出信号电压的稳定度最高为

$$\frac{\Delta U}{U}=n\frac{\Delta U_{bb}}{U_{bb}}=8\times0.01\%=0.08\%$$

例5-2 如果GDB-235型光电倍增管的阳极最大输出电流为2mA，试问光电阴极面上的入射光通量不能超过多少？

解 由于$I_{am}=GS_k\Phi_{vm}$，故光电阴极面上的入射光通量不能超过

$$\Phi_{vm}=I_{am}/GS_k=\frac{2\times10^{-3}}{1.02\times10^5\times40\times10^{-6}}\text{lm}=0.49\times10^{-3}\text{lm}$$

5.5 光电倍增管的典型应用

由于光电倍增管具有极高的光电灵敏度和极快的响应速度，它的暗电流低，噪声也很

低，使得它在光电检测技术领域占有极其重要的地位。它能够探测低达10^{-13}lm的微弱光信号，能够检测持续时间低达10^{-9}s的瞬变光信息。另外，它具有大范围可调整的内增益特性，使其能够适用于背景光变化很大的自然光照环境。因此，在微光探测、快速光子计数和微光时域分析等领域得到广泛的应用。

目前，光电倍增管已广泛地用于微弱荧光光谱探测、大气污染监测、生物及医学的病理检测、地球地理分析、宇宙观测与航空航天工程等领域，并发挥着越来越大的作用。本节将分别讨论光电倍增管在几个有代表性领域中的典型应用。

5.5.1 光谱探测领域的应用

光电倍增管与各种光谱仪器相匹配，可以完成各种光谱的探测与分析工作，它在石油、化工、冶金等生产过程的控制、油质分析、金属成分分析、大气监测等应用领域发挥着重要的作用。光谱探测常常分为发射光谱与吸收光谱两大类型。

（1）发射光谱　发射光谱仪的原理如图5-9所示，采用电火花、电弧或高频高压对气体进行等离子激发、放电等方法使被测物质中的原子或分子被激发发光形成被测光源；被测光源发出的光经狭缝进入光谱仪后，被凹面反射镜1聚焦到平面光栅上，光栅将其光谱展开，落入到凹面反射镜2上的发散光谱被凹面反射镜2聚焦到光电器件的光敏面上，光电器件将被测光谱能量转变为电流或电压强度信号；由于光栅转角是光栅闪耀波长的函数，测出光栅的转角，便可检测出被测光谱的波长；发射光谱的波长分布存储着被测物质化学成分的信息，光谱的强度表征被测物质化学成分的含量或浓度。用光电倍增管作光电检测器件，不但能够快速地检测浓度极低的元素含量，还能检测瞬间消失的光谱信息。由于光电倍增管的光谱响应带宽的限制，在中、远红外波段的光谱探测中还要利用$Hg_{1-x}Cd_xTe$等光电导器件或TGS等热释电红外探测器件。当然，利用CCD等集成光电器件同时探测多个通道发出的光谱，快速获得多通道光谱的特性。

（2）吸收光谱　吸收光谱仪是光谱分析中的另一种重要的仪器。吸收光谱仪的原理如图5-10所示，它与发射光谱仪的主要差别是光源。发射光谱仪的光源为被测光源，而吸收光谱仪的光源为已知光谱分布的光源。吸收光谱仪与发射光谱仪相比，它比发射光谱仪多一个承载被测物的样品池。样品池安装在光谱仪的光路中，被测液体或气体放置在吸收光谱仪的样品池中，已知光谱通过被测样品后，标志被测样品化学元素的特征光谱被吸收。根据吸收光谱的波长可以判断被测样品的化学成分，吸收深度表明其含量。吸收光谱仪的光电接收器件可以选用光电倍增管或其他光电探测器件。选用光电倍增管可以提高吸收光谱仪的光谱探测速度，选用CCD可以同时探测不同波长光谱的吸收状况。

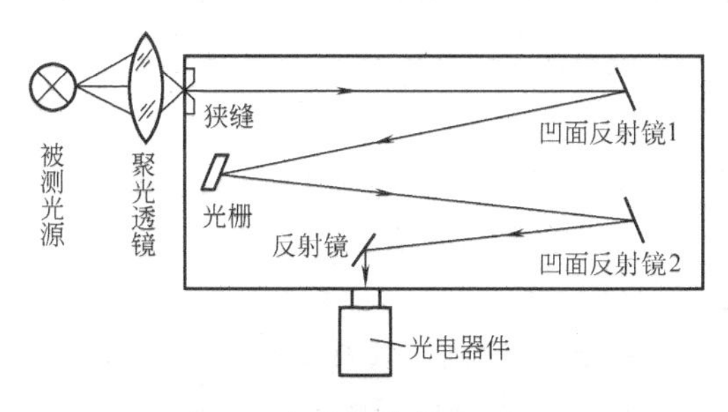

图5-9　发射光谱仪的原理图

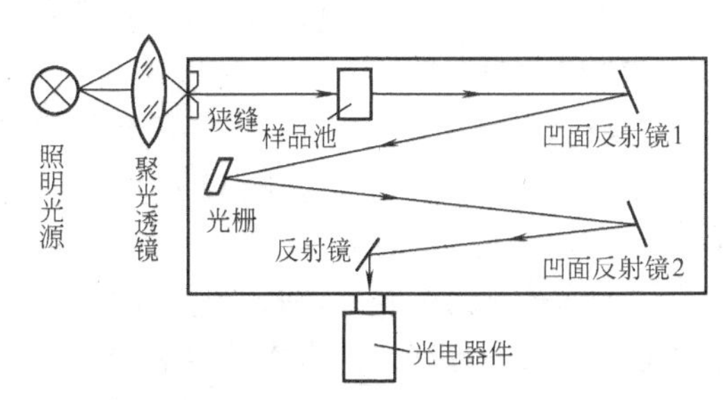

图5-10　吸收光谱仪的原理图

5.5.2 时间分辨荧光免疫分析中的应用

1983年，由Pettersson和Eskola等提出了用时间分辨荧光免疫分析（Time-Resolved Fluoroimmunoassay，TRFIA）法测定人绒毛膜促性腺激素和胰磷脂酶在临床医学研究中的应用，获得迅速发展，成为最有发展前途的一种全新的非同位素免疫分析技术。

（1）时间分辨荧光免疫分析TRFIA法的原理 TRFIA法是用镧系元素为标记物，标记抗原或抗体，用时间分辨技术测量荧光，同时利用波长和时间两种分辨方法，极其有效地排除了非特异荧光的干扰，大大地提高了分析灵敏度。

利用波长和时间两种分辨方法是指用激光器发出的高能量单色光激发镧系元素为标记物的螯合物，螯合物将在不同的时间段发出不同波长的辐射光。辐射光载荷着抗原或抗体的信息，通过测量不同波长的辐射光便可分析抗原或抗体。另外，螯合物对不同配位体发射最强光谱波长的衰变时间不同。表5-5为一些镧系元素螯合物的荧光特性，从中可以看出不同配位体螯合物发出不同波长的辐射光谱，光谱的衰变时间也各不相同。

表5-5 一些镧系元素螯合物的荧光特性

镧系元素离子	配位体	激发光峰值波长/nm	发射光谱波长/nm	衰变时间/μs	荧光相对强度（%）
Sm^{3+}	β-NTA	340	600.643	65	1.5
Sm^{3+}	PTA	295	600.643	60	0.3
Eu^{3+}	β-NTA	340	613	714	100.0
Eu^{3+}	PTA	295	613	925	36.0
Tb^{3+}	PTA	295	490.543	96	8.0
Dy^{3+}	PTA	295	573	≈1	0.2

图5-11为镧系元素螯合物与典型配位体β-NTA的吸收光谱与发射光谱。图中曲线1为镧系元素螯合物与配位体β-NTA的吸收光谱。由曲线1可以看出螯合物与配位体β-NTA对320~360nm的紫外光具有很高的吸收，因此，常用含有320~360 nm光的脉冲氙灯或氮激光器为激发光源使装载配位体的螯合物激发荧光。Eu^{3+} β-NTA螯合物在激发光源的作用下将发射如图中曲线2与3所示的荧光光谱。曲线3光谱载荷着配位体β-NTA的信息。

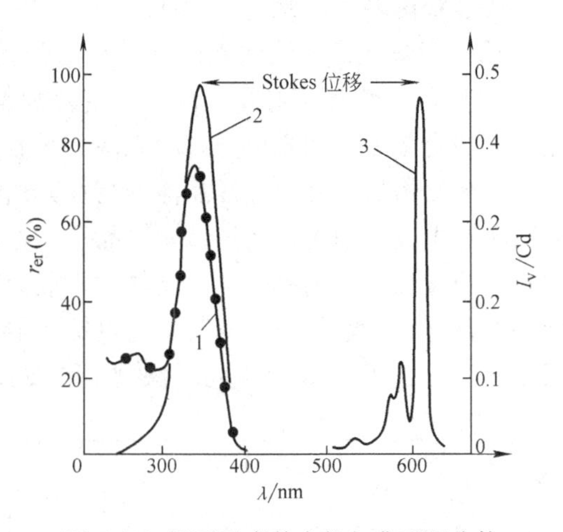

图5-11 镧系元素螯合物与典型配位体β-NTA的吸收光谱和发射光谱

图5-12为载荷配位体β-NTA的螯合物荧光时间特性。图中，激发光刚刚结束的时刻为初始时刻$t=0$，在最初的很短时间内，短寿命荧光很快结束，长寿命荧光在400ns时间内也会消失或降低到很低的程度，而有用的荧光出现在400~800ns时间段内（图中斜线所标注的时间段）。在800~1000ns时间内有用的荧光将衰减到零，1000ns后开始新的循环。

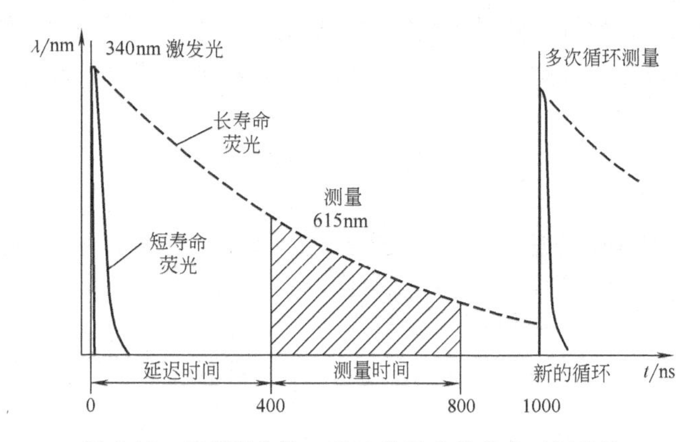

图 5-12 载荷配位体 β-NTA 的螯合物荧光时间特性

（2）TRFIA 法的测量原理　根据图 5-12 所示的荧光时间特性就可以设计基于 TRFIA 法的测量系统。图 5-13 为一种双波长时间分辨荧光光电分析仪的原理。由氮激光器为激发光源发出 320~360nm 的脉冲激光经透镜 2 扩束，并经干涉滤光片 3 后，使 337nm 激发光经分光镜分得部分光经聚光透镜 5 聚焦到被测样品 6 上，样品受光激发后分时发出的荧光经聚光透镜 5、光束分解器 4 及光束分解器 7 分为两路。一路经 620nm 干涉滤光片 10 和聚光透镜将波长为 620nm 的信号光汇聚到光电倍增管 8 上，光电倍增管 8 输出波长 620nm 光谱的强度信号。另一路经 665nm 干涉滤光片 11 和聚光透镜将波长为 665nm 的信号光汇聚到光电倍增管 9 上，光电倍增管 9 输出波长 665nm 光谱的强度信号。

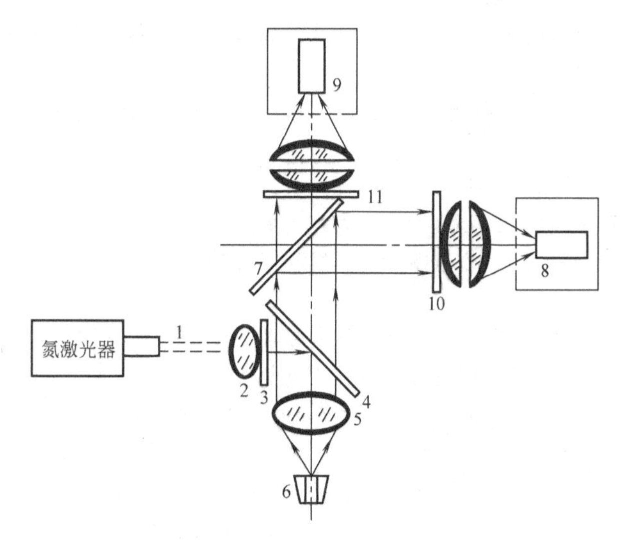

图 5-13 一种双波长时间分辨荧光光电分析仪的原理

1—氮激光光束　2—透镜　3—337nm 滤光片　4、7—光束分解器　5—聚光透镜　6—被测样品　8、9—光电倍增管　10—620nm 滤光片　11—665nm 滤光片

光电倍增管 8 与 9 分别由同步控制器和时间延时电路控制，在激发光脉冲结束后 400~800ns 的时间内测出两个光电倍增管的输出信号，将其转换成数字信号后送入计算机，计算出配位体 β-NTA 的信息。

光电倍增管在双波长时间分辨荧光光电分析仪的应用中既发挥了光电倍增管时间响应

快、灵敏度高的特点，又发挥了光电倍增管的增益受供电电源电压控制的特点。利用光电倍增管的增益受供电电源电压控制的特点可以完成定时检测的功能，实现时间分辨。

思考题与习题 5

1. 什么是光电发射阈值？它与逸出功有什么区别？引入光电发射阈值对分析外光电效应有什么意义？

2. 真空光电倍增管的倍增极有哪几种结构？各有什么特点？

3. 为什么常把真空光电倍增管的光电阴极做成球面？有什么优越性？

4. 什么是光电倍增管的增益特性？光电倍增管各倍增极的发射系数 δ 与哪些因素有关？最主要的因素是什么？

5. 光电倍增管产生暗电流的原因有哪些？如何降低暗电流？

6. 光电倍增管的主要噪声是什么？在什么情况下热噪声可以被忽略？

7. 怎样理解光电倍增管的光电阴极灵敏度与阳极灵敏度？两者的区别是什么？两者有什么关系？

8. 为什么光电倍增管不但要屏蔽光，还要屏蔽电与磁？用什么样的材料制造光电倍增管的屏蔽罩才能屏蔽光、屏蔽电还能屏蔽磁？屏蔽罩为什么必须与玻璃壳分离至少 20mm？

9. 什么是光电倍增管的疲劳与衰老？两者的差别是什么？能在明亮的室内观看光电倍增管的结构吗？为什么？

10. 光电倍增管的短波限与长波限由什么因素决定？

11. 某光电倍增管的阳极灵敏度为 10A/lm，为什么还要限制它的阳极输出电流在 50~100μA？

12. 已知某光电倍增管的阳极灵敏度为 100A/lm，光电阴极灵敏度 2μA/lm，阳极输出电流应限制在 100μA 范围内，问最大允许的入射光通量为多少 lm？

13. 光电倍增管的供电电路分为负高压供电与正高压供电，试说明两种供电电路的特点，举例说明它们适用于哪种情况。

14. GDB44F 型光电倍增管的光电阴极灵敏度为 0.5μA/lm，阳极灵敏度为 50A/lm，长期使用时阳极允许电流应限制在 2μA 以内。问：

（1）光电阴极面上最大允许的光通量为多少 lm？

（2）当阳极电阻为 75kΩ 时，问其最大的输出电压为多少？

（3）若已知该光电倍增管为 12 级的 Cs_3Sb 倍增极，其倍增系数为 $\delta=0.2U_{DD}^{0.7}$，试计算它的供电电压值。

（4）当要求输出信号的稳定度为 1%时，求高压电源电压的稳定度应为多少？

15. 试用表 5-4 所列的 GDB-151 型光电倍增管设计探测光谱强度为 2×10^{-9}lm 的光谱，若要求输出信号电压不小于 0.3mV，稳定度要求高于 0.1%，试设计该光电倍增管的供电电路。

16. 设入射到 PMT 光敏面上的最大光通量 Φ_{vm} 为 8×10^{-6}lm 左右，采用 GDB-239 型光电倍增管为光电探测器探测入射光发光强度。已知 GDB-239 为 11 级的光电倍增管，光电阴极为 AgOCs 阴极，倍增极也为 AgMg 合金材料，光电阴极灵敏度为 10μA/lm，若要求入射光发光强度在 8×10^{-6}lm 时的输出电压幅度不低于 0.15V，试设计该 PMT 的变换电路。若供电电压的稳定度只能做到 0.01%，试问该 PMT 变换电路输出信号的稳定度最高能达到多少？

第 6 章　红外与太赫兹波的探测

6.1　热辐射的一般规律

热电传感器件是将入射到器件上的辐射能转换成热能，然后再把热能转换成电能的器件。显然，输出信号的形成过程包括两个阶段：第一阶段为将辐射能转换成热能的阶段（入射辐射引起温升的阶段），是所有热电器件都要经过的阶段，是共性的，具有普遍意义；第二阶段是将热能转换成各种形式的电能（各种电信号的输出），是个性的，随具体器件而异。本节讨论第一阶段的内容。

6.1.1　温度变化方程

热电器件在没有受到辐射作用的情况下，器件与环境温度处于平衡状态，其温度为 T_0。当功率为 Φ_e 的辐射入射到器件表面时，令吸收系数为 α，则器件吸收的辐功率为 $\alpha\Phi_e$。其中一部分使器件温度升高，另一部分补偿器件与环境的热交换所损失的能量。设单位时间器件内能的增量为 $\Delta\Phi_i$，有

$$\Delta\Phi_i = C_\theta \frac{d(\Delta T)}{dt} \tag{6-1}$$

式中，C_θ 称为热容，表明内能的增量是温度变化的函数。

热交换能量的方式有 3 种：热传导、热辐射与热对流。设单位时间通过热传导损失的能量

$$\Delta\Phi_\theta = G\Delta T \tag{6-2}$$

式中，G 为器件与环境的热传导系数。

根据能量守恒原理，器件吸收的辐通量应等于器件内能的增量与热交换能量之和，即

$$\alpha\Phi_e = C_\theta \frac{d(\Delta T)}{dt} + G\Delta T \tag{6-3}$$

设入射辐射为正弦辐通量 $\Phi_e = \Phi_0 e^{j\omega t}$，则式（6-3）变为

$$C_\theta \frac{d(\Delta T)}{dt} + G\Delta T = \alpha\Phi_0 e^{j\omega t} \tag{6-4}$$

若取刚开始辐射的时间为初始时间，则此时器件与环境处于热平衡状态，即 $t=0$，$\Delta T=0$，将初始条件代入微分方程式（6-4），解此方程得到热传导方程为

$$\Delta T(t) = -\frac{\alpha\Phi_0 e^{-\frac{G}{C_\theta}t}}{G+j\omega C_\theta} + \frac{\alpha\Phi_0 e^{j\omega t}}{G+j\omega C_\theta} \tag{6-5}$$

设 τ_T 为热敏器件的热时间常数 $\tau_T = \dfrac{C_\theta}{G} = R_\theta C_\theta$，一般为毫秒至秒数量级，它与器件的大小、形状和颜色等参数有关。R_θ 为热阻，$R_\theta = 1/G$。

当时间 $t \gg \tau_T$ 时，式（6-5）中的第一项衰减到可以忽略，温度的变化

$$\Delta T(t)=\frac{\alpha\Phi_0\tau_T e^{j\omega t}}{C_\theta(1+j\omega\tau_T)} \tag{6-6}$$

为正弦变化的函数。其幅值为

$$|\Delta T|=\frac{\alpha\Phi_0\tau_T}{C_\theta(1+\omega^2\tau_T^2)^{\frac{1}{2}}} \tag{6-7}$$

可见，热敏器件吸收交变辐射能所引起的温升与吸收系数 α 成正比。因此，几乎所有的热敏器件都被涂黑。另外，它又与工作频率 ω 有关，ω 增高，其温升下降，在低频时（$\omega\tau_T \ll 1$），它与热导 G 成反比，式（6-6）可写为

$$|\Delta T|=\frac{\alpha\Phi_0}{G} \tag{6-8}$$

由此可见，减小热导是提高温升、提高灵敏度的好方法，但是热导与热时间常数成反比，提高温升将使器件的惯性增大，时间响应变坏。

式（6-6），当 ω 很高（或器件的惯性很大）时，$\omega\tau_T \gg 1$，式（6-7）可近似为

$$|\Delta T|=\frac{\alpha\Phi_0}{\omega C_\theta} \tag{6-9}$$

结果是温升与热导无关，而与热容成反比，且随频率的增高而衰减。

当 $\omega=0$ 时，由式（6-5）得

$$\Delta T(t)=\frac{\alpha\Phi_0}{G}(1-e^{-\frac{t}{\tau_T}}) \tag{6-10}$$

ΔT 由初始值 0 开始随时间 t 增加。当 $t\to\infty$ 时，ΔT 达到稳定值 $\alpha\Phi_0/G$；当 $t=\tau_T$ 时，ΔT 上升到稳定值的 63%。故 τ_T 被称为器件的热时间常数。

6.1.2 热电器件的最小可探测功率

根据斯忒藩-玻耳兹曼定律，若器件的温度为 T，接收面积为 A，并可以将探测器近似为黑体（吸收系数与辐射系数相等），则当它与环境处于热平衡时，单位时间所辐射的辐能为

$$\Phi_e=A\alpha\sigma T^4 \tag{6-11}$$

由热导的定义

$$G=\frac{d\Phi_e}{dT}=4A\alpha\sigma T^3 \tag{6-12}$$

经证明，当热敏器件与环境温度处于平衡时，在频带宽度 Δf 内，热敏器件的温度起伏方均根为

$$|\Delta T|=\left[\frac{4kT^2G\Delta f}{G^2(C_\theta\omega^2\tau_T^2)}\right]^{\frac{1}{2}} \tag{6-13}$$

考虑式（6-7），可以求出热敏器件仅仅受温度影响时的最小可探测功率或温度等效功率为

$$P_{NE}=\frac{4kT^2G\Delta f}{\alpha^2}=\frac{16A\sigma kT^5\Delta f}{\alpha} \tag{6-14}$$

在常温环境下，$T=300$K，对于黑体 $\alpha=1$，取热敏器件的面积为 $100mm^2$，取频带宽度

$\Delta f=1$，斯忒藩-玻耳兹曼系数 $\sigma=5.67\times10^{-12}$ W/(cm^2·K^4)，玻耳兹曼常数 $k=1.38\times10^{-23}$J/K。由式（6-14）可以得到常温下热敏器件的最小可探测功率约为 5×10^{-11} W。

热敏器件的比探测率为

$$D^* = \frac{(A\Delta f)^{\frac{1}{2}}}{P_{\mathrm{NE}}} = \left(\frac{\alpha}{16\sigma kT^5}\right)^{\frac{1}{2}} \tag{6-15}$$

它只与探测器的温度有关。

6.2 热敏电阻与热电堆

6.2.1 热敏电阻

凡吸收辐射或因温升而引起电阻值改变的器件称为热敏电阻。具有温度敏感特性的材料很多，引起温升的原因或方式也很多，因此，热敏电阻种类繁多。本章主要以辐射热敏电阻为例，讨论特性与基本应用问题。

1. 热敏电阻的特点

相对于一般的金属电阻，热敏电阻具备如下特点：

1）热敏电阻的温度系数大，灵敏度高，温度系数通常为一般金属电阻的10~100倍。

2）结构简单，体积小，可以测量近似几何点的温度。

3）电阻率高，热惯性小，适用于动态测量。

4）阻值与温度的变化关系呈非线性。

5）稳定性和互换性较差。

大部分半导体热敏电阻由各种氧化物按一定比例混合，经高温烧结而成。多数热敏电阻具有负的温度系数，即当温度升高时，电阻值下降，同时灵敏度也下降。由于这个原因，限制了它在高温情况下的使用。

2. 热敏电阻的原理、结构及材料

由1.4.2节可知，尽管半导体材料吸收光子能量产生的自由电子吸收和晶格吸收不能直接产生光电效应，但是能引起晶格振动的加剧，使元器件的温度上升。温升会导致半导体导带自由电子（价带自由空穴）运动速率加快，材料电阻率减小，相当于产生类似的光电效应。

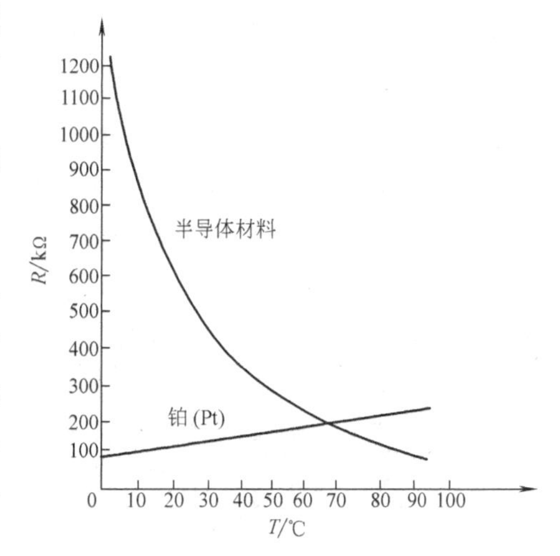

图6-1 不同材料热敏电阻的温度特性曲线

任何波长的辐射能量都能使晶格的振动加剧，产生晶格吸收使热敏电阻产生温升，因此，热敏电阻对辐射的波长无选择性。可以说它是一种无选择性的光敏电阻。

图6-1为半导体材料和金属材料（铂）的温度特性曲线。铂的电阻温度系数为正值，大约为0.37%；将金属氧化物（如铜的氧化物，锰-镍-钴的氧化物）的粉末黏合后，涂敷在瓷管或玻璃上烘干，即构成半导体材料的热敏电阻。半导体材料热敏电阻的温度系数为负

值，为-6%~-3%，为铂的10倍以上。所以热敏电阻探测器常用半导体材料制作而很少采用贵重的金属材料。

金属的能带结构外层不存在禁带，自由电子密度很大，外界光的作用所引起自由电子密度的变化相对于半导体而言可以忽略不计。相反，金属吸收光子后，晶格振动的加剧，妨碍了自由电子的定向运动。因此，光的作用使金属元器件的温度升高，其电阻率还略有增大，表现出正的温度特性；对于半导体材料组成的热敏电阻，光的作用引起晶格振动加剧，使半导体材料产生温升，温升导致半导体的电阻率下降，表现出具有负的温度特性。

图6-2为热敏电阻结构示意图，由热敏材料制成的厚度为0.01mm的薄片电阻黏合在导热能力较高的衬底上构成热敏电阻体，热敏电阻体的两端蒸涂金属电极以便构成外电路，再将衬底粘贴在热容量很大的导热基体上构成辐射热敏电阻。为使热敏电阻更有效地接收辐射能量，常把热敏材料表面（接收面）黑化处理，并用透明玻璃或塑料封装，以免材料被污染或老化。

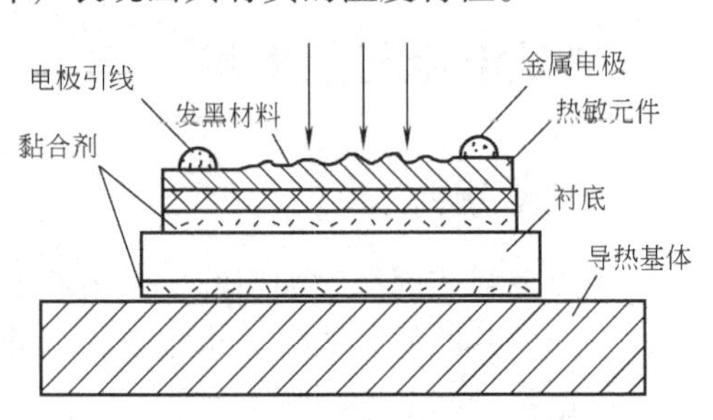

图6-2 热敏电阻结构示意图

图6-3为几种常见的热敏电阻器件的外形图。可以看出热敏电阻的封装形式很多，有圆片形、薄膜形、柱形、管形、平板形、珠形、垫圈形、扁形和杆形等。热敏电阻一般做成二端器件，但也有做成三端或四端的，二端和三端器件为直热式，即直接由电路中获得功率。

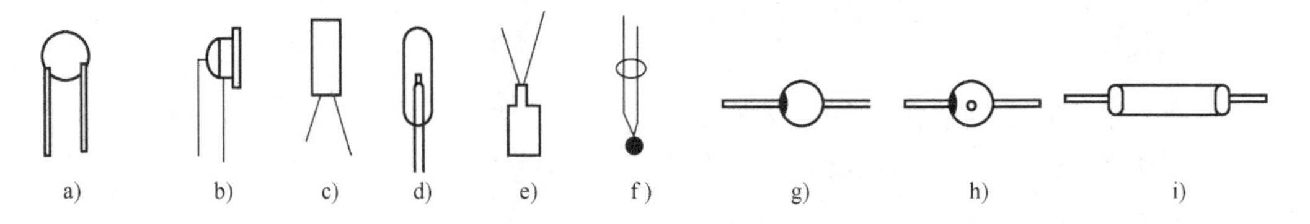

图6-3 几种常见的热敏电阻器件的外形图
a）圆片形 b）薄膜形 c）柱形 d）管形 e）平板形 f）珠形 g）垫圈形 h）扁形 i）杆形

通常把两个性能相似的热敏电阻安装在同一个金属壳内，形成如图6-4所示的热敏电阻器。其中一个用作工作元件，接收入射辐射；另一个不接收入射辐射，为环境温度的测量电阻。为使它们的温度尽量接近，两个元件尽可能地靠近，并用硅橡胶灌封把补偿元件掩盖起来。

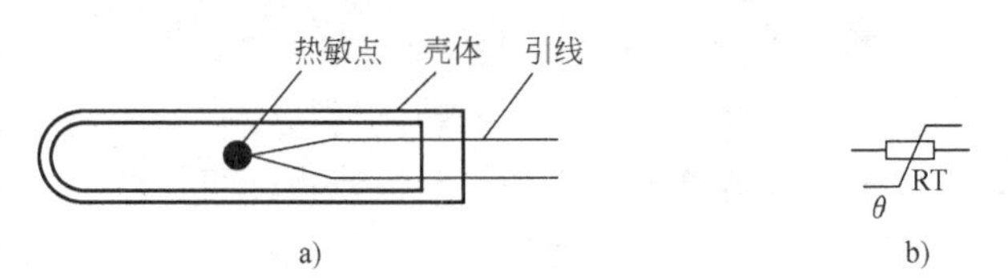

图6-4 热敏电阻器结构图与电路符号
a）结构图 b）电路符号

热敏电阻同光敏电阻十分相似，为了提高输出信噪比，必须减小其长度。但为了不使接收辐射的能力下降又必须保证一定的大小；有时还要采用浸没技术，提高探测度。

3. 热敏电阻的特性

热敏电阻的主要特性有：

（1）电阻-温度特性 热敏电阻的电阻-温度特性是指热敏电阻的阻值与电阻体温度之

间的依赖关系，它是热敏电阻的基本特性之一。电阻温度特性曲线如图6-1所示有两种，以金属铂为代表，其电阻率随温升增加而增大的称为正温度系数热敏电阻；以半导体材料为代表，其电阻率随温升增加而减小的称为负温度系数热敏电阻。分别表示为：

1）正温度系数的热敏电阻

$$R_T=R_0e^{AT} \tag{6-16}$$

2）负温度系数的热敏电阻

$$R_T=R_\infty e^{B/T} \tag{6-17}$$

式中，R_T 为环境温度 T 时的实际电阻值；R_0、R_∞ 分别为背景环境温度下的阻值，是与电阻的几何尺寸和材料物理特性有关的常数；A、B 为材料常数。

例如，标称阻值 R_{25} 指环境温度为25℃时的实际阻值。测量时若环境温度过大，可分别按下式计算其阻值：

对于正温度系数的热敏电阻有

$$R_{25}=R_Te^{A(298-T)}$$

对于负温度系数的热敏电阻有

$$R_{25}=R_Te^{B\left(\frac{1}{298}-\frac{1}{T}\right)}$$

式中，R_T 为环境温度下的阻值，是温度为 T 时测得的实际阻值。

由式（6-16）和式（6-17）可分别求出正、负温度系数的热敏电阻的温度系数 a_T。

a_T 表示温度变化1℃时，热电阻实际阻值的相对变化为

$$a_T=\frac{1}{R}\frac{dR_T}{dT} \tag{6-18}$$

式中，a_T 和 R_T 为对应于温度 T(K)时热电阻的温度系数和阻值。

对于正温度系数，热敏电阻的温度系数为

$$a_T=A \tag{6-19}$$

对于负温度系数，热敏电阻的温度系数为

$$a_T=\frac{1}{R_T}\frac{dR_T}{dT}=-\frac{B}{T^2} \tag{6-20}$$

可见，在工作温度范围内，正温度系数热敏电阻的 a_T 在数值上等于常数 A，负温度系数热敏电阻的 a_T 随温度 T 的变化很大，并与材料常数 B 成正比。因此，通常在给出热敏电阻温度系数的同时，必须指出测量时的温度。

材料常数 B 是用来描述热敏电阻材料物理特性的一个参数，又称为热灵敏指标。在工作温度范围内，B 值并不是一个严格的常数，而是随温度的升高而略有增大，一般说来，B 值大电阻率也高。对于负温度系数的热敏电阻，B 值为

$$B=2.303\frac{T_1T_2}{T_2-T_1}\lg\frac{R_1}{R_2} \tag{6-21}$$

而对于正温度系数的热敏电阻，A 值为

$$A=2.303\frac{1}{T_1-T_2}\lg\frac{R_1}{R_2} \tag{6-22}$$

式中，R_1、R_2 分别为温度为 T_1、T_2 时的阻值。

（2）热敏电阻阻值变化量　已知热敏电阻温度系数 a_T 后，当热敏电阻接收入射辐射后

温度变化 ΔT，则阻值变化量为

$$\Delta R_{\mathrm{T}}=R_{\mathrm{T}}a_{\mathrm{T}}\Delta T$$

式中，R_{T} 为温度 T 时的电阻值，上式只有在温度变化 ΔT 不大的条件下才能成立。

（3）热敏电阻的输出特性　热敏电阻电路如图6-5所示，$R_{\mathrm{T}}=R'_{\mathrm{T}}$，$R_{\mathrm{L_1}}=R_{\mathrm{L_2}}$。若在热敏电阻上加上偏压 U_{bb} 之后，由于辐射的照射使热敏电阻值改变，因而负载电阻电压增量

$$\Delta U_{\mathrm{L}}=\frac{U_{\mathrm{bb}}\Delta R_{\mathrm{T}}}{4R_{\mathrm{T}}}=\frac{U_{\mathrm{bb}}}{4}a_{\mathrm{T}}\Delta T \tag{6-23}$$

式（6-23）是在假定 $R_{\mathrm{L_1}}=R_{\mathrm{T}}$，$\Delta R_{\mathrm{T}}\ll R_{\mathrm{T}}+R_{\mathrm{L_1}}$ 的条件下得到的。

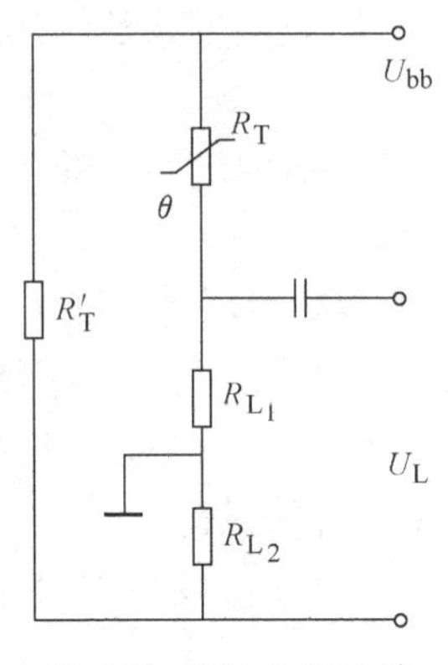

图6-5　热敏电阻电路

（4）冷阻与热阻　R_{T} 为热敏电阻在某个温度下的电阻值，常称为冷阻，如果辐通量为 Φ 的辐射入射到热敏电阻上，设其吸收系数为 a，则热敏电阻的热阻 R_θ 定义为吸收单位辐通量所引起的温升，即

$$R_\theta=\frac{\Delta T}{a\Phi} \tag{6-24}$$

因此，式（6-23）可写成

$$\Delta U_{\mathrm{L}}=\frac{U_{\mathrm{bb}}}{4}a_{\mathrm{T}}a\Phi R_\theta \tag{6-25}$$

若入射辐射为正弦交流信号，$\Phi=\Phi_0\mathrm{e}^{\mathrm{j}\omega t}$，则负载上输出为

$$\Delta U_{\mathrm{L}}=\frac{U_{\mathrm{bb}}}{4}\frac{a_{\mathrm{T}}a\Phi R_\theta}{\sqrt{1+\omega^2\tau_\theta^2}} \tag{6-26}$$

式中，τ_θ 为热敏电阻的热时间常数，$\tau_\theta=R_\theta C_\theta$；$R_\theta$、$C_\theta$ 分别为热敏电阻的热阻和热容。

由式（6-26）可见，随辐照频率的增加，热敏电阻传递给负载的电压变化率减少。热敏电阻的时间常数为1~10μs，因此，使用频率上限为20~200kHz。

（5）灵敏度　单位入射辐通量下热敏电阻变换电路的输出信号电压称为灵敏度或响应率，它常分为直流灵敏度 S_0 与交流灵敏度 S_{s}。直流灵敏度 S_0 为

$$S_0=\frac{U_{\mathrm{bb}}}{4}a_{\mathrm{T}}aR_\theta$$

交流灵敏度 S_{s} 为

$$S_{\mathrm{s}}=\frac{U_{\mathrm{bb}}}{4}\frac{a_{\mathrm{T}}aR_\theta}{\sqrt{1+\omega^2\tau_\theta^2}}$$

显然，增加热敏电阻的灵敏度应采取如下措施：

1）增加偏压 U_{bb}，但受热敏电阻的噪声以及不损坏热敏电阻的限制。

2）把热敏电阻的接收面涂黑增加吸收率 a。

3）增加热阻 R_θ，其办法是减少热敏电阻的接收面积及热敏电阻与外界对流所造成的热量损失，常将热敏电阻装入真空壳内，但随着热阻 R_θ 的增大，响应时间 τ_θ 也增大。为了减小响应时间，通常把热敏电阻贴在具有高热导的衬底上。

4）选用 a_{T} 大的材料，即选取 B 值大的材料。还可使热敏电阻冷却工作，以提高 a_{T} 值。

(6) 最小可探测功率　热敏电阻的最小可探测功率受噪声因素的影响。热敏电阻的噪声主要有：

1) 热噪声：热敏电阻的热噪声与热敏电阻阻值的关系近似为 $\overline{U_{\mathrm{T}}^2}=4kTR_{\theta}\Delta f$。

2) 温度噪声：因环境温度的起伏而造成热敏电阻温度起伏变化产生的噪声称为温度噪声。将热敏电阻装入真空壳内可降低这种噪声。

3) 电流噪声：与光敏电阻的电流噪声类似，当工作频率 $f<10\mathrm{Hz}$ 时，应该考虑此噪声。若 $f>10\mathrm{kHz}$ 时，此噪声完全可以忽略不计。

根据上述3种噪声的影响，热敏电阻的最小可探测功率为 $10^{-8}\sim10^{-9}\mathrm{W}$。

6.2.2　热电偶探测器

热电偶虽然是发明于1826年的辐射探测器件，然而至今仍在光谱、光度探测仪器中被广泛地应用。尤其在高、低温的温度探测领域的应用是其他探测器件无法取代的。

1. 热电偶的工作原理

热电偶是利用物质温差产生电动势的效应制造的辐射探测器件。图6-6为温差热电偶与辐射热电偶的原理。两种材料的金属A和B组成一个回路时，若两金属连接点的温度存在着差异（一端高而另一端低），则在回路中会有如图6-6a所示的电流产生。即由于温度差而产生电位差 ΔE。回路电流 $I=\Delta E/R$。其中 R 称为回路电阻。这一现象称为温差热电效应（也称为塞贝克热电效应，Seebeck Effect）。

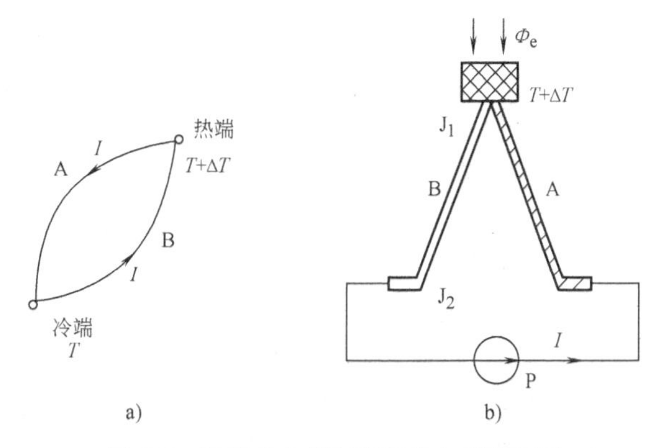

图6-6　温差热电偶与辐射热电偶的原理
a) 温差热电偶　b) 辐射热电偶

温差电位差 ΔE 的大小与材料A、B有关，通常用铋和锑所构成的一对金属有最大的温度差电位差，约为100μV/℃，常用作接触测温的热电偶。例如，由铂铑等合金组成的测温热电偶，具有较大的测量范围，一般为−200～1000℃，测量准确度高达1/1000℃。

测量辐能的热电偶称为辐射热电偶，它与测温热电偶的原理相同，结构不同。如图6-6b所示，辐射热电偶的热端接收入射辐射，因此在热端装有一块涂黑的金箔，当入射辐通量 Φ_e 被金箔吸收后，金箔的温度升高，形成热端，产生温差电动势，在回路中将有电流流过。图6-6b用检流计P可检测出电流为 I。显然，图中结 J_1 为热端，J_2 为冷端。

由于入射辐射引起的温升 ΔT 很小，因此对热电偶材料要求很高，结构也非常严格和复杂，成本昂贵。

用半导体材料做成的辐射热电偶不但成本低，而且具有更高的温差电位差。半导体辐射热电偶的温差电位差可高达500μV/℃。图6-7为半导体辐射热电偶的结构示意图。图中用涂黑的金箔将N型半导体材料和P型半导体材料连在一起构成热结，N型半导体及P型半导体的另一端（冷端）将产生温差电动势，P型半导体的冷端带正电，N型半导体的冷端带

负电。两端的开路电压 U_{OC} 与入射辐射使金箔产生的温升 ΔT 的关系为

$$U_{OC}=M_{12}\Delta T \tag{6-27}$$

式中，M_{12} 为塞贝克常数，又称温差电动势率（V/℃）。

辐射热电偶在恒定辐射作用下，用负载电阻 R_L 将其构成回路，将有电流 I 流过负载电阻，并产生电压降 U_L，则

$$U_L=\frac{M_{12}}{(R_i+R_L)}R_L\Delta T=\frac{M_{12}R_L\alpha\Phi_0}{(R_i+R_L)G_\theta} \tag{6-28}$$

式中，Φ_0 为入射辐通量（W）；α 为金箔的吸收系数；R_i 为热电偶的内阻；M_{12} 为热电偶的温差电动势率；G_θ 为总热导[W/(m·K)]。

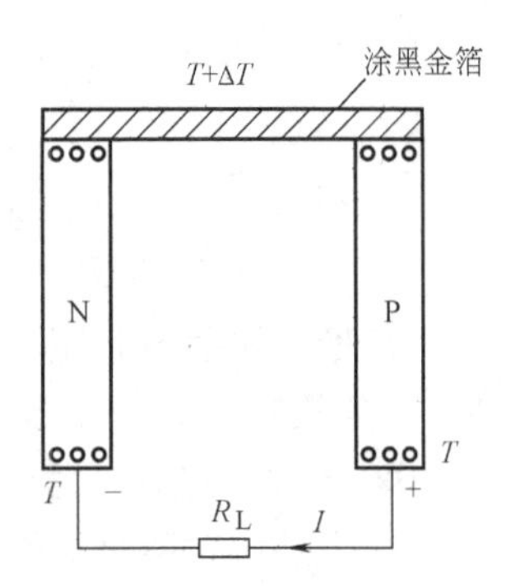

图 6-7 半导体辐射热电偶的结构示意图

若入射辐射为交流辐射信号 $\Phi=\Phi_0 e^{j\omega t}$，则产生的交流信号电压为

$$U_L=\frac{M_{12}R_L\alpha\Phi_0}{(R_i+R_L)G_\theta\sqrt{1+\omega^2\tau_T^2}} \tag{6-29}$$

式中，$\omega=2\pi f$, f 为交流辐射的调制频率；τ_T 为热电偶的时间常数，$\tau_T=R_\theta C_\theta=\frac{C_\theta}{G_\theta}$，其中 R_θ、C_θ、G_θ 分别为热电偶的热阻、热容和热导。

热导 G_θ 与材料的性质及周围环境有关，为使热电导稳定，常将热电偶封装在真空管中，因此，通常称其为真空热电偶。

2. 热电偶的基本特性参数

真空热电偶的基本特性参数为灵敏度 S、响应时间 τ 和最小可探测功率（NEP）等。

（1）灵敏度　在直流辐射作用下，热电偶的灵敏度（响应率）S_0 为

$$S_0=\frac{U_L}{\Phi_0}=\frac{M_{12}R_L\alpha}{(R_i+R_L)G_\theta} \tag{6-30}$$

在交流辐射信号的作用下，热电偶的灵敏度 S 为

$$S=\frac{U_L}{\Phi}=\frac{M_{12}R_L\alpha}{(R_i+R_L)G_\theta\sqrt{1+\omega^2\tau_T^2}} \tag{6-31}$$

由式（6-30）和式（6-31）可见，提高热电偶的灵敏度最有效办法除选用塞贝克系数较大的材料外，增加辐射的吸收率 α、减小内阻 R_i、减小热导 G_θ 等措施也都有效。对于交流灵敏度，降低工作频率、减小时间常数 τ_T 也会有明显的提高。但是，热电偶的灵敏度与时间常数是一对矛盾，应用时只能兼顾。

（2）响应时间　热电偶的响应时间为几毫秒到几十毫秒，比较长，因此，它常被用来探测直流状态或低频率的辐射，一般不超过几十赫兹。但是，在 BeO 衬底上制造 Bi-Ag 结构的热电偶有望得到更快的时间响应。据资料报道，这种工艺的热电偶，其响应时间可达到或超过 10^{-7}s。

（3）最小可探测功率　热电偶的最小可探测功率（NEP）取决于探测器的噪声，它主要由热噪声和温度起伏噪声决定，而电流噪声几乎被忽略。半导体热电偶的最小可探测功率（NEP）一般为 10^{-11}W 左右。

6.2.3 热电堆探测器

为了减小热电偶的响应时间，提高灵敏度，常把辐射接收面分为若干块，每块都接一个热电偶，并把它们串联起来构成如图6-8所示的典型热电堆。在镀金的铜基体上蒸镀一层绝缘层，在绝缘层的上面蒸发制造工作结和参考结。参考结与铜基之间既保证电气绝缘又要保持热传导，而工作结与镀金铜衬底间应是电气和热都要绝缘的。热电材料敷在绝缘层上，把这些热电偶串联或并联起来构成热电堆。

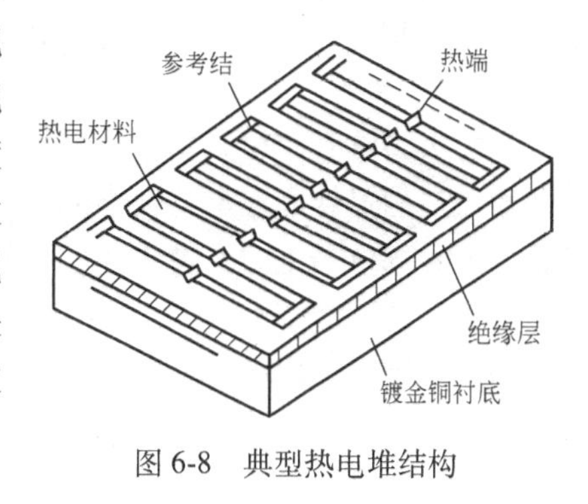

图6-8　典型热电堆结构

热电堆的灵敏度 S_t 为

$$S_t = nS \tag{6-32}$$

式中，n 为热电堆中热电偶的对数（或PN结的个数）；S 为热电偶的灵敏度。

热电堆的响应时间常数 τ_θ 为

$$\tau_\theta \propto C_\theta R_\theta \tag{6-33}$$

式中，C_θ 为热电堆的热容；R_θ 为热电堆的热阻。

从式（6-32）和式（6-33）可以看出，要想使高速化和提高灵敏度两者并存，就要在不改变 R_θ 的情况下减小热容 C_θ。热阻 R_θ 由导热通路长度和热电堆以及膜片的剖面的面积比决定。因而要想使传感器实现高性能化，就要缩小热电堆的多晶硅间隔，减小膜片材料厚度，以便减小热容。

6.2.4 热敏电阻的用途

热敏电阻的特殊用途包括：①结构简单、灵敏度高和响应速度快的温度计和温度补偿与控制的设备；②无动接点的特殊开关；③音量限制器或调节器；④压力计、流量计以及简单的气体和液体导热计；⑤时间迟延和浪涌抑制器；⑥用于较低频率的特种振荡器、调制器和放大器。

在几乎所有的科学研究和工业试制的工作中，热敏电阻都是测量介质的热导率和测量散热量（热辐射量）的重要元件。

1. 测温和控温

热敏电阻用来测量温度具有下列优点：①温度系数大；②体积小；③耐电和机械应力；④工作温度范围广，为0~200℃，特殊的耐温更高；⑤阻值范围广。

热敏电阻的缺点是具有非线性阻值温度特性，需要使用辅助的仪器来读出温度，且不能进行校准。

热敏电阻温度系数和温度密切相关，$\alpha = -B/T^2$。将热敏电阻和普通电阻串联及并联，其特性曲线就可调节到以一定的准确度线性地指示温度，这一准确度决定于温度范围和所需的温度系数。例如，在 α 为-4%/℃、网络的温度系数为-0.08%/℃时，偏离线性的程度为0.02℃/10℃。

一般说来，热敏电阻的特性曲线在和普通电阻串联及并联后都可以改变成和任何所要求的曲线近似。对于大多数几何形状简单的曲线来说，最多只能在三点上做到完全符合，不然就得使用拥有不止一个热敏电阻的较为复杂的网络了。

记录温度的准确度取决于：①进行测量的电路；②需要的是绝对温度还是小的温差；③需要短期稳定性还是长期稳定性；④热敏电阻的结构，例如是珠式还是杆式；⑤热敏电阻制造工艺和制成后的处理（例如老化）。

2. 温度补偿

热敏电阻具有阻值随温度变化较大的优点，其特性曲线可以形成和其所补偿的电路元件相同或相反的形状。温度系数大的另一优点是会减少补偿电路的损耗。将热敏电阻用在具备正温度系数的仪器上时，就需要相当的设计能力。

3. 热导率的测量

如果热敏电阻由电流散热，其阻值将取决于向四周散热的状况，也取决于它所处介质的组分和散热速度。因此，可以用热敏电阻来测定气体色度计中的气体组分。

4. 辐射的测量

热敏电阻可以测量红外辐射是靠温升引起阻值变化的机理。而半导体化合物测温原理在于寿命极短的少数载流子。

6.2.5 典型热敏电阻简介

热敏电阻与光敏电阻类似，无极性，可以很方便地应用于各种电器中。目前，热敏电阻广泛应用于逆变器、空调器、电冰箱、微波炉、电磁炉、热水器、复印机、传真机与火灾报警器中。一种灵敏度很高的热敏电阻如图 6-9 所示，它被封装在外径仅为 2mm 左右的玻璃管壳内，其外形与普通整流二极管相似，应用时可直接将其安装在需要测量与控制温度的位置上，且尽量使热敏电阻与被测物体紧密热接触。这类高灵敏度的热敏电阻有多种型号，其阻值范围与外径、长度等尺寸列于表 6-1 中。各种型号热敏电阻阻值与温度的关系（或称温度响应）如图 6-10 所示，选用时要注意所用热敏电阻的阻值变化范围和热响应特性是否与设计相符。表 6-1 中所列的热敏电阻仅为该类产品的一部分，有些类似产品被省略，例如 NTC202B 系列也有 10~100kΩ 的器件，它们的封装尺寸与 NTC202B 一样，温度响应曲线也与 NTC202A 系列类似，分别适用于这 6 条曲线。

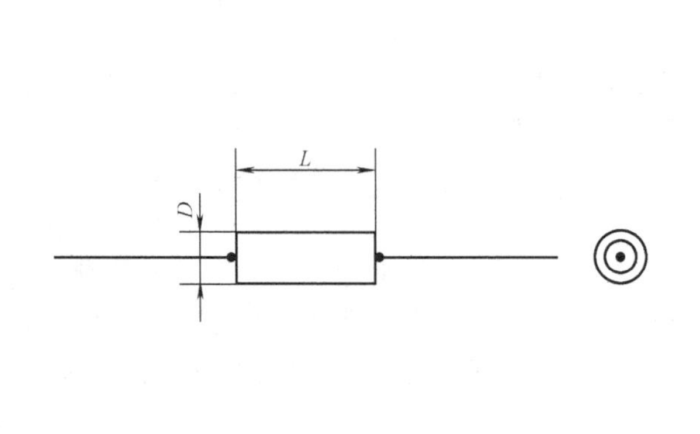

图 6-9 一种灵敏度很高的热敏电阻

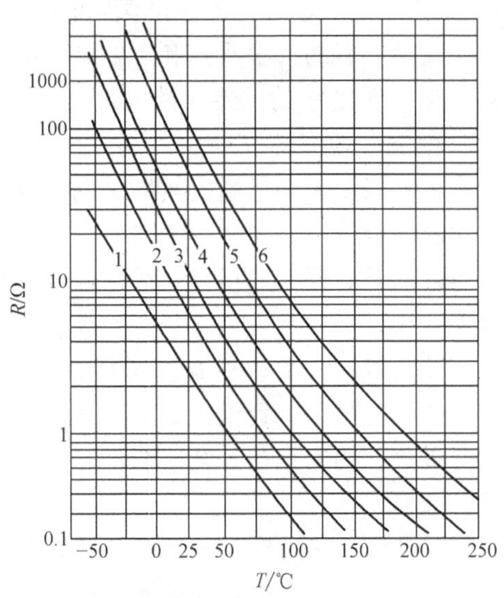

图 6-10 阻值与温度的关系曲线

表 6-1　典型高灵敏度热敏电阻参数

型　号	25℃阻值/kΩ	外形尺寸/mm	温度范围/℃	响应曲线
NTC202A	2	$L=4$，$D=2$	-50～300	1
NTC502A	5	$L=4$，$D=2$	-50～300	2
NTC103A	10	$L=4$，$D=2$	-50～300	3
NTC203A	20	$L=4$，$D=2$	-50～300	4
NTC503A	50	$L=4$，$D=2$	-50～300	5
NTC104A	100	$L=4$，$D=2$	-50～300	6
NTC202B	2	$L=3$，$D=1.5$	-50～300	1
NTC502B	5	$L=3$，$D=1.5$	-50～300	2

6.3　热释电器件

热释电器件是目前唯一能够用于热成像探测技术中的探测器。本节将详细地讲述与热释电器件有关的问题。

6.3.1　热释电器件的基本工作原理

电介质内部没有自由载流子，没有导电能力。但是，它是由带电的粒子（价电子和原子核）构成的，在外加电场的情况下，带电粒子也要受到电场力的作用，使其运动发生变化。在图 6-11 所示的电介质的上、下两端加上电场，电介质会产生极化现象。从电场的加入到电极化状态建立起来的这段时间内，电介质内部的电荷适应电场的运动，相当于电荷沿电力线方向的运动，这种电荷的运动也是一种电流，称为位移电流，该电流在电极化完成后即消失。

如图 6-12a 所示，对于一般的电介质，在电场作用消失后，极化状态随即消失，带电粒子又恢复原来的状态。而有一类称作铁电体的电介质在外加电场作用消失后仍保持着极化状态，称其为自发极化。图 6-12b 为铁电体电介质的极化曲线。

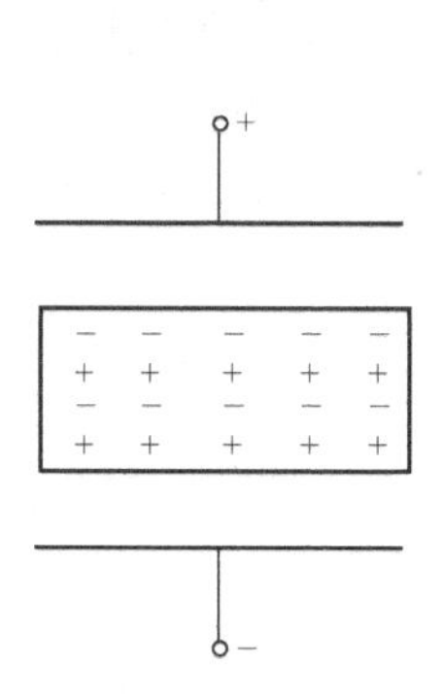

图 6-11　电极化现象

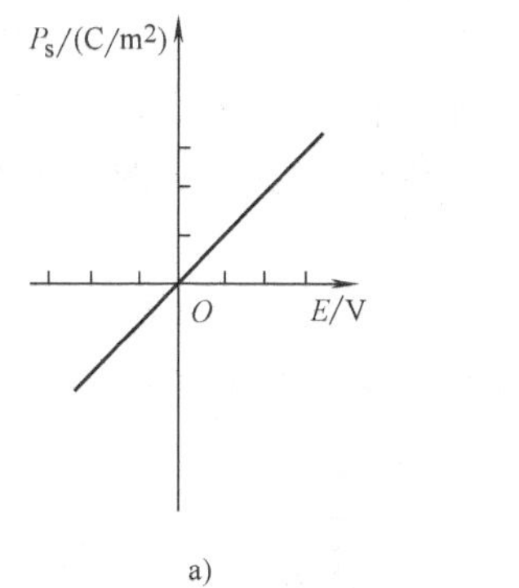

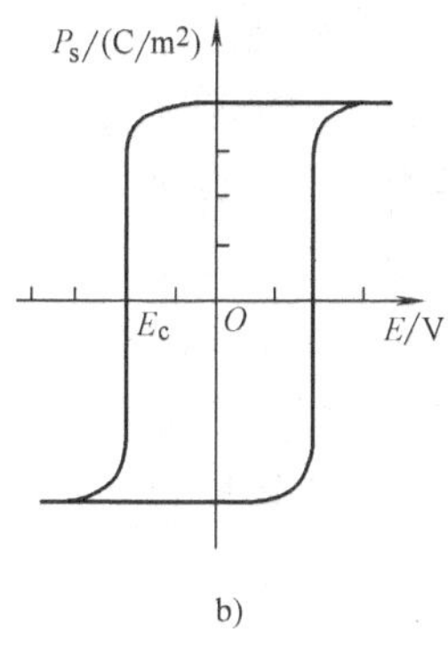

图 6-12　电介质的极化曲线

a）一般电介质　b）铁电体电介质

另外，铁电体的自发极化强度 P_s（单位面积上的电荷量）随温度变化的关系曲线如图 6-13 所示。

随着温度的升高，极化强度减低，当温度升高到一定值，自发极化突然消失。如图 6-13a所示，TGS 材料在接近 50℃ 自发极化消失。如图 6-13b 所示，$BaTiO_2$ 材料在接近 110℃ 自发极化消失，这个温度常被称为居里温度或居里点。在居里温度以下，极化强度 P_s 是温度 T 的函数。利用这一关系制造的热敏探测器称为热释电器件。

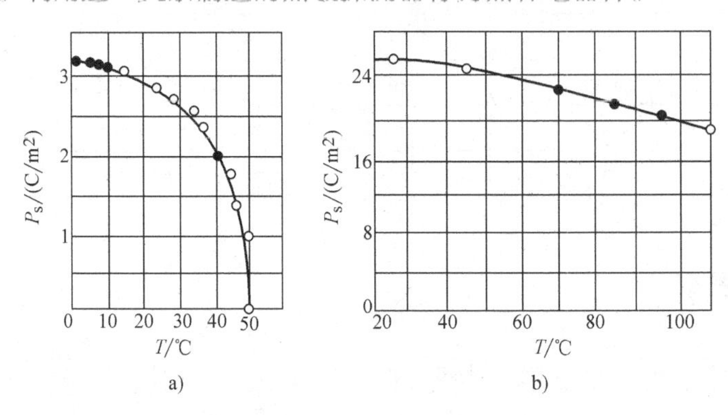

图 6-13 自发极化强度随温度变化的关系曲线

a）TGS 材料 b）$BaTiO_2$ 材料

当红外辐射照射到已经极化的铁电体薄片时，引起薄片温度升高，表面电荷减少，相当于热释放了部分电荷。释放的电荷可用放大器转变成电压输出。如果辐射持续作用，表面电荷将达到新的平衡，不再释放电荷，也不再有电压信号输出。因此，热释电器件不同于其他光电器件，在恒定辐射作用的情况下输出的信号电压为零。只有在交变辐射的作用下才会有信号输出。

无外加电场的作用而具有电矩，且在温度发生变化时电矩的极性发生变化的介质又称为热电介质。外加电场能改变这种介质的自发极化矢量的方向，即在外加电场的作用下，无规则排列的自发极化矢量趋于同一方向，形成所谓的单畴极化。当外加电场撤去后，仍能保持单畴极化特性的热电介质又称为热电-铁电体。热释电器件就是用这种热电-铁电体制成的。

产生热释电效应的原因是没有外电场作用时，热电晶体具有非中心对称的晶体结构。自然状态下，极性晶体内的分子在某个方向上的正、负电荷中心不重合，即电矩不为零形成电偶极子。当相邻晶胞的电偶极子平行排列时，晶体将表现出宏观的电极化方向。在交变的外电场作用下还会出现图 6-12 所示的电滞回线。图中的 E_c 称为矫顽电场，即在该外加电场下无极性晶体的电极化强度为零。

对于经过单畴化的热释电晶体，在垂直于极化方向的表面上，将由表面层的电偶极子构成相应的静电束缚电荷。对于面束缚电荷密度 σ 与自发极化强度 P_s 之间的关系，因为自发极化强度是单位体积内的电矩矢量之和，所以有

$$P_s = \frac{\sum \sigma \Delta S \Delta d}{Sd} = \sigma \tag{6-34}$$

式中，S 为晶体表面积；d 为晶体厚度。

式（6-34）表明热释电晶体的面束缚电荷密度 σ 在数值上等于它的自发电极化强度 P_s。

但在温度恒定时，这些面束缚电荷被来自晶体内部或外围空气中的异性自由电荷所中和，因此观察不到它的自发极化现象。如图 6-14a 所示，由内部自由电荷中和表面束缚电荷的时间常数为 $\tau=\varepsilon\rho$，ε 和 ρ 分别为晶体的介电常数和电阻率。大多数热释电晶体材料的 τ 值在 1～1000s 之间，即热释电晶体表面上的面束缚电荷可以保持 1～1000s 的时间。因此，只要使热释电晶体的温度在面束缚电荷被中和掉之前因吸收辐射而发生变化，晶体的自发极化强度 P_s 就会随温度 T 的变化而变化，相应的面束缚电荷密度 σ 也随之变化，如图 6-14b 所示。这一过程的平均作用时间很短，约为 10^{-12}s。若入射辐射是变化的，且仅当它的调制频率 $f>1/\tau$ 时才会有热释电信号输出，即热释电器件为工作在交变辐射作用下的非平衡器件。将束缚电荷引出，就会输出电流的变化，也就有变化的电压输出，这就是热释电器件的基本工作原理。利用入射辐射引起热释电器件温度变化这一特性可以探测辐射的变化。

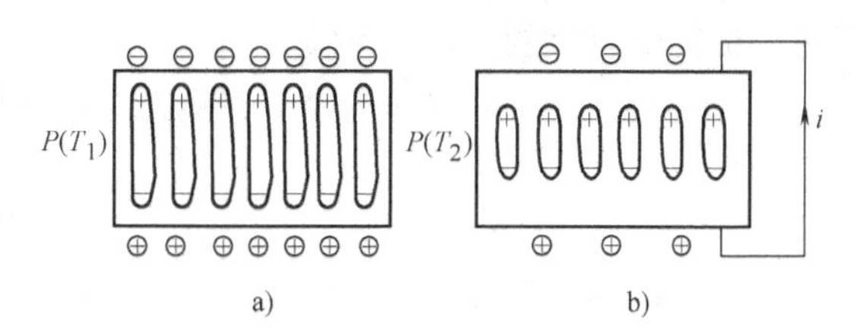

图 6-14 热释电晶体的内部电偶极子和外部自由电荷的补偿情况
a）平衡态下完全中和 b）非平衡态下不完全中和

设晶体的自发极化矢量为 $\boldsymbol{P}_s$，$\boldsymbol{P}_s$ 的方向垂直于电容器的极板平面。接收辐射的极板和另一极板的重叠面积为 A_d。由此引起表面上的束缚极化电荷为

$$Q=A_d\Delta\sigma=A_dP_s \tag{6-35}$$

若辐射引起的晶体温度变化为 ΔT，则相应的束缚电荷变化为

$$\Delta Q=A_d(\Delta P_s/\Delta T)\Delta T=A_d\gamma\Delta T \tag{6-36}$$

式中，$\gamma=\Delta P_s/\Delta T$，称为热释电系数（c/cm^2・K），是与材料本身的特性有关的物理量，表示自发极化强度随温度的变化率。

若在晶体的两个相对的极板上敷上电极，在两极间接上负载 R_L，则负载上就有电流通过。由于温度变化，在负载上产生的电流可以表示为

$$i_s=\frac{\mathrm{d}Q}{\mathrm{d}t}=A_d\gamma\frac{\mathrm{d}T}{\mathrm{d}t} \tag{6-37}$$

式中，$\frac{\mathrm{d}T}{\mathrm{d}t}$为热释电晶体的温度随时间的变化率，即温度变化速率。温度变化速率$\frac{\mathrm{d}T}{\mathrm{d}t}$与材料的吸收率和热容有关，吸收率大，热容小，则温度变化速率大。

通常热释电器件的电极按照性能的不同要求可做成如图 6-15 所示的面电极和边电极两种结构。在图 6-15a 所示的面电极结构中，电极置于热释电晶体的前后表面上，其中一个电极位于光敏面内。这种电极结构的电极面积较大，极间距离较小，因而极间电容较大，故其不适于高速应用。此外，由于辐射要通过电极层才能到达晶体，所以电极对于待测的辐射波段必须透明。在图 6-15b所示的边电极结构中，电极所在的平面与光敏面互相垂直，电极间距较大，电极面积较小，因此极间电容较小。由于热释电器件的响应速度受极间电容的限制，因此，在高速运

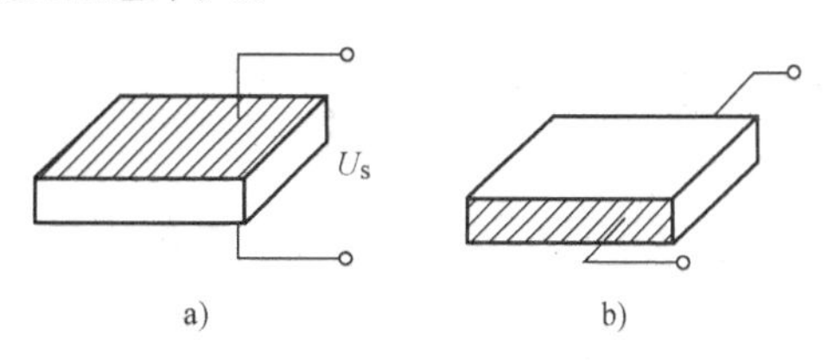

图 6-15 热释电器件的电极结构
a）面电极结构 b）边电极结构

用时以极间电容小的边电极为宜。

热释电器件产生的热释电电流在负载电阻 R_L 上产生的电压 U 为

$$U=i_d R_L=\left(\gamma A_d \frac{dT}{dt}\right) R_L \tag{6-38}$$

可见，热释电器件的电压响应正比于热释电系数和温度变化速率 dT/dt，而与晶体和入射辐射达到平衡的时间无关。

如果将热释电器件跨接到放大器的输入端，其等效电路如图 6-16 所示。图中 I_s 为恒流源，R_s 和 C_s 为晶体内部介电损耗的等效阻性和容性负载，R_L 和 C_L 为外接放大器的负载电阻和电容。由等效电路可得热释电器件的等效负载电阻为

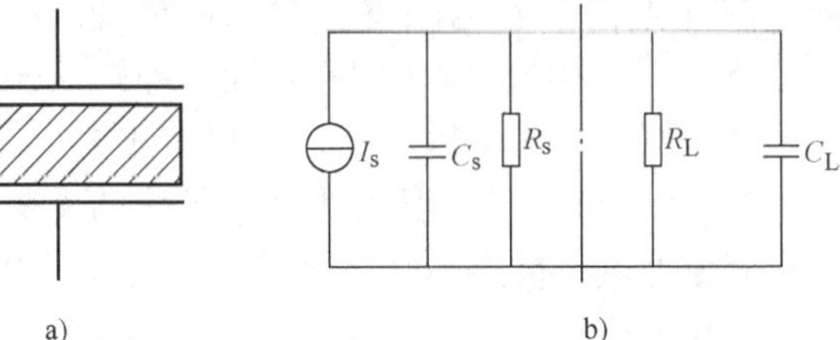

图 6-16 热释电器件

a）图形符号 b）等效电路

$$R_L=\frac{1}{1/R+j\omega C}=\frac{R}{1+j\omega RC} \tag{6-39}$$

式中，$R(R=R_s/\!/R_L)$ 为热释电器件和放大器的等效电阻；$C(C=C_s+C_L)$ 为热释电器件和放大器的等效电容。则 R_L 的模值为

$$|R_L|=\frac{R}{(1+\omega^2R^2C^2)^{1/2}} \tag{6-40}$$

对于热释电系数为 λ，电极面积为 A 的热释电器件，在以调制频率为 ω 的交变辐射照射下的温度可以表示为

$$T=|\Delta T_\omega|e^{j\omega t}+T_0+\Delta T_0 \tag{6-41}$$

式中，T_0 为环境温度；ΔT_0 为热释电器件接收光辐射后的平均温升；$|\Delta T_\omega|e^{j\omega t}$ 为与时间相关的温度变化。于是热释电器件的温度变化率为

$$\frac{dT}{dt}=\omega|\Delta T_\omega|e^{j\omega t} \tag{6-42}$$

将式（6-39）和式（6-42）代入式（6-38），可得输入到放大器的电压为

$$U=\gamma A_d\omega|\Delta T_\omega|\frac{R}{(1+\omega^2R^2C^2)^{1/2}}e^{j\omega t} \tag{6-43}$$

由热平衡温度方程（参见 6.1 节）可知

$$|\Delta T_\omega|=\frac{\alpha\Phi_\omega}{G(1+\omega^2\tau_T^2)^{1/2}} \tag{6-44}$$

式中，τ_T 为热释电器件的热时间常数，$\tau_T=R_\theta C_\theta$。

将式（6-44）代入式（6-43），可得热释电器件的输出电压的幅值解析表达式为

$$|U|=\frac{\alpha\omega\gamma A_d R}{G(1+\omega^2\tau_e^2)^{1/2}(1+\omega^2\tau_T^2)^{1/2}}P_\omega \tag{6-45}$$

式中，τ_e 为热释电器件的电路时间常数，$\tau_e=RC$；τ_T 为热时间常数，τ_e、τ_T 的数量级为 0.1~10s；A_d 为光敏面的面积；α 为吸收系数；ω 为入射辐射的调制频率。

6.3.2　热释电器件的电压灵敏度

按照光电器件灵敏度的定义，热释电器件的电压灵敏度 S_v 为热释电器件输出电压的幅值 U 与入射光通量之比，由式（6-45）可得热释电器件的电压灵敏度为

$$S_v = \frac{A_d \alpha\omega\gamma R}{G(1+\omega^2\tau_T^2)^{1/2}(1+\omega^2\tau_e^2)^{1/2}} \tag{6-46}$$

由式（6-46）可以看出：

1）当入射辐射为恒定辐射，即 $\omega=0$ 时，$S_v=0$，这说明热释电器件对恒定辐射不灵敏。

2）在低频段 $\omega<1/\tau_T$ 或 $1/\tau_e$ 时，灵敏度 S_v 与 ω 成正比，这正是热释电器件交流灵敏的体现。

3）当 $\tau_e \neq \tau_T$ 时，通常 $\tau_e<\tau_T$，ω 在 $1/\tau_T \sim 1/\tau_e$ 范围内，S_v 为与 ω 无关的常数。

4）高频段（$\omega>1/\tau_T$、$1/\tau_e$）时，S_v 则随 ω^{-1} 变化。

所以在许多应用中，式（6-46）的高频近似式为

$$S_v = \frac{\alpha\gamma A_d}{\omega C_\theta C} \tag{6-47}$$

即电压灵敏度与信号的调制频率 ω 成反比。式（6-47）表明，减小热释电器件的有效电容和热容有利于提高高频段的电压灵敏度。

表6-2为几种典型热释电材料热物理性能的特性参数。

表6-2　几种典型热释电材料热物理性能的特性参数

名　称	居里点 T_C /℃	介电常数 ε	极化强度 P_s/ $C\cdot cm^{-2}$	热释电系数 $\gamma(\times10^{-3})$ /$C\cdot cm^{-2}\cdot ℃^{-1}$	密度/ $g\cdot cm^{-3}$	测量温度 T /℃	测量频率 f/ kHz
铌酸锂	1200±10	30	5×10^{-5}	0.4	4.65	27	1，100
铌酸锂	450	100			1		
钽酸锂	660	47	5×10^{-5}	1.9	7.45	25	1
钽酸锂	618	70	4.5×10^{-5}	2.1		250	10
铌酸锶钡	115	380	2.98×10^{-5}	6.5	5.2	25	1
硫酸三甘肽	45	50	2.75×10^{-6}	3.5	1.65~1.85	25	1
氘硫酸三甘肽	62.9	20	2.6×10^{-6}	2.5	1.7	23	1
硝酸三甘肽	−67	50	0.6×10^{-6}	5	1.58	−77	10
磷酸三甘肽	−150	2500	4.8×10^{-6}	3.3	0.94	−178	1

6.3.3　热释电器件的噪声

热释电器件的基本结构是一个电容，输出阻抗很高，所以它后面常接有场效应晶体管，构成源极跟随器的形式，使输出阻抗降低到适当数值。因此在分析噪声的时候，也要考虑该放大器的噪声。这样，热释电器件的噪声主要有电阻热噪声、放大器噪声和温度噪声等。

1. 电阻热噪声

电阻热噪声来自晶体的介电损耗和与探测器相并联的电阻。如果其等效电阻为 R_{eff}，则电阻热噪声电流的方均值为

$$\overline{i_R^2}=4kT_R\Delta f/R_{eff} \tag{6-48}$$

式中，k 为玻耳兹曼常数；T_R 为灵敏元的温度；Δf 为测试系统的带宽；等效电阻 R_{eff} 为

$$R_{eff}=R_e\frac{1}{\frac{1}{R}+j\omega C}=\frac{R}{(1+\omega^2R^2C^2)^{1/2}} \tag{6-49}$$

式中，R 为热释电器件的直流电阻与交流损耗和放大器输入电阻的并联阻值；C 为热释电器件的电容 C_d 与前置放大器的输入电容 C_A 之和。

电阻热噪声电压为

$$\sqrt{\overline{U_{NJ}^2}}=\frac{(4kTR\Delta f)^{1/2}}{(1+\omega^2\tau_e^2)^{1/4}} \tag{6-50}$$

当 $\omega^2\tau_e^2\gg 1$ 时，式（6-50）可简化为

$$\sqrt{\overline{U_{NJ}^2}}=\left(\frac{4kTR\Delta f}{\omega\tau}\right)^{1/2} \tag{6-51}$$

表明热释电器件的电阻热噪声电压随调制频率的升高而下降。

2. 放大器噪声

放大器噪声可来自放大器中的有源元器件和无源元器件，以及信号源的源阻抗和放大器的输入阻抗之间噪声是否匹配等方面。如果放大器的噪声系数为 F，把放大器输出端的噪声折合到输入端，认为放大器是无噪声的，这时，放大器输入端附加的噪声电流方均值为

$$I_K^2=4k(F-1)T\Delta f/R \tag{6-52}$$

式中，T 为背景温度。

3. 温度噪声

温度噪声来自热释电器件的灵敏面与外界辐射交换能量的随机性，噪声电流的方均值为

$$\overline{I_T^2}=\gamma^2A^2\omega^2\overline{\Delta T^2}=\gamma^2A_d^2\omega^2\left(\frac{4kT^2\Delta f}{G}\right) \tag{6-53}$$

式中，A 为电极的面积；A_d 为灵敏面的面积；$\overline{\Delta T^2}$ 为温度起伏的方均值。

如果这3种噪声是不相关的，则总噪声为

$$\begin{aligned}\overline{I_N^2}&=\frac{4kT\Delta f}{R}+\frac{4kT(F-1)\Delta f}{R}+\frac{4kT^2\gamma^2A_d^2\omega^2\Delta f}{G}\\&=\frac{4kT_N\Delta f}{R}+\frac{4kT^2\gamma^2A_d^2\omega^2\Delta f}{G}\end{aligned}$$

式中，$T_N=T+(F-1)T$，称为放大器的有效输入噪声温度。

考虑统计平均值时的信噪功率比为

$$SNR_p=\frac{I_S^2}{I_N^2}=\Phi^2/(4kT^2G\Delta f/\alpha^2+4kT_NG^2\Delta f/\alpha^2\gamma^2A^2\omega^2R) \tag{6-54}$$

如果温度噪声是主要噪声源而忽略其他噪声时，最小可探测功率为

$$(NEP)^2=(4kT^2G^2\Delta f/\alpha^2A^2\gamma^2\omega^2R)[1+(T_N/T)^2] \tag{6-55}$$

由式（6-55）可以看出，热释电器件的噪声等效功率 NEP 具有随着调制频率的增加而减小的性质。

6.3.4　响应时间

热释电探测器的响应时间特性由式（6-45）得到。热释电探测器在低频段的电压响应度与调制频率成正比，在高频段则与调制频率成反比，仅在 $1/\tau_T \sim 1/\tau_e$ 范围内，R_v 与 ω 无关。响应度高端半功率点取决于 $1/\tau_T$ 与 $1/\tau_e$ 中较大的一个，因而按通常的响应时间定义，τ_T 和 τ_e 中较大的一个为热释电探测器的响应时间。通常 τ_T 较大，而 τ_e 与负载电阻有关，多在几微秒到几秒之间。随着负载的减小，τ_e 变小，灵敏度也相应减少。

6.3.5　热释电探测器的阻抗特性

热释电探测器几乎是一种纯容性器件，由于其电容量很小，所以其阻抗很高。因此必须配以高阻抗的负载，通常在 $10^9\Omega$ 以上。由于空气潮湿、表面沾污等原因，普通电阻不易达到这样高的阻值。而结型场效应晶体管（JFET）的输入阻抗高，噪声又小，所以常用 JFET 作热释电探测器的前置放大器。图 6-17 为一种常用前置放大电路。R_B 为热释电器件的等效输出阻抗，图 6-17 中采用 JFET 构成的源极跟随器电路进行阻抗变换后方能使之与 R_B 匹配。

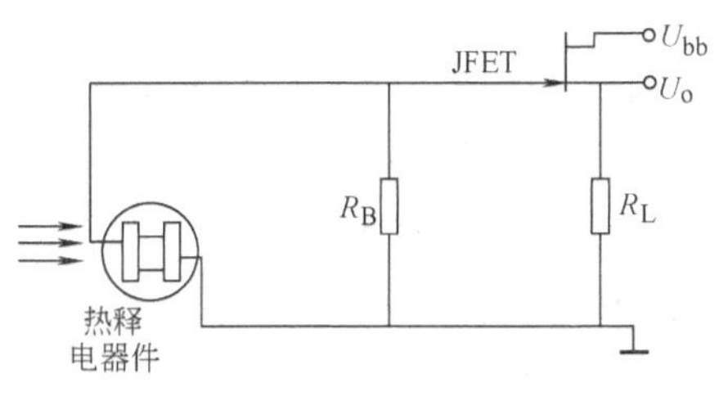

图 6-17　一种常用前置放大电路

最后应特别指出的是，由于热释电材料具有压电特性，对微振等应变十分敏感，因此在使用时应注意对测热部件进行减振与防振处理。

6.3.6　热释电器件的类型

在具有热释电效应的大量晶体中，热释电系数最大的为铁电晶体材料。因此铁电晶体材料以外的其他热释电材料很少用来制作热释电器件。已知的热释电材料有上千种，但目前仅对其中约 1/10 材料的特性进行了研究。研究发现真正能满足制作热释电器件要求的材料不过十多种，其中常用的材料有硫酸三甘肽（TGS）晶体、LT 钽酸锂（$LiTaO_3$）晶体、锆钛酸铅（PZT）类陶瓷、聚氟乙烯（PVF）和聚二氟乙烯（PVF_2）聚合物薄膜等。

1. 硫酸三甘肽（TGS）晶体热释电器件

TGS 晶体热释电器件是发展最早、工艺最成熟的热辐射探测器件。它在室温下的热释电系数较大，介电常数较小，比探测率 D 值较高，$D^*(500,10,1)$ 值的范围为 $1\times10^9 \sim 5\times10^9 \mathrm{cm\cdot Hz^{1/2}\cdot W^{-1}}$。在较宽的频率范围内，TGS 晶体热释电器件都具有较高灵敏度，因此，是至今仍广泛应用的热辐射探测器件。

TGS 属水溶性晶体，其物理化学性能的稳定性较差。由于 TGS 单晶的居里温度仅为 49℃，因此不能承受大的辐射功率。例如，几毫瓦的 CO_2 激光器的辐射就会使它发生分解（TGS 的分解温度为 150℃）。在常温下也会由于部分铁电磁畴反转而产生退极化现象。TGS 晶体经过掺杂、辐射等处理后可以克服这些缺点，故目前多不用纯的 TGS 单晶材料制作热释电器件。氘化硫酸三甘肽（DTGS）的居里温度有所提高，但工艺较为复杂，成本亦较高。

掺杂丙乙酸的 TGS（LATGS）具有很好的锁定极化特点，由居里温度下降到室温仍无退极化现象。它的热释电系数也有所提高。丙乙酸掺杂 TGS 晶体后可使其介电损耗减小，介电常数下降。前者降低了噪声，后者改进了高频特性。它在低频情况下的最小可探测功率（*NEP*）为$4\times10^{-11}W/Hz^{-1/2}$，相应的$D^*$值为$5\times10^9cm\cdot Hz^{1/2}\cdot W^{-1}$。

LATGS 不仅灵敏度高，而且响应速度也很快。图 6-18 为 LATGS 的最小可探测功率（*NEP*）和比探测率（D^*）随工作频率（*f*）的变化关系。

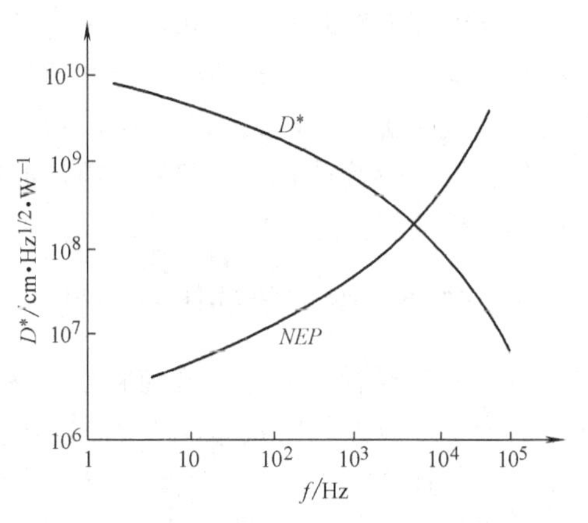

图 6-18 LATGS 的 *NEP* 和 D^* 随工作频率 *f* 的变化关系

2. 铌酸锶钡（SBN）热释电器件

这种热释电器件由于材料中钡含量的提高而使居里温度相应提高。例如，钡含量从 0.25 增加到 0.47，其居里温度相应从 47℃ 提高到 115℃，在室温下去极化现象基本消除。SBN 探测器在大气条件下性能稳定，无需窗口材料保护，电阻率高，热释电系数大，机械强度高，在红外波段吸收率高，可不必涂黑。其在 500MHz 尚未出现明显的压电谐振，故可用于快速光辐射的探测。但 SBN 晶体在钡含量 $x<0.4$ 时，如不加偏压，在室温下就趋于退极化，而当 $x>0.6$ 时，晶体在生长过程中易于开裂。

在 SBN 中掺入少量 La_2O_2 可提高其热释电系数，用掺杂的 SBN 制作的热释电器件无退极化现象，其 $D^*(500,10,1)$ 达 $8\times10^8cm\cdot Hz^{1/2}\cdot W^{-1}$。掺镧后其居里温度有所降低，但极化仍很稳定，损耗也有所改善。

3. 钽酸锂（$LiTaO_3$）热释电器件

这种热释电器件具有很吸引人的特性。在室温下它的热释电响应约为 TGS 的一半，但在低于 0℃ 或高于 45℃ 时都比 TGS 好。这种器件的居里温度 T_c 高达 620℃，室温的响应率几乎不随温度变化，可在很高的环境温度下工作，能够承受较高的辐射能量，且不退极化，它的物理化学性质稳定，不需要保护窗口，机械强度高，响应快（时间常数为 $1.3\times10^{-11}s$，极限为 $1\times10^{-12}s$），适用于探测高速光脉冲，已用于测量峰值功率为几千瓦，上升时间为 100ps 的 Nd:YAG 激光脉冲，其 $D^*(500,30,1)$ 已达 $8.5\times10^8cm\cdot Hz^{1/2}\cdot W^{-1}$。

4. 压电陶瓷热释电器件

压电陶瓷热释电器件的特点是材料的热释电系数 γ 较大，但同时其介电常数 ε 也较大，所以两者的比值并不高。其机械强度大、物理化学性能稳定、电阻率可用掺杂来控制，它所能承受的辐射功率超过 $LiTaO_3$ 热释电器件，居里温度高，不易退极化。例如，锆钛酸铅热释电器件的 T_c 高达 365℃，$D^*(500,1,1)$ 达 $7\times10^8cm\cdot Hz^{1/2}\cdot W^{-1}$。此外，这种热释电器件容易制造，成本低廉。

5. 聚合物热释电器件

聚合物热释电材料的导热系数小，介电常数也小，易于加工成任意形状的薄膜，物理化学性能稳定，造价低廉。虽然它的热释电系数 γ 不大，但介电系数 ε 较小，所以比值 γ/ε 并不小。在聚合物热释电材料中聚二氟乙烯（PVF_2）、聚氟乙烯（PVF）及聚氟乙烯和聚四氟乙烯的共聚物较好。利用 PVF_2 薄膜可使得 $D^*(500,10,1)$ 达到 $10^8cm\cdot Hz^{1/2}\cdot W^{-1}$。

6. 快速热释电器件

如 6.3.5 节所述，由于热释电器件的输出阻抗高，因此需要配以高阻抗负载，因而其时间常数较大，即响应时间较长。这样的热释电器件不适于探测快速变化的光辐射。即便使用补偿放大器，其高频响应也仅为10^3Hz 量级。在高频应用中，例如，用热释电器件测量脉冲宽度很窄的激光峰值功率和观察波形时，要求热释电器件的响应时间要小于光脉冲的持续时间。为此，近年来发展了快速热释电器件。快速热释电器件一般都设计成同轴结构，将光敏元器件置于阻抗为 50Ω 的同轴线的一端，采用面电极结构时，时间常数可达到 1ns 左右，采用边电极结构时，时间常数可降至几皮秒。图 6-19 为一种快速热释电探测器的结构原理。光敏元器件是采用边电极结构的 SBN 晶体薄片，用 0.1μm 厚的 Au 做电极，用 Al_2O_3 或 BeO 陶瓷等导热良好的材料为衬底。用 SMA/BNC 高频接头输出，这样的结构使它的响应时间缩短至 13ps，其最低极限值受晶格振动弛豫时间的限制，约为 1ps。不采用同轴结构而采用一般的引脚封装结构的频率响应带宽也能扩展到几十兆赫兹。

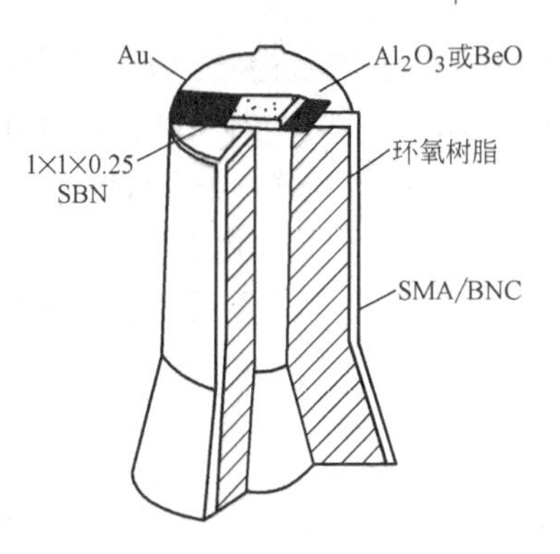

图 6-19 一种快速热释电探测器的结构原理

快速热释电器件一般用于测量大功率脉冲激光，因而需要能承受大功率辐射而又不受到损伤，为此应选用损伤阈值较高的热释电材料和高热导率的衬底材料制造。

6.3.7 典型热释电器件

图 6-20 为典型 TGS 热释电器件结构。把制好的 TGS 晶体连同衬底贴于普通晶体管管座上，上、下电极通过导电胶、铟球或细铜丝与引脚相连，加上窗口后构成完整的 TGS 热释电器件。由于晶体本身的阻抗很高，因此，整个封装工艺过程中必须严格清洁处理，以便提高电极间的阻抗，降低噪声。

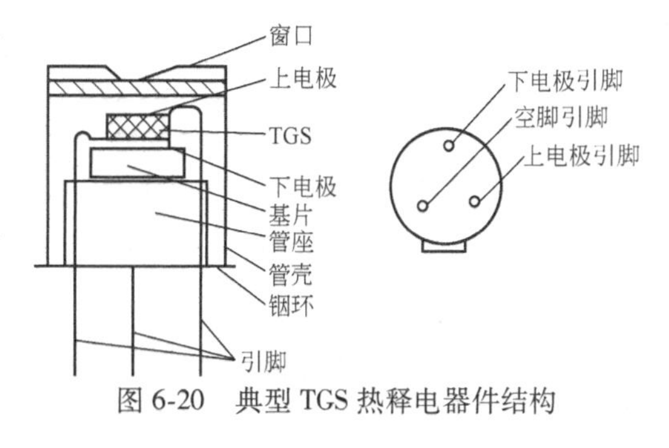

图 6-20 典型 TGS 热释电器件结构

为了降低器件的总热导率，一般采用热导率较低的衬底。管内抽成真空或充氪气等热导率很低的气体。为获得均匀的光谱响应，可在热释电器件灵敏层的表面涂特殊的漆，增加对入射辐射的吸收。

所有的热释电器件同时又是压电晶体。因此它对声频振动很敏感，入射辐射脉冲的热冲击会激发热释电晶体的机械振荡，进而产生压电谐振。这意味着在热释电效应上会叠加有压电效应，产生虚假信号，使探测器在高频段的应用受到限制。为防止压电谐振，常采用如下方法：①选用声频损耗大的材料，如 SBN，在很高的频率下没有发现谐振现象；②选取压电效应最小的材料；③热释电器件要牢靠地固定在底板上，如可用环氧树脂将 $LiTaO_3$ 粘贴在玻璃板上，再封装成管，会有效地消除谐振；④热释电器件在使用时，一定要注意防振。显然，前两种方法限制了器件的选材范围，第三种方法降低了响应度和比探测率。

对于热释电器件的尺寸，应尽量减小其体积，以便减小热容，提高热探测率。

为了提高热释电器件的灵敏度和信噪比，常把热释电器件与前置放大器（常为场效应晶体管）做在一个管壳内。图 6-21 为一种典型的带场效应晶体管放大器的热释电器件。由于热释电器件本身的阻抗高达 $10^{10}\sim10^{12}\Omega$，因此场效应晶体管的输入阻抗应该高于 $10^{10}\Omega$，跨导 g_m 应高于 2000S，噪声较低的场效应晶体管为前置放大器。引线也要尽量短，最好将场效应晶体管的栅极直接焊到热释电器件的一个引脚上，一同封装在金属屏蔽壳内。

图 6-22 为热释电器件的等效电路。等效输出阻抗 Z 分别为 C_d、C_g、R_d、R_g 的并联，它的电流和电压灵敏度等参数与工作频率等有关，已在 6.3.2 节里讨论过。

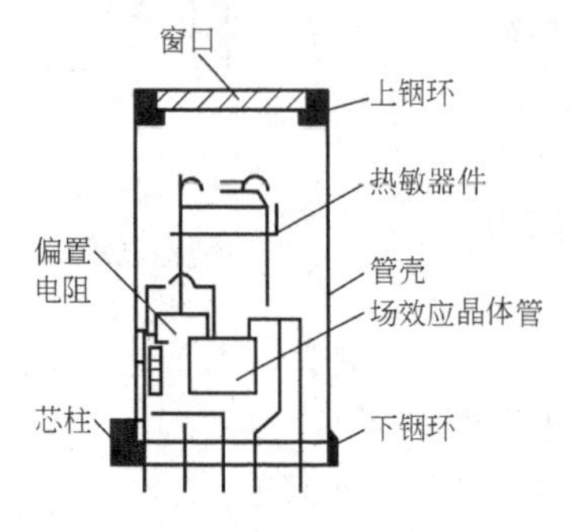

图 6-21 一种典型的带场效应晶体管放大器的热释电器件

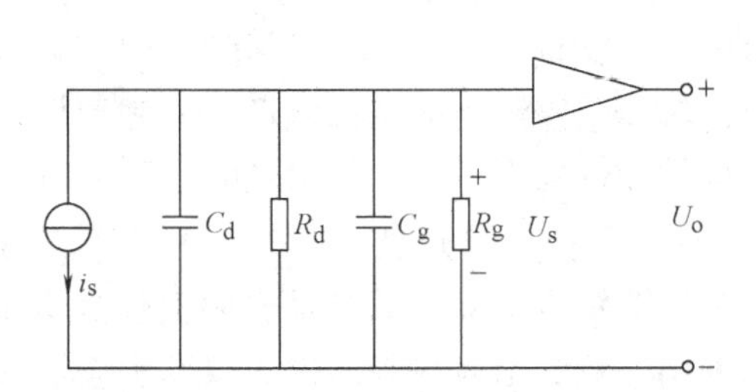

图 6-22 热释电器件的等效电路

表 6-3 列出了几种国产热释电探测器件的特性参数，供选用参考。

表 6-3 几种国产热释电探测器件的特性参数

参数名称		比探测率 D^*/cm·Hz$^{1/2}$·W^{-1}	电压灵敏度 R/(V/W)	器件阻抗 Z/Ω	敏感面积 A/mm^2	居里温度 T_c/℃	最高使用温度/℃	工作波长
测试条件		黑体温度 500K 调制频率 80Hz 放大器带宽 4Hz	调制频率 80Hz 放大器带宽 4Hz					带 ZnS 窗口；长波截止波长为 14μm
铌酸锶钡(SBN)	RD-S-A	$3\times10^7\sim5\times10^7$	30~50	$10^{10}\sim10^{11}$	6	80~115	55	
	RD-S-B	$5\times10^7\sim7\times10^7$	50~70		8			
	RD-S-C	$7\times10^7\sim1\times10^8$	70~100		10			
钽酸锂($LiTaO_3$)	RD-L-A	$7\times10^7\sim10\times10^7$	100~150	10^{12}	6	618	120	无窗口；从 340nm 起至远红外
	RD-L-B	$1\times10^8\sim2\times10^8$	150~200		8			
	RD-L-C	$\geqslant2\times10^8$	≥200		10			
钛酸锂($TiTiO_3$)	RD-P-A	$3\times10^7\sim5\times10^7$	30~50	$10^{10}\sim10^{11}$	6	470	120	
	RD-P-B	$5\times10^7\sim7\times10^7$	50~70		8			
	RD-P-C	$7\times10^7\sim1\times10^8$	70~100		10			

6.4 红外与热辐射探测技术

红外探测器或红外系统的性能参数或指标是对它们品质的评价。应从探测器的性能参数与组成红外系统的其他部件的性能参数进行综合评价。下面从两方面进行讨论。

1. 探测器的性能参数

有关探测器性能的问题已在前面进行了详细的讨论，这里将其归纳为：

（1）探测本领　描述探测器探测本领的参数有很多，常用的有灵敏度 S（或响应率 R）、探测率 D、比探测率 D^* 和最小可探测功率 NEP 等，分别从不同的角度描述探测器对红外辐射的探测本领。对于红外辐射的探测条件很多，需要考虑的因素较多，综合考虑比探测率 D^* 参数能更为客观、更为准确地反映探测器件的探测本领。

（2）惯性与时间响应　探测器的惯性、时间响应与频率响应等参数都是反映探测器探测快速变化辐射的能力，也是探测高频变化辐射信息的能力。这项参数的关键是惯性。

（3）温度特性　探测热辐射或红外辐射时常常需要将探测器的环境温度控制在低温，如干冰温度（194.6K，固态 CO_2 的升华温度）或液氮温度（77.3K，液氮的沸点）。此外，还有液氖（27.2K）和液氢（20.4K）的温度。温度特性好的红外探测器件可以在常温（295K）下进行，但是一般都需要恒温。

（4）噪声特性　在没有信号辐射作用情况下，探测器输出的电压或电流等输出量均定义为噪声。红外探测器的噪声内容和定义均已在各种探测器中讨论。噪声按频率的分布称为噪声频谱。噪声频谱的内容含有带宽与能量（幅值）和频率分布，任何探测器件都具有一定的噪声，噪声限制了器件的探测极限，采用窄带滤波、选频放大与相关采样技术是克服探测器噪声，提高探测本领的关键。

（5）偏置与工作条件　包括可见光波段在内的辐射传感器都要配备适当的偏置电路，才能将传感器感知的信息转化成电路敏感的信号，如光伏器件在反偏、自偏与零偏电路下才能将光伏信号转换成电压信号输出，光敏电阻或热敏电阻等也需要适当的偏置电路才能将温度敏感的电阻值信号变为电压信号给后续处理电路检取出温度信息。关于偏置电路的问题在介绍各种传感器的章节里都进行详尽的讨论，不再赘述。

传感器的工作条件是保证传感器正常工作的必要条件，是应用传感器必须掌握的问题，有环境温度、湿度、大气压力、振动、电磁干扰和密封等条件。例如，薄膜探测器非密封工作时，要注明湿度。光子噪声为主要噪声的探测器须注明视场立体角和背景温度（通常为300K）。某些非线性响应的探测器必须注明入射辐射的辐通量等。

2. 红外探测系统的其他部件（或电路）

除红外传感器及其偏置电路以外的部件均称为其他部件（或电路），其中包括前置放大电路、信息检取（变换）电路和逻辑分析电路等。鉴于当今数字技术的发展，尤其是计算机技术的发展使许多运算功能复杂的电路用计算机以数字方式进行计算与处理，为此简化了其他部件，使红外探测系统的其他电路可以简化到只有前置放大器电路，而放大电路输出的电压信号直接送给计算机控制的 A/D 转换器转换成数字信息后便由计算机软件进行数字处理，从而使复杂的电路问题变为简单的软件问题。

6.5 太赫兹波的探测技术

太赫兹（Terahertz，THz）波（或称 THz 电磁辐射，T-射线等）（10^{12}Hz）通常是指频率范围在 0.1～10THz（或 0.3～3THz）之间，对应波长范围在3mm～30μm（或 1mm～100μm）之间的电磁波。如图 6-23 所示，太赫兹波位于微波和红外波之间，属于远红外波段。在20世纪80年代中期以前，由于缺乏有效的产生和探测手段，科学家对该波段电磁辐射的性质了解非常有限。近几十年间超快激光技术的迅速发展，为太赫兹波的产生提供了稳定、可靠的激发光源，使太赫兹波的产生和应用得到了蓬勃的发展。

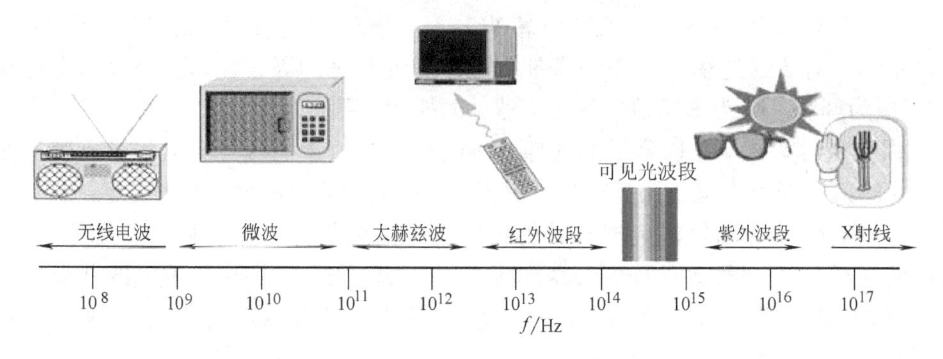

图6-23 太赫兹波（THz）在无线电波谱的位置

对太赫兹波的探测是太赫兹波科技研发的核心内容之一。太赫兹波探测技术比较多，不过它可简单分为太赫兹波脉冲探测和太赫兹波连续波（CW）探测两类，本节将对它们进行初步的介绍，另外也对太赫兹波单光子的探测进行简要的介绍。

6.5.1 太赫兹波脉冲探测

光电导采样和电光采样是两种应用最广的相干探测太赫兹波脉冲的方法。

1. 光电导采样

光电导采样是基于光导天线（Photo Conductive Antenna，PCA）发射机理的逆过程发展起来的一种探测太赫兹波脉冲信号的探测技术。要对太赫兹波脉冲信号进行探测，首先，需将一个未加偏置电压的PCA放置于太赫兹波光路之中，以便于一个光学门控脉冲（探测脉冲）对其门控。其中，这个探测脉冲和泵浦脉冲有可调节的时间延迟关系；然后，用一束探测脉冲打到光电导介质上，这时在介质中能够产生出电子-空穴对（自由载流子），而此时同步到达的太赫兹波脉冲则作为加在PCA上的偏置电场，以此来驱动那些载流子运动，从而在PCA中形成光电流。最后，用一个与PCA相连的电流表来探测这个电流即可（见图6-24）。其中，光电流与太赫兹波瞬时电场成正比。

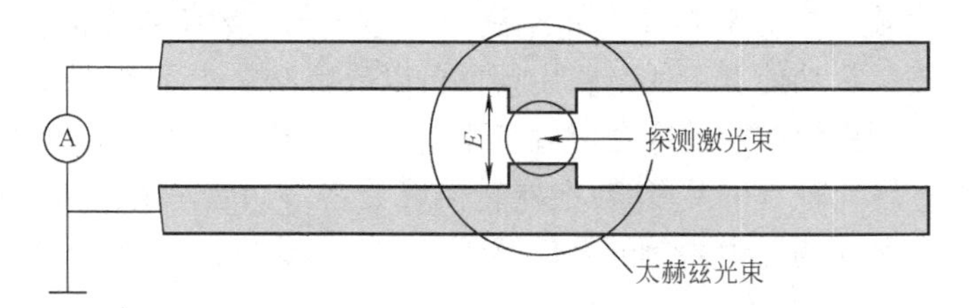

图6-24 光电导偶极子天线图

飞秒量级的探测脉冲持续时间远短于皮秒量级的太赫兹波脉冲，通过改变这两个脉冲之间的时间延迟，就可以“采样”出如图6-25所示的太赫兹波波形。其中，所探测到的太赫兹信号是入射太赫兹波脉冲与PCA响应函数的卷积。在实际的光谱实验中，探测器和发射极的响应可以通过解卷积来求得，也可将信号与参考脉冲正交化来求得。

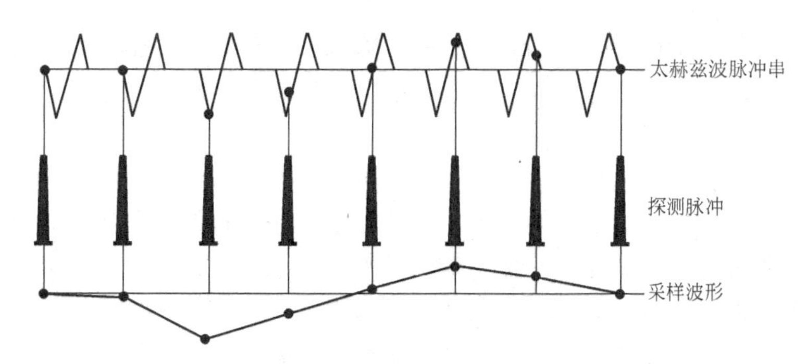

图 6-25　光电导采样过程

最常用的光导天线是在低温生长的砷化镓（LT-GaAs）上制作的，PCA 探测器的最大带宽约为 2THz。近年来，利用持续时间约为 15fs 的超快门控脉冲，可使探测带宽达到 40THz。现在这种方法普遍采用低温生长的 GaAs、Si、半绝缘的 InP 等作为工作介质。

2. 电光采样

电光采样测量技术基于线性电光效应：当太赫兹波脉冲通过电光晶体时，它会发生瞬态双折射，从而影响探测脉冲在晶体中的传播。当探测脉冲和太赫兹波脉冲同时通过电光晶体时，太赫兹波脉冲电场会导致晶体的折射率发生各向异性的改变，致使探测脉冲的偏振态发生变化。调整探测脉冲和太赫兹波脉冲之间的时间延迟，检测探测光在晶体中发生的偏振变化就可以得到太赫兹波脉冲电场的时域波形。

图 6-26 是自由空间电光采样太赫兹波探测原理。图中的太赫兹波脉冲被聚焦到电光晶体上之后，电光晶体的折射率椭球将会被其改变。当线偏振的探测脉冲在晶体内与太赫兹波光束共线传播时，它的相位会被调制。由于电光晶体的折射率会被太赫兹波脉冲电场改变，所以探测光经过电光晶体时，其偏振状态将会由线偏振转变为椭圆偏振，再经偏振分束镜［这里常用的是沃拉斯通（Wollaston）棱镜］分为 S 偏振和 P 偏振两束，而这两束光的发光强度差则正比于太赫兹波电场。使用差分探测器可以将这两束光的发光强度差转换为电流差，从而探测到太赫兹波电场随时间变化的时域光谱。利用机械电动延迟线可以改变太赫兹波脉冲和探测脉冲的时间延迟，通过扫描此时间延迟可得到太赫兹波电场的时域波形。为了提高灵敏度和压缩背景噪声，可以采用机械斩波器来调制泵浦光，而后利用标准的锁相探测技术，即可获得太赫兹波电场振幅和相位的信息。

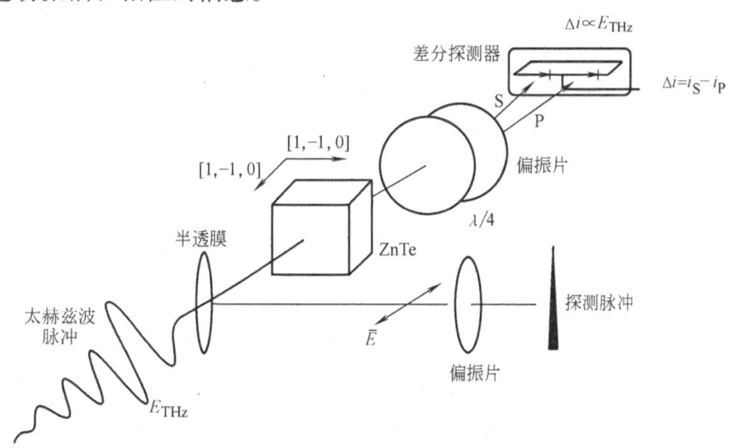

图 6-26　自由空间电光采样太赫兹波探测原理

常用的电光晶体主要有 ZnTe、ZnSe、CdTe、$LiTaO_3$、$LiNbO_3$、GaP 等，其中 ZnTe 电光晶体在灵敏度、测试带宽和稳定性等方面的性能都优于其他晶体。有机电光晶体 DAST 也可以用来探测太赫兹波脉冲。

以上两种探测太赫兹波脉冲的方法中，电光取样方法具有较高的探测带宽，因为其时间响应只与所用电光晶体的非线性性质有关，目前用电光采样探测到的频谱已超过了 37THz。同时这种探测方法具有光学平行处理的能力和信噪比较高的优点，使它在实时二维相干远红外（包括太赫兹波波段）成像技术中具有很好的应用前景。而光电导探测技术之所以具有较窄的探测带宽，是因为光导天线技术产生光电流的载流子寿命较长。

6.5.2 太赫兹连续波探测

太赫兹（THz）连续波探测的方法有多种，可以根据热效应、光学效应和电子效应对其进行探测。下面介绍基于热效应、电子效应的太赫兹连续波探测器。

1. 测辐射热计

如图 6-27 所示，测辐射热计（Bolometer）是一种非相干探测器，它只记录被探测辐射的功率大小。其原理是：当热源温度为 T_0 时，用热敏电阻将吸收体和热源连接起来，然后对吸收体施以偏置电场，偏置功率为 P_b，如果吸收体接收到辐通量为 P_s 的辐射信号，吸收体的温度会高于热源的温度。如果保持偏置功率 P_b 不变，当 P_s 发生变化时，热敏电阻温度会改变。因此，可以通过电阻值的变化测量辐通量。吸收体的温度为

$$T=T_0+\frac{P_{\text{signal}}+P_{\text{bias}}}{G}$$

式中，G 为探测元件与周围环境的热导。

据此可算出辐通量。测辐射热计的背景热噪声比较大，要想降低热噪声，必须在低温条件下进行操作。实验中所用的热敏电阻通常是用超导材料做成的，并且它工作在转变温度附近。即使是温度发生了微小的变化，也能精确地测量出电阻的变化量来。

图 6-27a 为测辐射热计的原理，图 6-27b 为吸收体的温度与其电阻率的关系，图 6-27c 为测辐射热计的实物。

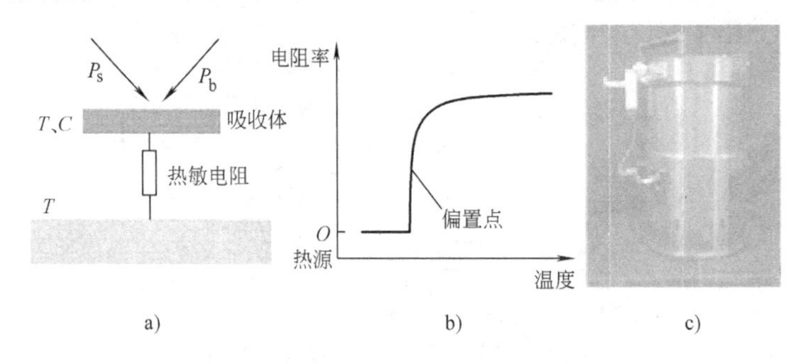

图 6-27 测辐射热计原理与实物

a）测辐射热计的原理 b）吸收体的温度与其电阻率的关系 c）测辐射热计的实物

测辐射热计的工作温度一般在 1.6K 左右，但它的工作物质不是超导材料，而是半导体材料硅，其工作频率范围为 0.1～100THz，最小可探测功率（*NEP*）则约为 4.5×10^{-15}W/Hz$^{1/2}$。它的灵敏度约为 8.14×10^{6}V/W，并且其对应的调幅在 10～200Hz 之间。

对测辐射热计进行操作需要注意以下几点：①必须在低温环境中操作；②用它进行测量所能够持续的时间要受到杜瓦瓶中低温冷却液体的制约；③测辐射热计目前还没有做到便携式，所以必须将它固定；④根据最新的研究进展，利用微型测辐射热计可以在常温条件下进行成像测量。

2. 高莱探测器

如图6-28所示，高莱探测器（Golay Cell）可以用来检测各种红外辐射。其原理是，当红外辐射通过接收窗口照射到吸收膜上时，吸收膜将能量传递给与之相连的气室，使气体温度与压力升高，促使与气室相连的反射镜膨胀偏转，通过光学方法检测反射镜的移动量，就能间接地对红外辐射进行检测。这种探测器的优点是对波长可以不进行选择，响应波段宽，可以在室温条件下工作，且使用方便，但由于其反应时间长、灵敏度低，一般只用于红外辐射变化缓慢的场合。

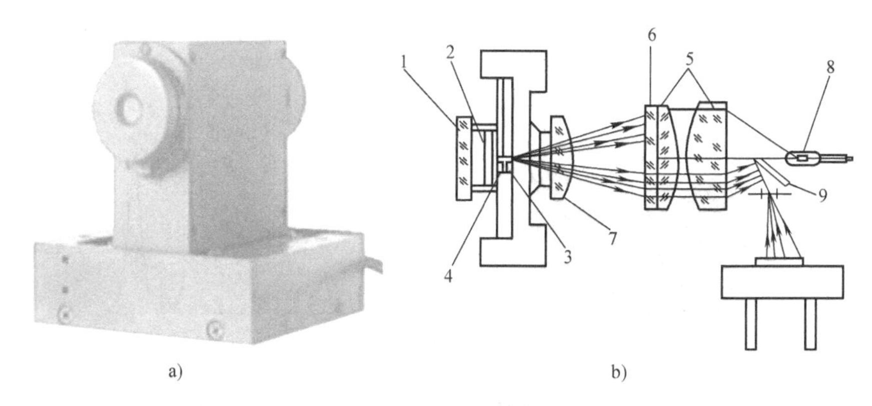

图6-28 高莱探测器的外形与原理结构

a）外形 b）原理结构

结构图中的“1”为接收窗口，“2”为薄膜，“3”为隔膜，“4”为压强导管，

“5、6、7”为光学重新调焦系统，“8”为LED，“9”为光电二极管

高莱探测器的最大输入功率为10μW，其工作频率在0.1~1001THz之间。高莱探测器的噪声等效功率约为10^{-10}W/$\mathrm{Hz}^{1/2}$，且灵敏度为1.5×10^{5}V/W，但它的调幅却只有20Hz。

对高莱探测器进行操作同样也需要注意一些事项：①高莱探测器是一种精密的仪器，它和测辐射热计一样应牢靠地固定住，并保持气室中气体的稳定性；②高莱探测器所能接收的最大辐射功率非常小，它的温升不可能太高。

图6-28为高莱探测器的外形与原理结构，其中图6-28a为高莱探测器的实物图，图6-28b为高莱探测器的原理结构图。其中光电晶体的照度取决于隔膜的形状，而隔膜的形状则与腔内的压强有关。

另外基于热效应的热电照相机、热释电探测器等也都能探测THz连续辐射。

6.5.3 太赫兹波单光子探测

将一个尺寸相对较大的半导体量子点（QD）置于强磁场之中，使它通过隧道结与电子库（Electron Reservoirs）发生弱耦合（见图6-29a、b）。在这个强磁场中，最低的朗道能级LL_1会被充满（具有两个方向相反的自旋极化），而第一朗道激发能级LL_2只是被少量的电子所占据。当处于费米能级时，LL_1 和 LL_2 能形成两层可压缩的金属区域，它们分别对应于QD的“外环”和“内核”（见图6-29a），并且在它们之间有一层不可压缩的绝缘带将它们隔离开来，而它们之间的隧穿概率也主要是由这层绝缘带决定。当外环的电化势 μ_1 随电子库势能线性增加时，电子就会在电子库和外环之间发生隧穿效应，由此可导致外环的电导共振（Conductance Resonance）。尽管内核与电子隧穿没有直接的关系，但是由于其本身所带的电荷会以静电耦合的方式耦合到外环，所以它对电子的隧穿有很强烈的影响。

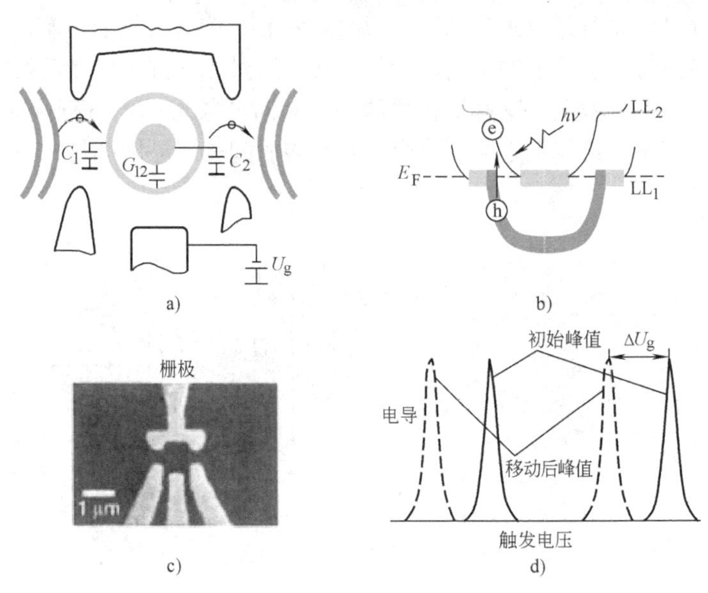

图6-29 强磁场中太赫兹波单光子量子点晶体管探测器

当一个太赫兹波光子以回旋共振的方式被量子点吸收后（见图6-29b），在高空能级 LL_2（低满能级 LL_1）会产生一个电子（空穴），与此同时它会迅速地把多余的能量释放给晶格，下降（上升）到内核（外环）。则此时内核带一个负电荷 $-e$（电子电荷），由此外环的电化势降低了：$-\Delta\mu_1=-eC_2/(C_2C_1+C_{12}C_1+C_2C_{12})$，其中 C_i、C_{ij} 表示上文所说的两区域之间的电容（见图6-29a）。而此内部极化会导致电导共振峰值的位置移动 $-\Delta U_g \propto -\Delta\mu_1$（见图6-29d）。另外由于隧穿效应的影响，内核上的受激电子的寿命会极长，由此使探测到太赫兹波光子成为了现实。这种方法的时间分辨率可达毫秒（ms）量级，其灵敏度也比现有的探测技术高 10^4 倍之多。

图6-29为强磁场中的太赫兹波单光子量子点（QD）晶体管探测器示意图，图6-29a为量子点的示意图。灰色区域代表金属内核和最低的两个朗道能级（LLs）所形成的金属外环区域。图6-29b为量子点中朗道能级的能谱图。当量子点吸收一个太赫兹波光子，在它内部会产生一个电子-空穴对。受激电子（空穴）会迅速降至（升至）QD的内核（外环），从而使QD发生极化。图6-29c为QD的扫描电子显微照片（700nm×700nm）。这个QD是由受横向限制的2DEG和加有负向偏置的金属栅极所组成，并且在它之中含有350个电子。2DEG的迁移率和密度分别为 $\mu\approx 80\mathrm{m}^2\cdot\mathrm{V}^{-1}\cdot\mathrm{S}^{-1}$，$n_s\approx 2.4\times10^{15}\mathrm{m}^{-2}$。金属栅极和金属引线长有100μm，它们相当于一个偶极天线，将太赫兹波耦合到QD之中。磁场可由超导螺线管提供，并且要求磁场方向垂至于QD所处的平面。图6-29d为库仑电导率与控制栅极电压 U_g

（触发电压）函数关系图。当单电子晶体管工作时，并且外环的电化势 μ_1 随着电子库势能呈线性增加时，会发生电导共振现象。当 QD 中的电子-空穴对受激后，电导峰值图（实线）会发生改变（虚线），由此可导致 QD 极化。

思考题与习题 6

1. 热辐射探测器通常分为哪两个阶段？哪个阶段能够产生热电效应？

2. 试说明热容、热导和热阻的物理意义，热惯性用哪个参量来描述？它与 RC 时间常数有什么区别？

3. 热电器件的最小可探测功率与哪些因素有关？

4. 为什么半导体材料的热敏电阻常具有负温度系数？什么是热敏电阻的冷阻与热阻？

5. 热敏电阻灵敏度与哪些因素有关？

6. 热电堆可以理解成热电偶的有序累积的器件吗？

7. 一热探测器的灵敏面面积 $A_d=1\text{mm}^2$，工作温度 $T=300\text{K}$，工作带宽 $\Delta f=10\text{Hz}$，若该器件表面的发射率 $\varepsilon=1$，试求由于温度起伏所限制的最小可探测功率 $NEP_{\min}$（斯忒藩-玻耳兹曼常数$\sigma=5.67\times10^{-12}\text{W}\cdot\text{cm}^{-1}\cdot\text{K}^4$，玻耳兹曼常数 $k=1.38\times10^{-23}\text{J}\cdot\text{K}^{-1}$）。

8. 某热电传感器的探测面积为 5mm^2，吸收系数 $\alpha=0.8$，试计算该热电传感器在室温 300K 与低温 280K 时 1Hz 带宽的最小探测功率 NEP_{NE}、比探测率 D^* 与热导 G。

9. 热释电器件为什么不能工作在直流状态？工作频率等于何值时热释电器件的电压灵敏度达到最大值？

10. 为什么热释电器件总是工作在 $\omega\tau_e\gg1$ 的状态？在 $\omega\tau_e\gg1$ 的情况下热释电器件的电压灵敏度如何？

11. 设铌酸锶钡的吸收系数为 0.85，试计算铌酸锶钡热释电器件在调制辐射频率为 500Hz 时的电压灵敏度。

12. 一个热探测器具有热导 G 和热容 H，试证明：如果热探测器和其周围环境之间存在功率交换的无规则起伏 $W(t)$（例如由于背景噪声所引起的），则

$$W(t)=G\Delta t+H\frac{\text{d}}{\text{d}t}(\Delta T)$$

式中，ΔT 是热探测器和其周围环境之间的温度差。

13. 为什么热释电器件的工作温度不能在居里温度？当工作温度远离居里温度时热释电器件的电压灵敏度会怎样？工作温度接近居里温度时又会怎样？

14. 热释电探测器件常与场效应晶体管放大器组合在一起，并封装在同一个管壳内，这样的封装有什么好处？

15. 热释电探测器可视为一个与电阻 R 并联的电容。假定电阻 R 中的热噪声是主要的噪声源，试导出热释电探测器的最小可探测功率的表达式。

16. 如果热探测器的热容 $H=10^{-7}\text{J}\cdot\text{K}^{-1}$，试求在 $T=300\text{K}$ 时热探测器的热时间常数 τ_T（假定热探测器只通过辐射与周围环境交换能量）。

17. 如果热探测器的敏感面积 $A_d=1\text{mm}^2$，试求在热探测器温度分别为 77K 和 300K 条件下本振光所产生的散粒噪声等于热噪声时的本振光功率。

18. 已知 TGS 热释电探测器的面积 $A_d=4\text{mm}^2$，厚度 $d=0.1\text{mm}$，体积比热容 $c=1.67\text{J}\cdot\text{cm}^{-3}\cdot\text{K}^{-1}$，若视其为黑体，求 $T=300\text{K}$ 时的热时间常数 τ_T。若入射光通量 $P_\omega=10\text{mW}$，调制频率为 1Hz，求输出电流（热释电系数 $\gamma=3.5\times10^{-8}\text{C}\cdot\text{K}^{-1}\cdot\text{cm}^{-2}$）。

19. 何谓太赫兹波辐射？它的波长范围为多少？频率范围又为多少？它在电磁辐射波谱中的位置如何？

20. 试简述光电采样的基本工作原理，光电导探测天线的作用是什么？

第 7 章　图像扫描与图像显示技术

图像扫描是产生图像视觉的关键技术，也是学习和掌握图像传感器，利用图像传感器完成机器视觉检测与识别的关键。本章主要介绍利用各种光电传感器完成对图像信息进行采集的方法，以及还原图像（图像显示）的技术，为学习图像传感器的基本工作原理奠定基础。

如何将场景图像分解（变换）成一维时序信号？如何将一维时序信号还原成图像画面？这些都是本章要解决的问题。显然，它包括图像扫描（分解）的基本原理、一维时序信号的特点、电视制式包含的内容与图像显示技术等。

7.1　图像解析原理

二维场景只有通过成像物镜（镜头）才能使感光胶片感光，在感光胶片上留下场景的图像。将场景二维空间发光强度的分布（光学图像）传送出去，以便于人们更方便地观察、分析与判断其中所需要的信息，或者将遥远的图像传送到人们的面前，已经是很多人都熟知但不知其原理的内容。其中包括了图像解析（分解）、信号发送、接收与再现几个过程。

图像解析是指将二维发光强度分布的光学图像转变成一维时序电信号的过程。完成图像解析过程的器件常被称为图像传感器，如 CCD。CCD 是如何将通过成像物镜获得的二维发光强度分布变换成一维时序信号输出的呢？要解决这个问题需要详细了解图像的解析方法与原理。

7.1.1　图像的解析方法

1. 光机扫描图像解析方法

光机扫描图像解析方法是借助于光电传感器完成的，光电传感器有分立的和集成的两类。集成的又分为线阵列与面阵列的，为了便于学习，先讨论以单元光电传感器完成的光机扫描方式对图像的解析。

（1）单元光电传感器光机扫描方式　采用单元光电传感器（包括各种独立光电传感器、热电传感器等）与机械扫描装置相配合可以将一幅完整的图像分解成按行与列方式排列的点元光信息，单元光电传感器将这些点元图像转换成电信息输出 U_{xy}，其中，x 为图像的行（x）坐标，y 为图像的列（y）坐标。当单元光电传感器以一定的速率做相对于光学图像运动时（见图 7-1），则输出信号电压 U_{xy} 成为光学图像的解析信息（或信号），即信号电压 U_{xy} 解析了光学图像。为此，可以将具有机械扫描装置的单元光电传感器系统称为单元扫描图像传感器。

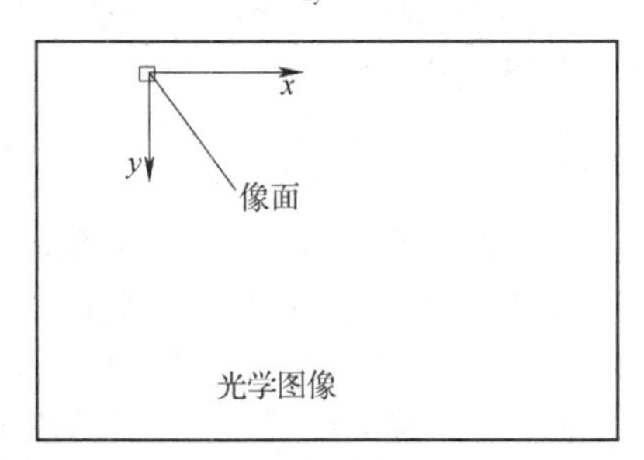

图 7-1　光机扫描方式的原理

显然，单元扫描图像传感器必须具备以下条件：①单元光电传感器的面积与被扫描图像的面积相比必须很小，才可以将图像分解为一个像敏单元（简称像元或像素）点；②单元光电传感器必须对图像发出的各种波长的光敏感；③单元光电传感器必须相对被分解图像做有规则的周期运动（扫描），且扫描速率应该较图像的变化速率快。

机械扫描机构带动单元光电传感器的像面在光学图像上做水平（x）方向高速往返运动的过程称为行扫描。行扫描中，自左向右运动速率较慢，扫描花费的时间（T_{xz}）长，称其为行正程时间；自右向左的返回运动速率快，所用时间（T_{xr}）短，称其为行逆程时间。在垂直（y）方向所做的扫描为场扫描，自上而下的扫描速率更慢，所用时间（T_{yz}）更长，称为场正程时间；返回的运动是自下而上，且运动速率较快，所耗时间（T_{yr}）较短，并称为场逆程时间，上、下往返的运动称为场扫描。通常场扫描周期远大于行扫描周期，即在一场扫描周期内要进行多次的行扫描。这样才能使图像在垂直方向上获取更高的分辨率。

规定行、场正程扫描过程中都有输出信号 U_{xy}，而行、场逆程期间均没有信号输出，为确保图像的质量，在使用 CRT 显示器显示图像时，行、场逆程期间采用对扫描电子束“消隐”的技术，不使逆程显现扫描亮线，因此，有时也称行逆程为行消隐，场逆程为场消隐。行、场扫描应满足下面两个条件：

1）行周期与场周期满足

$$T_y = nT_x \tag{7-1}$$

式中，T_y 为像元扫描整幅图像的场周期，为场正程时间 T_{yz} 与场逆程时间 T_{yr} 之和；T_x 为像元扫描一行图像所用的时间，称为行周期，也由行正程时间 T_{xz} 与逆程时间 T_{xr} 之和构成，即 $T_x = T_{xz} + T_{xr}$；n 为一场图像扫描的行数。

2）行、场扫描的时间分配。为将图像分解得更清晰，像元的轨迹将布满整个像面，像元的输出信号将是与光学图像对应位置的照度信号，常被称为像元对光学图像的解析。由于像元的输出信号是时间的一元函数（时序信号），因此该光机扫描机构将光学图像解析成一维的视频信号输出。

当然，光机扫描也可以采用停顿方式进行间断式工作。在 y 方向扫描到某行 y_i 时，暂停 y 方向的扫描，扫描完 x 方向的一行后再启动 y 扫描，光电传感器输出一行的信号后返回到 x 方向的起始位置，启动 y 方向的扫描，再前进一行，进入第 y_{i+1} 行的扫描，再进行一行的扫描与输出，如此往复，完成对整个像面的扫描输出。这种停顿式的扫描方式速度慢，只适用于静止图像的分解、转换，不能用于变化图像的转换和采集工作，但是，它很容易获得更清晰的扫描图像。

单元光电传感器的光机扫描方式的水平分辨率正比于光学图像水平方向的尺寸与光电传感器像面在水平方向的尺寸之比。对于尺度较大的图像，一行之内（行正程时间内）输出的像元点数越多，水平分辨率自然也越高。同样，垂直分辨率也正比于光学图像垂直方向的尺寸与光电传感器像面在垂直方向的尺寸之比。因此，减小光电传感器的像面面积是提高光机扫描方式分辨率的有效方法；然而，光电传感器像面的减小，扫描点数的提高，使行正程的时间增长，或必须提高行扫描速度（当要求行正程时间不变的情况下），对光机扫描结构设计带来很大的难度。因此，单元光电传感器光机扫描方式的水平分辨率受到扫描速度的限制。提高光机扫描方式分辨率与扫描速度的方法是采用多元光电自扫描传感器（如线阵 CCD）构成多元光机扫描方式。

（2）多元光机扫描方式　采用多个光电传感器，并将其排成一行，就构成了如图 7-2 所示的多元光机扫描方式。在多元光机扫描方式中，行扫描通过光电传感器的顺序输出完成。在行正程期间，按排列顺序将光电传感器的输出信号取出形成行视频信号。在这种情况下，机械扫描只需要进行 y 方向的一维扫描便可以将整幅图像转换成视频信号输出，弥补了机械扫描速度慢的缺点，同时简化了双向行扫描带来的繁杂机械扫描机构。

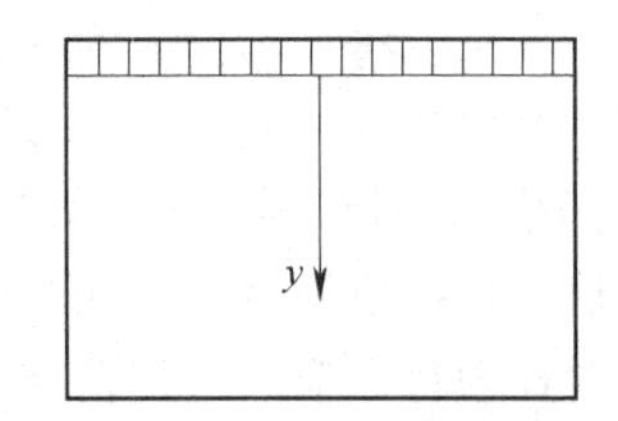

图 7-2 多元光机扫描方式原理图

例如，由线阵 CCD 构成的图像扫描仪是一个典型的多元光机扫描系统，该系统中线阵 CCD 完成水平方向的自扫描，而 y 方向由步进电动机带动光学成像系统完成对整幅图像的扫描运动，再由线阵 CCD 完成对整幅图像的转换与输出。

一些生产线上的质量检测也属于多元光机扫描方式成像的案例，如玻璃表面瑕疵的检测、大米色选、纺织物品的质量检测等，它们都有一个共同的特点，即都能够形成图像输出并且都可以利用所成图像完成各种目的的检测。

2. 电子束扫描图像传感器

电子束扫描方式的传感器是最早应用于图像传感器的，如早期的各种电真空摄像管、真空视像管以及红外成像系统中的热释电摄像管等。在这种电子束扫描成像方式中，被摄景物图像通过成像物镜成像在摄像管的靶面（图 7-3 中的光电导靶）上，以靶面的电位分布或以靶面的电阻分布形式将面元发光强度分布图像信号存于靶面，并通过电子束将其检取出来，形成视频信号。预热后的灯丝发出的电子束在摄像管偏转线圈与聚焦线圈的作用下，进行行扫描与场扫描，完成对整个图像的扫描（或分解）。当然，行扫描与场扫描要遵守一定的规则。电子束摄像管电子扫描系统遵循的规则称为电视制式。

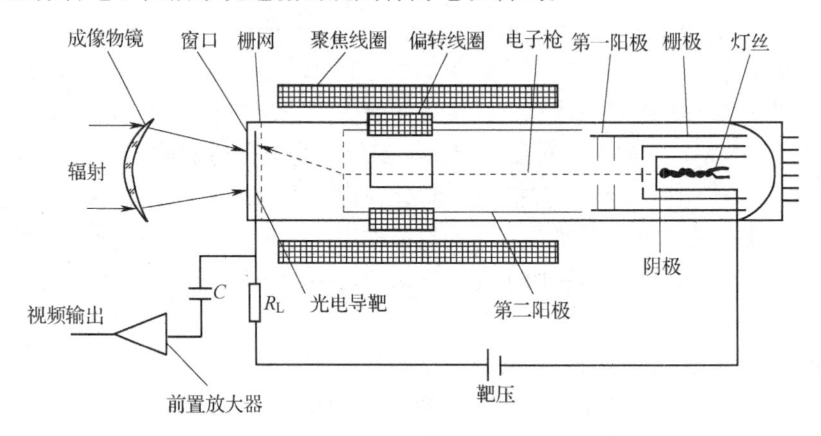

图 7-3 电子束摄像管的结构

电子束扫到靶面某点（x，y），由于点（x，y）记录了图像发光强度分布的信息，而电子束带负电，所以负载电阻 R_L 上产生电压降 U_{RL}，并经放大器输出成为视频信号。

3. 固体自扫描图像传感器

固体自扫描图像传感器是 20 世纪 70 年代发展起来的新型图像传感器件，如面阵 CCD、CMOS 图像传感器等。这类器件本身具有自扫描功能，例如面阵 CCD 的像面能够将成像于其上的光学图像转换成电荷密度分布的电荷图像，电荷图像可以在驱动脉冲的作用下按照一定的规则（如电视制式）一行行地输出，形成图像信号（或视频信号）。

上述3种扫描方式中，电子束扫描方式由于电子束摄像管逐渐被固体图像传感器所取代，已逐渐退出舞台。目前光机扫描方式与固体自扫描方式在光电图像传感器中占据主导地位。但是，在有些应用中通过将一些扫描方式组合起来，能够获得性能更为优越的图像传感器。例如，将几个线阵CCD或几个面阵CCD拼接起来，再利用机械扫描机构，可以形成一个视场更大、分辨率更高的图像传感器，以满足人们探索宇宙奥秘的需要。

7.1.2 图像传感器的基本技术参数

图像传感器的基本技术参数一般包括图像传感器的光学成像物镜与光电成像器件的参数。

1. 与光学成像物镜有关的参数

（1）成像物镜的焦距f　成像物镜的焦距决定了被摄景物与光电成像器件的距离以及所成图像的大小。在物距相同的情况下，焦距越长的物镜所成的像越大。

（2）相对孔径D/f　成像物镜的相对孔径为物镜入瞳的直径与其焦距之比。相对孔径的大小决定了物镜的分辨率、像面照度和成像物镜的成像质量。

（3）视场角2ω　成像物镜的视场角决定了能在光电图像传感器上成像良好的空间范围。要求成像物镜所成的景物图像要大于图像传感器的有效面积。

以上3个参数是相互制约的，不可能同时提高，在实际应用中要根据情况适当选择。

2. 与光电成像器件有关的参数

（1）扫描速率　不同的扫描方式有不同的扫描速率要求。例如，单元光机扫描方式的扫描速率由扫描机构在水平和垂直两个方向的运动速度（转动角速率）决定。行扫描速率（行正程）v_{xz}取决于光学图像在水平方向的尺寸A和行正程时间T_{xz}：

$$v_{xz}=A/T_{xz} \tag{7-2}$$

同样，垂直方向的场扫描速率（场正程）v_{yz}取决于光学图像在垂直方向的尺寸B和场正程时间T_{yz}，即

$$v_{yz}=B/T_{yz} \tag{7-3}$$

多元光机扫描方式图像传感器的行扫描速率v_{xz}取决于读取一行像元所需的时间T_H与一行内像元数N，即

$$v_{xz}=N/T_H \tag{7-4}$$

对于线阵CCD为行积分时间的倒数。

垂直方向的场扫描速率v_{yz}取决于光学图像在垂直方向的尺寸B和场正程时间T_{yz}，即

$$v_{yz}=B/T_{yz} \tag{7-5}$$

固体自扫描图像传感器的水平扫描速率取决于传感器水平行的像元数与行扫描时间之比；垂直方向的场扫描速率取决于传感器在垂直方向的像元行数与场扫描时间之比。

（2）分辨率　光机扫描方式的图像传感器水平方向的分辨率（解像率）δ正比于机械扫描长度A与光电传感器在水平方向的长度a之比，即

$$\delta \propto \frac{A}{a} \tag{7-6}$$

显然，传感器水平方向的相对长度a越小，水平分辨率越高。水平分辨率还与成像物镜

水平分辨率有关。对于线阵 CCD 扫描方式，水平分辨率与线阵 CCD 分解图像长度 A 及有效像元数量有关。显然，充分利用线阵 CCD 的像元数是获得最高水平分辨率的有效措施。

垂直分辨率也与光电传感器在垂直方向的长度 b 有关，另外与垂直方向的扫描长度及扫描速率有关。显然，垂直方向扫描速率越低获得的垂直分辨率越高。

CCD 与 CMOS 等自扫描方式的图像传感器水平与垂直分辨率分别与器件本身在两个方向上的分辨能力有关。

7.2 图像的显示与电视制式

7.1 节讨论的是利用各种扫描方式将光学图像分解成一维视频信号的方法，目的是传输、处理、从中提取信息或实现某种控制等目的。本节要讨论的是将一维视频信号还原成光学图像的方法，即图像的显示问题。

自雷达诞生以来，图像显示技术就开始发展，经历几十年的发展历程，有多种图像显示技术与方法，如 CRT 电子扫描显示方式、LCD 显示方式、LED 背光液晶显示方式。LED 背光液晶显示方式是当今的主流图像显示方式，采用计算机控制各种显示器显示各种数字图形与图像是当前的主要显示手段。本节从讨论电视监视器的图像显示器原理入手，着重讨论图像显示原理及相关规则（电视制式）。

7.2.1 CRT 电视监视器及其扫描方式

1. CRT 电视监视器

CRT 电视监视器与 CRT 电视接收机的显示部分原理是相同的，它们都是利用电子束扫描激发具有余辉特性的荧光物质，使其发光来完成电光转换并显示光学图像的。CRT 电视监视器中的电子束在显像管的电磁偏转线圈作用下受洛伦兹力做水平方向和垂直方向的偏转（即完成行、场两个方向的扫描），电子束扫描的同时，视频输出电压控制电子束激发荧光物质的强度，视频信号调制荧光屏的发光强度产生图像。

荧光屏的发光强度与视频信号具有如下的函数关系：

$$L_v = L(U_o) \tag{7-7}$$

式中，L 为与 CRT 荧光材料有关电光转换系数；U_o为遵守电视制式的视频电压信号，在行、场扫描锯齿脉冲的作用下形成电视图像。

电视图像扫描的场扫描常有逐行扫描与隔行扫描两种方式，通过这两种方式才能使摄像机将景物图像分解成一维两种不同的全电视信号输出，CRT 接收了全电视信号将按照解码出来的全电视信息，分出行、场同步控制扫描信号，并将一维视频信号转换为图像显示于荧光屏。显然，要获取完美的图像，摄像机与图像显示器必须遵守同一个扫描制式。

2. 逐行扫描

显像管的电子枪装有水平与垂直两个方向的偏转线圈，线圈中分别流过如图 7-4 所示的锯齿波电流，电子束在偏转线圈形成的磁场作用下同时进行水平方向和垂直方向的偏转，完成对显像管荧光屏的扫描。

场扫描电流的周期 T_{vt}远大于行扫描的周期 T_{ht}，即电子束从上向下的扫描时间远大于水平方向的扫描时间，在场扫描周期中可以有几百个行扫描周期。而且场扫描周期中电子束由上向下的扫描为场正程，场正程时间 T_{vt} 远大于电子束从下面返回初始位置的场逆程时间 T_{vr}，即 $T_{vt} \gg T_{vr}$。电子束上、下扫一个来回的时间称为场周期，场周期$T_v = T_{vt} + T_{vr}$。场周期的倒数为场频，用f_v表示。

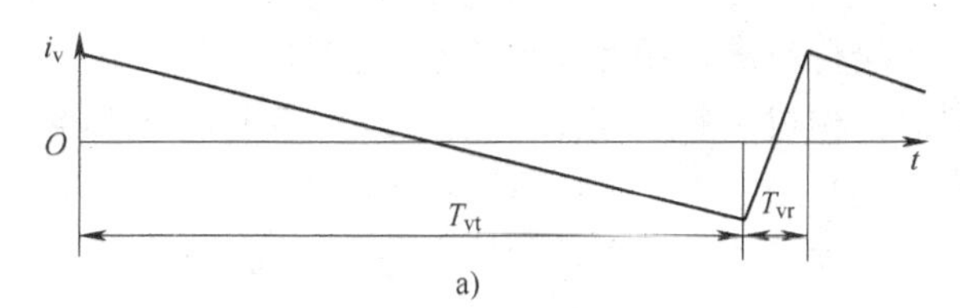

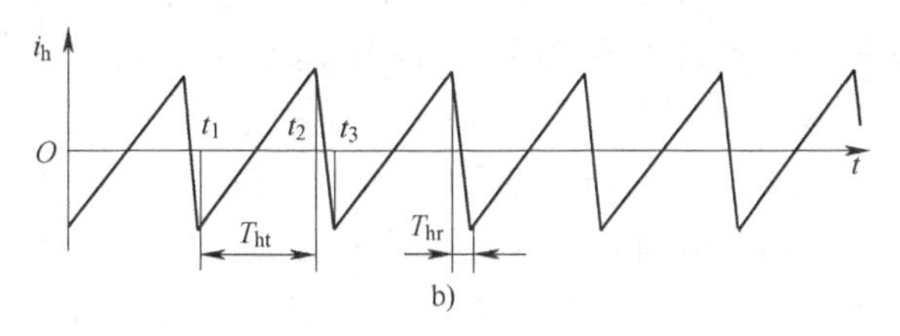

图 7-4　逐行扫描的场周期与行周期
a）场锯齿波电流　b）行锯齿波电流

定义电子束自左向右的扫描为行正程，即 t_1时刻到 t_2时刻的扫描为行正程扫描时间 T_{ht}。电子束从右返回到左边初始位置的过程称为回扫，或为行逆程。显然，行逆程时间 T_{hr}为 t_2到 t_3 的时间，$T_{ht} \gg T_{hr}$。电子束左、右扫一个周期的时间称为行周期，行周期 $T_h = T_{ht} + T_{hr}$。行周期的倒数为行频，用f_h表示。

在行、场扫描电流的同时作用下，电子束在水平偏转力和垂直偏转力的合力作用下进行扫描。由于电子束在水平方向的运动速度远大于垂直方向的运动速度，所以，在屏幕上电子束的运动轨迹为如图 7-5 所示的稍微倾斜的“水平”直线 。当然，电子束具有一定的动能，它将使荧光屏发出光点，它的轨迹成为一条条的光栅。逐行扫描的光栅也如图 7-5 所示。图 7-5为一场中只有 8 行的“水平”光栅，因此光栅的水平度不高，但是当一场内有几百行时，水平度就会自然提高，即一场图像由几百行扫描光栅构成。无论是行扫描的逆程，还是场扫描的逆程，都不希望电子束使荧光屏发光，即在回扫时不让荧光屏发光，这就要加入行消隐与场消隐脉冲，使电子束在行逆程与场逆程期间截止。实际上，行消隐脉冲的宽度常常稍大于行逆程时间，场消隐脉冲的宽度也稍大于场逆程时间，以确保显示图像的质量。

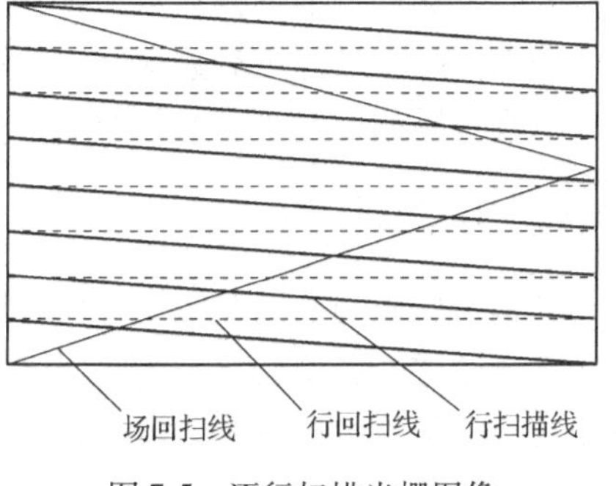

图 7-5　逐行扫描光栅图像

逐行扫描方式中的每一场都包含着行扫描的整数倍，这样，重复的图像才能稳定地被显示，即要求 $T_v = NT_h$或 $f_h = Nf_v$，其中，N 为正整数。逐行扫描的帧频与场频相等。对人眼来说，图像的重复频率高于 48Hz 的图像是分辨不出图像的变化的（人眼对高于 48Hz 的图像没有闪烁的感觉），因此要获得稳定的图像，图像的重复频率必须高于 48Hz，即要求场频高于 48Hz。

3. 隔行扫描

根据人眼对图像的分辨能力，扫描行数至少应大于 600 行，这对逐行扫描方式来说，行扫描频率必须大于 29kHz 才能保证人眼视觉对图像的最低要求。这样高的行扫描频率，无论对摄像系统还是对显示系统都提出了更高的要求。为了降低行扫描频率，又能保证人眼视觉对图像分辨率及闪烁感的要求，早在 20 世纪初，人们就提出了隔行扫描分解图像和显示图像的方法。

隔行扫描采用图7-6所示的扫描方式，由奇、偶两场构成一帧。奇数场由1，3，5等奇数行组成，偶数场由2，4，6等偶数行组成，奇、偶两场合成一帧图像。人眼看到的变化频率为场频f_v，人眼分辨的图像是一帧，帧行数为场行数的2倍。这样，既提高了图像分辨率，又降低了行扫描频率，是一种很有实用价值的扫描方式。因此，这种扫描方式一直为电视系统和监视系统所采用。

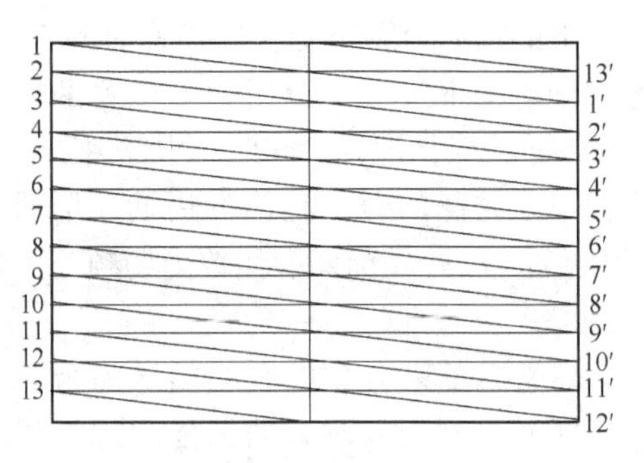

图7-6 隔行扫描光栅图像

两场光栅均匀交错叠加是对隔行扫描的基本要求，否则图像的质量将大为降低。因此隔行扫描应满足下面两个条件：①要求下一帧图像的扫描起始点应与上一帧起始点相同，确保各帧扫描光栅重叠；②要求相邻两场光栅必须均匀地镶嵌，确保获得最高的清晰度。

根据条件①，每帧扫描的行数应为整数。若在各场扫描电流都一样的情况下，要满足条件②，每帧均应为奇数，那么每场的扫描行数就要出现半行的情况。我国现行的隔行扫描电视制式就是每帧扫描行数为625行，每场扫描行数为312.5行。

当然，随着计算机对显示器行、场扫描控制技术的提高，尤其是液晶等现代显示技术的发展，高行频的逐行显示与高帧频、高分辨率的显示均已实现（如现代的4K、8K显示）。

7.2.2 电视制式

图像传感器与显示器都遵守同样的扫描规则，进行同样的同步扫描（分解）图像或显示图像。这样才能使所显示的图像与所分解的图像保持一致。这种规则广泛地应用于广播电视系统，并被称为电视制式。电视制式要根据当时科技发展状况（技术条件），并考虑电网对电视系统的干扰情况，以及人眼对图像的视觉感受等条件进行制订。

世界上有13种黑白电视制式，3种彩色电视制式，兼容后组合成30多个不同的电视制式。但根据对世界200多个国家和地区的调查，被使用仅为其中的17种：8种PAL，2种NTSC，7种SECAM。使用最多的是PAL，有60个国家和地区使用；SECAM有23个国家和地区使用。所以多制式电视机都不是全制式，但只要能接收PAL、NTSC、SECAM制式，就能收到世界上80%以上国家和地区的电视节目。世界上现行的彩色电视制式有如下3种：

（1）NTSC彩色电视制式　正交平衡调幅（National Television Systems Committee，NTSC）制，由美国于20世纪50年代研制成功，是主要用于北美、日本以及东南亚各国的彩色电视制式。该电视制式确定的场频为60Hz，隔行扫描每帧扫描行数为525行，伴音、图像载频带宽为4.5 MHz。

（2）PAL彩色电视制式　正交平衡调幅逐行倒相（Phase-Alternative Line，PAL）制，由德国于20世纪60年代研制成功，是主要用于我国以及西欧各国的彩色电视制式，该电视制式确定的场频为50Hz，隔行扫描每帧扫描行数为625行，伴音、图像载频带宽为6.5 MHz。

PAL彩色电视制式中规定场周期为20ms，其中场正程时间为18.4ms，场逆程时间为1.6ms；行频为15 625Hz，行周期为64μs，行正程时间为52μs，行逆程时间为12μs。

(3) SECAM 彩色电视制式　行轮换调频（SEquential Coleur Avec Memoire，SECAM）制，由法国于20世纪60年代研制成功，主要用于法国和东欧各国。SECAM 彩色电视制式的场频也为50 Hz，隔行扫描每帧扫描行数为625行。

为了接收和处理不同制式的电视信号，不同制式的电视接收机和录像机都得到了发展。

7.3　图像显示器的分类

图像显示器按显示器工作原理分类，主要有以下几种：阴极射线管（CRT）显示器、场发射显示器（FED）、真空荧光管显示器（VFD）、液晶显示器（LCD）、等离子体显示器（PDP）、电致发光显示器（ELD）和发光二极管（LED）显示器等。下面主要介绍 CRT 显示器和 LCD。

7.3.1　阴极射线管显示器

1897年德国斯特拉斯堡大学的布来恩（K. F. Braun）发明了 CRT。CRT 利用气体放电现象产生自由电子，借助离子聚焦作用形成细长的电子束，能提供聚集在荧光屏上的一束电子以便形成直径小于1mm的光点。在电子束附近加上磁场或电场，电子束将会偏转，显示出由电势差产生的静电场，或由电流产生的磁场。

从布来恩发明 CRT 至今已有120多年的历史，可以说20世纪是属于 CRT 的时代。

1）CRT 兴盛历史中的前一半时间几乎只用作观察电子波形，很少有其他实际应用的例子。

2）CRT 兴盛历史中的后一半时间发展到黑白、彩色电视显像管，尤其是电视的快速普及与发展，使它进入快速发展期。

3）最后的二十几年，计算机与监控系统的发展使它进入突飞猛进的发展阶段。随着电子符号发生器的开发和 IC/LSI 技术高速发展，CRT 显示器迅速普及，几乎应用到国民经济的各个领域。

CRT 最初在雷达显示器和电子示波器上使用，后来用于电视机和计算机显示终端。如果没有 CRT，就难以迎来现在这样发达的电视机、计算机的时代，可以说 CRT 对现代的信息化时代、多媒体时代起到了重要的推动作用。

CRT 显示器虽然具有很高的性价比，如具备大画面、高密度图像的显示，可进行全色动态图像的显示，采用电子束扫描方式，所需要的驱动电极数量极少等优点。但是，它依然满足不了日益发展的科技进步的需要，逐渐显示出它的致命缺陷，如体积大、笨重，驱动电压高，功耗大，寻址不能采用矩阵寻址方式，利用锯齿波扫描难以克服非线性引起的图像畸变等。因此，CRT 显示器逐渐被性能更好的平板显示器取代，逐渐退出历史舞台。但是它对图像显示的理解起到至关重要的作用。

7.3.2　液晶显示器

液晶显示器（LCD）的发展主要经历了以下几个阶段。

第一阶段（1968—1972）：研制出液晶手表，属于靠液晶反射率变化显示数码的阶段。

第二阶段（1973—1984）：TN-LCD 逐渐成熟，因为显示容量小，只能用于笔段式数字显示及简单字符显示，它推动了盛行一时的 BP 机的发展。

第三阶段（1985—1990）：STN-LCD 的发明及 α-SiTFT-LCD 技术得到突破，LCD 进入大容量显示的新阶段。这使便携式计算机和液晶电视机等新产品进入商品化阶段。

第四阶段（1991—1995）：AM-LCD 获得飞速发展，开始出现高像质的小型视频图像显示设备。

第五阶段（1996 年以后）：LCD 在便携式计算机领域得到普及，TFT-LCD 开始打入监视器的市场。LCD 的性价比再度提高（五年降为原价的 3/4），市场占有率显著提升。

液晶显示器取得的进展主要表现在以下两个方面：①是实现了低工作电压和低功耗，使之与 COMS 集成电路的结合成为可能；②是适应了时代的需求——薄型化，而且改进了对比度，通过使用彩色滤光片谋求实现特性优异的彩色显示。

被称为产业之纸的 LCD 与集成电路的结合，使 LCD 在 21 世纪将继续发展。不论是工业用还是一般民用，LCD 作为人机交互界面，在显示器中依然占据重要地位。

7.4 典型图像显示器

7.4.1 TFT-LCD

常用的数码相机和数码摄像机的液晶显示器基本都是 TFT-LCD。下面通过介绍 TFT-LCD 的结构说明其工作原理。

1. TFT-LCD 的基本结构

图 7-7 为典型 TFT-LCD 的基本结构，它包括前框、水平偏光片、彩色滤光片、液晶、TFT 玻璃、垂直偏光片、驱动 IC 与印制电路板、扩散片、扩散板、胶框、背光源、背板、主控制板、背光模组点灯器等部件。

1）前框是由金属或塑胶材质制造成的外框，安装在液晶显示器的最前端，用来保护 LCD 的边缘并防止静电放电冲击和加固 TFT-LCD 的结构。

2）水平偏光片是一种只允许某偏振方向的光线通过的光学片板，能将自然光转换成线性偏振光。其作用是只允许水平方向的光线通过，另一部分垂直方向的光线则被吸收，或利用反射和散射等作用使其屏蔽。在制作 LCD 的过程中，必须上、下各用一片水平偏光片，并且成交错方向置入，主要用途是在有电场与无电场时使光源产生相位差而呈现敏感的状态，用以显示字幕或图案。

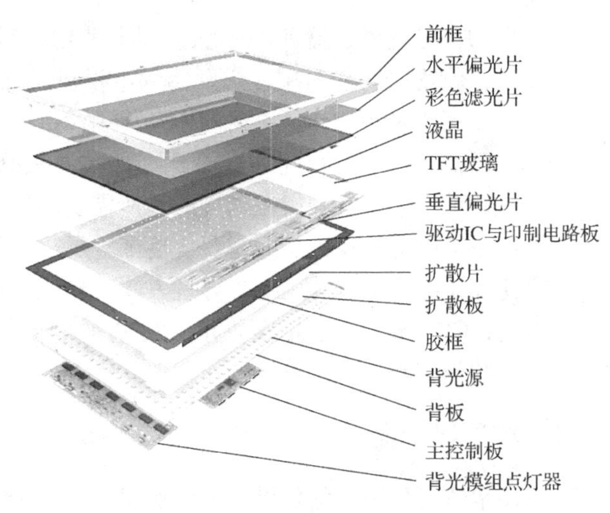

图 7-7 典型 TFT-LCD 的基本结构

3）彩色 LCD 要用彩色滤光片。在 IC 信号处理板输出信号的控制下，背光源发射的白光经受控彩色滤光片即可获得彩色图像。彩色滤光片制作在玻璃基板之上，将红、绿、蓝三原色的有机光阻材料制作在每一个像元内。

4）液晶是种特殊的物质，除了具有一般固体晶体的变折射率特性外，同时又具有液体的流动性，液晶分子的排列方向可以通过电场或磁场来控制。

5）TFT 玻璃面板拥有数百万个排列成矩阵 TFT 器件和控制液晶区域的 ITO（透明导电金属）排列成矩阵，也称为阵列。

6）垂直偏光片与上面的水平偏光片构成一组，用来将椭圆偏振光转换成线性偏振光。

7）驱动 IC 与印制电路板的主要功能是输出需要的电压至像元，以控制液晶分子的偏转角度。

8）扩散片的作用是将背光模组射出的光源扩散，并使其光亮度均匀。

9）扩散板和扩散片的功能类似，为液晶显示器提供一个均匀的面光源。

10）胶框用来固定整个背光模组，放置不当、碰撞、脏污等都会对背光板模组的功能造成损害或影响它的质量。

11）背光源板是均匀的发光光源板，这是因为液晶材质本身不发光，所以必须依靠外界光源才能使其显示图像，光源一般位于液晶显示器面板后方，故称为背光源。

12）背板是将背光源、液晶显示器、电路等固定在外框结构架上的设备，它用于 LCD 的最终组装。

13）主控制板即 LCD 的驱动控制电路板，将影像输入的信号转为 LCD 的显示信号。

14）背光模组点灯器是将电源供应器的直流电压信号转为高频高压脉冲交流电，并持续点亮背光模组中的冷阴极灯管。

2. TFT-LCD 的工作原理

光源照射时先通过 TFT-LCD 的垂直偏光片向上透出，它也借助液晶原理来传导光线。由于上、下夹层的电极改成 FET 电极和公共电极，在 FET 电极导通时，液晶分子的表现如 TN 液晶的排列状态一样会发生改变，也通过遮光和透光来达到显示的目的。但不同的是，由于 FET 晶体管具有电容效应，能够保持电位状态，先前透光的液晶分子会一直保持这种状态，直到 FET 电极再一次加电改变其排列方式。相对而言，TN 就没有这个特性，液晶分子一旦失去电位，立刻就返回原始状态，这是 TFT 液晶和 TN 液晶显示的最大不同之处，也是 TFT 液晶的优越之处。

液晶显示器是通过 DVI 接口接收来自计算机显示卡的数字信号，这些信号通过数据线传递到控制电路，控制电路调节液晶显示器的薄膜晶体管和透明显示电板，实现液晶的通光与不通光特性。这样，背景光源通过偏光镜和光线过滤层，最终实现显示效果。

刚才只提到单色的液晶显示器，那么彩色的液晶显示器又是怎样形成色彩的呢？通常，在彩色 LCD 面板中，每一个像元都是由 3 个液晶单元格构成的，其中每一个单元格前面都分别有红色、绿色或蓝色的滤光片。光线经过滤光片照射到每个像元中不同色彩的液晶单元格之上，利用三原色原理合成不同的色彩。

7.4.2　TFT-LED 图像显示器

分析 TFT-LCD 图像显示器可以看出，其背光源板的光是由冷阴极灯管发出的，冷阴极灯管是因高频高压激发真空玻璃管内荧光物质而发光，其寿命与老化性能均与 LED 无法相比，因此，正在被 LED 背光源板取代。目前，有很多 TFT-LCD 图像显示器已经逐渐被 TFT-LED 图像显示器所取代。二者的主要区别在于背光源板及其驱动电路板，采用 LED 背光源板彻底地使 LCD 成为低压操作部件，将手机、平板计算机、触摸屏等终端显示器推上新阶段，促进了现代 IT 技术的发展。

7.4.3 LED 图像显示器

LED 图像显示器又称 LED 显示屏（LED Display 或 LED Screen），因为它一般都以较大的屏幕存在，因此也称为 LED 大屏幕。世界上到底可以有多大的 LED 屏幕暂不可知，纪录在不断地刷新。2010 年上海世博会场馆外的屏幕（9500m^2）堪称世界第一大屏。

LED 图像显示器一般是采用 LED 显示模组拼接而成。LED 显示模组有单色、双色和三色（或称真彩色）3 种，单色与双色常用于文字、数据的显示，三色（或称真彩色）LED 图像显示器用于各种彩色图像或视频图像的显示。真彩色显示模组又有室内与室外之分。图 7-8 所示为典型 P2.5LED 显示模组的实物图。图7-8a 为显示模组的正面，三色 LED 按一定的规则排成阵列；图 7-8b 所示为显示模组的驱动集成电路与接口，便于接入控制阵列 LED 的显示，外形尺寸与安装方式便于拼接成大屏幕。

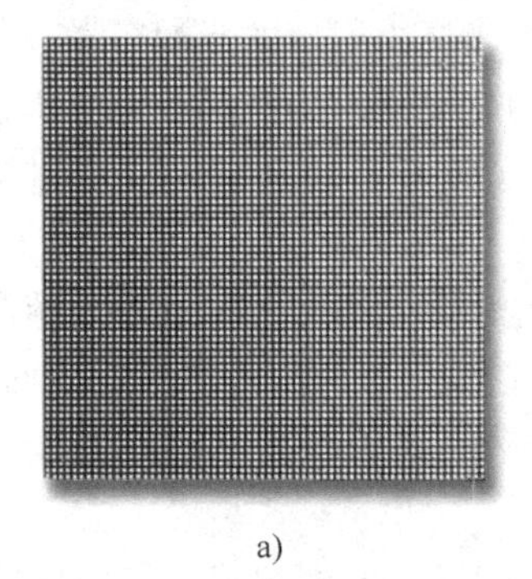

a)

b)

图 7-8 典型 P2.5LED 显示模组

LED 显示模组具有工作电压低、功耗小、亮度高、寿命长、耐冲击、性能稳定和易于拼接组装成各种不同形状与尺寸的显示器而得到广泛的应用，占据广阔的大屏幕显示市场。

1. LED 显示模组的主要技术指标

（1）LED 发光强度 室内显示模组单只 LED 的发光强度在 0.5~50mcd，室外显示模组单只 LED 的发光强度在 100~1000mcd，最高可超过 10 000mcd。

（2）像元尺寸 室内显示模组所用 LED 通常为 $\phi2.5$、$\phi3$ 与 $\phi5$（指 LED 的直径为 2.5mm、3mm 和 5mm），而用于室外显示模组所用 LED 的直径常为 8mm、10mm 或 12mm 等。

（3）像元的间距 LED 显示模组像元的间距也有很多种，一般室内的比室外的要密很多，间距与型号相关，如室内有 P2.5、P3 和 P5 等型号，它们的像元间距分别是 2.5mm、3mm 和 5mm；室外有 P8、P10、P16 和 P20 等型号，间距分别是 8mm、10mm、16mm 和 20mm 等。

（4）像元数 LED 显示模组的类型很多，尺寸差异很大，显示的要求更多，要根据具体图像显示的要求查找生产企业的产品手册。如图 7-8 所示 P2.5LED 显示模组有 64×64 个像元，模组外形尺寸为 160mm×160mm，大屏幕显示是由 $m \times n$ 块显示模组拼装构成。

（5）图像分辨率 LED 显示模组自身分辨率的考量不很确切，它与所显示的图像大小有关，另外也与屏幕拼接数量有关，拼接数量越多，分辨率越高。

（6）显示板灰度 灰度通常是指像元发光强度变化的阶级，它与图像采集卡的 A/D 转换器的分辨率有关，16 位 A/D 采集卡的基色灰度一般为 0~65 535 级。另外它还与控制系统的调控能力与驱动芯片的承载或反应速率等参数有关。

（7）信息容量　显示板的信息容量取决于板上像元数、灰度、色彩度和间距等参数。

（8）显示屏的平整度　平整度与制造厂的装配工艺有关，一般要求保证平整度误差在±1mm范围内。

（9）色彩的还原性　色彩还原性是指显示屏对色彩图像的还原质量，即显示屏显示的色彩要与播放源的色彩保持一致，才能保证图像的真实感。

（10）瑕疵点比率　瑕疵包括单色点、黑点和高亮点等影响图像质量的像元。质量好的显示模组应该做到无瑕疵点。瑕疵点通常与该点 LED 及其驱动单元电路质量有关，具有良好质量保障体系的企业生产出来的显示模组应该能够保证无瑕疵点，组装成大屏幕以后也要将瑕疵控制在 1%以下。

2. LED 显示模组的拼装

在 LED 显示模组结构设计过程中，人们已经考虑了它的拼装问题，因此，其机械拼装很容易掌握。而图像拼接的主要问题是软件问题，它是 LED 大屏幕显示的关键技术。为了使学生加强感性认识，教学仪器生产企业设计了一款 LED 图像显示综合实验仪，该仪器能够完成两个显示模组的拼接，它是最基础的拼接，掌握了两块模组的拼接技术就能够扩展到多数模组的拼接。

思考题与习题 7

1. 为什么要把场景图像转换成一维时序信号？将场景图像转换成一维时序信号的方法有哪些？

2. 为确保场景图像能够在显示器上显示出不失真的图像，需要采用什么措施？

3. 电视制式的意义是什么？你所掌握的电视制式有哪些？我国为什么采用 PAL 电视制式？

4. 比较隔行扫描与逐行扫描的优缺点。为什么 20 世纪初的电视机与视频监视器均采用隔行扫描制式？现代手机显示屏还采用电视制式吗？

5. 现有一只像面为 2mm×2mm 的光电二极管，你能否用它来采集面积为 800mm(H)×400mm(V)面积的场景图像？如果不能，应该添加什么器材？

6. 上题条件下如果采用 1∶1 成像物镜对场景进行扫描，扫描正程速度为 8m/s，逆程为 80m/s，在图像不发生形变的情况下垂直扫描速度应该是多少？

7. 今有一台线阵 CCD 图像传感器（如 ILX521）为 256 像元，如果配用 PAL 电视制式的显示器显示它所扫描出来的图像需要采用怎样的技术与之配合？

8. TFT-LCD 与 TFT-LED 显示器的主要区别是什么？能否画出 TFT-LED 显示器的原理框图？

9. 为什么室内显示屏要采用 P4、P5、P6 等型号显示模组拼成？室外显示屏则需 P10、P12、P16、P20、P25 等型号显示模组拼接？（提示：考虑观察者与显示图像的距离。）

10. 设某型号 P5 显示模组，其外形尺寸为 160mm×80mm，点间距是 5mm，若驱动每只 LED 发光的电流为 20mA，电压为 5V。欲设计显示屏幕的尺寸为 1600mm×800mm，试问选用怎样的电源？需要多少块该型号的显示模组？

第 8 章　CCD 图像传感器

电荷耦合器件（Charge Coupled Devices，CCD）的突出特点是以电荷为信号载体，不同于大多数以电流或者电压为信号载体的传感器。CCD 的基本功能是电荷的存储和转移。因此，CCD 的基本工作过程主要是信号电荷的产生、存储、转移和检测。CCD 属于集成光电传感器，主要应用于光电图像的传感，因此也称其为 CCD 图像传感器。

CCD 图像传感器有两种基本类型：①是电荷包存储在半导体与绝缘体之间的界面，并沿界面进行转移，这类器件称为表面沟道 CCD（简称为 SCCD）；②是电荷包存储在离半导体表面一定深度的体内，并在半导体体内沿一定方向进行转移，这类器件称为体沟道或埋沟道器件（简称为 BCCD）。SCCD 与 BCCD 在基本原理和基本特性方面有很多相似之处，但体沟道的结构要比表面沟道复杂得多，为突出原理和特性，本章以 SCCD 为例讨论 CCD 的基本工作原理。

8.1　电荷存储

构成 CCD 的基本单元是图 8-1 所示的 MOS（金属-氧化物-半导体）结构。图8-1a中栅极 G 上施加电压 U_G 之前，P 型半导体中的空穴（多数载流子）分布是均匀的。

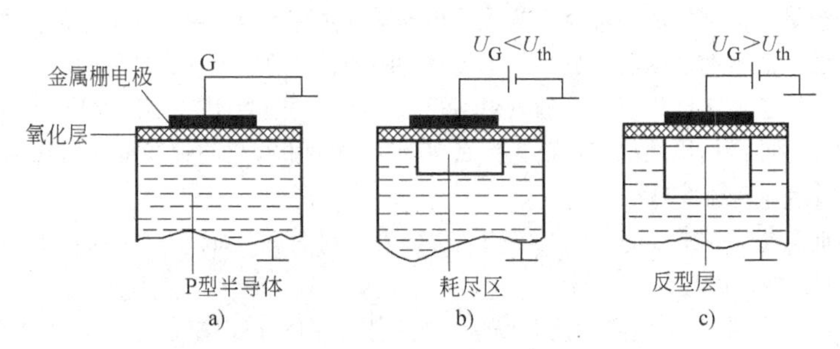

图 8-1　CCD 栅极电压变化对耗尽区的影响

当栅极施加小于或等于 P 型半导体的阈值电压 U_{th} 的电压 U_G 时，P 型半导体中的空穴开始被排斥，并在半导体中产生如图 8-1b 所示的耗尽区。如图 8-1c 所示，若电压继续增加，耗尽区将向半导体的体内延伸。当 $U_G>U_{th}$ 后，耗尽区的深度与 U_G 成正比。若将半导体与绝缘体界面上的电势记为表面势，且用 Φ_s 表示，表面势 Φ_s 将随栅极电压 U_G 的增加而增加，它们的关系曲线如图 8-2 所示。图 8-2 描述了在掺杂为 $10^{21}\,cm^{-3}$，氧化层厚度为 0.1μm、0.3μm、0.4μm 和 0.6μm 情况下且不存在反型层电荷时，表面势 Φ_s 与栅极电压 U_G 的关系曲线。从表面势 Φ_s 与栅极电压 U_G 的关系曲线中可以看出氧化层的厚度越薄，曲线的直线性越好；在同样的栅极电压 U_G 作用下，不同厚度的氧化层有着不同的表面势。

图 8-3 为栅极电压 U_G 不变的情况下，表面势 Φ_s 与反型层电荷密度 Q_{inv} 之间的关系。可以看出，表面势 Φ_s 随反型层电荷密度 Q_{inv} 的增加而线性减小。依据图 8-2 与图 8-3 的关系曲

线，很容易用半导体物理中的势阱概念来描述。电子之所以被加有栅极电压的 MOS 结构吸引到半导体与氧化层的交界面处，是因为那里的势能最低。

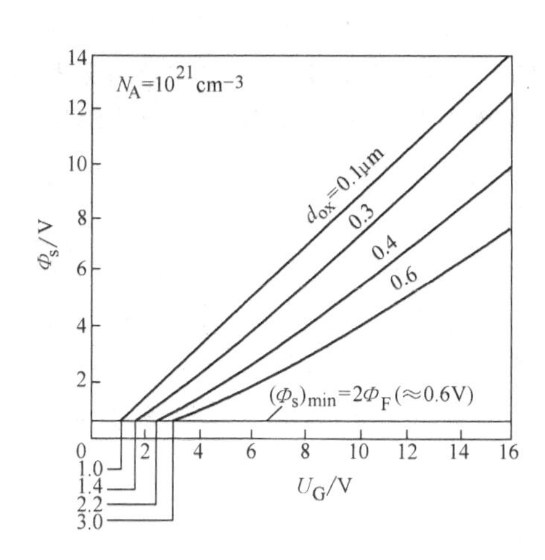

图 8-2　表面势 Φ_s 与栅极电压 U_G 的关系

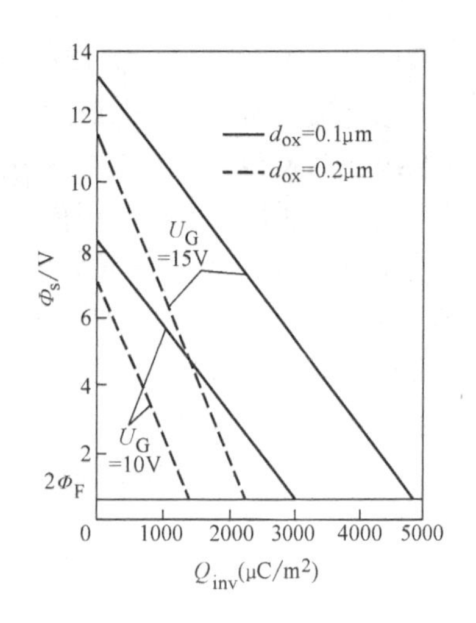

图 8-3　表面势 Φ_s 与反型层电荷密度 Q_{inv} 的关系

在不存在反型层电荷时，势阱的深度与栅极电压 U_G 的关系恰如 Φ_s 与 U_G 的关系，如图 8-4a所示的空势阱情况。图 8-4b 为反型层电荷填充 1/3 势阱时表面势收缩的情况，表面势 Φ_s 与反型层电荷密度 Q_{inv} 的关系如图 8-3 所示。当反型层电荷继续增加，表面势 Φ_s 将逐渐减少，反型层电荷密度足够高时，表面势 Φ_s 将减少到最低值 $2\Phi_F$，会出现图 8-4c 所示电子饱和或溢出现象。显然，在电子不出现溢出现象的情况下，可以用表面势作为势阱深度的量度。

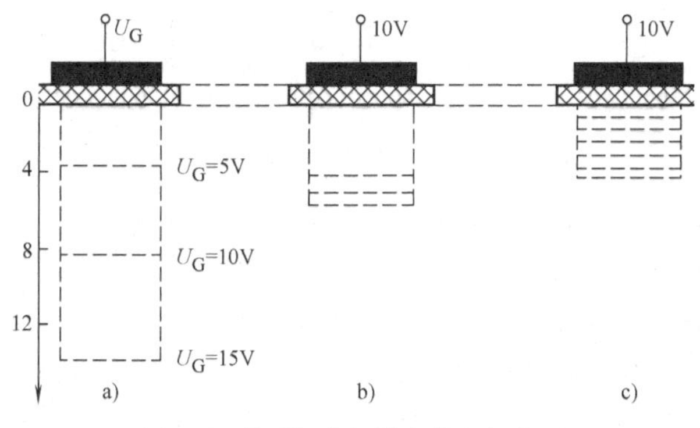

图 8-4　势阱深度与填充状况的关系
a）空势阱　b）填充 1/3 的势阱　c）全满势阱

表面势与栅极电压 U_G 及氧化层的厚度 d_{ox} 有关，氧化层的厚度 d_{ox} 直接影响 MOS 电容结构的分布电容。势阱中存储电荷的容量应为势阱的横截面积 A、分布电容 C_{ox} 与栅极电压 U_G 的乘积，即

$$Q=AC_{ox}U_G \tag{8-1}$$

8.2 电荷耦合

为了理解电荷在CCD势阱之间的耦合（或转移）问题，可观察如图8-5所示的4个彼此靠得很近的电极在加上不同电压的情况下，电荷与势阱的运动规律。假定初始时刻栅极电压的分布状况如图8-5a所示，只有电极①为高电平10V，仅在电极①下面的深势阱里存有电荷，其他电极上所加的电压低于阈值（如2V）。经过时间t_1后，各电极上的电压变为如图8-5b所示，电极①仍保持为10V，电极②上的电压由2V变到10V。由于①与②这两个电极靠得很近（间隔小于3μm），两个势阱将合并在一起，原来在电极①下的电荷变为两个电极下联合起来的势阱所共有，形成从图8-5b到图8-5c的过渡。再过t_1时间后，各电极上的电压变为如图8-5d所示，电极①上的电压由10V变为2V，电极②上的电压仍为10V，则共有的电荷将逐渐转移到电极②下面的势阱中，形成如图8-5e所示状况。深势阱及其中的电荷向右移动了一个位置。

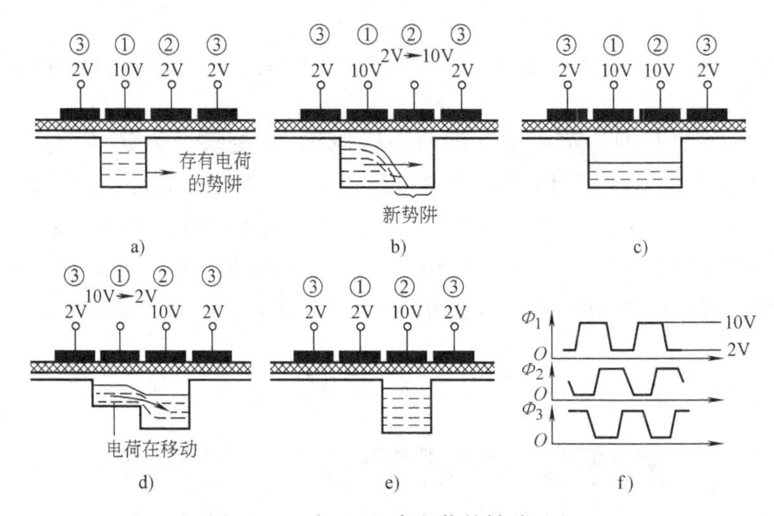

图8-5 三相CCD中电荷的转移过程

通过按一定规律变化（三相交叠规律）的电压加到CCD的各个电极上，电极下的电荷以及深势阱就能沿半导体表面按一定的方向移动。通常把CCD的电极分为几组，每一组称为一相，并施加同样的时钟脉冲。CCD正常工作所需要的相数由其内部结构决定。图8-5所示的结构需要三相时钟脉冲，其波形如图8-5f所示，这样的CCD称为三相CCD。三相CCD必须在三相交叠驱动脉冲的作用下，才能使电荷沿一定的方向逐单元转移。另外，一定要强调指出的是，CCD电极间隙必须很小，电荷才能不受阻碍地从一个电极下转移到相邻的电极下。图8-5所示的电极结构是一个关键问题。如果电极间隙比较大，两电极间的势阱将被势垒隔开，不能合并，电荷也不能从一个电极下向另一个电极下转移，CCD便不能在外部驱动脉冲作用下进行电荷的转移。能够产生完全转移的最大间隙一般由具体电极结构、表面态密度等因素决定。理论计算和实验证明，为不使电极间隙下方界面处出现阻碍电荷转移的势垒，间隙的长度应不大于3μm。这大致是同样条件下半导体表面深耗尽区的宽度。当然如果氧化层厚度、表面态密度不同，结果也会不同。但对于绝大多数的CCD，1μm的间隙长度是足够小的。

以电子为信号电荷的 CCD 称为 N 沟道 CCD，简称为 N 型 CCD。而以空穴为信号电荷的 CCD 称为 P 沟道 CCD，简称为 P 型 CCD。由于电子的迁移率（单位场强下电子的运动速度）远大于空穴的迁移率，因此 N 沟道 CCD 比 P 沟道 CCD 的工作频率高很多。

8.3　CCD 电极结构

CCD 电极的基本结构包括转移栅电极结构、转移沟道结构、信号输入单元结构和信号检测单元结构。本节主要讨论转移栅电极结构。最初 CCD 的转移栅电极是用金属（一般为铝）制成如图 8-1 所示的平板电极。CCD 技术的发展促使转移栅电极结构不断地完善与发展。目前，已有多种形式与结构的转移栅电极，它们都能满足电荷定向转移的基本要求。

8.3.1　三相 CCD 电极结构

（1）三相单层铝电极结构　CCD 衬底一般采用轻掺杂的硅材料制造，电阻率约为 $10^3\Omega\cdot cm^{-1}$，氧化层厚度常为 0.1μm。图 8-6 为最基本的三相单层金属电极结构。其特点为工艺简单、存储密度高。一位信息的存储只需要 3 个紧密排列的电极，其面积可以做得很小。在常规工艺条件下，CCD 移位寄存器的存储单元面积可以做得比 MOS 移位寄存器的单元面积小。但是，要在金属氧化层上刻出宽度仅为 2~3μm、总长度以厘米计算的间隙，在光刻工艺上有相当高的难度。

为了解决这个问题，可采用阴影腐蚀技术。该技术能够在单层铝电极系统中开出 0.1μm 的间隙，成品率很高。该技术利用有控制的横向腐蚀和用光致抗蚀剂作掩蔽的定域金属沉积的方法。第一层金属腐蚀时，有控制地进行过度腐蚀，使光致抗蚀剂覆盖区域的边缘产生横向腐蚀，如图 8-6a所示，光致抗蚀剂下面有部分铝被腐蚀。第一层金属未被腐蚀的部分形成第一层电极，再垂直沉积第二层金属铝，形成其余的电极。光致抗蚀剂的“阴影”产生间隙，如图 8-6b 所示，其长度就是横向腐蚀的深度。在这层金属上刻总线和焊点，最后，去除光致抗蚀剂和它上面垂直沉积的金属。

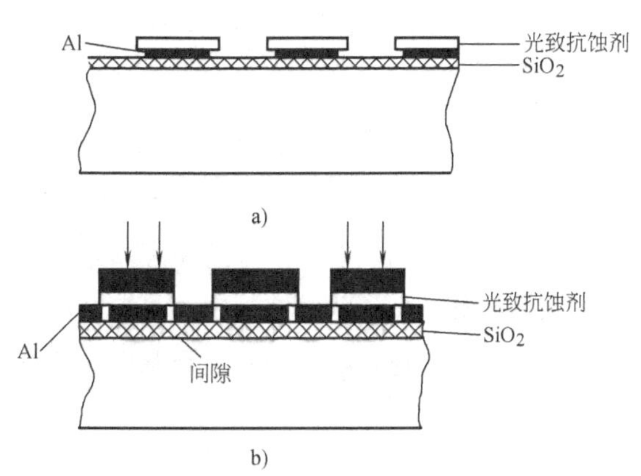

图 8-6　采用阴影腐蚀技术的三相器件

a）第一层金属腐蚀后　b）第二层金属沉积后

不管用什么工艺制造，这种结构都有一个明显的缺点，即电极间隙处的氧化物直接裸露在周围气体中，使得下方表面势变得不稳定，影响转移效率。正由于这个缺点，这种结构很少在实际器件中采用。

（2）三相电阻海结构　为了避免电极间隙氧化物裸露，提高成品率，在多晶硅沉积和扩散工艺成熟的条件下，引进了一种简单的硅栅结构。在氧化层上沉积一层连续的高阻多晶硅，然后对电极区域进行选择性的掺杂，形成图 8-7 所示的低阻区（转移电极）被高阻区所间隔的电阻海结构（整个转移电极与绝缘机构都采用多晶硅制造，可比喻为电阻的海洋）。

引线（包括交叉天桥）和区域焊点都在附加的一层铝上形成。这种电极结构的成品率高，性能稳定，不易受环境因素影响；其缺点是每个单元的尺寸较大，因为每个单元沿电荷转移沟道的长度包括3个电极和3个电极间隙，它们受光刻和多晶硅局部掺杂工艺的限制而无法做得很窄。因此，电阻海结构不适宜制造大型器件。

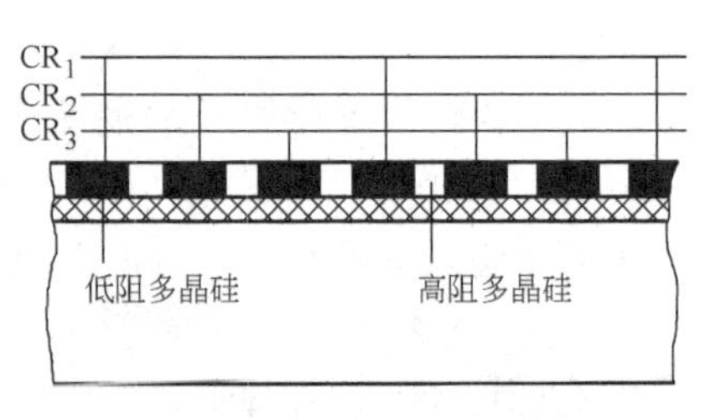

图 8-7　三相电阻海结构

此外，还必须注意掌握掺杂多晶硅的电阻值。电阻率必须足够低，以便能够跟得上外部时钟波形的变化，也不能太低，以免功率损耗过大。

（3）三相交叠硅栅结构　制造极窄电极间隙和封闭的转移沟道的方法之一是采用交叠栅结构。对于三相器件来说，图8-8所示的交叠栅结构是最常见的。该图为三层多晶硅交叠栅结构，首先在硅表面生长栅氧化层，接着淀积二氧化硅（SiO_2）和一层多晶硅，然后在多晶硅层上刻出第一组电极。热氧化使这些电极表面形成一层氧化物，以便与接着淀积的第二层多晶硅绝缘。第二层用同样方法刻出第二组电极后再进行氧化。重复上述工艺与步骤，再形成第三层电极。这种结构的电极间隙只有零点几微米，单元尺寸也很小，沟道封闭，因而成为被广泛采用的结构。它的主要问题是高温工序较多，而且必须防止层间短路。

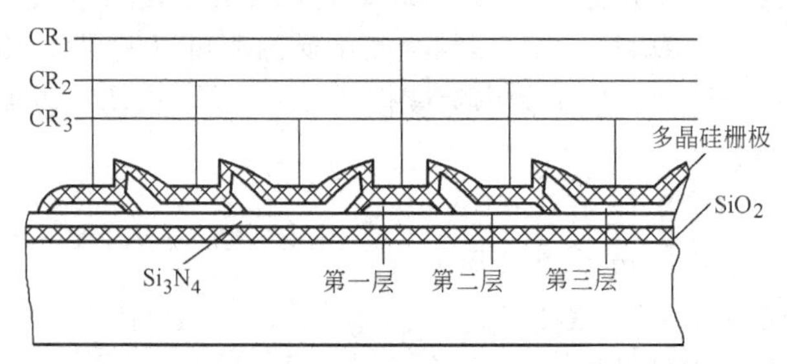

图 8-8　三层多晶硅的三相交叠栅结构

上述工艺过程中，氮化硅（Si_3N_4）的作用是在腐蚀多晶硅电极图形时保护下面的氧化层。同样的电极结构也可以通过不采用氮化硅的工艺流程得到，这时就需要在每组电极下面重新生长氧化层。还曾经有用铝电极制成交叠栅结构，用阳极氧化工艺提供电极之间的绝缘层的工艺方法。

8.3.2　二相 CCD

对于单层金属化电极的结构，为确保电荷作定向转移至少需要三相驱动脉冲。当信号电荷自第二个电极向第三个电极转移时，在第一个电极下面应形成势垒以阻止电荷的倒流。如果用二相脉冲驱动，就必须在电极结构中设计并制造出某种不对称性，即由电极结构本身保证电荷转移的定向。产生这种不对称性最常用的方法是利用绝缘层厚度不同的台阶以及离子注入产生势垒的方法。

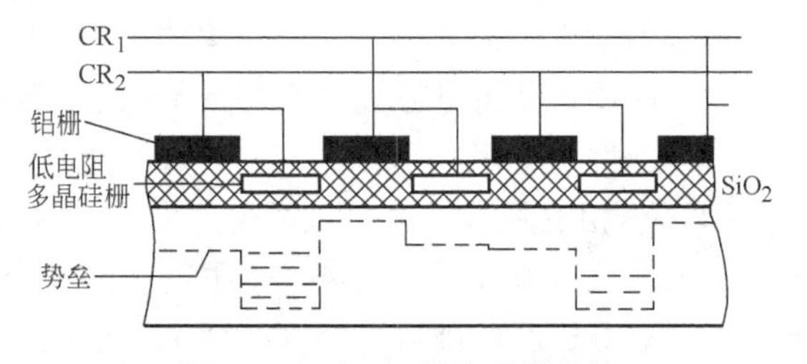

图 8-9　二相硅-铝交叠栅结构

（1）二相硅-铝交叠栅结构　如图8-9所示，第一层电极采用低电阻率的多晶硅。

在这些电极上热生长SiO_2绝缘层，没有被多晶硅覆盖的栅氧区厚度将增长。第二层电极采用铝栅，显然，铝栅下绝缘层的厚度比硅栅下的厚，它下面形成的势阱必然浅于多晶硅电极下的势阱。将铝栅（表面电极）和多晶硅栅（SiO_2中的电极）并联构成一相电极，确保所加电压相等，如将时钟脉冲CR_1加在一相，将时钟脉冲CR_2加在另一相电极上。

在硅栅、铝栅下面将形成不对称的势阱。它将使信号电荷包只存于深势阱中，浅势阱如同势垒那样隔离并且限定电荷转移的方向，使图8-9所示的电荷只能向右转移。

（2）阶梯状氧化物结构　用一次金属化过程形成不同氧化层厚度的电极结构称为阶梯状氧化物结构，它也能产生不对称的势阱。实现这种结构的工艺有两种。

第一种工艺的电极结构如图8-10a所示。在厚度为400nm的SiO_2上面覆盖100nm的Al_3O_2，再光刻出电极图形作为掩膜，将未遮掩的SiO_2区腐蚀至约100nm，被氧化铝掩蔽的区域边缘出现横向铝蚀，形成如图8-10a所示的氧化铝突出部位。当金属淀积时在突出部分会出现断条，从而使相邻电极隔离，制成二相电极。

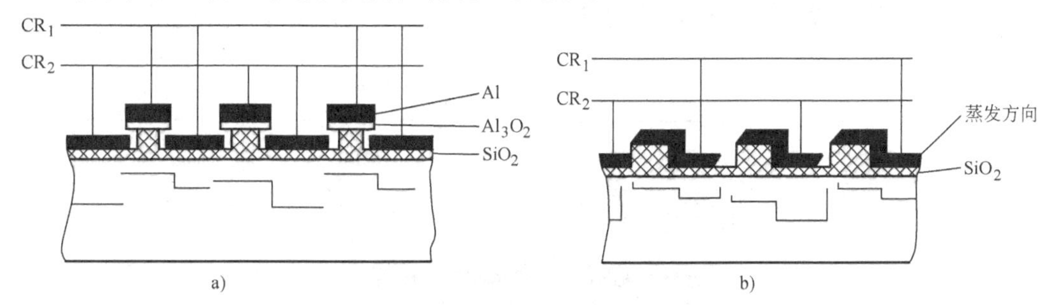

图8-10　具有阶梯状氧化物的二相结构
a）第一种工艺结构　b）第二种工艺结构

第二种工艺如图8-10b所示，也能得到与上面基本相同的结构。这种工艺是在厚度为5μm的厚栅氧层上以光致抗蚀剂作掩膜将暴露的厚栅氧层腐蚀到厚度为0.1μm，从而形成阶梯状氧化物结构。进行腐蚀时必须尽可能使厚氧区与薄氧区之间台阶的边缘保持垂直、整齐。然后从一定的斜角方向蒸发一层金属，金属在厚氧区一侧覆盖住台阶，而在另一侧完全断条，形成如图8-10b所示的二相电极结构。

（3）注入势垒二相结构　采用离子注入技术也可以在电极下面的不对称位置上设置如图8-11所示的注入势垒区。与上述阶梯状氧化物结构相比，离子注入技术容易制成较高的电势台阶，而且如果注入的离子只集中在界面附近，势垒高度受电极电势的影响比较小。当然，离子注入势垒二相结构同样有损失电极存储面积的问题。

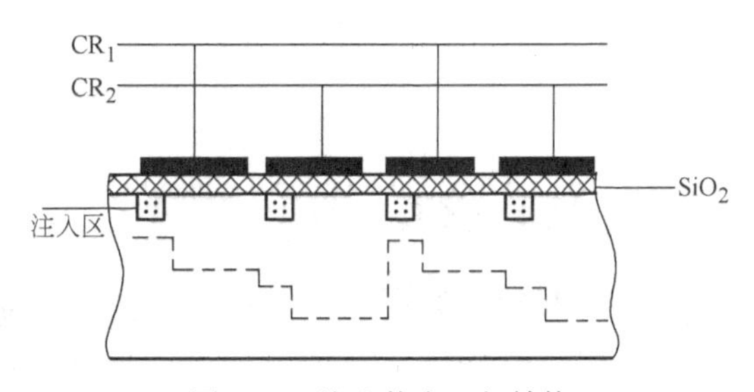

图8-11　注入势垒二相结构

8.3.3　四相CCD

图8-12是3种四相CCD电极结构。图8-12a的结构是在两层金属（如铝）制作的电极中间淀积厚度为100nm的SiO_2做绝缘。图8-12b所示的结构与多晶硅-铝交叠栅的结构相类

似，只是现在各电极下的绝缘层厚度是一样的，各电极的面积都相同。也可以采用两层多晶硅电极结构，采用两层铝电极的结构可以用阳极氧化的方法获得 SiO_2 绝缘层，如图 8-12c 所示。

图 8-13 为四相器件在转移过程中某时刻表面势的分布为阶梯形状。

尽管四相 CCD 结构的时钟驱动电路比较复杂，但优点很多，特别在高速时钟脉冲驱动下，它的阶梯势阱分布使高速转移中的电荷能够井然有序地进行，而且它对驱动脉冲波形的要求不高，即便是接近于正弦的驱动脉冲也能使信号电荷正常地转移，因此特别适用于高速 CCD 的驱动。例如，面阵 CCD 图像传感器中的垂直转移电极往往采用四相 CCD 电极结构。

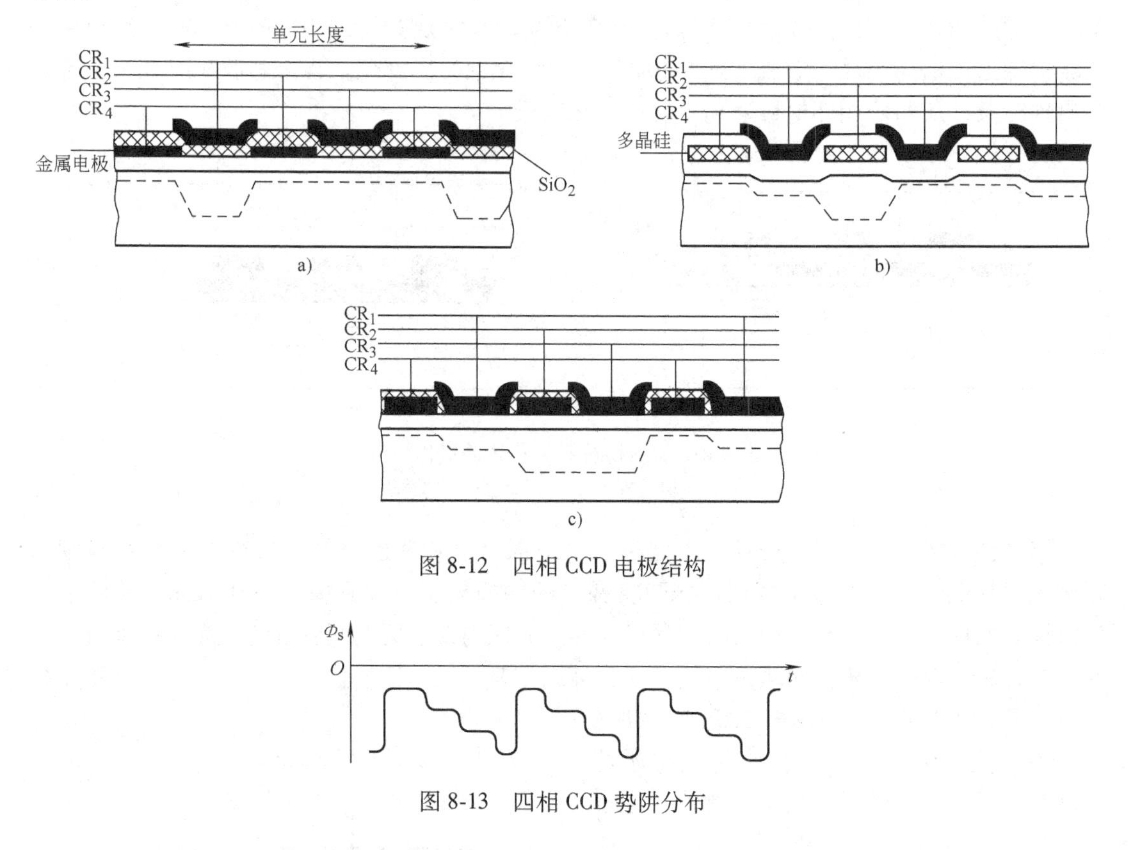

图 8-12 四相 CCD 电极结构

图 8-13 四相 CCD 势阱分布

8.3.4 体沟道 CCD

上面介绍的 CCD 中，信号电荷只在贴近界面的极薄衬底内运动。由于界面处存在陷阱，信号电荷在转移过程中将受到影响，从而降低了器件的工作速度和转移效率。为了减轻或避免上述问题，可在半导体体内设置信号的转移沟道。这类器件称为体沟道或者埋沟道 CCD，简称 BCCD。

BCCD 结构的纵向剖面如图 8-14 所示。由于转移沟道进行了离子注入，势能的极小值离开了界面。体沟道原则上可以用外延生长法形成，不过在控制薄外延层的掺杂浓度和降低缺陷密度方面有一定困难。

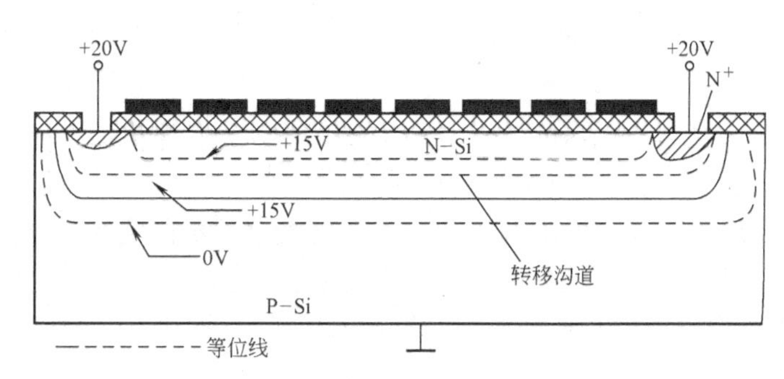

图 8-14　BCCD 结构的纵向剖面图

8.4　电荷的注入和检测

在 CCD 中，电荷注入的方法有很多，归纳起来可分为光注入和电注入两类。

8.4.1　光注入

当光照射到 CCD 硅片上时，在栅极附近的半导体内将产生本征吸收，生成电子−空穴对，多数载流子（空穴）被栅极电压排斥，少数载流子（电子）则被收集在势阱中产生信号电荷，形成光电子注入。光注入方式又可分为正面照射与背面照射。图 8-15 为背面照射式光注入，光从电极的反面注入到半导体器件。当前的 CCD 图像传感器几乎都采用如图 8-15 所示的背面照射方式。光注入的电荷为

$$Q_{in} = \eta q N_{eo} A t_c \tag{8-2}$$

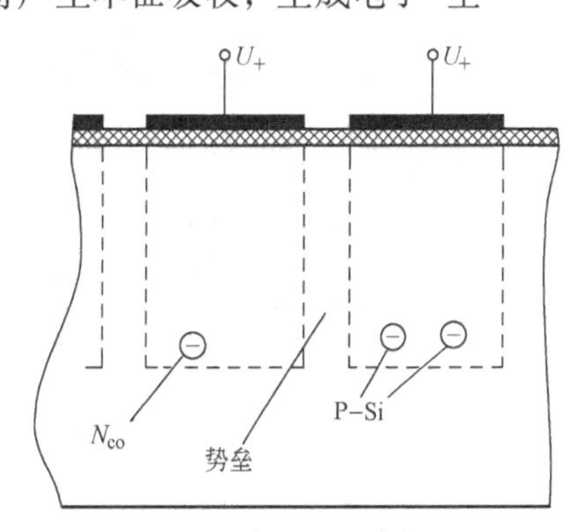

图 8-15　背面照射式光注入

式中，η 为材料的量子效率；q 为电子电荷量；N_{eo}为入射光的光子流速率；A 为像元的受光面积；t_c 为光的注入时间。

由式（8-2）可以看出，当 CCD 确定以后，η、q 及 A 均为常数，注入到势阱中的信号电荷 Q_{in}与入射光的光子流速率 N_{eo}及注入时间 t_c 成正比。注入时间 t_c 又称为 CCD 的积分时间，对于一般的 CCD，它由驱动器转移脉冲的周期 T_{sh}决定。当所设计的驱动器能够保证其注入时间稳定不变时，注入到 CCD 势阱中的信号电荷只与入射辐射的光子流速率 N_{eo}成正比。由式（1-37）可知，在单色入射光时，入射光的光子流速率与入射光谱辐通量的关系为

$$N_{eo} = \frac{\Phi_{e,\lambda}}{h\nu}$$

式中，h、ν 均为常数。

因此，在这种情况下，光注入的电荷量 Q_{in}与入射的光谱辐通量 $\Phi_{e,\lambda}$呈线性关系。该线性关系是应用 CCD 检测光谱强度和进行多通道光谱分析的理论基础。原子发射光谱的实测结果验证了光注入的线性关系。

8.4.2 电注入

所谓电注入就是以电流或电压的方式向 CCD 势阱中注入信号电荷，以便实现某种目的。电注入的方法很多，这里仅介绍两种常用的电注入方法。

（1）电流注入法　图 8-16a 为由 N^+扩散区和 P 型衬底构成的注入二极管。IG 为 CCD 的输入栅极，其上加适当的正偏压使栅极下面的势阱保持一定的深度，能使图 8-16a 所示电极 ID 下面的电子通过它而进入到 CR_2 势阱中。当输入信号 U_{in}加在 ID 上时，若恰逢 CR_2 为高电平，此时可将 N^+区看作 MOS 晶体管的源极，IG 为其栅极，而 CR_2 为其漏极，于是在栅极 IG 电压的控制下 ID 下方势阱中的电荷将通过 IG 进入到 CR_2 下方的势阱中。当它工作在饱和区时，输入栅下沟道的电流 I_s 为

$$I_s=\mu\frac{WC_{ox}}{L_g\ 2}(U_{in}-U_{ig}-U_{th})^2 \tag{8-3}$$

式中，W 为信号沟道宽度；L_g 为输入栅 IG 的长度；U_{ig}为输入栅的偏置电压；U_{th}为硅材料的阈值电压；μ 为载流子的迁移率；C_{ox}为输入栅 IG 的电容。

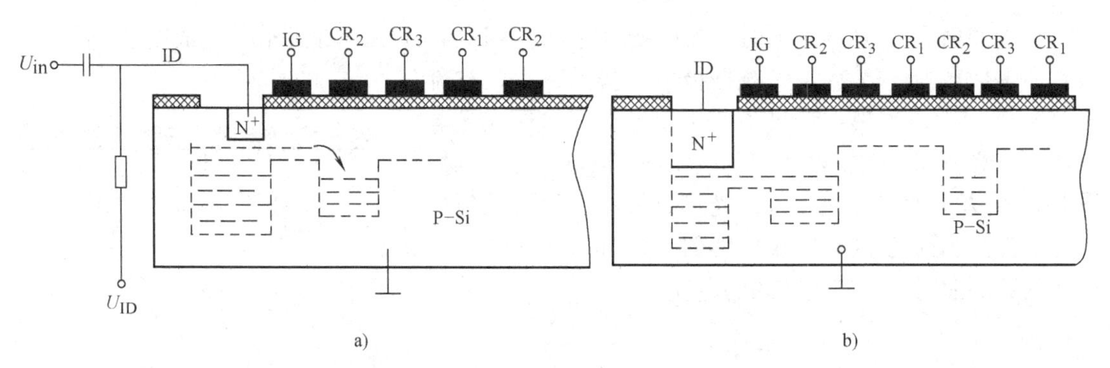

图 8-16　电注入方式

a）电流注入法　b）电压注入法

经过了 t_c 时间注入后，CR_2 下势阱的信号电荷量

$$Q_s=\mu\frac{WC_{ox}}{L_g\ 2}(U_{in}-U_{ig}-U_{th})^2 \tag{8-4}$$

可见这种注入方式的信号电荷 Q_s 不仅依赖于 U_{in}和 t_c，而且与输入二极管所加偏压的大小有关。因此，Q_s 与 U_{in}没有线性关系。

（2）电压注入法　如图 8-16b 所示，电压注入法与电流注入法类似，也是把信号加到源极扩散区上，所不同的是输入电极上加有与 CR_2 同位相的选通脉冲，但其宽度小于 CR_2 的脉宽。在选通脉冲的作用下，电荷被注入到第一个转移栅 CR_2 下的势阱里，直到势阱的电位与 N^+区的电位相等时，注入电荷才停止。CR_2 下势阱中的电荷向下一级转移之前，由于选通脉冲已经终止，输入栅下的势垒开始把 CR_2 下和 N^+的势阱分开，同时，留在输入电极下的电荷被挤到 CR_2 和 N^+的势阱中。由此而引起的起伏不仅产生输入噪声，而且使信号电荷 Q_s 与输入电压 U_{in}的线性关系变坏。这种起伏可以通过减小输入电极的面积来克服。另外，选通脉冲的截止速度减慢也能减小这种起伏。电压注入法的电荷注入量 Q_s 与时钟脉冲

频率无关。

8.4.3 电荷的检测

在 CCD 中，有效地收集和检测电荷（输出方式）是一个重要问题。CCD 的重要特性之一是信号电荷在转移过程中与时钟脉冲没有任何电容耦合，但在输出端这种与时钟脉冲的电容耦合不可避免。因此，选择适当的输出电路，尽可能地减小时钟脉冲对输出信号的容性干扰。目前 CCD 输出电荷信号的方式主要是被称为电流输出方式的电路。

电荷检测电路如图 8-17 所示，它由检测二极管、二极管的偏置电阻 R、源极输出放大器和复位场效应晶体管 VF 等元器件构成。当信号电荷在转移脉冲 CR_1、CR_2 的驱动下向右转移到最末一级转移电极（图中 CR_2 电极）下的势阱中后，CR_2 电极上的电压由高变低时，由于势阱的提高，信号电荷将通过输出栅（加有恒定的电压）下的势阱进入反向偏置的二极管（图中 N^+区）中。

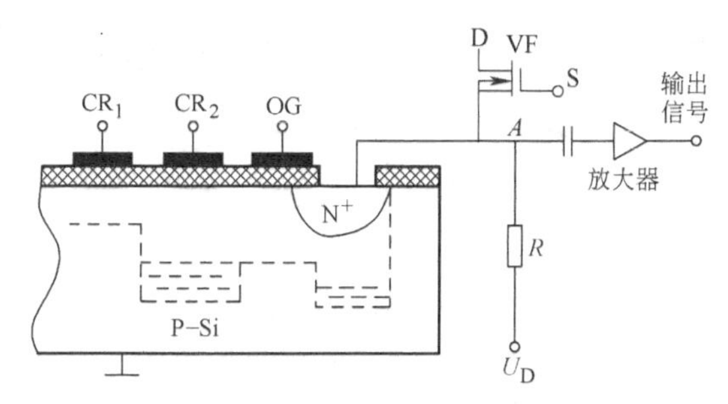

图 8-17　电荷检测电路

由电源 U_D、电阻 R、衬底 P 和 N^+区构成的输出二极管反向偏置电路，对于电子来说相当于一个很深的势阱。进入到反向偏置二极管中的电荷（电子），将产生电流 I_d，且 I_d 的大小与注入到二极管中的信号电荷量 Q_s 成正比，而与电阻的阻值 R 成反比。电阻 R 是 CCD 内部的固定电阻，阻值为常数。输出电流 I_d 与注入到二极管中的电荷量 Q_s 呈线性关系，且

$$Q_s = I_d \mathrm{d}t \tag{8-5}$$

由于 I_d 的存在，使得 A 点的电位发生变化。注入到二极管中的电荷量 Q_s 越多，I_d 越大，A 点电位下降得越低。所以，可以用 A 点的电位来检测注入到输出二极管中的电荷 Q_s。隔直电容只取出 A 点的电位变化，再通过放大器输出。在实际的器件中，常常用绝缘栅场效应晶体管取代隔直电容，并兼有放大器的功能，它由开路的源极输出。

图中的复位场效应晶体管 VF 是复位检测二极管深势阱的。它的主要作用是在一个读出周期中，注入到输出二极管深势阱中的信号电荷通过偏置电阻 R 放电，偏置电阻太小，信号电荷很容易被泄放掉，输出信号的持续时间很短，不利于检测。增大偏置电阻，可以使输出信号获得较长的持续时间，在转移脉冲 CR_1 的周期内，信号电荷被泄放掉的数量很少，有利于对信号的检测。但是，在下一个信号到来时，没有泄放掉的电荷势必与新转移来的电荷叠加，破坏后面的信号。为此，引入复位场效应晶体管 VF，使没有来得及被泄放掉的信号电荷通过复位场效应晶体管泄放掉。复位场效应晶体管在复位脉冲 RS 的作用下使复位场效应晶体管导通，它导通的动态电阻远远小于偏置电阻的阻值，使输出二极管中的剩余电荷通过复位场效应晶体管流入电源，使 A 点的电位恢复到初始的高电平，为接收新的信号电荷做好准备。

8.5 典型线阵 CCD 图像传感器

8.1~8.4 节讨论了 CCD 基本工作原理中的一些共性问题，本节开始讨论个性问题，

CCD 图像传感器有一维与二维之分，通常将一维 CCD 图像传感器称为线阵 CCD 或线阵 CCD 图像传感器，将二维 CCD 图像传感器称为面阵 CCD 或面阵 CCD 图像传感器。线阵 CCD 的像元紧密地排成一行，它具有传输速度快、密集度高与信息检取方便等一系列优点，广泛应用于复印机、扫描仪、工业非接触尺寸的高速测量和大幅面高精度实物图像扫描等工业现场检测、分析与分选领域，是代替人眼的重要设备。工程技术人员所说的“电眼”常指线阵 CCD 图像传感器。线阵 CCD 图像传感器又有单沟道与双沟道之分，两者各有利弊，下面分别讨论。

8.5.1 单沟道线阵 CCD 图像传感器

TCD1209D 是一种很典型的单沟道线阵 CCD 图像传感器，掌握它的结构、原理、特性参数对学习类似器件非常重要。

1. 基本结构

图 8-18 为 TCD1209D 的结构，它只有一行模拟移位寄存器，是典型的单沟道结构，由像元阵列、转移栅阵列、水平模拟移位寄存器阵列（沟道）及信号输出单元等部分组成。像元阵列位于器件的中心部位；转移栅由脉冲 SH 控制；模拟移位寄存器阵列为二相结构，由驱动脉冲 CR_1 与 CR_2 驱动；信号输出单元接于模拟移位寄存器的最末极 CR_{2B} 之后，在复位脉冲 RS 与嵌位脉冲 CP 的作用下由 OS 端输出各个像元的模拟脉冲信号。

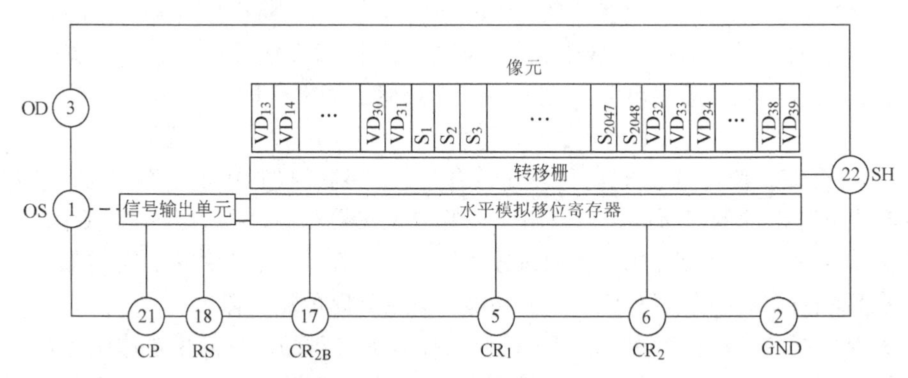

图 8-18 TCD1209D 的结构

TCD1209D 的像元阵列由 2075 个光电二极管构成，其中有 27 个光电二极管（前边 $VD_{13} \sim VD_{31}$ 和后边的 $VD_{32} \sim VD_{39}$）被遮蔽，中间的 2048 个光电二极管为有效的像元。每个像元的尺寸为 14μm×14μm，相邻的两个像元的中心距为 14μm。像元阵列的总长度为 28.672mm。

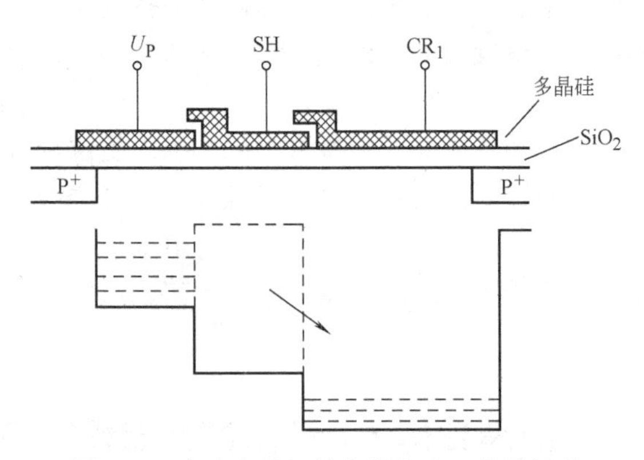

图 8-19 光生电荷经转移栅向 CR_1 势阱转移

转移栅与像元阵列及模拟移位寄存器构成如图 8-19 所示的交叠结构。这种结构既可以使转移栅完成将像面的信号电荷向模拟移位寄存器中转移的工作又能在模拟移位寄存器转移信号电荷期间将像元与模拟移位寄存器隔离，使像面进行光积分的同时模拟移位寄存器进行信号电荷的转移。转移栅上加转移脉冲 SH，SH 为低电平时，转移栅电极下的势阱为如图 8-19 虚线所示的浅势阱，对于像敏区 U_P 下的深势阱来说起到隔离的“势垒”作用，不会使像面 U_P 所累积的信号电荷向 CR_1、CR_2 电极下的势阱中转移。当 SH 为高电平时，转移栅电极下的势阱为如图 8-19 实线所示的深势阱，深势阱使像面 U_P 下的深势阱与 CR_1 电极下的深势阱沟通。像面 U_P 积累的信号电荷将通过转移栅 SH 向 CR_1 电极下的深势阱中转移。

转移到 CR_1 电极势阱中的信号电荷将在驱动脉冲 CR_1 和 CR_2 的作用下定向转移（向左转移）。当最靠近输出端的 CR_{2B} 电极上的电位由高变低时，信号电荷将从 CR_{2B} 电极下的势阱通过输出栅转移到输出端的检测二极管中（见图 8-18）。

信号输出单元包括检测二极管、复位场效应晶体管与输出放大器等电路。复位场效应晶体管控制栅上的脉冲为复位脉冲 RS，它的作用已在 8.4.3 节讨论，这里不再赘述。信号经缓冲控制（CP 电极）后由输出放大器场效应晶体管的开路源极 OS 端输出。

2. 工作原理

TCD1209D 的驱动脉冲波形如图 8-20 所示。它由转移脉冲 SH、驱动脉冲 CR_1 和 CR_2、复位脉冲 RS 和缓冲控制脉冲 CP 等五路脉冲构成。转移脉冲 SH 为周期很长的脉冲，低电平时间远远长于高电平时间。SH 与驱动脉冲 CR_1 之间的相位关系必须如图 8-20 所示，即在 SH 为高电平期间 CR_1 也必须为高电平，而且必须保证 SH 的下降沿落在 CR_1 的高电平上，以确保所有像面的信号电荷能够并行地转移到模拟移位寄存器 CR_1 电极下方形成的深势阱里。完成信号电荷的并行转移后，SH 变为低电平，它下方形成的浅势阱（势垒）使像面与模拟移位寄存器隔离。在像面进行电荷积累的同时，模拟移位寄存器在驱动脉冲 CR_1 和 CR_2 的作用下，将并行

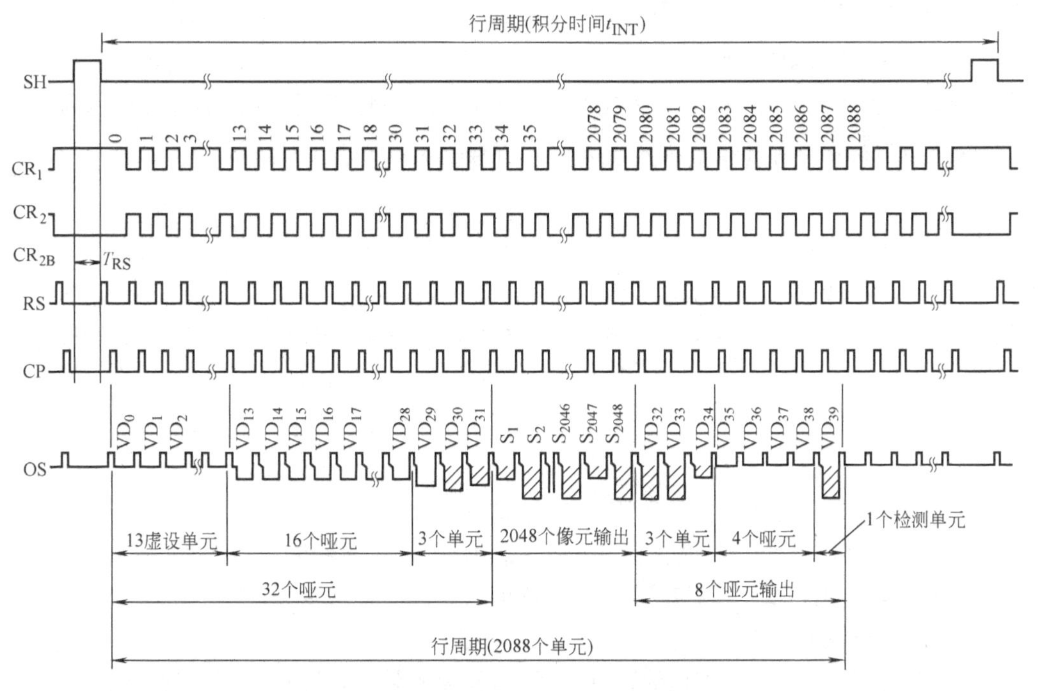

图 8-20　TCD1209D 的驱动脉冲波形图

转移到模拟移位寄存器 CR_1 电极下方势阱中的信号电荷向左转移，如图 8-18 所示，信号电荷经输出电路转换为被发光强度调制的序列脉冲电压信号从 OS 端口输出。

SH 的周期称为行周期，行周期应大于或等于 2088 个转移脉冲 CR_1 的周期 T_{CR1}。只有行周期大于 $2088T_{CR1}$，才能保证 SH 在转移第二行信号时第一行信号能全部移出器件。当 SH 由高电平变低电平时，OS 端进行输出。如图 8-20 所示，OS 端首先输出 13 个虚设单元的信号（所谓虚设单元是没有光电二极管与之对应的 CCD 模拟寄存器的部分），然后输出 16 个哑元信号（哑元是指被遮蔽的光电二极管与之对应的 CCD 模拟寄存器的信号），再输出 3 个信号（这 3 个信号可因光的斜射而产生的输出，但这 3 个信号不能被用作信号）后才能输出 2048 个有效像元信号。有效像元信号输出后，再输出 8 个哑元信号（其中包括一个用于检测一个周期结束的检测信号）。这样，行周期总共 2088 个单元，行周期应该大于等于这些单元输出的时间（即 $2088T_{CR1}$）。

3. 特性参数

TCD1209D 是一种性能优良的线阵 CCD。它具有速度快、灵敏度高、动态范围宽、像元不均匀性好、功耗低、光谱响应范围宽等优点。

（1）光谱响应特性　TCD1209D 的光谱响应特性曲线如图 8-21。光谱响应的峰值波长为 550nm，短波响应在 400nm 处大于 70%（实践证明该器件在 300nm 处仍有较好的响应），光谱响应的长波限为 1100nm。响应范围远远超出人眼的视觉范围。

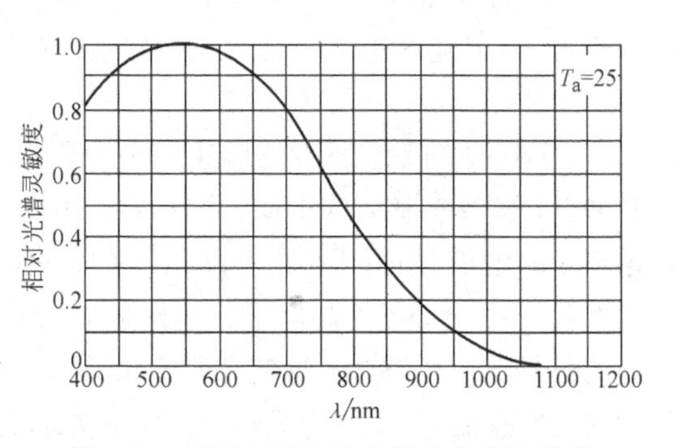

图 8-21　TCD1209D 的光谱响应特性曲线

器件的像元的不均匀性典型值为 3%，是 2048 像元的双沟道器件无法达到的。像元不均匀性的定义有两种方式，一种定义为在 50% 饱和曝光量的情况下各个像元之间的输出信号电压差值 ΔU 与各个像元输出信号均值电压 $\overline{U}$ 之比的百分数，即

$$PRNU=\frac{\Delta U}{\overline{U}}\% \tag{8-6}$$

另一种用 *PRNU*（V）表示，定义为 50% 饱和曝光量情况下的相邻像元输出电压的最大差值。

（2）灵敏度　线阵 CCD 的灵敏度参数定义为单位曝光量作用下器件的输出信号电压，即

$$R=\frac{U_o}{H_v} \tag{8-7}$$

式中，U_o 为线阵 CCD 输出的信号电压；H_v 为像面上的曝光量。

当然，衡量器件灵敏度的参数还常用器件输出信号电压饱和时光敏面上的曝光量表示，称为饱和曝光量，记为 *SE*。饱和曝光量 *SE* 越小的器件其灵敏度越高。TCD1209D 的饱和曝光量 *SE* 仅为 0.06lx · s。

（3）动态范围　动态范围参数 *DR* 定义为饱和曝光量与信噪比等于 1 时的曝光量之比。但是，这种定义的方式不容易计量，为此常采用饱和输出电压与暗信号电压之比代替。这

样，动态范围 DR 为

$$DR=\frac{U_{sat}}{U_{dak}} \tag{8-8}$$

式中，U_{sat}为CCD的饱和输出电压；U_{dak}为CCD没有光照射时的输出电压（暗信号电压）。显然，降低暗信号电压 U_{dak}是提高动态范围的最好方法。动态范围越高的器件品质越高。

（4）转移效率 η 与损失率 ε　电荷转移效率是表征CCD性能好坏的重要参数。一次转移后到达下一个势阱中的电荷量与原来势阱中的电荷量之比称为转移效率。如果在 $t=0$ 时，注入到某电极下的电荷为 $Q(0)$；在时间 t 时，大多数电荷在电场作用下向下一个电极转移，但总有一小部分电荷由于某种原因留在该电极下。若被留下来的电荷为 $Q(t)$，则电荷转移效率为

$$\eta=\frac{Q(0)-Q(t)}{Q(0)}=1-\frac{Q(t)}{Q(0)} \tag{8-9}$$

如果电荷转移损失率定义为

$$\varepsilon=\frac{Q(t)}{Q(0)} \tag{8-10}$$

电荷转移效率与电荷转移损失率的关系为

$$\eta=1-\varepsilon \tag{8-11}$$

理想情况下 η 等于1，但实际上电荷在转移过程中总有损失，所以 η 总是小于1（TCD1209D的转移效率为0.99999以上）。一个电荷为 $Q(0)$的电荷包，经过 n 次转移后，所剩下的电荷为

$$Q(n)=Q(0)\eta^{n} \tag{8-12}$$

这样，n 次转移前、后电荷量之间的关系为

$$\frac{Q(n)}{Q(0)}=\eta^{n}\approx e^{-n\varepsilon} \tag{8-13}$$

TCD1209D的总转移效率不低于92%，可见单元转移效率 η 之高。

影响电荷转移效率的主要因素是界面态对电荷的俘获。为此，常采用“胖零”工作模式，即让“0”信号也有一定的电荷。图8-22为P沟道线阵CCD在两种不同驱动频率下的电荷转移损失率 ε 与“胖零”电荷 $Q(0)$间的关系。

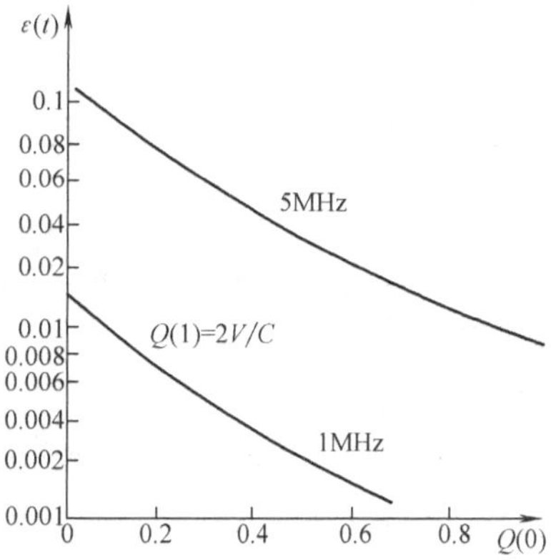

图8-22　P沟道线阵CCD在两种不同驱动频率下的电荷转移损失率 ε 与“胖零”电荷 $Q(0)$间的关系

图8-22中的 C 为转移电极的有效电容量。$Q(1)$代表“1”信号电荷，$Q(0)$代表“0”信号电荷。从图8-22中可以看出，增大“0”信号的电荷量，可以减少每次转移过程中信号电荷的损失。在CCD中常采用电注入的方式在转移沟道中注入“胖零”电荷，可以降低电荷转移损失率，提高转移效率。但是，由于“胖零”电荷的引入，CCD的输出信号中多了“胖零”电荷分量，表现为暗电流的增加，而且，该“暗电流”是不能通过降低CCD的温度而降低的。

TCD1209D转移效率如此之高就是采用了“胖零”技术，当驱动脉冲加到CCD时其正常工作时“胖零”电荷随之注入CCD，从器件的输出端OS读出的信号增添了不能通过冷却

消除的“暗电流”。

除以上介绍的特性参数外还有一些特性参数，其定义容易理解，这里不再一一介绍。表 8-1 为 TCD1209D 的特性参数，表中所示的参数是在确定的测试条件下测得的，使用时必须注意测试条件，超出测试条件的情况下参数值与表中示值必定有出入，因此本表只能作为参考。从表 8-1 中可以看出 TCD1209D 是一种性能优良的线阵 CCD。

表 8-1 TCD1209D 的特性参数

特性参数	参数符号	最小值	典型值	最大值	单位	备注
灵敏度	R	25	31	37	V/(lx · s)	
像元的不均匀性	$PRNU$		3%	10%		
	$PRNU$（V）		4	10	mV	
饱和输出电压	U_{sat}	1.5	2.0		V	
饱和曝光量	SE	0.04	0.06		lx · s	
暗信号电压	U_{dak}		1.0	2.5	mV	
暗信号电压不均匀性	$DSNU$		1.0	2.5	mV	
直流功率损耗	P_D		160	400	mW	
总转移效率	TTE	92%	98%			
输出阻抗	Z_o		0.2	1	kΩ	
动态范围	DR		2000			
输出信号的直流电位	U_{OS}	4.0	5.5	7.0	V	
噪声	N_{DO}		0.6		mV	
驱动频率	F		1	20	MHz	$f_1=f_R$

测试条件：环境温度为 25℃，U_{φ}、U_{SH}、U_{RS}、U_{CP}等均为 5V 的脉冲，$U_{OD}=12V$，驱动频率为 1MHz，积分时间为 10ms，负载电阻为 100kΩ 时在 2856K 标准钨丝白炽灯光源情况下的特性参数。

4. 驱动电路

图 8-23 为 TCD1209D 驱动脉冲产生电路，产生如图 8-20 所示的 5 路驱动脉冲，即 SH、CR$_1$、CR$_2$、RS、CP 这 5 路脉冲，它们之间的相位应满足图 8-20 所示的关系。采用现场可编程序逻辑器件（FPGA）设计驱动电路，内部逻辑电路应如图 8-23 所示。由 R_1、R_2、G$_1$、

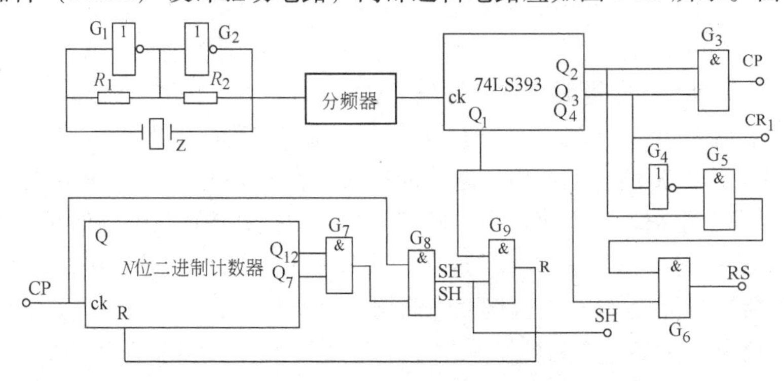

图 8-23 TCD1209D 驱动脉冲产生电路

G_2 和石英晶体 Z 构成的振荡器，产生频率为 f 的主时钟脉冲，经分频器送给 74LS393，分别由 Q_1、Q_2、Q_3 这 3 个输出端输出频率分别为 f_1、f_2、f_3 的脉冲，将 f_2 和 f_3 做与逻辑运算后产生 CP 脉冲；将 f_2 和 f_3 通过与门 G_5 相与后再和 f_1 相与得到复位脉冲 RS，将 CP 脉冲送给 N 位二进制计数器产生频率不同的 N 位输出 $Q_0 \sim Q_N$，将其中的 Q_{12} 和 Q_7 用与门 G_7 相与得到周期大于 $2088T_1$ 的脉冲，再将它与 CP 通过与门 G_9 相与得到 SH 脉冲；通过与门 G_9 将 SH 脉冲和 f_1 脉冲相与产生 N 位二进制计数器的复位脉冲 R，使 N 位计数器按 SH 脉冲的周期工作便产生出 TCD1209D 所需要的全部时钟脉冲。

5. 外形尺寸

TCD1209D 为 DIP22 封装形式的双列直插型器件，外形尺寸如图 8-24 所示。器件总长 41. 6mm，宽 10. 16mm，高 6. 7mm；器件的像元总长为 28. 672mm；像元距离器件表面玻璃的距离为 1. 72mm，表面玻璃的厚度为（0. 7±0. 1）mm。这些参数都可以在图 8-24 中找到，对于实际应用都是很重要的。而且，器件的外形尺寸与封装尺寸的关系等对于同系列的器件都基本相似。需要注意，在应用中必须将被测的图像成像在它的像面上而不是前面的保护玻璃上。

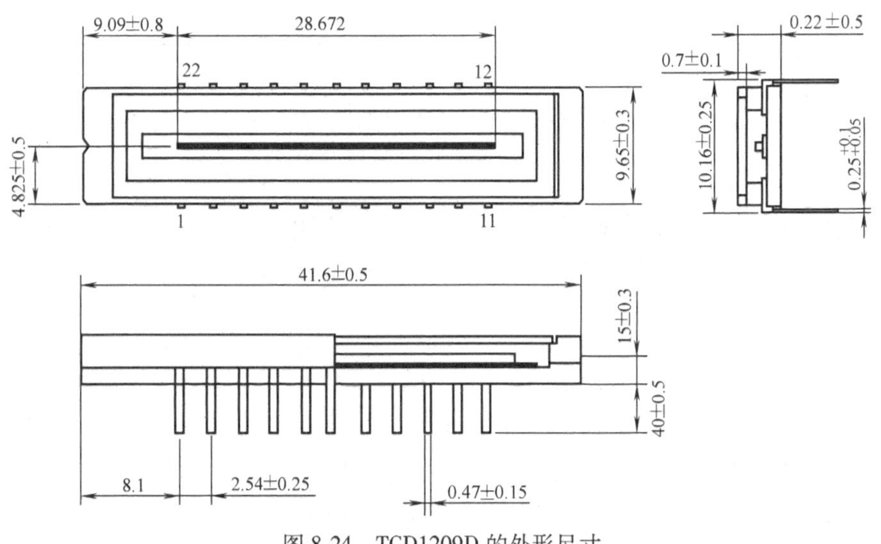

图 8-24　TCD1209D 的外形尺寸

8.5.2　双沟道线阵 CCD 图像传感器

由两个转移沟道构成的线阵 CCD 称为双沟道线阵 CCD。TCD1251D 为典型的双沟道 CCD，该器件广泛应用于物体外形尺寸的非接触自动测量领域，是一种较为理想的一维光电探测器件。

1. TCD1251D 的基本结构

图 8-25 为 TCD1251D 的原理结构。它由 2752 个 PN 结光电二极管构成像元阵列，其中前 27 个和后 11 个是用作暗电流检测而被遮蔽的 PN 结，图中用符号 VD_i（i=13，14，15，…）表示；中间的 2700 个光电二极管为像元，图中用 S_i（i=1，2，3，…）表示。每个像元长 11μm、高 11μm，中心距为 11μm，像元阵列总长为 29. 7mm。像元阵列的两侧是用作存储光生电荷的 MOS 电容存储栅极。MOS 电容存储栅极的两侧是转移栅电极 SH，转移栅电

极的两侧为 CCD 模拟移位寄存器，其信号输出部分由输出放大器单元的 OS 端输出，并在补偿输出单元的 DOS 端输出补偿信号。

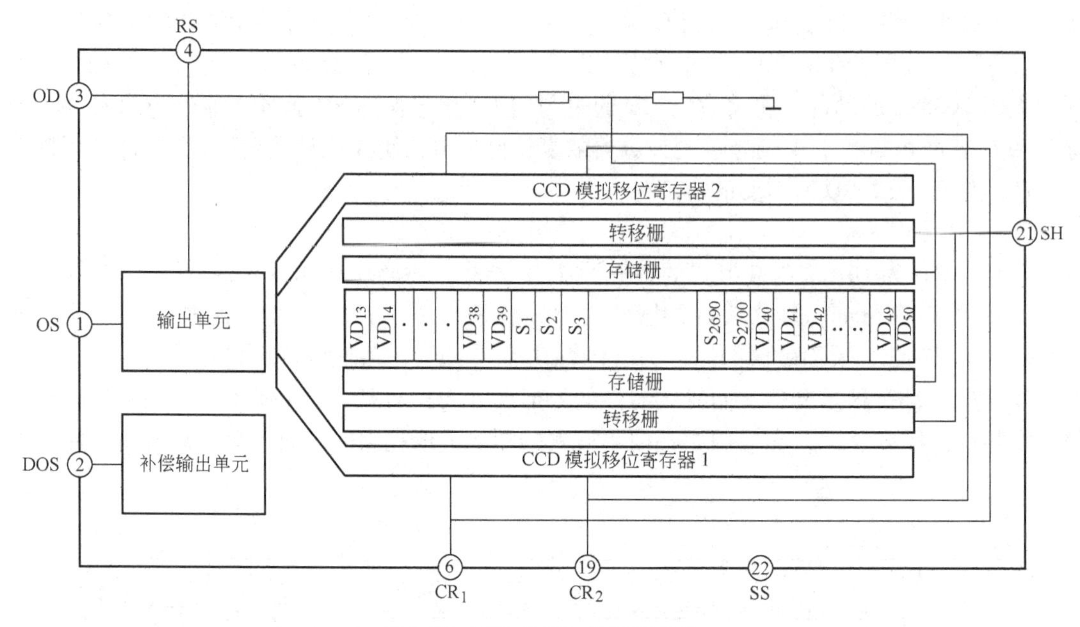

图 8-25 TCD1251D 的原理结构

2. TCD1251D 的工作原理

TCD1251D 在图 8-26 所示的驱动脉冲作用下工作。图中当 SH 脉冲为高电平时，CR_1 脉冲亦为高电平，其下均形成深势阱。SH 的深势阱使 CR_1 电极下的深势阱与 MOS 电容存储

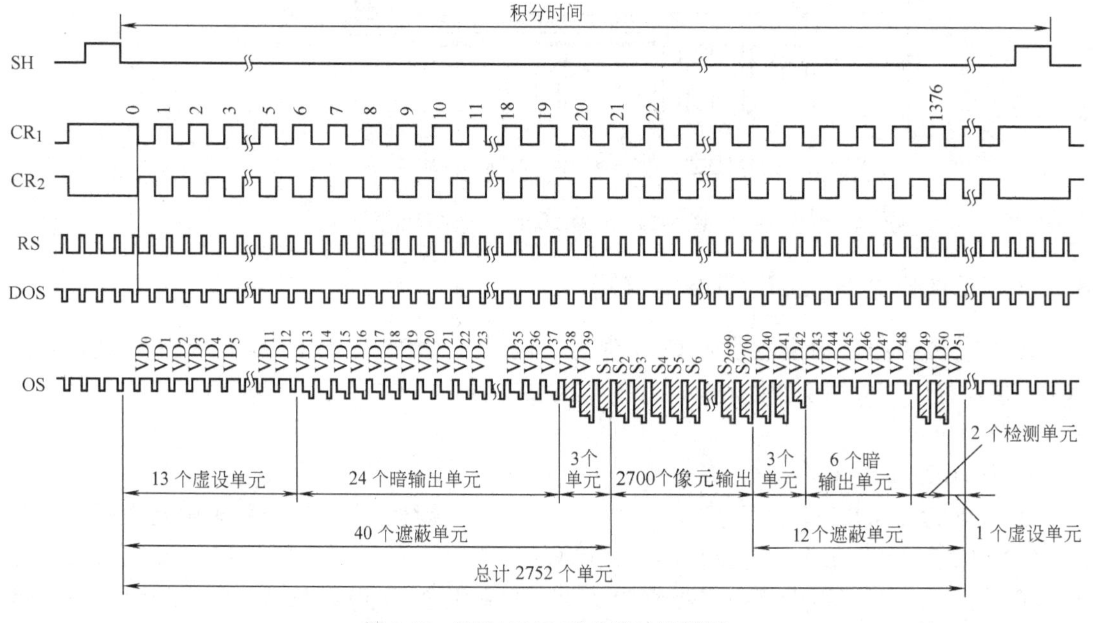

图 8-26 TCD1251D 驱动脉冲波形图

势阱沟通，MOS 电容存储栅中的信号电荷将通过转移栅转移到模拟移位寄存器 CR_1 电极下的势阱中。当 SH 由高变低时，SH 低电平形成的浅势阱（或势垒）将存储栅下的势阱与 CR_1 电极下的势阱隔离开。存储栅下的势阱进入光积分状态，而模拟移位寄存器将在 CR_1 与 CR_2 脉冲的作用下驱使信号电荷进行定向转移。最初由存储栅转移到 CR_1 电极下势阱中的信号电荷将向左转移进入 CR_2 电极下势阱中，而后再转移至 CR_1 电极下势阱中，一位位地向左转移，最后经过输出电路由 OS 端输出哑元信号和 2700 个有效像元信号，而由 DOS 端输出补偿信号（或参考信号）。由于结构上的安排，OS 端首先输出 13 个虚设单元信号，再输出 27 个暗信号，然后才连续输出 $S_1 \sim S_{2700}$的有效像元信号。S_{2700}信号输出后，又输出 9 个暗信号，再输出两个奇偶检测信号，之后便是没有信号的空驱动信号（或虚设单元信号）。空驱动数目可以是大于零的任意数，否则会影响下一行信号的输出。由于该器件是两列并行传输的，所以在一个 SH 周期中至少要有 1376 个 CR_1 脉冲，即 $T_{SH} > 1376T_1$，T_1 为驱动脉冲 CR_1 的周期。图 8-26 中的 RS 为复位脉冲，每复位一次 OS 输出端便输出一个像元的信号。

3. TCD1251D 的驱动电路

TCD1251D 的驱动电路如图 8-27 所示。由驱动脉冲发生器产生的转移脉冲$\overline{SH}$、驱动脉冲$\overline{CR_1}$、$\overline{CR_2}$和复位脉冲$\overline{RS}$等 4 路驱动脉冲经反向器 74HC04P 反向后加到 TCD1251D 的相应引脚上。该器件将输出 OS 信号与 DOS 信号。其中 OS 信号含有效光电信号，DOS 输出为补偿信号。从图 8-27 可以看出 DOS 信号反映了 CCD 暗电流的特性，也反映了 CCD 在复位脉冲的作用下信号传输沟道产生的容性干扰。比较 OS 信号与 DOS 信号的输出波形，OS 信号与 DOS 信号被 RS 容性干扰的相位相同，可利用差分放大器将它们之间的共模干扰抑制掉。因而可以采用高速视频差分放大器 AD8031 来完成信号的放大与抑制共模干扰。

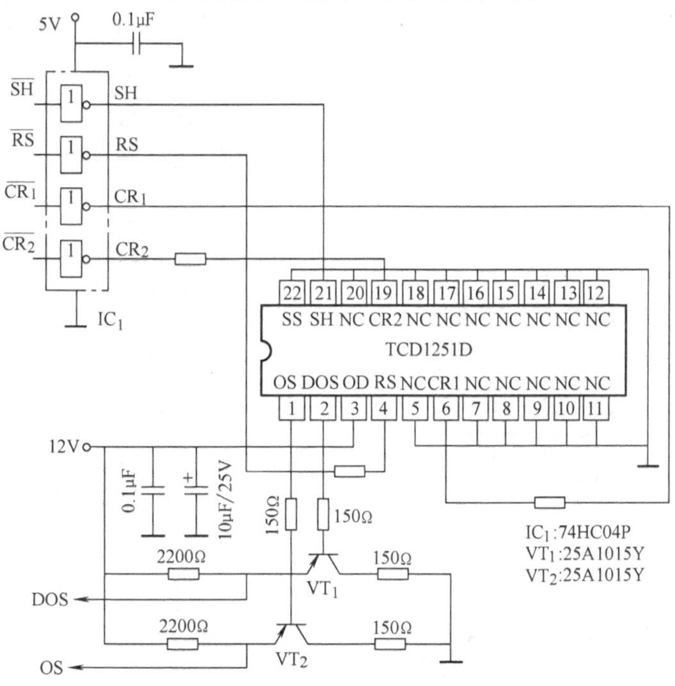

图 8-27 TCD1251D 的驱动电路

4. TCD1251D 的特点与特性

（1）驱动简便　在 TCD1251D 的内部设置有电平转换驱动电路，只要提供 0.3~5V 的驱动脉冲就可以正常工作，极大地方便了用户的使用。

（2）灵敏度高　TCD1251D 的光电灵敏度为 35V/(lx·s)，它的饱和曝光量为 0.05lx·s，动态范围为 3800，属于高灵敏高动态范围的器件，被广泛地应用于各种需要高灵敏宽动态范围的领域，如高精度非接触尺寸测量领域。

（3）光谱响应　TCD1251D 的光谱响应曲线如图 8-28 所示，其峰值响应波长 λ_m 为 550nm，与人眼的光谱响应峰值波长很接近；长波截止波长为 1100nm，在近红外区有较好的响应；短波截止波长可延长到紫外区，接近 250nm。光谱响应范围宽是它的另一个特点。该器件在整个可见光谱区的响应高于 70%，是比较理想的光谱探测器件。另外，它像元尺寸小（11μm×11μm）、分辨率高，又是性能优良的尺寸检测探测器件。

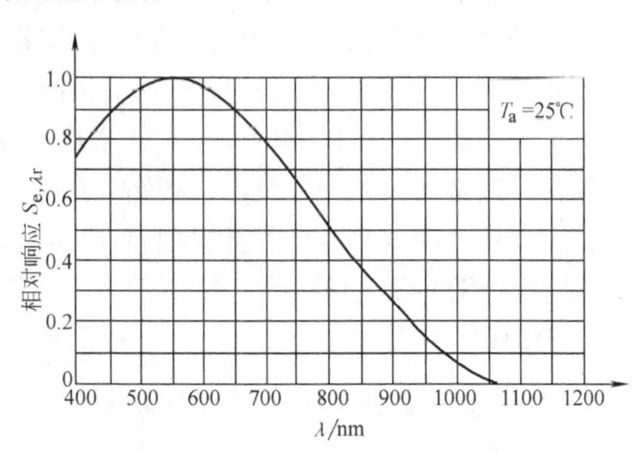

图 8-28　TCD1251D 的光谱响应曲线

（4）温度特性　TCD1251D 的温度特性如图 8-29 所示。当环境温度由 0℃ 增长到 60℃ 时，由于它能够分别从 OS 和 DOS 端输出像元信号和暗电流信号，而且尽管这两个信号都随温度变化，但是它们随温度变化的规律是相同的，相当于在同温槽内。因此它们的差分信号对温度变化的影响会被差分放大器抑制共模干扰特性所抵消而不明显。

（5）积分时间与暗电压的变化关系　各种线阵 CCD 的暗电压（或暗电流）都与积分时间有关，这是由于 CCD 属于积分类型的光电器件，它对暗电流引起的热激发载流子进行积累，使得器件的暗电压随累积时间的增长而增大。TCD1251D 的暗电压与积分时间的关系曲线如图 8-30 所示。

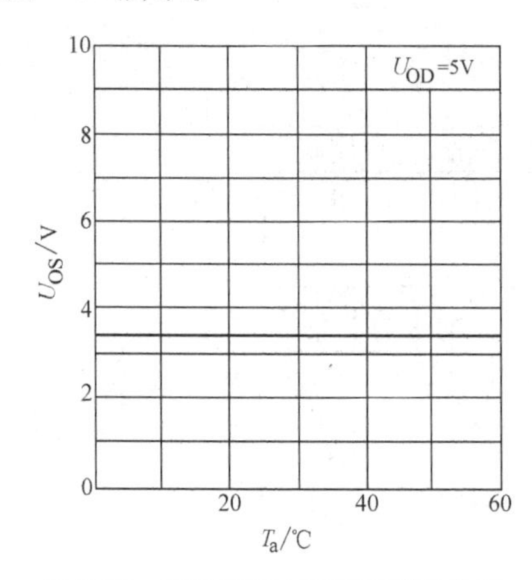

图 8-29　TCD1251D 的温度特性曲线

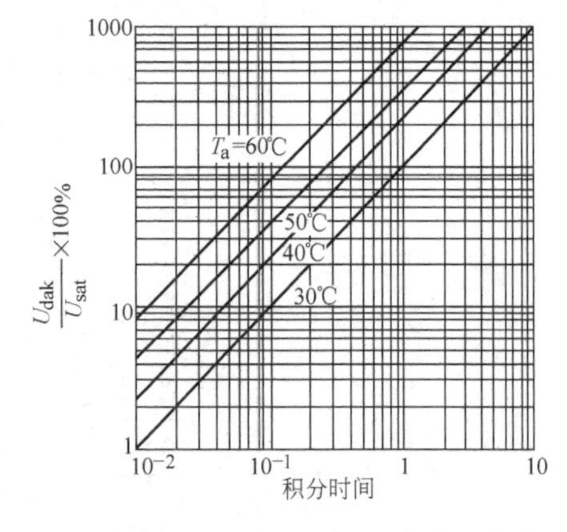

图 8-30　TCD1251D 的暗电压与积分时间的关系曲线

5. TCD1251D 的特性参数

TCD1251D 的特性参数见表 8-2。表中直流信号输出电压与直流补偿输出电压定义如

图8-31所示。

表8-2 TCD1251D的特性参数

参数名称	符号	最小值	典型值	最大值	单位	备注
响应	R	26	35	44	V/(lx·s)	2854K光源为：105V/(lx·s)；LED 567nm光源为：22.7V/(lx·s)
像元不均匀性	$PRNU$			10%		为50%SE饱和曝光量（典型值）下测定 $PRNU=\frac{\Delta x}{\bar{x}}\times 100\%$
	$PRNU$（V）		3	8	mV	
寄存器不平衡性	R_i			3%		为50% SE饱和曝光量（典型值）下测定 $R_i=\frac{\sum_{n=1}^{2699}\lvert x_n-x_{n+1}\rvert}{2699\bar{x}}\times 100\%$
饱和输出电压	U_{sat}	1.7	1.9		V	U_{sat}为所有有效像元的最小饱和输出电压
饱和曝光量	SE		0.05		lx·s	$SE=\frac{U_{sat}}{R}$
暗电压	U_{dak}		0.5	2	mV	所有有效像元暗信号的最大值
暗信号不均匀性	$DSNU$		1	3	mV	
直流功率损耗	P_D		180	270	mW	
总传输效率	TTE	92%				
输出阻抗	Z_o			1	kΩ	
动态范围	DR		3800			DR定义为：$DR=U_{sat}/U_{dak}$
直流信号输出电压	U_{OS}	4.5	5.8	7.0	V	
直流参考输出电压	U_{DOS}	4.5	5.8	7.0	V	
直流失调电压	$\lvert U_{OS}-U_{DOS}\rvert$		20	200	mV	
随机噪声	N_{DO}	—	0.9	—	mV	
驱动频率	RS		1	4	MHz	

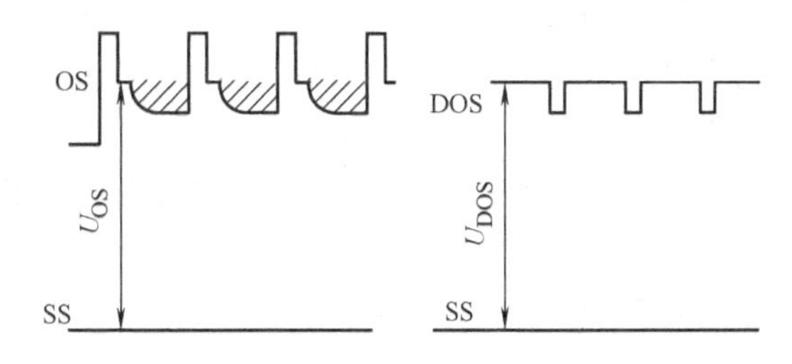

图8-31 表8-2中直流信号输出电压与直流补偿输出电压定义

由表8-2可以看出，TCD1251D为具有高灵敏度、较高动态范围的线阵CCD。它的像元的不均匀性参数不如单沟道的TCD1209D，因为双沟道器件的信号分别通过两个移位寄存器沟道输出，这两个沟道的转移特性的差异会造成输出信号的奇偶性，必然影响器件像元的不均匀性参数。

8.5.3 线阵 CCD 图像传感器的类型与发展

不同领域中应用的特殊需要向人们提出了设计不同类型器件的要求，因此现在已经生产出许多供不同领域应用的线阵 CCD 图像传感器。

1. 光谱探测

光谱探测与分析需要的线阵 CCD 图像传感器应具有光谱响应范围宽、动态范围广、像元不均匀性好等特点。S3922、S3923、RL1024SB 等普遍具有像元尺寸大（500μm×50μm）的特点，像元尺寸的增大不仅增大了接收光辐射的面积，提高响应度而且增大了电荷存储的容量，使动态范围大幅度地提高，同时提高了像元的不均匀性。为拓宽光谱响应的范围常采用不同的材料与不同窗口玻璃，尤其是需要提高紫外波段光谱响应时应采用石英玻璃窗口材料封装器件。

当然由于像元的增大，工作速度会受到限制，这类器件的最高工作频率仅为 0. 5MHz。由于工作频率低、积分时间长有助于光电灵敏度的提高，因此速度往往是光谱探测的次要技术指标。

2. 高分辨力的非接触尺寸检测

工业应用中非接触尺寸检测是非常普遍的课题，为提高测量准确度与测量范围，常常要求线阵 CCD 图像传感器的像元尺寸小数量多。TCD1500C、TCD1703D、TCD1708D 等均符合上述要求。TCD1500C 为 5340 像元的线阵 CCD，其像元尺寸为 7μm×7μm；TCD1703C 为 7500 像元的线阵 CCD，其像元尺寸为 7μm×7μm；TCD1708D 为 7450 像元的线阵 CCD，其像元尺寸为 4. 7μm×4. 7μm，这些器件均能很好地完成高准确度非接触尺寸测量的工作。

3. 高速图像采集

为探测高速飞行物体的飞行姿态或测量其他高速运动体的表面质量，提高线阵 CCD 图像传感器的工作速度是关键。对于高速工作的线阵 CCD 图像传感器，常采用分段同步驱动的设计思想设计出许多高速线阵 CCD 图像传感器。例如，RL188D 为分 16 段并行驱动输出的 1024 像元线阵 CCD 图像传感器，若每段的工作频率为 40MHz，器件的等效驱动频率为 640MHz。40MHz 工作频率在制造工艺上不难实现，高速飞行或运动物体的高速检测问题也不难解决。

另外，为追求一个目标可以忽略另外的技术参数或指标，例如追求速度而忽略分辨力，或是追求分辨力而有时不得已牺牲速度。举个例子，7500 像元的 TCD1703C 的分辨力很高，尽管器件的最高工作频率达到 20MHz，但是太多的像元使行频受到限制，只能达到 2000/s 行。

当然，追求完美是人的天性，能否设计出分辨力高、速度快的器件呢？这个愿望现在已经基本能够实现。TCD1706D 就是个实例，它具有 7500 个像元，分 4 段输出，每段的最高工作频率为 25MHz，行频达到 13000 行/s。

8.6 典型面阵 CCD 图像传感器

8.6.1 概述

是否按照一定的方式将一维线阵 CCD 图像传感器的像元及移位寄存器排列成二维阵列，

就能构成二维面阵 CCD 图像传感器呢？答案是否定的，那样构成的二维阵列垂直分辨力将因为转移栅与移位寄存器的存在而降低。因此，二维面阵 CCD 图像传感器应有不同的结构或排列方式，其中包括帧转移、隔列转移、线转移和全帧转移等方式。

（1）帧转移面阵 CCD 图像传感器　图 8-32 为帧转移面阵 CCD 图像传感器的结构。它由成像区（像面）、暂存区和水平移位寄存器三部分构成。像面由并行排列的若干个电荷耦合沟道组成（图中的点画线方框），各沟道之间用沟阻隔开，水平电极横贯各个沟道。假定成像区有 m 个转移沟道，每一沟道有 n 个像元，整个成像区共有 $m\times n$ 个像元。暂存区的结构和单元数目都与像面相同。暂存区与水平移位寄存器均被金属铝遮蔽（如图中的斜线部分）。

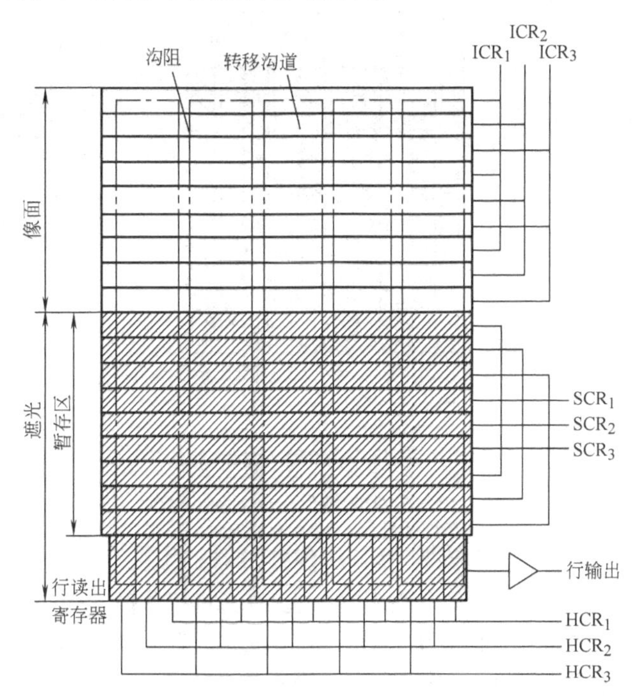

图 8-32　帧转移面阵 CCD 图像传感器的结构

物体经物镜成像到像面，在场正程期间，像面的某一相电极（如 ICR_1）加有适当的偏压（高电平），这些电极下方形成深势阱，它将收集光生电荷。于是，在像面将被摄光学图像转变成了电荷包“图像”并进行累积。因此，将这段时间称为光积分时间。

当光积分周期结束，进入场逆程，在场逆程期间，加到像面和存储区电极上的时钟脉冲将像面所积累的信号电荷迅速转移到暂存区。场逆程结束又进入下一场的场正程时间，在场正程期间，像面又进入光积分状态。暂存区与水平读出寄存器在场正程期间按行周期工作。在行逆程期间，暂存区的驱动脉冲使暂存区的信号电荷产生一行的平行移动，图8-32中最下边一行的信号电荷转移到水平移位寄存器中，第 n 行的信号移到第 $n-1$ 行中。行逆程结束进入行正程期间，暂存区的电位不变，水平读出寄存器在水平读出脉冲的作用下输出一行视频信号。这样，在场正程期间，水平移位寄存器输出一场图像信号。第一场读出的同时，第二场信息通过光积分又收集到像面的势阱中。一旦第一场信号被全部读出，第二场信号马上就传送给寄存器，使之连续地读出。

这种面阵 CCD 图像传感器的特点是结构简单，像元的尺寸可以很小，模传递函数 *MTF* 较高，但像面所占总面积的比例小。

（2）隔列转移型面阵 CCD 图像传感器　隔列转移型面阵 CCD 图像传感器的结构如图 8-33a所示。它的像元（图中点画线方块）呈二维排列，每列像元被遮光的读出寄存器及沟阻隔开，像元与读出寄存器之间又有转移控制栅。由图可见，每一像元对应于两个遮光的读出寄存器单元（图中斜线表示被遮蔽，斜线部位的方块为读出寄存器单元）。读出寄存器与像元的另一侧被沟阻隔开。由于每列像元均被读出寄存器所隔，因此，这种面阵 CCD 图像传感器称为隔列转移型 CCD 图像传感器。图 8-33a 中最下面的部分是二相时钟脉冲 CR_1、CR_2 驱动的水平读出寄存器和输出放大器。

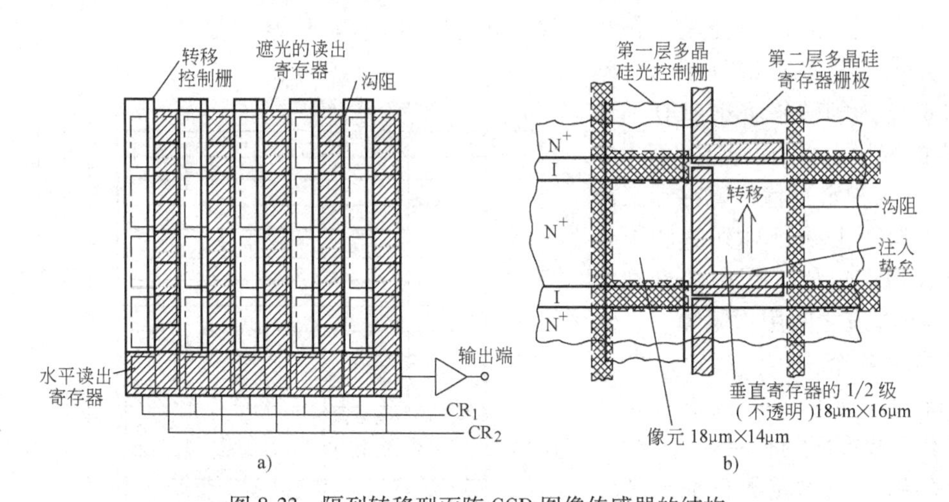

图 8-33 隔列转移型面阵 CCD 图像传感器的结构

a）隔列转移型 CCD 图像传感器的结构 b）像敏单元与寄存器单元的结构

隔列转移型面阵 CCD 图像传感器工作在 PAL 电视制式下，按电视制式的时序工作。在场正程期间像面进行光积分，这个期间转移栅为低电位，转移栅下的势垒将像元的势阱与读出寄存器的变化势阱隔开。像面在进行光积分的同时，移位寄存器在垂直驱动脉冲的驱动下一行行地将每一列的信号电荷向水平移位寄存器转移。当场正程结束（光积分时间结束）进入场逆程，场逆程期间转移栅上产生一个正脉冲，在 SH 脉冲的作用下将像面的信号电荷并行地转移到垂直寄存器中。转移过程结束后，像元与读出寄存器又被隔开，转移到读出寄存器的光生电荷在读出脉冲的作用下一行行地向水平读出寄存器中转移，水平读出寄存器快速地将其经输出放大器输出。在输出端得到与光学图像对应的一行行的视频信号。

图 8-33b 是隔列转移型面阵 CCD 图像传感器的二相注入势垒器件的像元和寄存器单元的结构图。该结构为两层多晶硅结构，第一层提供像元上的 MOS 电容器电极，又称多晶硅光控制栅；第二层基本上是连续的多晶硅，它经过选择掺杂构成二相转移电极系统，称为多晶硅寄存器栅极。转移方向由离子注入势垒方法确定，使电荷只能按规定的方向转移，沟阻常用来阻止电荷向外扩散。

（3）线转移型面阵 CCD 图像传感器 图 8-34 为线转移型面阵 CCD 图像传感器的结构，它与前面两种转移方式相比，取消了存储区，多了一个线寻址电路。它的像元是一行行地紧密排列成面阵的，类似于帧转移型面阵 CCD 图像传感器的像面，但是，它的每一行都有确定的地址；它没有水平读出寄存器，只有一个垂直放置的输出移位寄存器；当线寻址电路选中某一行像元时，驱动脉冲将使该行的光生电荷包一位位地按箭头方向转移，并移入

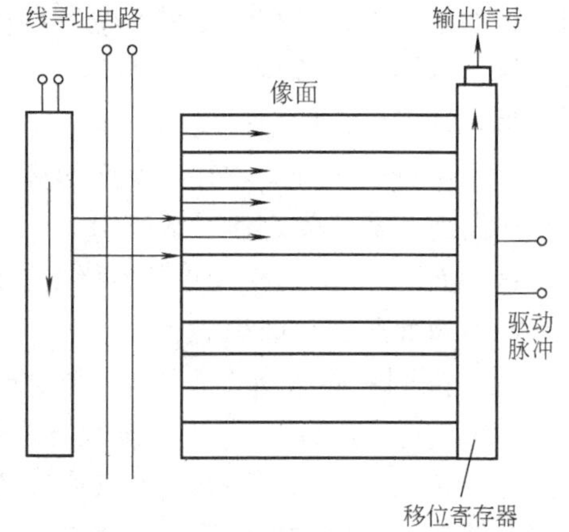

图 8-34 线转移型面阵 CCD 图像传感器的结构

输出寄存器，输出寄存器在驱动脉冲的作用下使信号电荷包经输出放大器输出。根据不同的使用要求，线寻址电路发出不同的数码，就可以方便地选择扫描方式，实现逐行扫描或隔行扫描。也可以只选择其中的一行输出，使其工作在线阵CCD图像传感器的状态。因此，线转移型面阵CCD图像传感器具有有效像面大，转移速度快，转移效率高等特点，但缺点是电路比较复杂，这使它的应用范围受到限制。

8.6.2　典型帧转移型面阵CCD图像传感器

1. TCD5130AC型面阵CCD图像传感器

TCD5130AC是一种帧转移型面阵CCD图像传感器，它常被用于三管彩色CCD电视摄像机中。它的有效像元数为754（H）×583（V），像元尺寸（长×高）为12.0μm×11.5μm，像面为9.05mm×6.70mm，一般将它封装在图8-35所示的24脚的扁平陶瓷管座上。图8-36为TCD5130AC的引脚定义，图8-37为TCD5130AC的结构原理。可以看到，TCD5130AC由像面、存储区、水平移位寄存器和输出部分等构成。它的像面的结构和存储区的结构基本相同，像面曝光，而存储区被遮蔽。像面和存储区均为四相结构，分别由CR_{I1}、CR_{I2}、CR_{I3}、CR_{I4}（像面的驱动脉冲）和CR_{S1}、CR_{S2}、CR_{S3}、CR_{S4}（存储区的驱动脉冲）驱动。水平移位寄存器由二相时钟脉冲CR_{H1}和CR_{H2}驱动。

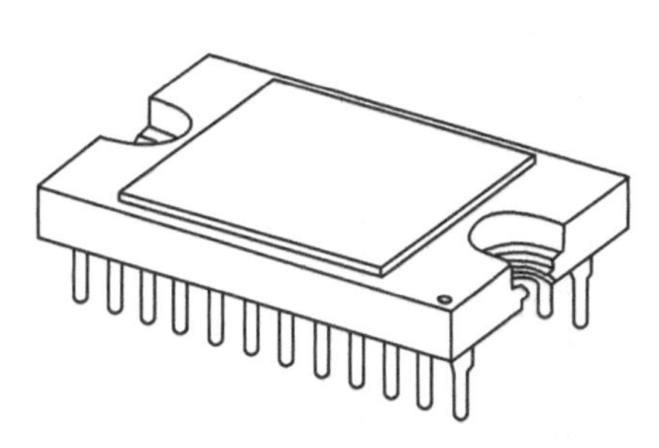

图8-35　TCD5130AC的封装外形

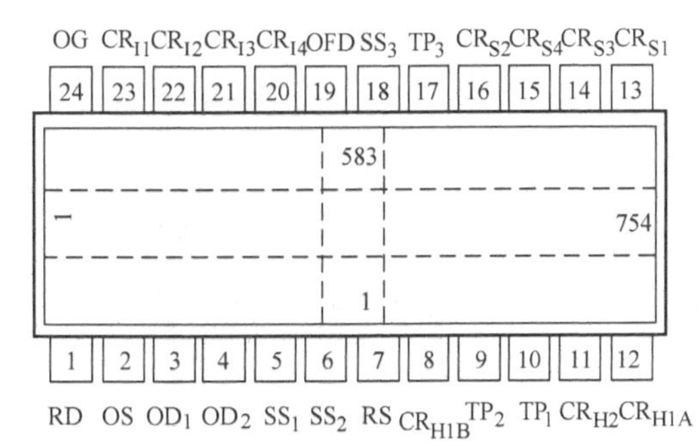

图8-36　TCD5130AC的引脚定义

由图8-37可以看出，水平移位寄存器最末端的电极为CR_{H1B}，其后是输出栅OG，输出栅与复位栅RG之间为输出二极管，信号由输出二极管经输出放大器由OS端输出。第5、6与18脚为地，第3、4脚为输出放大器提供的OD电源，第1脚为复位管提供的电源RD，复位脉冲RS加在第7脚上，复位脉冲在每个像元信号到来之前使输出二极管复位，确保每个像元信号不被前面输出信号干扰。

图8-38为TCD5130AC像面的结构原理。像面由光电信号产生区（图中用符号S表示）和被遮蔽的光电二极管虚设单元区（图中用斜线表示）构成。因此，虽然它总的像元有803(H)×586(V)，但是有效像元数仅为754(H)×583(V)个。引入被遮蔽的光电二极管虚设单元的目的是保证有效像元信号的输出质量。

存储区为被金属遮蔽的区域，存储区的面积与结构和像面的面积与结构完全相同，图8-37中也用斜线表示。

图8-39为TCD5130AC的奇数场驱动脉冲波形。图8-40为偶数场的驱动脉冲波形。利用这些波形图可以分析它的工作原理。图8-41为图8-39和8-40的Ⓐ段展开波形，该波形图描

述了在场正程期间，某行消隐（12μs）时间段内，信号电荷在驱动脉冲作用下整体向下一行转移的过程。

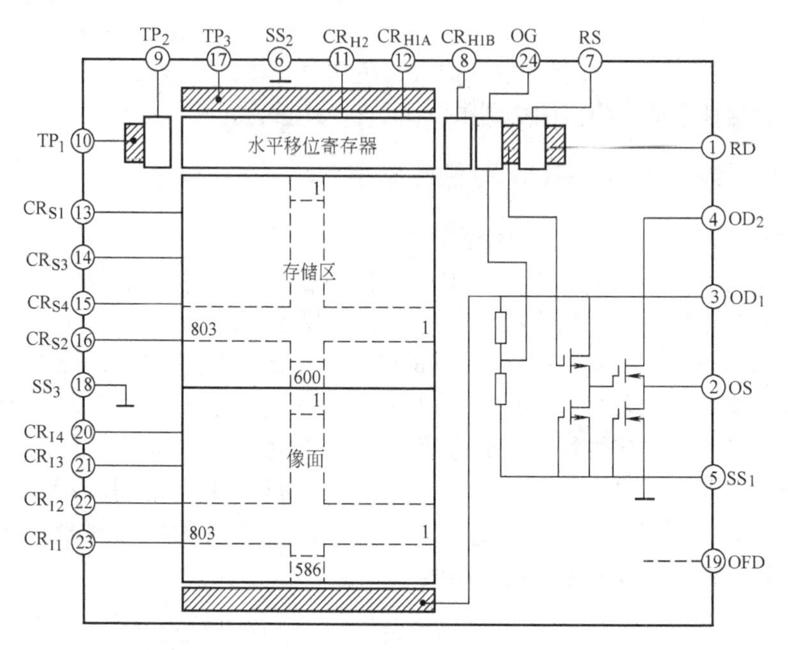

图 8-37 TCD5130AC 的结构原理

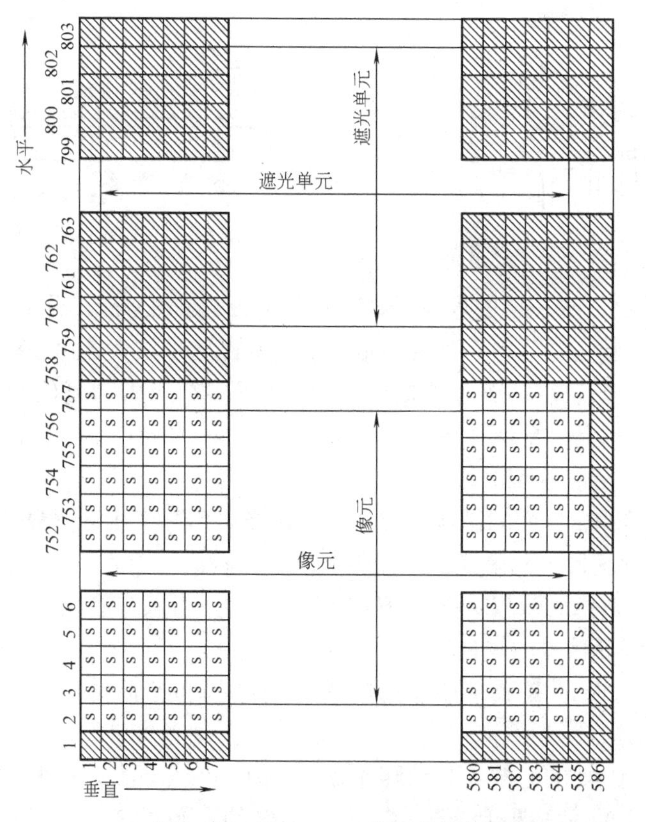

图 8-38 TCD5130AC 像面的结构原理

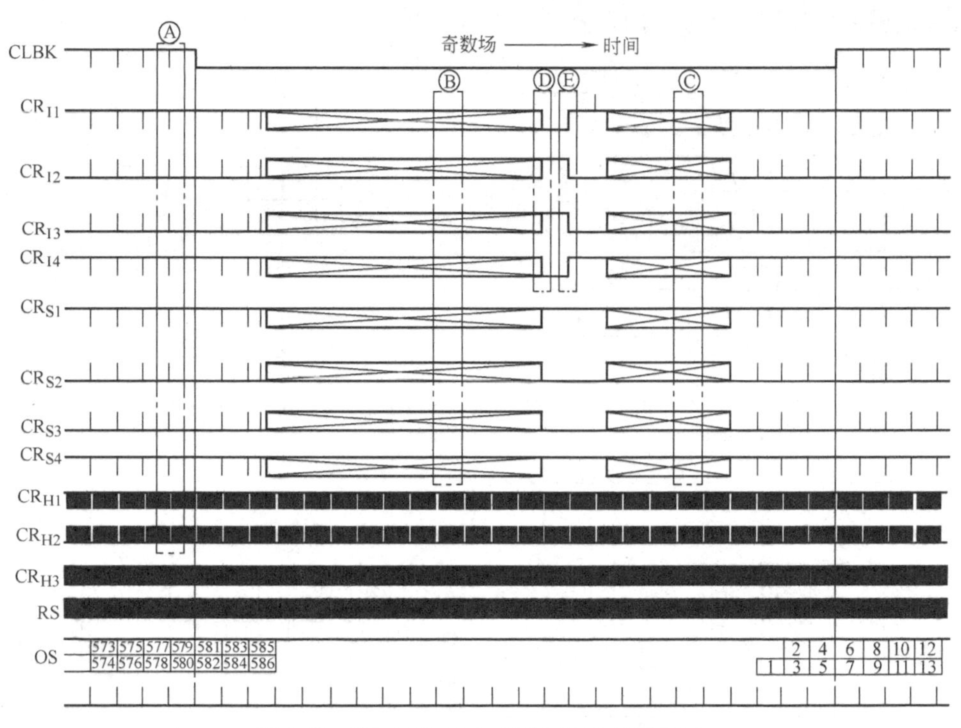

图 8-39　TCD5130AC 的奇数场驱动脉冲波形

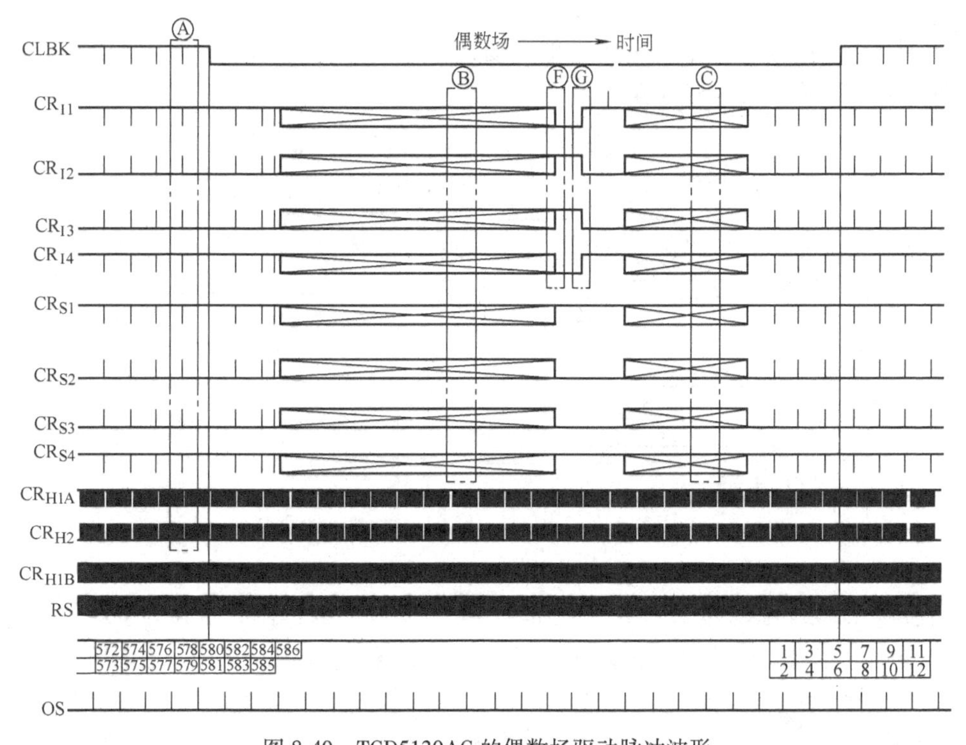

图 8-40　TCD5130AC 的偶数场驱动脉冲波形

图 8-42、图 8-43 分别是Ⓑ段、Ⓒ段的波形展开图，该波形图描述在场逆程期间，信号

电荷在驱动脉冲的作用下从像面向存储区的转移过程。

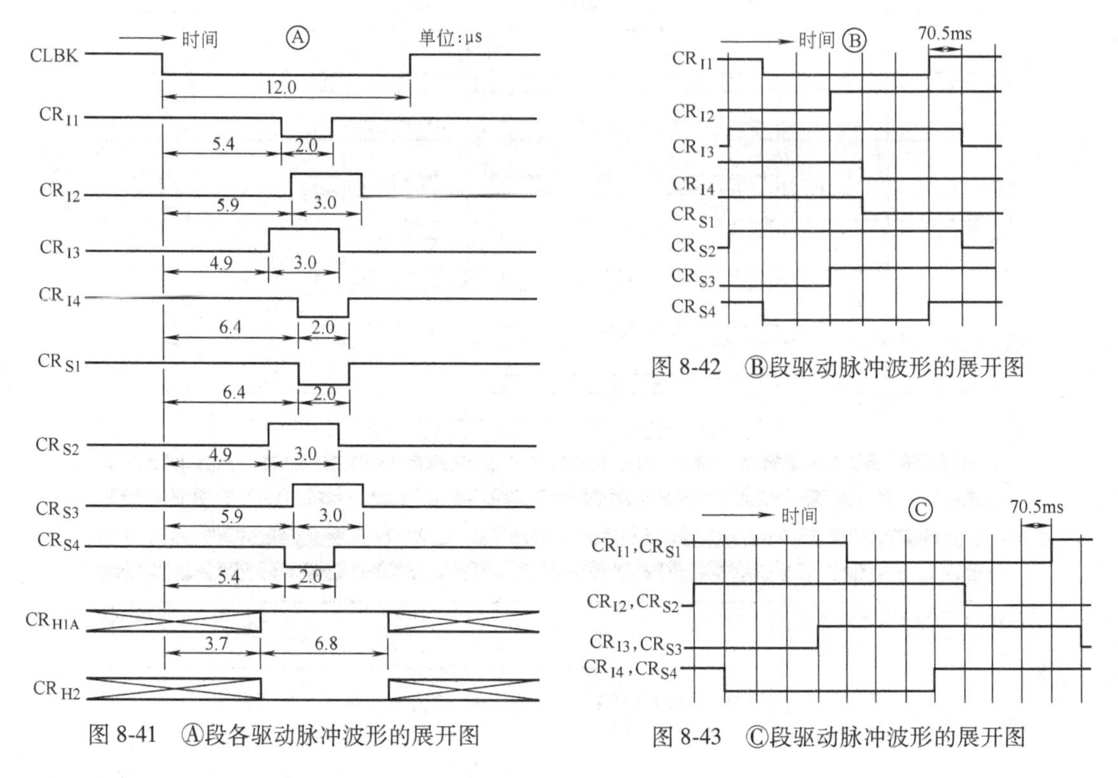

图 8-41 Ⓐ段各驱动脉冲波形的展开图

图 8-42 Ⓑ段驱动脉冲波形的展开图

图 8-43 Ⓒ段驱动脉冲波形的展开图

图 8-44 为Ⓓ~Ⓖ段的波形展开图，即为场逆程期间奇、偶两场的转换阶段，信号电荷在像面驱动脉冲作用下的转移过程。

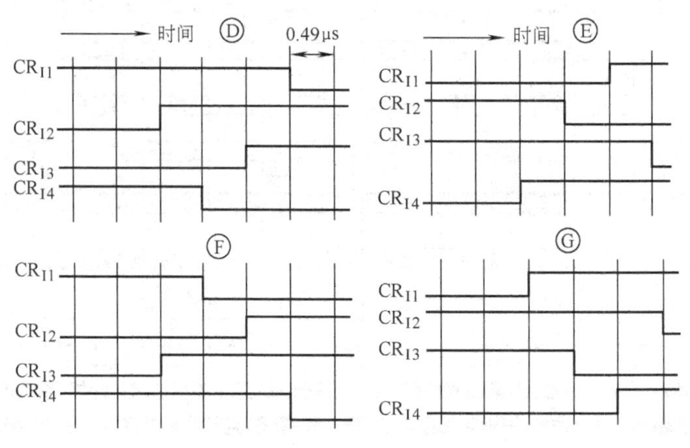

图 8-44 Ⓓ~Ⓖ段驱动脉冲波形的展开图

下面简述 TCD5130AC 的基本工作原理。在分析前应明确指出它工作在 PAL 电视制式。从图 8-39 中可以看出，奇数场右侧点画线对应于一整行（见 CR_{H1}或 CR_{H2}的波形），表明自扫描输出一整行，即从 6，8，10，…行进行输出。而偶数场（见图 8-40）右侧虚线对应于第 5 行的一半，表明它从半行开始输出，实现隔行扫描。Ⓐ段展开图（见图 8-41）表明了存储区向水平移位寄存器中的转移过程。在 12μs 的行消隐时间内，存储区中的信号并行地向水平移位寄存器的 CR_{H1A}中转移一行信号，而后，像面的 CR_{I1}和 CR_{I4}为高电平，产生光电信号的累积。当一场积分结束（左边点画线向右），在B段时间（见图8-42）像面和存储区在相同频率的脉冲作用下，完成将一场光积信号由光积分区向存储区的转移（场消隐期间）。而后，由奇数场过渡到偶数场输出。

TCD5130AC的驱动电路如图8-45所示。驱动脉冲由专用芯片TC6134AF产生。由信号源28.375MHz的晶体振荡器产生主时钟，再经过电压功率驱动与电平转换后，驱动TCD5130AC使之输出视频信号，经射极输出器输出。

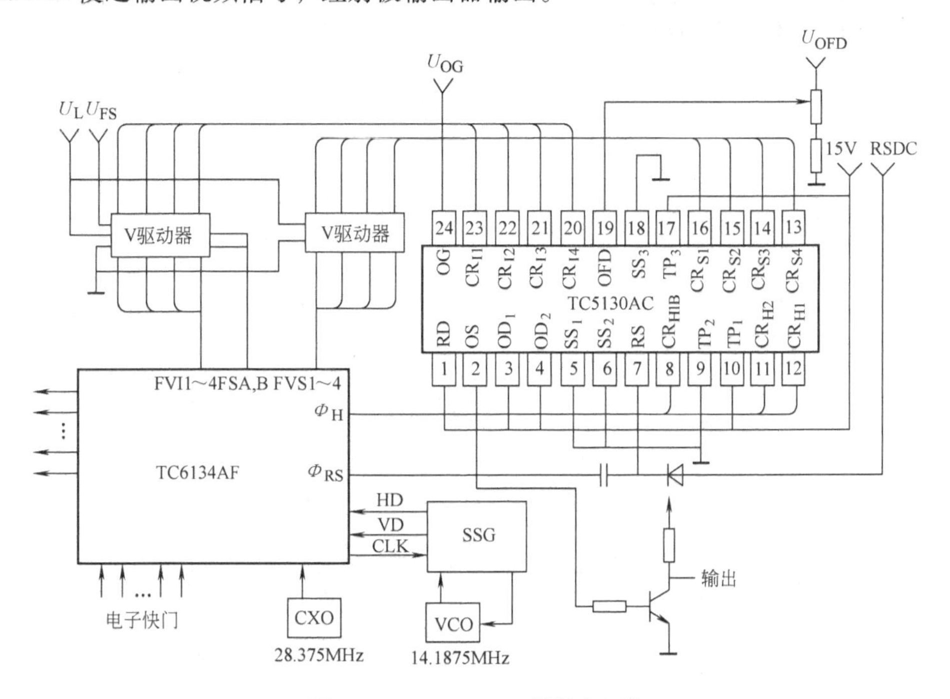

图8-45　TCD5130AC的驱动电路

TCD5130AC的特性参数见表8-3。

表8-3　TCD5130AC的特性参数

特性参数	符号	最小值	典型值	最大值	单位
灵敏度	R	65	80		mV/lx
饱和输出电压	U_{sat}	600	900		mV
暗电压	U_{dak}		1	2	mV
图像像晕	SMR		-120	-110	dB
输出电流	I_{OD}			10	mA
失落电压	$LAGd$		0.1	1	mV
输出阻抗	Z_o		250	300	Ω

2. TCD5390AP型面阵CCD图像传感器

TCD5390AP是隔列转移型面阵CCD图像传感器，可用于PAL制式黑白电视摄像系统。它的总像元数为542(H)×587(V)，有效像元数为512(H)×582(V)，像元尺寸为7.2μm

$(H)\times4.7\mu m(V)$，像面的总面积为$3.6mm(H)\times2.7mm(V)$，封装在14脚的DIP标准陶瓷管座上。其外形如图8-46所示，引脚定义如图8-47所示，其中OD与RD为电源输入端；SS为地端；CR_{V1}、CR_{V2}、CR_{V3}和CR_{V4}为垂直驱动脉冲输入端；CR_{H1}、CR_{H2}为水平驱动脉冲输入端；CR_{ES}为曝光控制端；OS为信号输出端。TCD5390AP的原理如图8-48所示，它由光电二极管及MOS电容构成垂直排列的像元列阵、垂直CCD移位寄存器列阵及水平CCD模拟移位寄存器三部分构成。垂直CCD移位寄存器将它的像面（光电二极管列阵）隔开，故取名为隔列转移型面阵CCD图像传感器。

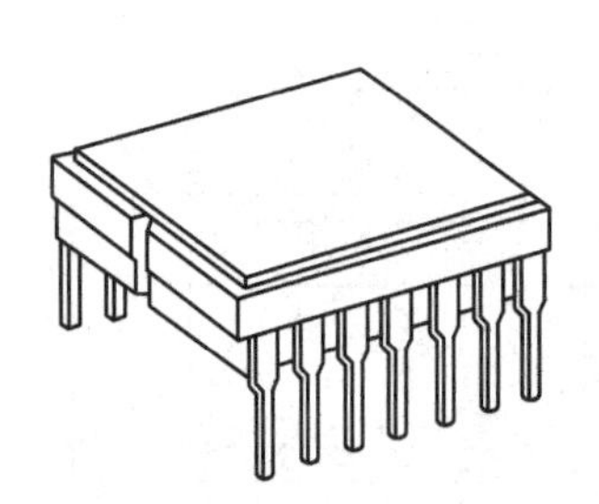

图8-46 TCD5390AP的外形

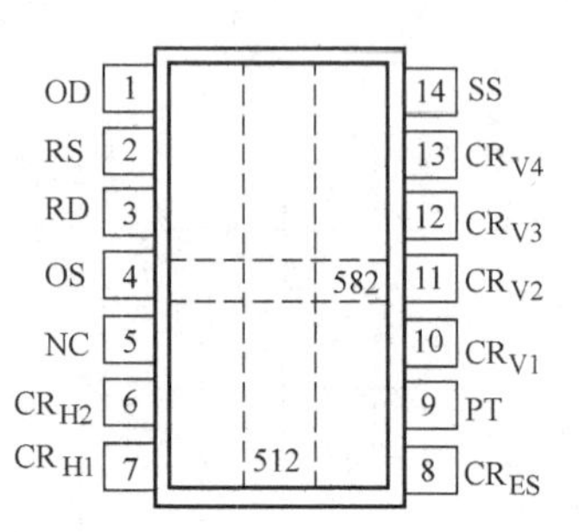

图8-47 TCD5390AP引脚定义

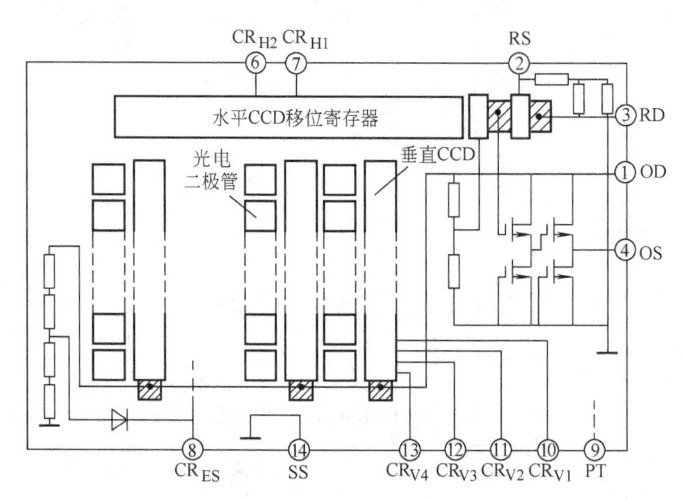

图8-48 TCD5390AP的原理

它的水平模拟移位寄存器由水平驱动脉冲CR_{H1}、CR_{H2}与复位脉冲RS驱动，工作原理和二相线阵CCD图像传感器类似，信号由场效应晶体管构成的源极输出器输出。

图8-49为TCD5390AP的驱动脉冲波形。从图中可以看出，在场消隐期间（V-BLK段），垂直驱动脉冲CR_{V1}、CR_{V2}、CR_{V3}、CR_{V4}及水平驱动脉冲CR_{H1}、CR_{H2}上所加的脉冲均属于均衡脉冲。

在场消隐期间，CR_{V3}和CR_{V4}脉冲完成信号由光积分区向垂直移位寄存器的转移。转移完成后经过两个行周期的空转移后，进入有效像元信号的转移输出段（点画线右侧）输出有效像元的信号，即在场正程期间，输出一行行的视频信号。图8-50为图8-49中Ⓐ区域的波形展开图。在行消隐期间，CR_{V1}中的信号电荷在CR_{V1}下降沿倒入CR_{V2}势阱中，而在CR_{V2}的下降沿，将CR_{V2}势阱中的信号电荷倒入CR_{V3}势阱中，CR_{V3}的下降沿再将CR_{V3}势阱中的信

号电荷倒入 CR_{V4} 势阱中，CR_{V4} 的下降沿将 CR_{V4} 势阱中的信号电荷倒入下一行的 CR_{V1} 势阱中。

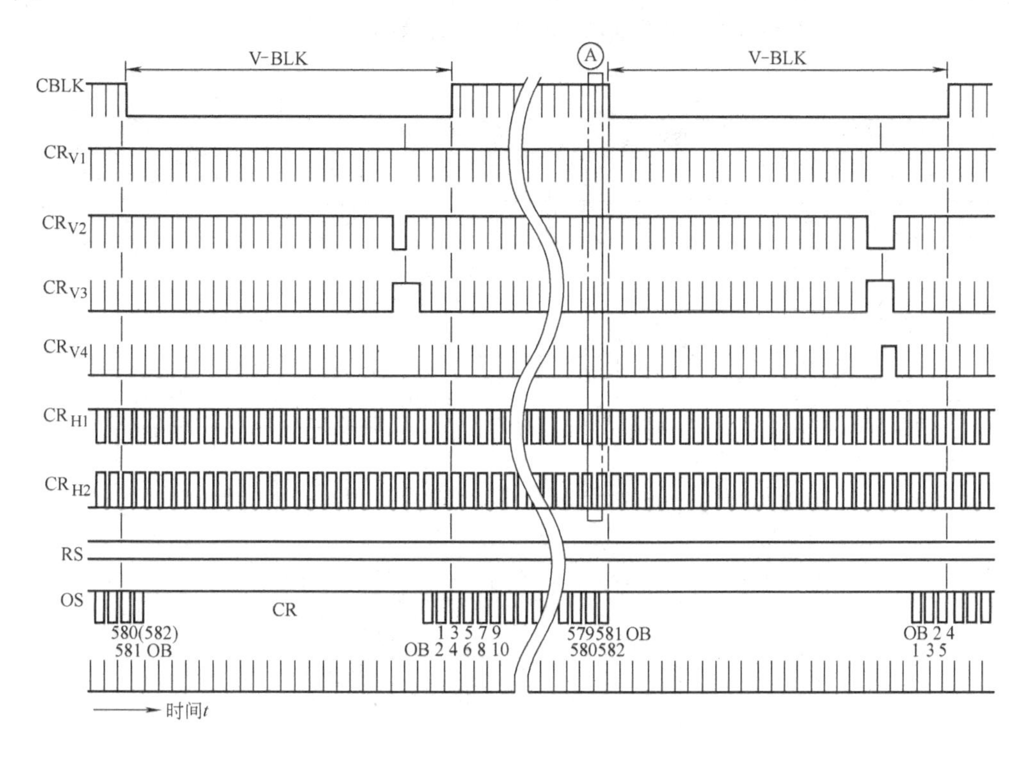

图 8-49　TCD5390AP 的驱动脉冲波形

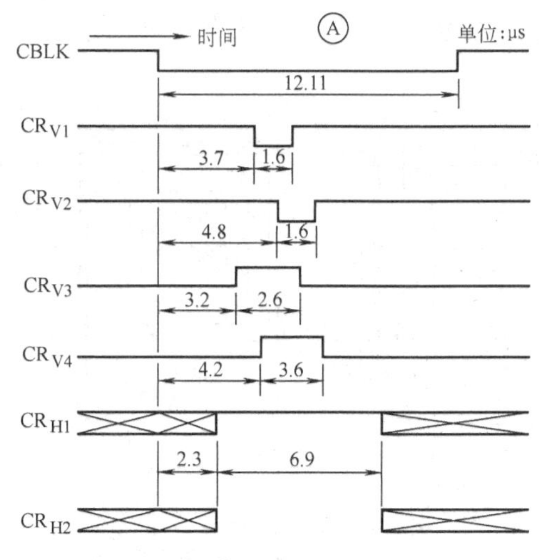

图 8-50　Ⓐ区域波形的展开图

在行正程期间，CR_{V1}、CR_{V2}、CR_{V3}、CR_{V4} 保持不变。倒入到水平移位寄存器中的信号在水平脉冲的作用下，一个个地从 OS 端输出。

TCD5390AP 的驱动电路如图 8-51 所示。它由系统制式产生器、时序脉冲产生器和垂直转移脉冲驱动器构成。图中的 CR_{VES}为电子快门控制脉冲输入端，它可以根据所检测到的输出信号的幅度，自动地调节积分时间，使它处于较为合适的情况。TCD5390AP 的外形尺寸如图 8-52 所示。表 8-4 列出了 TCD5390AP 的基本特性参数。

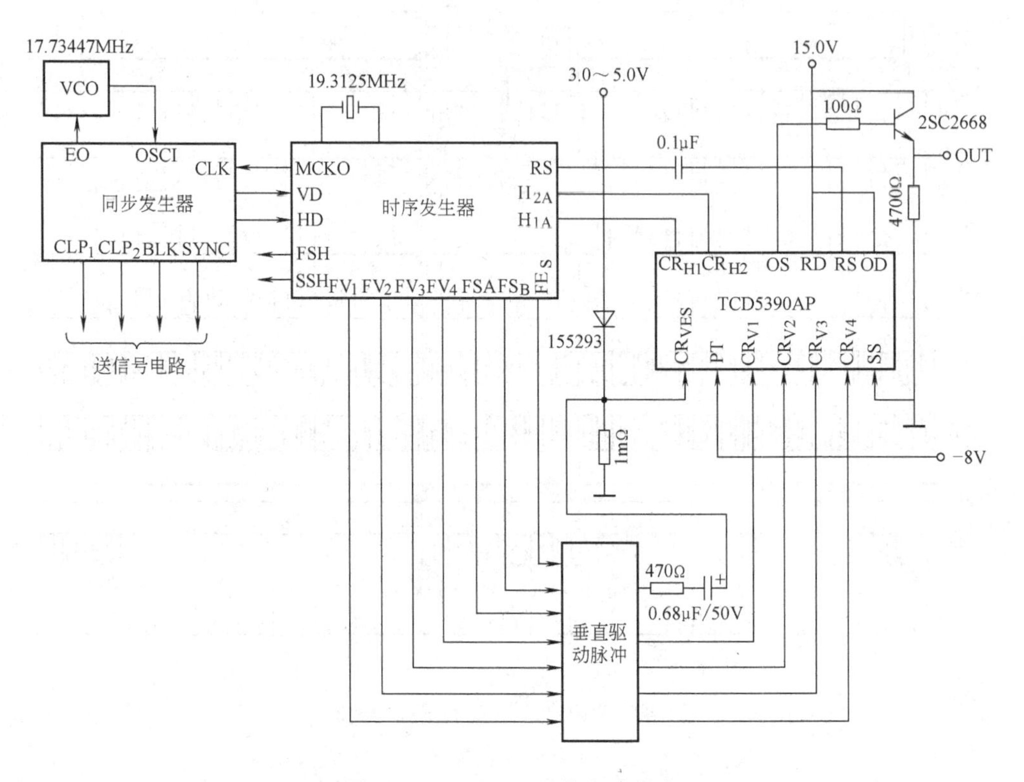

图 8-51 TCD5390AP 的驱动电路

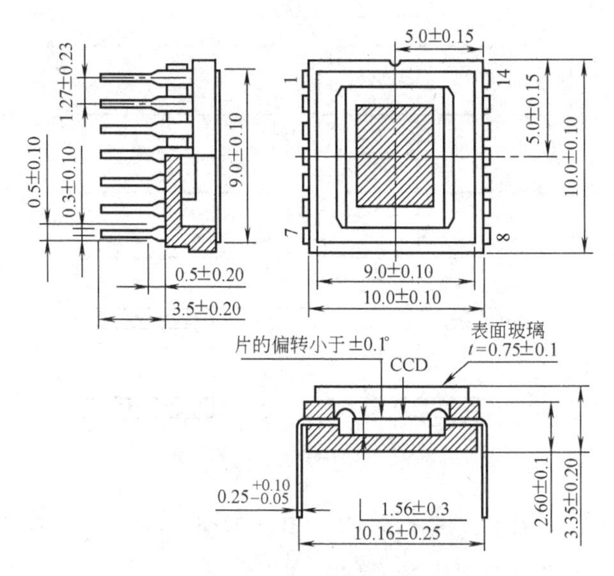

图 8-52 TCD5390AP 的外形尺寸

表8-4　TCD5390AP的基本特性参数

特性参数	符号	最小值	典型值	最大值	单位
灵敏度	R		35		mV/lx
饱和输出电压	U_{sat}	500			mV
暗电压	U_{dak}		1.5	3.0	mV
图像像晕	SMR		0.01	0.03	%
输出电流	I_{OD}		5.0	10	mA
失落电压	$LAGd$		0	1.0	mV
弥散容限	BLM	500			倍

思考题与习题8

1. 为什么说N沟道CCD的工作速度要高于P沟道CCD的工作速度，而体沟道CCD的工作速度要高于表面沟道CCD的工作速度？

2. 试说明为什么在栅极电压相同的情况下，不同氧化层厚度的MOS结构所形成的势阱存储电荷的容量不同，氧化层厚度越薄电荷的存储容量越大。

3. 为什么二相线阵CCD电极结构中的信号电荷能在二相驱动脉冲的驱动下进行定向转移而三相线阵CCD必须在三相交叠脉冲的作用下才能进行定向转移？

4. 试说明电流输出方式中复位脉冲RS的作用，并分析当复位脉冲RS没有加上时CCD的输出信号将会怎样。

5. 为什么要引入“胖零”电荷？“胖零”电荷属于暗电流吗？能通过对CCD制冷消除“胖零”电荷吗？

6. 若使用二相线阵CCD的TCD1251D像元为2700个，器件的总转移效率为0.92，试计算它每个转移单元的最低转移效率。

7. 设TCD1209D的驱动频率为2MHz，试计算TCD1209D的最短积分时间。当从表8-1中查到其光照灵敏度（灵敏度R）为31V/(lx·s)时，试求使其饱和所需要的最低照度。

8. 在题7条件下，又知TCD1209D的动态范围为2000，它的最小探测照度为多少？像元上的最低可探测的光通量为多少？

9. 试说明TCD1209D驱动器中的SH、RS与CP的作用，并分析若RS脉冲由于故障而丢失，TCD1209D的输出将会怎样？SH脉冲丢失又会怎样？

10. 已知TCD1209D的最高驱动频率为20MHz，有效像元数为2048，虚设单元数为40，它的饱和曝光量为0.06lx·s，动态范围为2000。问：使输出信号的幅度高于饱和输出幅度的一半，像面的照度应不低于多少？

11. TCD1251D的转移脉冲SH的下降沿落在驱动脉冲CR_1还是CR_2的高电平上？这说明了什么？如果将CR_1和CR_2的相位颠倒会出现怎样的情况？

12. 为什么TCD1251D的积分时间必须大于2752个T_{RS}（T_{RS}为复位脉冲RS的周期）？若积分时间小于2752个T_{RS}，输出信号将会如何？

13. 结合图8-26所示驱动脉冲波形，观察驱动脉冲波形与输出信号OS的波形，分析双沟道线阵CCD是怎样将奇、偶像元的信号排成时序输出的？

14. 若TCD1251D的驱动频率$f_R=1$MHz，试计算它的最短积分时间。由表8-2查到TCD1251D的光照灵敏度（灵敏度 R）为 35V/(lx · s)，问此时照度为多少才能使器件饱和？用它为探测器件时，刚刚饱和时的照度分辨力是多少？

15. 试说明隔列转移型面阵 CCD 的信号电荷是如何从像面转移出来成为视频信号的。

16. 为什么说多帧累积方法不但能提高面阵 CCD 摄像机的弱光特性，而且能够提高所摄图像的信噪比？

17. 若用 TCD5390AD 制成 PAL 电视制式摄像机，试问它的水平驱动脉冲工作频率应不低于多少？

18. 为什么用 LED 光源为线阵 CCD 图像传感器测量电路的照明光源时，要采用频率为线阵 CCD 行频整数倍的脉冲驱动？

第 9 章　CMOS 图像传感器

CMOS（Complementary Metal-Oxide-Semiconductor）图像传感器出现于 1969 年，它是一种用传统的芯片工艺方法将光敏器件、放大器、A/D 转换器、存储器、数字信号处理器和计算机接口电路等集成在一块硅片上的图像传感器，这种器件结构简单、处理功能多、成品率高而且价格低廉，有着广泛的应用前景。

CMOS 图像传感器虽然比 CCD 图像传感器出现还早一年，但在相当长的时间内，由于存在成像质量差、像元尺寸小、填充率（有效像元与总面积之比）低（10%~20%）、响应速度慢等缺点，只能用于图像质量要求较低、尺寸较小的数码相机中，如机器人视觉应用的场合。早期的 CMOS 采用“被动像元”（无源）结构，每个像元主要由一个光敏器件和一个像元寻址开关构成，无信号放大和处理电路，性能较差。1989 年以后，出现了“主动像元”（有源）结构。它不仅有光敏器件和像元寻址开关，而且还有信号放大、A/D 转换和数字处理等电路，提高了光电灵敏度，减小了噪声，扩大了动态范围，使它的一些性能参数与 CCD 图像传感器接近，而在功能、功耗、尺寸和价格等方面优于 CCD 图像传感器，所以应用越来越广泛。

CMOS 图像传感器主要由光电二极管、MOS 场效应晶体管、放大器与开关等电路构成。本章首先介绍 MOS 场效应晶体管的基本原理和主要性能参数；再讲述 CMOS 图像传感器的结构和工作原理；然后讨论 CMOS 图像传感器的主要性能参数及其提高的方法；最后介绍一些典型 CMOS 图像传感器与典型 CMOS 数码相机等产品。

9.1　MOS 与 CMOS 场效应晶体管

9.1.1　MOS 场效应晶体管的基本结构

MOS 场效应晶体管（MOSFET）是一种具有表面场效应作用的单极性半导体器件。这种器件主要由衬底、源极 S、漏极 D 和栅极 G 组成。它的半导体工艺结构如图 9-1 所示，采用轻掺杂的 P 型硅为衬底，在其上用扩散或离子注入的工艺生成 N^+型源区 S 和 N^+型漏区 D；再用氧化或淀积的方法，在源漏极之间生成一簿层 SiO_2 绝缘层（图中斜线所示），在 SiO_2 上面蒸镀金属（铝）电极作为栅极 G；最后，在 S、D 上用蒸发或用合金工艺制成 S、D 电极，构成场效应晶体管。两个 N^+型区之间的部分称为沟道，沟道的长度为 L，宽度为 W；因此，这种晶体管又称为 N 沟道场效应晶体管。

MOS 场效应晶体管的物理模型结构如图 9-2 所示，源极与漏极之间加偏置电压 U_{ds}，在栅极上加控制电压 U_g。当 $U_g=0$ 时，两个 N^+P 结相对排列，无论 U_{ds}的极性如何，都不可能有电流流过；当 $U_g>0$ 时，栅极电压使氧化层产生由上向下的电场，在栅极下方的衬底表面感应出负电荷；而且，感应电荷随 U_g 的增大而增多，空穴却不断减少，直至耗尽，故称其为反型层；当 $U_g>U_{th}$（阈值电压）时，若源、漏电极之间加有电压 U_{ds}，在源、漏电极间有电流流过。而且，随着 U_g 的增高，反型层厚度增加，导电能力也增强。表明栅极电压对源、漏电极间电流的控制能力，即 MOS 场效应晶体管具有双极性晶体管中基极电流控制集电极电流的特点。在场效应晶体管中漏极电流被栅极电位 U_g 控制。

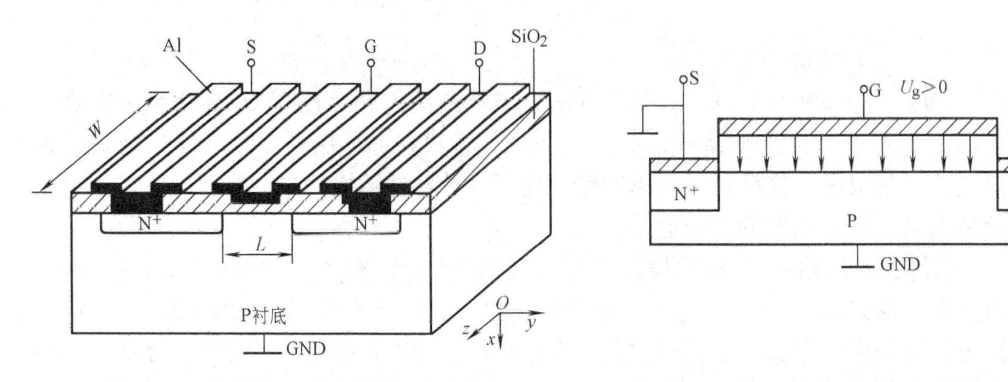

图 9-1　MOS 场效应晶体管的工艺结构　　　　图 9-2　MOS 场效应晶体管的物理模型结构

图 9-3 为 MOS 场效应晶体管导电结构的立体剖面示意图，可以清楚地看出反型沟道层与耗尽层的分布情况。栅极下面紧贴氧化层的一层是反型的沟道层，其中电子密度很大；再下一层是耗尽层，而且在两个 N^+ 区的下面也形成耗尽层，使它们彼此连接在一起，形成导电沟道。导电沟道的深度受栅极电位 U_g 的控制。

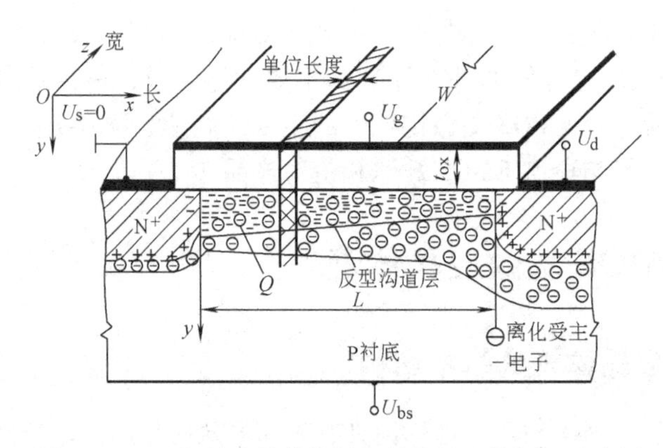

图 9-3　MOS 场效应晶体管导电结构的立体剖面示意图

9.1.2　场效应晶体管的主要性能参数

1. 阈值电压 U_{th}

阈值电压 U_{th} 由 3 部分组成，即

$$U_{th}=U_s+U_{ox}+U_{fb} \tag{9-1}$$

式中，U_s 为表面势；U_{ox} 为氧化层上的电压降，阈值的一部分降落在绝缘氧化层上，其值为 $U_{ox}=Q_g/C_{ox}$，Q_g 为绝缘栅势阱中的电荷量，C_{ox} 为绝缘栅的电容；U_{fb} 为平带电压，为补偿金属电极与半导体间的功函数差和表面能带需要增加的电压，其值为

$$U_{fb}=-U_{ms}-\frac{Q_{ox}}{C_{ox}} \tag{9-2}$$

式中，U_{ms}为功函数差；Q_{ox}为绝缘层中的面电荷。

2. 伏安特性

MOS场效应晶体管的伏安特性指漏极电流I_d与源漏之间电压U_{ds}的特性，它取决于栅源间的电压U_{gs}、阈值电压U_{th}以及器件的结构和材料的性质。显然，栅源间的电压U_{gs}越大，U_{th}越小，沟道越宽；绝缘栅电容C_{ox}越大和反型层中电子迁移率越大，则I_d也越大。经过推导有

$$I_d = WM_n C_{ox}\int_0^L [U_{gs} - U_{th} - u(y)]\mathrm{d}u(y) \tag{9-3}$$

式中，$u(y)$是沟道中沿y轴方向的电压降，当$y=L$时，$U(L)=U_{ds}$。

式（9-3）的积分结果是I_d与$u(y=L)=U_{ds}$的关系曲线，如图9-4所示，曲线为一条非线性曲线，分为四段。

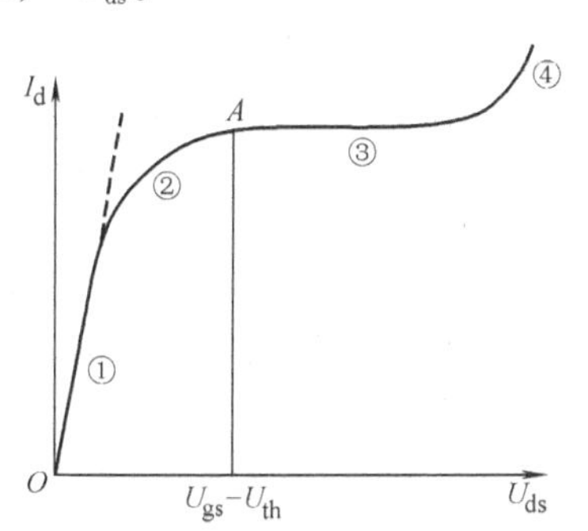

图9-4 场效应晶体管的伏安特性

（1）线性区 当$U(y)\ll(U_{gs}-U_{th})$时，式（9-3）可以简化为

$$I_d=\beta(U_{gs}-U_{th})U_{ds} \tag{9-4}$$

式中，$\beta=\dfrac{WM_nC_{ox}}{L}$。

式（9-4）表明，I_d与U_{ds}呈线性关系。如图9-4所示，曲线的①段I_d与U_{ds}呈线性关系，I_d随U_{ds}的增加而线性增加。

（2）非饱和区 随着U_{ds}逐渐增大，沟道压降$u(y)$也逐渐上升，这使得绝缘层上的压降沿源极到漏极的方向逐渐减小，致使反型层沟道逐渐变薄。这样，式（9-3）变成

$$I_d=\beta[(U_{gs}-U_{th})U_{ds}-\frac{1}{2}U_{ds}^2] \tag{9-5}$$

说明（$-U_{ds}^2/2$）的出现，使I_d随U_{ds}增大的趋势逐渐变慢，出现图9-4中的饱和过渡段（A点左侧的②段）。

（3）饱和区 当$U_{ds}=U_{gs}-U_{th}$时，反型沟道中的导电电荷密度会减小至0，沟道被截断，其长度L不再随U_{ds}的增大而增大，进入饱和状态，如图9-4中的第③段。此时的饱和电流为

$$I_{dsat}=\frac{\beta}{2}(U_{gs}-U_{th})^2 \tag{9-6}$$

（4）雪崩区 当U_{ds}增大到足够大时，源、漏极之间将出现雪崩电流，如图9-4中的I_d快速上升段（④段）。

图9-4的曲线是在U_{gs}为常数的情况下获得的。如果改变U_{gs}，则可以得到一簇曲线，如图9-5所示。该图表明，随着U_{gs}增大，$I_d(U_{ds})$曲线也会向上移动。当U_{ds}和U_{gs}等参数确定后，可以从这簇曲线中确定MOS场效应晶体管的工作状态。此外，曲线还表明，随着U_{gs}的增大，饱和电压U_{dsat}和击穿电压均会增大，这是因I_d随U_{gs}增大带来的效果。

3. 频率特性

MOS场效应晶体管的频率特性主要取决于沟道中载流子的迁移速度，沟道的长度和寄生电容的容量。为说明场效应晶体管的频率特性，将所有寄生电容都表示为图9-6所示的分

布电容，如栅、源之间的分布电容 C_{gs}，栅、漏之间的分布电容 C_{gd}，衬底与漏极间的分布电容 C'_{bd} 和衬底与源极间的分布电容 C'_{bs}。

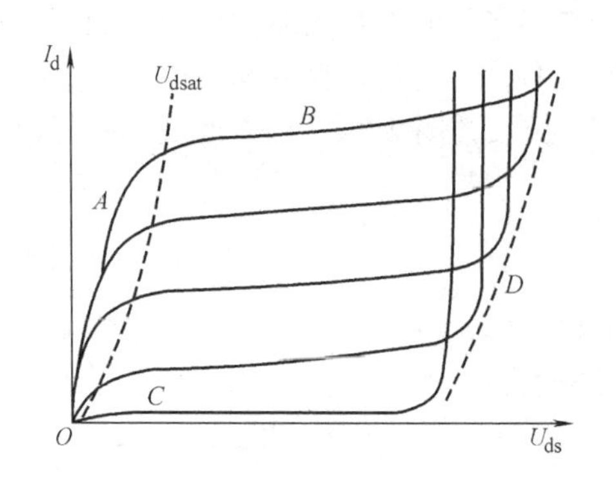

图 9-5 MOS 场效应晶体管伏安特性曲线簇

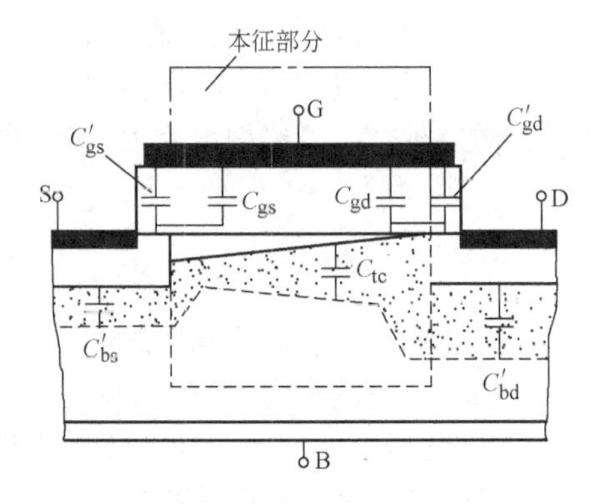

图 9-6 MOS 场效应晶体管的分布电容

从图 9-6 中可以看出，当栅极电位随输入的交流信号 U_{gs} 变化时，表面反型层电荷的厚度将随之变化，沟道的导电能力也跟着改变，由此产生的漏电流为

$$I_d = g_m U_{gs}$$

式中，g_m 为栅、漏极间的跨导，它随频率的变化会影响 MOS 场效应晶体管的高频特性。

从图 9-6 还可以看出，由于器件的输入端存在栅、源极间电容 C_{gs}，还存在沟道等效电阻 R_{gs}，两者串联。在低频段，C_{gs} 的容抗很大，U_{gs} 主要降落在 C_{gs} 上，它能控制沟道中的电流，使输出信号跟随输入变化；但在高频段，C_{gs} 随输入信号频率的增高，容抗会下降，沟道电流减小，输出信号变小。输出/输入特性的这种变化即是场效应晶体管的频率特性。从 R_{gs}、C_{gs} 的电子电路特性，可以得到输出/输入的频率特性为

$$g_m(\omega) = \frac{I_d(\omega)}{U_{gs}(\omega)} = 1 + \frac{k}{1 + j\omega R_{gs} C_{gs}} \tag{9-7}$$

式中，k 为不随角频率 ω 变化的常数。

截止频率 f_T 是 MOS 场效应晶体管频率特性的重要参数。定义当工作频率升高到 f_T 时，流过电容 C_{gs} 的电流正好等于交流电路的短路输出电流，即此时的容抗等于短路交流阻抗 $g_m(0)$。于是

$$\omega_T = \frac{g_m(0)}{C_{gs}} = 2\pi f_T \tag{9-8}$$

4. 开关特性

图 9-7 所示电路中，当输入为高电平时，MOS 场效应晶体管导通，电源电压主要降在 R_L 上，输出电压接近于 0；当输入为低电平时，MOS 场效应晶体管截止，输出高电平。在实际集成电路中，R_L 是用 MOS 场效应晶体管取代的，如图 9-8 所示，其中 VF_2 的栅极 G 与漏极 D 短接，工作在饱和状态，等效于一个阻值确定的电阻。

由于输出端存在对地的电容 C_g，上述的开关作用不可能是突变的，输入和输出波形如图 9-9 所示，即当输入信号由低电平突升至高电平时，输入电压不会立即由低电平上升到高电平，而要通过 VF_2 充电才能升至高电平。因此输出端电位如图 9-9 所示。经过 t_{off} 时间由高电平降至 0。延迟时间 t_{off} 与电容 C_g 成正比，而与有效电源电压 $|U_{DD}-U_{th}|$ 成反比，即

$$I_1=k_1\frac{C_g}{|U_{DD}-U_{th}|} \tag{9-9}$$

式中，U_{th}为 VF_2 的阈值；k_1 为常数。

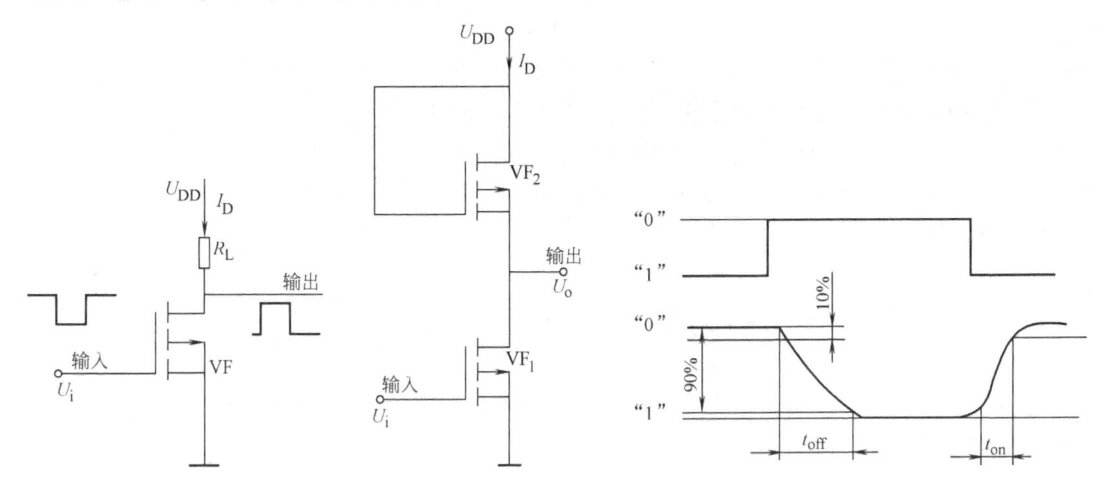

图 9-7　MOS 开关电路　　图 9-8　MOS（管负载电阻）　　图 9-9　MOS 管的开关特性

与输入电压上升的情况相似，当输入电压突然由高降低时，电容 C_g 上的电荷要通过 VF_1 放电，在放电过程中 VF_1 的工作状态由饱和逐渐变为截止，使电容 C_g 上的电荷放电速度变缓，输出电压由低变高的过程变缓，输出如图 9-9 所示的上升沿。

综上所述，输出的延迟时间与 C_g 成正比，但与 U_{DD}、U_{th}、U_g 之间存在着较为复杂的关系。VF_1 的放电电流为

$$I_{on}=k_2\frac{C_g}{(U_{DD}-U_{th})}\left\{\frac{2[0.9(U_{DD}-U_{th})-(U_{gs}-U_{th})]}{(U_{gs}-U_{th})}+i_N\left[\frac{2(U_{gs}-U_{th})}{0.1(U_{DD}-U_{th})}-0.1\right]\right\} \tag{9-10}$$

经 VF_2 的充电电流为

$$I_{off}=\frac{C_g}{\beta|U_{DD}-U_{th}|} \tag{9-11}$$

根据以上两式，便可计算出 MOS 场效应晶体管的上升时间和下降时间。

5. MOS 场效应晶体管中的主要噪声

（1）热噪声　MOS 场效应晶体管中的热噪声是由导电沟道电阻产生的。电子在热运动过程中会引起沟道电势的起伏，致使栅极电压发生波动，导致漏极电流的涨落，形成热噪声。热噪声电流的方均值为

$$i_{th}^2=4kTg\frac{2}{3}F(\eta)\Delta f \tag{9-12}$$

式中，k 为玻耳兹曼常数；T 为器件的温度；g 为沟道的跨导；$F(\eta)=\dfrac{1-(1-\eta)^2}{U_{gs}-U_{th}}$，$\eta=\dfrac{U_{ds}}{U_{gs}-U_{th}}$。$U_{th}$为阈值电压，对于增强型器件，$U_{th}$为开启电压；对于耗尽型器件，$U_{th}$为夹断电压。

（2）诱生栅极噪声　电子在导电沟道中做热运动。它形成的沟道电势分布的起伏会通

过栅极电容耦合到栅极上，从而产生栅极噪声，并通过漏极或源极输出。由于该噪声是由栅极电容的耦合产生的，故称为诱生栅极噪声。它的电流方均值为

$$i_{th}^2=0.12\times\frac{\omega^2 C_{th}^2}{g_{ms}}\times 4kT\Delta f \tag{9-13}$$

式中，C_{th}^2为单位沟道宽度的电容；g_{ms}为饱和时的栅极跨导。

式（9-13）表明，这种噪声会随工作频率的增高而明显增大。

（3）电流噪声 这种噪声主要与MOS场效应晶体管的表面状态有关。载流子在沟道中运动时，会被界面时而俘获时而被释放，结果形成电流噪声。它的特点是，噪声电流与$1/f$成正比，还与界面电荷密度成正比。

9.2 CMOS图像传感器的原理与结构

本节将介绍CMOS图像传感器的组成、像元结构、工作流程和辅助电路，从中了解这种器件的结构与工作原理。

9.2.1 CMOS图像传感器的组成

CMOS图像传感器的组成原理框图如图9-10所示，它的主要组成部分是像元阵列和MOS场效应晶体管集成电路，而且这两部分是集成在同一硅片上的。像元阵列实际上是光电二极管阵列，它只有面阵列。

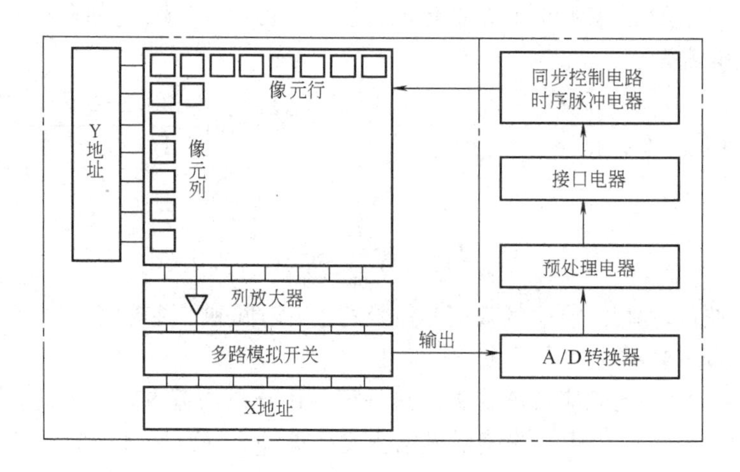

图9-10 CMOS图像传感器的组成原理框图

图9-10所示的像元阵列按X和Y方向排列成方阵，方阵中的每一个像元都有它在X、Y方向上的地址，并可分别由两个方向的地址译码器进行选择；每一列像元都对应于一个列放大器，列放大器的输出信号分别接到由X方向地址译码控制器进行选择的模拟多路开关输出至输出放大器，输出放大器的输出信号送A/D转换器进行A/D转换变成数字信号，经预处理电路处理后通过接口电路输出。图中的时序信号发生器为整个CMOS图像传感器提供各种工作脉冲，这些脉冲均受控于接口电路发来的同步信号。

图9-11为CMOS图像传感器阵列信号输出过程原理，在Y方向地址译码器的控制下，

依次序接通每行像元上的模拟开关（图中标志的$S_{i,j}$），信号将通过行开关传送到列线上，再通过X方向地址译码器的控制输送到放大器。当然，由于设置了行开关与列开关，而它们的选通由两个方向的地址译码器上所加的数码控制，因此，可以采用X、Y两个方向以移位寄存器的形式工作，实现逐行扫描或隔行扫描的方式输出。可以只输出某一行或某一列的信号，使其按照与线阵CCD相类似的方式工作。还可以选中希望观测的某些点的信号，如图9-11中所示的第i行、第j列的信号。

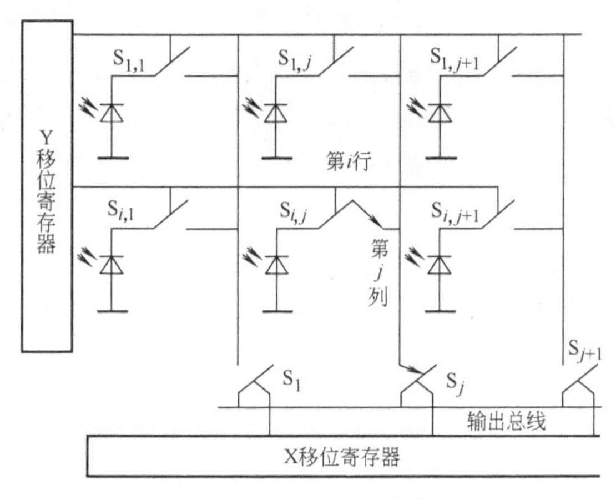

图9-11 CMOS图像传感器阵列信号输出过程原理

在CMOS图像传感器芯片上，还可以设置其他数字处理电路。例如，自动曝光处理、非均匀性补偿、白平衡处理、γ校正、黑电平控制等处理电路。甚至将具有运算和可编程功能的DSP器件制作在一起，形成多种功能的器件。

为了改善CMOS图像传感器的性能，实际器件的像元常与放大器制成一体，以便提高灵敏度，增大信噪比。后面将介绍采用光电二极管与放大器构成的主动式像元结构。

9.2.2 CMOS图像传感器的像元结构

CMOS图像传感器的像元结构有两种基本类型：被动像元结构和主动像元结构。图9-12所示的像元结构为被动像元结构，它只包含光电二极管和地址选通开关两部分。其中像元的图像信号的读出时序脉冲如图9-13所示。首先，复位脉冲启动复位操作，光电二极管的输出电压被置零；接着光电二极管开始光信号的积分；当积分工作结束时，选址脉冲启动选址开关，光电二极管中的信号便传输到列总线上；然后经过公共放大器放大后输出。

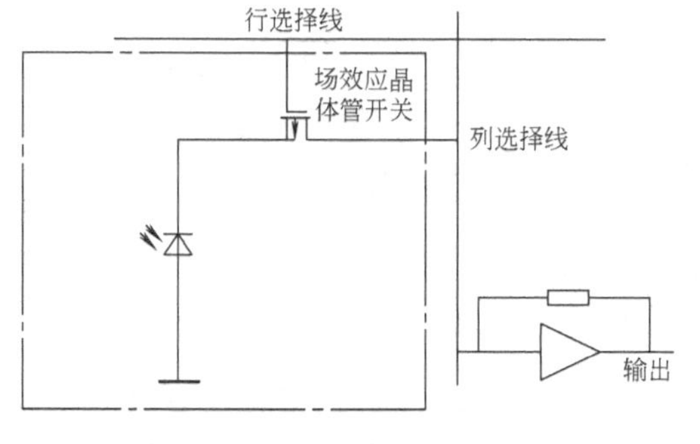

图9-12 CMOS像元结构

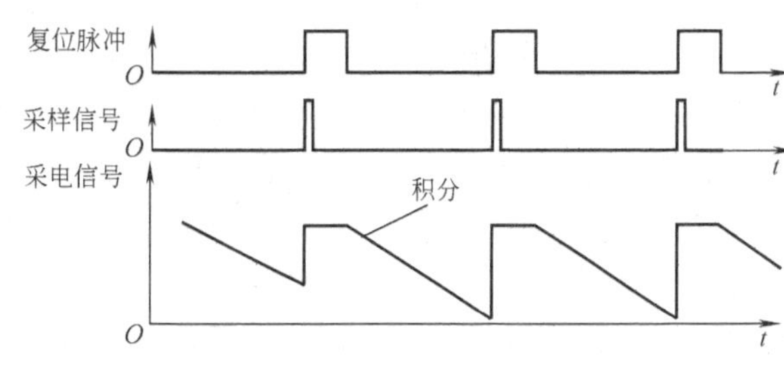

图9-13 图像信号的读出时序脉冲

被动像元结构的缺点是固定图案噪声（FPN）大和图像信号的信噪比相对较低。前者是由各像元的选址模拟开关的压降差异引起的；后者由选址模拟开关的暗电流噪声产生。因此，这种结构已经被淘汰。

主动像元结构是当前常用的结构。它与被动像元结构的最主要区别是在每个像元中都设置放大器和相应的场效应晶体管模拟开关，使固定图案噪声大为降低，图像信号的信噪比显著提高。

图 9-14 为主动像元结构的基本电路。从图可以看出，场效应晶体管 VF_1 构成光电二极管的负载，它的栅极接在复位信号线上，当复位脉冲出现时，VF_1 导通，光电二极管被瞬时复位；而当复位脉冲消失后，VF_1 截止，光电二极管开始积分光信号。场效应晶体管 VF_2 是一源极跟随放大器，它将光电二极管的高阻输出信号进行电流放大。场效应晶体管 VF_3 用作选址模拟开关，当选通脉冲引入时，VF_3 导通，使得被放大的光电信号输送到列总线上。

图 9-15 为上述过程的时序图，其中，复位脉冲首先来到，VF_1 导通，光电二极管复位；复位脉冲消失后，光电二极管进行积分；积分结束时，VF_3 导通，信号输出。

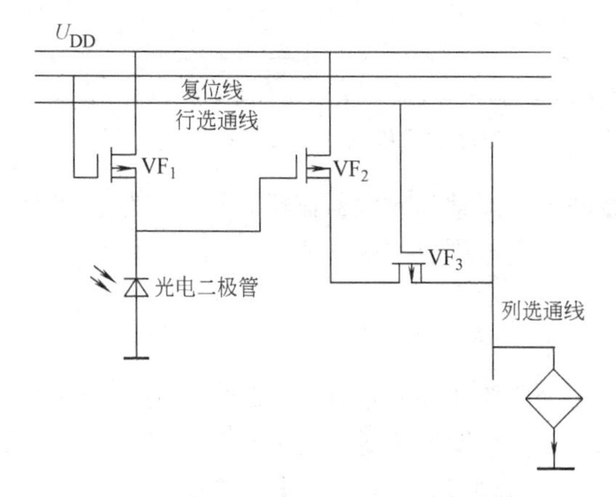

图 9-14 主动像元结构的基本电路

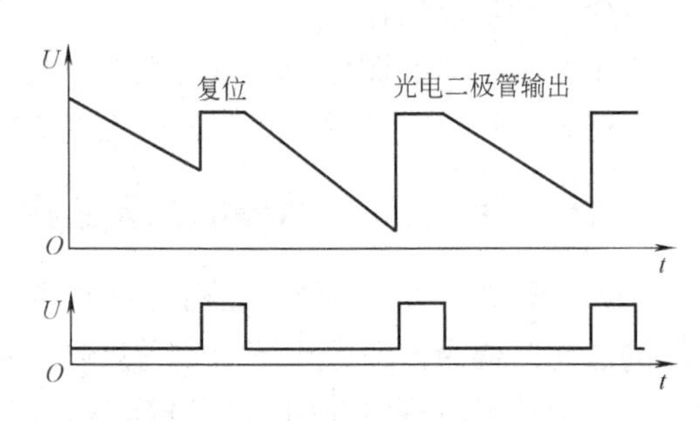

图 9-15 主动像元结构的时序图

实际的主动像元结构形式很多，主要差别是所用 MOS 场效应晶体管的数量或像元放大器的形式不同。

按所用 MOS 场效应晶体管数量将其分为 3 管、4 管、5 管或更多管。在上面已经介绍的 3 管结构基础上增加一个起存储开关作用的场效应晶体管，便构成了图 9-16 所示的 4 管主动像元结构，它比 3 管结构多了一个存储开关晶体管，能将光电二极管的信号迅速存储在电容中，以便光电二极管能立即积分新的光信号。4 管结构的主要缺点是没有给光电二极管提供偏置电压，也没有复位作用，导致帧与帧之间的信号存在相互影响。图 9-17 所示的是 5 管结构，它比 4 管结构多了一个复位用的开关晶体管，从而克服了 4 管结构无复位作用的缺点；同时，两个复位开关与一个存储开关的配合，可以实现更完善的曝光控制。

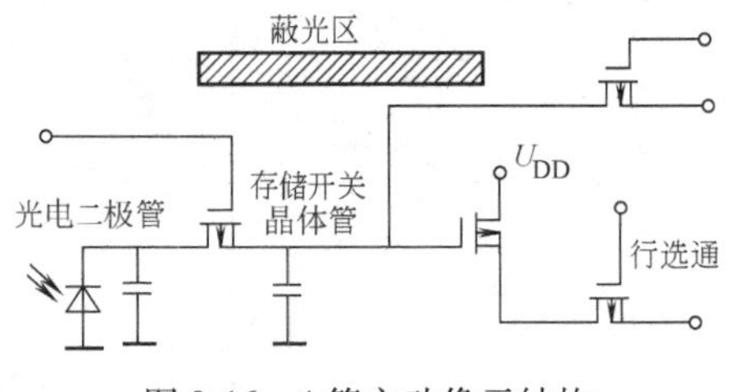

图 9-16 4 管主动像元结构

实际的主动像元结构是多种多样的。主要区别在于光电二极管的偏置方法和采用的放大电路方面。图 9-18 为 6 种常用的各具特点的主动像元结构。

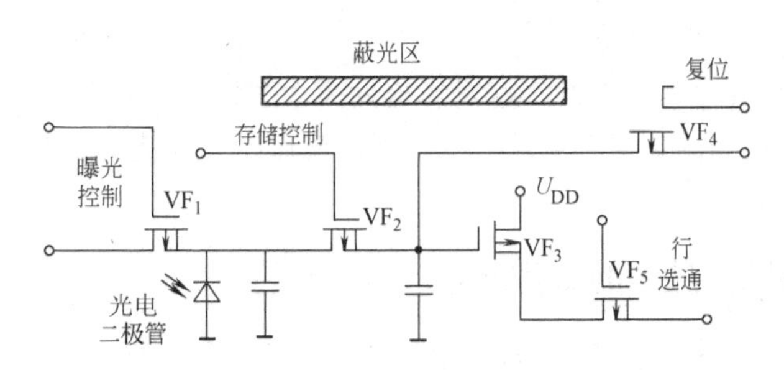

图 9-17　5 管主动像元结构

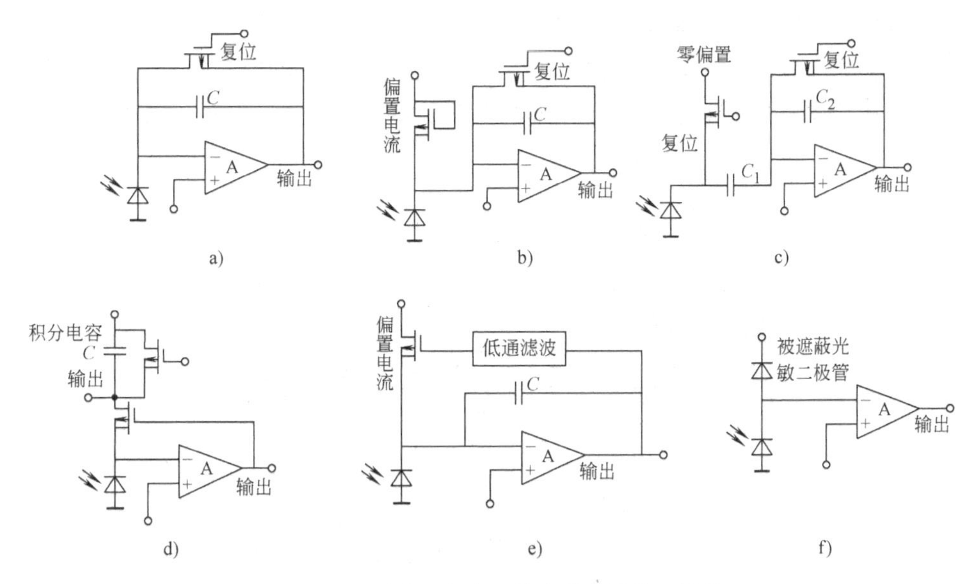

图 9-18　6 种常用的各具特点的主动像元结构

图 9-18a 中的像元结构为没有设置偏置电压光电二极管结构，它所采用的放大器为具有负反馈的直流放大器。电路结构简单，响应速度较慢。图中的电容 C 跨接在放大器反向输入端与输出端之间除了起交流负反馈作用外，还会在复位场效应晶体管关断时积累光电二极管产生的光电流，即积累光信号，并将信号保存下来。此信号输出后，应该将其复位，以免影响下一帧的信号，图中场效应晶体管跨接在电容 C 的两端，当复位信号到来后，场效应晶体管导通，电容 C 中的电荷便因短路而放电，不影响下一帧的积分工作。

图 9-18b 所示的像元结构与图 9-18a 的不同之处是光电二极管带有偏置，使它的响应速度加快。

图 9-18c 所示的像元结构的光电二极管带有偏置电源，当复位信号来到后，可以将其复位至零电位；隔直流电容 C_1 还进一步消除了直流漂移的影响。

图 9-18d 所示的像元结构为另一种带有充电作用的像元结构，其中的光电二极管信号先由运算放大器放大，再经场效应晶体管放大；然后才对电容 C 充电，电容 C 保存了信号电荷。复位脉冲到来时，才能将电容 C 中的电荷放掉。

图 9-18e 所示的像元结构主要是光电二极管的偏置方法不同。光电二极管的偏置电流由放大后的光电信号控制，而且控制信号通过低通滤波器滤掉高次谐波，所以偏置电流不会有交流起伏。随着光电二极管信号的增强，它的偏置电流也增大，这有利于光电二极管的

工作。

图9-18f所示的像元结构中有两个配对连接的光电二极管，其中一个为像元，而另一个却被屏蔽起来。这种结构的主要特点是，可以抵消温度变化对光电二极管工作状态的影响，使其工作稳定。

9.2.3 CMOS图像传感器的工作流程

CMOS图像传感器的功能很多，组成也很复杂。例如，从图9-10所示的CMOS图像传感器的组成原理框图中可以看出，它的像元、行列开关、地址译码器、A/D转换器等许多部件需要按一定的时序或程序工作，才能协调各部件完成各项工作。为实施工作流程，还必须设置相应的时序脉冲，去控制各部件的运行，用它的电平或前后沿信号去适应各部件的电气性能。

CMOS图像传感器的典型工作流程图如图9-19所示，它分为下面几个过程：

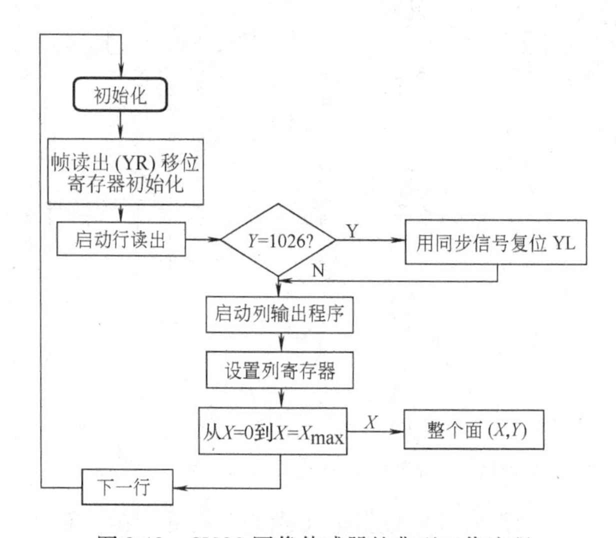

图9-19 CMOS图像传感器的典型工作流程

（1）初始化 初始化时要确定器件的工作模式，如输出偏压、放大器的增益、取景器是否开通，并设定积分时间。

（2）帧读出（YR）移位寄存器初始化 利用同步脉冲SYNC-YR，可以使YR移位寄存器初始化。SYNC-YR为行启动脉冲序列，不过在它的第一行启动脉冲到来之前，有一消隐期间，在此期间内要发送一个帧启动脉冲。

（3）启动行读出 SYNC-YR指令可以启动行读出，从第一行（$Y=0$）开始，直至$Y=Y_{max}$止；Y_{max}为CMOS图像传感器的垂直行数。

（4）启动X移位寄存器 利用同步信号SYNC-X，启动X移位寄存器开始读数，$X=0$起，至$X=X_{max}$止；X移位寄存器存储一幅图像信号的数据。

（5）信号采集 A/D转换器在时序脉冲控制下对一幅模拟图像信号进行逐一的A/D转换与数据采集。

（6）启动下行读数 读完一行后，发出指令，接着进行下一行读数。

（7）复位 帧复位是用同步信号SYNC-YL控制的，从SYNC-YL开始至SYNC-YR出现的时间间隔便是曝光时间。为了不引起混乱，在读出信号之前应当确定曝光时间。

（8）输出放大器复位　用于消除前一个像元信号的影响，由脉冲信号 SIN 控制对输出放大器的复位。

（9）信号采样/保持　为适应 A/D 转换器的工作，设置采样/保持脉冲，该脉冲由脉冲信号 SHY 控制。

实现上述工作流程需要一些同步脉冲信号，这些脉冲信号按时序，利用脉冲的前沿（或后沿）触发工作，确保 CMOS 图像传感器按事先设定的程序工作。

图 9-20 为 CMOS 图像传感器时序脉冲波形，它的工作过程如下。

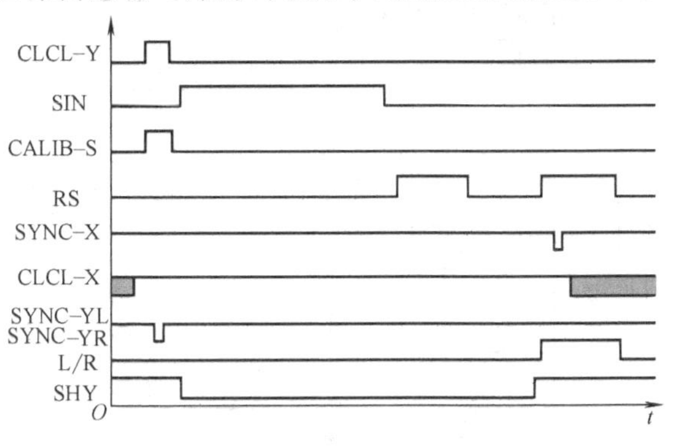

图 9-20　CMOS 图像传感器时序脉冲波形图

1）3 个同步脉冲 SYNC-YL、SYNC-YR 和 SYNC-X 分别对器件中的 3 个移位寄存器进行初始化。其中 SYNC-YL、SYNC-YR 为分时操作的，由 L/R 信号的高、低电平控制。这些同步信号都是低电平有效。

2）时钟信号 CLCK-Y 用于启动下一行，该信号为下降沿有效。

3）时钟信号 SIN 用于使输出放大器复位，它是高电平有效的，在读数结束时起作用，将输出放大器复位。

4）复位以后，信号存储在输出放大器中，而后 SIN 又重新回到低电平。

5）利用第一个复位脉冲使像元复位。

6）SYNC-X 启动，读出信号与时钟信号分别控制每个像元信号的读出；读出结束后，SHY 重新回到高电平。

7）时钟信号 SHY 控制信号的采样与保持，此信号为低电平时对信号进行采集高电平保持。

8）若要进行曝光控制，则需在行信号读出期间对像元进行复位，采用第二个复位脉冲，帧初始至第二个复位脉冲的时间间隔便是曝光时间（光积分时间）。

9.2.4　CMOS 图像传感器的辅助电路

CMOS 图像传感器的重要优点是在同一芯片上集成很多功能的电路，使得它具有除图像传感以外的许多功能，而结构却很简单。下面介绍一些常用的辅助功能电路。

（1）偏置非均匀性校正电路　在 CMOS 图像传感器中，各像元的偏置电压是不均匀的，在芯片中设置非均匀性校正电路对偏置的不均匀性进行校正无疑对于弱信号的检测具有非常重要的意义。例如，有些具有对数输出特性的器件输出的每一数量级的电压仅为 50mV 左右，与像元的偏置非均匀性几乎在同一范围内，所以必须对非均匀性进行校正；而对于线性度要求高的场合，也应校正非均匀性。

校正图像传感器非均匀性的方法有两种：软件方法和硬件方法。前者的灵活性很好，但校正速度慢，后者需要设置电路。图 9-21 为采用硬件方法校正非均匀性的电路。图中结构设置有 EPROM，它保存 CMOS 图像传感器的偏压非均匀性的数据，经过 D/A 转换后再输送到差分放大器进行差分，减掉 EPROM 存储的值后进行 A/D 转换，便消除了像元偏置不均匀的影响。若将外同步 X/Y 信号同时送入图像传感器和 EPROM，就能保证这种消除非均匀性的作用不会出现错位。

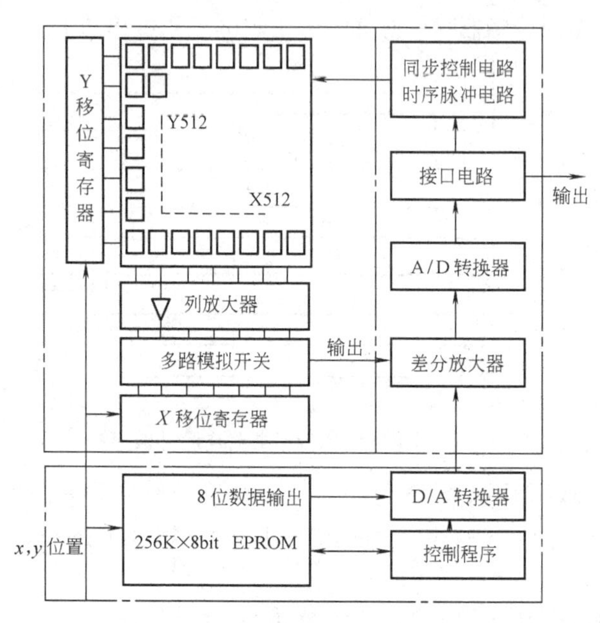

图 9-21 硬件方法校正 CMOS 图像传感器非均匀性的电路

（2）随机选址电路 在光学检测、机器人等许多应用中，为节省时间和减少数据处理量，常采用只采集部分图像数据的方法，即要求能够对图像进行随机采样。例如，图像传感器的总像元为 1024×1024，而有用的图像仅仅是其中随机分布在 200×200 像元的小区，若能随机采样出该小区图像，则有效数据量就只有总数据量的 1/25，使帧频提高为原来的 25 倍。此方法对提高图像采集系统速度具有重大的意义。

实现随机采样的原理如图 9-22 所示。其中的微处理器（或 DSP）用于控制随机采样，它内部还包含有存储器，用于存储图像传感器的地址和输出图像的数据；图中设置有 3 个加法器，其中两个用于混合选址信号，一个经混合用于启动 A/D 转换器的信号，以便用地址总线或微处理器来控制选址和读出图像数据。当要求随机采样（采集所感兴趣的局部图像）时，微处理器输出要采样的像元所在区域地址，同时启动 A/D 转换器进行采集，得到随机区域的图像信号。

（3）相关双采样电路 KTC 噪声是一种频率较低的噪声，它在一个像元信号的读出过程中变化很小，这为消除该噪声提供了条件。用来消除 KTC 噪声的方法是相关双采样（CDS），它的工作原理波形如图 9-23 所示。由于光电二极管的输出信号中既包含光电信号，也含有复位脉冲电压（U_R）的信号，若在光电信号的积分开始时刻 t_1 和积分结束时刻 t_2 分别对输出信号进行采样（在一个信号输出周期中产生两个采样脉冲，分别采样输出信号的两个点），并只提取两者的信号差

$$\Delta U=U(t_2)-U(t_1)$$

且在 $t_1\sim t_2$ 期间复位电压不变，则 ΔU 中就不再包含有复位电压，消除了复位电压引起的噪声。

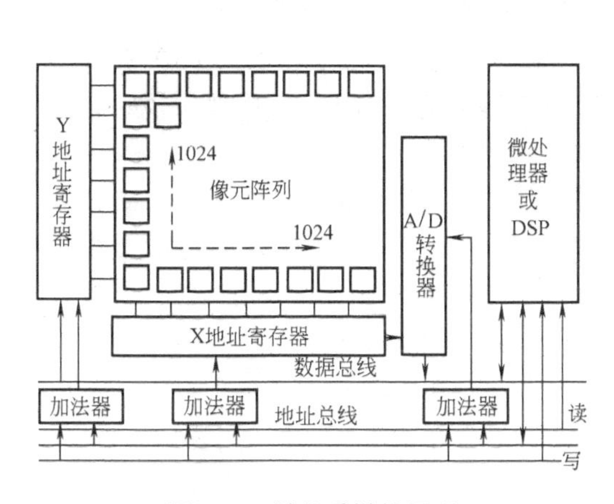

图 9-22　随机采样的原理

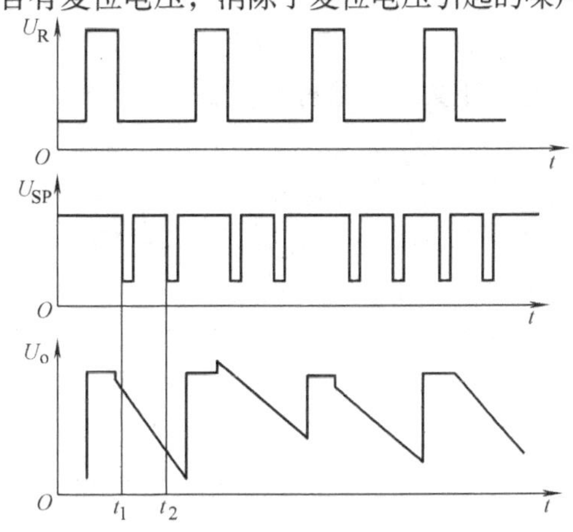

图 9-23　相关双采样的工作原理波形

下面给出这种电路的频率特性，以便清晰地表明 CDS 有抑制低频信号的作用。$U(t)$被采样和保持后，其差值信号为

$$\Delta U(t)=\sum_n\left[U(t)-U(t-\tau)\right]\delta(t-nT)\operatorname{rect}\left(\frac{t}{T}\right)\tag{9-14}$$

式中，$\tau=t_2-t_1$；T 为采样信号的周期。

对 $U(t)$进行傅里叶（Fourier）变换，即得 $\Delta U(t)$的频谱为

$$F_{\Delta U}(f)=\sum_n F_U(f-2nf_n)(1-e^{-j2\pi\tau(f-2nf_n)})\operatorname{sinc}(fT)\tag{9-15}$$

式中，f_n 为奈奎斯特频率。

式（9-15）说明，几项频谱叠加的结果会造成频谱混淆现象，需要用一个矩形滤波器将 $n=1$ 以上的频谱滤掉。这样 CDS 的传递函数 $T(f)$为

$$T(f)=(1-e^{-j2\pi f\tau})\operatorname{sinc}(fT)\tag{9-16}$$

$T(f)$的曲线如图 9-24 所示，横坐标为空间频率每毫米线对数（1/mm），纵轴为归一化的幅值。可见 CDS 对低频适用。在 τ 期间内，复位信号基本不变，可视为频率为 0 的直流信号，因此便会被 CDS 消除掉。此外，对于其他低频噪声，如后面介绍的 $1/f$ 噪声，也有抑制作用。

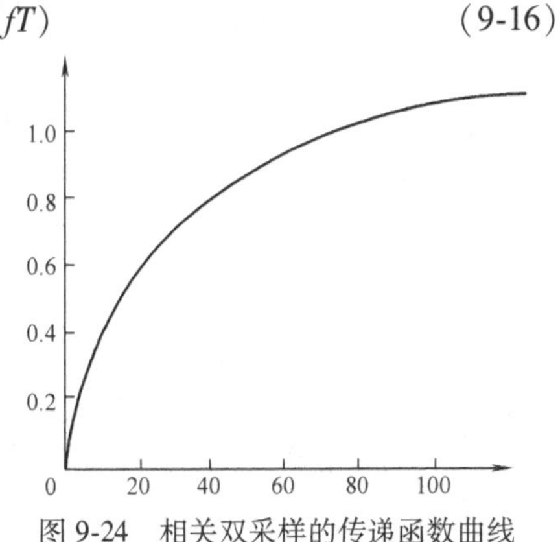

图 9-24　相关双采样的传递函数曲线

在 CMOS 图像传感器中，要实现 CDS 是很容易的。只要对它做以下改变即可：

1）将图 9-20 中的采样脉冲 SHY 的频率增大为原来的 2 倍，即可进行双采样。

2）控制好 SHY 的相位，使采样时刻对应于图 9-23所示的 t_1 和 t_2 时刻。

3）增加一个减法电路，实现 $U(t_1)-U(t_2)$运算。在 CMOS 图像传感器中经常用到减法电路。

（4）对数特性电路　若光信号的变化幅度很大，使采集到的图像黑白变化太强，产生

较大失真时可采用具有对数特性的电路，使过强的对比度降低到能够满足动态范围要求的程度。但是，这种电路对器件参数的变化敏感，容易因像元偏置电流差异而使固定图案噪声（EPN）增加。为消除 EPN，需采用校正电路。虽然相关双采样电路可以消除一般的 EPN，但不适用于具有对数特性的电路。原因在于对数电路中的光电二极管电容一直在积累光电荷，它不能复位，无法应用 CDS。所以需要另一些方法解决这个问题，其中效果较好的是在器件芯片中加入校正电路。

图 9-25 为具有对数运算功能的输出电路，它除具有一般主动像元结构外，还增加了校正电流电路（由校正开关场效应晶体管 VF_5 和复位场效应晶体管 VF_4 构成）与选通开关电路。如图所示，光电二极管 VDL、复位开关场效应晶体管 VF_1 和源极跟随器 VF_2 等器件构成主动像元结构，选通开关场效应晶体管 VF_3、复位场效应晶体管 VF_4 和开关场效应晶体管 VF_5 构成对数运算的控制电路。当选通脉冲 LE 加到 VF_3 的栅极时，VF_3 导通，这个像元便与列总线连通；此时的脉冲 RC 处于低电位，VF_4 截止，VF_6 在$\overline{RC}$脉冲作用下向电容 C 充电，以便提供 RC 脉冲为高电平时 VF_4 的供电电源。由于 VF_4 的截止，只有光电流 I_p 输出到总线上。由于光电流很微弱，所以 VF_1 的电流 I 可近似为

$$I=I_0e^{\frac{U_g-U_s-U_{V1}}{nU_t}} \tag{9-17}$$

式中，U_g 为 VF_1 的栅极电压；U_s 为 VF_1 的源极电压；U_{V1}为 VF_1 的阈值电压；U_t 为热生电压，$U_t=kT/q$；I_0 为 VF_1 的截止电流；n 为常数。

设 I_{p1}为光电二极管的光电流，I_r 为光电二极管的反向电流，则光电二极管的输出电压为

$$U_{p1}=U_{b1}-U_{V2}-nU_t\ln\left(\frac{I_{p1}+I_r}{I_0}\right)-\sqrt{\frac{2I_b}{g_2}}-U_{V2} \tag{9-18}$$

式中，U_{V2}为 VF_2 的阈值电压；g_2 为 VF_2 的跨导；I_b 为光电二极管的偏置电流。

式（9-18）说明了输出电压 U_p 与光电流 I_p 的关系。

图 9-26 为入射辐通量与输出电压的对数关系。当 U_{p1}采样-保持后，窄脉冲 RC 使 VF_4 短暂地导通，产生校正电流 I_{cal}，并形成新的电压 U_{p2}。因为 $I_{cal}>I_p$，故 VF_1 处于强反型状态，它的输出电压为

$$U_{p2}=U_{b1}-U_{V1}-\sqrt{\frac{2I_{cal}}{g_1}}-\sqrt{\frac{2I_b}{g_2}}-U_{V2} \tag{9-19}$$

式中，g_1 为 VF_1 的跨导。

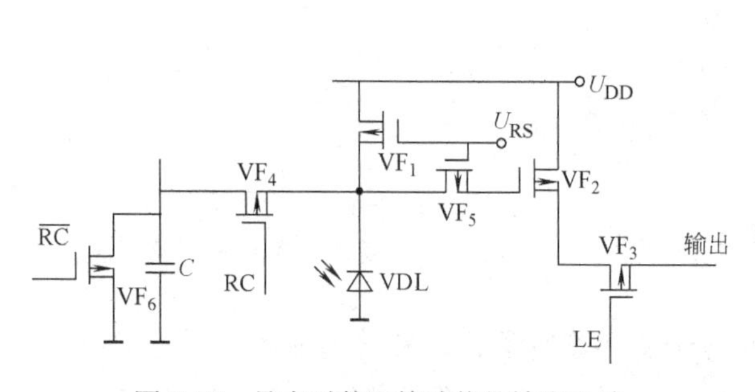

图 9-25 具有对数运算功能的输出电路

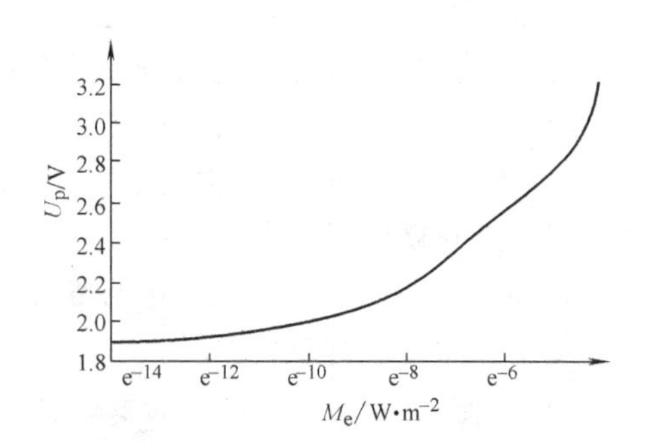

图 9-26 入射辐通量与输出电压的对数关系

若 U_{p2} 也得到采样与保持，则输出电压差为

$$U_{p1}-U_{p2}=nU_t\ln\left(\frac{I_p+I_r}{I_0}\right)+\sqrt{\frac{2I_{cal}}{g_1}} \tag{9-20}$$

式（9-20）表明，差值电压仍与光电流 I_p 成对数关系，但是，阈值电压 U_{V1} 与 U_{V2} 却消失了。因为该阈值电压是偏压的主要组成部分，所以将差值电压 $U_{p1}-U_{p2}$ 为输出信号，基本消除因偏压的变动而引起的固定图案噪声。

为获得差值电压 $U_{p1}-U_{p2}$，应在图 9-25 所示电路的后面设置图 9-27 所示的列放大器。列放大器由采样保持电路、场效应晶体管模拟开关电路（VF_1 ~ VF_4）和电子开关（S_1 ~ S_5）等构成。其中，采样保持电路由电子开关 S_{sh} 与 S_1、采样电容 C_1、放大器 A 与分压电容 C_2 和 C_3 等元器件构成。电子开关 S_1 用来改变采样保持放大器的增益。当 S_1 为高电平时开关闭合，C_2 被短路，增益为 1；当 S_1 为低电平时开关断开，放大器的负输入端接到 C_2 与 C_3 的接点上，使放大器的增益为 3。电子开关 S_2 ~ S_5 的开关状态由其上所加的电平决定，高电平时开关闭合。它的工作原理可以结合图 9-28 所示的波形和表 9-1 所示的列放大器工作状态表分为两个阶段来分析。

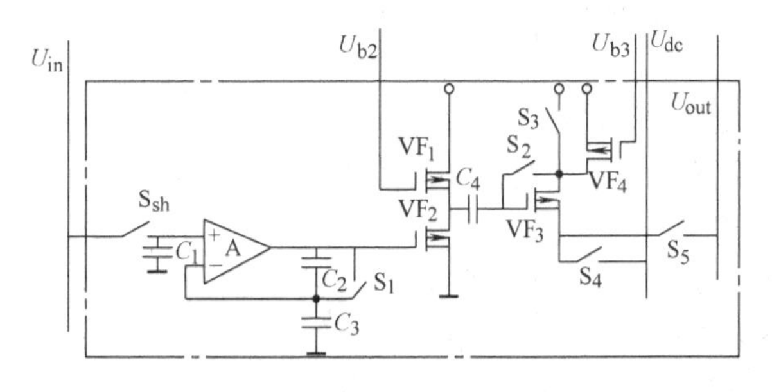

图 9-27　列放大器

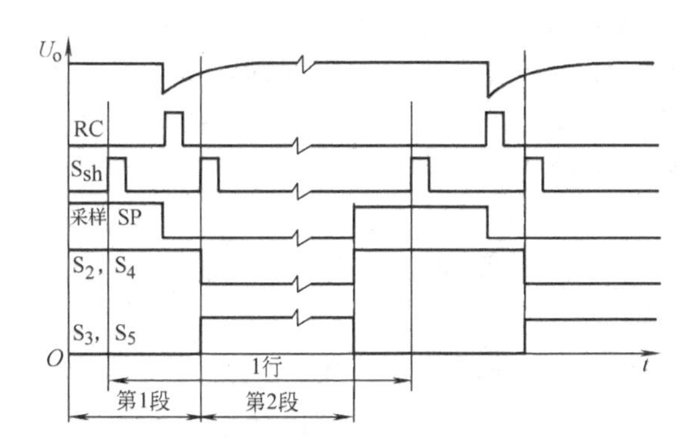

图 9-28　列放大器的两个工作阶段

表 9-1 列出这两个阶段的脉冲状态、开关状态、放大器增益、信号的采样和列放大器输出信号的情况。在第一阶段中可以采集和保持 U_{p1} 信号，并在该阶段快结束时采集到 U_{p2} 信号；在第二阶段，电容 C_4 所保持的信号为 $U_{p1}-U_{p2}$，并且在输出端将得到 $U_{p1}-U_{p2}$ 信号。

表 9-1 列放大器的状态

	第一阶段		第二阶段	
脉冲 RC 状态	低电平	高电平		低电平
脉冲 S_{sh} 状态	低电平	高电平	高电平	低电平
脉冲 S_1 状态	高电平	低电平	低电平	
S_2、S_4	高电平		低电平	
S_3、S_5	低电平		高电平	
开关 S_2、S_4	闭合		断开	
开关 S_3、S_5	断开		闭合	
放大器增益	1	3	3	
校正信号	U_{p2}采样			
C_4 上的信号	保持 U_{p1}		保持 $U_{p1}-U_{p2}$	
输出信号			$U_{p1}-U_{p2}$	

9.3 CMOS 图像传感器的特性参数

表征 CMOS 图像传感器性能指标的参数与表征 CCD 图像传感器性能指标的参数基本一致，且近年来 CMOS 图像传感器的开发已取得重大进展，其性能指标已与 CCD 图像传感器接近。

1. 光谱性能与量子效率

CMOS 图像传感器的光谱性能和量子效率取决于它的像元（光电二极管）。图 9-29 为 CMOS 图像传感器的光谱响应特性曲线。由图可见，其光谱范围为 400～1100nm，峰值响应波长在 700nm 附近，峰值波长响应度达到 0.4A/W。

器件的光谱响应特性与量子效率受器件表面光的反射、干涉及光透过表面层的透过率差异和光电子复合等影响，量子效率总是低于 100%。此外，由于上述影响会随波长而变，所以量子效率也随波长变化。图 9-29 中不平行的斜线即表示量子效率随波长的变化关系。例如，波长在 400nm 处的量子效率约为 50%；700nm 处达到峰值，此时的量子效率约为 70%；而 1000nm 处的量子效率仅为 8%左右。

2. 填充因子

定义填充因子为像面对全部像元所占面积之比，它对器件的有效灵敏度、噪声、时间响应、模传递函数 MTF 等影响很大。

因为 CMOS 图像传感器包含有驱动、放大和处理电路，它会占据一定的表面面积，因而降低了器件的填充因子。被动像元结构的器件附加电路少，填充因子会大些。提高填充因子使像面占据更大的表面面积是充分利用半导体制造大像面图像传感器的关键。一般来说，提高填充因子的方法有以下两种。

（1）采用微透镜法　如图 9-30 所示，在 CMOS 图像传感器的上方安装一层矩形的面阵微透镜，它将入射到像元的全部光线汇聚到各个面积很小的光敏器件上，能使填充因子提高到接近 90%的程度。此外，由于光敏器件面积的减小，既提高灵敏度，又降低了噪声，减小了结电容，同时提高了器件的响应速度，所以这是一种很好的提高填充因子的方法，它在

CCD 技术上已得到成功的应用。

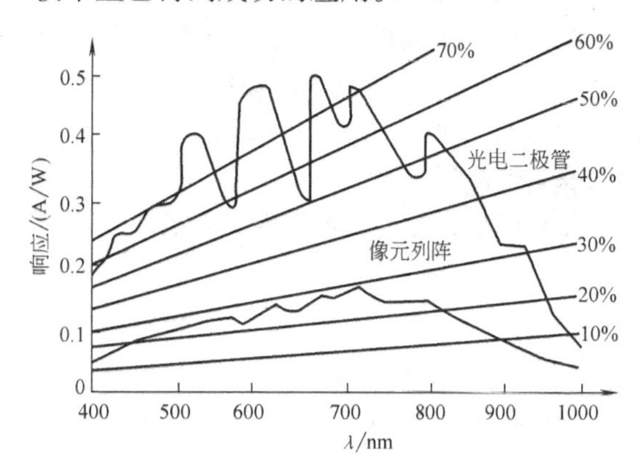

图 9-29　CMOS 图像传感器的光谱响应特性曲线

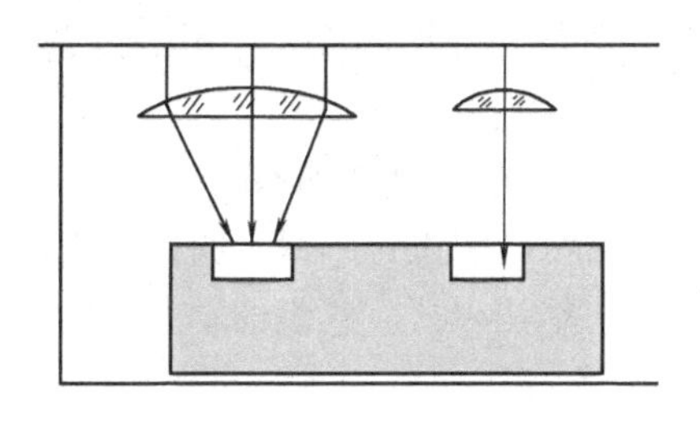

图 9-30　微透镜的作用

（2）采用特殊的像元结构　图 9-31 为一种填充率较高的 CMOS 图像传感器的像元结构，它的表面有光电二极管和其他电路，两者隔离。在光电二极管的 N^+ 区下面增加 N 区，用于接收扩散的光电子；在电路 N^+ 的下面设置一个 P^+ 静电阻挡层，用于阻挡光电子进入其他电路。

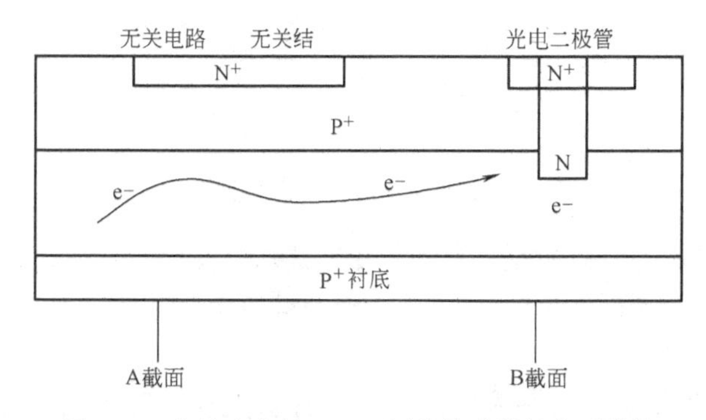

图 9-31　高填充率的 CMOS 图像传感器的像元结构

图 9-32 为图 9-31 中两个截面的电位分布。两个截面电位分布的差别主要在 A 截面的 P^+ 区和 B 截面对应的 N 区，前者的电位很低，将阻挡光电子进入，而后者的电位很高，对光电子有吸引作用。

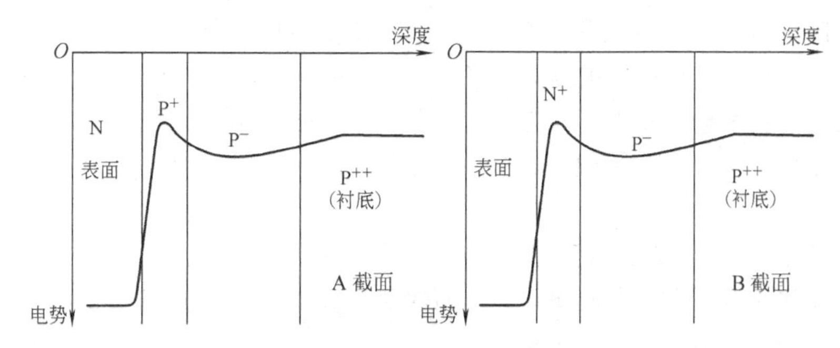

图 9-32　CMOS 图像传感器的像元两个截面的电位分布

在像元结构上，表层的光电二极管、电路及其阻挡层均很薄且透明，入射光透过后到达外延光敏层所产生的光电子几乎可以全部扩散到光电二极管中。尽管光电二极管的表面积不大，但像面却为整个像元的表面积，所以等效的填充因子接近100%。填充因子不可能达到100%的原因有：①在电路层中有光陷阱，限制光的透过率，特别对于短波长的光影响更大；②表层的反射；③存在光电子的复合。这种结构有“窜音”的缺点，即因为有阻挡层存在，光电子会较容易地扩散到相邻的像元中，使图像变得模糊。

在高填充率的像元结构中，光电二极管的尺寸很小，提高了灵敏度，降低了噪声并提高了器件的工作速度。

3. 输出特性与动态范围

CMOS图像传感器有四种输出模式：线性输出模式、双斜率输出模式、对数输出模式和γ校正输出模式。它们的动态范围相差很大，特性也有较大的区别。图9-33为4种输出模式的曲线。

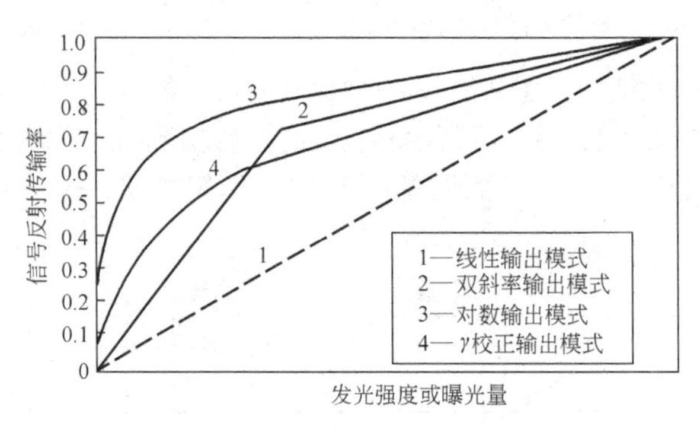

图9-33 4种输出模式的曲线

（1）线性输出模式 线性输出模式的输出与发光强度成正比，适用于要求进行连续测量的场合。它的动态范围最小，而且在线性范围的最高端信噪比最大。在小信号时，因噪声的影响增大，信噪比降低。

（2）双斜率输出模式 双斜率输出模式是一种扩大动态范围的方法。它采用两种曝光时间，当信号很弱时采用长时间曝光，输出信号曲线的斜率很大；当信号增强后，改用短时间曝光，曲线斜率便会降低，从而可以扩大动态范围。为改善输出的平滑性，还可以采用多种曝光时间，使输出曲线由多段直线拟合而成，获得较为平滑的输出特性。

（3）对数输出模式 对数输出模式的动态范围非常大，可达几个数量级，使得无须对相机的曝光时间进行控制，也无须对其镜头的光圈进行调节。此外，在CMOS图像传感器中，可以方便地设计出具有对数响应的电路，实现起来也很容易。由于人眼对光的响应接近对数规律，因此，这种输出模式具有良好的目视图像采集设备的使用特性。

（4）γ校正输出模式 γ校正模式的输出规律如下：

$$U=k\mathrm{e}^{\gamma E} \tag{9-21}$$

式中，U为信号输出电压；E为入射光照；k为常数；γ为校正因子。

由于γ为小于1的系数，它使输出信号的幅值随照度E的增长速度减缓。

4. 噪声

CMOS图像传感器的噪声来源于像元中的光电二极管、用于放大器的场效应晶体管和用于行、列选择等开关的场效应晶体管。这些噪声既有共性又有个性。由光电二极管阵列和场效晶体管电路构成CMOS图像传感器时，还可能产生新的噪声，下面分别讨论。

（1）光敏器件的噪声　光敏器件的噪声可分为以下四类：

1）热噪声。热噪声为电子在光敏器件内部随机热运动产生的噪声，是一种白噪声，噪声电压方均值为

$$U_{\mathrm{RMS}}{}^2=4kT\Delta f \tag{9-22}$$

式中，k为玻耳兹曼常数；T为光敏器件的工作温度；Δf为工作频率的带宽。

降低工作温度是减小热噪声的有效方法。

2）散粒噪声。光敏器件工作需要加入偏置电流。当电荷运动时，会因与晶格碰撞而改变方向，电子的速度便出现了涨落，引起偏置电流起伏，由此而产生的噪声称为散粒噪声，它也是一种白噪声，噪声电流方均值为

$$i^2=2qI_0\Delta f \tag{9-23}$$

式中，q为电子电荷量；I_0为光敏器件的偏置电流。

减小偏置电流，可以减小散粒噪声，但有可能降低光电响应度，也可能增大非线性。

3）产生复合噪声。由于光生载流子的寿命不同，引起电流的起伏而产生的噪声，它是光敏器件所特有的，噪声电流方均值为

$$i^2=4I_0^2\frac{\rho_0\tau^2}{1+\omega^2\tau^2}\Delta f \tag{9-24}$$

式中，ρ_0为载流子产生率；τ为载流子寿命；ω为器件的工作频率。

可见这种噪声不是白噪声，提高工作频率有利于降低这种噪声。

4）电流噪声。电流噪声是由于材料缺陷、结构损伤和工艺缺陷等引起的。当电子在带有缺陷的元器件中运动时，就会出现电流变化，从而引起噪声。因为它与$1/f$成比例，故也称$1/f$噪声。电流噪声方均值为

$$i_{\mathrm{nf}}{}^2=\frac{kI^{\alpha}}{f^{\beta}}\Delta f \tag{9-25}$$

式中，α、β和k均为常数，一般$\alpha=2$，$\beta=1$；I为流过器件的电流。

从式（9-25）可以看出，电流噪声不但与器件的电流二次方成正比，而且与器件的工作频率成反比，选择较高的工作频率，有利于减小电流噪声。但是，因为CMOS图像传感器的帧频较低，电流噪声常常是不可忽略的。

（2）MOS场效应晶体管中的噪声　MOS场效应晶体管所引起噪声的因素已在9.1.2节中介绍，这里不再赘述。

（3）CMOS图像传感器中的工作噪声　CMOS图像传感器在工作过程中，除去上述噪声外，还要产生一些新的噪声。例如，复位开关工作时会带来复位噪声，即KTC噪声；由众多像元组成CMOS图像传感器必然存在像元特性不一致产生的空间噪声；此外，还存在电磁干扰和驱动脉冲引起的时间跳变干扰等。

1）复位噪声。复位开关与低阻电源断开时，储存在电容上的残存电荷是不确定的，会引起复位噪声。复位噪声电荷的方均根值为

$$Q_{\mathrm{n}}=\sqrt{kTC} \tag{9-26}$$

式中，C为电路的分布电容，当$C=10\mathrm{pF}$时，$\sqrt{kTC}=40$（个电子）。

虽然复位噪声是随机的，但是可以用相关双采样的方法消除掉，详见9.2节。

2）空间噪声。空间噪声包括暗电流不均匀直接引起的固定图案噪声（FPN），暗电流的产生与复合不均匀引起的噪声，像元缺陷带来的响应不均匀引起的噪声和图像传感器中存在温度梯度引起的热图案噪声等。产生空间噪声的原因一般为图像传感器材料的不均匀或工艺方法缺陷，某些（如FPN）可以用相关双采样方法消除。

5. 空间传递函数

利用像元尺寸 b 和像元间隔 S 等参数，很容易推导出CMOS图像传感器的理论空间传递函数，即

$$T(f)=\mathrm{sinc}(bf) \tag{9-27}$$

式中，f 为空间频率。

$T(f)=0$ 的空间频率称为奈奎斯特（Nyquist）频率 f_n。从上式中可求得

$$f_n=\frac{1}{2b} \tag{9-28}$$

CMOS传感器的空间传递函数如图9-34所示，其横轴是归一化角频率 πf，纵轴为其传递函数值。由于CMOS图像传感器中存在空间噪声和窜音，它实际的空间传递函数要低些。

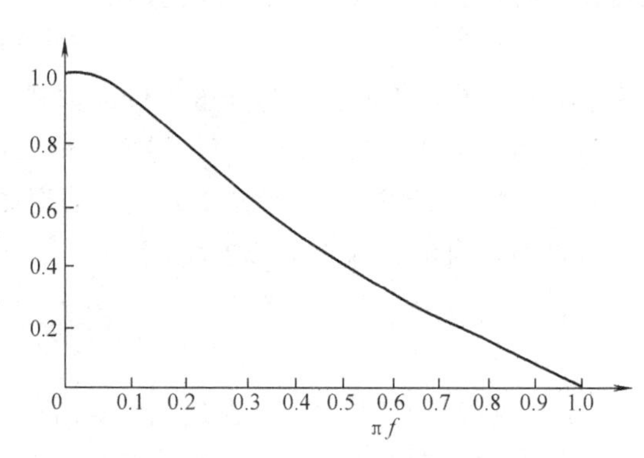

图9-34 CMOS传感器的空间传递函数

6. CMOS图像传感器与CCD图像传感器的比较

两种器件均采用同样的硅材料制作，它们的光谱响应特性和量子效率等基本相同；两者的像元尺寸和电荷的存储容量也很相近。但是，由于两者的结构和工艺方法的不同，使得其他性能有所差别。CMOS图像传感器与CCD图像传感器的性能比较见表9-2。

表9-2 CMOS图像传感器与CCD图像传感器的性能比较

序 号	性 能	CMOS图像传感器	CCD图像传感器
1	填充率	接近100%	
2	暗电流（pA/m²）	10~100	10
3	噪声电子数	≤20	≤50
4	*FPN*（%）	可在逻辑电路中校正	<1
5	*DRNU*（%）	<10	1~10
6	工艺难度	小	大
7	光探测技术		可优化
8	像元放大器	有	无
9	信号输出	行、列开关控制，可随机采样	CCD为逐个像元输出，只能按规定的程序输出
10	ADC	在同一芯片中可设置ADC	只能在器件外部设置ADC
11	逻辑电路	芯片内可设置若干逻辑电路	只能在器件外设置
12	接口电路	芯片内可以设有接口电路	只能在器件外设置
13	驱动电路	同一芯片内设有驱动电路	只能在器件外设置，很复杂

表9-2说明，CMOS图像传感器的功能多，工艺方法简单，成像质量也与CCD图像传感器接近。因此，CMOS将获得越来越广泛的应用。

9.4 典型的CMOS图像传感器

本节以CYPRESS公司的CMOS图像传感器产品为例，介绍典型的CMOS图像传感器。

9.4.1 IBIS4 6600型CMOS图像传感器

IBIS4 6600为彩色面阵CMOS图像传感器，也可以用做黑白图像传感器。它将信号采集、A/D转换和数字信号处理功能集于一体，且有效像元起始位置可由用户编程决定。详细性能参数参见表9-5。

1. 图像传感器的原理结构

IBIS4 6600型CMOS图像传感器的原理结构如图9-35所示，它是CMOS图像传感器的主要部分，包括像元阵列、X和Y向读出移位寄存器、二级采样、并行模拟输出放大器和列放大器。从像元阵列中读出一行数据时，首先要计算该行对应的列放大器的放大率，按照求得的放大率对该行数据进行放大。这有助于减小像元和列放大器的固有噪声的影响。X和Y向读出移位寄存器具有起始地址可编程的特点。可选的起始地址受到二级采样的限制。

IBIS4 6600型CMOS图像传感器像元的结构如图9-36所示，它使用了3管（3T）有源技术，大幅度改善弱光灵敏度。

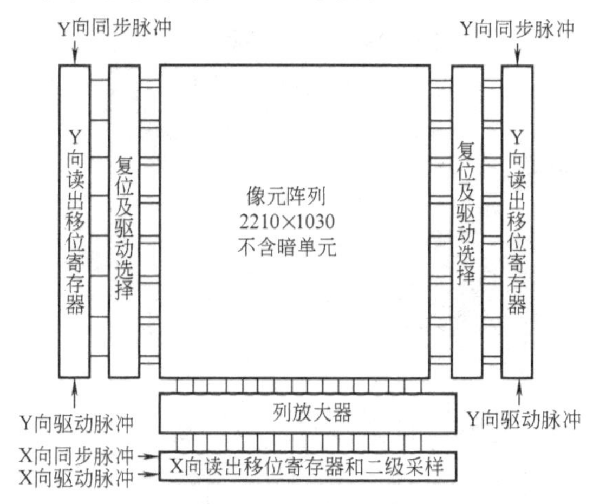

图9-35 IBIS4 6600型CMOS图像传感器的原理结构

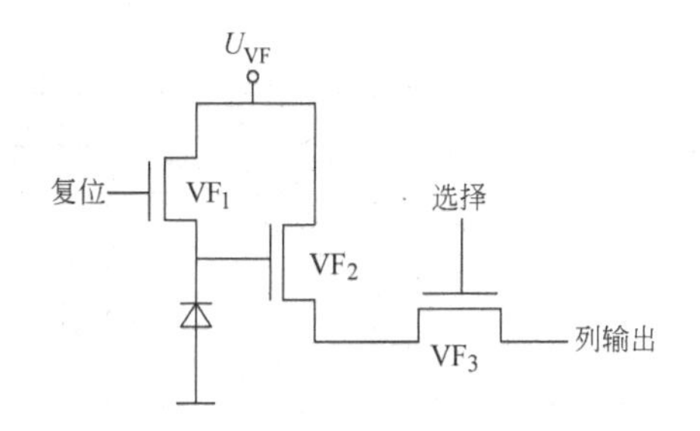

图9-36 IBIS4 6600型CMOS图像传感器像元的结构

IBIS4 6600型CMOS图像传感器的像元分布如图9-37所示。像元总数为3014×2222，其中有效像元数为3002×2210，在它周围设置两个单元宽的虚设单元环，像元阵列和这个虚设单元环能接收光照。在上述单元块外，还有一条4个单元宽的虚设单元环，它由黑色遮光层覆盖，不能接收光照。图像传感器工作时，以上各单元获得的数据均由读出寄存器读出。在3014×2222个单元外，有一条一个单元宽的虚设单元环，它获得的数据不可读。

IBIS4 6600型CMOS图像传感器的光谱特性如图9-38所示。该光谱响应是直接在像元上进行测量的，也包含其中的不感光部分。可见，传感器的响应波段为400~1000nm。

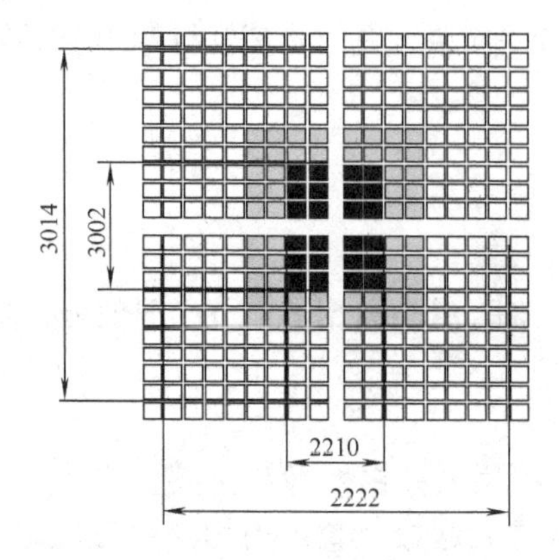

图 9-37 IBIS4 6600 型 CMOS 图像传感器的像元分布

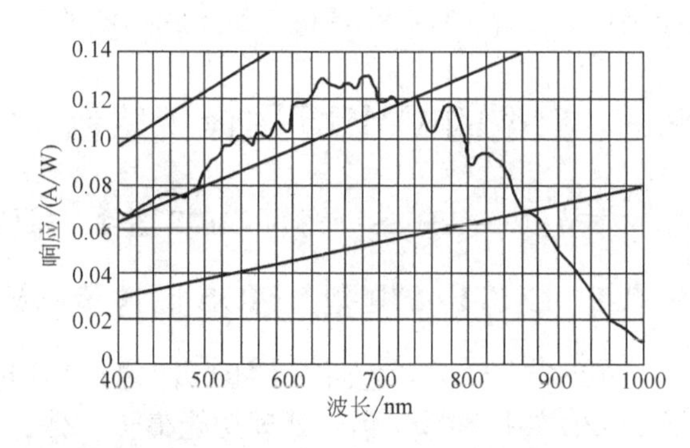

图 9-38 IBIS4 6600 型 CMOS 图像传感器的光谱特性

IBIS4 6600 型 CMOS 图像传感器的输出特性如图 9-39 所示。曲线的横坐标为 CMOS 像元所接收的电子数目，纵坐标为输出信号的电压。

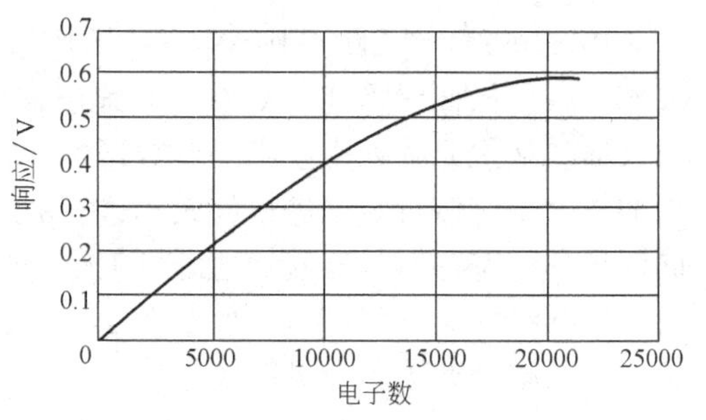

图 9-39 IBIS4 6600 型 CMOS 图像传感器的输出特性

2. 输出放大器

图 9-40 为 IBIS4 6600 型 CMOS 图像传感器输出放大器电路原理框图，主要由偏压调节电路、可调增益放大器和输出电路三部分组成。

为消除固有噪声采用差分输入，得到 S_1 和 S_2 信号。当放大器寄存器的 ONE _ OUT 处于位置 1 时，S_1 和 S_2 通过多路复用器输出一个像元的信号，此时，可调增益放大器和输出电路被旁路。

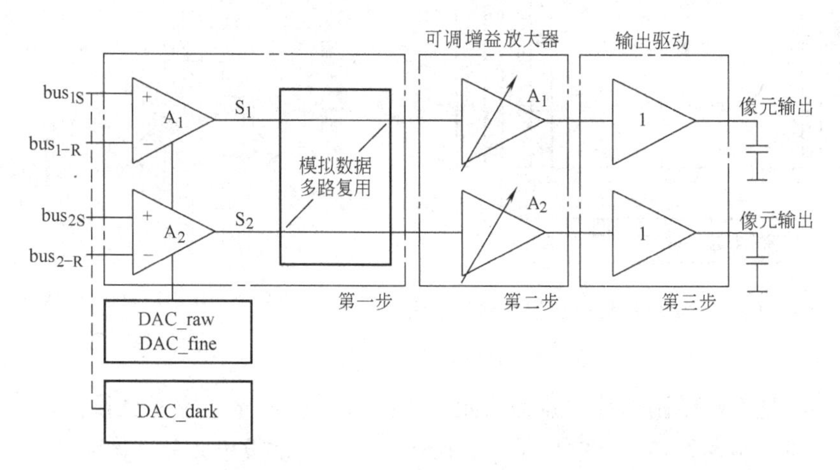

图 9-40 IBIS4 6600 型 CMOS 图像传感器输出放大器电路原理框图

偏压调节电路包含两个 DAC，DAC _ raw 用来调节主偏压，DAC _ fine 用来调节信号到达两个放大器 A_1 和 A_2 的路程差所产生的偏压。偏压调节电路的速度和功率损耗由外部电阻决定。

由表 9-3 可知，增益调节由 4 位信号控制，其数值范围在 1. 36~17. 38，有 16 种增益可供选择。它的速度和功率损耗也由外部电阻决定。

表 9-3　可选增益

位	直流增益	位	直流增益
0000	1.36	1000	5.40
0001	1.64	1001	6.35
0010	1.95	1010	7.44
0011	2.35	1011	8.79
0100	2.82	1100	10.31
0101	3.32	1101	12.36
0110	3.93	1110	14.67
0111	4.63	1111	17.38

输出电路能够满足40Mbits/s的速度下驱动20pF电容和100kΩ偏置电阻的要求。它的速度和消耗功率同样也由外部电阻决定。

3. A/D转换器

IBIS4 6600型CMOS图像传感器的A/D转换器除具有一般的线性A/D变换外，还具有γ模数转换（γ变换）功能，其输入电压范围由外部电阻决定。其特性参数为：①量化准确度：10bit；②数据速率：20MHz；③转换时间：<50ns。

4. 二次采样

IBIS4 6600型CMOS图像传感器提供多种二次采样模式，见表9-4。目的是提高准确度或感兴趣部分图像的采样速率。模式选择位应写入IMAGE _ CORE寄存器。为了保存颜色信息，任何模式下每次均应读入两个相邻像元的数据。每次读入后，剩余未读像元的数目则因模式不同而各不相同，各个模式中该数目的最小公倍数为24。为实现上述目的，将像元阵列（包括虚设单元和两个附加的行/列）设计成相同的24单元宽的块。为将奇、偶列同时送到相应的总线上，在X方向应该总有两列具有相同的地址，而在Y方向应该一行行地址顺序排列。

表 9-4　IBIS4 6600型CMOS图像传感器的二次采样模式

序号	位	步骤	模式
1	000	2	默认模式
2	001	4	跳过步骤2
3	010	6	跳过步骤4
4	011	8	跳过步骤6
5	1xx	12	跳过步骤10

9.4.2　IBIS5-B-1300型CMOS图像传感器

IBIS5-B-1300型CMOS图像传感器的特性参数见表9-5。同样，它也可以用作彩色或黑白的图像传感器。

表 9-5 IBIS5-B-1300 型 CMOS 图像传感器的特性参数

	IBIS4 6600	IBIS5-B-1300	LUPA1300
像元数	3014×2222	1280×1024	1280×1024
像元尺寸/μm	3.5×3.5	6.7×6.7	14×14
填充因子（%）	35	40	50
光谱范围/nm	400~1000（彩色或黑白）	400~1000（彩色或黑白）	
量子效率（%）			15（700nm）
频率/MHz	40	40	40（帧频为 450 帧/s）
光照灵敏度/[V/(lx·s)] 灵敏度/[V·m^2/(W·s)]	4.83 411	8.40 715	
光学窜音（至第一邻元） （至第二邻元）	15% 4%		15%
电荷转换效率/(μV/e)		17.6	16
满势阱电荷数/个			60000
暗噪声电子数 μVRMS			45
动态范围	59dB	64dB，1563：1	62db，1330：1
暗电压/(mV/s)	3.37	7.22	
暗电流非均匀性（%）			10
输出信号电压/V	0.6	1	1
数字输出/bit	10	10	
电子快门	有	有	有
输出端数	1	1	16

用作彩色图像传感器时，需要在 IBIS5-B-1300 的像面上覆盖 R、G、B 三色滤光片，这种滤光片的光谱响应特性如图 9-41 所示。

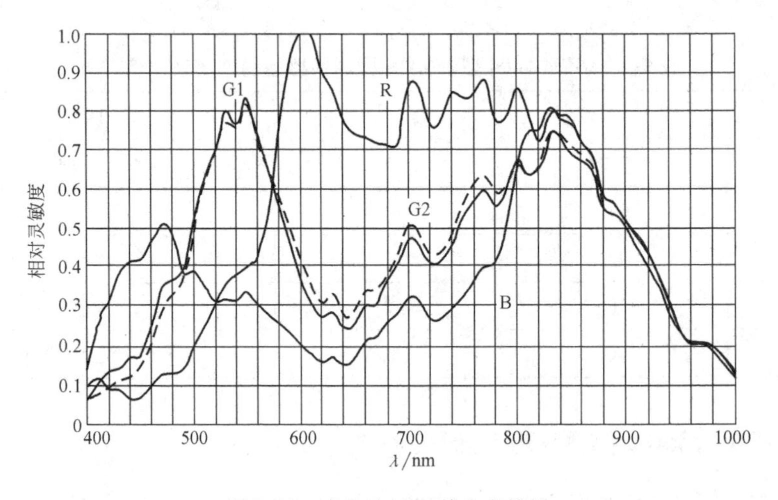

图 9-41 滤光片的光谱响应特性

图 9-42 为 IBIS5-B-1300 型 CMOS 图像传感器的响应特性曲线，其横坐标为像元所接收的电子数目，纵坐标为输出的信号电压。图 9-43 所示为其 A/D 输出特性曲线。纵坐标实际为二进制数（此处以十进制数表示）。曲线 1 代表线性变换，曲线 2 代表 γ 变换。

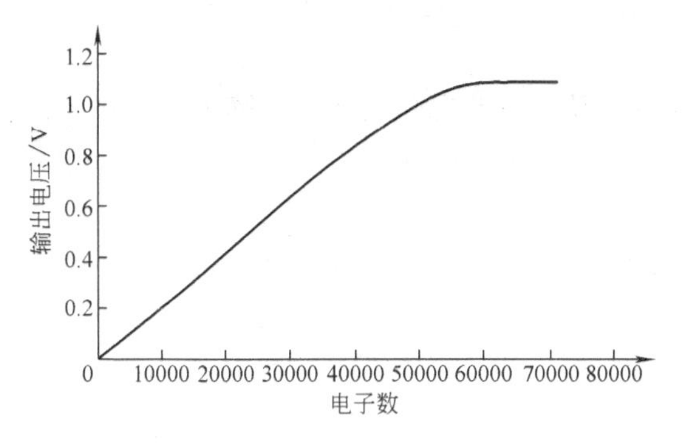

图 9-42　IBIS5-B-1300 型 CMOS 图像传感器的响应特性曲线

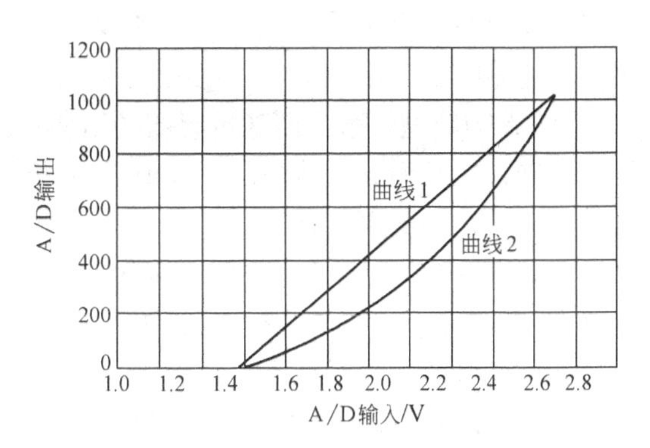

图 9-43　IBIS5-B-1300 型 CMOS 图像传感器的 A/D 输出特性曲线

IBIS5-B-1300 型 CMOS 图像传感器有滚动式与同步式两种功能的快门。滚动式快门与胶片照相机中的滚动式快门相似，具有简单美观的优点。图 9-44 为滚动式光快门工作示意图。图中有两个 Y 向读出寄存器，一个指向正在读出数据的行，另一个指向正在复位的行。它们使用相同的 Y 方向时钟。这两个寄存器指向同一行的时间差就是积分时间。从图 9-44 可以看出，各行均顺序地被读取和复位。每行的积分时间相同，而开始积分的时间不同。说明各个像元采集光信息的时间不同。如果试图捕捉一个快速移动的物体，其影像会发生模糊。

同步式快门解决了滚动式快门的问题。全部像元同时进行光积分，获得的数据按顺序并行读出。图 9-45 为同步式快门的光积分和数据读出过程。使用同步式快门时，各个像元同时采集光信息，同时复位。获得光信息后，数据被一行行地读出。在读取数据期间，像元不进行光积分。

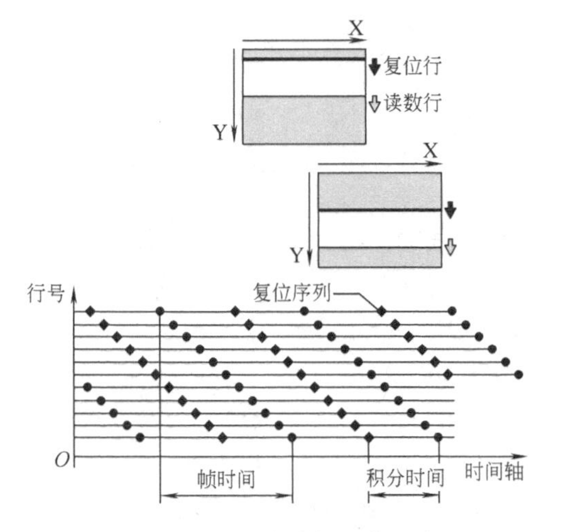

图 9-44　滚动式光快门工作示意图

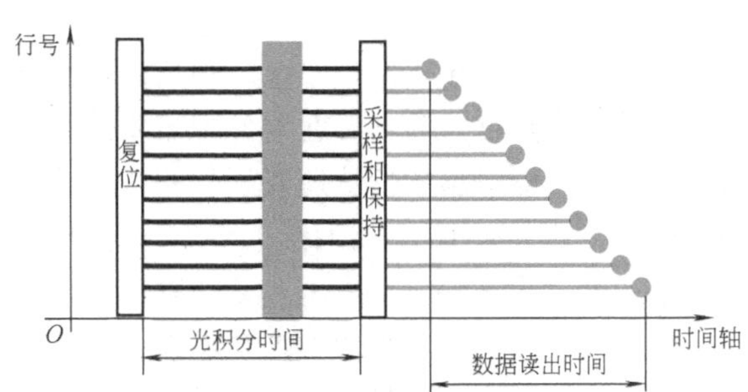

图 9-45　同步式快门的光积分和数据读出

9.4.3 高速 CMOS 图像传感器

LUPA1300 型 CMOS 图像传感器为帧频高达 450 帧/s 的高速 CMOS 图像传感器，它有 16 路并行输出端，每路的数据率均为 40MHz，为高速率的图像传感器。它的光谱响应特性与图 9-38 相似，其他特性参数可参见表 9-5。

LUPA1300 型 CMOS 图像传感器的结构如图 9-46 所示，它除包含有像元阵列、Y 和 X 地址寄存器，以及列放大器外，还有 16 路并行输出的放大器、Y 和 X 的起始点定位器、像元信号驱动电路和逻辑电路等。

LUPA1300 型 CMOS 图像传感器的像元结构如图 9-47 所示，为主动像元结构。它的主要特点是增加了预存储器，用于存储像元信号，以便曝光结束时能立即将像元信号存下来。这样，就可以将像元迅速复位，开始下一周期的积分工作。为了消除在存储器中储存的上一帧像元信号，需要对此存储器进行复位，即预充电的工作。

像元输出信号要经过行选择的控制送入到列读出线上，再经 X 地址寄存器的控制送入输出放大器。列放大器同时还起着像元与输出放大器之间的接口作用。为了提高工作速度，该放大器必须尽量简化，减少放大级数。图 9-47 所示为典型的列放大器，它由两部分组成：第一部分是降低消隐时间的组件；第二部分是校正输出电平和提供多路输出的组件。

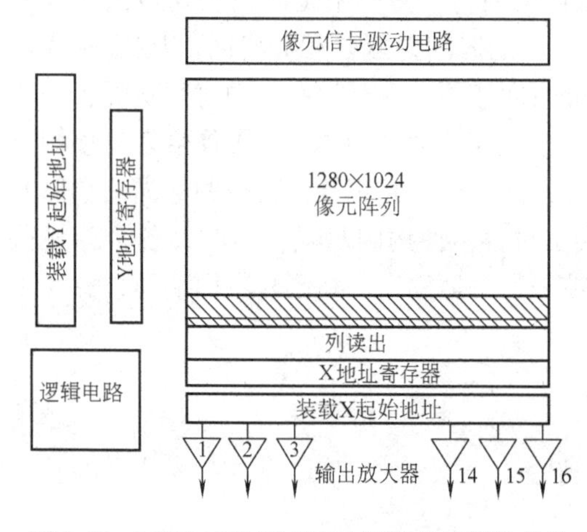

图 9-46 LUPA1300 型 CMOS 图像传感器的结构

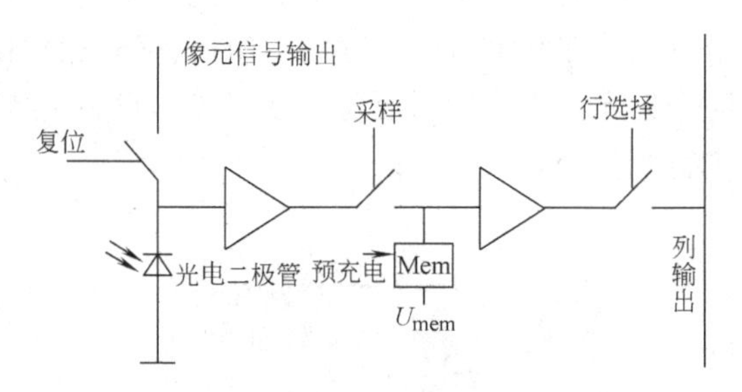

图 9-47 LUPA1300 型 CMOS 图像传感器的像元结构

像元的尺寸很小，而列总线却很长，寄生电容必然会很大，两者不能很好匹配，便会影响器件的工作速度。为此，在器件中需要采用妥善方法解决这个问题。

从列放大器输出的信号还要经过输出放大器放大，才能向外读出。图 9-48 是该放大电路的原理，总共有 16 个放大器，使 16 路信号并行输出；负载电容很小（20pF），以保证器件高速运行。为消除电源电压波动的影响，采用专用稳压电源，而且引入稳定的参考电源。

输出放大器的输出特性如图 9-49 所示，其中暗信号对应高电平，饱和信号对应低电平。输出特性曲线基本为线性。基本消除了温度变化的影响，在图像传感器中还设有温度校正电路。

上述各部件在像元阵列的工作时序脉冲和行像元信号的读出时序脉冲控制下工作。

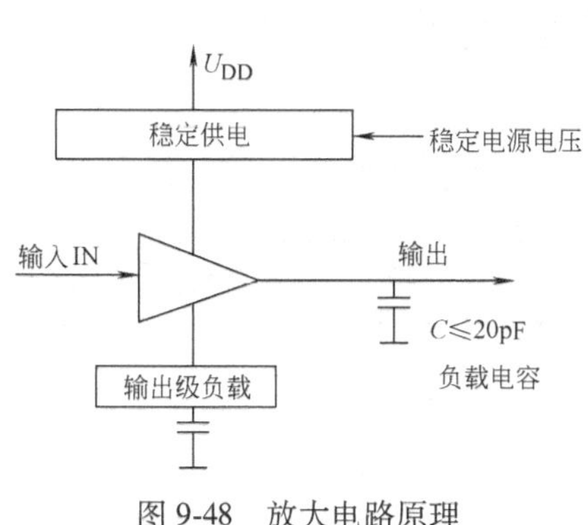

图9-48 放大电路原理

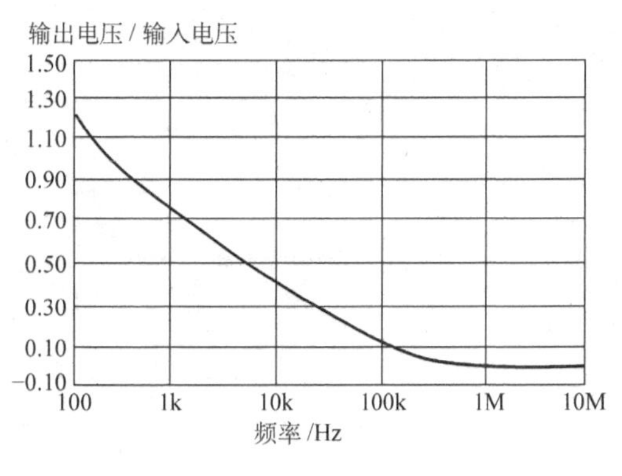

图9-49 输出特性

图9-50为像元阵列的工作时序，它确定了积分时间、像元信号的采样、预充电和复位的时序。当U_{mem}达到低电平时，开始对存储器进行充电，使存储器的电压等于参考电压；采样脉冲下降沿来到后，像元信号便存储在存储器中；预充电和像元信号的采样是在U_{mem}维持低电平的时间内完成的，这段时间便是帧消隐时间。当U_{mem}重新回到高电平时，开始读出像元信号；与此同时，对像元复位，从复位信号的下降沿起，新一帧积分光信号便开始了。复位脉冲R的下降沿至采样脉冲下降沿的宽度为可变积分时间。复位脉冲RS用于实现输出/输入曲线呈现双斜率状态（见图9-34）。即当不采用RS且复位脉冲R宽度最窄时，积分时间最长，输出/输入曲线的斜率最大；而当采用RS脉冲后，R脉冲的下降沿至RS脉冲的下降沿间的时间间隔为积分时间；它可以缩短积分时间，从而降低了输出/输入曲线的斜率。由此，输出/输入曲线便出现了双斜率。

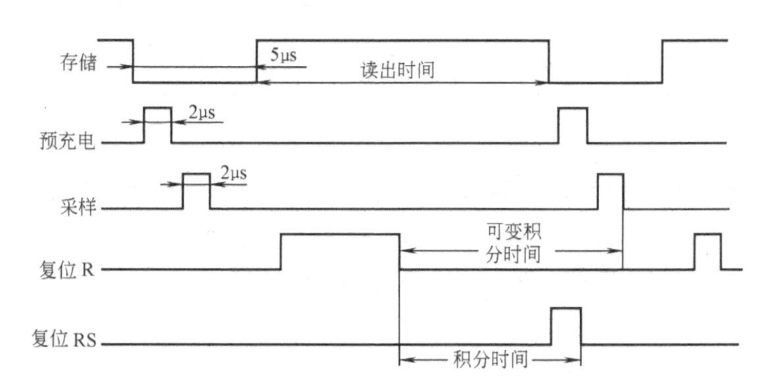

图9-50 像元阵列的工作时序

在上述读出时间内要完成行选择和像元信号读出的工作，就需要有一定的时序控制脉冲。行选择过程的时序脉冲波形如图9-51所示，它由同步脉冲SYNC-Y和时钟脉冲CLCK-Y共同控制。SYNC-Y脉冲从地址移位寄存器下载行地址，并馈送给Y移位寄存器。CLCK-Y脉冲序列依次触发各选行脉冲信号，使其依次选出各行信号。SYNC-Y与CLCK-Y脉冲都是上升沿触发的，而且为了使CLCK-Y能正常工作，SYNC-Y的高电平应覆盖CLCK-Y的上升沿。各行选通脉冲信号均是高电平有效，且高电平的宽度等于CLCK-Y脉冲的周期。选通脉冲将各行图像信号依次送入X移位寄存器中，以便等待从16个端口同时读出的信号。

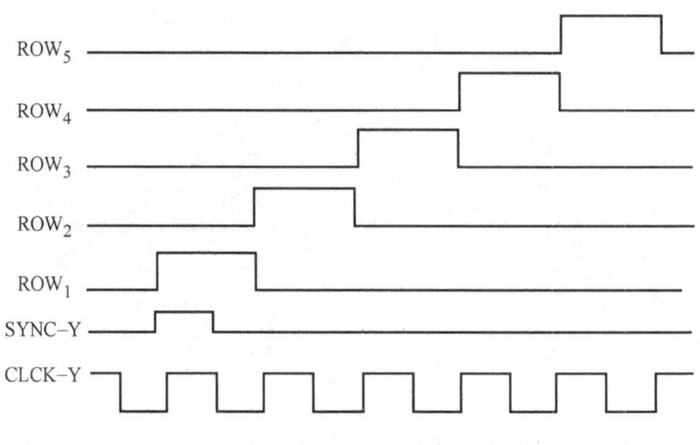

图 9-51 行选择过程的时序脉冲波形

当行选出后，便需要对该行的像元信号进行读出。首先还应让该信号稳定下来，所需时间为消隐时间，如图 9-52 所示，剩下的时间才是真正的行读出时间。图 9-52 表明，同步信号 SYNC-X 首先出现，它的作用是从地址移位寄存器中下载地址，馈送给 X 移位寄存器，再将 16 个列组与 16 个输出端相连。随后时钟脉冲 CLCK-X 便驱动 X 移位寄存器，使得 16 个放大器同时输出 16 个并行的图像信号。

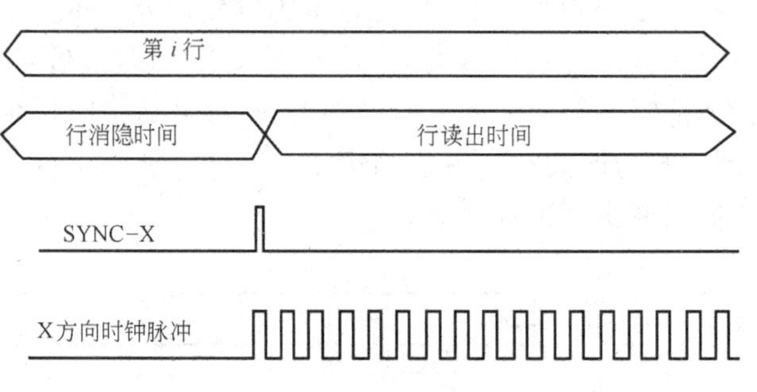

图 9-52 行读出时序

如果给出 Y 移位寄存器输入起始行和终点行的地址，给出 X 移位寄存器输入起始列和终点列的地址，就可以取出所需要的局部图像。这种部分取景的方法可以获得很高的帧输出频率，获取高速运动物体的图像，是 CMOS 图像传感器的特点。但是，也并不是所有 CMOS 图像传感器都具有这种特点。

9.5 CMOS 图像传感器的应用实例

随着 CMOS 图像传感器性能的提高，CMOS 摄像机的性能也有很大程度的提高，现在有些技术指标已经基本上达到与 CCD 摄像机相当的水平。由于 CMOS 摄像机的尺寸小和价格低，并且具有多种读出方式等特点，能够更方便地获得任意局部取景范围的图像，并将图像以更高的速度读取出来，实现 CCD 图像传感器无法做到的图像采集与处理工作，因此 CMOS 图像传感器获得更加广泛的应用。本节将介绍两种性能优异的 CMOS 摄像机工作原理与特性参数。

9.5.1 IM28-SA型CMOS摄像机

IM28-SA型CMOS摄像机是加拿大DALSA公司的产品，具有速度快、能够实现整体曝光、快速拍照和局部取景等优点。光谱响应范围也与CCD图像传感器相差不多，具有高达120dB的动态范围。但是，它的光谱响应特性曲线与CCD图像传感器的曲线在平滑度方面相差很多，因此它在光谱探测领域的应用受到了限制。

表9-6列举了3种CMOS摄像机的基本特性参数，从表中可以看出，只有IM28-SA型CMOS摄像机才具有小范围取景的功能。

表9-6 CMOS摄像机的基本特性参数

参 数	IM28-SA	IM75-SA	MC1300
像元数	1024×1024	1024×1024	1280×1024
像元尺寸/μm	10.6×10.6	10.6×10.6	12×12
填充率（%）	35	35	40
光谱响应范围/nm	380~1100	380~1100	400~1000
量子效率（%）	25	25	
响应度/(V·m²/W)	0.7~11.2		1000 [Lsb/(lx·s)]
数据率/MHz	内同步28.4；外同步20~28.4	内同步40；外同步10~20	
数据位数/bit	8和10	10	16
帧频/(f/s)	27	75	47
动态范围/dB	线性48，非线性128		59
噪声（RMS）	<1LSB	<1LSB	
取景幅度	>2行×128列		
电源电压/V	5	5	内部电源8~35

IM28-SA型CMOS摄像机包括硬件和软件两部分。其中硬件部分由CMOS图像传感器、处理电路和接口电路组成；软件部分主要由读出帧数控制、曝光时间控制、放大器增益控制和取景范围控制等部分组成。

IM28-SA型CMOS摄像机的光谱特性如图9-53所示。它的光谱响应特性表明它在可见光波段有很均匀的响应，比CCD图像传感器更出色。但是，它在400~500nm间的响应不如CCD图像传感器。

该图像传感器有两种光电响应模式：线性模式和线性-对数（Lin-log）模式。线性模式的动态范围只有40~60dB；为了扩大动态范围，采用线性-对数模式。它的输出特性曲线如图9-54所示。当图像光亮度很弱时，它的光电响应为线性；随着图像光亮度的增大，响应曲线线性度增高；当光亮度信号超过设定阈值后，响应曲线发生变化，成为对数响应，使图像传感器的动态范围高达120dB。光电响应模式的变换可以通过软件实现自动控制。采用线性-对数模式后，既防止图像的滞后现象，又克服图像的重影现象。

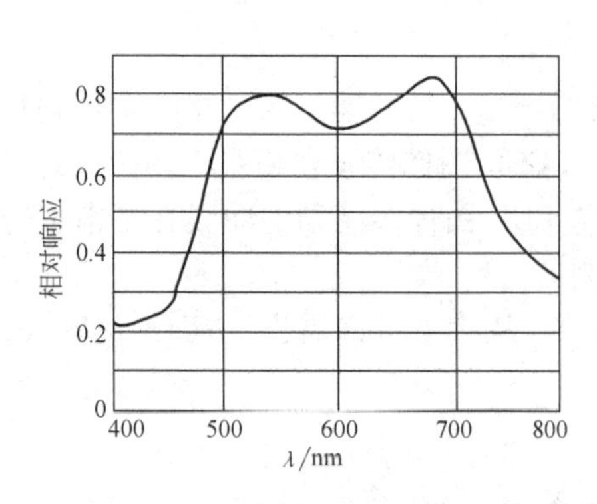

图 9-53 IM28-SA 型 CMOS 摄像机的光谱特性

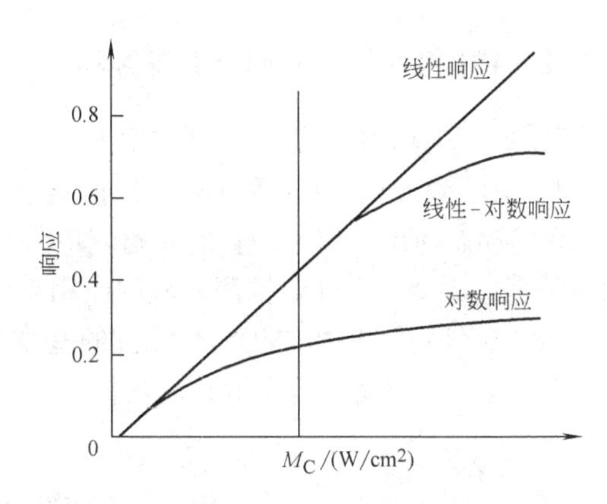

图 9-54 IM28-SA 型 CMOS 摄像机的输出特性曲线

摄像机的图像信号放大器的增益有两种选择方式：非略读增益方式（NOSkimming）和略读增益方式（Skimming）。非略读增益方式的放大器增益可为 1 或 4；而略读增益方式放大器的增益与像元的线性-对数响应配合工作，要仔细设定参数，防止信号消失。因为略读增益方式将稍微增大器件时间常数，故帧周期不能太短。此外，还会显著增大固定图案噪声，应对其进行校正。图 9-55 为不同增益下的输出特性曲线。

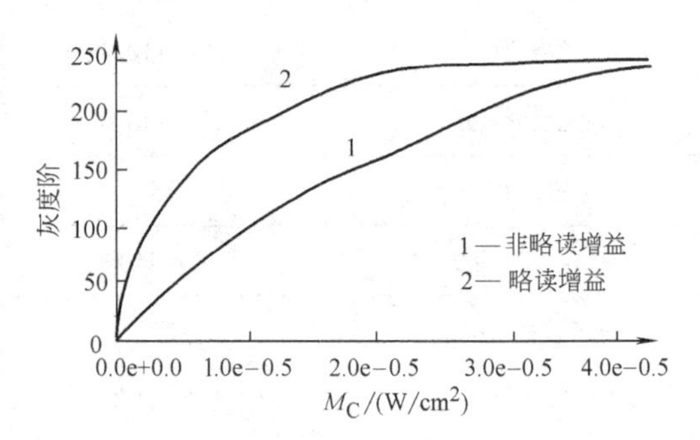

图 9-55 不同增益下的输出特性曲线

这种摄像机还可以局部取景，但对取景的范围尚有限制，即景物图像的行数最小为 2，列数最小为 64。

摄像机的运行模式和功能的设置都要事先存储在 E^2PROM 中，运行时再将其通过软件调出，存于移位寄存器。这种移位寄存器总共有 32 个，它们的功能见表 9-7。

表 9-7 所示各个移位寄存器的功能都是在软件的操作下实施的，操作时要按一定的时序进行，下面列举出部分时序。

要求摄像机全部像元同时曝光的时序如图 9-56 所示。首先，快门将所有像元同时复位，像元便开始积分光信号；积分结束时将光信号存储下来，最后读出全部图像信号。这种曝光方法能获得亮度均匀的清晰图像。

表 9-7 IM28-SA 移位寄存器的功能

移位寄存器序号	功 能 说 明
0~3	与 E^2PROM 进行通信
4，5	包含图像传感器的控制信息
6，7	包含摄像机的基本功能信息
8，9	用于存取 DAC 数据和调整摄像机的数据
10，11	未用
12~14	包含扩展摄像机调整功能的信息
15~17	用于曝光控制

（续）

移位寄存器序号	功 能 说 明
18～20	用于控制图像传感器的输出模式
21～23	用于设置帧时间
24～31	用于取景控制
32	用于存储行的暂停数据

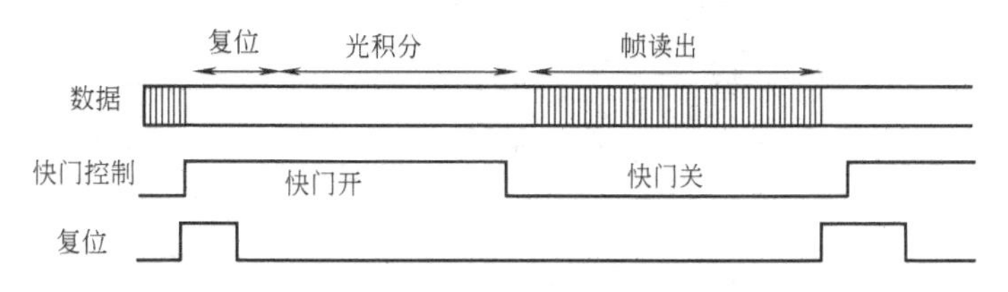

图 9-56　像元同步曝光的时序

摄像机的运行方式分为自由运行与触发运行两种模式。

自由运行模式的时序如图 9-57 所示。这种模式的帧频是固定的，外同步不起作用。帧脉冲到来时，像元开始积分光信号，然后在选通脉冲作用下读出信号；读出信号结束后就对像元进行复位，以便进行下一帧循环操作。帧与帧之间或行与行之间信号的读出都有暂停时间，以便缓冲整机运行工作。但是这两个暂停时间都可以进行调节，暂停时间最低可以调节为 0。

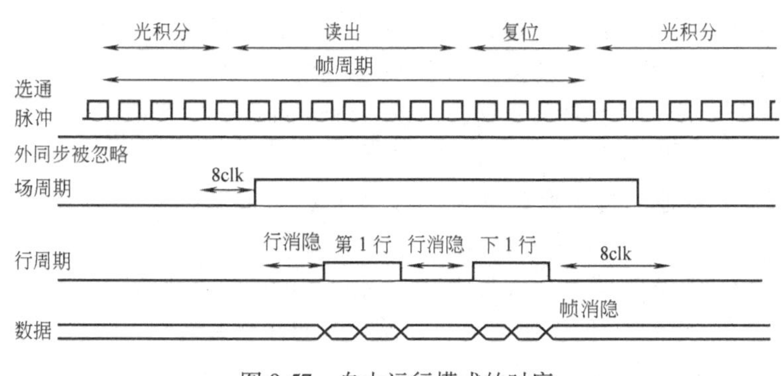

图 9-57　自由运行模式的时序

图 9-58 为触发运行模式的时序。触发运行模式与自由运行模式不同之处在于它有外同步信号 EXSYC，由它控制帧的启动时间和帧周期，由此可以获得更高的帧频。若设定的帧周期大于 EXSYC 的周期，则会自动去掉一个 EXSYC 脉冲。

9.5.2　MC1300 型高速 CMOS 摄像机

MC1300 型高速 CMOS 摄像机是德国 MIKROTRON 公司的产品。它的数据率高达 130MB/s，适用于摄取运动目标的图像。此外，摄像机的光谱响应在近红外（835nm）处仍有较高的响应度，快门为电子自动快门，可确保图像的照度适中，保证图像清晰。另外，还可以随机取景。它的特性参数见表 9-6。

这种摄像机的硬件采用高性能 CMOS 图像传感器、数据存储器、移位寄存器和串行接口等电路，可以实现多种控制功能和运行模式。

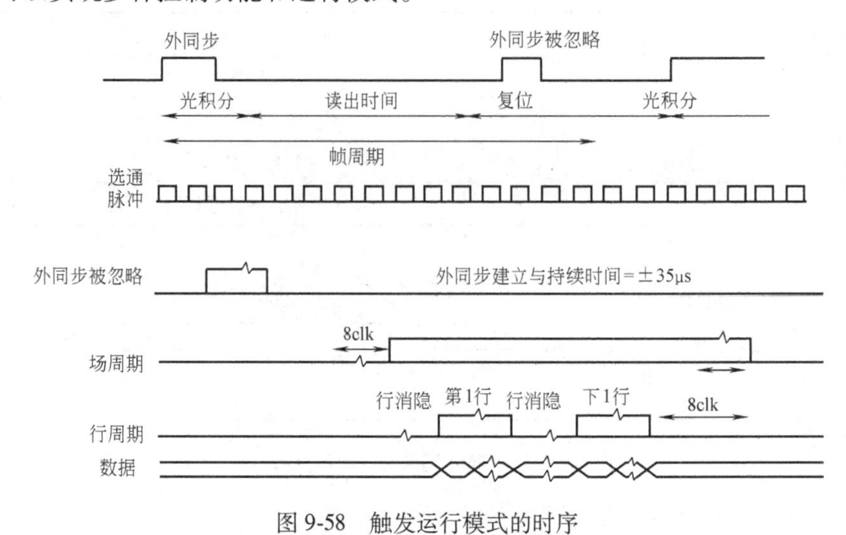

图 9-58 触发运行模式的时序

在存储器中有 6 个简表，其中一个简表存储了摄像机运行的部分模式，如图像光亮度、对比度和灰度等，这些数据都可以根据需要改变，而且可由外部控制实施更改；另一个简表也存储了摄像机运行的部分模式，这些模式是由厂家设定不能改变的；其他 4 个简表则是用户简表，内部存储了用户设定的摄像机运行的各种模式，并且可以和第一个简表进行交换，也可从厂家简表中取得模式。

从上述存储器中取得运行模式数据后，要输入到移位寄存器，以便实施模式控制。在该摄像机中共有 15 个移位寄存器，能实施的运行模式有：

（1）行长度的控制　用于取景控制，可以将图像的每行长度控制为 1/8、1/4、1/2 行长和全行长 4 种长度。但选择行长度时，要考虑像元合并对图像的影响。

（2）曝光形式的控制　曝光形式包含快门的有无与同步控制的有无。采用快门控制曝光时间，采用同步控制可以定时摄取图像。

（3）帧频控制　依据取景大小来改变帧的周期。可按表 9-8 所列的时间参数设定帧周期。显然，模式 0 的分辨力最低，速度最快；模式 3 的分辨力最高，但速度最慢。应用时要根据具体情况适当选择帧频控制模式。

表 9-8 时间参数

摄像机模式	0	1	2	3
取景尺寸（像元数）	120×100	260×260	640×480	1280×1024
钟频/MHz	66	33	13.2	6.6
行周期/μs	2.47	4.12	10.3	20.6
帧周期/s	1/4852	1/933	1/202	1/47

（4）像元合并模式　像元合并可以增强信号，适用于光线很弱的场合；此外，由于像元的减少，帧频可以提高。

（5）增益控制　数字信号也可以放大，增益分四级：1、2、4 和 8 级。

（6）摄像计数　摄像机内有一个 16bit 的图像计数器，可以对所摄图像打印出图号标记等。

（7）图像闪烁曝光　这一模式的作用是缩小图像取景范围，并且自动检查所需取景范围内图像的灰度；当上述灰度超过给定阈值时，就可以进行闪烁曝光。因为闪烁曝光时间很短，适用于摄取快速运动目标的图像。

思考题与习题9

1. CMOS图像传感器的像元信号是通过什么方式输出的？CMOS图像传感器中的地址译码器起的作用是什么？

2. CMOS图像传感器能够像线阵CCD图像传感器那样只输出一行的信号吗？它受到的限制因素是什么？

3. 什么是被动像元结构与主动像元结构？两者的差异是什么？主动像元结构是如何克服被动像元结构缺陷的？

4. 什么是填充因子？提高填充因子的方法有几种？试说明微透镜方法提高填充因子的原理。微透镜方法对图像的成像质量是否会造成负面影响？

5. CMOS图像传感器与CCD图像传感器的根本区别是什么？同样材料制成的两种图像传感器在光谱响应方面会有差别吗？为什么？

6. 试分析LUPA1300型高速CMOS图像传感器采取哪些措施使信号输出频率得到大幅度的提高。

7. 为什么CMOS图像传感器要采用线性-对数输出方式？在采用了线性-对数输出方式后会得到什么好处？又会带来什么问题？

8. CMOS图像传感器的光谱响应特性与CCD图像传感器的光谱响应特性有什么相同之处？有什么不同的地方？

9. 面阵CCD图像传感器能否采用线性-对数方式输出？面阵CCD图像传感器的γ切换开关的意义何在？

10. 试利用互联网查找一款CMOS传感器芯片，并说明它所具有的特性。

第 10 章　彩色图像传感器与彩色数码相机概述

本章主要介绍几种典型的彩色线阵 CCD 图像传感器和彩色面阵 CCD 图像传感器。在此基础上进一步介绍彩色面阵 CCD 摄像机的基本结构、原理与特殊问题。最后简单介绍彩色面阵 CCD 数码相机和彩色面阵 CMOS 数码相机。

10.1　彩色线阵 CCD 图像传感器

彩色印刷行业常分层次印刷几种单一颜色（如分 R、G、B 三原色），并将多次印刷的单色图案叠加起来才能印出栩栩如生的彩色图案。这种印刷工艺能否正确地套色是关键技术。套色过程常用“电眼”进行控制，所谓的“电眼”实际上是一套彩色线阵 CCD 图像传感器。它能够对彩色图像进行颜色与图案的采集，并根据所采集的信号进行图样的测量和印刷机运行速度的测量，再控制后面单色图像的印刷，确保所印彩色图像的质量。

彩色线阵 CCD 能够方便地对运动彩色图像进行分色与采集，即它具有分色与图像采集两大功能。分色靠滤光片，彩色线阵 CCD 的像元均有 R、G、B 三原色滤光片，使后面像元所输出的图像信号加载有颜色信息，像元加载滤光片的方法有两种，使得彩色线阵 CCD 也有两种基本类型，即单行串行与 3 行并行两种形式。本节将分别讨论这两种彩色线阵 CCD 的基本结构与基本工作原理。

10.1.1　ILX522K

图 10-1 为 ILX522K 两行串、并方式的彩色线阵 CCD。它有两行像元阵列，一行上面装有绿色滤光片，只对绿色光敏感，另一行像元上面覆盖有红蓝相间分布的滤色片。在图 10-1 中 G1、G2 至 G2048 表示响应绿色信息的 2048 个像元，R1、B1 至 R1024、B1024 表示红、蓝色信息的 2048 个像元。绿色像元的尺寸为 14μm（长）×14μm（高），红、蓝阵列像元尺寸为 14μm（长）×12μm（高）。由于人眼对绿光的灵敏度高于红、蓝光，所以安排绿色 CCD 的像元比其他两色像元多两倍，使它既能够完成分色任务，又使所扫出的真彩色图像对人眼所形成的视觉感官分辨力高。尽管 ILX522K 依然含有红与蓝同排在一个 CCD 阵列上的状况，使输出信号的

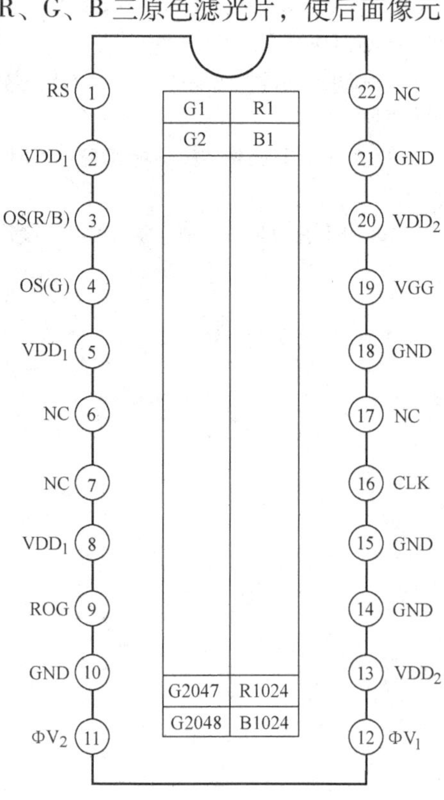

图 10-1　ILX522K

幅度似乎参差不齐，但是比 R、G、B 在同一行上要好得多。将 G 行信号与 R、B 行信号按一定的比例合成，便能够获得真彩色信号。

ILX522K 的结构原理如图 10-2 所示。图中含有上、下两行带有三原色滤色片的光电二极管阵列，上面一行为红、蓝相间的像元阵列，下面一行为绿色像元阵列，绿色阵列结构与普通单沟道型线阵 CCD 阵列一样由转移栅和 CCD 模拟移位寄存器构成，上面 R、B 相间阵列与普通单沟道型线阵 CCD 阵列结构略有不同，多了两个模拟存储器，它们分别由 ΦV_1 与 ΦV_2 引脚控制。在器件的输出端也有两个输出放大器，分别输出 G 信号 OS（G）（图中第 4 引脚）与间隔输出 R、B 信号 OS（R/B）（图中第 3 引脚）。

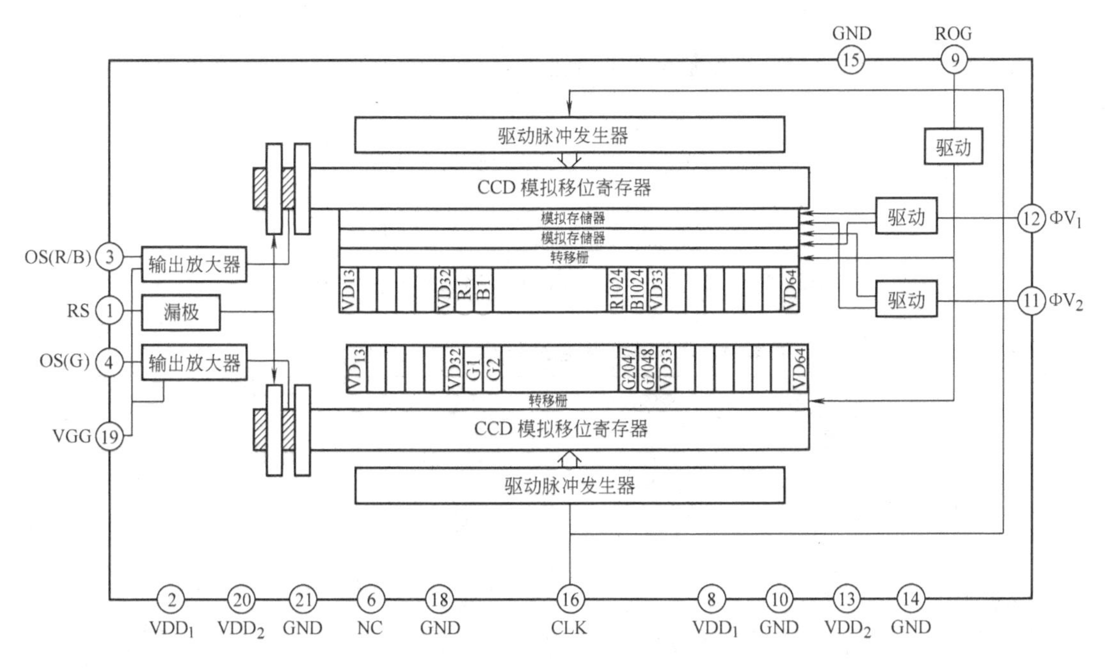

图 10-2　ILX522K 的结构原理

ILX522K 彩色线阵 CCD 的驱动脉冲与输出信号波形如图 10-3 所示。它在驱动脉冲（主要有转移脉冲 ROG、ΦV_1 与 ΦV_2、驱动脉冲 CLK 和复位脉冲 RS 等）的作用下输出 OS（G）与 OS（R/B）信号。输出信号与驱动脉冲之间的相位关系由图 10-3 直接表示，尤其是 3 个行转移脉冲 ROG、ΦV_1、ΦV_2 与模拟移位寄存器的驱动脉冲 CLK 之间的相位关系更为重要，3 个行转移脉冲 ROG、ΦV_1、ΦV_2 使 R、B 像元的电荷信号通过转移栅 ROG 与 R、B 模拟存储器的控制脉冲 ΦV_1、ΦV_2 并行转移到模拟移位寄存器的相应单元，而后在 CLK 通过驱动脉冲发生器产生的水平驱动脉冲驱使下从 OS（R/B）端口输出，形成 R、B 间隔输出的信号。

绿色 G 信号的输出与单沟道线阵 CCD 的输出方式相同。将 OS（R/B）与 OS（G）合成即获得 R、G、B 三原色信号。

ILX522K 彩色线阵 CCD 的特性参数见表 10-1。

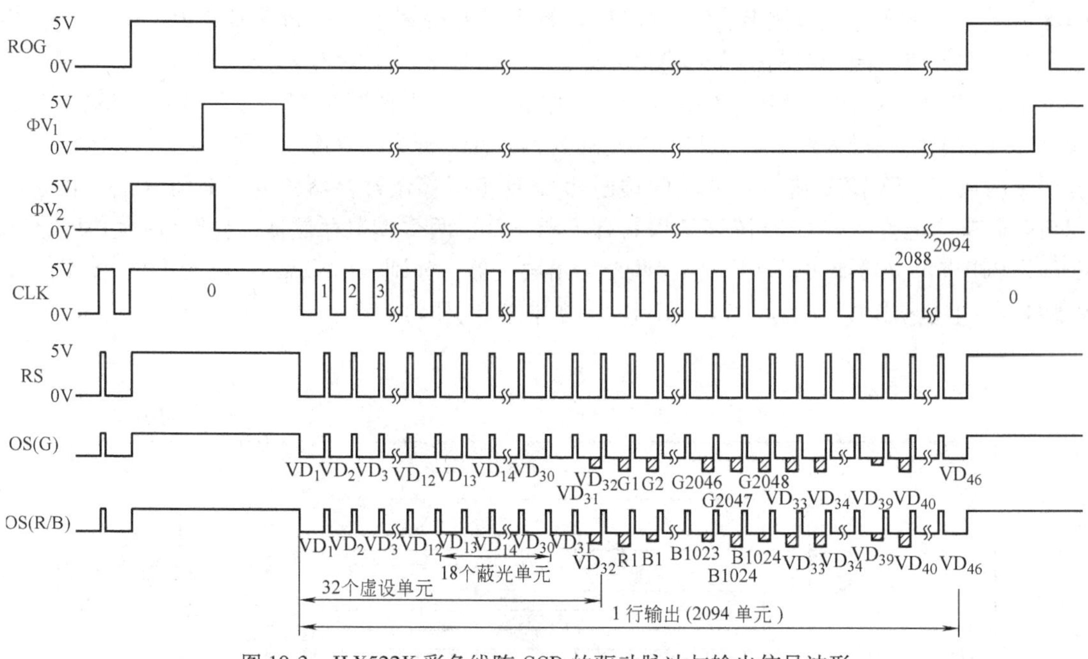

图 10-3 ILX522K 彩色线阵 CCD 的驱动脉冲与输出信号波形

表 10-1 ILX522K 彩色线阵 CCD 的特性参数

名 称	符 号	最小值	典型值	最大值	单 位
灵敏度	R_B	5.2	8.0	10.8	V/(lx·s)
	R_G	6.5	10.0	13.5	
	R_R	2.8	4.3	5.8	
像元不均匀性	*PRNU*		5%	15%	
饱和输出电压	U_{sat}	1.0	1.5		V
暗电压方均根值	$V_{DRK\text{-}G}$		0.3	1.5	mV
	$V_{DRK\text{-}R/B}$		1.5	9.0	
暗信号不均匀性	G		0.6	3.0	
	R/B		2.0	12.0	
图像拖尾	*IL*		0.02%		
9V 电源电流损耗	$IVDD_1$		20	40	mA
5V 电源电流损耗	$IVDD_2$		16.0	32.0	mA
总转移率	*TTE*	92.0%	98.0%		
输出阻抗	Z_o		0.15		kΩ
直流信号电平	U_{OS}		5.4		V
最高工作频率	f_{clk}		1	3.5	MHz

10.1.2 TCD2252D

TCD2252D 为高灵敏度低暗电流的彩色线阵 CCD。如图 10-4 所示，它由 3 条并行排列的像元阵列构成，每条阵列又由 2700 个像元构成，阵列间的间距为 64μm（间隔 8 行），像元的尺寸为：长 8μm、高 8μm、中心距 8μm，像元总长度为 21.4mm。彩色滤色片 R、G、B 的空间分布与 TCD2252D 的引脚定义如图 10-4 所示。

TCD2252D 的原理结构如图 10-5 所示。R、G、B 三列像元并行排列，每列由两相并行驱动的双沟道线阵 CCD 构成，每列奇、偶转移栅连在一起引出到相应引脚。模拟移位寄存器由两相驱动脉冲 CR_1 与 CR_2 驱动，其中最靠近输出单元的转移脉冲分别为 CR_{1B} 与 CR_{2B}。器件的输出端加有缓冲脉冲 $\overline{CP}$ 和复位脉冲 $\overline{RS}$；模拟电荷信号经输出二极管、缓冲器到输出放大器，并由放大器的源极输出端输出 OS_1、OS_2、OS_3 信号。

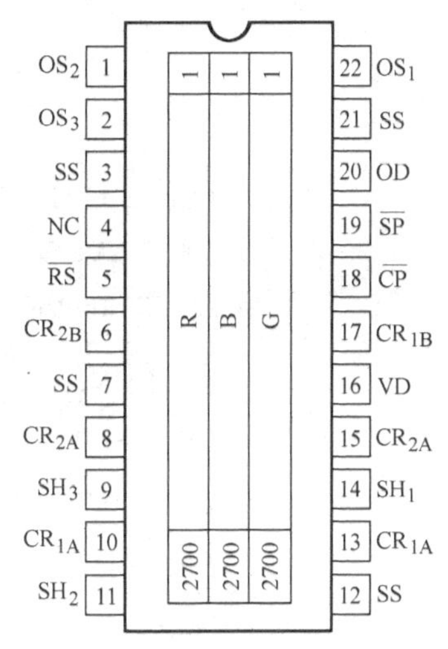

图 10-4　彩色滤色片 R、G、B 的空间分布与 TCD2252D 的引脚定义

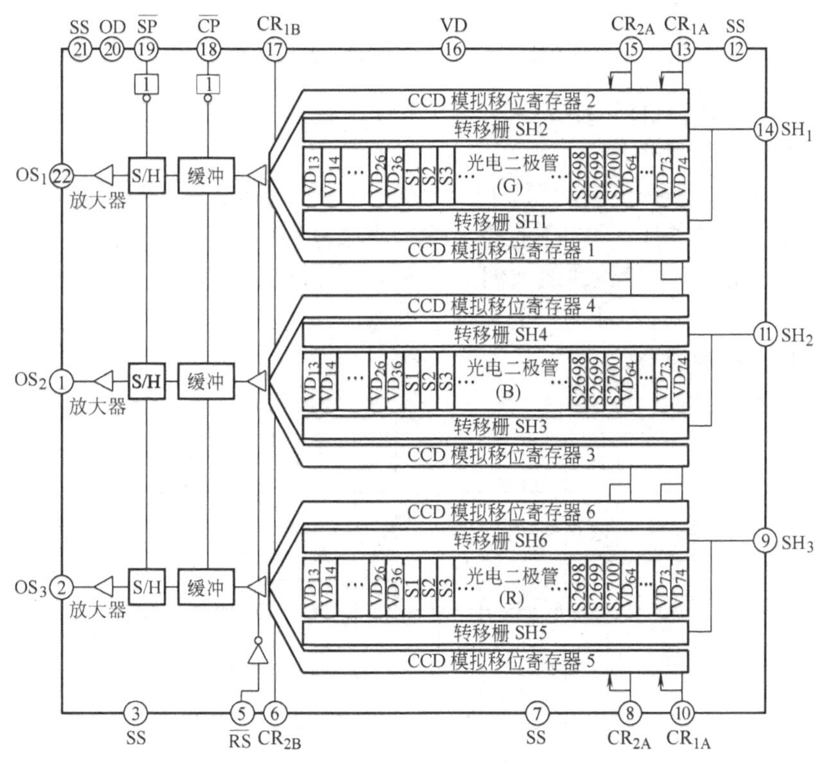

图 10-5　TCD2252D 的原理结构

TCD2252D 的驱动脉冲波形和输出信号波形如图 10-6 所示。图 10-6 仅画出其中一列像元阵列的驱动脉冲波形和输出信号 OS 的波形。R、G、B 三色信号并行地从 OS_1、OS_2、OS_3 三个端口分别输出，很容易用输出的信号将成像在像面上的图像合成真彩色图像，这对实物扫描与真彩色扫描的应用是至关重要的。

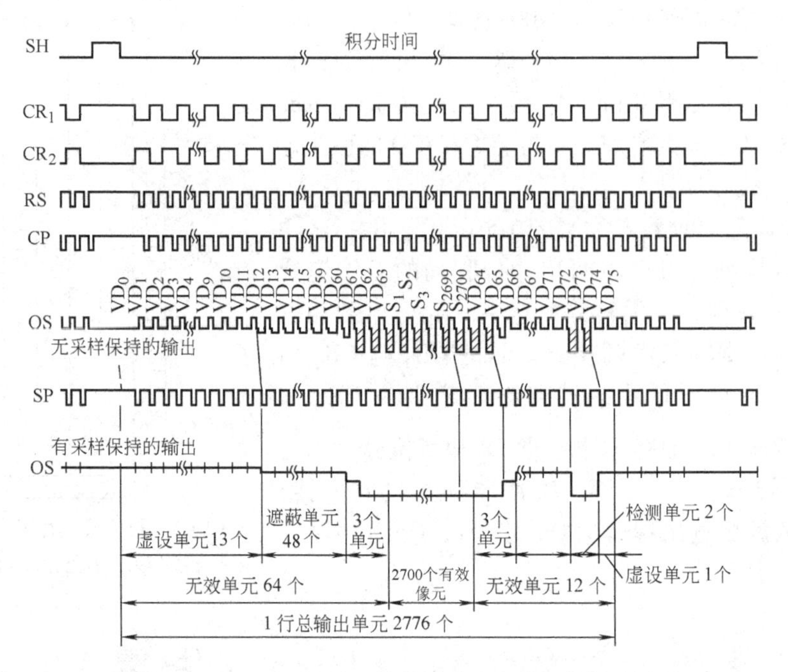

图 10-6　TCD2252D 的驱动脉冲波形和输出信号波形

利用 TCD2252D 作彩色扫描仪探头，采用 3 路并行 A/D 转换器进行 A/D 转换，可以获得分辨率为 400dpi 的彩色图像。

TCD2252D 的驱动电路与 TCD1251D 的驱动电路类似，都是两相双沟道驱动结构，也都在内部具有电平转换的器件，驱动脉冲的幅度都要求为 5V 的 CMOS 电平。

TCD2252D 的光谱响应特性曲线如图 10-7 所示，由 3 条曲线 B、G、R 构成，分别取决于各自的滤色片和 CCD 对各种光谱的响应。显然，红光（R）的光谱响应高于绿光（G）的响应，蓝光的光谱响应最低。

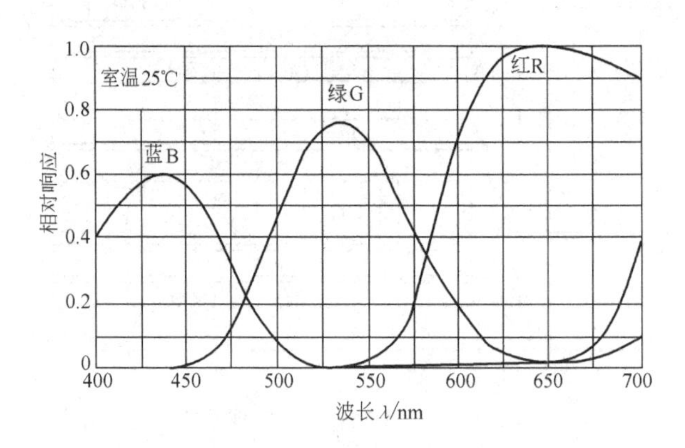

图 10-7　TCD2252D 的光谱响应特性曲线

红光的光谱响应范围较宽，它对红外光谱有一定的响应，应用时要注意这个问题。

TCD2252D 的分辨率特性常用光学传递函数的方法描述，它在 x 方向（平行于像元排列方向）和 y 方向的传递函数如图 10-8 所示。

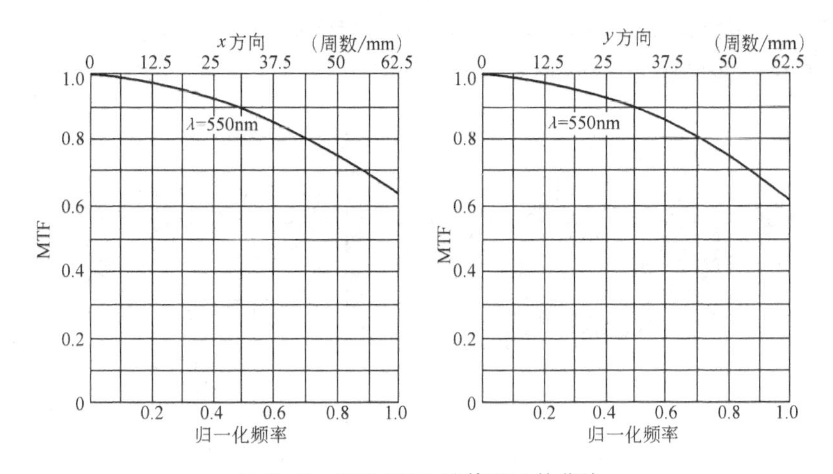

图 10-8　TCD2252D 的传递函数曲线

TCD2252D 和其他几种彩色线阵 CCD 的特性参数见表 10-2。

表 10-2　几种彩色线阵 CCD 的特性参数

参数名称		TCD2252D			TCD2557D			TCD2901D			单位
特性		最小值	典型值	最大值	最小值	典型值	最大值	最小值	典型值	最大值	
像元数			2700×3			5340×3			10550×3		
像元尺寸			8×8			7×7			4×4		μm^2
相邻两行间距			64			28			48		μm
单色光灵敏度	R		7		6.5	9.3	12.1	1.7	2.5	3.3	V/(lx·s)
	G		9.1		6.9	9.9	12.9	1.6	2.4	3.2	
	B		3.2		3.8	5.4	7.0	0.9	1.4	1.9	
饱和曝光量			0.35			0.23		0.91	1.46		lx·s
像元不均匀性			10%	20%		10%	20%		15%	20%	
饱和输出电平		3.0	3.2		2	2.5		2.9	3.5		V
暗电压不均匀性			4.0	8.0		2.5	5.0		2.0	7.0	mV
暗信号电压			2.0	6.0		0.5	2.0		0.5	2.0	mV
直流功耗			250	400		300	400		260	450	mW
DC 输出电平		3.0	5.5	8.0	3.5	5.5	7.5	4.0	5.0	6.0	V
输出阻抗			0.3	1.0		0.1	1.0		0.3	1.0	kΩ
总转移效率		92%			92%			92%	98%		
最高工作频率			1	4		1	6.0		1	5.0	MHz

10.2　彩色面阵 CCD 图像传感器

1. Bayer 滤色器的单片彩色面阵 CCD

TCD5243D 为带 Bayer 滤色器的彩色面阵 CCD，其外形与引脚定义如图 10-9 所示。它由

545(H)×497(V)个像元构成，有效信号单元为514(H)×490(V)，像元尺寸为9.6μm(H)×7.5μm(V)，整个像面尺寸为4.9mm(H)×3.7mm(V)。

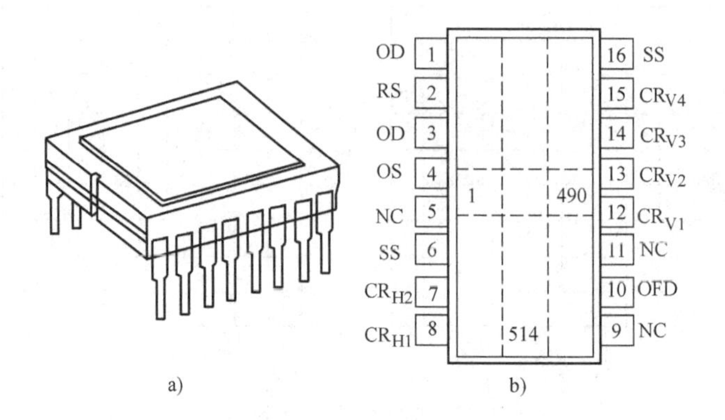

图 10-9　TCD5243D 彩色面阵 CCD
a）外形　b）引脚定义

图 10-10 为 TCD5243D 像元结构。从图中看出，它的滤色器为 Bayer 排列方式。

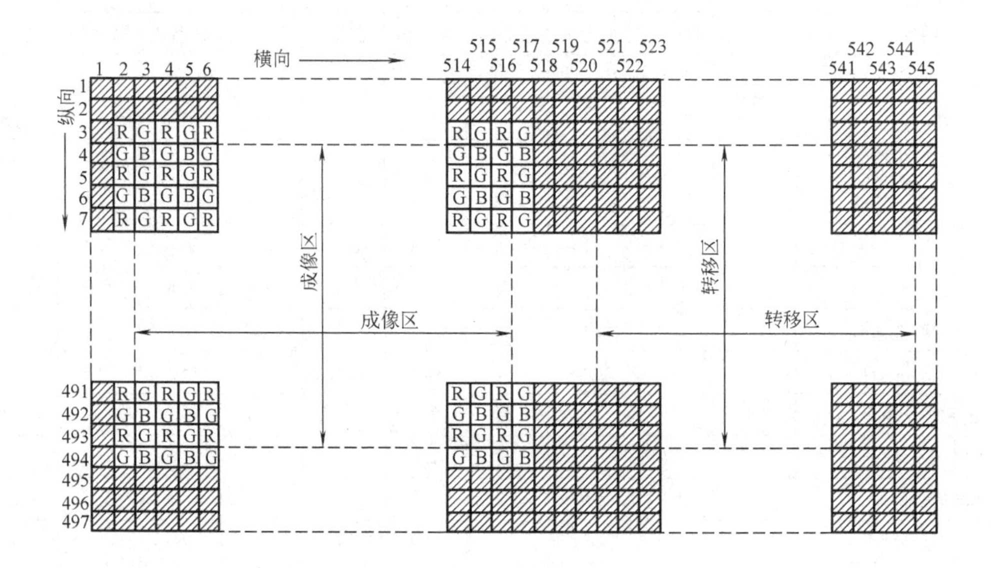

图 10-10　TCD5243D 像元结构

表 10-3 列出了 TCD5243D 的特性参数。从表中看出，蓝色滤光片下的像元响应最低，相当于绿色滤光片下像元的 1/6；红色像元的响应为蓝色的 3 倍。这样，CCD 输出的信号起伏很大，表现出了这种滤色方式的缺点。

表 10-3　TCD5243D 的特性参数

特性参数	符　号	测试条件	最小值	典型值	最大值	单　位
光电灵敏度（R）	R(R)	F1.4，27.5cd/m^2	95	157		mV
光电灵敏度（G）	R(G)	F1.4，27.5cd/m^2	180	260		mV

（续）

特性参数	符　号	测试条件	最小值	典型值	最大值	单　位
光电灵敏度（B）	R(B)	F1.4，27.5cd/m²	30	65		mV
饱和电压	U_{sat}	绿像元输出	300			mV
暗信号电压	U_{dak}	环境温度	$T_c=60$℃	1.5	3.0	mV
图像弥散度	SMR	F5.6		0.015%	0.03%	
输出阻抗	Z_o				500	Ω
输出电流	I_{OD}			6.0	10	mA
弥散容限	BLM	绿像元输出	1000			倍

2. 复合滤色器（或补色滤光片）型的彩色面阵 CCD

TCD5511AD 为典型带通滤色片型的彩色面阵 CCD，适用于 PAL/SECAM 电视制式的单管彩色 CCD 摄像机。它具有 598（水平）×679（垂直）有效像元，像面相当于 1/3in[⊖] 典型光学系统。其基本特征如下：①总像元为 637(H)×688(V)；②有效像元为 598(H)×679(V)；③像元尺寸为 7.2μm(H)×4.7μm(V)；④像面尺寸为 4.3mm(H)×3.2mm(V)；⑤封装形式为 16DIP；⑥滤色片为 Ye、Cy、Mg、G 等；⑦附加电子快门。

图 10-11 为 TCD5511AD 的外形与引脚定义。它属于隔列转移型的面阵 CCD。CR_{H1} 与 CR_{H2} 为水平模拟移位寄存器的驱动脉冲，RS 为水平输出的复位脉冲，水平驱动脉冲与复位脉冲的频率相同，均为 11.266MHz；CR_{V1}、CR_{V2}、CR_{V3}、CR_{V4} 为 4 相垂直模拟移位寄存器（垂直 CCD）的驱动脉冲，驱动频率为 15.625kHz；OS 为 CCD 的视频信号输出端。其他引脚分别为电源和各偏置输入端。它的基本工作原理与第 8 章所介绍的隔列转移型面阵 CCD 类同，这里不再赘述。

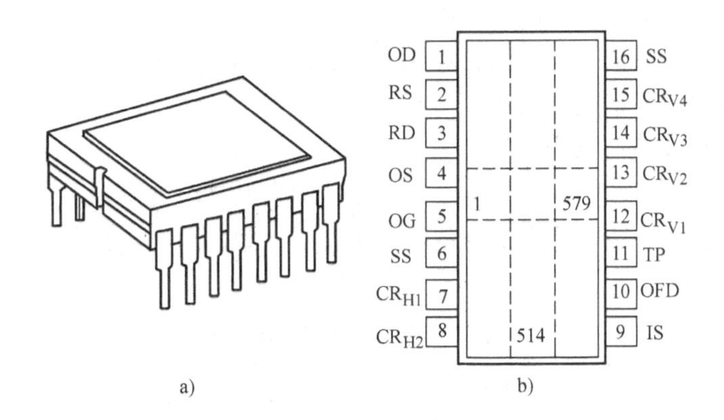

图 10-11　TCD5511AD 的外形与引脚定义
a）外形　b）引脚定义

TCD5511AD 的彩色滤色器直接制作在每个像元表面的保护膜上，以便减小光的弥散。图 10-12 为 TCD5511AD 像元与滤光片阵列。图中符号 Cy 为青色滤光片对应的像元，该像元

⊖ 1in=25.4mm，后同。

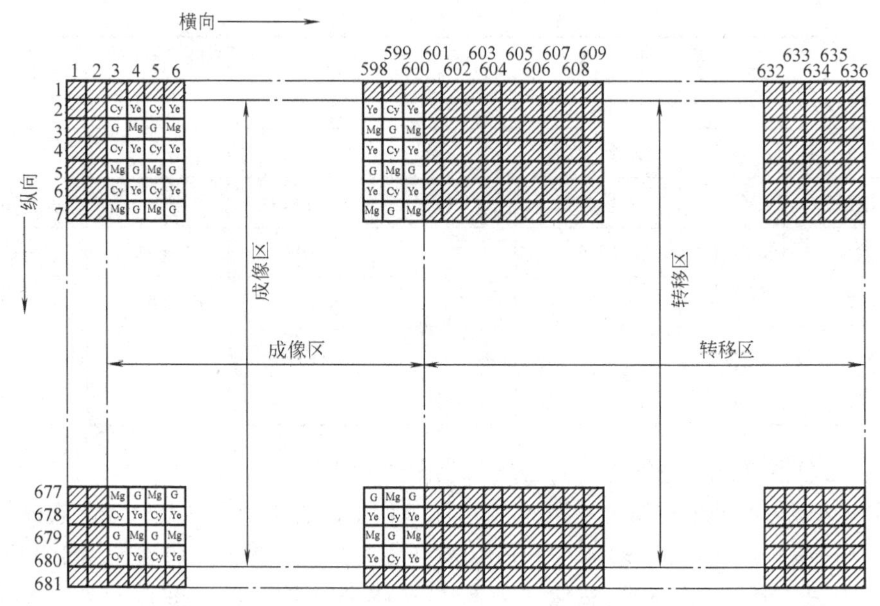

图 10-12 TCD5511AD 像元与滤光片阵列

只能接收入射光中的蓝光（B）和绿光（G），而其中的红光信号（R）被滤光片阻挡；Ye 为加有黄色滤光片的像元，该像元只能接收到 G 和 R。Ye 滤光器阻止 B 通过；Mg 为紫色滤光像元，紫色滤光器允许蓝、红光通过，而阻止绿光（G），该像元只对蓝、红光敏感；G 为绿色滤光片对应的像元。各滤光器的像元信号可以用下式表示：

$$\begin{cases} Cy=B+G \\ Ye=G+R \\ Mg=R+B \end{cases} \tag{10-1}$$

由于像元对 R、G、B 单色光的敏感程度不同，Bayer 滤色片的输出信号的幅度起伏很大，这种通过复合滤色器的光含有两种单色光，它们之中总有灵敏度较高的单色光，使像元的感光度提高，输出信号的起伏很小。另外，从式（10-1）中不难利用加减运算找到三原色的信号。通过加减运算还可以降低像元噪声，提高图像质量。

表 10-4 列出了 TCD5511AD 的特性参数，表中的光电灵敏度参数为 R，不再用单色光的形式表示，因为各滤色器使各像元的光电灵敏度基本一致，只需写出平均值。

表 10-4 TCD5511AD 的特性参数

特性参数	符号	测试条件	最小值	典型值	最大值	单位
光电灵敏度	R			35		mV /lx
饱和电压	U_{sat}		500			mV
暗信号电压	U_{dak}	环境温度（60℃）		1.5	3.0	mV
图像弥散度	SMR	F5.6		0.015%	0.03%	
输出阻抗	Z_o			200		Ω
输出电流	I_{OD}			6.0	10	mA
滞后	L_{AGD}	$U_{sig}=20mV$		0	1.0	mA
弥散容限	BLM	绿像素输出		500		倍

复合式滤色器面阵 CCD 的彩色信号获取方法如图 10-13 和图 10-14 所示。图 10-13 为奇数场输出信号的相邻两行相加处理获得新的 n_1 行和 n_1+1 行的信号，偶数场相邻两行相加获得 n_2 与 n_2+2 行的信号。图 10-14 为奇数场产生的 n_1 行和 n_1+1 行彩色信号分离的原理图。图中用了一个带通滤波器（BPF）得到 G、2R 信号，用低通滤波器（LPF）得到亮度信号 $Y_n=2R+3G+2B$。

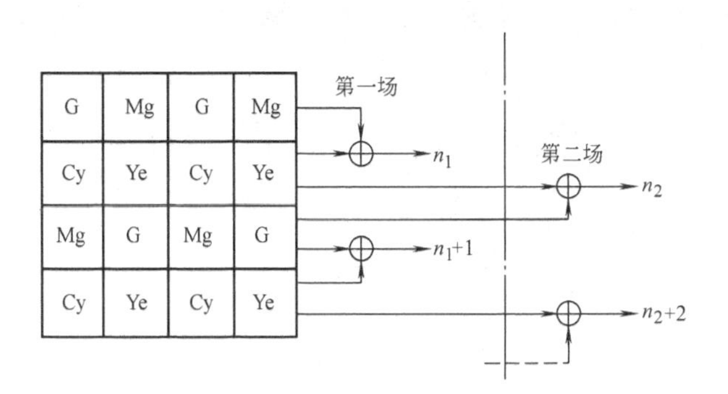

图 10-13　奇、偶场的相邻行相加

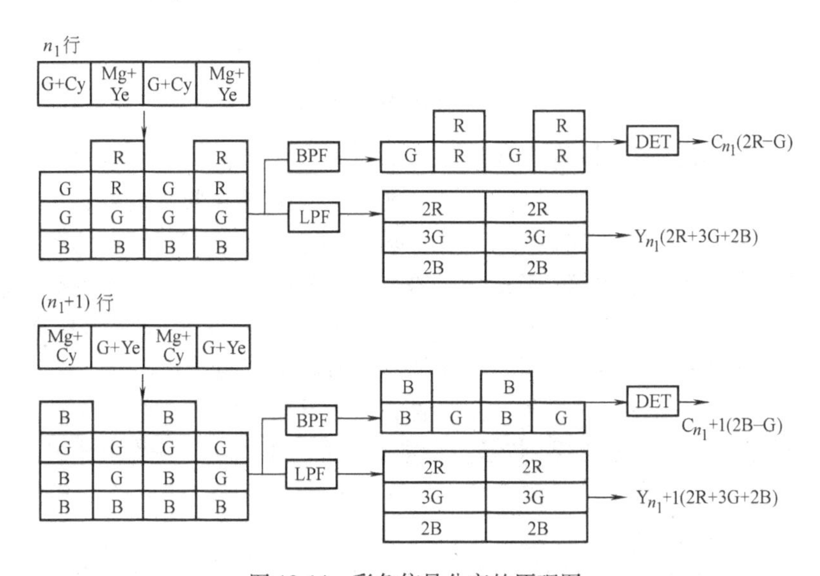

图 10-14　彩色信号分离的原理图

10.3　彩色面阵 CCD 摄像机概述

彩色面阵 CCD 摄像机主要包括光学成像系统、同步控制系统、CCD 驱动器和信号处理系统等几部分。它的基本问题涉及图像分色、真彩色合成、图像频谱与图像中心的重合调整等几个问题。若与电子束管彩色电视摄像机做相同的考虑，则彩色面阵 CCD 摄像机也常分为三管式、两管式和单管式三种类型。其中两管式彩色面阵 CCD 摄像机为由三管彩色面阵 CCD 摄像机向单管彩色面阵 CCD 摄像机的一种过渡机型，它还没有来得及定型发展就被单管彩色面阵 CCD 摄像机所取代。

10.3.1 三管彩色面阵 CCD 摄像机

1. 三管彩色面阵 CCD 摄像机的基本组成

图 10-15 为三管彩色面阵 CCD 摄像机的基本组成原理框图。图中由自动光圈成像物镜所摄取的图像经分光棱镜分成 R、G、B 三色图像分别成像在 3 片面阵 CCD 上，3 片面阵 CCD 在驱动器产生的驱动脉冲作用下输出红（R）、绿（G）、蓝（B）3 色图像信号。

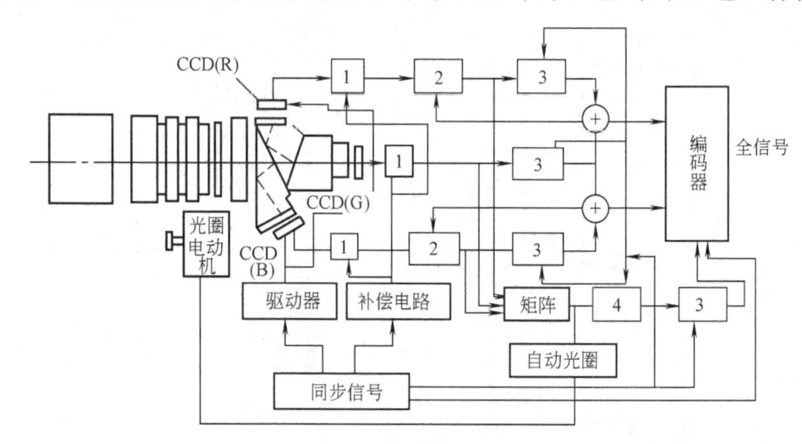

图 10-15 三管彩色面阵 CCD 摄像机的基本组成原理框图

这 3 路图像信号分别经采样保持电路（图中的 1）、自动白电平平衡电路（图中的 2）和信号处理电路（图中的 3）进行彩色处理后，送至编码器进行彩色编码使之输出全电视信号。上述各种电路均在同步控制电路的控制下同步工作。为使摄像机能在较宽的光照范围内工作，将 R、G、B 这 3 色图像信号经矩阵电路分出发光强度信号送至自动光圈电路，以控制光圈调整电动机实现光圈的自动调整。另外，矩阵电路输出的图像信号经轮廓校正电路（图中的 4）送至信号处理电路，获得发光强度 Y 信号后送给编码器。

彩色面阵 CCD 摄像机内的驱动器、采样保持（S/H）电路、自动白电平平衡电路、信号处理电路、补偿电路、矩阵电路、同步控制电路及彩色编码电路等均由体积很小的集成电路构成。所以，CCD 彩色摄像机的体积和重量基本取决于光学系统的体积和重量，这是电子束管电视摄像机无法比拟的。

在彩色面阵 CCD 摄像机中采用的面阵 CCD 常为二相或三相（也有采用四相）驱动的。第 8 章所列举的面阵 CCD 均可以用于彩色面阵 CCD 摄像机。这里不再赘述。

CCD 的输出信号是离散的脉冲调幅信号，还需要变成连续的模拟信号。在彩色面阵 CCD 摄像机中完成离散-模拟转换的最简单的方法，是使离散信号经过一个低通滤波器（如四阶的 Butter Worth 滤波器）。而应用更多的则是采用采样保持电路，因后者性能比前者好。“采样保持”一词源于数据传输技术，一般的含义是指对信号采样和对采样所得的信号保持一段时间这两个过程。而在彩色面阵 CCD 摄像机中，由于采样过程已在 CCD 中完成，所以采样保持电路仅仅是用来将离散信号保持一段时间。保持时间等于两个取样点的间距。图 10-16 为采样保持电路的输入、输出波形。显然，信号经采样保持电路后再经过两个简单的低通滤波可以得到比较平滑的连续信号。

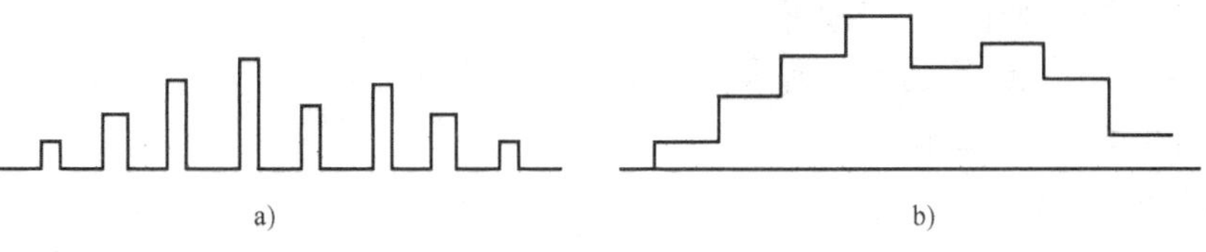

图 10-16　采样保持电路的输入、输出波形
a）输入波形　b）输出波形

2. 光学系统和彩色面阵 CCD 摄像机的重合调整

（1）光学系统　一般的三管式彩色面阵 CCD 摄像机的光学系统中，经过摄像物镜和分光系统形成的红、绿、蓝 3 幅单色图像的大小并不是完全一致的。在使用电子束管的摄像机中，这种不一致性可以在摄像机图像的重合调整中，通过使 3 个摄像管之间的行、场偏转电流幅度的不同予以补偿。而在彩色面阵 CCD 摄像机中，要用电的方法对图像尺寸的不同进行校正，只能对 3 路图像信号在时间坐标轴上进行不同的压缩或者扩张，即对频率进行调整。虽然在原理上是可以实现的，然而复杂的调整电路会使摄像机复杂化，也不能保证重合后的稳定性。从这个意义上讲，在彩色面阵 CCD 摄像机中，光学系统所引入的重合误差实际上是不可校正的。要保证摄像机的重合指标，只有对光学系统提出更高的要求。在彩色面阵 CCD 摄像机的光学系统中，3 幅图像尺寸的偏差不得大于 0.15%。光学系统的几何形状失真一般都能够小到允许的范围之内。

摄像机中使用的分光系统大体上可分为两类：①是分光棱镜；②是具有中继透镜的反光镜。从减小图像尺寸误差、摄像机机头尺寸与重量方面考虑，后者是不宜选取的。

CCD 与电子束摄像管不同。后者通过连续的电子束扫描对图像进行分解和信号的拾取，因而摄像管输出的信号是连续的，而 CCD 则是通过相互离散的像元对图像进行采样。因此，虽然落在各个 CCD 像面上的单色图像是均匀的，但是从 CCD 输出的信号却是不连续的，或者说是脉冲调幅信号。根据采样定理，为避免采样后的信号产生频谱混叠，被采样信号的带宽（在现在的情况下指上限频率 f_M）必须不高于采样频率 f_s 的 1/2。在这里，采样频率等于像元的重复周期 L 的倒数，即 $1/L$。因此，必须在图像落到像面上以前，利用光学低通滤波器，将输入光学图像的空间频率限制在指定的范围之内。

（2）彩色面阵 CCD 摄像机的重合调整　在制造过程中，3 个型号相同的 CCD 是采用一张底片进行光刻曝光处理的，因此，相互之间的几何尺寸、形状、对应的像元的相互位置都是一致的；另外，3 个 CCD 是用时间上完全同步的时钟脉冲驱动的，因此在 CCD 摄像机中，图像的几何失真可以小到无需考虑的程度。重合调整的内容只有两项：①是成像面的倾斜调整；②是图像的中心调整。调整的方法如下：先将 CCD 夹在一个重合调整器上，该调整器能够使 CCD 在一定范围内上、下、左、右移动，沿正、反时针方向旋转，将像面向不同的方向倾斜。当 CCD 调整到满意的位置之后，以适当的方式用粘合剂将 CCD 固定到分光镜相应的面上，然后把重合调整器取走。

图像中心重合调整准确度可以达到±2μm。利用像元在像面上有规律分布的特点，用激光产生 Bragg 干涉方法，可将倾斜调整的精度保持在 0.1°以内。

3. 频谱混叠干扰在 R、G、B 信号之间相互抵消

当 CCD 的采样频率 f_s（由 CCD 在水平方向上的采样单元的数目确定）给定以后，为了确保采样后的信号不出现频谱的混叠，输入光信号（其频谱见图 10-17a）的上限空间频率

应限制在$f_s/2$之内，如图10-17b所示。假如将f_M展宽至等于f_s，如图10-17c所示，则采样后的频谱将100%地混叠在一起。后一种情况从原理上讲是不允许出现的。

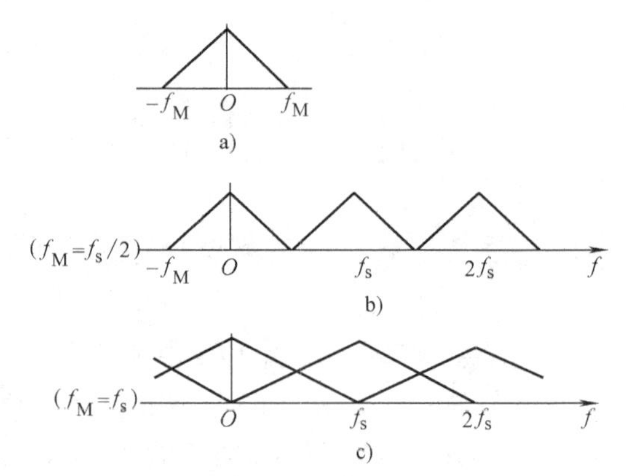

图10-17 采样频率相同，被采样带宽不同的两种采样信号频率分布

a）输入信号频谱 b）采样后的信号频谱 c）采样后的信号频谱

假设输入信号的上限频率$f_M=f_s$，那么，采样后的R、G、B信号具有如图10-17c所示的混叠频谱分布。为了减弱频谱混叠在图像上所引起的干扰，需在进行图像中心重合调整时，如图10-18所示使产生绿色信号的G-CCD与产生红色信号的R-CCD和蓝色信号的B-CCD在水平方向上互相各错开$L/2$（L是成像单元的重复周期）。这样，对G信号采样的基波与对R、B信号采样的基波相位差180°。因而，采样后的R、B信号与G信号调制在基波f_s的上边带，信号中的各对应频率分量都是相互反相的。如果采用下面与传统方式略有不同的发光强度方程：

$$Y=0.33R+0.5G+0.17B \tag{10-2}$$

那么，对于黑白景物（R=G=B）来说，存在如下关系：

$$0.33R+0.17B=0.5G \tag{10-3}$$

在形成发光强度Y信号时（见图10-19），3路信号的基带部分按式（10-2）相加组成Y信号，而混叠在基带的干扰（即调制在基波上的下边带信号）则由于R、B和分量的幅度相同、相位相反而相互抵消。

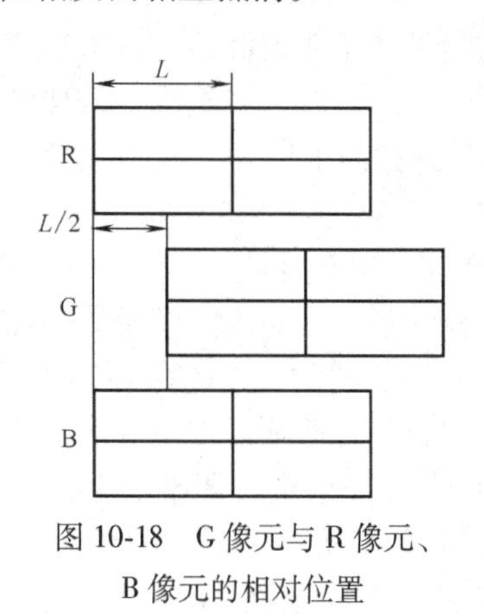

图10-18 G像元与R像元、B像元的相对位置

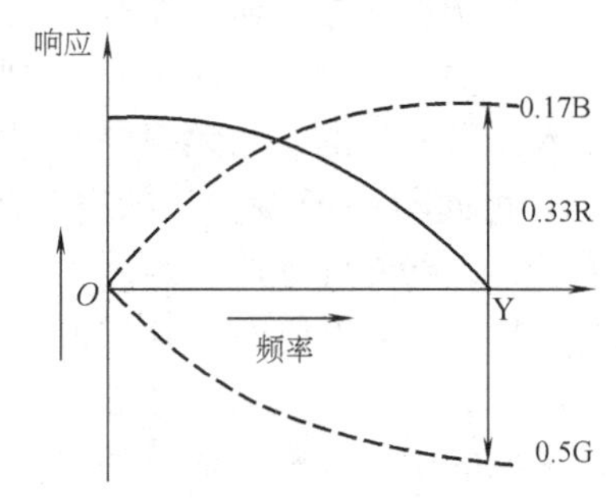

图10-19 频谱混叠干扰的抵消

上述干扰抵消的效果对于彩色图像［这时式（10-3）不再成立］要差一些。实验证明：①多数彩色景物的饱和度比较低，R、G、B信号幅度与式（10-3）的偏离不大；②即使出现少数高饱和度的彩色图像，混叠频谱中不能全部抵消的残存干扰也主要集中于高频部分，在图像的边缘及轮廓上出现干扰的能见度并不很高。所以，这项措施是可取的。

采用干扰频率相互抵消措施后，可将摄像机输出的视频带宽从$f_M=f_s/2$提高到$f_M=f_s$。

10.3.2　两管彩色面阵 CCD 摄像机

三管彩色面阵 CCD 摄像机是一种分辨力最高的固体彩色电视摄像机之一。但是，它存在两个问题：①是体积大，重量也重；②是需要对 R、G、B 信号做重合调整，而且重合调整工艺复杂、产品成本高。为满足日益发展的需要，提出了用一片 CCD 产生 R、G、B 三原色的单管彩色面阵 CCD 摄像机。

发展单管彩色面阵 CCD 摄像机过程中，由于当时面阵 CCD 像元数量还不能满足电视对分辨力的要求，而采用了由两片面阵 CCD 构成的两管彩色面阵 CCD 摄像机。

以前的 CCD 受噪声和暗电流等因素的影响，灵敏度不高（尤其是在蓝色光谱范围内的响应更低），所以在两管彩色面阵 CCD 摄像机中，一般用一个 CCD 产生 G 信号，用另一个产生 R 和 B 信号，即输入光信号中的红光和蓝光分量全部用来产生 R 和 B 信号，而不需要像电子束管机那样，将输入红光和蓝光的一部分加到 Y 管中去产生 Y 信号，这样有利于改善灵敏度指标；其次，用一个 CCD 产生两种原色信号与用它同时产生 3 种原色信号相比，在像元数目有限的使用上也取得一定的折中。

图 10-20 为两管彩色面阵 CCD 摄像机的结构原理。图中输入光信号中绿光分量由分光棱镜分离出来以后，均匀地投射到 G-CCD 像面上，产生 G 信号；余下的红光与蓝光之和（紫色）经过滤色器落到 R/B-CCD 像面上，形成 R 和 B 信号。

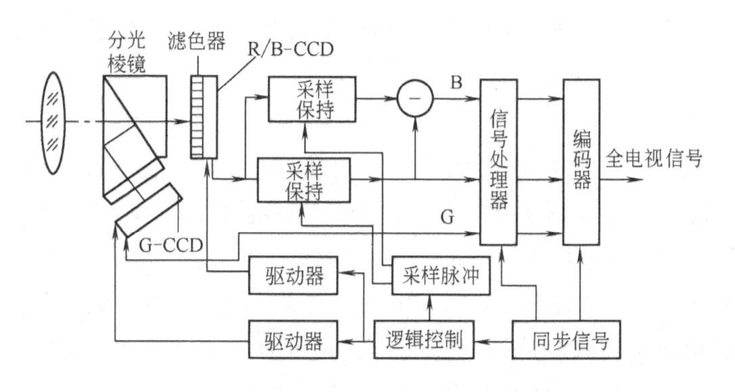

图 10-20　两管彩色面阵 CCD 摄像机的结构原理

从原理上讲，要将红光和蓝光分开，需要使用红色和蓝色滤色条（分别只透红光和蓝光）组成的滤色器。现在选用黄色条和全透明条相间的条状滤色器，是为了在从电信号解调出 B 信号的过程中，将红外光等因素的影响抵消掉。该条状滤色器与 CCD 像元之间的相对位置如图 10-21 所示。

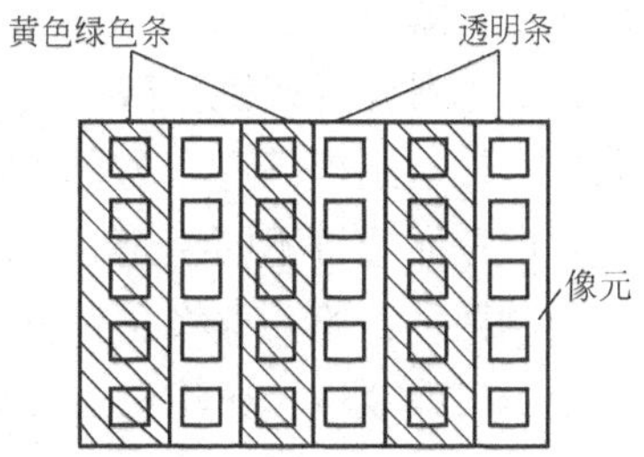

黄色绿色条
透明条
像元

图 10-21　条状滤色器与 CCD 像元间的相对位置示意图

假如 R、B 分别表示真正的红色和蓝色图像信号，从对应于全透明条的像元上读出的信号为

$$M=R+B+N \tag{10-4}$$

式中，N 代表红外光等因素的影响。

黄色滤色条滤掉蓝色分量，在与之对应的像元上，将读出有干扰信号 N 的红色信号

$$R' = R + N \tag{10-5}$$

在图10-20所示的减法器中，M与R′进行减法运算，得到

$$M - R' = B \tag{10-6}$$

实际的CCD对于红光的灵敏度要比对蓝光的灵敏度高几倍，即B信号比较弱。因此，以上设计对B信号信噪比的改善有显著的效果。而红色信号比较强，所以直接将R′作为R送入摄像机的信号处理单元。因为从R/B-CCD中读出的M信号是由时钟脉冲控制的，所以只需要一个与时钟脉冲同步的模拟开关电路就可以准确无误地将M和R′分开。

10.3.3 单管彩色面阵CCD摄像机

由于CCD制造工艺和制作技术迅速提高，单管彩色面阵CCD摄像机发展速度要比使用电子束管彩色摄像机高得多。

1978年单管彩色面阵CCD摄像机所产生的彩色图像还只是隐约可辨的，而在两年之后，从家庭等非广播电视使用领域的角度来讲，图像清晰度已经可以达到能够被人们接受的程度。目前，单管彩色面阵CCD摄像机已广泛地用于电视监控、彩色信息提取、彩色识别与图像处理等方面。

有多种单管彩色面阵CCD摄像机的设计方案已被广泛应用于工业机器视觉领域，成为颜色识别的重要探测器件。分析各种设计方案可以得知，它们本质的特征在于滤色器的结构设计。

1. 滤色器的结构

从原理上讲，R、G、B垂直条重复间置的栅状滤色器，完全适用于单管彩色面阵CCD摄像机，也确有使用这种滤色器的单管彩色面阵CCD摄像机。使用这种滤色器时，CCD可对光信号的R、G、B分量使用完全相同的采样频率进行采样，因而被采样的3种原色光的上限频率必须限制在相同的数值（$f_s/2$）以下。如果考虑到在一般的彩色电视接收机设计中，多是基于人眼对红色和蓝色分辨力低的特点，将R和B信号限制在0.5MHz左右，那么在CCD的水平分辨力还不太高的条件下，对3种原色光使用相同的采样频率显然是不合理的。因此，在近几年提出的单管彩色面阵CCD摄像机中，采用了基本结构如图10-26所示的棋盘格式滤色器。

将滤色器设计成棋盘格式的基本想法是：增加G光采样点的数目，减少R、B光采样点的数目，以达到提高G信号的上限频率，同时又能保持图像的彩色均匀性。

可以按照透过不同色光的滤色单元的排列方式，将棋盘格式滤色器分成3类。图10-22是其中的两种，第3种将在后面介绍频率分离型单管彩色面阵CCD摄像机时介绍。

图10-22a为Bayer滤色器，这种滤色器的每一行上只有两种滤色单元，或者是G、R，或者是G、B。因此，在整个滤色器上G光的采样单元数是B光或R光的两倍。在图10-22b所示的滤色器中，每一行上都有R、G、B这3种滤色单元，但G单元是隔列重复，而R、B单元则是隔3列重复。这种滤色器按照G的重复方式称为隔列滤色器。在隔列滤色器中，G滤色单元的数目也是R单元或者B单元的两倍。

R	G	R	G	R	G	R	G	R	G
G	B	G	B	G	B	G	B	G	B
R	G	R	G	R	G	R	G	R	G
G	B	G	B	G	B	G	B	G	B
R	G	R	G	R	G	R	G	R	G
G	B	G	B	G	B	G	B	G	B
R	G	R	G	R	G	R	G	R	G
G	B	G	B	G	B	G	B	G	B
R	G	R	G	R	G	R	G	R	G
G	B	G	B	G	B	G	B	G	B

a)

R	G	B	G	R	G	B	G	R	G
G	R	G	B	G	R	G	B	G	R
B	G	R	G	B	G	R	G	B	G
G	R	G	B	G	R	G	B	G	R
R	G	B	G	R	G	B	G	R	G
G	R	G	B	G	R	G	B	G	R
B	G	R	G	B	G	R	G	B	G
G	R	G	B	G	R	G	B	G	R
R	G	B	G	R	G	B	G	B	G
G	R	G	B	G	R	G	B	G	R

b)

图 10-22　两种棋盘格式滤色器的基本结构

a）Bayer 滤色器　b）三色滤色器

在 CCD 的像元比较少时（如 100×100），使用 Bayer 滤色器会出现 30Hz（每秒 60 场的电视标准）的黄色-青色闪烁。而在像元数目较多的情况下，闪烁现象则不再是明显的。考虑到摄像管必须具备足够多像元数目才有用于广播电视的可能，因此在本节所涉及的使用范围中 Bayer 滤色器有更多的优点。

2. 两种基本方案

（1）仅利用带原色信号的单管彩色面阵 CCD 摄像机方案　图 10-23 为具有代表性的单管彩色面阵 CCD 摄像机原理简图。为突出原理，省略 CCD 驱动器。

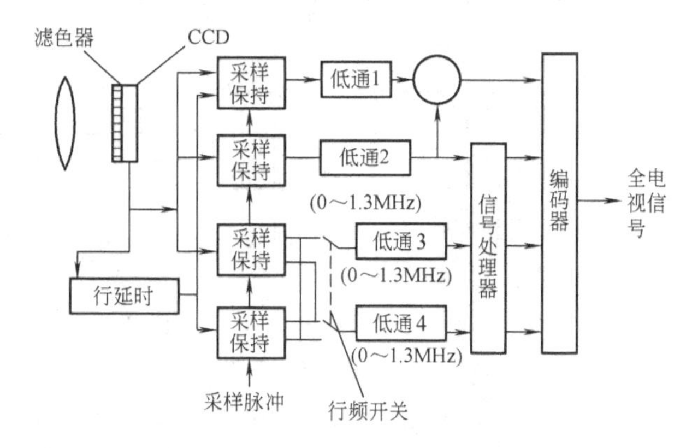

图 10-23　典型单管彩色面阵 CCD 摄像机原理简图

该方案使用的 Bayer 滤色器与 CCD 像元的相对位置如图 10-24 所示。图中用空白和带有向左、向右倾斜的阴影线方块分别表示 G、R、B 滤色器单元，用虚线表示的小方块代表像元。在水平方向上，每一个滤色器单元仅覆盖一个像元，而在垂直方向上则与两个像元对应。上、下两个像元分别属于奇数场和偶数场。

如 10.2 节所述，从 CCD 读出的信号在时间上与时钟脉冲保持着严格的对应关系。因此，只需用与时钟脉冲同步动作的门电路即可将原色的 R、G、B 信号分开。考虑到使用 Bayer 滤色器的 CCD 每一行只输出两种基色信号，因而送到每一个原色分离器的信号有两路：一路直接来自 CCD，另一路则是经过延时一行以后的信号。

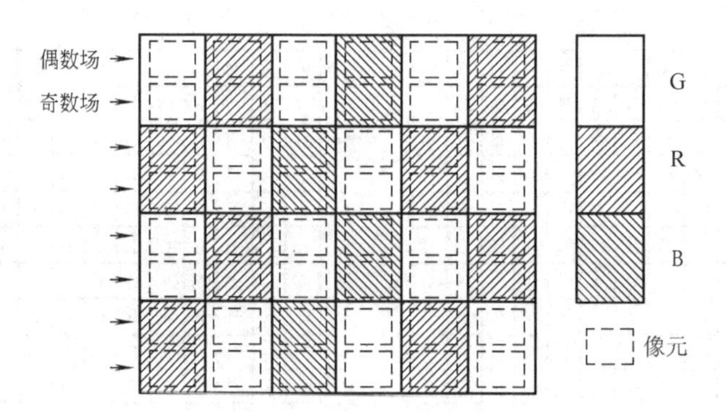

图 10-24 Bayer 滤色器与 CCD 像元的相对位置

对应图 10-25a 中的滤色片，设第 n 行的输出信号 u 如图 10-25a 的第一行所示，以 R、G、R、G、…的顺序排列，那么经过一行延时到达分离器的则是同一场的前一行信号 u'，原色信号出现的时间顺序是 G′、B′、G′、B′、…，如图 10-25a 的第 2 行所示，这里的符号“′”用来标记延时一行的结果。

在 R 信号分离器的门电路中，只需从 u 信号中取出 u_R，如图 10-25a 第 3 行所示；在 G 信号分离器中沿着图 10-25a 中的 1、2 之间的箭头所指出的时间顺序，将 u 和 u'中的 G 信号取出并相加，就得到 G 信号 u_G；如图 10-25a 中脉冲序列 5 所示，u_B 信号则是从经过一行延时的信号 u'中取出的。

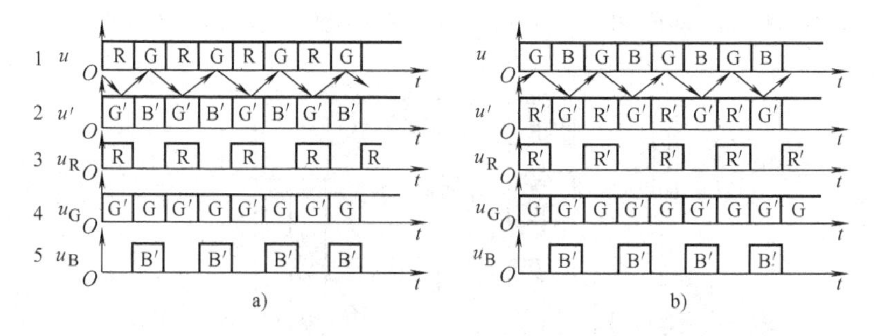

图 10-25 在第 n 行和（n+1）行上 u_R、u_G、u_B 信号的分离

a）第 n 行 b）第 n+1 行

如果第 n 行上的信号按图 10-25a 中第一行脉冲序列所示的关系出现时，第（n+1）行上必然出现按 G、B、G、B、…顺序重复的脉冲序列 u。与此对应的，与（n+1）行上的信号同时到达分离器 u'信号则是按 R′、G′、R′、G′、…的顺序重复，u、u'以及分离出来的 u_R、u_G、u_B 信号如图 10-25b 所示，信号的分离过程与在第 n 行上的情况类似。

由图 10-25 所示的分离结构可以看出，在这样的设计方案中，CCD 的像元数目越多，组成 u_G 信号的每两个相邻的信号单元 G 与 G′之间差别越小，G 与 G′叠加在一起时越接近于采样的信号。这意味着，当绿色光信号的上限频率 f_M 高于 $f_s/2$ 时，存于被采样的 G 和 G′信号频谱中的混叠干扰相互抵消得越充分。因此，在使用具有 384（水平）×490（垂直）个像元的 CCD 摄像机中，当 G 信号的视频带宽保持为 3. 5MHz 时，在电视图像上看不出明显的频谱混叠干扰。当前的面阵 CCD 的像元数已经远远地超过了 384×490 个，因此，单管彩色面阵 CCD 摄像机已经能够满足电视摄像的需要。

该方案中，R、B 信号的带宽取 1.3MHz。当按发光强度方程式组成 Y 信号（0～1.3MHz）以后，根据混合高频的原理，可以从 G 信号取出高于 1.3MHz 的频率成分叠加到 Y 信号。

该方案的视频信号只保留了经过 CCD 采样后留在基带内的信号能量。因此，单电子束管摄像机的信号频谱分析方法对 CCD 摄像机也完全适用。只需注意，前者是以滤色器重复周期 L 和宽度 τ 为基本采样参数，而后者则是以 CCD 水平采样单元的重复周期 L 和势阱宽度 d 为基本采样参数的。

（2）频率分离型单管彩色面阵 CCD 摄像机　图 10-26 是用来实现频谱交错的滤色器原理结构。图中 W、G、Y 和 C 分别表示全透射、透绿光、透红和绿光以及透蓝与绿光的滤色器，即

$$\begin{cases} W=R+G+B \\ Y=R+G \\ C=G+B \end{cases}$$

滤色器单元在每一场的奇数行上以 W、G、W、G、…的顺序排列，而在偶数行上则以 Y、C、Y、C、…顺序排列。CCD 的像元与滤色器单元是一一对应的。因此，对照滤色器的排列结构，可以画出如图 10-27a、b 所示的 CCD 摄像管在奇数行和偶数行上读出的信号波形。

W	G	W	G	W	G
W	G	W	G	W	G
Y	C	Y	C	Y	C
Y	C	Y	C	Y	C
W	G	W	G	W	G
W	G	W	G	W	G

图 10-26　用来实现频谱交错的滤色器原理结构

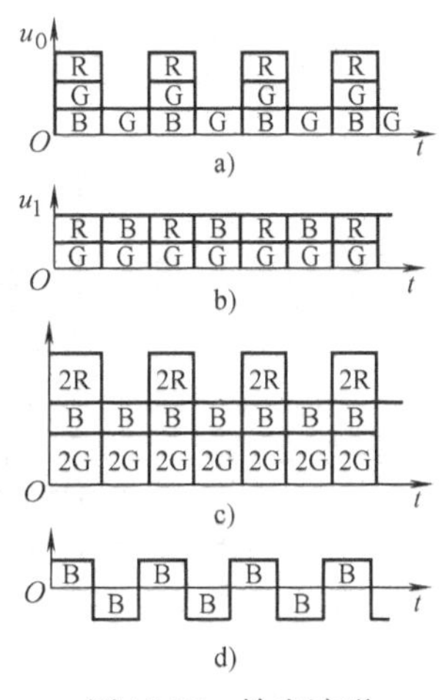

图 10-27　输出波形

a）奇数行　b）偶数行　c）u_0+u_c　d）u_0-u_c

由图 10-27a、b 可以看出，不管是在偶数行上还是在奇数行上，被采样的 R 信号的相位是相同的；而被采样的 B 信号逐行倒换相位为 180°。假设采样信号的基波频率为 f_c，根据分析脉冲调幅信号频谱的基本理论，可立即得到以下结论：

1）调制在采样脉冲基波分量 f_c（色载频）上的 R 信号和 B 信号的频谱是以半行频 $(f/2)$ 为间距交错间置的，若将采样后的 R 和 B 与 PAL 制系统中的色差信号 u 和 v 相比较，则可以看出两者之间的频谱方式完全相同。

2）R 和 B 各有 1/2 的能量留在基带内，G 信号未经采样，100%为基带信号，那么基带信号 Y（严格地讲应为 Y_b）为

$$Y=\frac{1}{2}R+G+\frac{1}{2}B \tag{10-7}$$

如果用f_M表示Y信号的上限频率，那么这一设计方案中，CCD读出的信号频谱分布如图10-28所示。

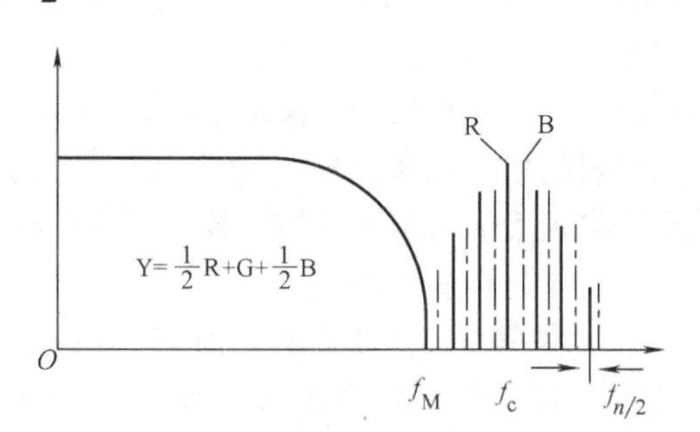

图10-28 亮度信号和R、B信号的频谱分布

假定CCD在水平方向上有N个像元，则色载频f_c与N之间的关系为

$$f_c=\frac{N}{2t_{nf}} \tag{10-8}$$

出于与使用电子束管的频率分离型单管彩色面阵CCD摄像机完全相同的设计考虑，在采用频率分离型单管彩色面阵CCD摄像机中所选取的色载频f_c的数值，与在编码器中用以对色差信号进行调制的载频f_c的数值是相同的。

图10-29为用频谱交错原理设计的频率分离型单管彩色面阵CCD摄像机的框图。图中Y信号由低通滤波器得到，R与B信号通过带通滤波器输出调制成f_c频率，再由梳状滤波器将它们分离开来。

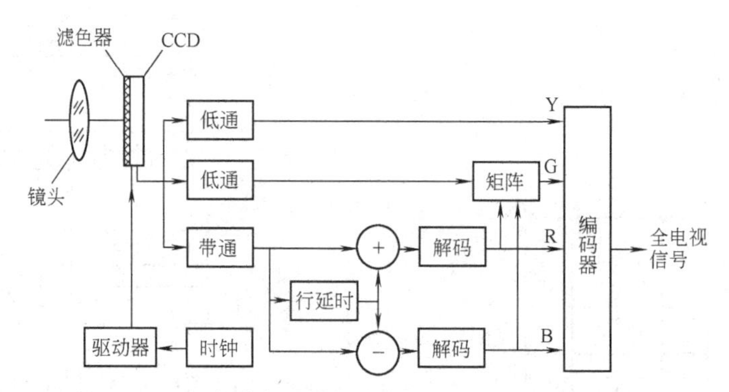

图10-29 频率分离型单管彩色面阵CCD摄像机的框图

10.4 彩色面阵CCD数码相机概述

数码照相机（Digital Still Camera）简称数码相机，是一种利用光电传感器（CCD/CMOS SENSOR）把图像（Image）转换成电子数据（Electronic Data）的照相机。数码相机是现代通信、计算机产业、照相机产业高速发展的产物。随着电信、计算机的普及和家庭化，数码相机作为计算机的图像输入设备，不仅能采集静止图像，而且能采集视频图像和音频信号，便于计算机存储和处理，容易实现网络传输，其应用领域日益广泛。

数码相机以电子存储设备为摄像记录载体，通过光学镜头在光圈和快门的控制下，实现在电子存储设备上的曝光，完成被摄影像的记录。数码相机由镜头（LENS）、光电传感器（CCD/CMOS）、A/D转换器（ADC）、数字信号处理器（DSP）、内置存储器（BUILT-IN

MEMORY）、液晶显示器（LCD）、可移动存储器（SD CARD）和 USB 接口（USB INTERFACE）等部分组成。

数码相机只有镜头的作用与光学相机相同，它将光学图像成像到 CCD 或 CMOS 图像传感器上。它们把光转变为电信号，得到对应于被摄景物的电子图像，再经 A/D 转换器变成数字信号在计算机（DSP）的控制与协调处理下，进行压缩与特定图像格式的处理，如 JPEG 格式。最后，图像文件被存储在内置存储器或可移动存储器中，然后通过液晶显示器（LCD）查看拍摄到的照片。大部分数码相机提供连接到计算机和电视机的 USB/TV 接口。

现在数码相机已有几十年的发展历史，在这一过程中数码相机本身及与之配套的产品技术都有了很大的改进和提高。例如，彩色喷墨打印机和与之相应的墨水和纸的制造技术水平大大提高，使得永久保留所摄图片的成本降低；存储卡技术的提高使得大容量存储卡的价格节节跌落，使数码相机的使用者可以低价格保存更多的照片。

数码相机的分辨力或解像力也在不断的提高，更高分辨力的图像传感器正陆续应用于数码相机，尤其是 CMOS 图像传感器的数码相机分辨力已经超出胶片相机的分辨能力，可以为人类提供更高品质的数字图像。

1. CCD 数码相机的基本组成原理

CCD 数码相机的基本组成原理框图如图 10-30 所示。成像物镜将被摄景物成像在面阵 CCD 的像面上，面阵 CCD 在驱动脉冲的作用下将光学图像转换成电荷图像并以自扫描的方式形成图像信号。

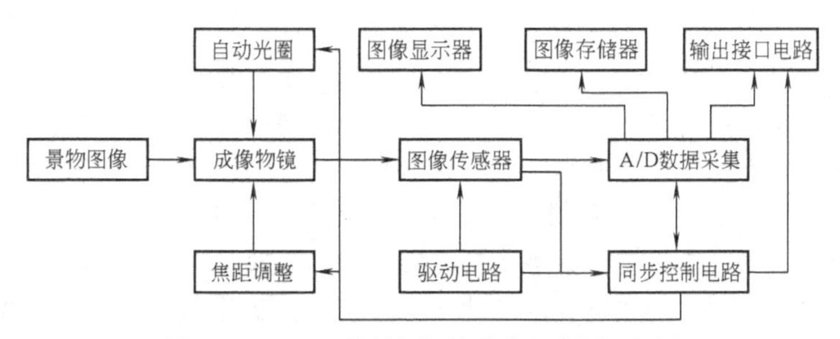

图 10-30　CCD 数码相机的基本组成原理框图

图像信号经放大器放大后，送 A/D 转换器转换成数字信号，并在同步控制器的作用下将 A/D 转换器的数字信号以一定的排列方式存入存储器形成数字图像。数字图像可以经过接口电路写入存储器，也可以经 D/A 转换器转换成模拟信号，再由液晶显示屏观看所摄图像是否满意，从而决定取舍。通过 A/D 转换器得到的数字图像信号可以通过计算软件计算出各种信息，并回送给同步控制器，同步控制器可根据图像的质量决定对光圈的调整或对焦距进行调整，以便获得最佳的图像信号。

2. 数码相机的主要性能

数码相机的主要特性分别由它的 5 个主要部件确定，即成像物镜、图像传感器、A/D 转换器、存储器和接口。

（1）数码相机的分辨力或解像力　数码相机的分辨力与一般胶片式相机的分辨力不同，一般胶片式相机的分辨力取决于相机的成像物镜的分辨力，而数码相机的分辨力不但取决于成像物镜的分辨力，还与所用图像传感器的像元数有关。另外，对于同一个数码相机，又可以获得不同分辨力的输出图像，以便达到不同的使用要求。例如，尼康 Coolpix950 的分辨力有 1600×1200、1024×768 和 640×480 三种模式。同样的机内内存下，不同分辨力的图像存储模式所存储图像的张数不同。

（2）色彩深度 色彩深度取决于数码相机中所用图像传感器的动态范围与 A/D 转换器的位数，即 A/D 转换器的分辨力。目前专业型真彩色数码相机的色彩深度达 36 位或 24 位。色彩深度越高，色彩越真实，色彩的层次感越好。

（3）焦距 大多数的数码相机采用变焦距镜头，可变范围一般在 3~6 倍。例如，富士 MX-1700ZOOM 型数码相机的镜头为 38~114mm 的 3 倍光学变焦镜头。一些廉价的数码相机仍采用焦距在 50mm 左右的定焦距镜头。例如，柯达 DC25 型数码相机镜头焦距为 47mm，拍摄范围在 0.5m 至无限远。

（4）光圈与快门 数码相机的光圈与快门的功能与一般胶片式相机类似，快门的曝光时间为 1/500~16s，有手动设置。广角镜头的光圈在 *f*/16~*f*/2.5 范围内可调，长焦镜头光圈在 *f*/24~*f*/3.8范围内可调。

（5）图像存储 数码相机图像的存储由机内内存与外接图像存储器完成。机内内存的容量一般较小，通常在 1~6Mbit，机上内存容量直接影响着相机的成本。机上内存容量越大，存储的图像数量越多，使用越方便。图像存储卡使摄影记者和专业人员感到很方便，而且，它的容量很高。柯达公司的 PCMCIA 卡的存储容量达 10MB，Compact Flash 存储卡的容量高达 1~2GB，目前已有数百吉字节存储容量的相机。

（6）取景器 取景观看是数码相机有别于胶片相机的另一重要特点。胶片相机的取景器只能在拍照前观看所摄景物是否合适，不能观看拍摄完后的效果。而数码相机的取景器兼有观看拍摄前与拍摄后的效果和进行编辑修改的功能，数码相机备有彩色液晶显示屏，如 600 万像元的柯达 DC660 型专业数码相机内置 1.8in 彩色 LCD 显示屏用来取景和预览。

（7）接口 数码相机在与计算机的接口方面显示了它的独特性。数码相机，尤其是专业型数码相机都具有与计算机进行数字交换的接口功能。随着计算机技术的发展，数码相机的接口技术也在发展。通常的数码相机与计算机主机的接口是通过串行口与主机相连接的。例如，尼康的 Coolpix95 数码相机与主机通过 RS-232 串口传输，柯达 DC5420 型数码相机通过 SCSI 与主机相连。但串行通信的速度受到限制，为了提高相机与主机的通信速度，可将数码相机的存储卡通过 PC 卡适配器直接与主机相连，获得更高的图像传输速度。

随着 USB 串行通信接口技术的提高，新型数码相机相继采用高性能的 USB 串行通信接口方式进行与主机的高速通信联系。

5G 网络通信速度的提升也为数码相机提供了宽广的发展空间。应用于机器视觉的数码相机快速捕捉运动图像数据，通过 5G 网络传送给各种控制、指挥终端，实现各种信息传输、处理与控制，使更多的设备实现智能化。

（8）其他功能 数码相机同样具有胶片相机的自动测光、自动调焦、自动闪光和自拍等功能。由于数码相机中应用了嵌入式计算机芯片，所以程序化的工作是很方便的，尤其是数码相机已将图像转换成为数字图像，很容易实现一般胶片相机难以实现的测光及控光功能。例如，尼康 Coolpix950 数码相机可以设定程序自动（P）、光圈优先（A）和快门优先（S）3 种曝光方式。

表10-5列出几种典型数码相机的性能参数。

表10-5　几种典型数码相机的性能参数

型号	类别	像元数/万	分辨力/(H×V)	焦距/mm	快门曝光时间/s	存储体类型	容量/MB	显示屏/in	接口
T10	CCD	740	3072×2304	38～114	1～1/1000	SD	58	2.5	USB2.0
A710 IS	CCD	710	3072×2304	35～210	15～1/2000	SD	16	2.5	USB2.0
IXUS 850 IS	CCD	730	3072×2304	28～105	15～1/1600	SD	16	2.5	USB2.0
T50	CCD	740	3072×2304	38～114	1～1/1000	MSDuo	58	3	USB2.0
A640	CCD	1000	3648×2736	35～140	15～1/2000	SD	32	2.5	USB2.0
NV3	CCD	740	3072×2305	38～114	2～1/2000	SD/MMC	15	2.5	USB2.0
IXUS 60	CCD	620	2816×2112	35～105	15～1/1500	SD	16	2.5	USB2.0
N2	CCD	1030	3648×2736	38～114	30～1/1000	MSDuo	26	3	USB2.0
IXUS 900 Ti	CCD	1020	3648×2736	37～111	15～1/2000	SD	32	2.5	USB2.0
G7	CCD	1020	3648×2736	35～210	15～1/2500	SD	32	2.5	USB2.0
NV10	CCD	1030	3648×2736	35～105	2～1/2000	SD/MMC	19	2.5	USB2.0
W50	CCD	620	2816×2112	38～114	1～1/2000	MS Duo	32	2.5	USB2.0
IXUS 800 IS	CCD	620	2816×2112	35～140	15～1/1600	SD	16	2.5	USB2.0
EOS 400D	CMOS	1050	3888×2592	—	30～1/4000	CF	—	2.5	USB2.0
R1	CMOS	1030	3888×2592	24～120	30～1/2000	CF	—	2	USB2.0
EOS 5D	CMOS	1330	4368×2912	—	30～1/8000	CF	—	2.5	USB2.0
D2Xs	CMOS	1240	4288×28484	—	30～1/8000	CF	—	2.5	USB2.0

10.5　彩色面阵CMOS数码相机概述

与CCD图像传感器相比，CMOS图像传感器具有更好的量产性，而且容易实现包括其他逻辑电路在内的SoC产品，这在CCD图像传感器中很难实现。尤其是CMOS图像传感器不像CCD图像传感器那样需要特殊的制造工艺，因此，可直接使用面向DRAM等大批量生产的设备。现在，CMOS图像传感器的画面质量也能与CCD图像传感器相媲美。CMOS图像传感器的应用，使新一代图像系统的研制与开发得到极大的发展，形成了规模，降低了成本。

1. CMOS图像传感器的优点

CCD图像传感器存储的电荷信息，需在同步信号控制下一位一位地实施转移后读取，电荷信息转移和读取输出需要有时钟控制电路和3组不同的电源相配合，整个电路较为复杂，速度较慢。CMOS图像传感器经光电转换后直接产生电压信号，信号读取十分简单，还能同时处理各单元的图像信息，速度比CCD图像传感器快得多。

CCD与CMOS两种图像传感器的内部结构和外部结构都不相同。CCD的像元为X-Y矩阵排列，并由光电二极管和电荷存储区组成；CCD必须在驱动脉冲作用下才能够输出时序模拟电信号，输出电信号需经后续A/D转换器、图像信号处理器处理。CMOS的像元集成度高、体积小、重量轻；CMOS 图像传感器采用数字、模拟信号的混合设计使它具有高度的系统整合，表现出强大而灵活的功能，如垂直位移、水平位移暂存器、传感器阵列驱动与控制系统（CDS）、A/D 转换器（ADC）接口电路等，避免使用外部芯片和设备，极大地减小器件的体积和重量。

从功耗和兼容性来看，CCD 图像传感器需要外部控制信号和时钟信号才获得满意的电荷转移效率，还需要多个电源和电压调节器，因此功耗大；而 CMOS 图像传感器使用单一电源工作，功耗低（相当于 CCD 功耗的 1/10~1/100），还可以与其他电路兼容，具有功耗低、兼容性好的特点。

CCD 图像传感器需要特殊工艺，使用专用生产流程，成本高；而 CMOS 图像传感器使用与制造半导体器件 90%相同的基本技术和工艺，且成品率高，制造成本低。

CCD 使用电荷移位寄存器，当寄存器溢出时就会向相邻的像元泄漏电荷，导致亮光弥散，在图像上产生不需要的条纹。而 CMOS 的光探测部分和输出放大器都是每个像元的一部分，积分电荷在像元内就被转化为电压信号，通过 X、Y 线开关输出，行列编址方式使窗口操作成为可能，没有拖影、光晕等假信号，图像质量高。

高速性是 CMOS 电路的固有特性，CMOS 图像传感器可以极快地驱动成像阵列的列总线，并且 ADC 在片内工作，具有极快的速率，对输出信号和外部接口的干扰敏感性低，有利于与下一级处理器的连接。CMOS 图像传感器具有很强的灵活性，可以对局部像元图像进行随机访问，增加工作灵活性。

2. CMOS 数码相机的基本组成原理

CMOS 数码相机的基本组成原理框图如图 10-31 所示。它的工作原理和特性与 CCD 数码相机基本相同。被摄景物经成像物镜成像在 CMOS 的像面上。视频信号被 A/D 转换器转换成数字信号，并以数字图像的形式存入存储器。主芯片利用 A/D 转换器得到的数字图像信号调整闪光灯、焦距等。

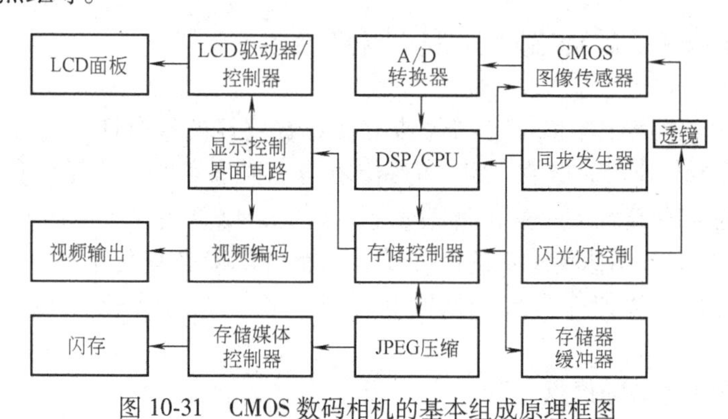

图 10-31 CMOS 数码相机的基本组成原理框图

思考题与习题 10

1. 举例说明用彩色线阵 CCD 图像传感器扫描彩色图像的原理。如何利用 ILX522K 扫描出彩色图像？

2. 为什么 ILX522K 的绿色像元数为 2048 而红与蓝像元数各为 1024？若用它扫描一幅 1024 行的真彩色图像时，它的水平与垂直分辨能力如何评价？

3. 当所用彩色线阵 CCD 为 TCD2252D 时，若驱动频率为 4MHz，它完成一行彩色信号的扫描需要多长时间？若一幅图像由 512 行构成，试问扫描一幅图像需要多长时间？

4. 若采用最高驱动频率为 6MHz 的 TCD2557D（5340×3 像元）传感器扫描彩色图像的行周期最小为多少？若希望获得一幅 5340×5340 的彩色图像需要多少时间？

5. 若采用 TCD2901D 扫描，希望获得 10550×10550 的一幅彩色图像，问最短需要多长时间？（提示 TCD2901D 一周期的哑元数最少为 78 个 RS 周期）

6. 为什么三管彩色面阵 CCD 摄像机的 3 片面阵 CCD 要用同一个硅片按同样的工艺制成的 3 片芯片？

7. 为什么同样型号的彩色面阵 CCD 做成三管彩色面阵 CCD 摄像机的分辨力要高于做成单管彩色面阵 CCD 摄像机的分辨力？

8. 复合滤色器（补色滤光片）型单片彩色面阵 CCD 与 Bayer 滤色器单片彩色面阵 CCD 相比有什么优越性？

9. 描述数码相机质量的主要参数有哪些？都标志着什么特性？

10. 数码相机与数码摄像机的差别是什么？它们与彩色面阵 CCD 摄像机有什么差别？

第 11 章　光电传感器输出信号的数据采集

光电传感器输出信号随光电传感器的不同而有很大的差别，不同领域所用光电传感器各不相同，但归结起来可以将它们分为缓变信号、调幅脉冲信号、调频脉冲信号与视频图像信号等几类。光电传感器输出与运载信息的方法可分为幅度信息、频率信息和相位信息。如何将这些信息送入计算机，完成信息的提取、存储、传输和控制，是本章的核心问题。

计算机（包括单片机、DSP、ARM、单板机和系统机等）具有运算速度快，可靠性高，信息处理、存储、传输、控制等功能强的优点，被广泛地应用于光电测控技术领域，成为必不可少的功能部件。本章所要解决的是如何将光电传感器输出信号送入到计算机内存的核心和相关的共性问题，而如何利用内存中的图像数据开发应用属于后续的内容，不在本章范围之内。

11.1　光电传感器信号的二值化处理

众所周知，计算机只能识别“0”或“1”，即低电平或高电平。这里的“0”或“1”代表多个意义，在光电信号中它既可以代表信号的有与无，又可以代表光信号的强弱到一定程度，还可以通过检测“0”或“1”检测运动物体在某时刻的位置或运动速度、加速度等形态与运动状态参数。将光电信号转换成“0”或“1”数字量的过程称为光电信号的二值化处理。光电信号的二值化处理分为单元光电信号的二值化处理与序列光电信号的二值化处理。

11.1.1　单元光电信号的二值化处理

单元光电信号的二值化处理技术来源于实际应用技术。例如，某生产薄钢板的工厂为使钢板整齐卷成卷，以便包装运输，采用图 11-1 所示的钢板边缘位置的光电检测系统。系统采用图 11-2 所示的边缘检测原理，它由光源、远心照明物镜、聚光镜和光电器件构成。当被卷钢板的边缘在远心光路中的位置变化时，汇聚到光电器件光敏面上的光量将发生变化，钢板边缘刚好处于图 11-2 所示位置时（遮挡光的一半），光电器件输出的幅值为 U_0，钢板移向左侧，光电器件输出幅值将增大，反之则减小。设输出幅值为 U_0 的值为阈值，输出值大于 U_0 的为“+1”，小于 U_0 的为“-1”，为“+1”时拖动机构带动钢板向右移，使光电器件接收的光量减少，输出幅度逐渐降低；而为“-1”时带动钢板向左移动，使光电器件接收的光量增加，输出幅度逐渐升高。结果拖动机构总使钢板处于距离初始位置点很近的区域，即确保钢板的边缘始终保持同一位置。光电器件的输出为“0”或“±1”的处理方法为二值化处理方法。

单元光电信号二值化处理方法很多，常用的有固定阈值法和浮动阈值法。

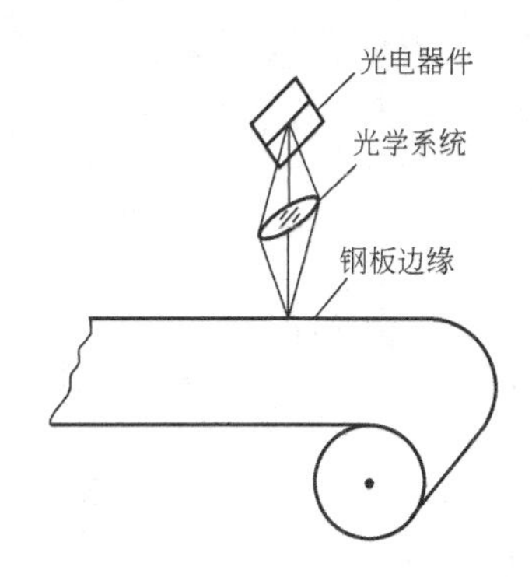

图 11-1　钢板边缘位置的光电检测系统

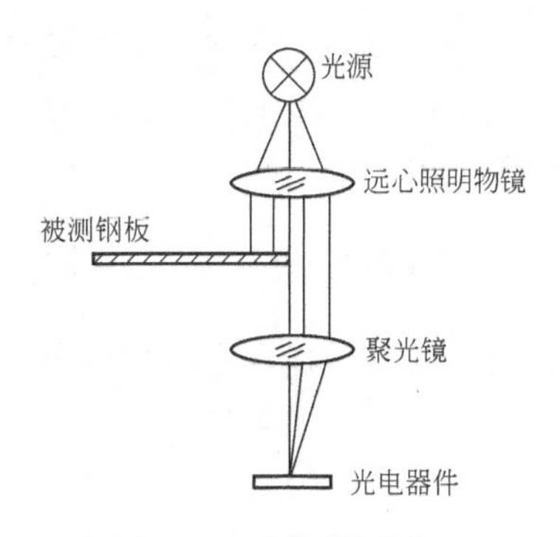

图 11-2　边缘检测原理

1. 固定阈值法

图 11-3 为典型固定阈值二值化处理单元光电信号的方法。固定阈值二值化处理方法采用电压比较器为基本处理电路。将单元光电信号输入到电压比较器的一个输入端（图 11-3a 中输入到反相输入端），另一输入端由电位器提供可变的阈值电平。当单元光电信号高于阈值电平时电压比较器输出为低电平，当单元光电信号低于阈值电平时电压比较器输出由低变高，产生如图 11-3b 所示的输出波形。比较输入信号与输出信号不难看出该电路将单元光电信号处理成二值化信号。尽管电路的阈值可以通过改变电位器的阻值比进行改变，但是，调整后固定不变，因此将其称为固定阈值二值化方法。

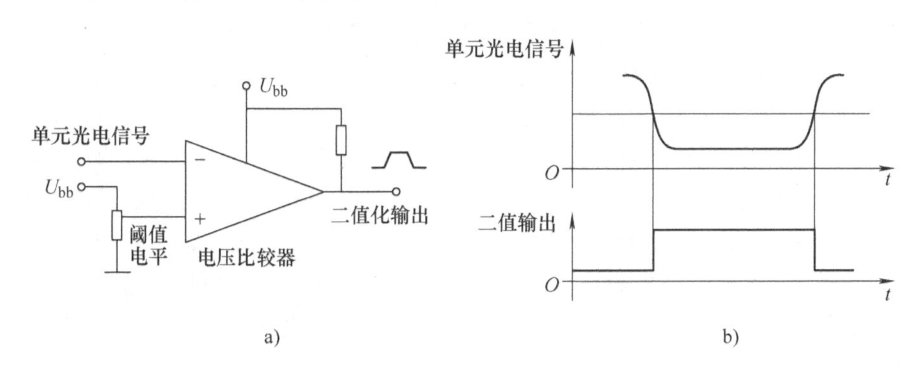

图 11-3　固定阈值二值化方法

固定阈值二值化方法简单、速度快，它的响应时间只与电压比较器的动作时间有关，而一般的电压比较器的时间响应都在几十纳秒数量级，属于高速型。

2. 浮动阈值法

如果能够有办法使图 11-3a 电路中的阈值电平随单元光电信号所采集的背景光的变化而变化，则会使某些测量误差降低到最小。图 11-4 为一种典型的浮动阈值二值化处理电路。电路中光电晶体管 VTL_1 为单元光电信号的测光器件，光电晶体管 VTL_2 为测量背景光的器件，它提供光源在测量过程中发光强度的漂移等变化，电压比较器的输出为

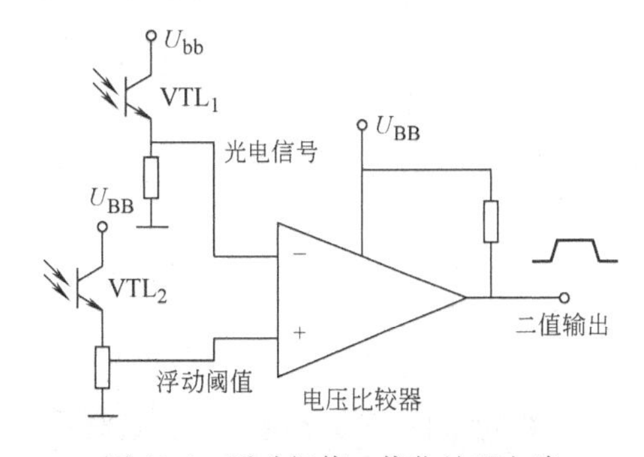

图 11-4　浮动阈值二值化处理电路

VTL_1 与 VTL_2 的差值。当背景光增强时，VTL_1 构成的变换电路输出的光电信号上升，VTL_2 输出的背景光电信号也上升，即阈值随光源的漂移而浮动。它们相减后的差值消除掉背景辐射的影响使二值化输出信号确切地反映 VTL_1 所测的单元光信息。

11.1.2 序列光电信号的二值化处理

序列光电信号是指有序排列的分立或集成光电器件按时间顺序或按一定规律输出的信号。例如，光电二极管阵列，线、面阵 CCD 的输出信号均属于序列光电信号。

对序列光电信号进行二值化处理的主要目的是为提高测量速度和突出主要信息。例如，在信息为图像的特定标志而不是图像灰度的系统中，为提高信息的检取速度，采取对图像信息进行二值化处理的方法。实际上许多检测对象在本质上也表现为二值情况，如图样、文字的输入，物体外形尺寸、所处位置与运动状态的检测等。在输入这些信息时采用二值化处理是很恰当的。二值化处理方法是把图像和背景作为分离的二值信息对待。例如，光学系统把被测物体的直径成像在 CCD 像元上，由于被测物与背景在发光强度（或照度）上的强烈变化，CCD 输出信号所对应的图像边界处会有急剧的电平变化。通过二值化处理把 CCD 输出信号中被测物体的直径与背景分离成二值电平，实现对序列光电信号的二值化处理。

序列光电信号的二值化处理方法既有上述讨论的固定阈值法和浮动阈值法，也有微分法和比较法等方法。下面讨论固定阈值法和浮动阈值法。

1. 固定阈值法

以线阵 CCD 输出的序列信号的二值化处理方法问题为例，讨论序列光电信号的固定阈值二值化处理方法。在图 11-5a 所示的电路中线阵 CCD 输出信号接到电压比较器的同相输入端，反相输入端接到电位器的动端，使反相输入端的电平能够调节，定义它为阈值电压。分析电路可见，CCD 输出信号的幅度高于阈值电压时，电压比较器输出的信号应为高电平；当 CCD 输出信号由高逐渐降低到小于或等于阈值电压时，电压比较器的输出电平将突变为低电平。由图 11-5b 所示的波形可见，CCD 输出信号经电压比较器后输出二值化方波脉冲信号。方波脉冲的宽度与被测物体的直径值存在精确关系。调节阈值电压，方波脉冲的前、后沿将发生移动，使脉冲的宽度发生变化。因此，可以通过适当地调节阈值电压值使测量值真正反映被测物体的外形尺寸。

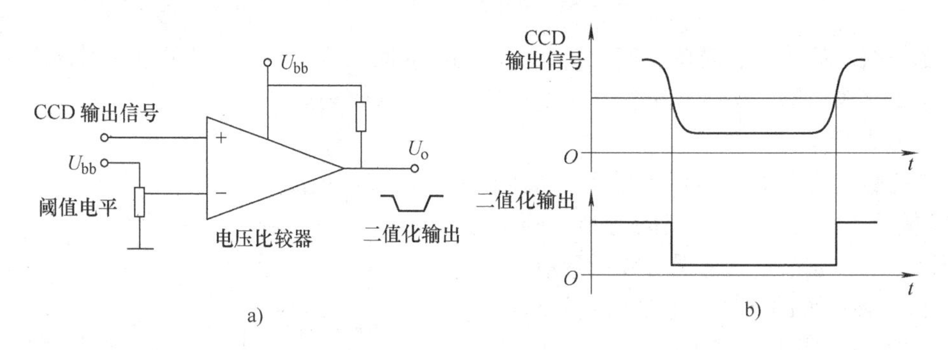

图 11-5 序列光电信号的二值化处理

采用固定阈值二值化测量系统应对系统参数有较高的要求。首先要求系统提供稳定的阈值电压；其次 CCD 输出信号只能与被测物体的直径有关，而与时间 t 无关，即要求它的时间稳定性高。显然，这就要求测量系统的光源及 CCD 驱动脉冲要稳定，尤其是转移脉冲的周期稳定。

有些在线检测系统存在着不稳定的背景辐射，即系统不能保证入射到 CCD 像面上的光是稳定的，固定阈值二值化法测量结果受光源随时间变化的影响，会不可避免地引起测量误差。当该误差大到不能允许时，就不能采用固定阈值法而应该采用其他的二值化处理方法。

2. 浮动阈值法

序列光电信号的浮动阈值二值化处理方法的电路原理如图 11-6 所示，线阵 CCD 输出信号经采样保持器采得该周期最初时间段输出的背景信号并将其保持到整个周期。跟随器（射极跟随器）电路将采样保持器输出的信号再通过电位器（RP）送给电压比较器，为它提供随背景光而变化的浮动阈值。结果，电路的输出信号 U_o 不会因背景光而变化，使二值化尺寸测量的准确度与稳定度都有所提高。

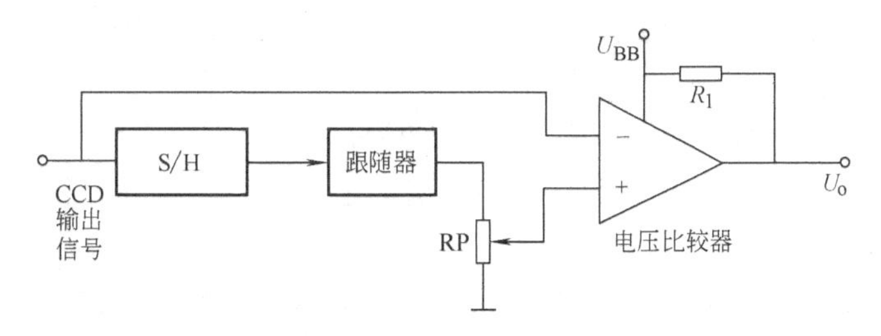

图 11-6　序列光电信号的浮动阈值二值化处理方法的电路原理

图 11-7 为序列光电信号浮动阈值二值化工作波形。从图中可以看出，采样脉冲 SP 为低电平期间采样，高电平时保持，输出阈值 U_{th} 一直延续到整个行周期，从中分得部分电平为电压比较器的输入电平，该电平与 SP 上升沿对应着线阵 CCD 输出信号时，它恰好反映了背景光照状况。

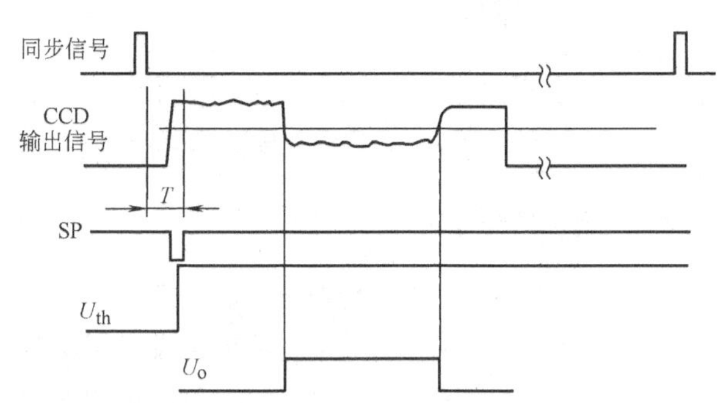

图 11-7　序列光电信号浮动阈值二值化工作波形

浮动阈值二值化电路的浮动量需要根据光源及背景光的影响程度进行适当的调整，但完全消除光源不稳定因素带来的测量误差是很困难的。想办法找到 CCD 输出信号中被测物体边界特征再进行二值化处理才是更为理想的方法。

11.2　光电信号的二值化数据采集

光电信号的二值化数据采集也分为单元光电信号与序列光电信号的数据采集，但是，单元光电信号的采集方法很简单。掌握了序列光电信号的数据采集就能够进行单元光电信号的二值化数据采集。

依然以线阵 CCD 输出的序列光电信号测量圆柱体的外径尺寸为例，讨论序列光电信号的二值化数据采集问题。

下面介绍几种序列光电信号的数据采集方法。

1. 硬件二值化数据采集方法

CCD 用于尺寸测量系统时常采用二值化数据采集。在这类采集系统中，常采用在二值化方波脉冲中填入与 CCD 像元尺寸有关的高频时钟脉冲。计数所填时钟脉冲数，再与脉冲当量相乘，便可以获得被测物体尺寸的大小。

硬件二值化数据采集电路的原理框图如图 11-8 所示。它由逻辑门电路、二进制计数器、锁存器和显示器等硬件逻辑电路构成。线阵 CCD 驱动器除产生线阵 CCD 所需要的各种驱动脉冲以外，还要产生行同步控制脉冲 F_C 和用作二值化计数的输入脉冲（或主脉冲）F_M，并要求脉冲 F_C 的上升沿对应于 CCD 输出信号的第一个有效像元。F_M 脉冲的频率是复位脉冲 RS 频率的整数倍，或为 CCD 的采样脉冲。锁存器的触发输入端 ck 直接接在二值化输出信号后沿触发的送数脉冲电路（延时电路）的输出端上，锁存器的输出接到数据总线送至计算机或其他显示设备。

硬件二值化数据采集电路的工作波形如图 11-9 所示。图中 F_C 的低电平使计数器清零；它在变成高电平以后，计数器方可进行计数工作。

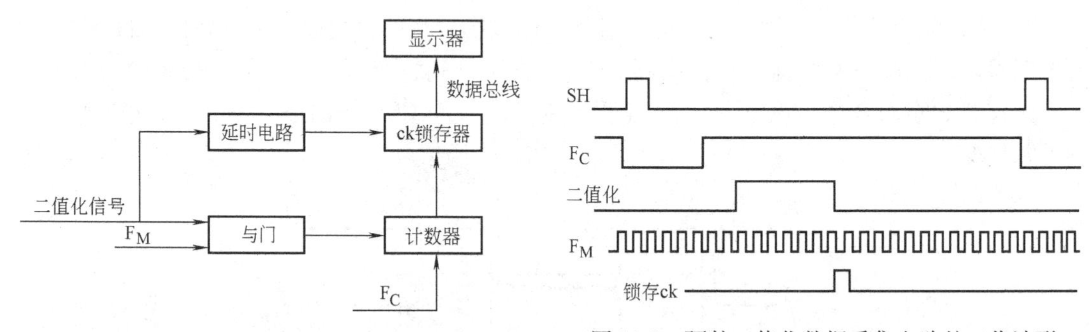

图 11-8 硬件二值化数据采集电路的原理框图

图 11-9 硬件二值化数据采集电路的工作波形

主时钟脉冲 F_M 的频率为采样脉冲 SP 或复位脉冲 RS 频率的整数（N）倍，而 SP 或 RS 脉冲周期恰为 CCD 输出一个像元的时间，因此，F_M 周期为像元周期的 $1/N$。方波脉宽中的 F_M 脉冲数为方波范围内像元的 N 倍。可见，采用高于采样脉冲 SP 频率 N 倍的主时钟 F_M 为计数脉冲，能够获得细分像元的效果，使测量的准确度得到提高。

这种硬件二值化数据采集电路适用于物体外形尺寸测量，且只适用于在一个行周期内只有一个二值化脉冲的情况。同时这种方法只能采集二值化脉冲宽度或被测物体的尺寸，而无法检测被测物在视场中的位置。

2. 边沿送数二值化数据采集方法

图 11-10 为边沿送数二值化数据采集的原理框图。由线阵 CCD 行同步脉冲 F_C 控制的二进制计数器对每行的标准脉冲 CR_t 计数（可以是 CCD 的复位脉冲 RS 或像元采样脉冲 SP），当标准脉冲为 CCD 的复位脉冲 RS 或像元采样脉冲 SP 时，计数器某时刻的计数值为线阵

CCD在此刻输出像元的位置序号值，若将此刻计数器所计的数值用边沿锁存器锁存，那么边沿锁存器就能够将CCD某特征像元的位置输出，并存储起来。

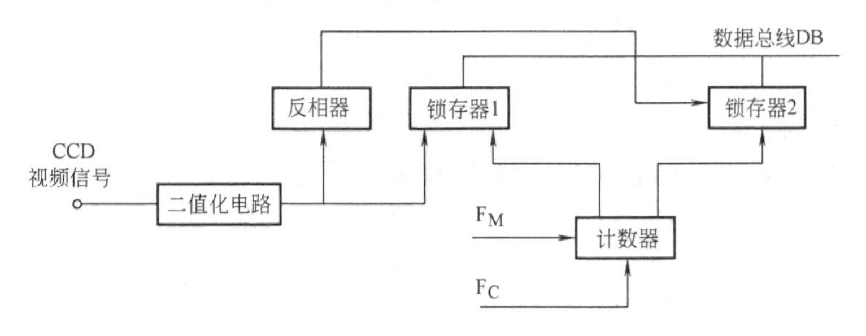

图11-10　边沿送数二值化数据采集的原理框图

这种方式的工作脉冲波形如图11-11所示。在这种方式下计数器在F_C高电平期间计下CCD输出的像元位置序号。另外，CCD输出的载有被测物体直径图像的信号经过二值化处理电路产生被测信号的方波脉冲，方波脉冲前、后边沿分别对应于线阵CCD的两个位置。将方波脉冲分别送给两个边沿信号的产生电路，该电路产生两个上升沿，它们分别对应于方波脉冲的前、后边沿，即线阵CCD的两个边界点位置。用这两个边沿脉冲的上升沿锁存二进制计数器在上升沿时刻所计的数值N_1和N_2，则N_1为二值化方波前沿时刻所对应的像元位置值，N_2为后沿所对应的像元位置值。在行周期结束时，计算机软件分别将N_1和N_2值通过数据总线DB存入计算机内存。便在计算机内存获得二值化方波脉冲的宽度信息与被测图像在线阵CCD像面上的位置信息。

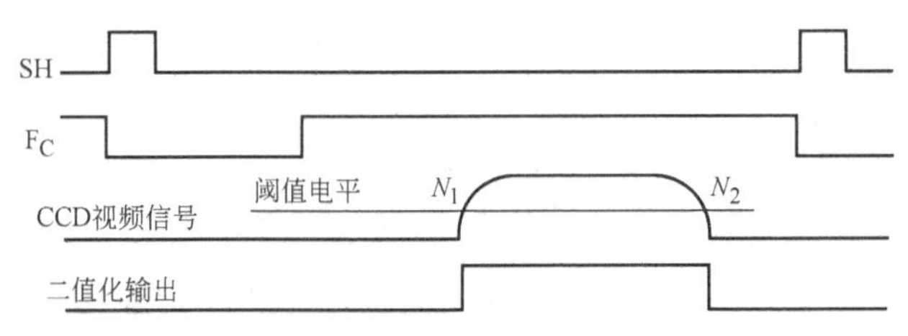

图11-11　边沿送数二值化数据采集工作脉冲波形

11.3　光电信号的量化处理与A/D数据采集

在测量发光强度信息时需要把发光强度数字化后才能送入计算机进行存储、计算、分析、传输和显示等处理，即需要对光电信号进行量化处理。对于光电信号的量化处理问题也分为单元光电信号的量化处理与序列光电信号的量化处理。

11.3.1　单元光电信号的量化处理

单元光电信号的量化处理是对单元光电器件构成的光电变换电路的输出信号进行数字化处理的过程。在光电传感器应用技术中经常需要对某些场景的发光强度（或照度）进行测量，并且，要求以数字方式显示测量值（如数字照度计），或送入计算机进行实时控制等处理。这种情况必须采用单元光电信号的量化处理。

显然，能够完成单元光电信号量化处理工作的器件是A/D转换器，A/D转换器的种类很多，特性各异，应根据不同的情况采用不同的器件。下面介绍一些常用于单元光电信号量化处理的A/D转换器。

1. 高速 A/D 转换器

高速 A/D 转换器的种类很多，速度及分辨力等参数各异。为了学习和掌握单元光电信号的 A/D 数据采集技术，以 TLC5540 为例，讨论单元信号的高速 A/D 转换问题。TLC5540 为 8bit 的高速 A/D 转换器，其最高工作频率为 75MHz，具有启动简便、转换速度快、线性准确度高等特点，基本满足单元光电信号高速 A/D 数据采集需要。

（1）TLC5540 的引脚定义　TLC5540 的俯视图如图 11-12 所示，它是 24 脚 DIP 器件。表 11-1 为各引脚的定义和功能说明。

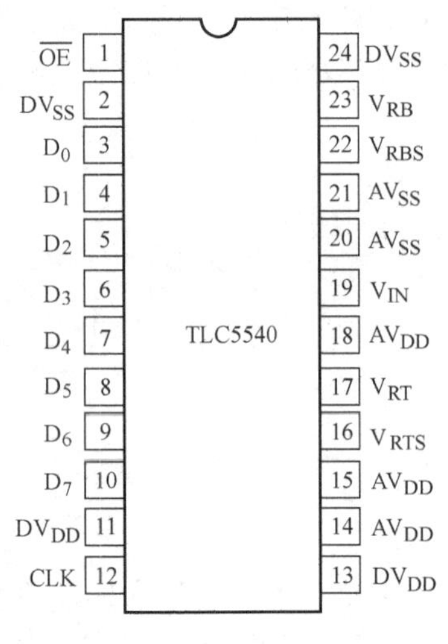

图 11-12　TLC5540 的俯视图

其中，16、17、22、23 脚为 A/D 转换器提供参考（基准）电压源和参考电压。A/D 转换器的数字逻辑部分与模拟部分的供电电源均为+5V 的稳压电源，但是，不能直接将模拟电源 AV_{DD} 与数字电源 DV_{DD} 以及模拟地 AGND 与数字地 GND 相连，要在电路上分开，在电路板外相接，以便消除数字脉冲信号电流通过电源线或地线对模拟信号的干扰，同时有利于降低噪声。

表 11-1　TLC5540 各引脚的定义和功能说明

引脚编号	引脚定义	功能说明
1	$\overline{OE}$	片选或使能，低电平有效
2、24	DV_{SS}	数字地
3~10	D_0~D_7	8 位并行数字输出
11、13	DV_{DD}	数字电源（+5V）
12	CLK	时钟脉冲输入（启动 A/D 转换器）
14、15、18	AV_{DD}	模拟电源（+5V）
16	V_{RTS}	参考电压源（2.6V）
17	V_{RT}	参考电压（Top）
23	V_{RB}	参考电压（Bottom）
19	V_{IN}	模拟电压输入
20、21	AV_{SS}	模拟电源（地）
22	V_{RBS}	参考电压源（+0.6V）

A/D 转换器的启动和数字信号的读出都很简单，只用一个时钟脉冲信号 CLK 即可完成。时钟脉冲 CLK 的前沿（上升沿）启动 A/D 转换器，利用后沿（下降沿）就可以将转换完的 8 位数字信号送到输出寄存器。

（2）TLC5540 的基本原理　图 11-13 为 TLC5540 的基本原理框图。它基本由电压基准、数据比较器、数据存储器、数据锁存器和时钟脉冲信号发生器五部分组成，电压基准为数据比较器提供参考电压，形成高 4 位数或低 4 位数存入数据存储器，各路数据比较器在统一的时钟脉冲控制下完成比较并形成数据。存入存储器的数据通过三态锁存器形成 8 位数字，并由$\overline{OE}$控制。显然，这种通过比较器与参考电压进行比较形成数据的方式属于高速闪存的 A/D 转换方式，具有极高的转换速度。

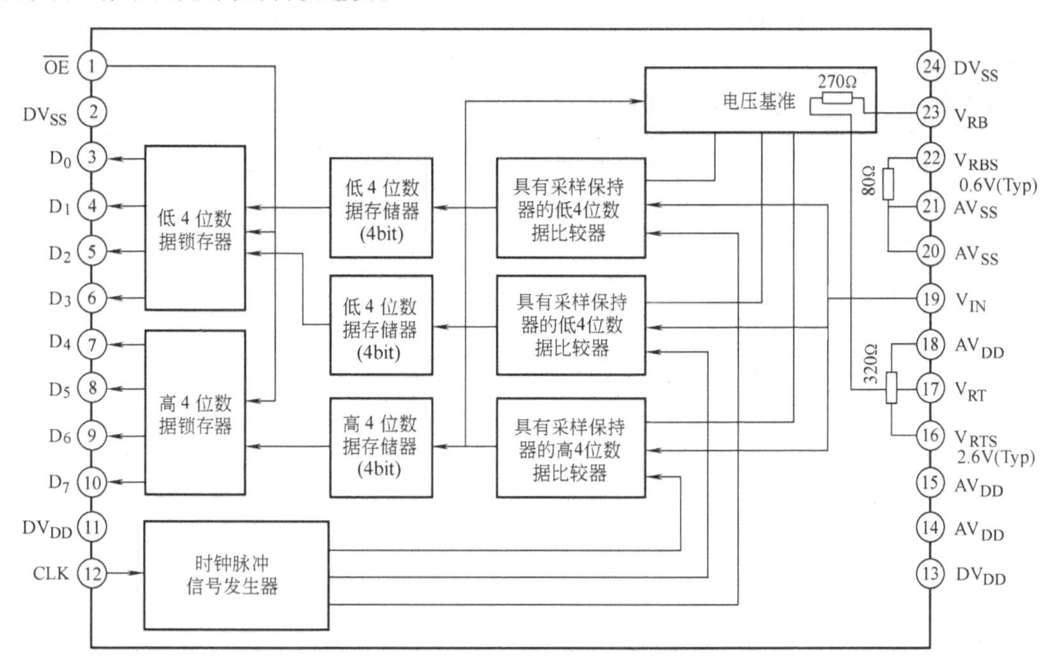

图 11-13　TLC5540 的基本原理框图

（3）TLC5540 的工作时序　图 11-14 为 TLC5540 的工作时序波形。由图 11-14 可见，控制 A/D 转换器的方式非常简单，它只用单一的时钟脉冲 CLK 进行 A/D 转换器的启动与输出数据的读取。它用时钟脉冲的下降沿启动 A/D 转换器，图中第一条垂直虚线表明在 CLK 下降沿到来时对应于输入模拟信号 N 点的模拟电压被采样，待时钟脉冲上升沿到来时 A/D 转换器内部的锁存器已将数据准备好，可以利用时钟脉冲上升沿将转换后的数据送入计算机内存，完成单元信号的数据采集工作。由图 11-14 还可以看出，实际上从A/D 转换器启动到真正输出采样时刻点的数据需要经过 7 个延迟时间段（t_{PW0}）的延时。就是说启动后，在本时钟周期内读到的是前 3 个时钟周期时刻模拟量的数据，而本次采样的数据只能在延时 3 个时钟周期后的上升沿读到。在利用该 A/D 转换器采集单元光电信号时必须注意所采数据是哪个时间输出的模拟量，否则会不可避免地发生时间错误。

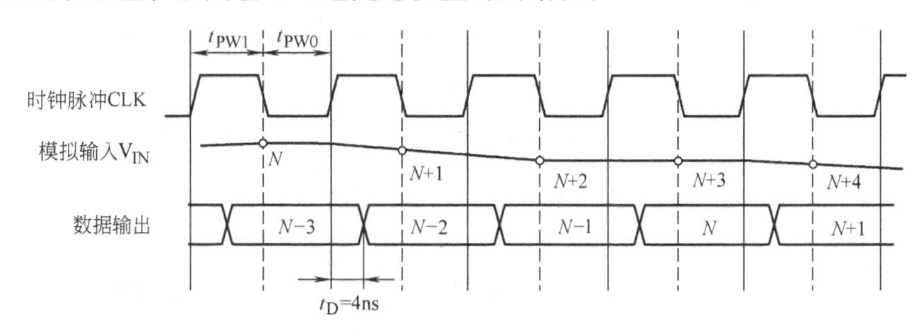

图 11-14　TLC5540 的工作时序波形

（4）TLC5540 的主要特性　图 11-15 为 TLC5540 的频率响应特性，它的带宽（响应下降到-3dB 的频率为截止频率）很宽，在 10MHz 内响应特性曲线基本不变，在 70MHz 时响应曲线接近-3dB。

图 11-16 为 TLC5540 的功率损耗与频率的关系。它属于低功耗的高速 A/D 转换器，在 20MHz 工作频率下的功耗小于 70mW，但是，它的功率损耗随工作频率的增加而增大的现象应在设计电路时考虑，在高速应用时要根据功耗状况适当采取必要的散热措施。

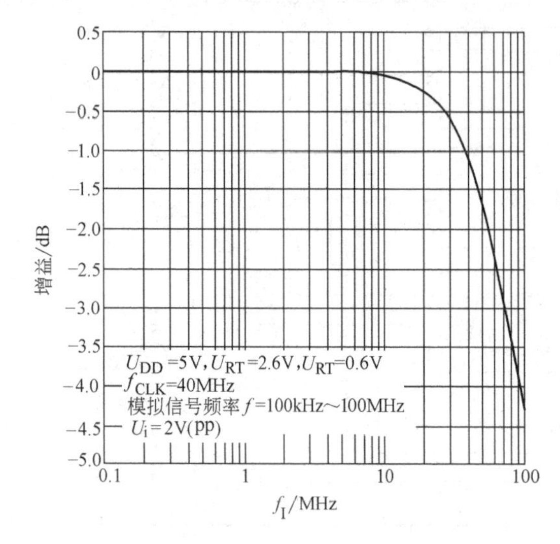

图 11-15 TLC5540 的频率响应

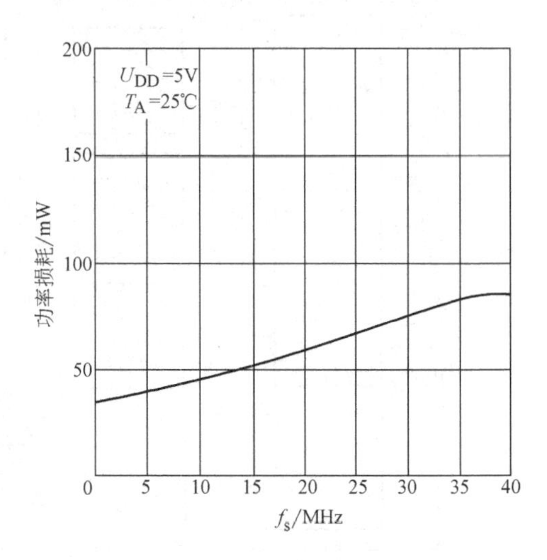

图 11-16 TLC5540 的功率损耗与频率的关系

（5）应用 TLC5540 的注意事项 TLC5540 属于很容易应用的 A/D 转换器，应用时注意到输出信号与时钟脉冲的前后沿关系和参考电压端口的处理就可以了。图 11-17为 TLC5540 电源系统的连接方法与参考电压端口的滤波电路。A/D 转换电路的设计关键在于模拟地、数字地、模拟电源与数字电源的设置和连接方法。由于 A/D 转换器内部既有电压比较的模拟电路又有数字控制与数字输出等数字电路，其中的电源系统在幅值上相等，但是要求的条件不同，所以尽量给模拟部分的电源创造良好的条件是关键。为此必须将模拟电源与数字电源分开，使数字电路工作时产生的波动不能影响模拟电路，否则干扰与噪声会使得 A/D 转换器无法正常工作，特别是速度高的 A/D 转换器更要注意这个问题。

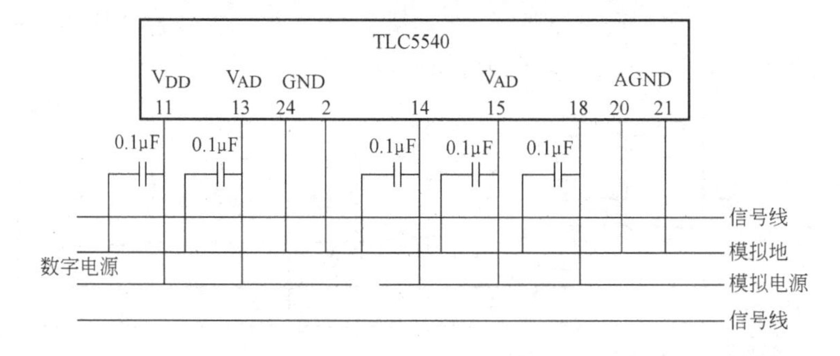

图 11-17 TLC5540 电源系统的连接方法与参考电压端口的滤波电路

当同一块电路板上有多个转换器时，可以利用片选信号$\overline{OE}$进行选择，若只有一片 A/D 转换器，可以将其接地，使之总处于有效状态。

2. 高分辨力的 A/D 转换器

8 位 A/D 转换器的分辨力只有 1/256，分辨能力和动态范围都太低。在光度测量应用中显得力不从心，尤其在光谱探测中常要求 A/D 器具有更高的转换精度和更大的动态范围。为此必须引入分辨力更高的 A/D 转换器。

（1）LTC1412 的引脚定义 LTC1412 为 12bit 的高分辨力 A/D 转换器，是一种常用的高速 A/D 转换器。它的封装形式是 SSOP，由 28 个引脚构成图 11-18 所示的器件。引脚定义和功能说明见表 11-2。

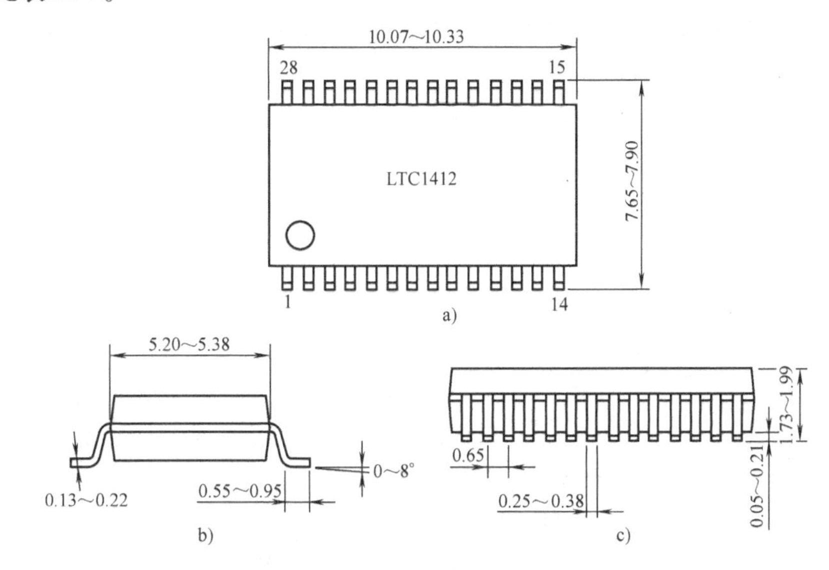

图 11-18 LTC1412 的外形尺寸与引脚定义
a）引脚定义 b）侧视图 c）主视图

表 11-2 LTC1412 的引脚定义和功能说明

引脚编号	引脚定义	功能说明	引脚编号	引脚定义	功能说明
1	A_{IN}^{+}	正信号输入	15	D_3	数字输出
2	A_{IN}^{-}	负信号输入	16	D_2	数字输出
3	V_{REF}	参考电平	17	D_1	数字输出
4	REFCOMP	参考电源地	18	D_0（LSB）	数字输出最低位
5	AGND	模拟地	19	DGND	数字地
6	D_{11}（MSB）	数字输出最高位	20	DV_{DD}	数字电源
7	D_{10}	数字输出	21	OV_{DD}	输出数字电源
8	D_9	数字输出	22	OGND	输出数字地
9	D_8	数字输出	23	$\overline{CONVST}$	转换启动信号
10	D_7	数字输出	24	$\overline{CS}$	片选信号
11	D_6	数字输出	25	$\overline{BUSY}$	低电位表示正在转换
12	D_5	数字输出	26	V_{SS}	负电源
13	D_4	数字输出	27	DV_{DD}	数字电源
14	DGND	数字地	28	AV_{DD}	模拟电源

（2）LTC1412的工作原理 LTC1412的工作原理如图11-19所示，模拟信号由A_{IN+}与A_{IN-}输入端输入，根据输入信号的极性可选择不同的接入方式。例如，在正极性输入信号的情况下将A_{IN-}接地。输入到转换器的信号先经过采样保持器使采样瞬间的模拟信号保持一段时间，并将其送入12bit的校正D/A转换器，12bit的校正D/A转换器转换的模拟电压与2.5V参考电平经过放大器放大为4.06V的稳定电压进行比较并校准后，再将D/A转换器的输出与输入电压进行比较，当数字锁存器存储的数据转换成的模拟量与输入电压通过比较器进行比较而结果相等时，将数据锁存器的数据锁存并输出。比较的过程与数据的输出等操作均由内部时钟和逻辑电路完成，受外接脉冲$\overline{\text{CONVST}}$与$\overline{\text{CS}}$控制，按一定时序的程序进行。A/D转换器工作的状态由$\overline{\text{BUSY}}$输出端的状态表征。

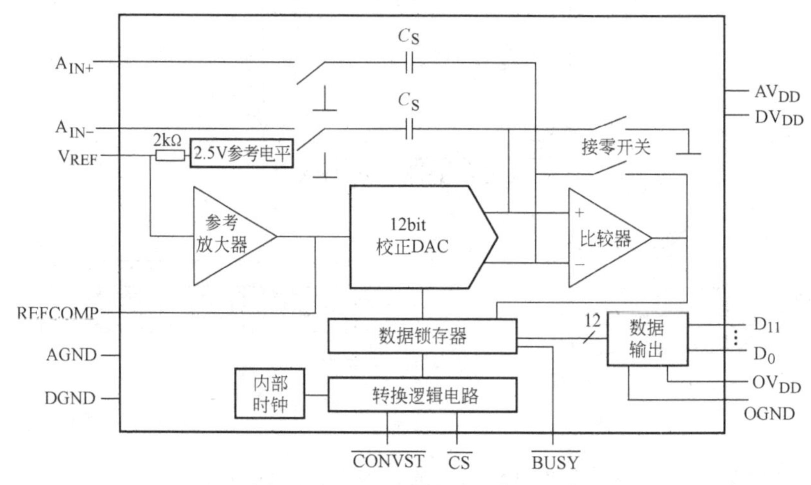

图11-19 LTC1412的工作原理

（3）LTC1412的工作波形 LTC1412的启动、转换过程与数据输出等的控制时序波形如图11-20所示。由图11-20可见，在片选脉冲$\overline{\text{CS}}$有效后，经过t_1时刻A/D转换器方可在$\overline{\text{CONVST}}$启动脉冲有效后启动并进行转换。A/D转换器接收到$\overline{\text{CONVST}}$后，经t_3时间延时后它的状态脉冲$\overline{\text{BUSY}}$将由高电平变为低电平，表明A/D转换器已经在内部时钟的控制下进行转换工作。当$\overline{\text{BUSY}}$由低变高，表明A/D转换器已经完成转换工作，并将转换完的数据送到输出端口（即数据线上的数据有效），t_4时间段表明数据已经可靠有效。从A/D转换完成到允许下一次启动A/D转换器需要延迟时间t_5。图中的时间t_2为A/D转换器启动脉冲$\overline{\text{CONVST}}$的最短宽度，时间t_6为片选有效到数据线数据有效的延迟时间，而t_7为片选无效到数据线无效的延迟时间。

表11-3列出采用LTC1412进行数据采集时的时间要求。

（4）特性参数 A/D转换器的主要特性参数是频率特性与信噪比，频率特性与信噪比的关系如图11-21所示。在3MHz输入频率的情况下信噪比略微有所下降。

11.3.2 单元光电信号的A/D数据采集

图11-22为单元光电信号的A/D数据采集系统原理框图。系统采用TLC5540。它为8位高速A/D转换器，考虑到不同的计算机总线接口方式数据传输速度的不同，A/D转换接口

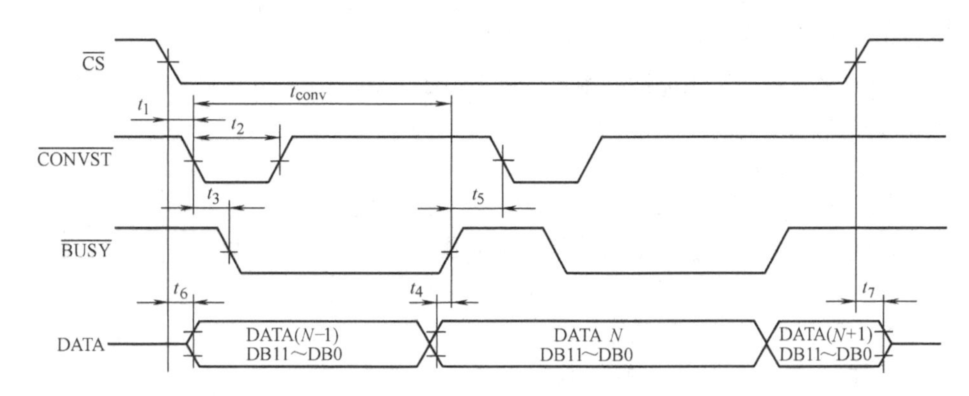

图 11-20　LTC1412 的启动、转换过程与数据输出等的控制时序波形图

表 11-3　采用 LTC1412 进行数据采集时的时间要求

时间名称	定　义	最小值	典型值	最大值	计量单位
t_1	$\overline{CS}$有效到$\overline{CONVST}$建立时间	5			ns
t_2	$\overline{CONVST}$有效最短时间	20			ns
t_3	$\overline{CONVST}$到$\overline{BUSY}$延迟时间		5	20	ns
t_4	数据有效到$\overline{BUSY}$有效延迟时间	−25	0	25	ns
t_5	两次转换间隔时间	50			ns
t_6	片选到数据有效的延迟时间		10	45	ns
t_7	数据总线关断时间		8	35	ns
t_8	数据转换高电平时间	20			ns

电路设置了内部 SRAM，以便适应连续的A/D数据采集的需要。计算机的低 10 位地址总线与读$\overline{RD}$、写$\overline{WR}$控制线、地址允许信号 AEN 或中断控制线等构成译码信号，经译码器对同步控制器产生各种操作信号。同步控制器将产生 A/D 启动时钟信号 CLOCK，A/D 转换器启动并在转换完成后将 8 位数据存入 SRAM，同时使地址计数器加 1。待存够所需要的数据后，计算机软件通过地址总线控制同步控制器将 SRAM 中的数据读取到计算机内存。

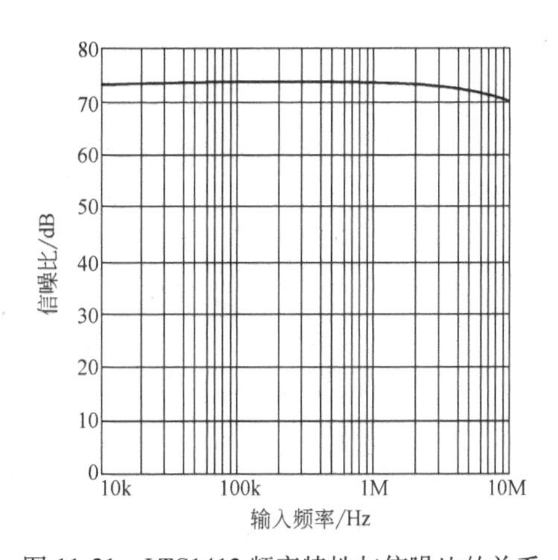

图 11-21　LTC1412 频率特性与信噪比的关系

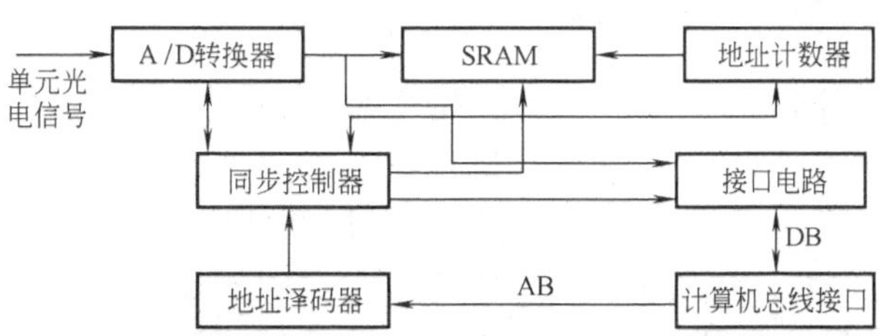

图 11-22　单元光电信号的 A/D 数据采集系统原理框图

单元光电信号的 A/D 数据采集系统软件流程如图 11-23所示。初始化将程序所用的内存地址空间及数据格式等内容确定，软件中用计算机允许的用户地址编写同步控制器的有关指令。如用 2F1H 地址设置 A/D 数据采集系统处于初始状态，2F3H 写系统所要采集的数据量，2F5H 判断 N 个数据的转换工作是否已经完成。若没有完成，程序返回继续查询；若已完成，程序将向下执行，用 2F4H 读取 N 个 8 位数。读完后程序结束或返回。

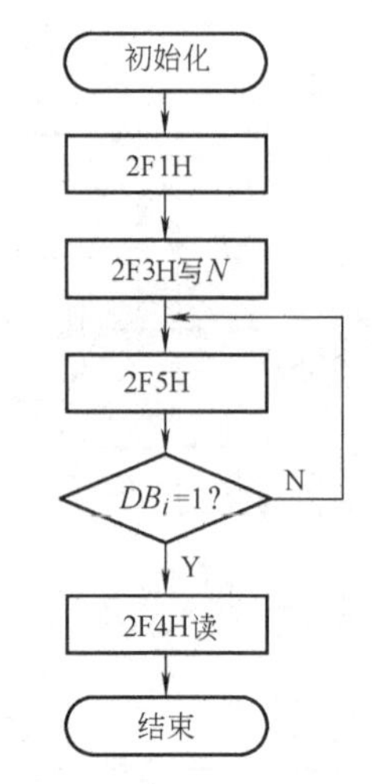

图 11-23 单元光电信号的 A/D 数据采集系统软件流程

用 C 语言编写单元光电信号 A/D 数据采集系统的程序如下：

```
# include <dos. h>
# include <conio. h>
main( )
{
 ⋮
    int ready=0;
    unsigned char result=0;
    outportb(0x2F3,20); //设定 N=20
    inportb(0x2F1);//启动 A/D,完成采集系统的复位
    while(1)
            {
                    ready=inportb(0x2F5);
                    ready = ready&0x01;
                    if (ready==1)
                    break;
                    //查询 A/D 转换完否
            }
    result = inportb(0x2F4); //读数据
    printf("\n result:%d",result);
  ⋮
}
```

11.3.3 序列光电信号的量化处理

本节仍以 CCD 输出的信号为序列光电信号的典型信号讨论其量化处理问题。CCD 输出信号分为线阵与面阵 CCD 两种，尽管它们的输出形式千差万别，但它们都是时间的函数，属于时序信号。时序信号的量化处理过程中通常要用到低通滤波器、采样保持器和 A/D 转换器等功能器件，这些功能器件的基本特性可参考相关电子技术教材。本节将通过介绍常用于线阵 CCD 输出信号量化处理的高分辨力 A/D 转换器，讲授序列光电信号的量化处理问题。

1. 高分辨力的 A/D 转换器 ADS8322

ADS8322 为 16 位并行输出的高速高分辨力的 A/D 转换器。图 11-24 为 ADS8322 的引脚分布与定义。图11-25 为 ADS8322 的原理，从图可以看出，它具有内部基准电源和采样保持电路。当基准电源为 1.5～2.6V 时，其满量程输入电压值为 3.0～5.2V。

ADS8322 采用逐次逼近的转换方式，由容性 D/A 转换器、电压比较器与逐次逼近存储器完成 A/D 转换工作，并将其 16 位数字送入三态锁存器。三态锁存器的输出由端口 BYTE 控制。

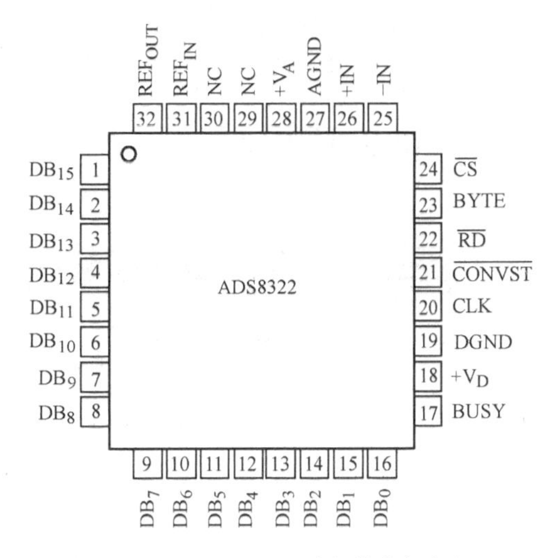

图 11-24　ADS8322 引脚分布与定义

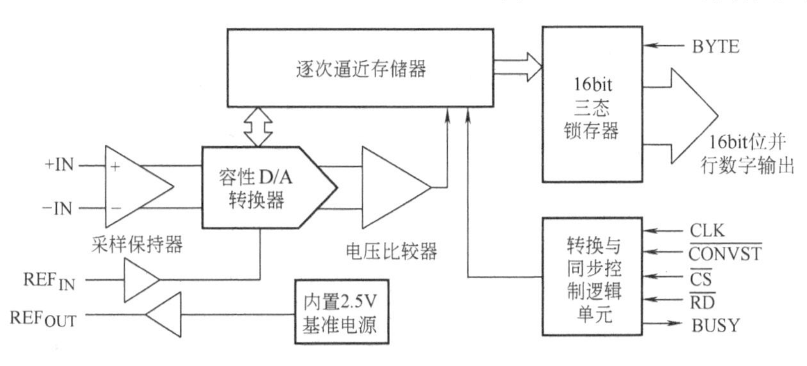

图 11-25　ADS8322 的原理

ADS8322 的启动及其控制均由时钟脉冲 CLK、片选信号 $\overline{\text{CS}}$、读信号 $\overline{\text{RD}}$ 和控制脉冲 $\overline{\text{CONVST}}$ 控制，工作状态（是否处于转换过程中）由忙信号 BUSY 端口输出。

2. ADS8322 的工作时序

ADS8322 的工作时序如图 11-26 所示。

ADS8322 的典型电路如图 11-27 所示。时序光电信号由模拟输入端接入 A/D 转换器，转换器的启动与数据的读出分别由时钟脉冲 CLK、片选信号 $\overline{\text{CS}}$、读信号 $\overline{\text{RD}}$ 和转换启动脉冲 $\overline{\text{CONVST}}$ 控制。可以看出，ADS8322 的片选 $\overline{\text{CS}}$ 有效经时间 t_8 后，转换时钟脉冲 $\overline{\text{CONVST}}$ 由高变低（有效），再经时间 t_4 延迟，时钟脉冲 CLK 的上升沿将启动 A/D 转换器使其进入转换状态。此时，A/D 转换器输出的状态信号 BUSY 将由低变高，表明 A/D 转换器已进入转换“忙”状态。经过 16 个 CLK 时钟脉冲，转换工作完成，BUSY 将变成低电平，转换器进入采集与输出过程。在采集与输出过程中 $\overline{\text{CONVST}}$ 应为高电平，片选信号 $\overline{\text{CS}}$ 有效、读信号 $\overline{\text{RD}}$ 有效时（此时 BYTE 为低电平）16 位数字将在 DB_0～DB_{15} 数据输出端上，在 t_{15} 期间输出。采集过程需要 4 个 CLK 时钟脉冲，整个转换周期为 20 个 CLK 时钟脉冲。第一次转换的数据读出后间隔时间 t_{12} 即可再次启动 A/D 转换器，经 16 个 CLK 时钟脉冲后，读出数据，如此反复。但是，当输出控制脉冲 BYTE 变为高电平后，数据输出端口被封闭。

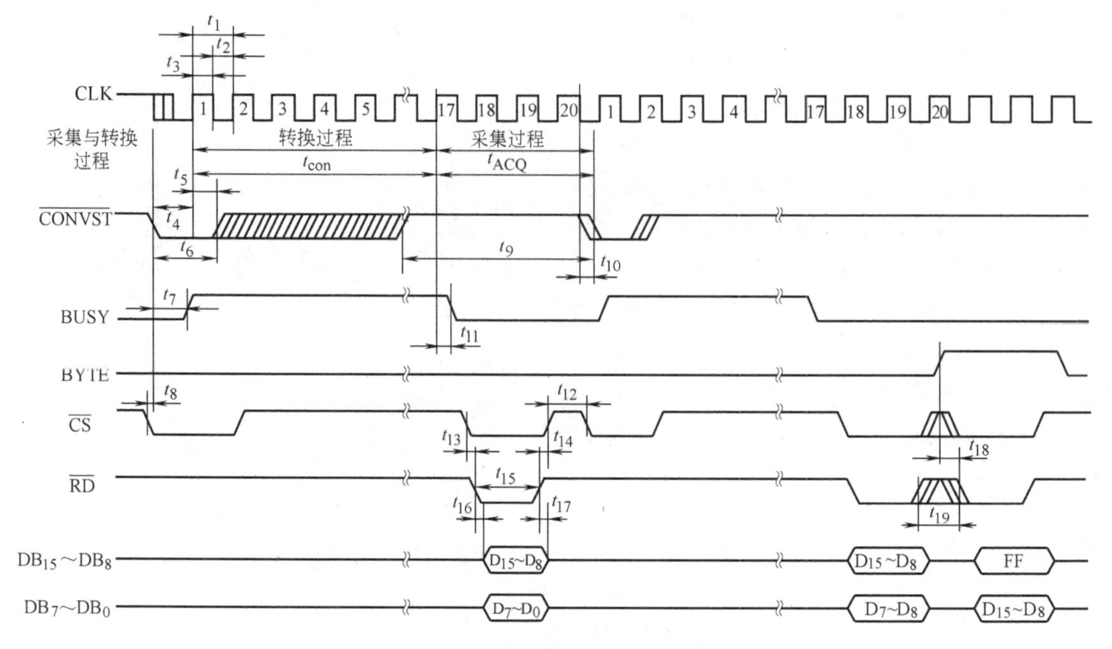

图 11-26 ADS8322 的工作时序

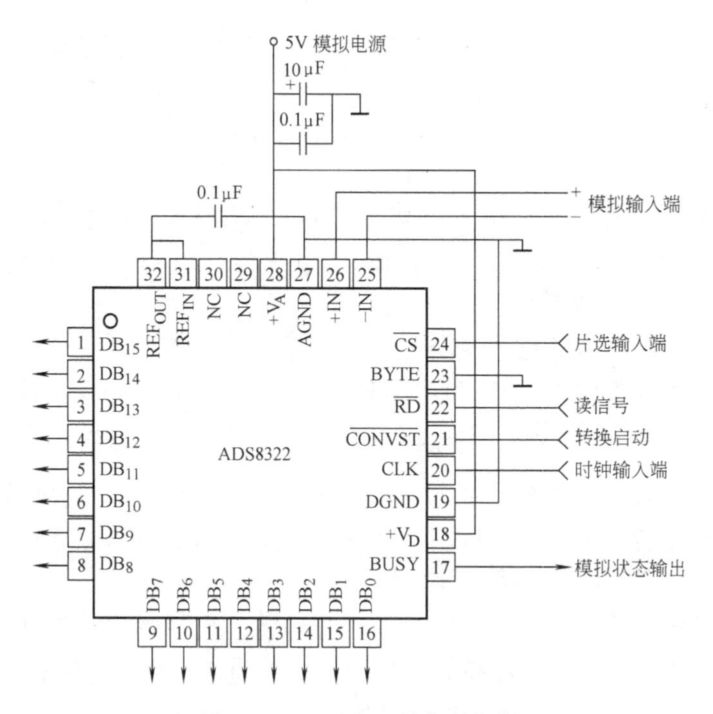

图 11-27 ADS8322 的典型电路

表 11-4 为 ADS8322 的时间特性参数，表中所列的时间参数均为极限时间，只要不超出表中所列时间范围，A/D 转换器就能正常工作。

表 11-4　ADS8322 的时间特性参数

参 数 名 称	符号	最小值	典型值	最大值	计量单位
转换时间	t_{CONV}			1.6	μs
采集时间	t_{ACQ}			0.4	μs
时钟周期	t_1	100			ns
时钟高电平时间	t_2	40			ns
时钟低电平时间	t_3	40			ns
转换低到时钟高电平时间	t_4	10			ns
时钟高到转换高电平时间	t_5	5			ns
转换低电平时间	t_6	20			ns
转换低到 BUSY 高电平时间	t_7			25	ns
片选$\overline{CS}$低到转换低电平时间	t_8	0			ns
转换高电平时间	t_9	20			ns
时钟低到转换低电平时间	t_{10}	0			ns
时钟高到 BUSY 低电平时间	t_{11}			25	ns
片选$\overline{CS}$高电平时间	t_{12}	0			ns
片选$\overline{CS}$低到读出低电平时间	t_{13}	0			ns
读出高到片选$\overline{CS}$高电平时间	t_{14}	0			ns
读出低电平时间	t_{15}	50			ns
读出低到数据有效的时间	t_{16}	40			ns
读出高后数据的持续时间	t_{17}	5			ns
BYTE 变高到读出低的时间	t_{18}	0			ns
读出高电平的时间	t_{19}	20			ns

11.3.4　序列光电信号的 A/D 数据采集与计算机接口

序列光电信号常分为线阵 CCD 输出信号、面阵 CCD 输出的视频信号及其他电子束摄像管摄像机发出的具有各种制式的复合同步的视频信号。同步方式不同，A/D 数据采集和计算机接口方式等也不相同。下面分别讨论线阵 CCD 输出信号与面阵 CCD 的视频信号的 A/D 数据采集与计算机接口的问题。

1. 线阵 CCD 输出信号 A/D 数据采集系统的基本组成

本节以 TCD1251D（2700 像元）线阵 CCD 的输出信号为例，讨论线阵 CCD 输出信号的 A/D 数据采集系统的基本组成。图 11-28 为典型线阵 CCD 同步数据采集系统的原理框图。它由线阵 CCD 驱动器、同步控制器、A/D 转换器、数据存储器、地址发生器、地址译码器、接口电路与总线接口等硬件和计算机软件构成。线阵 CCD 驱动器除提供 CCD 工作所需要的驱动脉冲外，还要提供与转移脉冲 SH 同步的行同步控制脉冲 F_C、与 CCD 输出的像元亮度信号同步的脉冲 SP 和时钟脉冲 CLOCK，并将其直接送到同步控制器，使数据采集系统的工作始终与线阵 CCD 的工作同步。

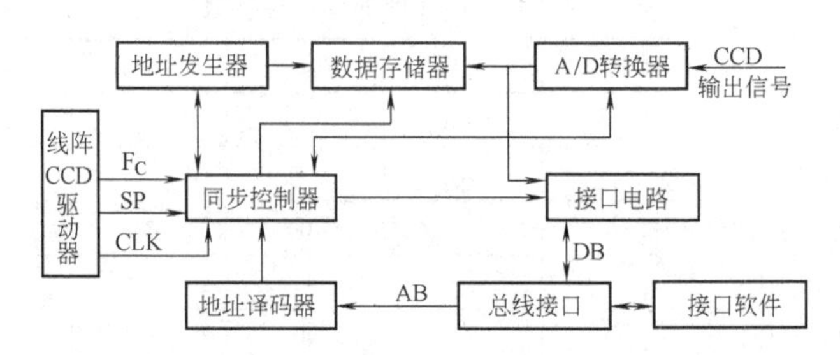

图 11-28 典型线阵 CCD 同步数据采集系统的原理框图

同步控制器接收软件通过地址总线与读写控制线等传送的命令，执行对地址发生器、存储器、A/D 转换器、接口电路等的同步控制。

图 11-28 中，A/D 转换器采用 ADS8322，它具有 16 位二进制数的分辨能力，工作速率高达 500kHz，且具有内部采样放大器，可对输入信号进行采样保持。数据存储器采用 SRAM6264，它具有 64kbit 的数据存储空间，存取速率高于 10MHz。地址发生器采用同步或异步的多位二进制计数器构成。接口电路采用 74LS245 双向 8 位总线收发器构成。地址译码器与同步控制器一起用 CPLD 现场可编程序逻辑电路构成。总线接口方式可有多种选择，如 PC 总线接口方式、并行接口（打印口）方式、USB 总线串行接口方式、PCI 总线接口方式等。不同的接口方式具有不同的特性，其中以 PCI 总线接口方式的数据传输速度最快。

此外，接口软件是数据采集系统的核心，由它来判断数据采集系统的工作状态，发出 A/D 转换器的启动，数据的读、写操作等指令，完成计算与处理数据，含存储、显示和传输等。

2. 线阵 CCD 的 A/D 数据采集系统分析

经放大的线阵 CCD 输出信号接入转换器的模拟输入端，驱动器输出的同步控制脉冲 F_C、SP 与时钟脉冲 CLK 送到同步控制器，并与软件控制的执行命令一起控制采集系统与 CCD 同步工作。

软件发出采集开始命令，通过总线接口给采集系统一个地址码（如 300H），地址译码器（如 3-8 译码器）输出执行命令（低电平）。同步控制器得到指令后，将启动采集系统（将采集系统处于初始状态），等待驱动器行同步脉冲 F_C 的到来。F_C 的上升沿对应着 CCD 输出信号的第一个有效像元，F_C 到来后，A/D 转换器将在 SP 与 CLK 的共同作用下启动并进行 A/D 转换工作。转换完成后，A/D 转换器输出的状态信号 BUSY 送回同步控制器。同步控制器将发出存数据的命令（A/D 的读脉冲$\overline{RD}$、存储器的写脉冲$\overline{WR}$），将 A/D 转换器的输出数据写入存储器，并将地址发生器的地址加 1。上述转换工作循环进行，直到地址发生器的地址数增加到希望值（转换工作已完成），同步控制器得到地址发生器的地址数已达到希望值的信息后，通知计算机。计算机得到转换工作已完成的信息后，软件再通过总线接口、地址译码器和同步控制器将存在存储器中的数据通过接口电路送入计算机内存。

TCD1251D 线阵 CCD 的行同步脉冲 F_C、采样脉冲 SP、时钟脉冲 CLK 与 A/D 转换器的各种操作控制脉冲的时序关系如图 11-29。F_C 的上升沿使同步控制器开始自动接收采样脉冲 SP 与时钟脉冲 CLK，SP 的上升沿使片选$\overline{CS}$与转换信号$\overline{CONVST}$有效，CLK 的第一个脉冲使 A/D 转换器启动，状态信号 BUSY 变为高电平，经过 16 个时钟周期的转换后，转换过程结束，BUSY 由高变低，A/D 转换器进入输出数据阶段，读脉冲$\overline{\text{RD}}$有效，同时，在 BUSY 下降沿的作用下，同步控制器发出两个写脉冲$\overline{\text{WR}}$，写脉冲$\overline{\text{WR}}$将 16 位数据分两次写入 SRAM6264，每写一次，同步控制器使地址发生器的地址加 1。如此循环，经 2700 个 SP 后，A/D 转换器进行 2700 次转换（即将 TCD1251D 的所有有效像元转换完成）后，地址计数器的地址为 5400，计数器的译码器输出计满信号送给同步控制器，同步控制器将通过接口总线通知计算机，计算机软件将通过接口总线及译码器控制同步控制器读出 5400 个 8 位数据到计算机内存。将数据存入计算机时，按 16 位数据模式存放数据构成 2700 个 16 位数据。

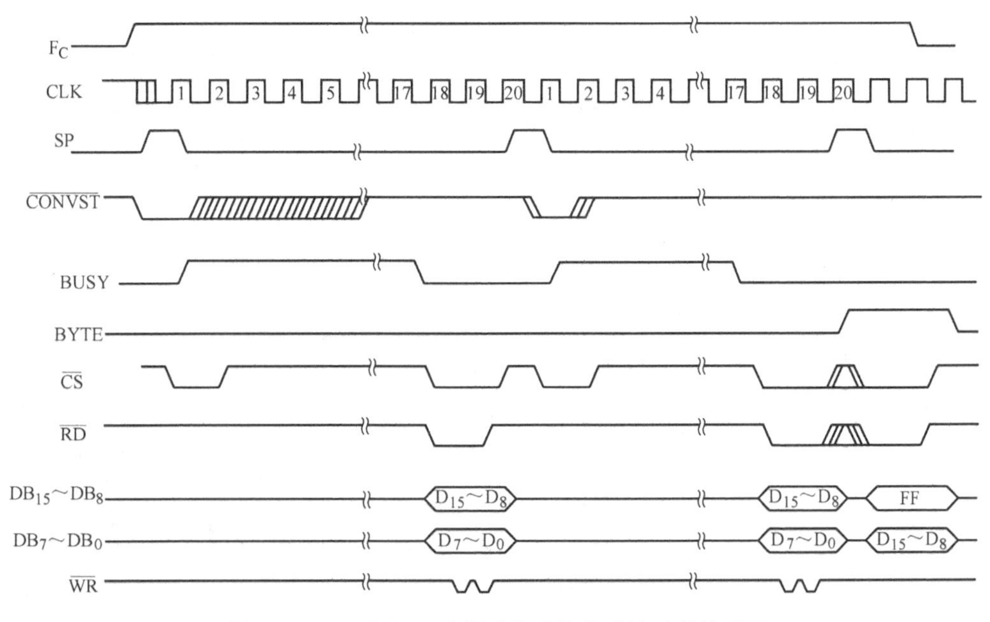

图 11-29　16 位 A/D 数据采集系统脉冲的时序关系图

显然，接口总线的不同影响着数据采集的速度与方式，其中 PCI 总线的数据传输速度最快，采用 PCI 总线的接口方式，不用设置 SRAM，转换完成后可以直接将数据存入计算机内存。用 USB 2.0 接口方式采集单一速度不高于 1MHz 的线阵 CCD 传感器输出信号时可以不用设置 SRAM，但是对于驱动频率较高的线阵 CCD 的数据采集必须设置 SRAM。用并口（打印接口）等低速接口方式进行数据采集时，由于接口的数据传输速度低于线阵 CCD 的数据输出速率，必须设置 SRAM，以便衔接高速 A/D 采集与低速数据传输的接口问题，完成线阵 CCD 的 A/D 数据采集的工作。

从上面的分析不难看出，以线阵 CCD 为代表的序列光电信号的数据采集的关键是同步问题。为解决这个问题，天津市耀辉光电技术有限公司提供给客户的各种型号线阵 CCD 驱动器产品中会设计有扣除虚设单元后的行同步脉冲 F_C 与对应于每个像元信号最佳输出时段的采样脉冲 SP，并将其输送到驱动器的输出端口，为自行设计数据采集系统提供方便。同时，还设计出多种类型的线阵 CCD 数据采集卡。

表 11-5 列出几种适用于采集不同类型线阵 CCD 输出信号的 A/D 数据采集卡的基本性能参数，供读者选用。

表 11-5 几种采集不同类型的线阵 CCD 输出信号的 A/D 数据采集卡的基本性能参数

采集卡型号	接口类型	最高采样速率/MHz	采样精度/bit	适用线阵CCD类型	特点及应用
KX08PCIE-Ⅰ	PCIE	25	8	黑白	高速数据采集卡，用于动态高速测量、分析
KX08PCIE-Ⅱ	PCIE	20	8	黑白	适用于双路线阵 CCD 同步数据采集
KX08PCIE-Ⅲ	PCIE	20	8	黑白、彩色	适用于 3 路线阵 CCD 同步数据采集与彩色线阵 CCD 的数据采集
KX08PCIE-Ⅳ	PCIE	20	8	黑白、彩色	适用于 4 路线阵 CCD 同步数据采集与彩色线阵 CCD 的数据采集
KX12PCIE-Ⅰ	PCIE	10	12	黑白	高速数据采集卡，用于动态高速测量、分析
KX12PCIE-Ⅱ	PCIE	10	12	黑白	适用于双路线阵 CCD 同步数据采集
KX16PCIE-Ⅰ	PCIE	1.0	16	黑白	高速数据采集卡，用于动态高速测量、分析
KX16PCIE-Ⅱ	PCIE	1.0	16	黑白	适用于双路线阵 CCD 同步数据采集
AD08S-USB	USB2.0	20	8	黑白	用于动态高速测量、分析
AD08D-USB	USB2.0	20	8	黑白	适用于双路线阵 CCD 同步数据采集
AD08T-USB	USB2.0	20	8	黑白、彩色	适用于三路线阵 CCD 同步数据采集与彩色线阵 CCD 的数据采集
AD08Q-USB	USB2.0	20	8	黑白、彩色	适用于四路线阵 CCD 同步数据采集与彩色线阵 CCD 的数据采集
AD12S-USB	USB2.0	10	12	黑白	用于动态较高的快速测量、分析系统
AD12D-USB	USB2.0	10	12	黑白	适用于双路线阵 CCD 同步数据采集
AD16S-USB	USB2.0	1.25×10^5	16	黑白	用于动态高速测量、分析

注：1. 上述采集卡中相同型号的不同接口类型的产品有些技术指标不尽相同，以产品说明书为准。

2. 能够适应彩色线阵 CCD 数据采集的采集卡均为三路并行采集方式。

11.4 面阵 CCD 的数据采集与计算机接口

面阵 CCD 图像传感器的输出信号与线阵 CCD 不同，它的输出信号不但具有与像面照度成函数关系的图像信号，而且还具有行、场同步信号，因此，称其为视频信号或全电视信号。将图像信号数字化或视频信号数字化的方法通常也称为视频信号的 A/D 数据采集。

视频信号的 A/D 数据采集方法有很多，在图像识别与图像测量等应用领域常将视频信号的 A/D 数据采集方法分为板卡式和嵌入式两种。板卡式是指在计算机系统中插入专用的图像采集卡构成的视频信号 A/D 数据采集系统，而嵌入式是指采用具有图像采集与图像处理功能的单片机系统、DSP 或 ARM 等微型化计算机系统构成的视频信号 A/D 数据采集系统。嵌入式系统通常与图像传感器安装在一起，成为具有机器视觉功能的传感器。由于嵌入式系统所用微型机的种类繁多，功能各异。因此，本节只讨论板卡式 A/D 数据采集系统。

11.4.1 基于 PC 总线的图像采集卡

图 11-30 为基于 PC 总线接口方式的典型面阵 CCD 视频信号 A/D 数据采集原理框图。CCD 图像传感器输出的全电视视频信号通过 BNC 插头送入 A/D 数据采集计算机接口系统（简称图像卡），进行数字图像采集工作。送入图像卡的全电视信号分为两路：一路通过同步分离电路分离出行与场同步脉冲，并将其送入鉴相器，使之与卡内时序脉冲发生器输出的同步信号相比较，并使卡内时序脉冲发生器产生的行、场同步脉冲与图像传感器输出的同步脉冲同相位；另一路信号经预处理电路后送给 A/D 转换电路转换成数字量。考虑到 PC 总线数据传输的速度低，必须在卡内设置 8 片 64KB 的帧存储器，以便适应视频图像频率要求。为了能够实时地观察 A/D 转换后的数字图像，采用查找表与 D/A 转换器配合，将数字图像转换为模拟图像，经同步合成处理成视频信号输出，供监视器观测。帧存储器存储的数字图像在时序脉冲发生器和控制电路的作用下，通过接口电路经 PC 总线接口传入计算机内存。下面对图像卡的主要组成部分进行讨论。

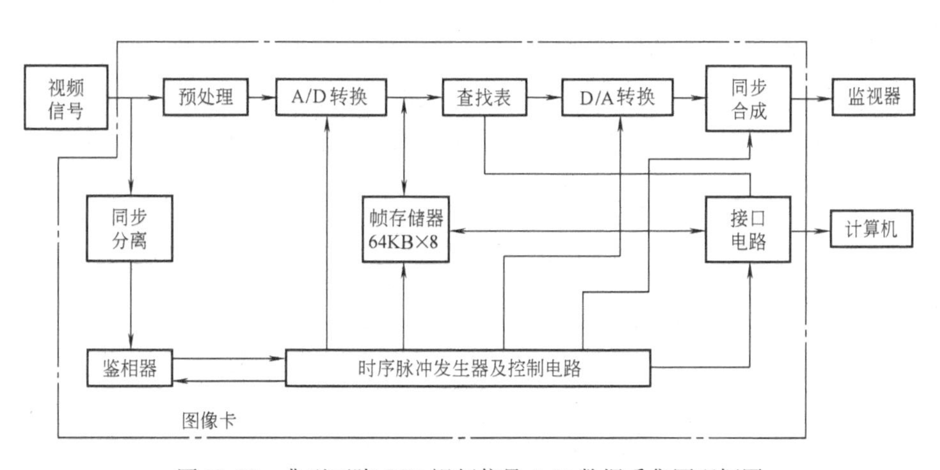

图 11-30 典型面阵 CCD 视频信号 A/D 数据采集原理框图

1. 视频信号的预处理电路

图 11-31 为典型的视频信号的预处理电路，它具有视频信号放大、对比度及亮度调节、同步钳位等多项功能。视频信号经 VT_1 构成的高输入阻抗前置放大器反向放大后送到由电位器 RP_1、RP_2及放大器 A 组成的第 2 级反相放大器，该级放大器具有直流电平调整功能（白电平的调整）与放大倍率（图像对比度）的调整功能。经两级放大后，输出与输入信号相位相同，幅度在 0~5V 范围内的信号，通过 VD_1 与 VD_2 构成的钳位电路送给 A/D 转换器。

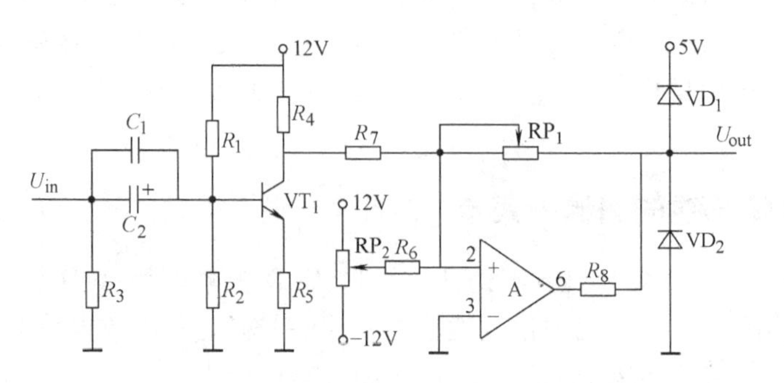

图 11-31 视频信号的预处理电路

显然，图中的电位器 RP_1 与 RP_2 在电路中分别起发光强度和对比度的调节作用，而二极管 VD_1 与 VD_2 用于抑制行、场同步脉冲对后续电路的影响，且限制视频信号的输出幅度。

2. A/D 转换电路

PC 总线图像采集卡经常采用 CA3318CE 高速 A/D 转换器，它具有 15MHz 的转换速率，而且转换控制简单、适应于输入模拟量为 0~5V 信号的 A/D 转换并且恰与上述视频信号的预处理电路匹配。图 11-32 为 CA3318CE 电路，其中第 1~8 脚为 8 位数据输出端，第 12 脚为数字部分的 5V 电源，第 24 脚为模拟部分的 5V 电源，第 22 脚为参考电源（由基准电压源提供）。输入时钟脉冲 CLK 可以通过 0.1μF 的电容接到第 18 脚上。经预处理电路的视频信号直接接到 U_{in} 输入端。$\overline{CE_1}$ 与 CE_2 为片选信号，CE_2 端已通过 2kΩ 的电阻接于5V，只要使 $\overline{CE_1}$ 有效，A/D 转换器便可在时钟 CLK 作用下完成 A/D 转换工作。视频信号行正程有效时间为 52μs，若行采样点数为 768，可见 A/D 转换器的工作频率应不低于 14.8MHz，CA3318CE 恰好满足要求。

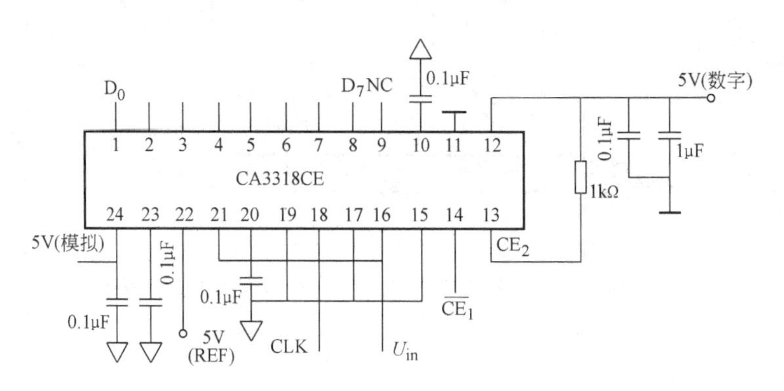

图 11-32 CA3318CE 电路图

3. 帧存储器

为了实现实时采集图像，系统中设置有图像帧存储器。帧存储器由两片高速静态存储器 SRAM62256-10 构成。SRAM62256-10 的存储容量为 32K×8bit，存取数据时间为 100ns。存储器的 16 条地址线接 4 片 2 选 1 数据选择器（74LS157）的输出端，选择器的输入端分别接到各种微型机的低 16 位地址线和图像系统时序发生器所产生的地址信号输出端。

哪类地址信号有效由控制电路的控制选择器选择端的状态决定。当微型机的地址信号有效时访问帧存储器。在软件控制下，可实时地从视频信号采集数据并存入帧存储器，或从帧存储器读取出数据写入微型机的内存，并显示帧存储器所存的图像。

4. 输出查找表及 D/A 转换

输出查找表由一片 SRAM 构成。根据 8 位 A/D 转换器的数字图像特点，它的地址数量很大而灰度等级很少，只有 256 级灰度。只要用地址空间为 256B 的 SRAM 便能够满足数字图像灰度查找表的需要。为此系统选用 2K×8bit 的 SRAM6116-12 为图像采集查找表，其接法如图 11-33 所示。

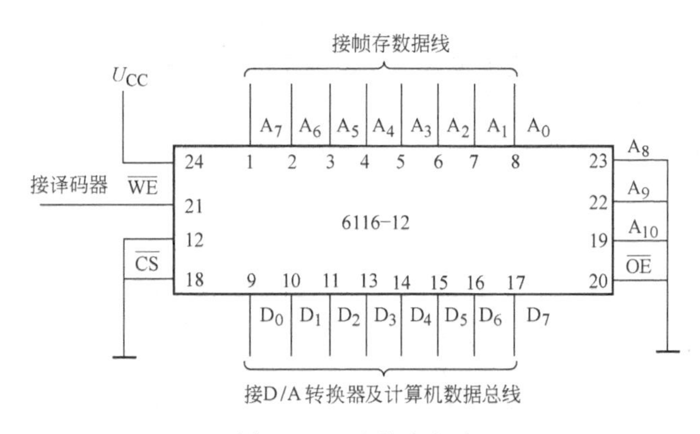

图 11-33 查找表电路

由图可见，输出查找表的地址线 $A_0 \sim A_7$ 直接与帧存储器的数据总线 DB 相连接，且与计算机的地址总线 AB 相连，而 SRAM 的数据线连接到 D/A 转换器与计算机的数据总线 DB 上。当$\overline{WE}$有效时，将计算机发来的数据写入查找表，以便修改查找表的内容。当$\overline{WE}$无效时，帧存储器传送来的数据（取值范围为 0~255）选中查找表中的一个对应存储单元。该单元预先由微机写入了相应的图像变换所需要的数据。该数据由查找表的数据线输出，经 D/A 转换器送至监视器，显示灰度变换后的模拟图像。

D/A 转换器采用 8 位 DAC0800，它组成的 D/A 转换电路如图 11-34 所示。其中第 5~12 脚为 8 位数字输入端口，与查找表 6116-12 的数据输出总线相接，第 2 脚为模拟信号输出端口（视频信号 U_o）。DAC0800 的模拟信号输出的幅度与 U_{CC}和 R_1、R_2 值有关，若 $U_{CC}=5V$，$R_1=1k\Omega$，$R_2=5\ k\Omega$，则 $U_o=U_{CC}\dfrac{R_1}{R_2}=1V$。适当的调整 R_1 与 R_2 电阻的阻值，可以改变模拟信号的输出幅度。为满足监视器的需要，应使D/A 转换器输出信号的幅度调整到峰值为 1V。

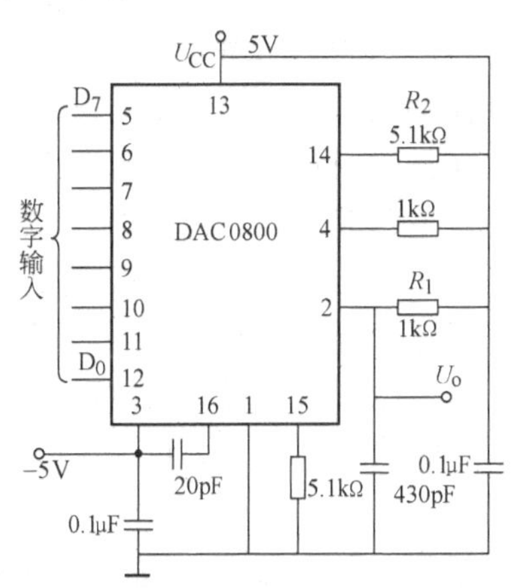

图 11-34 D/A 转换电路

5. 时序发生器及控制电路

时序发生器用于产生图像采集与显示所需要的帧存

储器的地址信号，还产生行、场同步信号，以便与 D/A 转换器输出的视频信号合成为全电视信号。

时序发生器电路可由小规模集成电路构成，但电路较复杂。本系统选用 CRT 控制器 MC6845 作为时序发生器。在时钟信号作用下，MC6845 能产生刷新存储器地址信号、列选信号、视频定时信号及显示使能信号。将刷新地址信号和列选信号适当组合可用作帧存储器的地址及片选信号。

控制电路的核心器件用一片现场可编程序逻辑器件（CPLD）生成。它比通常的中、小规模集成电路有更高的集成度，引脚功能可由用户定义。它最适合用于实现各种组合逻辑，具有线路简单、性能价格比高、保密性好等优点。

6. 同步锁相电路

使所采集的视频图像稳定的关键技术是同步锁相技术，图像采集卡中常用的同步锁相电路如图 11-35 所示。若视频信号由具有外同步输入特性的面阵 CCD 摄像机提供，则可用图像显示控制器 CRTC（用作图像卡分帧电路）产生的同步信号来同步摄像机，完成对视频图像的数据采集。

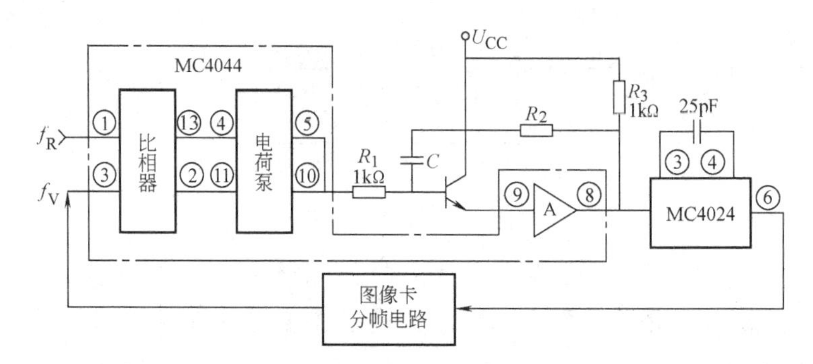

图 11-35 同步锁相电路

对于没有外同步输入的摄像机，需要同步锁相电路，使视频信号经同步分离后产生的行、场同步信号与 CRTC 输出的行、场同步信号锁相，保持两者的同步关系。同时，同步锁相电路还要产生与行同步保持固定相位和比例的主振脉冲，用于 A/D、D/A 转换器的时序脉冲的产生和对各单元的同步控制。图中 MC4044 为由鉴频/鉴相器件组成的同步锁相电路，它由比相器、电荷泵和放大器 A（达林顿晶体管）3 部分构成。MC4024 为压控晶体振荡器，R_1、R_2、R_3 和电容 C 构成低通滤波器，f_R 是视频信号经同步分离电路得到的行同步脉冲，f_V 是 CRTC 产生的行同步脉冲。若 f_R 超前 f_V，则 MC4044 的第 8 脚输出的控制电压增高，压控晶体振荡器的振荡频率将升高，从而使 CRTC 的行频 f_V 升高，使 f_V 追上 f_R。反之，若 f_R 滞后于 f_V，则 MC4044 的第 8 脚输出的控制电压将下降，压控振荡器的振荡频率也降低，使 CRTC 的行频 f_V 降低。这样的调节过程使 f_R 与 f_V 保持相位同步，使主振脉冲和 f_R 保持相位与比例的确定关系。当行频锁定后，可通过改变 MC6845 中寄存器的参数，实现场扫描的同步。

11.4.2 基于 PCI 总线的图像采集卡

11.4.1 节介绍了图像采集卡的基本结构和主要功能块的工作原理，这种结构是基于计算机的 AT 总线设计的。随着计算机的 PCI 总线的出现和完善，图像采集卡的结构不但可大大地简化，而且由于 PCI 总线的高速度，使得经过 A/D 转换以后的数字视频数据只需经过一个简单的缓存即可直接存到计算机内存，供计算机用于图像处理。同时，由于 PCI 总线的高速度，可将采集到内存的图像传送到计算机显卡显示，甚至可将 A/D 转换输出的数字视频经 PCI 总线直接送到显卡，在计算机终端上实时显示活动图像。基于 PCI 总线的图像采集卡的原理框图如图11-36 所示。

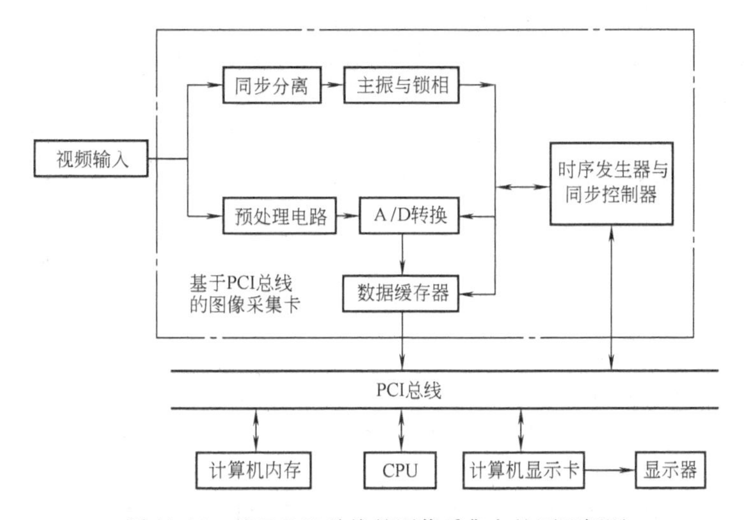

图 11-36　基于 PCI 总线的图像采集卡的原理框图

图 11-36 中的数据缓存器（锁存器）代替了图 11-30 中的帧存储器，缓存器的容量较小，用于控制简单的先进先出存储器（FIFO），起到图像卡向 PCI 总线传送视频数据时的速度匹配作用，使得图像卡插入计算机 PCI 插槽后能直接与计算机内存、CPU、显卡等内部设备之间形成高速度的数据传送。

下面介绍两款典型的黑白和彩色图像采集卡的性能及使用，这些图像采集卡即为基于 PCI 总线的 OK 系列图像卡。OK 系列图像卡的基本性能和特点如下：

1）基于 PCI 总线数据采集卡，可适应于各种规格 Pentium 主机系统。

2）由于高速 PCI 总线可以实现直接采集图像到 VGA 显存或计算机内存，而不必像传统 AT 总线的采集卡必须自带帧存储器。不仅可以实现单屏工作方式，而且可以利用计算机内存的可扩展性，实现所需数量的序列图像逐帧连续采集，进行序列图像处理分析。此外，由于图像可直接采集到计算机内存，图像处理可直接在计算机内存中进行，因此图像处理的速度随 CPU 速度的不断提高而得到提高，因而使得对计算机内存的图像进行并行实时处理成为可能。

3）支持即插即用，寄存器可以进行任意地址的映射。

4）驱动软件支持 Windows 95/98、Windows ME、Windows NT4、Windows 2000、Windows XP。

5）所有 OK 系列图像卡使用统一的安装盘，适应任意操作系统，同时采用了统一的用户开发接口标准，所以用户开发的程序不必做任何改动就可在任意操作系统上的任意 OK 系列图像卡上运行，不必过多顾及图像卡和操作系统的兼容性。

6）驱动软件支持一机多卡（同种和不同种均可）同时操作，逐帧并行处理，即使是同型号的多块卡，它们的参数设置，如对比度、发光强度等，也是完全独立的。

7）非标准视频信号的图像卡具有自动检测视频信号各项参数的能力，如测试行频、场频、帧频、逐行或隔行等参数，并能用软件调节这些参数。

1. OK _ C20A 彩色与黑白兼容图像采集卡

OK _ C20A 是基于 PCI 总线的图像采集卡，它既能采集彩色图像又能采集黑白图像，适用于图像处理、工业监控和多媒体的压缩、处理等研究开发和工程应用领域。

（1）OK _ C20A 图像采集卡的主要功能与特点　其主要功能与特点如下：

1）实时采集彩色和黑白图像。

2）视频输入可为标准 PAL、NTSC 或 SECAM 制式信号。

3）9bitA/D 转换采样精度，8bit 数据输出，有梳状滤波器和抗混叠滤波器。

4）具有 6 路复合视频输入选择或 3 路 Y/C 输入选择。

5）对于发光强度、对比度、色度、饱和度等参数可以通过软件进行调整。

6）具有硬件点屏蔽位功能。

7）由硬件完成输入图像的比例缩放。

8）具有硬件镜像反转功能。

9）支持 RGB32、RGB24、RGB16、RGB15、RGB8、YUV16、YUV12、YUV9、黑白图像 GRAY8 图像格式。

（2）OK _ C20A 图像采集卡的主要技术指标　其主要技术指标如下：

1）图像采集与显示的最大分辨率为 768×576。

2）9bitA/D 转换采样精度

3）能够采集单场、单帧、间隔几帧及连续相邻几帧的图像并精确选择到场。

2. OK _ M20A、B 系列高分辨率黑白图像采集卡

OK _ M20A、B 系列是基于 PCI 总线的可采集标准和非标准逐行与隔行视频信号及信号与同步分离的信号源（如 VGA 等）的 8bit 高速图像采集卡，适用于各种标准与非标准逐行、隔行的 CCD 摄像机，X 光机、CT 及核磁共振等医疗设备。

（1）OK _ M20A、B 系列图像采集卡的主要功能与特点

1）高速 8bit A/D 转换采样精度，采样主频率在 80~205MHz 范围自动调节，具有细调功能，保证在不同的行频和帧频下获得方形或任意比例的矩形采样点阵。

2）输入的视频幅度可适应 0.2~3V 峰值，零点调整可适应±1.5V 的变化范围。具有足够宽的 A/D 转换前发光强度与对比度的可调范围，软件可调。

3）输入行频从 7.5~64kHz 的标准与非标准视频信号及信号与同步分离的视频源（如 VGA 等）；具有自动检测，自动适应或软件调整行频、场频、帧频、隔行或逐行等视频特性的能力。

4）具有 4 路视频输入软件切换选择的功能。

5）能采集单场、单帧、间隔几帧和连续帧图像，精确到每一场。

6）传输速度最高可达 132MB/s，在标准视频源时，采集图像总线占用时间与 CPU 和其他资源可使用总线时间之比为 1/8 的分享总线技术，适用于图像实时处理。

7）采集点阵从 480×480 到 2048×1020 可调，具有 4×4 到 2048×1020 的开窗（可视窗

口）功能。

（2）OK _ M20A、B 系列图像采集卡的主要技术指标　其主要技术指标如下：

1）采集图像总线传输速度可达 132MB/s，OK _ M20D 可达 205MB/s。

2）可支持 8bit、24bit 及 32bit 图像采集，Windows 菜单下，图像无失真实时显示。

3）图像的点阵抖动（Pixel Jitter）不大于 0.5ns。

3. 系统要求

OK 系列 PCI 图像卡用于带有 PCI 总线的 PC 上。所用的 PC 应满足下列要求：

1）PC 主机选用 586 或高于 586 性能的机器。

2）主机板必须至少带有一个符合 PCI 2.1 标准的 PCI 插槽。

3）内存应在 256MB 以上，硬盘应有 512MB 以上的剩余空间。

4）正确预装 Windows 95/98/ME 或 Windows NT4/Windows 2000/XP 操作系统。

5）正确安装了显卡驱动程序，确保系统没有被病毒感染。

4. 硬件安装

关上 PC 电源，打开机箱盖，将 OK 图像卡插入 PCI 槽中，并确保插正插牢。用图像卡提供的连接线将摄像机与图像卡连接起来。

连接无误后，盖上机箱盖，然后，打开 PC 的电源，进入启动 Windows 操作系统。

5. 程序安装

（1）设备驱动安装　现以 Windows 98/2000/XP 为例。首次安装图像卡时，系统启动时会提示："发现新的硬件设备（Multimedia Device），请把安装（SETUP）盘插入光驱"，按系统提示即可进行系统的新设备信息登记和驱动程序安装。

（2）演示程序安装　把安装（SETUP）盘插入光驱，然后运行标准安装程序 Setup，按程序提示即可容易地安装好开发库和驱动程序及演示程序。安装完毕后，安装程序会在系统桌面以及 Program（程序）中自动生成"Ok Image Products"文件夹，文件夹里有"Ok Demo"演示程序，用户可以通过该演示程序进行图像卡的一些常规操作，以测试图像卡工作是否正常。文件夹里还有"Uninstall Ok Devices"用来撤除图像卡驱动系统，以及"Ok User Guider"（用户指南）和"Ok Device Manager"（OK 系列图像设备管理器）。

驱动程序默认设置序列图像帧缓存大小为 4096KB（4MB）。以后如需改变，可以通过"Ok Device Manager"中的"缓存分配"设置所需序列图像缓存的大小，重启系统后，使新设置生效。

对于 VGA 的模式设置，一般来说，如是采集彩色信号，最好设置成 24bit 或 32bit 色模式，如是采集黑白信号，则设置成 8bit 或 24bit 色模式。

6. 图像卡的测试

软件安装成功以及 VGA 模式设置好后，首先可通过双击文件夹"Ok Image Products"中的"Ok Device Manager"检查内存是否申请到。然后再通过双击文件夹"Ok Image Products"中的"Ok Demo"演示程序，来测试图像卡及驱动程序是否可以正常工作。

启动演示程序后按以下步骤逐步判断图像卡和主机的匹配是否有问题。在以下各步只要出现正常的图像，就可认为安装已经成功了。这里所指的"正常"图像是指虽然它的位置、大小等尚不满意，但已有了无扭曲的图像。

1）在"选项"中单击"选用图像卡"中所安装的图像卡。

2）单击“实时显”，观察是否出现正常图像。

3）如果发生死机，可能存在 VGA 的冲突问题。

4）在“选项”中单击“经缓存实时显”，观察是否出现正常图像。

5）如果还发生死机，可更换一下 PCI 插槽再做以上测试。

6）更换 PCI 插槽后仍无法正常工作，则需安装更换其他 PCI 传输兼容性好的主板。

图像的大小、位置不正常多半会出现在使用了非标准图像卡并连接非标准视频信号时。此时可单击 DEMO 菜单中的“设置参数”选取“有效区 X（Y）偏移”“采集目标宽（高）度”“源窗左（右）边 X 坐标”等以调节图像采集的位置、采集的分辨力和大小。

演示程序中已提供了各种常用的功能，并有在线帮助。在编程前，可以用该演示程序实现常用的需求。实现这些功能的源程序在安装时已复制到用户机器里。

7. OK 系列图像卡编程

（1）常用函数　OK 系列图像卡的函数库非常丰富，这里只介绍一些其中最常用的基本函数，其他的函数可在熟悉了以后或有需要时再去学习。

1）打开与关闭。

okOPenBoard：打开指定图像卡，返回其句柄，并以之前设置的参数进行初始化。所有对卡操作与控制的函数都要使用该句柄。

okCloseBoard：关闭指定已打开的图像卡，并存盘当前已设置的参数到初始化文件，然后释放该句柄所用资源。

2）系统信息。

okGetBufferSize：获得为本卡使用的缓存大小及首幅的线性地址，并返回在当前大小设置下，缓存可存放图像的幅数。

okGetBufferAddr：获得缓存中指定帧的线性地址。用户可直接使用该地址进行图像处理。

3）设置采集参数。

okSetTargetRect：设置或获得视频源与目标体（如缓存、屏幕等）的窗口大小。

okSetVideoParam：设置并获得视频输入信号的调节选择参数（如源路、对比度、发光强度等）。

okSetCaptureParam：设置并获得采集控制的调节选择参数（如采集间隔、格式、方式等）。

4）视频采集。

okCaptureTO：启动采集视频输入到指定目标体（如缓存、屏幕、帧存等），并立即返回。

okCaptureByBuffer：启动间接采集视频输入到屏幕、用户内存或文件，并立即返回。

okGetCaptureStatus：查询当前采集是否结束，或正在采集的帧号，或等待采集结束。

okStopCapture：停止当前的采集过程。

okSetSeqCallback：FARPROC BeginProc、FARPROC SeqProgress、FARPROC EndProc；设置或清除序列采集时的 3 个回调函数。

5）数据传送。

okSetConverParam：设置并获得某传输设置项的参数。

okTransferRect：从源目标体快速传送窗口数据到目的目标体，等传送完成后返回。

okConvertRect：从源目标体匹配地（进行位转换）传送窗口数据到目的目标体，等传送完成后返回。

okReadRect：从源目标体指定帧位置读窗口图像数据到用户分配的内存区。

okWriteRect：把用户内存区的图像数据写到目的目标体的指定帧位置的当前窗口。

6）文件读写。

okSaveImageFile：从源目标体保存窗口图像为各种文件格式到硬盘文件，等存盘完成后返回。

okLoadImageFile：把各种文件格式的图像文件装入到目标体窗口，等装入完成后返回。

7）信号参数。

okGetSignalParam：获得指定信号（如场头、外触发等）的当前状态参数。

okWaitSignalEvent：等待指定事件（如外触发等）的到来，然后返回。

8）实用对话框。

okOpenSetParamDlg：打开设置各视频输入和采集控制参数的模式对话框，通过本函数所打开的对话框，可以调节改变卡的各种设置。

okOpenReplayDlg：打开可用来控制显示序列图像的无模式对话框，可以控制显示某一帧图像或连续显示序列图像。

（2）编程须知　OK 系列图像卡开发库驱动程序为标准 32bit 动态库，可为各种程序语言如 C、C++、Delphi、Basic、Fortran 等调用。通过安装（SETUP）盘安装以后，所有驱动程序自动安装到了系统目录，开发库和演示源程序及 Visual C 编译环境（Project）也都自动安装到了用户指定的目录。提供的基本演示源程序为 C 程序，编译环境为 Visual C 5.0。

用 C 语言调用动态库 OKAPI32. DLL 中库函数的链接方法有两种：①是静态链接，即直接链接输入库 OKAPI32. LIB；②是动态链接，可以通过加入 OK 系列所提供的 DLLENTRY. C 源程序来实现。注意，对于非 Visual C 的其他各类 C 编译系统目前则只能用第②种方法。

下面为一 C 语言编程的基本框架示例，详细内容请参考提供的演示程序源程序。

```
BOOL BasicProc(HWND hWnd)
{
    long lIndex,num;
    long lRGBForm;
    RECT   rcVideo,rcBuffer;
    HANDLE    hBoard;
    lIndex=-1;
    //open specified board
    hBoard=okOpenBoard(&lIndex);
    if(hBoard){ //if success
        Sleep(500); //waiting while for initializing
        //-----set basical parameter
        //this exam. select VIDEO 1 (if S-VIDEO 1 than 0x100)
        okSetVideoParam(hBoard,VIDEO_SOURCECHAN, 0x0);
        //get current vga mode
        lRGBForm=LOWORD(okSetCaptureParam\
```

```
(hBoard, CAPTURE _ SCRRGBFORMAT, -1));
//set video source format to same as current vga
okSetVideoParam(hBoard,VIDEO _ RGBFORMAT, \
lRGBForm);
//set target buffer format to same as current vga
okSetCaptureParam(hBoard,\
CAPTURE _ BUFRGBFORMAT, lRGBForm);
//set video source rect as PAL
rcVideo. left=rcVideo. top=0;
rcVideo. right=768;
rcVideo. bottom=576;
okSetTargetRect(hBoard,VIDEO,&rcVideo);
//-----1 capture to SCREEN (alive on VGA)
//set target(here is VGA)rect
GetClientRect(hWnd,&rcScreen);
MapWindowPoints(hWnd,HWND _ DESKTOP,\
(LPPOINT)&rcScreen,2);
okSetTargetRect(hBoard, SCREEN, &rcScreen );
//or okSetToWndRect(hBoard,hWnd);
if( okCaptureToScreen(hBoard)<0 )
    MessageBox(NULL,"Can't directly capture \
    on current VGA mode ! ""Error",MB _ OK);
//or okCaptureTo(hBoard,SCREEN,0,0);
Sleep(1000); //just waiting a while for aliving
okStopCapture(hBoard);
//-----2 capture to BUFFER
rcBuffer. left=rcBuffer. top=0;
rcBuffer. right=768;
rcBuffer. bottom=576;
//set target(here is buffer)rect
okSetTargetRect(hBoard, BUFFER, &rcBuffer);
//set to not waiting end, return immediately
okSetCaptureParam(hBoard, \
CAPTURE _ SEQCAPWAIT, 0);
num=okGetBufferSize(hBoard,NULL,NULL);//
//you can here set your callback functions if necessary
//okSetSeqCallback(hBoard,BeginCapture,BackDisplay,\
  EndCapture);
okCaptureTo(hBoard,BUFFER,0,num);//
```

```
        sequence capture to frame buffer
        //way 1.
        //while( okGetCaptureStatus(hBoard,0)){
        //    SleepEx(5,TRUE); //best do sleep when loop waitting
        //}
        //way 2.
        okGetCaptureStatus(hBoard,1);
        //close specified board
        okCloseBoard(hBoard);
        return TRUE;
    }
    return FALSE;
}
```

为了使读者对各种不同功能与特点的图像采集卡有比较全面的了解，以便更好的选用，OK 系列图像采集卡性能参数见表 11-6。

表 11-6　OK 系列图像采集卡性能参数

名称	主要性能	输入视频		型号	特　点	用　途
		黑/白	彩色			
黑白图像采集卡	采集标准视频 768×576×8	√		OK _ M10A、B、K	专业级黑白采集卡，采集图像分辨力达 600 线，可采单场、单帧、连续帧，精确到场	通用 *，适用于标准制式黑白图像的采集，应用于工业检测、图像分析医疗影像设备等的研究、开发
高分辨力，高比特率黑白图像采集卡	采集标准/非标准、逐/隔行视频	√		OK _ M20A、B、C、D	软件切换的 3 路视频输入，可采集标准与非标准逐行/隔行视频信号的 8bit 数据采集	各种需要非标准摄像的领域，特别是医疗设备，如 X 光机、CT、核磁等医疗设备，最大采集图像分辨力为 2048×2048
				OK _ M30/70	10bit 高速 A/D 数据采集，可采集标准与非标准逐行/隔行视频信号的 10bit 数据采集	
彩色（黑白）图像采集卡	标准彩色（黑白）视频信号 9bit	√	√	OK _ C20A	6 路复合视频输入或两路 Y/C 输入。分辨力最大为768×576。适用于 PAL、NTSC 与 SECAM 制式	通用 *，适用于标准制式黑白图像的采集，应用于工业检测、图像分析等的研究、开发
	标准彩色（黑白）视频信号 10bit	√	√	OK _ C30A、B	6 路复合视频输入或两路 Y/C 输入。分辨力最大为768×576。适用于 PAL、NTSC 与 SECAM 制式	通用 *，适用于标准制式黑白图像的采集，应用于工业检测、图像分析等的研究、开发

（续）

名称	主要性能	输入视频		型号	特　　点	用　　途
		黑/白	彩色			
彩色（黑白）图像采集卡	高分辨力彩色/黑白采集卡	√	√	OK _ RGB21A	3路8bit高速A/D，可采集RGB彩色图像，3个同步独立视频源。分辨力为2048×2048	适用于3个独立视频源的高精度、高分辨力图形处理，如立体视觉等
多路黑白/彩色采集卡	同时采集、同屏显示4路不同步输入的视频信号	√	√	OK _ MC10A	4幅图像整体分辨力为768×576	监控领域如银行、高速公路收费、车牌识别、十字路口红灯违章车辆识别等
				OK _ MC16A	16路选一数据采集卡，每路最大分辨力为768×576，支持PAL与NTSC制式，可采集一路音频	

注：1. 通用*是指采集标准视频信号并能在各个领域、各个行业使用的图像卡。例如，科研、教学、国防、农业、医疗、文娱、体育以及工业、金融和交通检测、监控等。

2. √表示图像采集卡所具有的功能。

11.4.3 基于USB接口的图像采集器

1. 基于USB总线的数据采集接口

目前，高速数据采集系统主要采用PCI总线和USB总线。尽管PCI总线数据传输具有许多优点，但它在使用过程中安装麻烦、易受机箱内环境的干扰，并且受到计算机系统资源和插槽数量限制，不易扩展。基于USB总线设计的高速数据采集系统能提高系统的普遍适用性。

基于USB总线的数据采集接口作为设备通过USB接口芯片与主机USB接口相连；然后利用设备主控芯片内部的固件程序与主机通信完成设备的枚举，即USB数据采集接口与计算机的互连；最后以主机作为数据传输的发起端通过USB数据采集接口完成数据采集与传输。

USB接口控制芯片主要分为两大类：一类是MCU集成在芯片里面，如Cypress公司的EZ-USB；另一类就是纯粹的USB接口芯片，仅仅处理USB通信，如Philips公司的PDIUSBD12、ISP1581，National Semiconductor公司的USBN9604等。集成MCU的USB控制芯片优点是CPU与控制器在同一片芯片里，CPU只需要访问一系列寄存器和存储器，便可实现USB接口的数据传输，最大限度地发挥USB高速的特点，而且大大简化了程序的设计，极大地降低了USB外设的开发难度。由Cypress公司出品的EZ-USB FX2是世界上第一款USB2.0芯片，如图11-37所示，它是一款高集成USB芯片。该芯片集成了一个增强型的8051单片机作为微处理器，具有实现高层USB协议和用作通用系统两方面的功能；同时芯片内部集成了串口引擎（SIE）执行大部分的USB协议，从而简化了8051单片机代码的编写工作。

此外，EZ-USB FX芯片还是一款以“软件”为主架构的芯片，它的固件代码和数据可以通过USB接口从主机下载，因此基于EZ-USB FX2的USB外设可以不用ROM、E^2PROM或者Flash，这样可以缩短开发时间，也可以方便地更新固件程序。基于这种软特性，设备在与主机连接时需要进行两次枚举：当无固件设备连接到主机，主机为设备分配一个地址，并读取设备描述符，将它视为一个“默认 USB 设备”，接着加载相应的驱动程序——固件下载驱动程序，将固件程序下载到 FX2 内部的 RAM 中，至此完成第一次枚举；然后，通过电气方式使设备和主机完成物理上的断开/连接，并根据下载的固件程序所描述的设备特征，对 USB 进行第二次枚举——重枚举。

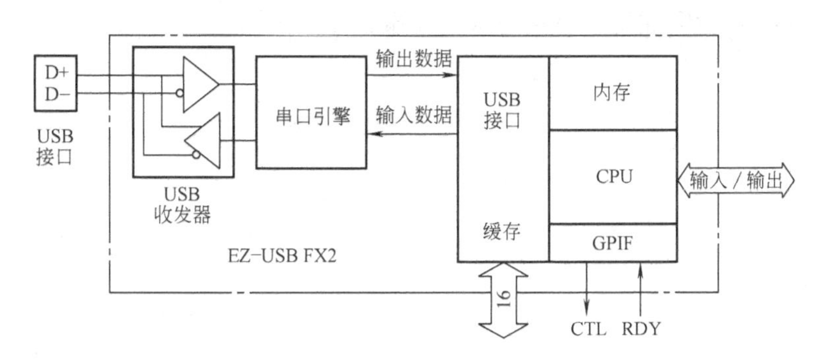

图 11-37　EZ-USB FX2 内部构成

本系统由主机发出数据传输请求，数据接口控制器 FPGA 通过 USB 芯片给出的状态判断是否可以进行数据传输，然后使能 A/D 转换器进行数据转换，并将数据送到 USB 芯片的 FIFO 接口，同时给 FIFO 一个写信号 WE，至此数据进入 USB 芯片，并通过串口引擎转换为 USB 协议所要求差分码，数据进入计算机后，利用图像采集应用程序解析数据后，可显示 CCD 采集的图像，如图 11-38 所示。

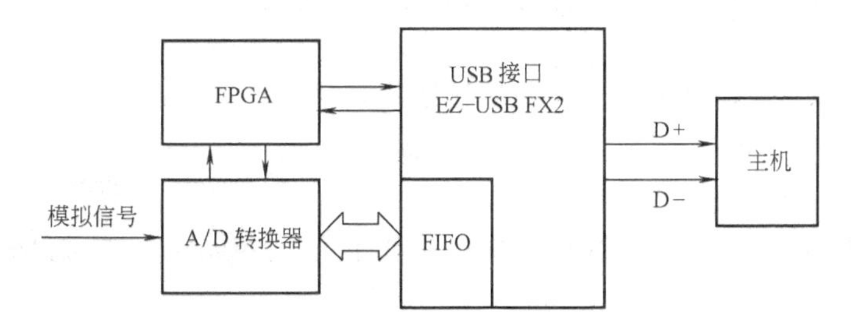

图 11-38　基于 EZ-USB FX2 的数据采集接口

2. 基于 DMA 技术的 USB 数据采集接口

传统的基于 USB 的数据采集系统采用单片机采集数据，再把数据转发到 USB 总线接口的结构。由于单片机的运行速度较低，数据传输的速度受到单片机读取速度的影响，往往出现由于低速 MCU（单片微型计算机）而导致的“瓶颈效应”，严重限制了 USB 高速特性的发挥。因此在面阵 CCD 高速图像采集系统中，利用 DMA 方式对数据进行读写，采用无外部缓冲区的硬件电路结构，用 CPLD 控制数据传输的地址和时序，实现了高速数据传输。DMA（Direct Memory Access）技术是一种代替微处理器完成存储器与外部设备或存储器之间大数据量传输的方法，也称直接存储器存取方法。

图 11-39 是 USB2.0 接口的硬件电路示意图，在系统中采用 Philips 公司推出的 ISP1581 USB 2.0 接口芯片，并应用增强型 8051 单片机 AT89C52 作为本地 CPU，承载固件程序，实现对接口电路的全局控制。另外，DMA 控制器（DMAC）选用 Altera 公司的 CPLD，负责

DMA 信号的发出和读取，并控制 DMA 方式下的数据传输。在对 USB 总线的控制方面，采用了 8051 单片机和 CPLD 轮流控制的方案，即单片机和 CPLD 分别在不同的时刻作为接口电路的控制器件。8051 单片机主要完成设备的枚举、DMA 请求处理、设置 DMA 控制器、中断处理、USB 协议等方面的工作。而在数据传输阶段，单片机将总线控制权交给 DMA 控制器，精确控制时序，保证通信成功。DMA 控制器是整个数据采集阶段的控制核心，因此，即使采用低速的本地 CPU 也能实现高速数据传输。

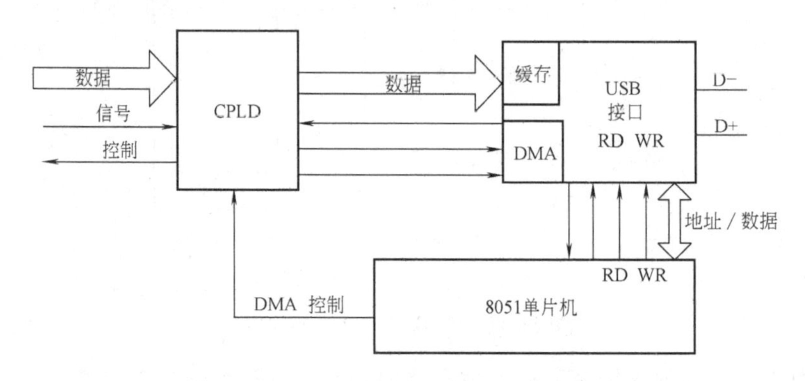

图 11-39 USB 2.0 接口的硬件电路示意图

3. 典型 USB 3.0 图像采集器

随着 USB 接口技术的发展，速度更快的 USB 3.0 图像采集器也已有很多产品问世。如 T300 型 USB 3.0 图像采集器是一款常见的高速图像采集器。它的前端面上安装有视频接入端口（Q9 接口），能与多种全电视视频输出的图像设备连接。后端面安装有 USB 通信接口与指示灯。

（1）外形 T300 型 USB 3.0 图像采集器属于超小型盒式图像采集器，外形尺寸为 98mm× 98mm× 25mm（$L×W×H$），如图 11-40 所示。

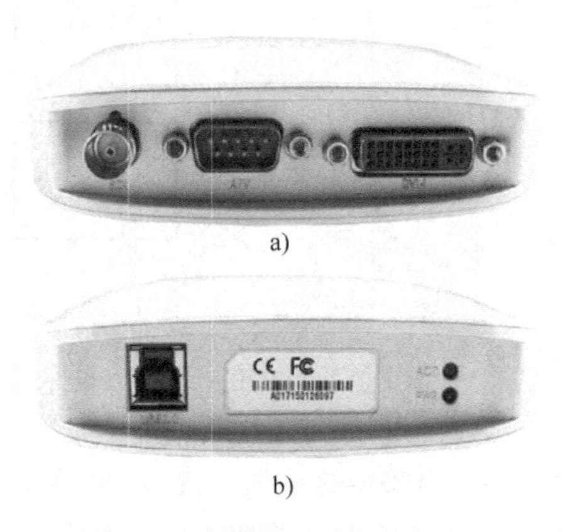

图 11-40 T300 型 USB 3.0 图像采集器外形图
a）前端面 b）后端面

（2）特性 T300 型 USB 3.0 图像采集器有如下特性：

1）可采集 1 路高清（输入视频信号可达 1080p/60Hz）或标清视频信号及 1 路模拟双声道音频信号。

2）高清信号可采集 SDI、DVI、VGA、HDMI 和分量信号。

3）可采集 HDMI 中的 LPCM 音频与 SDI 内嵌音频信号。

4）适用于微软 AVStream 标准驱动，可支持大部分 Windows 上的多媒体视频软件或流媒体软件。

5）具有手工设定有效画面区域功能，可用于画面的剪裁，支持特殊输入信号的时序。

6）支持多阶画面缩放功能，具有三种针对画面宽高比的缩放模式。

7）支持垂直滤波和运动自适应去隔行功能。

8）硬件色彩转换，可输出 YUYV、UYVY、I420、NV12、RGB24 和 RGB32 色彩格式。

9）高清输入支持色彩调节功能，可调节画面的对比度、亮度、色彩饱和度、色调、Gamma；并可单独调节 R、G、B 三色的光亮度、对比度。

（3）技术标准　T300 型 USB 3.0 图像采集器遵循以下技术标准：

1）DVI 输入格式：符合 DVI 1.0 标准，单连接（480i、576i、480p、576p、720p、1080i、1080p）。

2）HDMI 输入格式：符合 HDMI 1.3 标准，支持 36bit DeepColor。

3）SDI 输入格式：SD/HD/3G-SDI，符合 SMPTE-259/274/296/372/424/425/292 标准。

4）VGA 输入格式：640×400～2048×1536，像元速率低于 170MHz 即可，VGA 信号提供安全模式，可以采集非常规分辨力。

5）YPbPr 输入格式：480i、576i、480p、576p、720p、1080i、1080p。

6）CVBS 输入标准：标准 PAL/NTSC。

7）HD 输出格式：40×30～2048×1536 像元，帧率：1～100fps。

8）SD 输出格式：176×144～768×576 像元，帧率：1～30fps。

9）模拟音频采样率及信噪比：采样率≤48kHz，信噪比 85db。

10）视频采样率：CVBS：27MHz；CVBS：27MHz；RGB 分量：170MHz；HDMI/DVI：225MHz。

11）视频采样精度：10bit。

12）色彩空间：YUYV、UYVY、I420、RGB 24bit、RGB 32bit。

13）图像调节：光亮度、对比度、色调调节；饱和度调节、黑白、彩色控制；γ 值调节（Gamma）；单独调节 R、G、B 三色的光亮度、对比度。

（4）适用性　对 T300 的适用性，有：

1）支持以下操作系统的 x86 和 x64 版本：Windows XP Professional；Windows Server2003；Windows Vista；Windows Server 2008；Windows 7；Windows Server 2008 R2；Windows 8。

2）兼容软件：Windows Media Encoder；Adobe Flash Media Live Encoder；Real Producer Plus；VideoLAN for Windows。

3）安装：通过 USB3.0 接口与计算机相连，并兼容 USB2.0 接口，但采集帧率有所降低。

4）功耗：≤3.5W。

5）工作温度范围：0～50℃。

6）保存温度范围：-20～70℃。

7）保存湿度范围：5%～90%。

11.4.4　基于嵌入式系统的图像采集器

随着图像处理技术的深入研究和广泛应用，各种现实需求对 CCD 图像采集系统性能的要求越来越高，单纯靠计算机软件进行数据处理获取图像已经不能满足速度上的要求。嵌入式系统具有高速信号处理功能，大大缩短了数据处理时间，因此在图像数据采集领域受到青睐。

嵌入式系统以应用为中心，以计算机技术为基础，软硬件可裁剪，适用于应用系统对功能、可靠性、成本、体积、功耗有严格要求的专用计算机系统。它一般由嵌入式微处理器、外围硬件设备、嵌入式操作系统以及用户的应用程序4个部分组成，用于实现对其他设备的控制、监视或管理等功能。与传统的数字产品相比，利用嵌入式技术的产品有如下特点：

1）嵌入式系统采用的是微处理器，实现的功能相对单一，采用的也是独立的操作系统，所以往往不需要大量的外围元器件，因而在体积、功耗上有其自身的优势。

2）嵌入式系统是将计算机技术、半导体技术和电子技术与各个行业的具体应用相结合后的产物，是一门综合技术学科。由于空间和各种资源相对不足，嵌入式系统的硬件和软件设计都必须高效，力争在同样的硅片面积上实现更高的性能。

3）嵌入式系统是一个软硬件高度结合的产物。为了提高执行速度和系统可靠性，嵌入式系统中的软件一般都固化在存储器芯片或单片机本身中，而不是存储于磁盘等载体中。

4）为适应嵌入式分布处理结构和上网需求，嵌入设备必须配有通信接口，并提供相应的TCP/IP簇软件支持；新一代嵌入式设备还具备IEEE1394、USB、CAN、Bluetooth或IrDA通信接口，同时提供相应的通信组网协议软件和物理层驱动软件。

5）因为嵌入式系统往往和具体应用有机地结合在一起，它的升级换代也是和具体产品同步进行，因此嵌入式系统产品一旦进入市场，往往具有较长的生命周期。

微处理器是嵌入式系统的核心，它主要分为3类：微控制器（MCU）、数字信号处理器（Digital Singnal Processor，DSP）、嵌入式微处理器（MPU）。DSP是一种独特的微处理器，是以数字信号来处理大量信息的器件，其工作原理是接收模拟信号，转换为0或1的数字信号，再对数字信号进行修改、删除、强化，并在其他系统芯片中把数字数据解释回模拟数据或实际环境格式。它不仅具有可编程性，而且其实时运行速度可达每秒数千万条复杂指令程序，远远超过通用微处理器，是数字化电子世界中日益重要的计算机芯片。它的强大数据处理能力和高运行速度，是最值得称道的两大特点。下面就以DSP为例，介绍基于嵌入式系统的CCD图像数据采集。

TMS320F2812是32bit定点DSP，其最高频率为150MHz，指令周期为6.67ns，可以在采集过程中对数据进行实时处理。它内部含有18KB的RAM和128KB的Flash，不必使用外扩程序存储器，简化了电路，降低了成本。TMS320F2812内部集成了16路12bit的A/D转换器，速度高达12.5MHz，可以满足带宽为6MHz的视频信号的采集。TMS320F2812具有14个CPU内核中断、3个外部中断1和96个外部中断2，为视频采集逻辑控制提供了极大的便利。

基于DSP的面阵CCD图像数据采集系统原理如图11-41所示。CCD输出的视频信号被分成两路：一路视频信号经过视频预处理电路后直接输出到TMS320F2812的A/D转换输入通道，同时另一路视频信号经过同步信号提取电路后，输出行、场同步信号到TMS320F2812的外部中断口。TMS320F2812响应中断，采集数据并存入帧存储器，数据经处理后送入计算机。

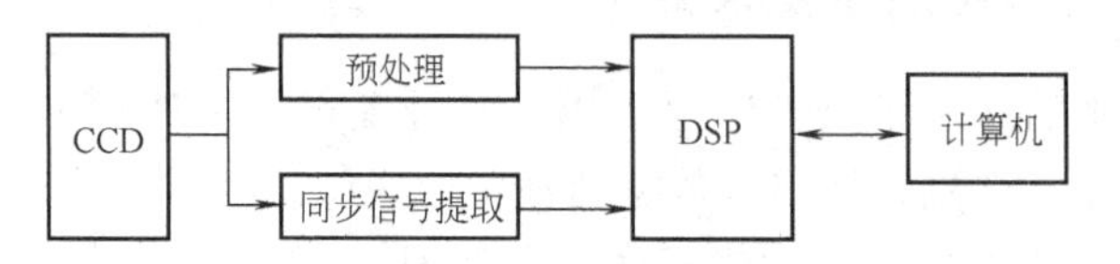

图11-41 基于DSP的面阵CCD图像数据采集系统原理

11.4.5　具有 WiFi 功能的图像采集器

WiFi（Wireless Fidelity，无线保真）是一种可以将个人计算机、手机或平板计算机等终端在数十米范围内以无线的方式相互连接起来的技术。使用 2.4G UHF 或 5G SHF ISM 射频频段。遵循 IEEE802.11 系列协议，具有覆盖面积广、网络建设成本低廉、传输速率快，可靠性高等优点，是目前最主流的无线局域网技术。

图像传感器技术与 WiFi 技术结合，构建具有 WiFi 功能的图像采集器，可以实现较远距离的图像信息采集与控制，图像通过 WiFi 连入互联网进行传输，其应用更加灵活、便利。目前，WiFi 在无人驾驶汽车、无人机、智能机器人的视觉导航部分均有广泛的应用。

具有 WiFi 功能的图像采集器一般以单片机作为控制核心，通过串行接口连接摄像机进行图像采集，然后在单片机内进行图像处理，处理后的图像通过串行接口，与 WiFi 模块通信，实现图像无线发送。目前，有两类方案可以实现以上系统功能。一类是用户自己设计硬件电路并编写底层程序，实现图像采集与 WiFi 传输图像；另外一类是采用包括操作系统的嵌入式系统，通过编写上层软件，实现预定功能。

2013 年，汪竞设计了 AOTF 光谱成像仪的图像传输系统，该系统采用一款带 ARM Cortex　m3 核的 FPGA 作为主控芯片，无线模块使用 Marvell 公司的 88W8686，并在此基础上完成硬件的设计。最后利用 LWIP 的 API 构建了一个小型的服务器，它能响应相应客户端的数据请求，并能以无线的方式通过 Ad-Hoc 网络将图像发送到客户端。

近几年，树莓派（Raspberry Pi）技术快速发展，成为搭建入门级具有 WiFi 功能的图像采集系统的一种好的选择。树莓派是一种廉价的、只有手掌大小的完全可编程的计算机，目前最新型号为树莓派 3B+，如图 11-42 所示为树莓派 3B+板实物图。

树莓派与常见的 51 单片机和 STM32 等这类嵌入式微控制器相比不仅可以完成对 I/O 引脚直接控制，还能运行于 Linux、Windows10 等操作系统，可以方便快捷地完成对摄像头的安装驱动和 WiFi 功能的配置。此外，树莓派支持 Python 语言，可通过 GPIO 口直接对所连接硬件进行控制，如结合 OpenCV 可实现很多图像处理与运动控制功能。

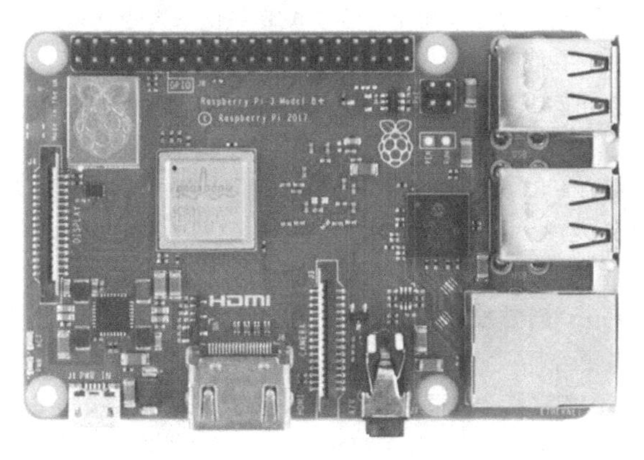

图 11-42　树莓派 3B+板实物

目前，已有多款具有 WiFi 功能的数码照相机产品也有多款 WiFi 摄像机用于道路与场所的监控。

树莓派 3B+规格与参数如下：

1）CPU：Broadcom BCM2837B0 四核 A53（ARMv8）64 位　1.4GHz。

2）GPU：Broadcom Videocore-IV。

3）内存：1GB LPDDR2 SDRAM。

4）网络：千兆以太网（通过 USB 2.0 通道，最大吞吐量 300Mbit/s），2.4GHz 和 5GHz 双频 WiFi，支持 802.11b/g/n/ac。

5）蓝牙：蓝牙4.2，低功耗蓝牙（BLE）。

6）存储：Micro-SD。

7）GPIO：40引脚GPIO双排插针。

8）其他接口：HDMI，3.5mm模拟音频视频插孔，4×USB 2.0，以太网、摄像机串行接口（CSI），显示器串行接口（DSI）。

9）尺寸：82mm×56mm×19.5mm；重量：50g。

思考题与习题11

1. 为什么要对单元光电信号进行二值化处理？单元光电信号进行二值化处理有几种方法？各有什么特点？对序列光电信号进行二值化处理的意义有哪些？

2. 举例说明单元光电信号与序列光电信号的异同。为什么说线阵CCD输出信号为典型序列光电信号？

3. 能否采用序列光电信号本身的输出信号作为阈值进行浮动二值化处理？若能，需要采用什么处理方法？试画出电路原理图进行说明。

4. 为什么说掌握了序列光电信号的数据采集方法就能够掌握单元光电信号的二值化数据采集方法？试以图11-1所示的装置为例，说明如何对测量光电器件进行二值化处理，怎样才能获得正、反向运动的二值化信息。

5. 试说明线阵CCD输出信号的浮动阈值二值化数据采集方法中阈值的产生原理。为什么要用采样保持器采集转移脉冲SH下降沿到来后一段时间的输出信号幅值为二值化阈值电平？

6. 试说明边沿送数法二值化接口电路的基本原理。如果线阵CCD的输出信号中含有10个边沿（有5个被测尺寸），还能够用边沿送数二值化数据采集方法采集10个边沿的信息吗？如果认为太复杂，应采用什么二值化接口方式？

7. 举例说明单元光电信号A/D数据采集的意义。怎样对单元光电信号进行A/D数据采集？

8. 在线阵CCD的A/D数据采集中为什么要用F_C和SP作同步信号？其中F_C的作用是什么？SP在A/D数据采集计算机接口电路中起到什么作用？

9. 已知AD12S-PCI数据采集卡为12bitA/D转换器，它的输入电压范围为0~5V，今测得3个像元数值分别为4093、2121、512，并已知线阵CCD的光照灵敏度为47V/(lx · s)，试计算出这3个点的曝光量分别为多少？

10. 采用线阵CCD探测光栅摄谱仪像面的光谱，若已知所用CCD为RL2048DKQ（26μm×13μm）在250~350nm波段的辐照灵敏度为4.5V/($\mu J \cdot cm^{-2}$)，所采用的16bitA/D数据采集卡AD16S-PCI（满量程输入电压为5V），探测到一条谱线的幅度为12500，谱线的中心位置在1042像元上，设CCD的光积分时间为0.2s，测谱仪已被两条已知谱线标定，一条谱线为260nm，谱线中心位置在450像元；另一条谱线为340nm，谱线中心位置在1550像元。试计算该光谱的波长、辐出度和光谱辐能各为多少？

11. 为什么基于PCI总线的图像卡不必在卡内设置存储器，而采用PC总线接口、并行接口（打印接口）等的图像采集卡必须设置存储器？

12. 试分析图11-31所示的电路，并说明图中RP_1与RP_2的作用。

13. 说明用软件实现图像白电平与对比度的调整原理与方法。

14. 试利用LTC1412设计TCD1251D的A/D数据采集计算机接口卡，要求画出接口卡原理框图，写出设计说明。

15. 图11-30所示图像采集卡原理框图中行、场同步分离器的作用是什么？常用的同步分离器为M1881，查到器件的说明，在查出后分析它的输入输出波形。

第 12 章　特种图像传感器

现代科学技术的发展，尤其是国家安全、公安刑侦、医疗影像、材料科学、航天、航空、天文观测以及森林防火等领域高科技事业的发展，对图像传感器的某些突出性能提出更高的要求。为满足现代科学技术发展的需要，仅靠图像传感器自身性能的提高已经显得力不从心。为此，人们将一些能够提高图像传感器某些特殊性能的工艺与其他器件等和图像传感器组合起来，构成具有特殊功能的图像传感器件，简称为特种图像传感器。

特种图像传感器种类很多，包括超小型、超高速和超大型图像传感器，但是限于篇幅，本章只讨论下面几种极特殊的特种图像传感器，其中包括微光 CCD 图像传感器、红外 CCD 图像传感器、紫外 CCD 图像传感器和 X 射线 CCD 图像传感器等。

12.1　微光 CCD 图像传感器

20 世纪 60 年代初发展起来的微光夜视技术就已经出现了微光图像传感器。微光夜视技术使人眼的夜间视觉能力大大提高，使人们能够在伸手不见五指的黑夜，通过夜视仪器看到远处的景物目标。目前世界上许多国家研制出很多种类的微光夜视图像传感器，大量用于国防、公安、医疗影像和天文观测等各个部门。其中微光 CCD 图像传感器是目前应用最为广泛、最有前途的微光夜视图像传感器件。本节主要介绍微光 CCD 夜视图像传感器的基本工作原理、基本结构、特性和应用等问题。

12.1.1　微光图像传感器的发展概况

图像传感器产生于 20 世纪 40 年代，当时图像传感器的光电灵敏度还很低，不能满足夜间视觉要求。后来人们利用电子增强技术，制成了级联式的像增强器，通过这种像增强器可以观测照度低于 0.1lx 的景物。这种由像增强器构成的能够直接通过荧光屏观测微光景物图像的仪器称为直视夜视仪。直视夜视仪对提高部队夜间战斗能力以及部队的快速反应能力等起到重要作用。但是，直视夜视仪的荧光屏只够一两个人观看，无法对图像进行技术处理，无法远距离传送，更无法保留图像。为适应现代战争的需要，夜视仪应能够实时地将图像传输到后方指挥系统，并能存储、保留图像。20 世纪 60 年代初，人们将像增强器与真空电子束摄像管有机地组合在一起，研制出第一代的微光图像传感器，又称为微光电视摄像管。微光电视摄像管与直视夜视仪相比具有如下的特点：①便于利用图像处理技术，提高显示图像的品质；②可以实现图像的远距离传输或远距离遥控摄像；③便于和光电自动控制系统构成电视跟踪装置，直接用于武器制导、指挥射击等领域，并具有较强的抗干扰能力和快速反应的特点；④能够供更多的人在不同的场所同时观察；⑤可以录像并长期保存。

虽然微光电视摄像管在体积、重量、能耗、成本、使用维护等方面不如直视夜视仪，但由于上述 5 个方面的优点，使它越来越受到重视，并被广泛地用于国防、公安、医学影像和天文观测等方面。

微光电视摄像管在军事装备上被广泛地应用，促进了它的发展，不同级联方式、不同结构、不同观察距离的微光电视摄像系统不断涌现。尤其是20世纪70年代以后，随着CCD摄像器件的不断完善和性能的不断提高，CCD摄像器件也被用来制作微光电视摄像管。由于CCD具有固体摄像器所具有的许多独特的特点，使CCD微光电视摄像管成为最新和最具有前途的一类产品。

一些军事装备上所用的微光电视摄像系统的型号和性能见表12-1。这些产品可归结为五种类型，每种类型的主要区别在于图像传感器件的不同。

表12-1 微光电视摄像系统的型号和性能

型号	摄像器件	整机性能	应用场所	生产厂商
Nv-100	40/25增强器+25mmSEC	物镜f=735mm，光圈F1.0~16.0 视场18°（垂直），24°（水平） 光谱范围650~850nm 电源28V，3.5A，尺寸ϕ203mm×838mm，重量35kg	直升机	美国光电公司
ASD 3000系列	SIT	分辨力650电视线（水平） 电源18~31V，35~50W 尺寸6250~8250mm^3，质量5~9kg	飞机夜间监视，侦察机和武器发射	美国无线电公司
UVR-700	三级25mmML8587+光导管	观察距离5000m（1/4月下发现） 1500m（1/4月下识别） 电源28V，3A 尺寸460mm×590mm×510mm，质量15.4kg	飞机、直升机 昼夜监视及投放武器	美国通用电气公司
V0084	SIT	物镜f=276mm，光圈F2.35 视场2.66°×2°，电源22~28V，4.5A 自动灵敏度控制范围1×10^7 分辨力440~490电视线（中心），$S/N\geqslant$32dB	火控系统夜视	英国马可尼公司
V3341/V3344	SIT	物镜f=276mm，光圈F2.35 视场2.66°×2°，典型灵敏度3.3×10^{-4}lx 分辨力500电视线，$S/N\geqslant$32dB	海军火控系统	英国马可尼公司
TMV562A	25mmSIT	物镜f=210mm，视场4°×5.5°，重量20kg 照度范围1×10^{-4}~1×10^{-3}lx（夜间） 10^2~10^{3}lx（白天加滤光镜） 电源24V，100W，尺寸700mm×340mm×240mm	坦克、装甲车	法国汤姆逊公司
PZB200	1-EBS	物镜有效直径ϕ200mm，视场4.5° 调焦范围50~60mm，分辨力600电视线 最低照度1×10^{-4}lx 电源24V，40W，质量1.85kg	坦克、装甲车 观察、瞄准	德国德律风根公司
P4361	25mmSIT	视频带宽9MHz，尺寸ϕ260mm×568mm 视场3.05°（16mm增强器）~4.77°（25mm增强器） 电源24V，质量23kg	昼夜监视	意大利

（续）

型号	摄像器件	整机性能	应用场所	生产厂商
7411SIT	RCA4848/H	灵敏度 8×10^{-5}lx，极限分辨力 750 电视线 视频带宽 15MHz（+3dB），$S/N\geqslant35$dB 电源 12V 或 28V，直流 1A 尺寸 120mm×130mm×37mm，质量 6kg	火控系统监视	丹麦召根 安德逊公司

第一类产品是使用级联式像增强器耦合光导摄像管组成的微光电视摄像管；第二类产品是使用微通道板像增强耦合光导摄像管组成的微光电视摄像管（MCPI-V），以及第三代像增强耦合异质结摄像管组成的微光摄像管（TGI-HJC）；第三类产品是使用像增强器耦合二次电子电导摄像管组成的微光摄像管（I-SEC）；第四类产品是采用像增强器耦合电子轰击硅靶摄像管组成的微光摄像管（I-EBS、I-SIT、I-SEM）；第五类是使用电子轰击 CCD 构成的微光摄像管（EB-CCD），或采用砷化镓（GaAs）半导体光电阴极材料构成的像增强器与 CCD 耦合构成的微光摄像管（I-CCD）。另外，还有电子累积方式的微光 CCD 摄像管（TDI-CCD）。这一类微光摄像管是最有前途的。

目前，已有两种微光 CCD 摄像管，即增强型 I-CCD 和累积型 TDI-CCD 摄像管。它们的最低照度已达到 10^{-6}lx，分辨力优于 510 电视线。例如，德国 SIM 安全与电子系统公司推出的 SIM-CCD 在 10^{-6}lx 下工作，具有很宽动态范围，可以在 $10^{-8}\sim10^{-5}$lx 照度范围内工作。该机由 CCD 和微通道板像增强器构成，分辨力达 510 电视线。美国加利福尼亚州 Xybion 电子系统公司新近推出了 TDI-CCD 微光摄像机，采用砷化镓像增强器，可以工作在低于 10^{-6}lx 的照度下。德国 B&M 光谱公司研制的制冷温度在 $-150\sim-75$℃ 的低温下，微光特性可以高达 10^{-11}lx。

12.1.2　微光电视摄像系统

1. 对微光电视摄像系统的要求

微光电视摄像系统在军事上一般都装备在装甲车、军舰、飞机和导弹等兵器上，使用条件比较恶劣，给微光电视摄像系统的设计带来了一系列的特殊要求；又由于它的输出信号常利用广播电视的传播途径传播，因此它在工作原理、制式、技术参数上又经常与广播电视兼容，从而使它在器件的选择和电路设计上带来了许多方便，也更适用于现代战争。微光电视摄像系统本身就是光、机、电三位一体的产品，因此对它的要求，也要从这三个方面考虑；又因为它毕竟是一个复杂的系统，要求达到的指标很多。下面简述几个较为重要的技术指标。

（1）光照灵敏度　微光电视摄像系统的光照灵敏度指在保证图像质量要求的前提下景物所需要的最低照度。微光电视摄像系统的光照灵敏度主要取决于摄像器件的光照灵敏度，除此之外，投射到摄像器件像面上的照度还受景物的光出度、观察距离以及光学系统的通光孔径、焦距等因素的影响。例如，用微光电视摄像系统摄取距离为 l 的景物时，当景物表面光出度为 M_0、摄像物镜的透射系数为 τ_0、相对孔径为 D/f 时，若不考虑大气对光的衰减，景物在摄像器件像面上的照度 E_v 为

$$E_v=\frac{\pi}{4}\tau_0\left(\frac{D}{f}\right)^2M_0 \tag{12-1}$$

（2）分辨力　定义电视摄像系统的分辨力为景物图像充满整个摄像器件的像面所得到

的电视图像所能分辨的线数。

分辨力分为水平分辨力与垂直分辨力。微光 CCD 摄像系统的水平分辨力不但与 CCD 的水平分辨力有关，而且与光电阴极面的水平分辨力有关。CCD 的水平分辨力可达到 500 电视线，而组合起来的 CCD 微光摄像系统的水平分辨力一般可以达到 400 电视线以上。

垂直分辨力主要决定于一帧画面所采用的扫描行数 n。微光 CCD 摄像系统的扫描行数 n，常为有效像元的行数。

（3）动态范围　动态范围指保证图像质量所需景物的最高照度和最低照度之比。对微光电视摄像系统，要求具有全天候工作能力，既可以在夜间无星或月光下（景物照度为 10^{-5}lx）使用，又可以在太阳光下（景物照度为 10^{5}lx）工作，动态范围高达 10^{10}。要满足如此大的动态范围，若不采用必要的自动调节系统，只靠改变光圈的办法是不行的。微光 CCD 摄像系统可以通过改变 CCD 的积分时间（具有 5000 倍的调节能力）和改变光圈面积的办法来实现。

（4）灰度　把图像的亮度从最亮到最暗分成 10 个光亮度等级，该光亮度等级称为灰度。由实践得知，若灰度等级不低于 6 级，图像层次已较清楚。微光 CCD 摄像系统中，CCD 自身的灰度比较高，有 256 个等级，但光电阴极和显示器的光亮度等级较低。

（5）对比度　对比度指图像的最明处与最暗处的光亮度差与最大光亮度之比，常以百分比（%）表示。最大的对比度是 100%，但是只能在实验室的条件下才能做到。实际观察条件下，一般只有 10%~30%。对比度高，图像效果不好，过渡区过于明显，图像的观看效果会很不舒适；对比度太低，图像灰蒙蒙的也不舒适；对比度在 30%左右时，图像的观看效果才为最佳。

（6）非线性失真　非线性失真指景物经过微光电视摄像系统后所生成的图像产生的畸变，以非线性失真系数表示。一般规定为行非线性失真系数小于或等于 17%、场非线性失真系数小于或等于 12%时，即可使人眼觉察不到失真。对微光 CCD 摄像系统来说，这一要求很容易达到。

（7）信噪比（S/N）　信噪比指微光摄像系统输出的视频信号功率与噪声功率之比，常用分贝数表示。

虽然最终人眼是在显示器上观看图像，但根据系统噪声理论分析可知，电视摄像系统的信噪比主要取决于所采用的摄像器件本身，以及通道接口和通道电路的前置级的噪声。从实践中得知，信噪比达到 30dB 以上时，所显示的图像较为满意。这对于一般广播电视和应用电视系统都是必须满足的要求。但是对于微光电视摄像系统，在微光条件下观察往往很难达到要求的信噪比。为此，在设计时就必须考虑到应想尽一切办法提高摄像系统的信噪比。微光电视系统的信噪比与图像质量的关系见表 12-2。

表 12-2　微光电视系统的信噪比与图像质量的关系

质量等级	信噪比(S/N)/dB	对图像清晰度的影响
1	60	完全看不到噪声和干扰
2	50	稍微能看到一点干扰
3	40	能看清噪声和干扰，但对图像清晰度几乎无影响
4	30	对图像有影响，但不妨碍收看
5	20	对收看稍有妨碍
6	10	对收看有明显妨碍
7	0	妨碍严重，图像不能成形

2. 对光学成像物镜的要求

（1）视场　视场指微光电视摄像系统所能摄取图像的空间范围。一般取决于摄影物镜的视场角。通常要求它的观察范围应达到几度到十几度。

（2）相对孔径（D/f）　相对孔径指摄影物镜的有效通光孔径 D 与焦距 f 之比。在物镜上所标的光圈指数值 F 为相对孔径的倒数。F 值越小说明其相对孔径越大，镜头的分辨力越高。目前使用的微光摄影物镜的相对孔径为 $D/f=1/7.7$。

（3）分辨力与调制传递函数（MTF）　摄像物镜的分辨力指焦平面上 1mm 的范围内所能分辨的明、暗线的条数（lp/mm）。但这种表示是不严格的，它包含了观察者的主观因素，所以近年来常采用比较严格的调制传递函数来表示镜头的分辨能力。

调制传递函数指传递系统的输出调制度与输入调制度之比

$$M(N)=\frac{C'(N)}{C(N)} \tag{12-2}$$

式中，$C'(N)$为传递系统的输出调制度；$C(N)$为传递系统的输入调制度。

对于物镜的调制度 C 定义为传递图像的最大亮度和最小亮度的差值与和值之比，即

$$C=\frac{L_{\max}-L_{\min}}{L_{\max}+L_{\min}} \tag{12-3}$$

一般摄像物镜的分辨力在中心视场为 46～60lp/mm，在边缘视场区域要下降一半。这种镜头对 1in 以下的像面（或光电阴极面有效直径）的摄像管够用了，对 1in 以上的摄像管尚显不足。实际电视镜头的调制传递函数曲线如图 12-1 所示。

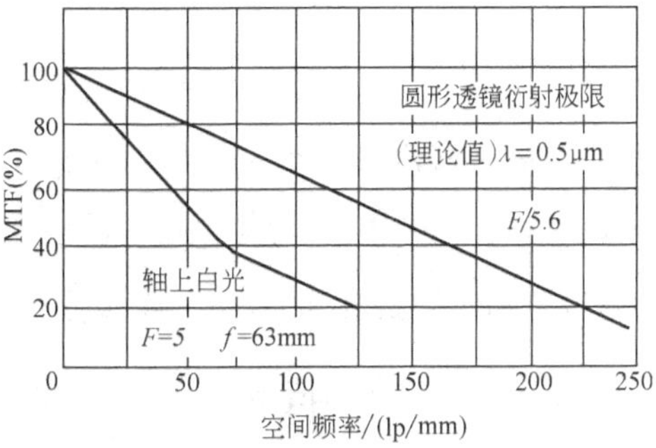

图 12-1　摄像物镜的调制特性

（4）透射比（τ_0）　透射比定义为通过微光电视系统的光学系统出射光通量与入射光通量之比。一般要求 $\tau_0\geqslant70\%$。

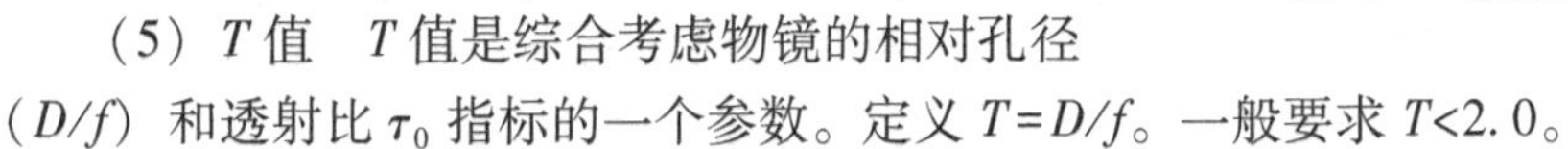

（5）T 值　T 值是综合考虑物镜的相对孔径（D/f）和透射比 τ_0 指标的一个参数。定义 $T=D/f$。一般要求 $T<2.0$。

3. 对使用环境的要求

一般军事装备对使用环境的要求都很苛刻。设计时必须考虑仪器能够在高温、低温、振动、冲击和淋雨 5 种环境下工作。在特殊情况下使用还要附加其他条件的要求。

4. 对电源的要求

对微光摄像所用的电源，应尽量和其他装备所配备的电源相一致，这样可使电源简化，也可以避免相互之间的干扰。

5. 对体积、重量和工作寿命等的要求

原则上要求尽量做到体积小、重量轻、工作寿命长。若用在航天、航空装备中，则要求更为严格。

12.1.3　微光电视摄像系统观察距离的估算

微光电视摄像系统的视距是一项重要的指标。目前的微光电视摄像系统不可能与广播电

视摄像系统的图像清晰度相比，主要原因是夜间照度太低，限制了图像的清晰度。通常只能根据目标和背景辐射（或反射）的差别显示出目标的形状。当然在场景的照度、对比度良好时也可以获得较好的成像质量，但在大多数情况下微光摄像是无法和电视摄像相比的。微光摄像能将目标和背景区别开来就可以达到目的。

微光电视摄像的视距指在一定场景照度条件下，发现、识别和看清指定目标的距离。对于不同的观察等级规定了不同的视距条件。可用电视线/目标尺寸来表示，即：

发现目标：$n=4\sim8$ 电视线/目标尺寸（一般取 $n=4$）

识别目标：$n=10\sim16$ 电视线/目标尺寸（一般取 $n=14$）

看清目标：$n=20\sim24$ 电视线/目标尺寸（一般取 $n=22$）

微光电视摄像系统的视距既受外部条件的制约，也受系统本身性能的限制。外部条件包括场景照度、目标光谱反射比 ρ、对比度、大气透过率 τ 及目标尺寸等，而系统本身性能，包括系统光学性能、微光摄像器件的性能、电子线路质量等。此外视距也与观察者的经验有关。上述这些因素中有些还随季节、气候、海拔的不同而异，因此这里所指的视距只能为估算值。也就是在某些特定条件下进行视距的初步估算，为该仪器的总体设计提出参考数据，并为合理地设计微光电视系统提供必要的论证数据。视距估算步骤可归纳如下：

（1）场景照度 E　根据场景照度的有关参数，通过式（12-4）可以计算出在该观察条件下的微光图像传感器像敏面上的照度 E_C：

$$E_C=\frac{1}{4}\frac{1}{T^2}\tau\rho C^2E \tag{12-4}$$

（2）微光摄像器件的分辨力　用获得的 E_C 值，按所采用微光摄像器件的分辨力与阴极面照度的关系曲线查出对应的极限分辨力的值 N。

（3）微光摄像器件的视距　将极限分辨力的 N 值和有关数据代入距离计算公式 $S=\frac{hf'N}{H'n}$ 中，即可求出视距 S 的估算值。不同气象条件下的视距估算数据见表 12-3。

表 12-3　不同气象条件下的视距估算数据

天气条件	场景照度 E/lx	光电阴极面照度 E_C/lx（$E\approx500E_C$）	极限分辨力 N/电视线	观察等级要求/电视线	视距/m
阴云夜空	2×10^{-4}	4×10^{-7}			
无月有云	5×10^{-4}	1×10^{-6}	25	4 10~16 20~24	发现 40 识别 15~24 看清 8~10
晴天星光	1×10^{-3}	2×10^{-6}	60	4 10~16 20~24	发现 147 识别 36~58 看清 20~29
1/4 月	1×10^{-2}	2×10^{-5}	160	4 10~16 20~24	发现 392 识别 100~150 看清 65~80
半月	1×10^{-1}	2×10^{-4}	320	4 10~16 20~24	发现 784 识别 200~310 看清 130~160

（续）

天气条件	场景照度 E /lx	光电阴极面照度 E_C/lx （$E\approx500E_C$）	极限分辨力 N/电视线	观察等级要求 /电视线	视距/m
满月	2×10^{-1}	4×10^{-4}	380	4 10~16 20~24	发现　930 识别　230~370 看清　150~190

12.1.4　微光 CCD 摄像器件

在讨论夜间观察系统的时候，最重要的是器件的微光性能。晴天满月的夜间照度相当于 2×10^{-1}lx，无月有云的夜间相当于 10^{-4}lx。图 12-2 为夜间照度的累积概率。如果要求微光电视系统至少要在夜间 80%的时间内工作，那么系统的照度阈值要达到 5×10^{-4}lx。这个照度大致只能使像敏器件每帧的每个像元面积内产生 10~30 个电子。当然，在预测系统的性能时，还必须考虑视觉和微光系统受到大气传输和散射的影响。这里主要讨论微光电视系统的心脏——几种常用的微光摄像器件的结构、组成、性能等有关问题。

1. 电子轰击硅靶摄像管

电子轰击硅靶摄像管实际是像增强器与硅靶摄像管的结合，又称 SIT 管，结构如图 12-3 所示。当前端像增强器的光电阴极受到光照射时，光电阴极将产生光电子。产生光电子的多少与投射光的发光强度成比例，在光电阴极完成光电转换，使目标光学图像转换成电荷图像。阴极附近的电荷图像受到电子透镜电场的聚焦和加速，通常加速电压为 10~12kV。高速电子轰击硅靶使电荷图像得到增强，因此 SIT 管又称为电子轰击硅靶像增强管。

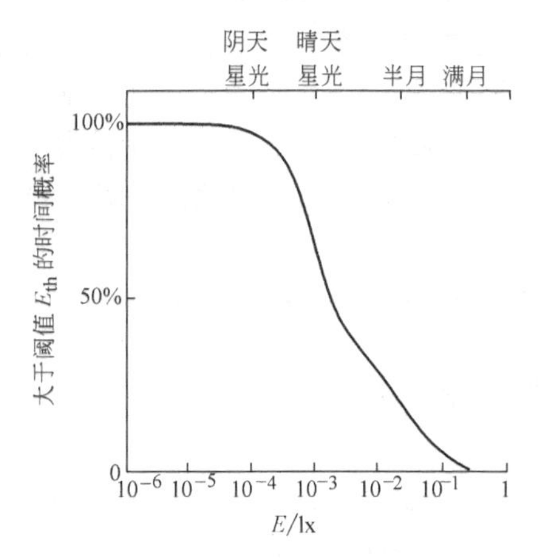

图 12-2　夜间照度的累积概率

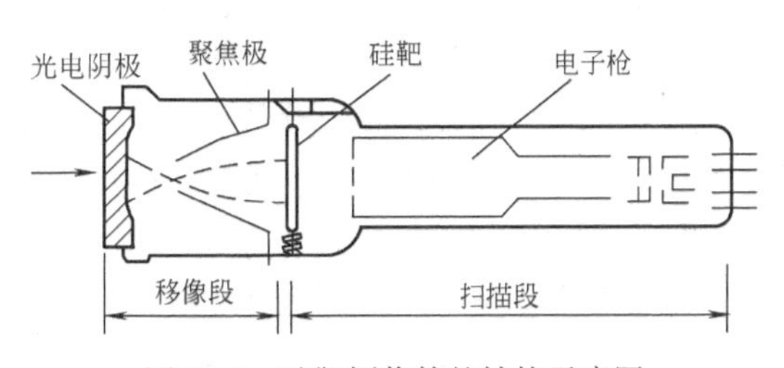

图 12-3　硅靶摄像管的结构示意图

SIT 管的增益取决于两个部分。一是移像段光电阴极灵敏度，通常为在光电阴极面上制作的 S-25 多碱金属光电阴极。这种光电阴极灵敏度很高，一般高达 500~600μA/lm，且与夜间光谱较为匹配，具有较高的光电转换效率。也可以采用缩小放大倍率（选用 40/25 移像段）的办法提高 SIT 管增益。由于光电阴极面面积的增大，使系统的视场也增大。二是硅靶的电子增益，这正是 SIT 管的靶片与硅靶视像管靶片略有不同的原因。如果两个方面都能改善，SIT 管可以获得数千倍的增益。因此 SIT 管可以摄取照度低于 10^{-3}lx 的图像。

SIT 管的分辨力取决于所用硅靶的像元数（通常移像段可达 40lp/mm 以上）。国外最高水平硅靶管可以达到 700 电视线，国内一般在 450~500 电视线之间。

要注意的是，硅靶过载荷的能力差，有时会因局部过载荷而影响整个视场的观察效果。使用时还要注意防止局部长期过载荷，影响 SIT 管寿命，防止剧烈振动损坏靶片。正确使用可以使 SIT 管的寿命延长，达到数千小时以上。

2. 一体化微光 CCD

CCD 技术的发展，使得 CCD 代替过去常用的硅靶做成一体化摄像器件已经成为科学家们关心的问题。使用 CCD 作微光成像系统基本上有 3 种激发方式，即光子激发方式、电子激发方式和混合激发方式。

（1）光子激发方式　由景物反射的夜间自然辐射光子来激发 CCD 像元的器件称为光子激发方式的器件，它使 CCD 的各个像元按照发光强度的强弱产生相应电荷包。信号电荷包通过扫描、传输和放大后，送到显示装置上，再变成与景物相对应的光学图像。虽然硅的光谱响应跟夜间微弱光的光谱分布比较吻合，而且量子产额也比较高，但是在夜间极微弱的光照下，每个信号电荷包只有几十个电子。要探测这样弱的信号，器件本身的噪声必须很低，否则就无法成像。因此，一般的 CCD 在室温下无法由光子直接激发工作，必须制造出高性能的 CCD 或加以冷却。采用埋沟器件并冷却到-40~-20℃，可使 CCD 本身的暗电流噪声降低到每帧每像元几个电子。对于如此微弱的信号，除器件本身的噪声必须很低外，还需要使用专门的低噪声放大技术。也就是说，信号在采集放大过程中电路本身带来的噪声必须很小。目前弱信号放大技术亦有很大发展，一般来说，前置放大器的方均根噪声大致与输出端和接地端之间的总电容成正比。光导摄像管与前置放大器组合时，杂散电容 C_S 为 25pF，而片上选通电荷积分放大器的杂散电容则大约为 1/4pF，即为真空管像敏器件的 1%。因此，CCD 的信噪比为一般真空管摄像系统的 10 倍左右。如果采用浮置栅放大器，信噪比还可以提高。已经证明，用浮置栅放大器可使杂散电容低达 0. 3pF。因为这种浮置栅放大器能够无损失地读出信号，所以很弱的信号也可以通过一连串的浮置栅结构加以放大。这种浮置栅结构叫作分配浮置栅放大器，记作 DFGA。在这种放大器中，信号的放大与浮置栅的级数 m 成正比，而噪声的增加则与 m^2 成正比。现在国外已经制出了 12 级的 DFGA 放大器，并且已经证实，其噪声等效电荷低于 20 电子/(像元·帧)。因此，CCD 采用 DFGA 放大器时，灵敏度比一般的光导摄像系统高 100 倍。

由此可见，只要能制出高性能 CCD 并采用制冷技术，同时在弱信号提取方面又采用新的 DFGA 技术，那么用光子激发方式工作的 CCD 进行微光成像基本可行。

美国仙童公司 W. Steffe 等人于 1975 年报道了一种用光子激发方式工作的、微光性能良好的面阵 CCD。该器件为 190 行，每行 244 个单元。这种器件采用埋沟道无间隙硅栅工艺，正面照明的隔列传输系统。该器件还包括一个浮置栅放大器，一个分配浮置栅放大器，两个电输入端和一个行间防“开花”装置，并对这种器件的微光性能做了测试。在测试过程中，根据测量寄存器对接近饱和电荷（3×10^5 电子/像元）像的输出电流来校准。为了降低像的强度，采用了中性密度滤光镜和透镜可变光阑。用 DFGA 输出，在室温和冷却状态下都做了测量。测量结果表明，在 0℃以下，用 25 个电子的发光强度电荷包看到了半奈奎斯特频率线条图案的像。也就是说，这种器件在能使每帧像元产生 25 个信号电子的微光照射下能提供有用的像，并且认为这种器件有可能进行大批量生产。到 20 世纪 90 年代初期，在常温下

CCD 摄像机已经可以在 10^{-2}lx 照度下进行正常摄像，现在的普通高灵敏度的 CCD 相机基本都能够正常摄取照度接近 10^{-3}lx 的微光图像。

（2）电子激发方式　光子激发方式虽然可以进行微光成像，但对器件的性能要求很高，因而制造困难。目前，根据分析和实验认为：在相当于星光的条件下（景物照度为 10^{-3}～10^{-4}lx）进行摄像，最好的方法应该是在 CCD 阵列的前面设置附加增益，即最好采用电子激发方式，就好像是用 CCD 取代变像管中的荧光屏。夜间景物的微光图像聚焦在光电阴极上，光电阴极根据光线发光强度的强弱产生相应的电子图像，电子图像通过几千伏的加速电压加速，轰击到薄型的 CCD 上，使 CCD 的各个像元产生强弱不同的信号电荷包。因为在硅中，每 3.5eV 的入射电子能量就能产生一个电子-空穴对，所以用几千伏的加速电压可使电子增益达数千倍。有了这个增益，前置放大器的噪声即使有几百个电子也可以做到光子极限。不过，光电阴极的量子效率比较低，会部分抵消这个优点。例如，光电阴极的典型响应大约为 6mA/W（2856K 钨丝白炽灯），而硅的响应则可能达 90mA/W 以上，即使在效率较低的隔列转移系统中，也能达到 30mA/W。

此外，电子轰击还有一些优点，如能在室温下工作，光谱灵敏度取决于光电阴极，在整个光谱区都有良好的调制传递特性。其缺点是必须把 CCD 装在真空管内，在工艺上和操作上都比较麻烦，且失去了固体成像器件牢固可靠的优点。

图 12-4 为以电子激发方式工作的两个基本方案。图 12-4a 为倒像式电子轰击电荷耦合器件示意图，图 12-4b 为贴近式电子轰击电荷耦合器件。

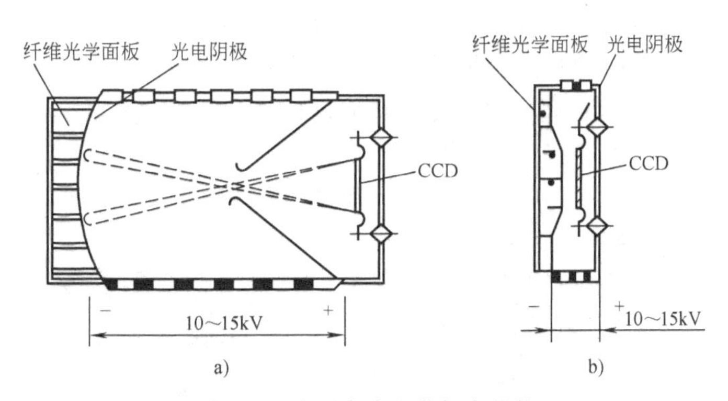

图 12-4　电子轰击电荷耦合器件
a）倒像式 EB-CCD　b）贴近式 EB-CCD

美国 Electronic Vision 公司于 1975 年利用半透明光电阴极和仙童公司的 CCD201 制出第一个倒像式电子轰击 CCD，并在马里兰大学做了实验。它的工作原理是将光子入射到半透明的光电阴极（S-20）上，由光电阴极转换成光电子。这些光电子被加速到 15keV，再聚焦到 CCD201 的像面，在像元中产生光电荷，并传输到与像元同时工作的片上前置放大器输出寄存器中。即像元在光积分期间，输出寄存器把电荷传到前置放大器。因此，在积分期间内既可发生扫描或传输，又可积累电荷。列阵 90% 以上的时间是光积分时间。输出寄存器由沉积在 CCD 上的铝层保护着，铝层厚度大约为 1μm。选择加速电压时，不能让轰击出来的电子直接到达有效的硅表面，造成输出寄存器内产生电离或噪声。

这种像增强电荷耦合器件（ICCD）在封装后，光电阴极良好，并且 CCD 在烘烤过程中能正常工作。对视频噪声、电子增益和输出寄存器等情况都进行了测量，结果良好，可作为微光使用的像增强列阵。但是，由于漏气和随机噪声过大，故这个器件没有满足预先要求可靠地分辨单个光电子的性能标准，不过测试结果一般跟预定值相符合。表明这种器件分辨出单个光电子将是可能的，甚至在加大电压的情况下，这个器件也没有出现传输噪声。

比较直接光子激发 CCD 和电子激发 CCD 的性能是相当困难的，但有人曾假定两者的像元面积为 $6.45\times10^{-4}mm^2$，积分时间为 1/30s，光子激发 CCD 的灵敏度 S 为 30mA/W，噪声电平为 $N_2=10$ 电子/(像元·帧)，而电子激发 CCD 的灵敏度 $S=6mA/W$，$N_2=0$。在这种情况下，当照度高于 $6.2\times10^{-6}W/m^2$ 时，直接光子激发 CCD 在各种对比度下都有较高的信噪比。当照度低于 $6.2\times10^{-6}W/m^2$ 时，电子激发 CCD 的信噪比优于光子激发的 CCD。不过这个优点也只是在对比度为 1 时才比较重要，在其他对比度下是无关紧要的。

由此可见，在较高的照度下，光子激发 CCD 并不亚于同样大小的电子激发 CCD，不过前置放大器的噪声电平不得高出 10 个电子。然而，采用倒像式电子轰击 CCD 可使像面缩小，因而可把较大的光电阴极与 CCD 阵列结合在一起，这就可使灵敏度提高一些。

光子激发 CCD 与电子激发 CCD 一直处在实验研究之中，而电子增强、光子激发 CCD 的混合方式却获得了高速的发展，达到了实际应用的阶段。

3. 像增强器与 CCD 的耦合

像增强器与 CCD 耦合的微光摄像机近几年得到了较为广泛的实际应用，取得了令人满意的结果。微光摄像机所用的像增强器可以是级联管或微通道板管、倒像式或近贴移像式、静电聚焦或电磁聚焦。同像增强器耦合的摄像器件可以为光电导摄像管，也可以为 CCD 这类固体摄像器件。硫化锑摄像管同像增强器的耦合系数约为 0.45，氧化铅摄像管约为 0.5。CCD 的峰值响应波长也可与普通像增强器的荧光屏的发射光谱较好地匹配，因此 CCD 正在各种探测系统中取代各类光导摄像管。

这些像增强器的增益可达 $10^4\sim10^5$ 倍，所以与之耦合的摄像器件都可在微光下工作。但是，高的增益同时伴随着新的附加噪声，例如，在视像管中的第一级初级电子的反射、荧光屏粒度和发光效率的差异、光学纤维束的不均匀性等；在微通道板管中的电子入射角的不同、微通道板管径的偏差、发射材料的不均匀、电子的散射等，因而使输出信噪比劣化。同时因为光子和电子多次转换和处理，使清晰度也下降不少。由于这些原因，就不能追求像增强器有过高的增益。相反，在不是极微弱照度时，采用增益低一些的像增强器进行耦合，反而会得到更好的观察效果。

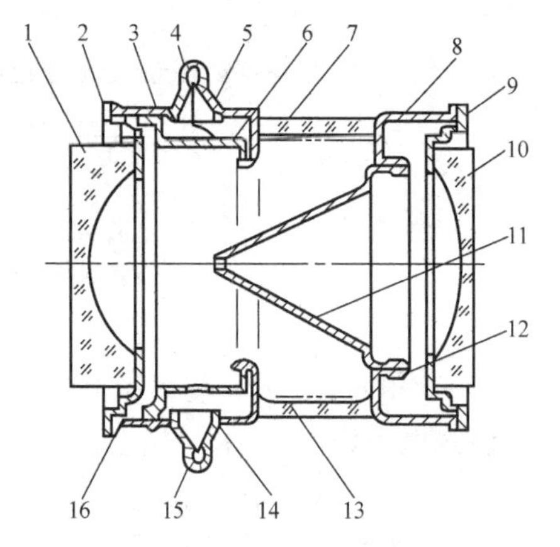

图 12-5 级联像增强器（单级）

1—阴极面板 2—阴极面板盘 3—阴极外筒 4—吸气剂 5—铜支管 6—阴极内筒 7—腰玻璃筒 8—阳极筒 9—荧光屏面板盘 10—荧光屏面板 11—锥电极 12—卡环 13—半导体涂层（Cr_2O_3） 14—钎焊 15—冷焊 16—氩弧焊

现在已被广泛采用的像增强器是光学纤维面板耦合的级联像增强器和微通道板像增强器。它们的内部结构分别如图 12-5 和图 12-6 所示。

图 12-5 为第一代像增强器。它的前端为面板块，上面制作了一层多碱金属光电阴极 S-25，响

应波长为0.4~0.9μm，峰值波长为0.6~0.7μm。后端亦为面板块，上面制作的是P-20荧光屏，也就是银激活的硫化锌镉（Cd-Zn-S，Ag），发光光谱峰值波长为550nm。两端与中间电极形成一电子光学成像系统。当目标图像经过光学物镜成像在光电阴极面上时，在光电阴极表面将产生与投射光发光强度成比例的光电子，即在光电阴极上完成了光电转换，光电阴极的灵敏度越高，产生的光电子越多。转换出的电荷图像受电子透镜形成的电场聚焦和加速（聚焦和加速电压通常为15kV），以很高的速度轰击荧光屏，于是由荧光屏又将电荷图像转换成一幅可见的光学图像。不过这是增强了的光学图像，增益可达50~80倍。如果将3个增强器级联起来，如图12-6所示，第一光电阴极面输入的微弱图像将获得连续3次增强，那么末端输出图像会获得数万倍的增益。若将末级输出用高灵敏度的CCD摄像机来接收，就组成了另一种高灵敏度、低噪声微光CCD摄像机。

图12-7为像增强器与CCD摄像机通过光锥连接而成的微光CCD摄像系统。像增强器提高光电子的能量，使微弱图像增强，再通过光锥变换图像的视场，使CCD的微光特性增强到新的高度。尽管这种方案理论价值和思考难度较低，但是，它是非常具有可操作性的切实可行的微光探测方案。

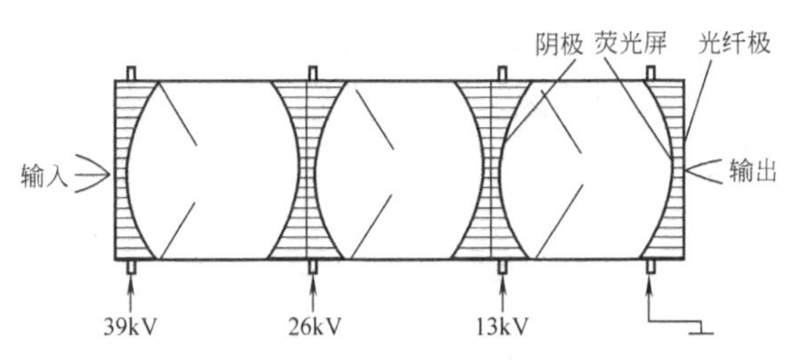

图12-6 三级级联式像增强示意图

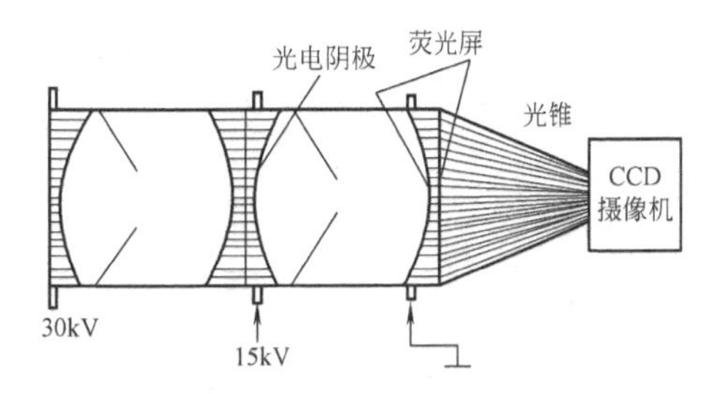

图12-7 二级像增强用光锥与CCD机耦合示意图

图12-8、图12-9为两种不同类型的第二代像增强器。前一种的主要特点是在第一代像增强器中引入了一个微通道电子倍增器，使得像增强器增益大大提高，一个单管就能得到万倍以上的增益。图12-9是将图12-8所示像增强器的移像段静电聚焦改为全贴近聚焦而成的，这就是人们常说的双贴近式二代像增强器。采用双贴近结构会损失部分增益，但体积却进一步缩小，而且它同样可以获得数千倍的增益。

有关第一代、第二代像增强器的性能参数见表12-4和表12-5。

与第一代像增强器相比，第二代像增强器有以下一些优点：①体积小，重量轻，整管总长度约为一代微光管的1/3（二代倒像增强器）或1/6（双近贴像增强器），重量约为其1/2或1/10；②调制传递函数好于一代；③防强光，依靠微通道板电流的饱和效应，能实现自动防强光；④能通过控制通道板的外加电压来自动调节像增强器的亮度增益，控制范围可达3个数量级以上，从而使荧光屏的输出光亮度维持在某一合适的值，以利于人眼观察；⑤减少了荧光屏的光反馈。

当然，微通道板像增强器仍然存在着一些缺点：①噪声大。这是由于在像增强器中加入微通道板（MCP），因而附加了MCP的噪声（噪声因子比一代管大2~3倍）。因此，在低照度下（10^{-3}lx以下），一代像增强器的性能优于二代像增强器；②工艺难度较大，成品率低。

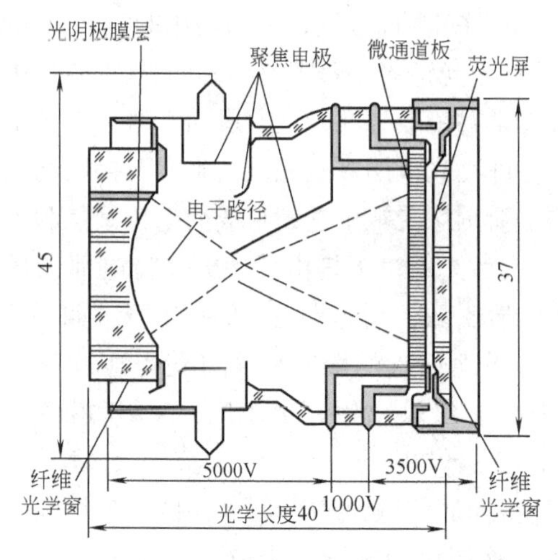

图12-8 倒像式像增强器

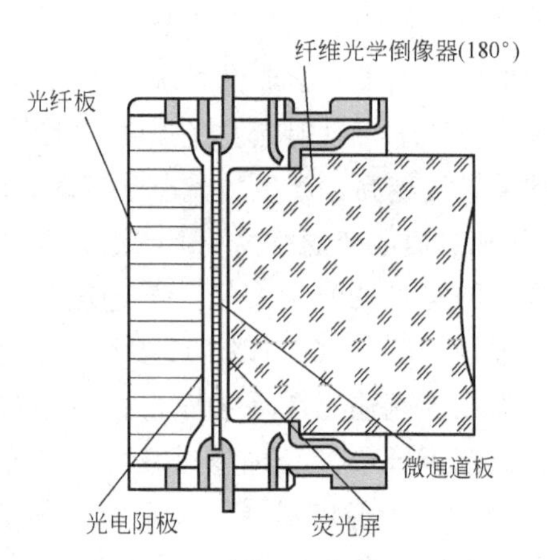

图12-9 贴近式像增强器

表12-4 三级级联式像增强器的性能参数

项目 \ 厂家 / 型号		荷兰OLD DELET公司		英国Mullard公司		荷兰PHILIPS公司
		3×18/18FP (XX1340)	3×25/25FP (XX1149)	3×25/25FP (XX1060)	8586	3×23/25FP (XX1060/01)
输入输出直径比		18/18	25/25	25/25		23/25
亮度增益/dB		12700（min）	16000（min）	35000（min）	35000（min）	50000（min）
电源电压/V		2.65	2.75			
工作电压/V				36000	45000	
外形尺寸（直径×长）/mm		ϕ53×147	ϕ70×195			ϕ70×195
质量/g		455	900	880		880
输入光电阴极		S-25	S-25			
灵敏度	积分	225μA/lm		175μA/lm	175μA/lm	220μA/lm
	λ=800nm	15mA/W		10mA/W	6~30mA/W	15mA/W
	λ=850nm			3mA/W	1~25mA/W	6mA/W
输出屏的余辉		P20（中/短）	P20（中/短）			
分辨力/(lp/mm)	轴上	34	45	25~23	25~23	28
	轴外 $r\neq0$	28（r=7）	28（r=7）	（中心—边缘）	（中心—边缘）	
MTF（%）	2.5lp/mm			80	90	84
	7.5lp/mm	65	60	50	50	60
	14lp/mm	35	20	10	10	25
畸变（%）		40	25（r=10）			
EBI/μlx		0.2	0.2	0.2	0.2	

基于一代和二代像增强器的各自特点，一般说来，大型、远距离的微光摄像器件采用一代像增强器，而小型、近距离的微光摄像器件则采用二代像增强器。

表 12-5 微通道板像增强器的性能参数

项目 \ 型号 \ 厂家		英国 Mullard 公司		美国 VARO 公司	荷兰 PHILIPS 公司
		二代倒像放大		二代倒像放大	18mm 薄片通道像增强器
		XX1380	XX1383	6700-1	XX1410
输入输出直径比		20/30	20/30	20/30	18/18
亮度增益		3000~25000 可调	6000~8000 可调	10000（最小可调）	7500~15000
电源电压		2.6V，40mA（最大）	2.2~3.4V（2.6V）		
外形尺寸（直径×长）/mm		ϕ62×80	ϕ62×80	长约 80	ϕ43×30
质量/g		350（最大）	350（最大）		100
输入光电阴极		S25	S25	S20DR	
积分/(μA/lm)		25（最低）	25（最低）	25（最低）	240
灵敏度/(mA/W)	λ=800nm	15（最低）	20	15	20
	λ=850nm	11(最低)	15（最低）	10	15
输出屏		P20	P20	P20	
余辉		中/中长	中/中长		
分辨力/(lp/mm)	轴上	45（最低）	44（最低）	40	25
	轴外 $r\neq0$	45（r=8）（最低）	40（r=8）（最低）	40	
MTF（%）	2.5lp/mm	95（最低）	92（最低）	95	86
	7.5lp/mm	80（最低）	75（最低）	60	58
	15lp/mm	50（最低）	45（最低）		20
线放大率	最小值	1.46	1.46	1.5	
	名义值	1.5	1.5		1
	最大值	1.54	1.54		

由于双贴近像增强器具有很小的体积，一代像增强器具有很低的噪声。国外的微光摄像器件中派生出了一种第一代加第二代并与 CCD 耦合的新品种。用这种像增强器制作的微光摄像机具有极高的灵敏度、较低的噪声、适中的体积。这种类型的摄像机可以实现 10^{-6}lx 照度下的摄像。

目前，负电子亲和势（NEA）光电阴极像增强器——第三代像增强器的发展受到重视，其主要原因是负电子亲和势光电阴极的灵敏度很高，反射式 NEA 光电阴极的积分灵敏度高达 2000μA/lm，透射式 NEA 光电阴极的积分灵敏度可达 900μA/lm，甚至更高。而且这种光电阴极的光谱响应的长波限向近红外延伸到 1.06μm（有的可达 1.58μm），因而它与夜间天空的光谱匹配比多碱金属光电阴极要好得多。

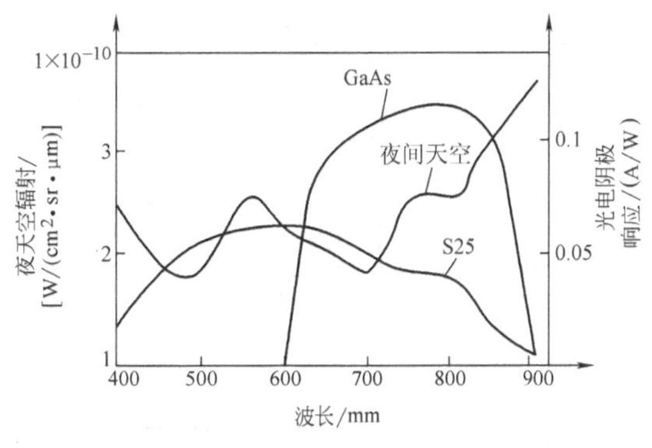

图 12-10 夜间天空光谱、S25 与 GaAs 光电阴极的光谱响应曲线

图 12-10 是夜间天空光谱、S25 及 GaAs

光电阴极的光谱响应曲线。由图可见，GaA 光电阴极与 S25 光电阴极相比，不仅积分灵敏度很高，而且与夜间天空的光谱匹配也好得多。此外，NEA 光电阴极在近红外区的量子效率要比对近红外灵敏的 S1 光电阴极高几十倍，而暗电流仅为后者的 1/1000。上述 NEA 光电阴极的这些特点，使得第三代像增强器既可用于微光夜视系统，又可用于主动红外夜视系统，即可用于主、被动结构的夜视电视系统中。国际电报电话（ITT）公司已于 1979 年做出了带微通道板的 NEA 光电阴极像增强器，即第三代像增强器。但由于目前只能在平面上生长 GaAs 单晶，不能在光纤板上制作球面光电阴极，所以只好做成带 MCP 的双近贴 NEA 光电阴极像增强器，而不能做成带 MCP 的倒像式 NEA 光电阴极像增强器。从表面上看，第三代像增强器与第二代近贴管之不同点仅在于用 GaAs 光电阴极代替了近贴像增强器的 S25 光电阴极。实际上，两者的差别甚远。鉴于 GaAs 光电阴极制作的需要，使得第二代近贴像增强器和第三代像增强器在工艺上已没有相似之处。GaAs 像增强器要用外延生长等一系列复杂工艺才能完成，制作时需要 10^{-9}Pa 以上的超高真空条件，较之二代像增强器的工艺需要高出 3 个数量级以上。尽管 NEA 光电阴极像增强器应用于夜视系统中，将会使仪器的作用距离得到较大的提高（可使视距提高 50%左右），观察效果也会有明显的改善，但由于 NEA 光电阴极的制造工艺难度大、成本高，所以第三代像增强器国外近几年才开始投入使用，而我国尚处在研制阶段。用第三代像增强器与 CCD 耦合制作的微光 CCD 样机已经问世，该系统无论就体积、功耗还是性能均较现用的系统又有进一步的提高。随着第三代像增强器工艺的成熟及耦合技术的发展，一种超小型微光 CCD 摄像机将会在军事、公安、科学研究等方面一展风姿。

表 12-6 列出各种微光电视摄像系统适用的照度范围，供广大读者选用时参考。

表 12-6 各种微光电视摄像系统适用的照度范围

环境照度/lx	晴天		阴天	乌云	晨昏	满月	1/4 月	清莹星光		阴云夜空
摄像实体	10^5	10^4	10^3	10^2	10	1	10^{-1}	10^{-2}	10^{-3}	10^{-4}
Vidicon	—	—	—	—	—					
CCD	—	—	—	—	—	—	—			
Chalnicon	—	—	—	—	—					
Newvicon	—	—	—	—	—	—				
Si Vidicon	—	—	—	—	—	—	—			
IV	—	—	—	—	—	—				
SEC	—	—	—	—	—	—				
I^2V	—	—	—	—	—	—	—			
ISEC	—	—	—	—	—	—	—			
SIT	—	—	—	—	—	—	—	—		
EBCCD	—	—	—	—	—	—	—	—	—	

（续）

环境照度/lx	晴天		阴天	乌云	晨昏	满月	1/4月	清莹星光		阴云夜空
摄像实体	10^5	10^4	10^3	10^2	10	1	10^{-1}	10^{-2}	10^{-3}	10^{-4}
Is	—	—	—	—	—	—	—			
I^2SEC	—	—	—	—	—	—	—	—		
I^3CCD MCPCCD	—	—	—	—	—	—	—	—	—	
IIS	—	—	—	—	—	—	—	—		
ISIT	—	—	—	—	—	—	—	—		
IMCPCCD	—	—	—	—	—	—	—	—	—	

4. 多帧积累型微光 CCD 图像传感器

现代通用的 CCD 电视摄像机，归纳起来主要有以下 4 种噪声：①信号中的散粒噪声；②放大器的噪声；③暗电流的散粒噪声；④暗电流的不均匀性引起的固有噪声（FPN）。其中前 3 种均为随机噪声，而 FPN 远小于随机噪声。通过对 CCD 器件进行冷却，可以有效地抑制 FPN，同时对随机噪声也有一定的抑制作用。但是，抑制随机噪声最直接、最简单也是最有效的方法是采用信号积分。对于图像来说，就是用图像信号进行多帧累积的方法。

设进行 m 帧图像累积，则每个像元的电压值按功率关系相加的一般表达式为

$$P=\left[\sum_{i=1}^{m}U_i\right]^2=\sum_{i=1}^{m}U_i^2+2\sum_{i=1}^{m}C_{ij}U_iU_j \tag{12-5}$$

$$1<i<j<m \qquad i=1,\ 2,\ \cdots,\ m$$

式中，C_{ij}为各电压之间的相关系数，$0<C_{ij}<1$。

由于信号中的随机噪声 U_n 是不相关的，服从泊松分布，因此噪声之间的相关系数 $C_{ij}=0$。m 帧图像积累以后，每个像元的噪声功率为

$$N=\left[\sum_{i=1}^{m}U_m\right]^2=\sum_{i=1}^{m}U_{\mathrm{n}i}{}^2 \tag{12-6}$$

对于图像信号来说，假设摄像扫描系统在空间的扫描位置不变，则有如下两种情况：

（1）目标图像是静止的　各帧图像在同一空间位置的信号是相同的，设为 U_s，各帧信号之间的相关系数 $C_{ij}=1$，m 帧图像积累后的信号功率为

$$S=\left[\sum_{i=1}^{m}U_{\mathrm{s}i}\right]^2=[mU_\mathrm{s}]^2=m^2U_\mathrm{s}^2 \tag{12-7}$$

而功率信噪比则为

$$SNR=S/N=m^2U_\mathrm{s}^2/mU_\mathrm{n}^2=m\frac{U_\mathrm{s}^2}{U_\mathrm{n}^2} \tag{12-8}$$

假设没有积累的任意一帧图像的信噪比为 SNR_0，则有 $SNR_0=U_\mathrm{s}^2/U_\mathrm{n}^2$，因此

$$SNR=mSNR_0 \tag{12-9}$$

由式（12-9）可知，静止图像 m 帧积累以后，信号的功率信噪比可以提高为原来的 m 倍。

（2）目标图像是运动的　此时相关系数 C_{ij}在 0~1 之间取值。由式（12-5）可知，积累后

的信号值将小于静止目标的积累值，积累后的信噪比提高也将小于式（12-8）和式（12-9）给出的值。对于缓慢移动和远距离移动的目标来说，相邻像元之间也存在有一定的相关性。多帧积累以后，信噪比的提高也有明显的效果。

MTV 2821CB 型面阵 CCD 摄像机具有这种多帧积累的功能。通过适当地设计外围驱动电路，使其可以积累 16 帧或 32 帧图像信号。在这种情况下其微光特性是非常可观的，它的最低工作照度可以向下延伸到 10^{-6}lx，而且它的信噪比和分辨力往往高于 EB 型或级联型 CCD 摄像器件，但它的响应速度低，限制了它的应用范围。

12.2 红外 CCD 图像传感器

在面阵 CCD 图像传感器和红外探测器阵列技术基础上发展起来的新一代固体红外摄像阵列（IRCCD）的目标主要是军事应用，如夜视、跟踪、制导、红外侦察和预警等，它是现代防御技术的关键性高技术之一。美国在 1986 年曾投资 8000 万美元加快这项技术的发展。在海湾战争与伊拉克战争中，美军已经使用了微光及红外 CCD 摄像机装备部队，并发挥了巨大的夜间战斗力。

目前，IRCCD 主要集中于 InSb、$Hg_{1-x}Cd_xTe$ 为代表的本征窄带半导体材料，以 PtSi 为代表的硅化物和以 Si：Ga、Bi：As 为代表的非本征硅材料，尤其以 InSb、$Hg_{1-x}Cd_xTe$ 和 Pt：Si 器件的发展最引人注目。美国休斯、GEC、罗克韦尔、德克萨斯仪器公司和空军空间技术中心都已做出了 InSb、$Hg_{1-x}Cd_xTe$ 的短波、中波和长波红外图像传感器。格式为 128×128 像元的混合式焦平面阵列，其响应波长为 1～3μm，工作温度为 120～195K，平均比探测率 $D^* = 1.3\times10^{12}\text{cm}\cdot\text{Hz}^{\frac{1}{2}}\cdot\text{W}^{-1}$。波长为 3~5μm、工作温度为 77K 的器件平均比探测率 $D^* > 10^{11}\text{cm}\cdot\text{Hz}^{\frac{1}{2}}\cdot\text{W}^{-1}$。尽管红外 CCD 探测器需要工作在温度几摄氏度到几十摄氏度绝对温度的低温情况下，但它在天文观测和低照度背景军事应用等方面都起着极为重要的作用。

红外电视摄像系统常分为主动红外电视摄像系统与被动红外电视摄像系统两种。

12.2.1 主动红外电视摄像系统

主动红外电视摄像系统由红外光源、红外摄像器件、摄像机、光源控制器及监视器等几部分组成，工作原理如图 12-11 所示。

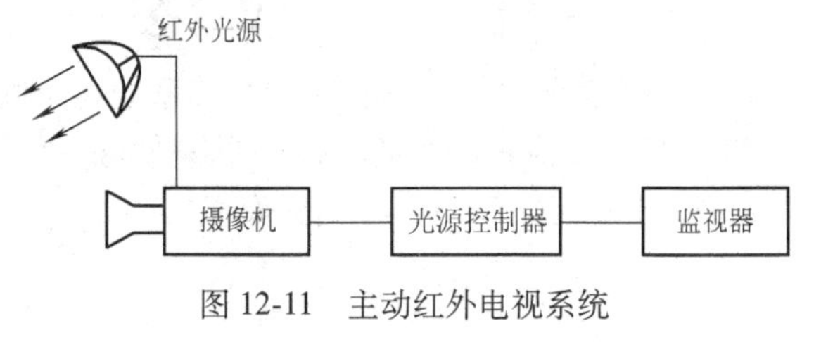

图 12-11 主动红外电视系统

当红外光源照射目标时，目标反射的红外光为摄像机所摄取，并将不可见的近红外光转换为可见光，在屏幕上显示出来，实现红外摄像的目的。主动红外摄像机的两大关键部分是红外光源与红外摄像器件。

1. 红外光源

红外光源是红外摄像的关键之一。红外光源输出的波长及能量关系到红外摄像质量的好坏和作用距离的远近。目前常用的红外光源有两种：一种是钨丝白炽灯用红外滤光的办法产生红外光源，这种光源的缺点是利用效率低，且有红光暴露的问题，尤其是大功率光源或近距离观察时更为明显，因而用得不是很多；另一种是使用半导体砷化镓光源或半导体激光器，其峰值波长为 0.93μm 或 0.86μm 左右，带宽约±2 000nm，单个发光源最大输出可达 500mW 左右。这种光源体积小、重量轻、电源简单、效率高，可以实现中距离（100m 内）的红外照明。对于近距离（20m 以内）的照明，也有用小功率 GaAs 的 LED 阵列制作的。为了降低功耗而又不影响观察效果，人们在一些系统中对 LED 用脉冲进行了调制，这种光源就更为理想，它不仅降低了平均功耗，也在一定程度上解决了散热问题。近几年来国外用半导体激光器制作的红外光源，实现了上百米的夜间摄像，效果也比较理想。

2. 红外摄像器件

要实现红外摄像，必须选用对红外敏感的摄像器件，如对近红外敏感的有硅靶摄像管、CCD 摄像器件、PbO-PbS 复合靶近红外摄像管等。由于 PbO-PbS 灵敏度低、惯性大、抗灼伤能力差等原因，所以用得较少。硅靶摄像管与 CCD 均是用硅材料制作的，两者的性能接近，但由于 CCD 较硅靶摄像管体积小、重量轻、功耗低、寿命长以及其他一些优点，所以在绝大多数领域内硅靶摄像管已被 CCD 图像传感器所代替。

3. 红外变像管

红外变像管是一种把不可见的红外图像转换成可见光图像的光电成像器件。它同时具有像增强的作用，在需要观察更远距离的地方，利用红外变像管和 CCD 的耦合进行远距离的摄像，可以获得更好的效果。红外变像管的结构示意图如图 12-12 所示。它与前述的单级像增强器的不同之处在于红外变像管为 Cs-O-Ag 光电阴极，工作波长为 0.6 ~ 0.9μm，峰值波长为 0.8μm 左右。

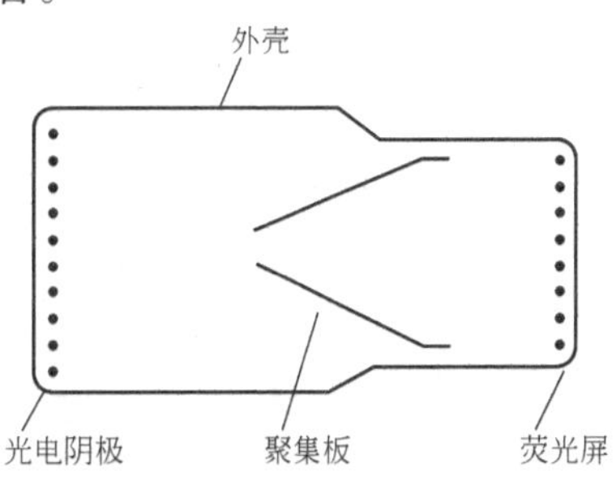

图 12-12　红外变像管的结构示意图

表 12-7 为红外变像管的基本性能参数。

表 12-7　红外变像管的基本性能参数

管型	代号	π1	BH-1	BH-2
	类别	单级管	单级管	串联管
光电阴极	阴极类型	Si（Cs-O-Ag）	S_1	S_1
	有效直径/mm	25	16	14
	红外线灵敏度/μA	≥5	≥5	≥5
中心放大率		0.62	1	1.2
中心分光率/(lp/mm)		≥25	≥28	≥17
荧光屏	发光光谱	黄绿色	黄绿色	黄绿色
	有效直径/mm	27	16	16.8
工作电压/kV		18	15	2×15
总长/mm		74.5	75.6	150

由于不受环境照明条件的限制，即使在漆黑的夜晚和中近距离内，主动红外电视系统也可以获得清晰的图像。用面阵红外光源可以实现大范围的监视，加之近红外摄像机体积小、成本低，因此红外线摄像系统有着广泛的用途，在诸如银行、仓库、港口、哨所等要害部位的夜间监视，军事、公安部门的昼夜监视、侦察，胶片生产过程、冲印过程的质量检测，生

物夜间习性的研究，人体某些部位的病变检查（如乳腺癌的早期检查）等领域，都收到了十分良好的效果。

12.2.2 被动红外电视摄像系统

被动红外电视摄像系统不需要红外照明，是依靠目标本身发出的红外辐射实现摄像的系统，常用的有光机扫描热摄像机和热释电摄像机两种。由于光机扫描热摄像机结构复杂，需要低温制冷（77K），成本过高，所以应用受到很大限制，国内还处在研制阶段。热释电摄像机不需要低温制冷，可对 3~5μm 和 8~14μm 光谱范围的热目标进行成像，但分辨力不高，成像不够清晰，所以应用受到限制。热像仪及热释电红外摄像机已在第 6 章讲述，这里不再重复，仅介绍 CCD 红外摄像系统。

前面已经讲过，在现代高性能热成像系统中大都采用半导体材料。例如，HgCdTc 或 InSb 探测器，这类光电导探测器一般要冷却到液氮温度（77K），探测器可以是线阵的或小型面阵的（大约为 100 像元），利用电动机驱动的反射镜对目标图像进行扫描，扫描方式有并行扫描、串行扫描或串并行混合扫描。在这类系统中，如果采用 CCD 将会起到很好的作用。红外摄像系统使用 CCD 图像传感器以后，会有以下几方面的改进：①红外摄像系统采用 CCD 后，可以利用集成电路工艺将其成本降低；②可以不用或少用机械扫描机构，并简化探测器的封装，因而使系统的体积减小，重量减轻；③可以使用较多的探测器，改进探测器的性能，减小光学系统的尺寸。

红外摄像系统采用 CCD 以后，由于有上述几点改进，所以很多厂家正在进行研制和实验。目前波长在 1μm 以内的近红外 CCD 摄像机已经被广泛应用于夜间监控系统、红外望远系统和森林火灾报警系统中。下面以红外望远系统为例，讨论红外 CCD 摄像系统的应用。

1. 望远红外 CCD 摄像机

（1）近红外波段能提高物体的光视效能　在远距离摄像中，光视效能的大小关系着能看清物体的距离，而光视效能的大小又取决于物体细节的对比度。

通常可见光成像的情况是物体本身不发光，它是靠反射太阳光来成像的。当天空中有霾和薄雾时，日光在穿过大气的过程中受到漂浮在空气中微小水蒸气颗粒和尘埃的散射。散射不但使沿指定方向传播的光的发光强度减弱，而且被散射的部分光将使环境光亮度增加，其效应就等于被摄物体和摄像机之间多了一层“亮纱帐”，从而大大降低了物体的对比度。例如，设天空的光亮度为 4000lx，房屋光亮度为 2000lx，树木光亮度为 1000lx，树木暗处光亮度为 500lx，更暗的部分光亮度为 250lx。在天空中没有霾、烟雾的情况下，最暗部分与其余部分的光亮度比分别为 16∶1、8∶1、4∶1、2∶1。

如果由于霾、烟雾的影响，光亮度普遍增加了 1000lx，则上述的比值规律变为 4∶1、2.4∶1、1.6∶1、1.2∶1。这说明由于霾、烟雾的散射引起的附加光亮度实际上降低了光亮度的对比度，使得一部分景物的层次被压缩，甚至完全损失。但是用红外线就好得多，这是因为：①实验和理论都证明，波长越短的光散射越强烈。也就是说，散射主要是在可见光部分，红外光受霾、烟雾的散射比可见光要小，对比度的降低也比可见光小；②天然物体的红外吸收和反射特性可以提高物体的对比度。例如，绿色植物的红外光谱反射比为 60%~70%，而混凝土、石棉、水泥的红外光谱反射比仅为 35%~40%；③景物细节对红外线有较大的光谱反射比，这就使得物体光亮度和大气光亮度之比较大，有利于提高对比度。

综上所述，对于远距离摄像，选择近红外线波长进行红外摄像。

（2）近红外摄像机原理 红外线与可见光一样，具有能够被物体反射、折射和吸收的特性。根据光学定律，不同物体对不同波长红外光的反射和吸收各不相同，因此用红外光也能获得被观测物体的清晰图像。红外摄像是红外技术和摄像技术巧妙结合的产物，在光电转换之前的部分属于红外技术，光电转换后便是摄像技术。红外 CCD 摄像机原理框图如图 12-13 所示。

太阳照射到目标上，反射回来的射线经滤光镜把可见光和不需要的红外线滤掉，剩下有用的红外线，经红外光学镜头聚焦，成像在摄像机的 CCD 像面上，将红外图像信号转变为电视信号送给监视器，便可看到目标物的图像。需要时，可对视频信号进行录像和计算机数字图像处理。

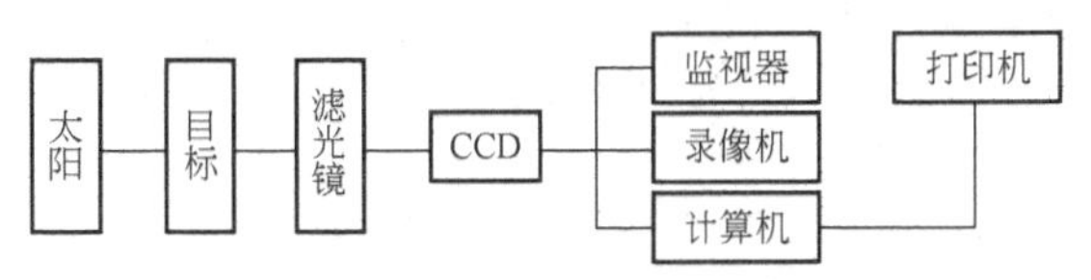

图 12-13 红外 CCD 摄像机原理框图

（3）主要部分设计考虑 不是任何光学镜头都可以用于望远红外 CCD 摄像机光学系统的，只有在红外工作波长范围内，长焦距、相对孔径大、光学传递函数高、成像质量好的光学镜头才能满足从清晨到傍晚都能正常工作的要求。镜头的焦距必须可以电动和手动变化。由于天空的照度变化很大，镜头必须采用自动光圈随时调整光圈的大小，以保证 CCD 像面上的照度在 CCD 的线性范围内。

因为辐射能在大气中的散射系数与工作波长的 4 次方成反比，所以从降低散射的角度来看，在成像器件光谱响应波长的范围内，选用的波长越长越好。工作波长的选择将受到成像器件积分灵敏度的限制，因此设计滤光镜时，要从总体上考虑，并通过实验给出最后决定。

（4）摄像器件的分析

1）最初的电视摄像、电视制导、电视跟踪均采用硫化锑摄像管，原因是分辨力高，1in 的摄像管的分辨力可高达 1000TVL，而且成本低。但是，它的暗电流大（最大为 20nA），惯性大，3 场后还有 20%以上的图像滞留；抗烧伤能力很差，灵敏度也很低（0.2μA/lx）。光谱响应范围仅为 400~600nm，红外部分基本不响应，因而早已被淘汰。

2）硅靶摄像管的光谱响应宽，可扩展到 1.1μm，灵敏度也较高（0.5μA/lx），抗烧伤能力也比硫化锑摄像管强，可经受 10^3lx 的短时照射。因此，有的电视制导和电视跟踪系统均利用其红外响应特性来提高设备在同等气象条件下的探测距离，并取得了明显的效果。但是，它存在着下列缺点：①受光电二极管数量的限制，分辨力不够高，1in 摄像管的分辨力仅为 700 电视线；②由于材料和工艺的原因，容易产生疵点；③光电二极管有效面积不超过总面积的 20%，信号容量不大，动态范围较窄（仅为 50），因而在强光下容易产生“开花”；④惯性不小，三场后还有 8%，对跟踪高速目标不利；⑤工艺复杂以致成本较高。

3）CCD 固体成像器件这种硅材料制成的固体图像传感器件不但具有硅靶摄像管的一切优点，克服了硅靶摄像管的缺点，而且它的寿命长、稳定度高、可靠性高、体积小、重量轻、耗电小，是电真空摄像器件无法比拟的。它的抗电磁场干扰能力强、动态范围宽、抗“开花”能力强、一致性好等优点使之更适宜军事目的。

值得注意的是，并非市场上能买到的任何 CCD 都能满足红外摄像的要求。只有那些分辨力高、灵敏度高的CCD方能做成远距离红外CCD摄像机。因为不同的型号和厂家常采用不同的工艺，使硅光敏面具有不同的光谱特性。只有红外响应好的高分辨力CCD才能做成近红外CCD远距离摄像机。

（5）结果与讨论 望远红外CCD摄像机的技术性能如下：

1）像元：753×581。

2）分辨力：600TVL。

3）灵敏度：0.1lx。

4）信噪比：54dB。

5）灰度：≥8级。

6）照度：100~10 000lx。

7）供电方式：AC 220V，50Hz；DC12V

8）功率：<5W。

事物总是一分为二的。它最主要的缺点是同其他类型的红外光学仪器一样，作用距离受气象条件的影响很大。当雾的浓度变大时，红外线的光视效能也变得很差，和可见光一样不能取得满意的效果，甚至失去作用。

然而，与可见光相比，它的作用距离和清晰度的提高仍然是人们梦寐以求的。在军事上敌我双方都非常关心对方的战车、舰船、飞机、人员的配备和运动状况，以便于战场侦察和指挥、电视制导和跟踪。特别是雷达面临着综合性的电子干扰、隐身飞机、低空与超低空突防和反辐射导弹四大威胁的今天，望远红外CCD电视摄像系统在海、陆、空三军的远距离低空观察领域都有着广泛的应用前景。在航空航天摄像等方面，因为它具有穿透大气层烟尘和薄雾的能力，特别适合于斜倾摄像。它能使画面清晰，一般可分辨出机场、公路、铁路和河流。在天文学上可用于研究天体，这不仅由于红外线能穿透地球表面混浊的大气层，而且还由于宇宙空间存在无数发射红外线的天体。在气象学中，为获得高反差的云景实时图像，判断云的形成过程，在光视效能较差的情况下，也应使用红外CCD摄像机。这种应用下的光学系统焦距肯定要长得多。当然，为拍摄大面积云的形成，往往需用短焦距的广角镜头。

2. 中红外CCD摄像系统

美国仙童公司的Weston CCD图像分公司推出一种IRCCD摄像系统（CCD6000型）。该系统以PtSi肖特基势垒为技术基础，引入了用于定时和视频信号处理的RS-170 A标准，使其在许多需要实时高分辨力分析显示1~5.5μm光谱范围的红外摄像领域中获得了广泛的应用。它在激光束分析、遥感、监视、目标跟踪、医疗及非接触式温度控制等方面显示了优越性。

12.3 X射线CCD图像传感器

X射线用于医疗影像分析和工业探视已经多年。为了减小X射线对人体的危害，多年来人们不断地探索和研究，最有效的方法有3种。①减小X射线照射的剂量，在低剂量X射线的照射下，采用对穿透后的X射线进行图像增强的办法获得与高剂量照射同样的效果；②利用图像传感器将现场图像传送到安全区进行观测。利用图像传感器将图像转移的方法，既可以使医务人员离开现场，又可以通过计算机进行图像计算、处理、存储和传输。上述两种方法的结合是最理想的第三种方法。用 CCD 图像传感器和 X 射线像增强器就可以完成这两种方法的有机结合。

12.3.1　X 射线像增强器

X 射线像增强器也是一种光电成像器件。它由 3 个基本部分组成：①光电阴极；②电子透镜；③荧光屏。X 射线像增强器如图 12-14 所示。X 射线像增强器的光电阴极结构如图 12-15 所示。输入窗采用高透过率、低散射轻金属（铝或钛）制成。铝层里面是一层荧光层，采用 P20 荧光粉制作。荧光层里面是一层透明隔离层，在隔离层的内表面，制作的是锑铯光电阴极。在 X 射线像增强器里发生如下过程：当 X 射线穿透物体投射到像增强器光电阴极表面上时，首先在荧光层里转换成可见光信号，发光强度与入射的 X 射线的强弱相对应。紧接着光信号激发里层的光电阴极并将其转换成电信号。于是一幅穿透物体的 X 射线图像变成了一幅强度与之对应的电荷图像。电荷图像在电子透镜系统中聚焦、加速，以很高的速度轰击荧光屏。在荧光屏上电子图像变成了可见光图像，这幅图像是经过增强的图像。除了加速电子使图像得以增强外，依靠电子透镜系统缩小成像倍率，光亮度同样得以提高，增益可以达到 100 倍左右。

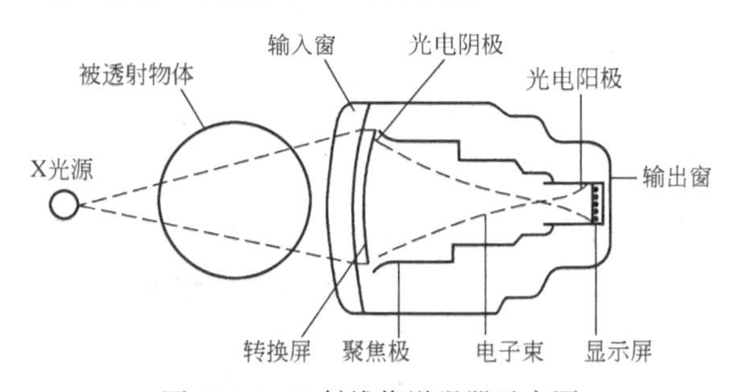

图 12-14　X 射线像增强器示意图

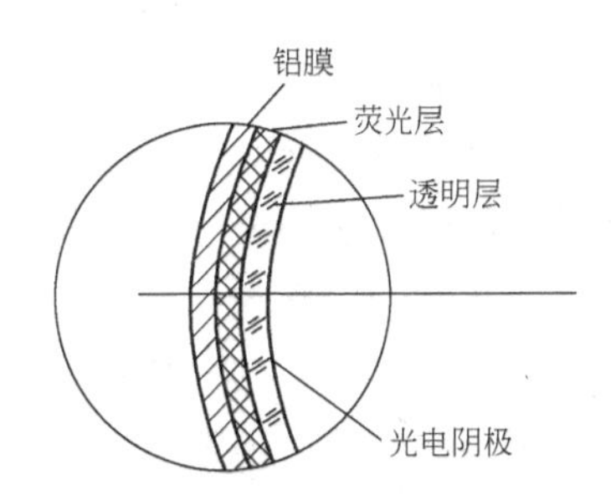

图 12-15　X 射线像增强器光电阴极结构示意图

目前这类器件的尺寸从 6~12in 已经形成系列。X 射线像增强器件的典型参数见表 12-8。

表 12-8　X 射线像增强器件的典型参数

<table>
<tr><th colspan="2">型　号</th><th>输入直径 /mm</th><th>输出直径 /mm</th><th>量子检测效率（典型值）（%）</th><th>转换系数（典型值）</th><th>分辨力典型值 /（lp/mm）</th><th>对比度典型值（CR：1）</th><th>应用范围</th></tr>
<tr><td colspan="2">15XZ74A</td><td>150</td><td>14</td><td>60</td><td>150</td><td>44</td><td>15</td><td>X 射线透视、摄影与特殊过程</td></tr>
<tr><td colspan="2">15XZ74B</td><td>150</td><td>14</td><td>60</td><td>150</td><td>44</td><td>22</td><td>数字 X 射线摄影及其他应用</td></tr>
<tr><td rowspan="3">23 XZ4A</td><td>N</td><td>215</td><td>20</td><td rowspan="3">60</td><td rowspan="3">150</td><td>42</td><td rowspan="3">15</td><td rowspan="3">X 射线透视、摄影与特殊过程</td></tr>
<tr><td>MAG1</td><td>160</td><td>20</td><td>50</td></tr>
<tr><td>MAG2</td><td>120</td><td>20</td><td>60</td></tr>
<tr><td rowspan="3">23 XZ4B</td><td>N</td><td>215</td><td>20</td><td rowspan="3">60</td><td rowspan="3">150</td><td>42</td><td rowspan="3">22</td><td rowspan="3">X 射线透视、摄影及其他应用</td></tr>
<tr><td>MAG1</td><td>160</td><td>20</td><td>50</td></tr>
<tr><td>MAG2</td><td>120</td><td>20</td><td>60</td></tr>
</table>

（续）

型号		输入直径/mm	输出直径/mm	量子检测效率（典型值）（%）	转换系数（典型值）	分辨力典型值/(lp/mm)	对比度典型值（CR：1）	应用范围
30 XZ1	N	300	25	60	150	34	20	X射线透视、摄影及其他应用
	MAG1	226	25			40		
	MAG2	175	25			46		

日本东芝公司推出的超高图像增强器采用对X射线散射极低的薄铝金属窗，提高了对比度。同时使用了变换效率较高的输入荧光屏，X射线的吸收率也提高到70%。因选用散射光吸收，输入面的MTF得到明显的提高。

带通道电子倍增器的X射线像增强器是近几年才发展起来的新器件，结构如图12-16所示。

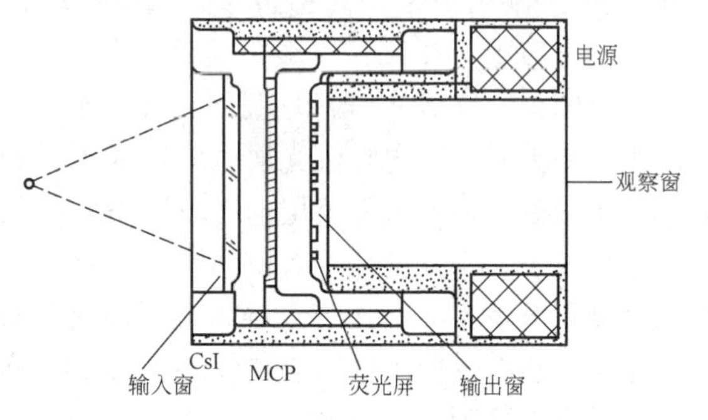

图12-16 带通道X射线像增强器

此类X射线像增强器是用碘化铯光电阴极直接将X射线转换成电荷图像，并采用近贴聚焦、微通道MCP板进行电子倍增。最后由输出屏完成电光转换，显示出被穿透物体的内部结构图像。该像增强器采用碘化铯光电阴极，将原来的两次转换（X射线-可见光-光电子）变成了一次转换，简化了结构，降低了成本。微通道板的引入，大大缩小了器件的体积，提高了器件的增益，从而减少了所需输入X射线的剂量。当然由于微通道板面积不能做得很大，增强器的有效视场也受到限制。目前市场出售的ϕ50mm器件和ϕ100mm器件已商品化，与之相应的直视仪器和电视系统均已在市面上出售。ϕ50mm X射线像增强器的主要性能参数见表12-9。

表12-9 ϕ50mm X射线像增强器的主要性能参数

荧光屏光亮度	≥15cd/m^2（40kV、80μA）
分辨力	≥4lp/mm
寿命	>1000h

纵观上述两类X射线像增强器的特点为：X射线像增强器具有光电阴极面大（视场大）、增益高的特点。但是，它必须采用的光电阴极结构使分辨力降低，工艺变得复杂，制作成本显著提高，不利于推广与普及。带通道电子倍增器的X射线像增强器的光电阴极面积较小，视场和探视的范围也较小；若要达到适当的探视范围必须加大微通道板的面积（加大到ϕ50mm或ϕ100mm），结果必然造成制作难度加大，成本提高。而且面积大还带来纤维丝径加粗、分辨力下降等不利因素，所以应用范围也受到较大限制。

将X射线像增强器的大面积光电阴极与带通道电子倍增器的X射线像增强器的简单阴极结构、通道板的高电子增益结合起来，构成一种新的X射线像增强器是可行的。图12-17为新型X射线像增强器的原理结构。

新型像增强器具有以下显著特点：①光电阴极面积大，可以探测与显示更大目标与范围；②光电阴极结构简单（可采用单层碘化铯光电阴极），制作容易，有利于降低成本；③具有较高的增益，它集电子光学系统倍率缩小和通道电子倍增器于一体，增益可比以往任何一种像增强器都高，因而可能使 X 射线的照射剂量进一步减小，或者同等剂量下穿透更厚的目标；④光电阴极结构简单、通道尺寸小，有利于进一步提高像增强器分辨力，从而提高透视目标图像的清晰度，可望在工业探伤、医疗中获得更广泛的应用；⑤像增强器工艺性好，有较高的成品率，可以大大降低成本。因为光电阴极和管壳可以分别制作，无污染，成品率较高，即使某一部分质量不符合要求，也较容易回收或更换。

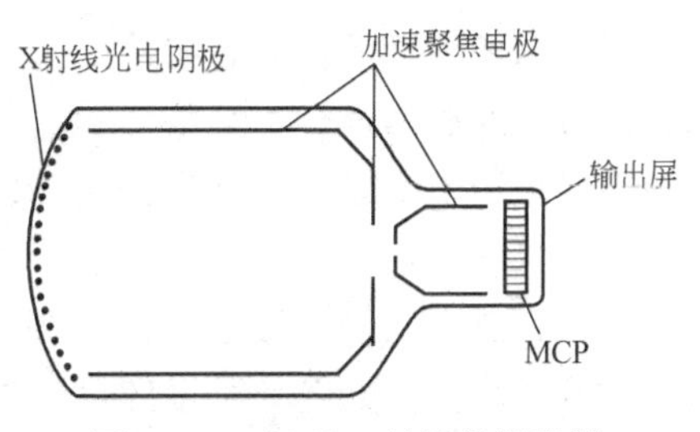

图 12-17　新型 X 射线像增强器的原理结构

总之，带有通道缩小倍率的 X 射线像增强器有较为理想的性能、较低的价格，无论是在医疗仪器，还是工业探伤应用上都具有较为美好的市场前景。

12.3.2　医用 X 射线电视 CCD 摄像系统

目前 X 射线图像增强器主要用在医用 X 射线机上。图 12-18 为医用 X 射线电视摄像系统原理框图。

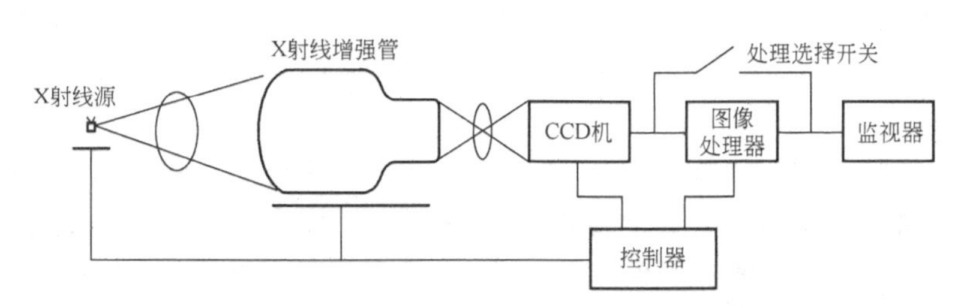

图 12-18　医用 X 射线电视摄像系统原理框图

该系统包括 5 部分：医用 X 射线机，X 射线像增强器，高分辨力 CCD 摄像机，带时、日发生器的图像处理器和显示器及视频摄像机。当 X 射线穿透人体时，将人体透视部位的内部结构图像投射到 X 射线像增强器的光电阴极面上。在光电阴极面上将 X 射线图像转换成电子密度图像，电子密度图像经过聚焦、加速，以很高的速度轰击荧光屏，在屏幕上得到一幅被增强的可见光图像。由输出屏输出的可见光图像被高灵敏、高分辨力的 CCD 摄像机摄取，再由图像处理器对摄取的图像信号做相应的处理，叠加上时、日等信号。它不仅能清晰地显示并记录穿透人体的图像，同时也能显示、记录透视的时间。这里需要指出的是，X 射线像增强器可以增强穿透人体的 X 射线的效果，并把它由不可见的 X 射线变成可见光图像。因此和原来的 X 射线机相比，在满足获得清晰图像的条件下，可以减小 X 射线的投射剂量（即降低 X 射线机的高压和电流），从而减小了 X 射线对人体的危害。用摄像机摄取输出的图像，既可以让操作人员远离现场，免受危害，把透视人员从暗室中解放出来（X 射线电视摄像不需要暗室），还可以将小的输出屏幕所成图像放大，在显示终端（常用 14in 或屏幕更大的监视器）显示出来，让更多的人同时观察到透视的结果，便于病例讨论和参观实习。引入图像处理的目的是将输出的视频信号按人们的愿望进行处理，其中包括如灰度、对比度调节、降低噪声、边缘增强和重点目标的选取等，使输出图像更加清晰，重点更突出。视频摄像机用来记录透视结果，它可以在4s内把一幅视频图像记录下来，以代替常用的X射线照相机的拍片方法，供保存及研讨之用。为什么要选用高分辨力、高灵敏度的CCD摄像机来代替过去的光电导管摄像机呢？因为随着集成技术的发展，CCD摄像机不仅在灵敏度上达到和超过了光电导管摄像机的性能指标，而且在分辨力上也可与光电导管摄像机相媲美。CCD摄像机的体积小、功耗低、寿命长、可靠性高、稳定度高、成本低等特点更使光电导管摄像机望尘莫及。资料报道，由于CCD的成功应用，使得X射线的剂量减小到原来的1/50以下。X射线电视摄像系统近几年发展及应用都很快，一些市、县级医院已经购置了该类系统，但由于X射线像增强器价格很贵，所以远远没有得到普及。随着系统的日趋成熟、X射线像增强器成本的下降，会使系统的价格成倍地降低，X射线CCD电视摄像系统有机会深入到乡、镇两级医疗单位及职工医院，具有十分美好的市场前景。

12.3.3 工业用X射线光电检测系统

工业用X射线光电检测系统是一种非常好的非接触无损检测手段，它主要用于工业探伤。例如，零部件焊接质量的检测，飞机零件、部件的质量，锅炉等高压容器的质量，多芯电缆线的断线等的检测，直接影响相关产品的质量。对这类产品的常规检查要采用几千伏高压下产生的硬X射线穿透零部件，并对所产生的图像用感光胶片进行拍摄记录，然后再经冲洗成正、负片进行观察。几千伏电压产生的X射线辐射很强，对人体会有很大的伤害，拍片时必须远离现场，或增加隔离辐射的装置。每拍照一次就要装一次片，开一次机，离开一次，再取一次片。如此开机、关机、开门、关门，来来回回，进进出出，不仅费时费力，程序要求严谨，而且不能及时看到检测结果，更不能进行实时的调控、筛选，必须等到一批片子拍完后经冲洗才能看到所拍摄的结果。而且这么多的环节中，只要有一个环节出现故障或疏忽，就会前功尽弃。另外，拍片方法必然要消耗大量的感光胶片和冲洗药品。国内有的厂家仅此项检查一年不仅要消耗万元以上的胶片和冲洗药品，而且不可避免地造成环境污染。

采用工业X射线光电检测系统进行无损探伤检测，改变了过去的检测工艺，使产品的损探和检测实现自动化和流水作业化，具有安全、迅速、节约原材料等一系列优点而且不会对环境造成污染。

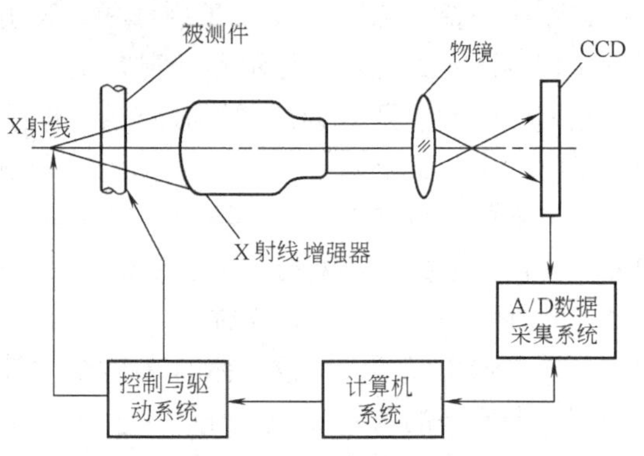

图12-19 X射线光电检测系统原理

X射线光电检测系统目前已经被许多生产厂家采用，X射线光电检测系统的种类也在不断地增多和发展。图12-19为某产品生产线上的自动检测并分类的X射线光电检测系统原理。图中X射线光源所发出的低剂量X射线穿透被测零部件后投射到X射线像增强管的光电阴极面上，光电阴极面将X射线图像转换成电子密度图像并在内部电场的作用下加速并成像到像增强器的荧光屏上，荧光屏将电子图像转换成可见光图像。可见光图像经物镜再一次成像到CCD光电传感器的像面上，该CCD可为线阵CCD，亦可为面阵CCD，要视被测件的性质和检测的目的而定。例如，要想检测多芯导线中是否有断线，并标记断线的位置，则可选用线阵CCD，并将线阵CCD的像元排列方向与线径垂直。这样，电缆线在卷动过程中通过被测视场时，线阵CCD将扫描并检测出电缆的每个截面内部导线的状况。但是若要检测某个单体工件，则可以选用面阵CCD。面阵CCD可以直接摄得整个工件的图像。采用线阵CCD时，配用的A/D数据采集卡为线阵CCD的A/D数据采集卡，它将通过视场截面的线灰度转换成数字信号存于计算机内存，并通过计算机软件扫描成像，判断是否有断点（多行采集图像的不连续点）。若有，则在缆线相应位置做出标记并将断点部位图像存于计算机内存。若采用面阵CCD，则图中的A/D数据采集接口卡为图像卡，图像卡将工件的灰度图像转化为数字图像存于计算机内存，并由计算机软件分析检测其图像合格与否，实现生产、检测、分类的自动化。在X射线光电检测系统中，图像的分辨力受X射线像增强器、物镜和CCD的分辨力的影响。成像物镜的分辨力可以做得很高，它不是主要影响因素。目前已有许多高分辨力的线阵和面阵CCD，所以它也不是影响分辨力的主要因素。现在高分辨力的X射线像增强器是影响这套光电测试系统分辨力的主要因素。随着科学技术的发展，必然会在不久的将来产生出高分辨力的X射线像增强器，以便满足越来越多的生产、科研领域的需要。X射线光电检测系统的应用将会更加广泛。

思考题与习题12

1. 采用哪几种方法能够获得微光条件下的图像？有几种增强微光图像光亮度的方法？微光像增强器能否直接与CCD图像传感器相级联？怎样级联？

2. 试述微光电视摄像的视距观测条件。采用哪些方法能够提高微光电视摄像的视距观测条件？

3. 什么是主动红外电视摄像系统与被动红外电视摄像系统？战场上允许采用主动红外电视摄像系统吗？试列举几种红外光源实例。为什么说敌方坦克发动机是红外光源？

4. 为什么被动红外摄像机要比可见光电视摄像机的视距远、抗霾和烟雾的散射能力也强？

5. X射线能量很强但为什么不能直接引起CCD图像传感器的响应？X射线像增强器的主要功能是什么？怎样与面阵CCD匹配构成X射线图像传感器？

6. 试分析图12-19所示的X射线光电检测系统的基本工作原理，说明CCD图像传感器成像物镜在系统中的主要功能和设计要求。

7. 能否在X射线像增强器与CCD摄像机之间加上光锥？若能，在X射线像增强器与CCD摄像机之间加上光锥会带来哪几个方面的优势？试画图说明加入光锥的方法。

8. 举出X射线像增强器与线阵CCD光电传感器匹配应用的实例。如果要求检测重载汽车橡胶轮胎的内部加固筋材料的图像质量，应采用怎样的设计？

第 13 章　光电传感器应用实例

俗称为“电眼”的光电传感器在工业机器视觉、自动控制、自动检测、自动识别与信息处理等领域都发挥着巨大的作用，在安全防范、交通指挥、军事工程、环保、农业等人们从事活动的场所和人们尚无法到达的场地及宇宙空间也充分发挥着越来越大的作用。它的应用实例内容之丰富足以书写成为专著，为配合有限学时的教学，本章选择部分易于接受和便于发挥的内容进行讨论。

13.1　板材定长剪切系统

在板材（钢板、铝板、纸板与塑料板等板材）的生产、加工过程中经常遇到将其剪切到一定长度的要求。如纸箱厂需要将包装纸剪切成确定的长度以便于后续的成型工序。机箱厂也需要将钢板剪切成指定长度后才能进入压成直角的后续工作。板材的定长剪切往往是加工的头道工序，如何实现高速度、高精度自动化剪切呢？利用光电非接触测量系统与剪切自动化控制系统就可以实现板材的定长剪切，并且这套系统还有速度快、精度高、质量好的优点。

1. 定长剪切系统的结构

图 13-1 所示为板材定长剪切系统原理图。通常板材（如钢板、纸板、塑料板等）原料都是以捆装方式运输到剪切现场的，因此，将其展开是必需的工序，这需要用主动轮与从动轮配合将被剪切的板材展开。经主动轮和从动轮构成的板材展开系统（或传输系统）展开后的板材再经剪切装置（剪切刀）输送到光电检测系统。光电检测系统由光源、光学成像（或聚焦）系统（图中未画）、光敏器件和检测电路等构成。光电检测系统的输出信号经检测电路（图中未画）得到定长剪切信号，并发出执行命令，使剪切刀执行剪切操作，实现定长自动剪切。

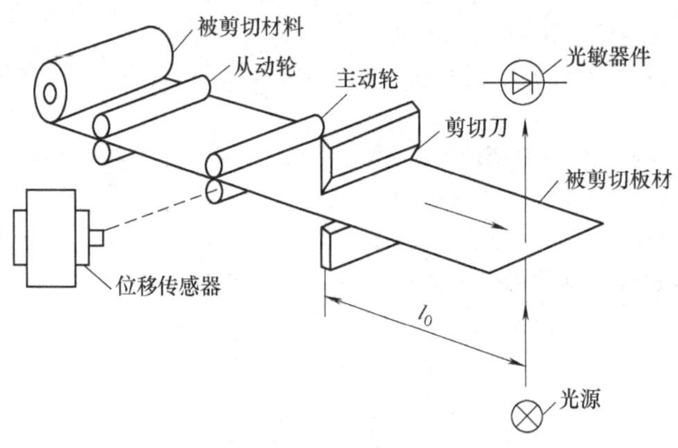

图 13-1　板材定长剪切系统原理图

2. 定长剪切系统的原理

在如图 13-1 所示的结构中，将光电检测系统的中心安装在距剪切刀口 l_0处。当板材沿箭头所示方向传到光电检测系统的视场内时，被剪切板材边缘的像成在光敏器件的光敏面上，使光敏器件输出的光电流减小。而且随着板材的传输，光电流将越来越小。当减小到一定程度时，光电转换电路将输出电压的跳变，跳变的信号使板材传输系统停止传动，剪切系统起动，剪切刀下落剪切板材。板材被剪切后，光敏器件又被光完全照亮，光电流又恢复到最大值，剪切刀抬起，传输系统起动使板材再沿箭头方向传输，实现传输与剪切的自动控制。在纸板定长剪切生产线上是用水刀完成纸板的剪切，水刀执行速度快，剪切的断面质量好。图 13-1 中的位移传感器用来计量板材的总传输量。

3. 定长剪切系统精度分析

若剪切系统的光敏器件采用光敏面积为 A 的硅光电池（或硅光电二极管），可采用如图 13-2 所示的转换电路。在光敏面全被入射光照射时，光电流 I_L达到最大值，负载电阻 R_L上的压降 U 高于阈值电压 U_{th}，同相放大器输出 U_o为高电平。当光敏面部分被遮挡时，光电流 I_L减少，负载电阻 R_L上的压降 U 将逐渐下降，当它低于阈值电位 U_{th}值时，同相放大器输出 U_o将由高电平变低电平。用输出 U_o控制传输系统和剪切刀的动作，当它为高电平时，传输系统运转，剪切刀提起；当它由高电平变低电平时传输系统停止，板材停止运动，剪切刀下落。板材被剪切刀剪切掉。板材一旦被剪切掉，光敏器件又恢复光照，U_o又将变为高电平，剪切刀抬起，传输系统继续运转，板材继续向前。

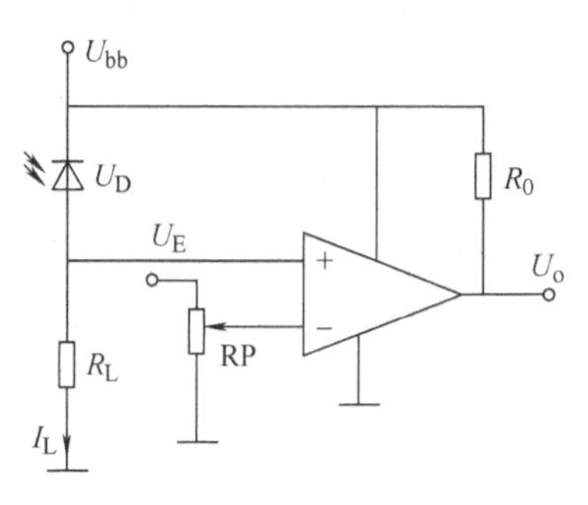

图 13-2　光电转换电路

设光源所发出的光经光学系统后能够均匀地投射到光敏器件上，光敏面上的照度为 E。设光敏器件为矩形硅光电池，输出的光电流 I_L与入射光照度 E 的关系为

$$I_L = S_\varphi EA \tag{13-1}$$

负载电阻压降为

$$U = R_L S_\varphi E_e A \tag{13-2}$$

式中，S_φ为矩形硅光电池的灵敏度，A 为光敏器件的受光面积，显然，在被剪切板材没进入视场时，A 为整个光敏器件的受光面积。

当被剪切板材进入视场后，受光面积 A 将减少，必将引起光电流 I_L的下降。考虑硅光电池的灵敏度 S_φ为常数，光源所发出的光是稳定的，故也是常数，则光电流 I_L的变化只与受光面积 A 有关，对于矩形硅光电池，面积为硅光电池的宽度 b 与长度 L 的乘积，因此有

$$I_L = S_\varphi EbL \tag{13-3}$$

被剪切板材进入视场后，设硅光电池被遮挡的长度为 l，光电流变为

$$I_L = S_\varphi Eb(L - l) \tag{13-4}$$

显然，光电流的变化与硅光电池被遮挡的长度 l 有关，对式（13-4）取微分得

$$\Delta I_L = - S_\varphi Eb\Delta l \tag{13-5}$$

式中的负号表明光电流随遮挡量的增加而减小。

可以推出图 13-2 中 U 随遮挡量的变化关系为

$$\Delta U = - S_\varphi EbR_L\Delta l \tag{13-6}$$

式（13-6）表明，控制精度与反向偏置变换电路的电压鉴别量有关，采用图 13-2 所示的电压比较器可以获得微伏级的电压鉴别精度，由式（13-6）推导出的理论控制精度可以达到微

米量级。但是，由于光源的稳定度和生产环境（灰尘）、振动、背景光等因素的影响，实际控制误差远远大于计算的误差。如果选用 PSD、线阵列光电二极管器件或线阵 CCD 等传感器为光敏探测器，采用 A/D 转换的方式能够克服上述因素带来的误差，使实际控制精度得到很大的提高。

13.2 光电传感器用于一维尺寸的测量

光电传感器用于尺寸测量的技术是非常有效的非接触测量技术，被广泛地应用于各种加工件的在线检测和高精度、高速度无损检测的技术领域。线阵 CCD 图像传感器具有高分辨力、高灵敏度、像元位置信息强、结构紧凑及自扫描等特性。线阵 CCD、光学成像系统、计算机数据采集与处理系统构成的一维尺寸测量仪器具有测量精度高、速度快、应用方便灵活等特点，是现有机械式、光学式、电磁式测量仪器都无法比拟的。这种测量方法往往不必配置复杂的机械运动机构，抗电磁干扰能力强，从而减少误差来源，使测量精度更高、使用更为方便。

本节以典型的玻璃管内、外径，壁厚尺寸测量控制仪器为例，讨论利用线阵 CCD 图像传感器进行物体尺寸的非接触、高速度测量的关键技术。

13.2.1 玻璃管内、外径，壁厚尺寸测量控制仪器的技术要求

以线阵 CCD 图像传感器为核心的玻璃管内、外径，壁厚尺寸测量控制仪器用于控制玻璃管生产线，对玻璃管外圆直径及壁厚尺寸进行实时监测，并根据测量结果对玻璃管生产过程进行控制，以便提高产品合格率。测量控制仪器的主要技术指标为：①玻璃管外径尺寸为 ϕ20mm 与 ϕ28mm 两种。因此，整个测量仪器的测量范围应大于 28mm。②仪器测量精度的要求分别为外径 ϕ20mm±0.3mm、ϕ28mm±0.4mm，壁厚分别为（1.2±0.05）mm、（2±0.07）mm。因此，仪器测量精度应该为±0.05mm。③仪器显示内容分别为实测玻璃管的直径、玻璃管的壁厚值、上下偏差值及超差报警。④仪器应执行的控制包括玻璃管拉制的速度、吹气量及玻璃管产品的质量筛选等。

13.2.2 仪器的工作原理

玻璃管内、外径，壁厚尺寸测量控制仪器的原理框图如图 13-3 所示。整个系统由照明

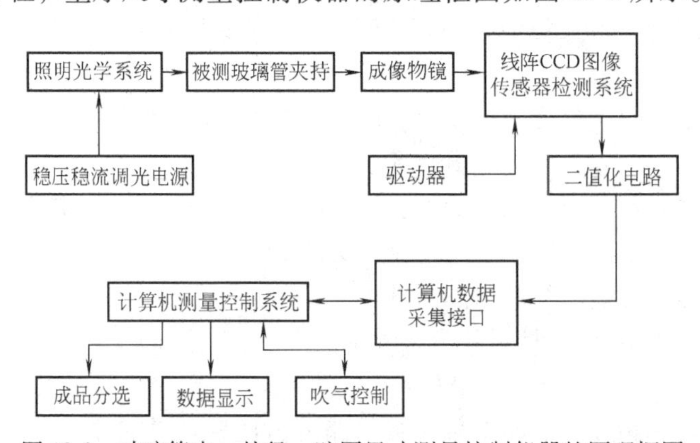

图 13-3 玻璃管内、外径，壁厚尺寸测量控制仪器的原理框图

光学系统、被测玻璃管夹持系统、成像物镜、线阵 CCD 图像传感器检测系统和计算机测量控制系统等部分组成。图中稳压稳流调光电源为钨丝白炽灯构成的远心照明光学系统提供稳定照明光源，处于远心照明光路中的玻璃管经过成像物镜成像到线阵 CCD 图像传感器的光敏面上。

由于透射率和光在不同介质中的折射不同使得通过玻璃管的像在上下边缘处形成两条暗带，中间部分的透射光相对较强，形成亮带，两条暗带的最外边的边界距离应为玻璃管外径所成的像，中间亮带的宽度反映了玻璃管内径像的尺寸，而暗带的宽度则与玻璃管的壁厚有关。线阵 CCD 图像传感器在驱动脉冲的作用下完成光电转换并产生如图 13-4 所示波形。

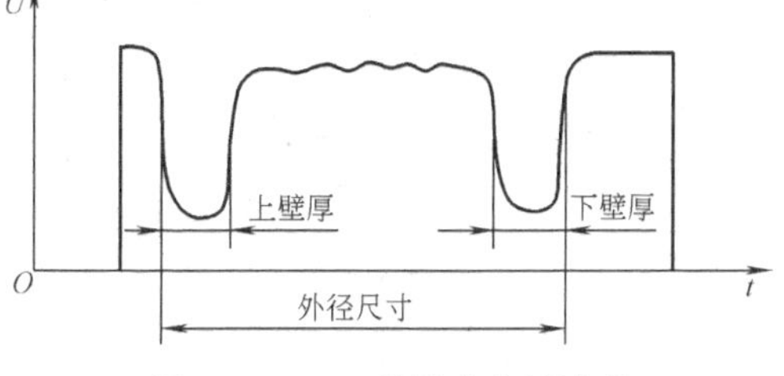

图 13-4　CCD 的输出信号波形

CCD 的输出信号经过二值化电路进行二值处理，分出外径和壁厚信号。将外径、壁厚信号送入计算机数据采集接口电路，并在计算机软件的作用下计算出玻璃管外径和壁厚值，再将计算值与公差带值进行比较，得到偏差量。一方面保存所测得的偏差量，另一方面根据偏差的情况给出调整玻璃管的拉制速度和吹气量等参数的调节信号，同时输出成品分选信号，选出不合格的玻璃管和合格的玻璃管。

13.2.3　线阵 CCD 的选择

一般说来，测量范围和测量精度是选择 CCD 的主要依据。由 13.2.2 节所述，系统采用同一只线阵 CCD 对玻璃管外径和壁厚同时进行测量，被测玻璃管的最大外径为（28±0.4）mm，壁厚的测量精度要求较高，为±0.05mm。因而，系统的测量范围应大于 28.4mm，相对测量精度应高于 0.1756%，即应选择超过 1000 像元的线阵 CCD 即可满足测量系统对精度的要求。考虑到为方便调节系统应该具有更大的测量视场，在扩大视场的情况下也应保证测量精度的要求，为此，系统选用具有 2160 个有效像元的线阵 CCD，使相对测量精度高于 0.05%，根据市场现状选用 TCD1206SUP 线阵 CCD 为光电探测器件。它的像元尺寸为0.014mm×0.014mm，像元中心距为 0.014mm，像面总长度为 30.24mm，满足测量系统对视场与测量精度的要求。该器件的工作原理与 TCD1251D 类似，主要技术指标参见参考文献［4］的 3.2 节。

它的工作脉冲及输出信号的波形也与 TCD1251D 类似。在 1MHz 的驱动脉冲作用下，外径和壁厚的信号在 3ms 时间内即可测量出来，满足测量仪器对测量速度的要求。TCD1206SUP 的驱动器输出信号暗电平可控制在 1.0V 左右，而高电平可接近 10V，相差较大。当光学系统调整得比较好时，图像边缘的信号较陡，测量误差较小。

选定线阵 CCD 后，可以针对所选定的 CCD 对光学系统提出具体的要求，如视场、横向放大倍率、分辨力等要求。根据已选定的 CCD，很容易对光学系统提出像方视场的要求应大于 30.24mm，使 CCD 的所有像元都在像方视场内。成像物镜的分辨力应不低于 1/14×1000 对线/mm≈71 对线/mm。根据这些要求可以进行光学系统设计。

13.2.4 光学系统设计

光学系统的作用是将被测玻璃管成像在 CCD 像面上。由于被测目标物为拉制过程中的玻璃管，为了消除拉制温度及背景光的影响，系统中加有带通滤波器（滤光片），只允许照明系统的光谱能量通过光学成像系统。可见光学系统由成像系统和照明系统两部分组成，光学系统的光路如图 13-5 所示。

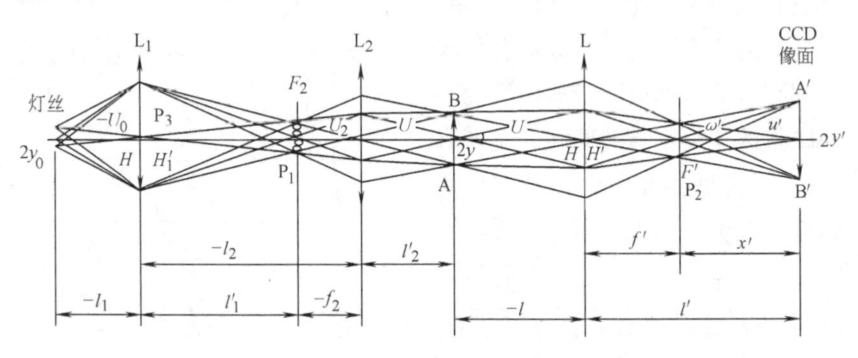

图 13-5 光学系统的光路

1. 照明系统

玻璃管能否得到均匀照明对测量结果有很大影响。由于成像系统采用了物方远心光路，因此照明系统需用柯拉照明方式与之相匹配。在图 13-5 所示光路中，由灯丝 $2y_0$、集光镜 L_1、聚光镜 L_2 和光阑 $P_1 \sim P_3$ 组成柯拉照明系统。它们满足以下成像关系：灯丝 $2y_0$ 经集光镜 L_1 成像于聚光镜 L_2 的物方焦平面 F_2 处，再经聚光镜 L_2 成像于无限远且与成像系统的入射光瞳重合。被灯丝照亮的集光镜 L_1（或光阑 P_3）经聚光镜 L_2 成像于物平面 AB 处。设被照明的物体直径为 $2y$，物镜的物方孔径角为 U，灯丝长度为 $2y_0$，则根据以上成像关系，照明系统的外形尺寸可根据图 13-5 计算得出。

（1）聚光镜 L_2 的口径 D_{L_2}　为使玻璃管位置变化时，仍能使玻璃管 AB 得到均匀的照明，则聚光镜 L_2 的口径要足够大，由图可知

$$D_{L_2}=2(y+l'_2\ U) \tag{13-7}$$

式中，l'_2为物面到聚光镜 L_2 的距离。

式（13-7）说明聚光镜 L_2 的口径与成像物镜 L 的数值孔径（或者说物方孔径角 U）、被照明物方线视场 $2y$ 及 l'_2有关，从而可选择聚光镜 L_2。

（2）光阑 P_1 的口径 D_1　根据系统应满足拉赫不变量的要求及物镜 L 的物方孔径角 U，有

$$J_j=n_2U_2\frac{D_1}{2}=nUy=J_w \tag{13-8}$$

式中，J_j 为聚光镜的拉赫不变量；J_w 为物镜的拉赫不变量；$n_2=n=1$，并由图可知 $U_2=\dfrac{y}{f'_2}$，代入式（13-8）可得

$$D_1=2f'_2U \tag{13-9}$$

（3）光阑 P_3 的位置和大小　紧靠集光镜 L_1 的光阑 P_3 与物面 AB 是聚光镜 L_2 的一对共

轭面。由式$\frac{1}{l'_2}-\frac{1}{l_2}=\frac{1}{f'_2}$可得

$$l_2=\frac{l'_2 f'_2}{f'_2-l'_2} \tag{13-10}$$

式中，l_2 即为光阑 P_3 到聚光镜 L_2 的距离。

光阑 P_3 的口径大小，可由放大率公式求得，即

$$\beta_2=\frac{l'_2}{l_2}=\frac{2y}{D_3}$$

所以

$$D_3=\frac{2y}{\beta_2}$$

（4）集光镜 L_1 的计算　集光镜 L_1 的作用是将灯丝 $2y_0$ 成一放大实像于光阑 P_1 处。因此可由方程组

$$\begin{cases}\beta=\dfrac{l'}{l}=\dfrac{D_1}{2y_0}\\ l'-l=L \qquad \text{（由结构尺寸决定）}\\ \dfrac{1}{l'}-\dfrac{1}{l}=\dfrac{1}{f'}\end{cases}$$

3 式联立求解出集光镜 L_1 的焦距和外形尺寸 l、l'。

集光镜口径的确定应满足系统拉赫不变量的要求，即 $J_0=n_0U_0y_0 \geqslant nUy=J_w$，由此集光镜的孔径角

$$U_0 \geqslant \frac{y}{y_0}U \tag{13-11}$$

故集光镜的口径

$$D_{L_1} \geqslant 2l_1\tan U_0 \tag{13-12}$$

由以上公式可以算出该系统的参数，于是聚光镜 L_2 选为 $f'_2=130\text{mm}$、$\frac{D}{f'}=\frac{1}{f}$的物镜，光源为 12V、100W 的钨丝白炽灯，灯丝尺寸为 4mm×3mm。

2. 光学成像系统

由图 13-5 可见，光学成像系统由物镜 L、光阑 P_2 和 CCD 组成。光阑 P_2 设在成像物镜 L 的像方焦平面 F'处。光阑 P_2 为系统的孔径光阑，形成了物方远心光路，以控制轴外物点主光线的方向，使 AB 在 CCD 像面的像点位置不变，从而消除玻璃管在拉制过程中的摆动对测量精度的影响。

影响该系统成像特性的主要是物镜 L。因此，如何根据使用要求确定物镜的光学参数，从而合理地设计或选择物镜是非常重要的。设被测物体（玻璃管）的物方线视场为 $2y$、线阵 CCD 像元的宽度为 δ'、像元数为 N、物像之间共轭距为 L，则成像系统的光学参数可由以下公式求出：

（1）系统放大率 β　系统放大率 β 由式（13-13）计算：

$$\beta=\frac{2y'}{2y} \tag{13-13}$$

式中，$2y'=N\delta'$，为玻璃管在CCD像面上所成像的尺寸。

（2）物镜的相对孔径$\frac{D}{f'}$（或数值孔径NA） 物镜的相对孔径是由物镜的分辨力和CCD所需照度的大小决定的。物镜的分辨力δ与CCD的分辨力δ'有关。它们之间的关系为

$$\delta=\frac{\delta'}{\beta}$$

由物镜的分辨力δ可确定物镜的数值孔径为

$$NA=\frac{0.5\lambda}{\delta} \tag{13-14}$$

由式$NA=n\sin U$和$n\delta\sin U=n'\delta'\sin U'$分别求出物方孔径角$U$和像方孔径角$U'$值。式中，$n$和$n'$分别表示物方、像方介质折射率。

（3）确定物镜的焦距f' 解联立方程组

$$\begin{cases}\beta=\dfrac{l'}{l}\\ l'-l=L\\ \dfrac{1}{l'}-\dfrac{1}{l}=\dfrac{1}{f'}\end{cases}$$

可求出物镜的焦距f'和成像系统的外形尺寸l和l'值。

（4）视场角$2\omega'$

$$\tan\omega'=\frac{y'}{x'}$$

式中，x'为CCD像面到物镜像方焦点F'的距离，$x'=l'-f'$。

（5）孔径光阑P_2的直径D_2

$$D_2=2x'\tan U=2(l'-f')\tan U \tag{13-15}$$

（6）物镜通光口径D_L

$$D_L=2(y+lU) \tag{13-16}$$

根据以上有关计算，本系统选用$f'=130\text{mm}$、$\frac{D}{f'}=\frac{1}{2}$、$2\omega=20°$的物镜，系统放大率$\beta=1^{\times}$（×表示放大倍率）。

13.2.5 外径、壁厚的检测电路

玻璃管外径和壁厚的信息已经被如图13-3所示的光学系统成像到线阵CCD的像面上，并且CCD输出如图13-4所示载有玻璃管外径和壁厚信息的视频信号。如何将玻璃管外径和壁厚的值提取出来是检测电路的主要任务。这里采用二值化提取方法，并采用边沿触发计数的接口电路。

1. 二值化电路

线阵CCD输出的视频信号中已经含有直径信息和壁厚信息，但是，必须首先将这些信

息二值化，才能将这些信息以数字方式提取出来形成玻璃管的外径值和壁厚值。在考虑二值化电路设计时，为了确保测量精度和提高系统的稳定性，一方面采用精密稳压稳流调光电源为照明系统的光源提供电源，以确保光源的稳定性；另一方面采用浮动阈值二值化处理方法，对CCD像面的发光强度进行采样，以便消除背景光的不稳定带来的影响，使系统的测量精度和稳定性得到进一步的提高。浮动阈值二值化电路的原理框图如图13-6所示。图中用两个单稳态触发器产生采样脉冲，采样脉冲所采得的信号为线阵CCD在玻璃管以外视场的输出信号，该信号位于玻璃管信号到来之前，恰好反映了照明光学系统的发光强度与背景光发光强度的强弱变化。将其采样后，经保持电路保持到行周期的结束。因此，采样保持器所采的信号随CCD像面背景光发光强度的变化而上下浮动，从中分得一部分电压为二值化的阈值电平进行二值化处理，便得到稳定的二值化输出信号。

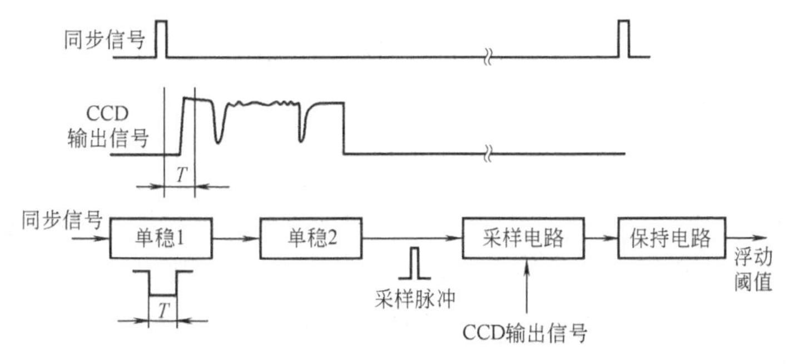

图13-6　浮动阈值二值化电路的原理框图

2. 检测电路

图13-7为玻璃管外径和壁厚的检测电路原理。图13-8为外径、壁厚检测电路的工作波形。

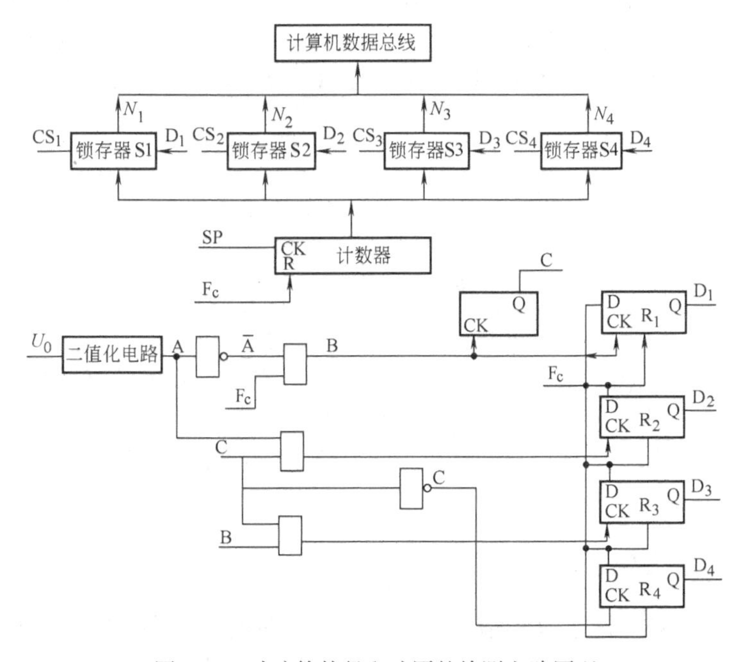

图13-7　玻璃管外径和壁厚的检测电路原理

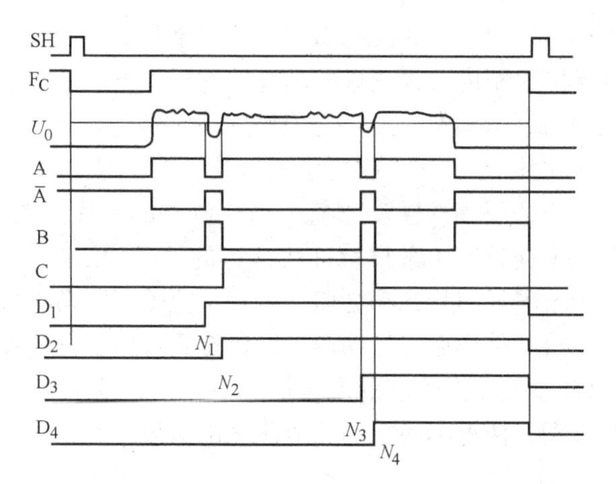

图 13-8 外径、壁厚检测电路的工作波形

图中的计数器由行同步脉冲 F_C 复位，像元同步脉冲 SP 为计数脉冲的输入脉冲信号，计数器任意时刻所计得的值表征了那一时刻线阵 CCD 输出的像元位置数。F_C 脉冲的上升沿为第一个有效像元刚刚到来的时刻，它的下降沿表明本行转移已经结束，因此可以用 F_C 作行同步脉冲。当线阵 CCD 输出的视频信号被浮动阈值二值化处理电路二值化后，输出的信号如图 13-8 中 A 所示，将其经反相器反相后为图 13-8 中$\overline{A}$所示。将$\overline{A}F_C$ 计为 B，再用 B 的下降沿去触发一个触发器得到如图 13-8 中 C 所示的波形。用 B 的上升沿去触发 R_1 触发器，D 端和清零端都接于 F_C。R_1 触发器的 Q 输出端的输出波形如图 13-8 中 R_1 所示；用 AC 的上升沿触发 R_2 触发器，它的 D 与清零端也接 F_C，R_2 触发器的输出波形如图 13-8 中的 R_2 所示；用 CB 触发 R_3 触发器，R_3 触发器输出如图 13-8 中 D_3 所示波形；用 $\overline{C}$ 的上升沿触发 R_4 触发器，R_4 触发器输出如图 13-8 中 D_4 所示的波形。可见 $D_1 \sim D_4$ 的上升沿分别对应于波形 B 的 4 个边沿。$D_1 \sim D_4$ 分别接到边沿锁存器 $S_1 \sim S_4$ 的锁存端，$S_1 \sim S_4$ 的数据输入端均接在计数器的数据输出端上，则 $S_1 \sim S_4$ 锁存器将分别锁存了 $N_1 \sim N_4$ 值。显然，玻璃管外径的值应为

$$D = \frac{(N_4 - N_1)L_0}{\beta} \tag{13-17}$$

式中，L_0 为线阵 CCD 的像元中心距；β 为光学系统放大倍率。

由式（13-17）可推出玻璃管的壁厚为

$$W = \frac{1}{2}\left[\frac{(N_2 - N_1)L_0}{\beta} + \frac{(N_4 - N_3)L_0}{\beta}\right] \tag{13-18}$$

在 F_C 处于低电平期间（F_C 低电平期间对应于 64 个哑元的输出时间在 1MHz 数据率的情况下为 64μs）计算机将 $N_1 \sim N_4$ 存于内存，并在检测电路获得新的 $N_1 \sim N_4$ 值的时候，计算机计算出上一行所测得的外径值与壁厚值，并分别判断出所测的值是否超差，超上差还是超下差，并发出控制命令。

13.2.6 微机数据采集接口

将上述的二值电路处理系统和信号检测电路做在具有 PC 总线接口的数据采集接口卡上，并插入计算机 PC 总线插槽，将三态锁存器的数据输出端并接在 PC 总线的数据总线上。

当F_C为低电平时，通过PC总线的地址总线发出读数命令，通过地址译码器选中$S_1 \sim S_4$锁存器，将$N_1 \sim N_4$值分别读到计算机内存中。这种数据采集的方法结构简单、速度快，可以对玻璃管的检测和控制进行实时处理。在1MHz驱动频率下，检测、数据采集和计算的整个时间不超过2.5ms。

13.2.7　讨论

本节讲述的玻璃管内、外径，壁厚尺寸测量控制仪器是20世纪90年代采用的测量方法，是采用二值化数据采集的典型范例。随着技术的发展，A/D数据采集速度不断加快，新的更为稳定可靠的测量原理和方法不断涌现。采用PCI总线接口方式的A/D数据采集速度已经不再是限定必须采用二值化处理与采集的唯一途径。也可先将线阵CCD输出的模拟信号经A/D转换器转换为数字信息，然后利用所采集的数据进行浮动阈值与边沿提取等工作，最后还可以通过软件计算出人们希望获取的各种尺寸数据，形成功能更为强大的测量设备。

除此之外，光源也不必采用100W的钨丝白炽灯光源，更不必寻找足够大的灯丝，目前利用单色（如蓝色）LED做测量系统的光源不但拥有节能、稳定与寿命长的优点，还由于采用了单色光源使如图13-4所示的CCD输出信号波形的边沿变得更陡直，更便于分离出被测件的边界，有利于测量精度的提高。

13.3　CCD的拼接技术在尺寸测量系统中的应用

采用单片线阵CCD作为光电接收器的光学成像尺寸测量是国内外广泛应用的方法。然而测量精度以及测量范围受到CCD像元大小以及像元数目的限制。因此，有必要把两片乃至多片CCD拼接起来用于测量仪器中。

线阵CCD的拼接方法有很多，如机械拼接法、光学拼接法和片芯拼接法等。不同的拼接方法带来了不同的问题，也获得了不同的结果。下面介绍机械拼接法与光学拼接法。

13.3.1　CCD的机械拼接技术在尺寸测量中的应用

1. 机械拼接

在测量显微镜下将单体线阵CCD的首尾拼接在一起，叫作CCD的机械拼接。这种方法工艺简单，容易实现。但是，由于线阵CCD的两端各有若干个虚设单元，所以CCD的有效像元比它的实际像元要少。而且，商品化的线阵CCD除虚设单元外，还有其他电路、引线和封装结构等问题，使得机械拼接不可能使两个线阵CCD的有效像元首尾完全搭接成一条直线，总要分开一定的距离。尽管这种机械拼接有这方面的不足，但它在大尺寸、高准确度物体外径的自动测量中仍具有重要的意义，并被广泛应用。

要将两个线阵CCD的像元阵列拼接在同一平面内的同一直线上是很不容易的事情，需要四维的调整机构，只有在工具显微镜下才能在一定的公差范围内完成。图13-9为机械拼接法误差示意图。从图中可以看出，两线阵CCD的不共面形成的Δy误差引起两个线阵CCD像面接收图像的清晰度和横向放大倍率β的误差，两个线阵CCD在两个方向上的偏夹角α与γ将引起投影误差，Δx偏差将引起直径测量不一致性。所以，对这些偏差都要调整。

2. 机械拼接实例

例如，圆柱体直径测径仪，要求测量范围为2~22mm，测量精度为±2μm。显然若不采用拼接技术而只采用单个线阵 CCD 是很难实现这样宽测量范围情况下测量精度这么高的要求。为此，必须采用像元数很多的线阵 CCD 为光电探测器，并采用复杂的细分技术将精度提高到满足仪器要求的程度。本例选用机械拼接的方法进行高精度、大范围的尺寸测量。

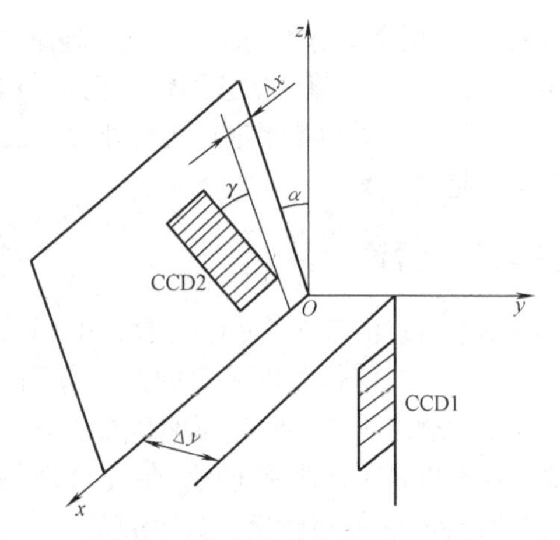

图 13-9 机械拼接法误差示意图

将两个线阵 CCD（TCD1500C）在万能工具显微镜的配合下进行机械拼接，使拼接的精度达到 $\Delta x=10\mu m$，$\Delta y=10\mu m$，$\alpha=0.03°$，$\gamma=0.3°$。

TCD1500C 的像元尺寸为 7μm×7μm，像元中心距为 7μm，有效像元数为 5340，像元总长为 37.38mm。将两个 TCD1500C 首末像元分开距离为 27.015mm，拼接成一个传感器，该传感器的像面总长度为 101.775mm，像元中心距仍为 7μm。

若将被测物放大 3.5 倍成像于该传感器上，并使其像如图 13-10 所示，分三段测量范围成像在拼接起来的传感器上，就能满足测径仪测量范围和测量精度的要求。图 13-10a 所示为 2~10mm 直径的被测物体成像在 CCD2 上，这时只用一个线阵 CCD 就可以满足测量要求；当被测直径为 10~16mm 时，可使被测直径的像落在图 13-10b 所示的位置上，使被测直径的像能跨越两个 CCD 的间隔；当被测直径为 16~22mm 时，使被测直径的像落在图 13-10c 所示的位置上，这样就能避免两个 CCD 拼接处的盲区造成测量误差，影响测量仪器的工作。3 个测量段的实现靠 3 种不同的被测件的夹持器具实现。

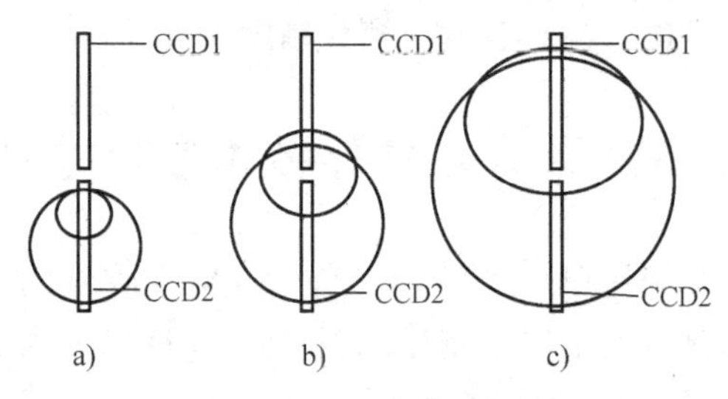

图 13-10 三段成像测量区域

3. 机械拼接的计算公式

被测件分三段成像时，尺寸的计算公式分为两种情况。第一种情况下，两个线阵 CCD 只用一个，计算公式为

$$d=\frac{(N_2-N_1)L_0}{\beta} \tag{13-19}$$

式中，d 为被测直径；L_0 为 CCD 像元的中心距；β 为光学成像系统的横向放大倍率；N_2 和 N_1 为被测件在 CCD 像面上所成图像的两个边界单元数值。

第二种情况为被测直径的图像分别落在两个线阵 CCD 上，在这种情况下，计算公式为

$$d=\frac{[L_0(N_1+N_2)+L]}{\beta} \tag{13-20}$$

式中，N_1 和 N_2 分别为被测件的像遮挡每个 CCD 的像元数；L 为两个拼接 CCD 末像元与首像元的间距。

被测直径的像在传感器上的位置情况可以根据两个 CCD 输出的信号判断，第一种情况 CCD1 将没有任何边界现象。而第二种情况下，两个 CCD 的输出信号均有一个边界现象发生。必须判断出是哪种情况，采用哪个公式进行计算。若图像出现上述两种情况以外的情况，应该适当地调整被测直径的夹持器具，将其调整为任意一种上述情况。

4. 机械拼接概念的扩展

在一些尺寸较大，但尺寸变化并不太大的情况下，可以采用两个线阵 CCD 分别置于被测物的两个测量边，即用两个已知距离的线阵 CCD 测量被测物体两个边缘图像位置的尺寸，再计算被测物直径的方法。这样，由于两个线阵 CCD 可以分开更大的距离，也可以采用两套独立的线阵 CCD 成像测量系统以扩大测量范围，提高测量精度。这时两个 CCD 位置的调整要求有所变化，对图 13-9 中 Δx 与 Δy 的要求可以放宽，而 α 和 γ 仍对测量结果产生误差。此时的计算公式应变为

$$d = \frac{L_0 N_1}{\beta_1} + \frac{L_0 N_2}{\beta_2} + L \tag{13-21}$$

式中，N_1 和 N_2 分别是被测物体的像在 CCD1 和 CCD2 上所遮挡的像元数；β_1 和 β_2 分别为 CCD1 和 CCD2 的光学成像物镜横向放大倍率；L 为两个线阵 CCD 的间隔。

这种用两个线阵 CCD 分离开来的机械拼接测量方法，被广泛地应用于钢板、钢带宽度的测量领域。

13.3.2　线阵 CCD 的光学拼接

光学拼接与机械拼接的方法不同，两个拼接的 CCD 在结构位置上可以分开得很远，这样就可以使相邻 CCD 的有效像元完全搭接，没有间隙。

这种拼接方法比机械拼接方法的应用范围更广，它不仅限于只测量两测量边缘的位置问题，还能够用于扩大扫描仪的扫描范围，提高扫描分辨率。

1. 光学拼接原理

线阵 CCD 的光学焦平面拼接是采用分光棱镜把光学成像物镜所成的光学图像均匀地分成两路，形成两个成像效果相同的焦平面（如图 13-11 所示的焦平面 1 和焦平面 2）图像。在每个焦平面所对应的不同半视场的位置上各放置一个线阵 CCD，并使两器件的头尾有效像元零距离搭接，组成如图 13-11 所示的结构。这样，成像物镜的像方线视场由搭接起来的两个线阵 CCD 的有效像元所充满，实现光学图像的焦平面拼接。

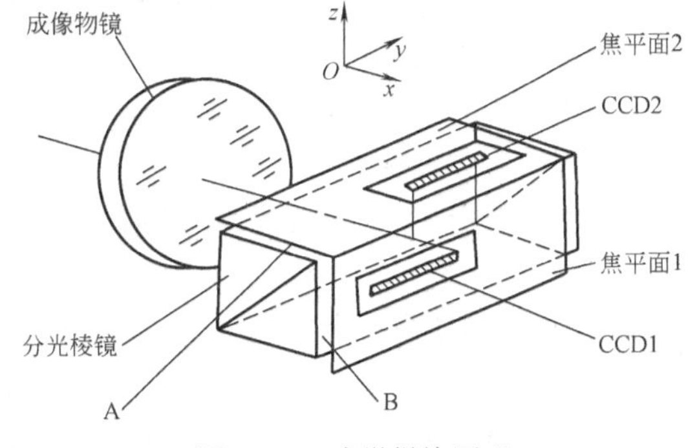

图 13-11　光学拼接原理

由于采用棱镜进行分光的方法，CCD 在像方光学焦平面处拼接，不仅可以根据需要使 CCD 的首、末像元在任意位置处搭接，而且拼接后所有像元上的照度都是均匀的，不会产生渐晕现象。

2. 光学拼接的技术要求

光学拼接的技术要求主要是对两个线阵 CCD 相对位置的要求。取一个线阵 CCD 为基

准。这个基准线阵 CCD 对分光棱镜有一定的平行性要求。例如，以 CCD1 为基准，CCD2 相对于 CCD1 的位置要求有 3 点：

（1）搭接要求　CCD2 的第一个有效像元与 CCD1 的最末一个有效像元在 x 方向的距离必须等于所用 CCD 像元的间距，否则会引入图 13-12 所示的拼接误差 Δx。

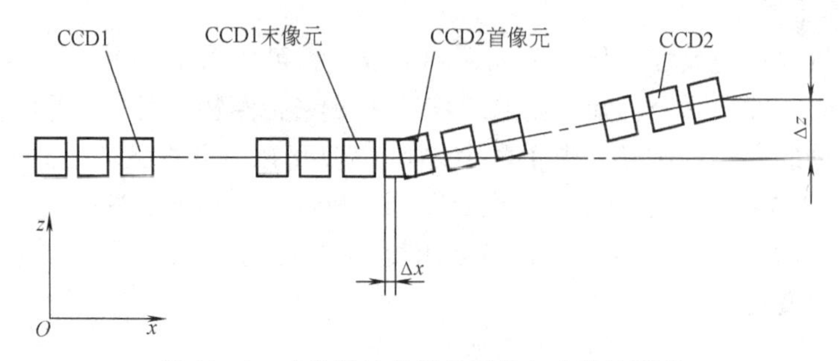

图 13-12　光学拼接的拼接误差与直接性误差

（2）直线性要求　CCD2 的所有像元必须与 CCD1 的像元在同一直线上，若有偏差将引入如图 13-12 所示的倾斜偏差 Δz。

（3）共面性要求　从棱镜前方看，两个线阵 CCD 必须在同一平面上，保证它们都在光学系统的焦面上。不共面将引起不共面误差 Δy（垂直于图 13-12 所示平面）。

当然，线阵 CCD 拼接部件除满足上述拼接要求外，还必须满足测量环境的要求。例如，对环境温度的要求、对防冲击与振动的要求等。

3. 光学拼接的机械结构

CCD 的焦平面光学拼接，采用立方棱镜分光和机械微调 CCD 的技术方案。在具体设计时，必须充分考虑以下方面：

（1）分光棱镜　分光棱镜是实现拼接的关键部件。因此，对分光棱镜的光学材料、角度误差、透射和反射光波段、分光的比例均有一定的要求。尤其是分光棱镜的透射光和反射光光程应尽可能相同，确保两个 CCD 的共面性。

（2）微调机械　拼接时，采用以 CCD1 作为基准，调整 CCD2 的方法，达到拼接所需的搭接、直线性、共面性等项技术要求。

CCD1 本身相对于分光棱镜的位置应有一定要求，主要是它到棱镜的距离以及与棱镜的平行性等。

CCD2 的调整要有 5 个自由度。如果这 5 个自由度全部用微调机构实现，装调固然方便，但结构将十分复杂，进而导致结构稳定性差，不容易满足工作环境的要求。为此，采用修研及微调机构结合的措施，既可满足微米量级的调整灵敏度的要求，同时又有较高的稳定性。

（3）防冲击与振动　CCD 拼接部件要在室外恶劣的环境条件下使用，故必须具有防冲击与振动的能力。一种常用的方法是减振，使部件本身的自振频率很低，这就需要加入一个刚度很低的弹性环节。但其结果是使部件的位置精度大大降低，在这里显然是不合适的。

因此实际使用的办法是尽可能提高部件本身刚度，让部件的自振频率远高于外界可能的振动源的频率。在设计出的 CCD 拼接部件中，刚度较差的环节是 CCD 和分光棱镜的压紧弹簧。弹簧力不足，虽自振频率低，但会使部件刚度差；弹簧力太大，又会压坏 CCD 与棱镜。

所以合理的设计、精巧的装调是成功的关键。

（4）克服温度变化的影响　室外使用的 CCD 拼接部件的工作温度范围为-40～50℃。CCD 拼接部件中的3个主要零件（CCD、分光棱镜和金属框架）的线膨胀系数有较大的差别。在设计中应注意下列问题：分光棱镜与 CCD 这两个零件应有自由伸缩的余地，固定后在温度变化时不会产生较大的应力，从而保证棱镜的光学成像质量，也不使 CCD 的封装被破坏；但自由伸缩量又不能太大，以保证原来调整好的 CCD 的拼接精度。

13.4　线阵 CCD 传感器用于二维位置的测量

本节讨论利用光学分光原理与两个线阵 CCD 传感器对物面上的点进行二维高精度测量的方法。

13.4.1　高精度二维位置测量系统

利用两个线阵 CCD 图像传感器和球面镜与柱面镜组合成像的光学系统能够实现对物面上点的平面坐标位置进行二维测量。

1. 球面镜与柱面镜组合成像特性

在介绍高精度二维位置测量系统之前，先介绍球面镜与柱面镜组合成像的特性，这是构成 CCD 光学成像系统的基础。如图 13-13 所示，球面镜焦距为 f_1，柱面镜焦距为 f_2，它们共轴且距离 l 分别小于 f_1 和 f_2。图 13-13 中 O 点是球面镜的焦点，平面 xOy 是球面镜的焦平面。M 是焦平面上的一点，该点发出的光线通过球面镜后为一束平行光，平行光经柱面镜汇聚成一条直线。这样 M 点通过球面镜与柱面镜成像为一条直线 a，直线 a 位于柱面镜的焦平面上且与柱面镜的圆柱轴线方向平行。同理，过 M 点平行于 y 轴的直线上的任意一点成的像都是直线 a。这样 a 到 z 轴的距离对应于 M 点的 x 坐标。设 a 到 z 轴的距离为 b，由透镜成像公式得出

$$\frac{b}{f_2}=\frac{OM}{f_1} \tag{13-22}$$

若取 $f_1=f_2$，则 a 到 z 轴的距离为 $b=OM$。

2. 二维位置测量光学系统

如图 13-14 所示，该光学系统由一组光学仪器组成，包括主球面镜、球面镜、分光棱镜、两个柱面镜和两个线阵 CCD。主球面镜、球面镜及分光棱镜共轴，分光棱镜分出两条相

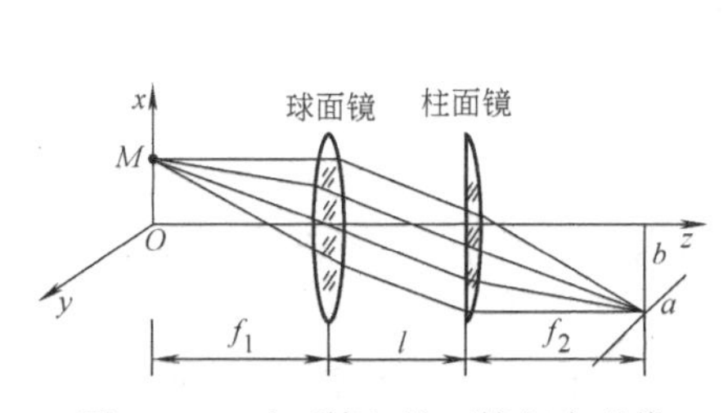

图 13-13　球面镜与柱面镜组合成像

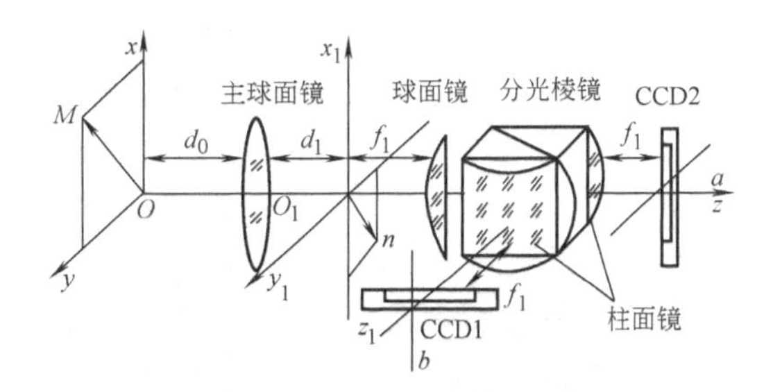

图 13-14　二维位置测量光学系统

互垂直的光路，在两条光路轴上分别加柱面镜，柱面镜的圆柱轴线方向相互垂直。这样，分光棱镜的引入构成了两组球面镜与柱面镜组合，它们分别测定 x 轴和 y 轴方向的位置。为方便设计，选取具有相同焦距 f_1 的球面镜和柱面镜。

图 13-14 中，主球面镜的焦距是 f，M 为平面 xOy 上任意一点，坐标为（x，y），物距为 d_0。M 点通过主球面镜成像于 n 点。n 点在平面 $x_1O_1y_1$ 上，像距为 d_1。n 点的坐标（x'，y'）由下面公式得出：

$$\frac{1}{d_1}-\frac{1}{d_0}=\frac{1}{f'} \tag{13-23}$$

$$\frac{d_0}{d_1}=\frac{x_0}{x'}=\frac{y_0}{y'} \tag{13-24}$$

主球面镜与球面镜之间的距离为 d_1+f_1，这样像点 n 位于球面镜的焦平面上。由此可知，n 点通过球面镜、分光棱镜和两个柱面镜成像为两条直线 a 和 b。直线 a 位于柱面镜的焦平面上且与 z 轴的距离为 x_1，直线 b 位于柱面镜的焦平面上且与 z_1 轴的距离为 y_1。分别在柱面镜的焦平面上过 z 和 z_1 轴与柱面镜圆柱轴线方向垂直放置线阵 CCD1。这样，像线 a 和 b 分别与 CCD2 垂直且相交，线阵 CCD2 测出直线 a 的位置 x_1，而线阵 CCD1 测出直线 b 的位置 y_1，通过式（13-24）可以求出 M 点的坐标（x，y）。

3. 高精度二维位置测量系统

（1）问题的提出　在距离 3m 远处放置边长为 1m 的正方形靶面，靶面上放置一个点光源 M，它在靶面上做随机的运动。要求测出 M 点的二维位置，测量精度要求为 0. 1mm。

（2）测量原理　图 13-15 为高精度二维位置测量系统原理。被测靶面上的图像通过由主球面镜、球面镜、分光棱镜和两个柱面镜组成的光学系统后分别成像在两个线阵 CCD 上，它们输出的信号通过信号处理电路转换为数字量送入计算机，计算软件将测得物体的二维位置值。

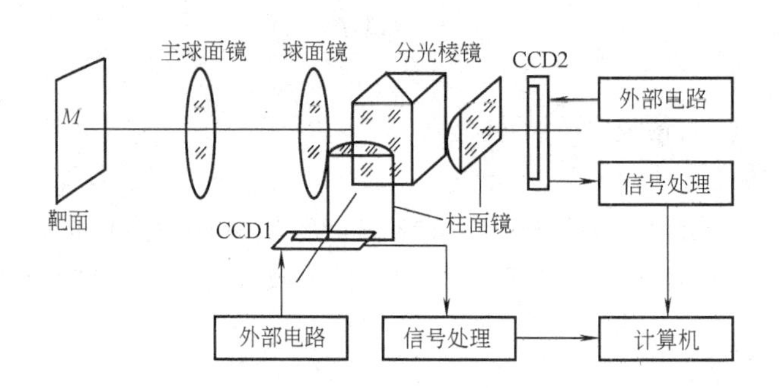

图 13-15　高精度二维位置测量系统原理

（3）测量传感器的选择　为满足测量精度的要求，线阵 CCD 像元的数量应大于 10 000（靶面尺寸/测量精度）。故可选择英国 EV 公司的 12 288 像元的线阵 CCD，像面总长为 98. 3mm，工作视场边长为 1100mm（大于靶面尺寸）。

（4）光学系统设计　视场的边长应为 1100mm（大于靶面尺寸），再通过下面公式确定主球面镜焦距的物距 d_0、放大倍率 β_0 等参数：

$$\frac{1}{f'}=\frac{1}{d_1}-\frac{1}{d_0} \tag{13-25}$$

$$\beta_0=\frac{d_0}{d_1}=\frac{Y}{l} \tag{13-26}$$

将物距 $d_0=3000\mathrm{mm}$ 代入上式，求得焦距 $f'=294.1\mathrm{mm}$，像距 $d_1=268.1\mathrm{mm}$。

确定焦距后，还要确定镜头的孔径。孔径越大，收集的光能量越多，视场的照度也就越高。CCD 像面的照度为

$$E=\frac{\pi}{4}\left(\frac{D}{f}\right)^2\gamma L \tag{13-27}$$

式中，γ 为透过率；L 为物面光亮度（物为被激光照亮的光斑，光亮度很高）。取 $\gamma=1$，$E/L=0.008$，则 $D=29\mathrm{mm}$。

选取相同焦距的球面镜和两个柱面镜。由图 13-15 可知，这样的球面镜-柱面镜组不改变像的大小。取焦距 $f_1=150\mathrm{mm}$，由式（13-25）、式（13-27）可以求出主球面镜与球面镜之间的距离为 $d_1+f_1=418.1\mathrm{mm}$。加入分光棱镜，组成图 13-15 所示的光学系统。线阵 CCD 放置在柱面镜的焦平面上过光轴，并分别与柱面镜的圆柱轴线方向垂直。

整个测量系统的数据采集与计算机接口系统的原理框图如图 13-16 所示。在外部驱动电路的驱动下，线阵 CCD 输出的信号经过信号处理电路进行信号的预处理后送 A/D 转换器转换成数字信号，再通过计算机总线接口送入计算机内存，计算机将在计算软件的支持下计算出 M 点的坐标位置（x，y）。图中的光学系统由主球面镜、球面镜、分光棱镜和柱面镜等光学器件构成。

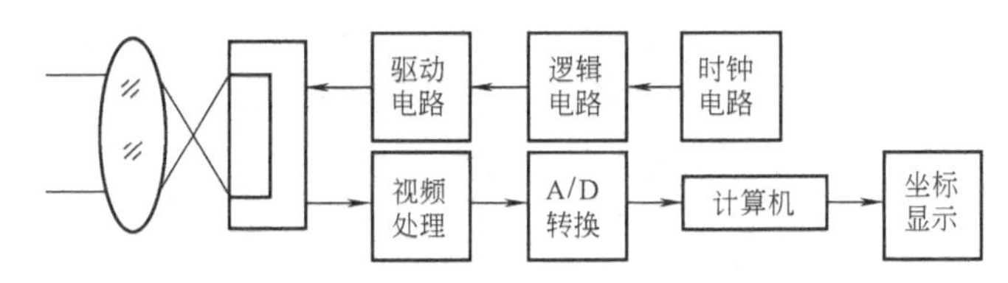

图 13-16 线阵 CCD 的数据采集与计算机接口系统的原理框图

13.4.2 光学系统误差分析

用线阵 CCD 实现高精度二维位置测量时，光学系统的像差对测量精度影响很大。在处理测量结果时应该考虑到像差的影响，并适当地对测量数据进行修正。

系统的成像光路展开图如图 13-17 所示。系统中的棱镜应按光路展开为平面平行平板。由于系统中棱镜工作在平行光路中，认为它不产生任何单色像差。而柱面镜只是在垂直于柱面镜的轴线方向产生像差。

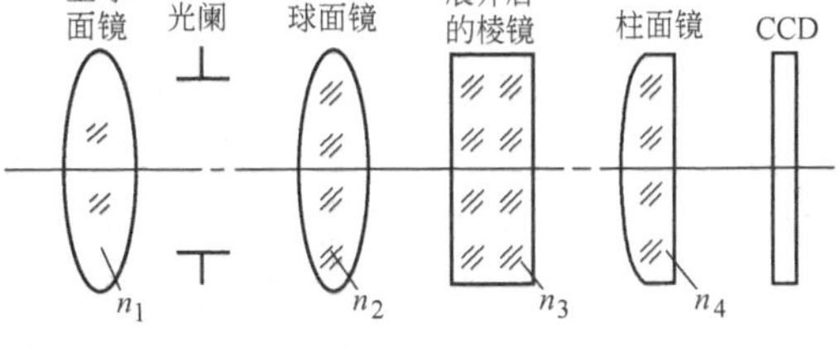

图 13-17 系统的成像光路展开图

通过细致地设计主球面镜与球面镜使该光学成像系统的像差很小，从而保证了系统具有很高的测量精度。在 3000mm 远处的 1000mm×1000mm 的测量范围内，测量精度

可达到0.1mm，即系统具有1/10000的分辨率。从而用两个线阵CCD实现二维高精度位置测量。

13.5 CCD图像传感器用于平板位置的检测

利用准直光源（准直的激光或白光光源）和具有成像物镜的线阵CCD（面阵CCD或CMOS）图像传感器能够构成测量平板物体在垂直方向上的位置或位移的测量装置。这种装置结构简单，没有运动部件，测量精度高，易于结合计算机接口实现多种功能，因而被广泛地应用于板材的在线测量技术中。

13.5.1 平板位置检测的基本原理

平板位置检测的基本原理如图13-18所示。由半导体激光器发出的激光束经聚光镜入射到被测面上，设入射光与被测表面法线的夹角α为45°，成像物镜的光轴与被测物表面法线的夹角也为45°，即线阵CCD的像平面平行于入射光线。

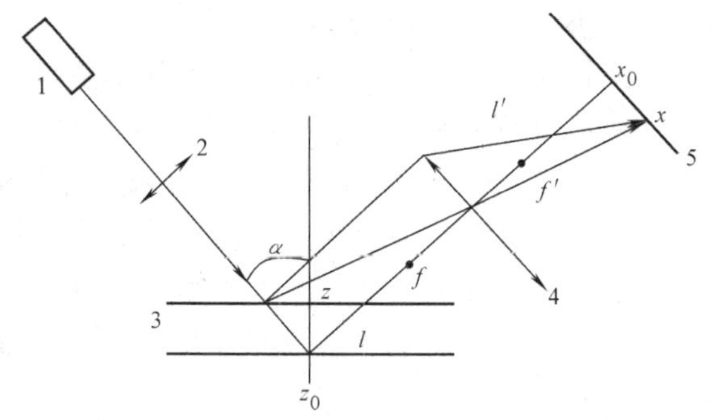

图13-18 平板位置检测的基本原理图

1—半导体激光器 2—聚光镜 3—被测面 4—成像物镜 5—线阵CCD

设成像物镜的焦距为f，物距为l，被测物的底面或初始位置为z_0，像距为l'，初始光点在CCD像面上的位置为x_0，为了获得对称的最大检测范围，x_0取CCD的中点。当物体表面在垂直方向上的位置发生变化时，光点的位置将产生位移，光点的像在CCD像面上的位移为Δx。根据物像关系可以求出平板位置的变化

$$\Delta z = \frac{(N - N_0)l_0}{\beta}\cos\alpha \tag{13-28}$$

式中，N_0为校准时像点中心在CCD像面上的像元值，即x_0的像元位置值；N为像点移动后的位置值；l_0为线阵CCD像元的中心距；β为光学系统的横向放大倍率；α为入射光线与被测物法线的夹角。

13.5.2 平板位置检测系统

平板位置检测系统原理如图13-19所示。它由发光强度可调的半导体激光器发出一束激光，经准直光学系统成为一束准直光，入射到被测平面物体的表面上产生一个光斑；光斑再经成像物镜成像在线阵CCD的像面上。线阵CCD在驱动器的作用下将载有光斑信息的信号送给A/D数据采集系统进行A/D转换，并将数字信号送入计算机系统的内存。计算机在数据分析和计算软件的支持下，将从内存的数据中分析并计算出被测平面上光斑的发光强度，并给出调整强度的信号送给激光驱动器，对半导体激光器的发光强度进行调整，以保证计算机更精确地从内存数据中分析、计算出光斑在线阵CCD像面位置。当工作台沿垂直方向运动时，计算机通过计算光斑中心在线阵CCD像面位置，再根据式（13-28）计算出平板物体

的位置或工作台的位移。因此装置也可计算出物体厚度的变化，实现平板物体厚度变化量的测量。测量结果可显示或打印出来。如果测量结果超过预先规定好的厚度值（超差），可以声光报警方式发出警报。

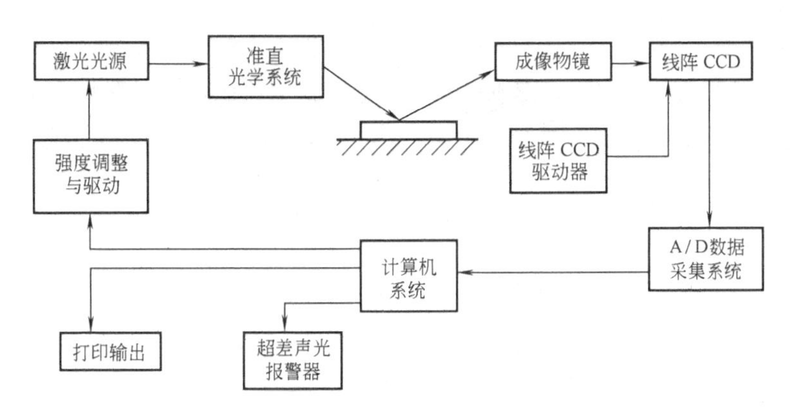

图 13-19 平板位置检测系统原理图

（1）测量范围 由图 13-18 可以看出，位置测量系统相当于倾斜放置的物体尺寸测量系统。根据式（13-28），当选用 TCD1206SUP 时，像元数为 2160，基准点取为 1080 像元，即 N 的最大值为 2160，$N_0=1080$，像元中心距为 14μm，α 为 45°时，最大测量范围应为 $\Delta z=\pm\dfrac{10.69}{\beta}$mm，测量范围与光学系统的横向放大倍率 β 成反比。又由于光学系统的横向放大倍率为像距与物距之比，即 $\beta=\dfrac{l'}{l}$，所以适当地调整物距、像距，可以得到较为满意的测量范围。当然，测量范围与所选用的线阵 CCD 的像元数和像元中心距有关。为此，选用更长的阵列器件，不但能获得更大的测量范围，也可以提高测量的相对精度。

（2）测量精度 测量中引入的误差主要有：

1）弥散斑中心位置引起的误差。激光束虽经准直透镜准直后入射到被测物体表面，且经成像物镜成像在线阵 CCD 的像面上。但由于激光束斜射，所以所成的光斑必然为椭圆斑。椭圆斑成像在 CCD 像面上，输出的视频信号如图 13-20 所示。若光的发光强度较强，则使线阵 CCD 出现饱和现象，输出的视频信号如图中虚线所示。这将引起像元中心位置的偏移，直接引起测量误差。而且线阵 CCD 的饱和电荷的溢出是单方向的，溢出引起像元中心的偏移程度与饱和深度有关。要克服中心偏移的问题，就不能使 CCD 进入饱和区。如何在不饱和的情况下精确判断像的中心位置是提高测量精度的关键，可以通过引入细分技术使像的中心位置判断精度提高到几分之一像元。但是，必须保证光源的稳定和成像光学系统的分辨力，否则就是不可靠的。一般情况下，一个像元的分辨精度是不难实现的。

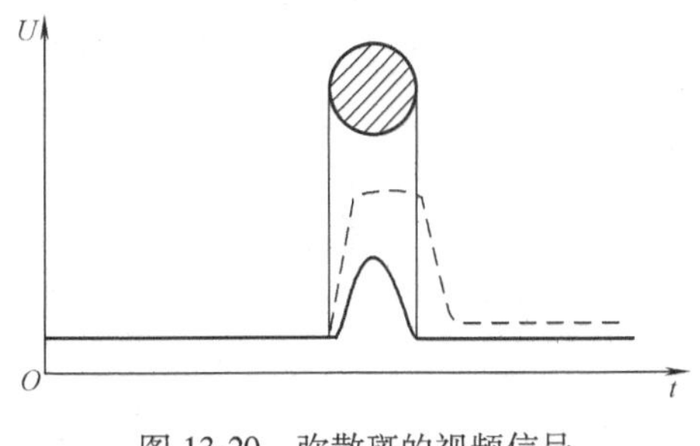

图 13-20 弥散斑的视频信号

判断像的中心位置的方法很多，可以将输出信号经二值化处理，并获得前沿 N_1 和后沿

N_2 值，则中心位置为 $N=\frac{1}{2}(N_1+N_2)$。也可以通过 A/D 数据采集后用一维找重心的方式找到中心位置。这样找到的中心位置，会由于弥散斑的椭圆出现引起系统误差，可以通过标定的方法进行补偿。

2）光学系统放大倍率的误差。光学系统的放大倍率与像距和物距有关。系统装调直接引起物距、像距的变化。将物距、像距调到所设计的 β 值往往是很困难的。因此，可以将其调到接近于设计值，然后利用 $\beta=\frac{Y'}{Y}$，即像高与物高之比作为实测 β 值进行计算。

3）入射角 α 值引起的测量误差。将式（13-28）对 α 求微分得到

$$|\mathrm{d}(\Delta z)| = \frac{(N-N_0)l_0}{\beta}\sin\alpha\mathrm{d}\alpha \tag{13-29}$$

当 $\mathrm{d}\alpha$ 不大时，所引入的误差可以接受。作为测量仪器，牢固的支撑是非常重要的。因此，仪器装调好后，入射角的变化可以忽略不计。

13.6 利用线阵 CCD 非接触测量材料变形量的方法

一般的材料实验机常用接触式的刀口引伸计来测量材料在拉伸过程中的变形量。在材料的拉伸变形过程中，由于刀口与被测件之间的摩擦会产生相对运动，必然产生测量误差。尤其是在测量金属材料时，常因为在测量过程中刀口的磨损而影响测量精度，特别是当材料断裂时所产生的振动和冲击会使刀口报废。因此，用接触式引伸计测量材料拉伸变形量时必须在材料断裂之前将引伸计卸下来以免损坏引伸计，故无法对材料拉伸的全程进行测量。利用线阵 CCD 测量变形量，其优点在于非接触、无磨损、不引入测量的附加误差、测量精度高，能够测量材料拉伸变形的全过程，特别是能够测量材料在断裂前后的应力应变曲线，从而能够测得材料的各种极限特性参数。

1. 材料拉伸变形量的测量原理

用线阵 CCD 非接触测量材料拉伸变形量的原理图如图 13-21 所示，图中光源发出的均匀光线将标有标距的被测材料照明，被测材料上的标距信号通过成像物镜成像在线阵 CCD 的像面上，当材料被拉伸变形时线阵 CCD 像面上的标距像也在变化，CCD 将标距像信号转变成电信号并通过处理电路提取出标距像的间距变化量，再根据成像物镜的物像关系，就可以计算出被测物的拉伸变形量。

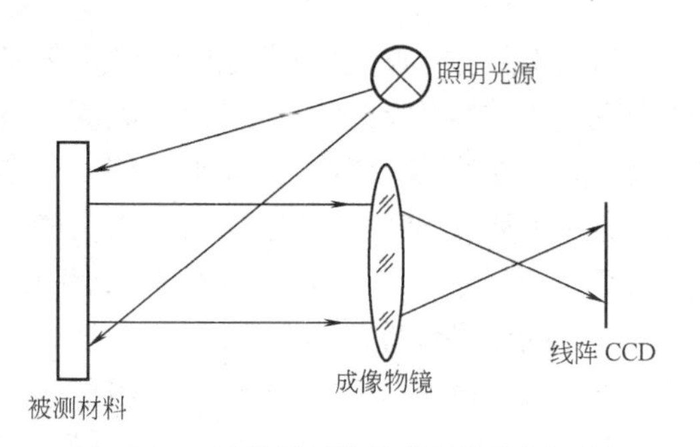

图 13-21 测量材料拉伸变形量的原理图

（1）信号的提取 在该材料拉伸测量系统中被测材料同时受到 x（横向）和 y（纵向）两个方向的拉力，产生两个方向的变形。因此系统采用两个拉力传感器分别测量两个方向的拉力，采用两个线阵 CCD 摄像头同时进行两个方向上的变形量的测量。首先在被测材料的两侧分别画出 x 方向和 y 方向的双条标距标记，如图 13-22 所示。由于举例中所测的材料为黑色橡胶，故采用白色的平行条作为标距标记，拉伸时这两个白条标记均随着材料的不断变

形而被拉开。在被测材料的两侧分别安装两个同步驱动的线阵CCD摄像头，它们分别摄取x方向和y方向白色标距信号，并将其输出的载有白色标距宽度信息的视频信号送入具有细分功能的二值化数据采集卡。二值化数据采集卡将所采集的两白条间距的宽度数据送入计算机内存并进行处理，从而获得材料在两个方向上的拉伸变形量。

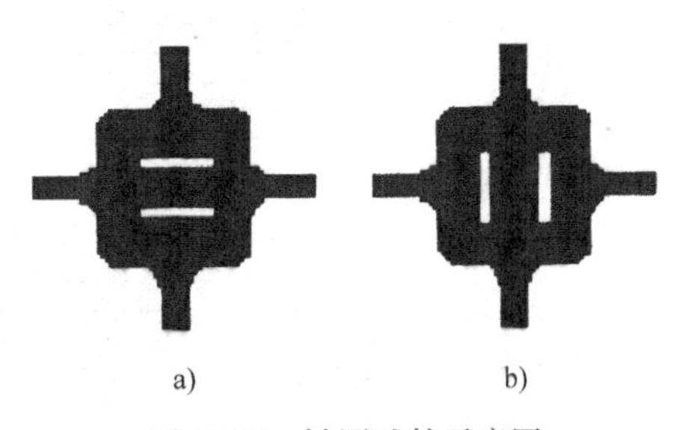

图13-22　被测试件示意图
a）试件正面　b）试件背面

（2）材料拉力-变形量的测量　测量的材料拉力-变形量原理框图如图13-23所示。材料拉伸试验过程中，被测材料在x、y两个方向上均加载荷，产生变形，载荷量以压力传感器输出的电压量表示，通过12位A/D数据采集卡送入计算机，而变形量的测量是将被测材料上的标距信号通过成像物镜成像在线阵CCD的像面上，产生输出信号U_o（U_o信号的中心距即为标距像的间距）。通过处理电路产生标距的边沿数字信号并送入计算机，计算出各个标距信号的中心距值，在x方向上的两个标记中心差为x方向上的变形量。同理也可获得y方向上的变形量，再经计算机软件处理便可以获得被测材料的应力与变形量的关系曲线。

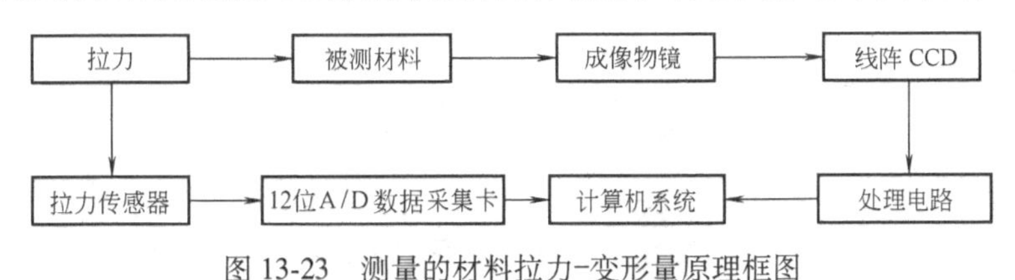

图13-23　测量的材料拉力-变形量原理框图

（3）二值化数据采集　应力应变测量的二值化数据采集系统在x方向与y方向上的测量原理相同，利用二值化数据采集电路将N_{11}、N_{12}、N_{13}和N_{14}采集的数据送入计算机内存，在软件支持下计算出x方向上两个标距间的中心距L为

$$L=\frac{(N_{14}+N_{13}-N_{11}-N_{12})L_0}{2\beta} \tag{13-30}$$

式中，L_0为线阵CCD像元的尺寸；β为光学系统的横向放大倍率。

系统的测量范围也可由式（13-30）得到。N_{11}为最小值，它应该大于5，而N_{14}应小于CCD有效像元的最大值，再考虑两条标距线的宽度和光学成像物镜的放大倍率β，就可以确定测量范围。拉力传感器感受拉力的变化，经过12位A/D数据采集卡采集量化送入计算机内存中，再经过计算机软件处理得到如图13-24所示的材料应力-应变曲线。由特性曲线可以看出随着拉力的增加两个方向的变形量逐渐增大，当拉力增大到一定程度时，变形量达到最大值。拉力再增加，变形量曲线突然返回，出现拐点，此时材料已被拉断，拉力被释放。因而从图13-24所示的应力-应变曲线可以看出，采用CCD非接触测量材料的拉伸变形量的测量系统能够测量出材料所能承受的最大拉力和材料临近拉断时的应力应变关系。

由应力-应变曲线可以看出水平方向上发生断裂时的变形量接近于34.5mm，拉力接近于1.2kN；而垂直方向上发生断裂时的变形量接近于26.8mm，拉力却大于3.2kN；这是因为被测件在垂直方向上有经线，而水平方向上没有。

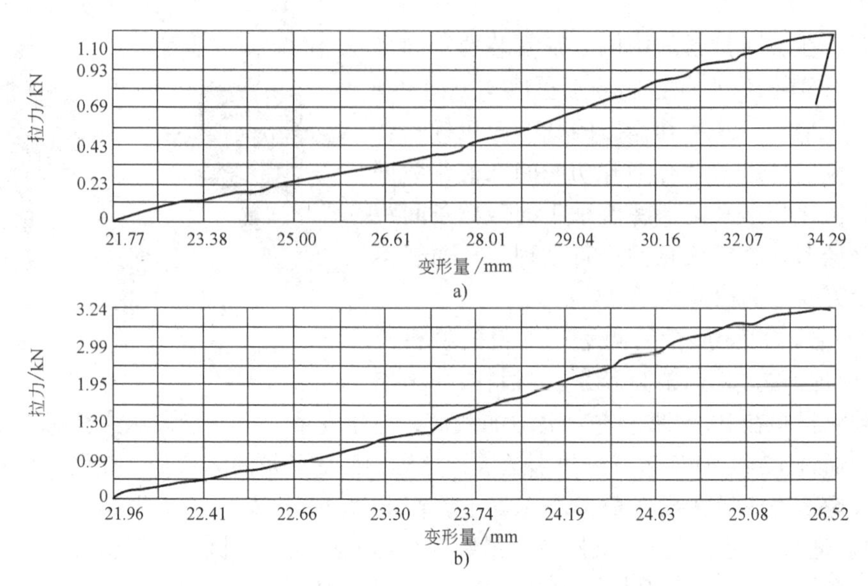

图 13-24 被测材料在两个方向上的应力-应变曲线

a）水平方向应力-应变曲线 b）垂直方向应力-应变曲线

2. 测量范围与测量精度

应力-应变测量系统采用 TCD1500C 线阵 CCD 为光电传感器，它具有 5340 个像元，像元的尺寸为 7μm×7μm，像元中心距亦为 7μm。因此，本测量系统在不考虑细分的情况下，其绝对测量精度为（$7/\beta$）μm。考虑到测量精度的要求，采用了二细分，其测量系统的分辨力可达到（$7/2\beta$）μm，测量范围可以达到（$37.38/\beta$）mm，其中 β 为光学系统的横向放大倍率。本测量系统的横向放大倍率 β 为 0.35，其分辨力可达到 10μm，测量范围超过 100mm。在测量的过程中测量的精度也会受到下列一些因素的影响：

（1）照度变化对测量精度的影响 当照度发生变化时，CCD 输出的信号 U_o 的幅度将发生上下浮动，固定阈值二值化处理电路的输出脉冲 U_1 的宽度将发生变化，当照度增强时，输出脉冲 U_1 的宽度将变宽。但只要 CCD 不工作在饱和状态，U_1 的变宽不会影响中心位置的测量。但是，如果 CCD 处于饱和工作状态时，因为饱和的溢出具有方向性，会使中心位置的测量产生偏移。

（2）光学系统畸变的影响 测量前，在黑色橡胶上做出白色的标记。测量开始时，标记通过光学系统的中心成像。随着被测物件的不断拉伸，白色标记越来越远离视场中心。若光学成像系统存在畸变，它在不同视场会有着不同的放大倍率，随着视场的变化，放大倍率也在变化，这必将影响拉伸测量的精度。解决的方法是通过现场多次标定来动态地确定光学系统的 β 值以修正测量结果，或者采用畸变尽可能小的光学成像系统。

3. 现场测试结果

1）试验材料：黑色纵向加线橡胶。

2）试样数量：10。

3）试样尺寸：30mm×20mm。

4）试样几何形状：十字形。

5）加载速率：纵向速率为 10cm/s；横向速率为 50cm/s。

在横向拉力、纵向拉力的共同作用下材料在两个方向上均产生拉伸变形，其变形量分别由两方向的线阵 CCD 光电传感器非接触测量并采集到计算机，获得图 13-24 所示的材料应力-应变曲线。从材料的应力-应变曲线可以看出，当水平拉力大于或等于 1.112kN 时材料将发生断裂。材料一旦断裂，拉力立即减小（拉力由 1.112kN 变为 0.732kN），变形量增大到 33.733mm。同时垂直方向的拉力大于 3.223kN 也发生断裂，拉力由 3.223kN 突变为 0.029kN。

4. 讨论

用线阵 CCD 作为光电传感器对材料拉伸变形量进行非接触测量是现代材料试验机必备的测量仪器。它必将取代现有的刀口式引伸计而被广泛地应用于材料试验机。然而，CCD 光电传感器所构成的变形测量仪的测量范围与测量精度的矛盾是这项技术的关键。在要求高精度和大范围的情况下，应采用 CCD 的拼接技术，合理地设计光学测量系统，也可以获得测量范围为 80mm，测量精度高达 1μm 的拉伸变形量测量系统。

13.7　CCD 图像传感器用于物体振动的非接触测量

振动测量与试验一直是工程技术界重视的课题，对于航空航天、动力机械、交通运输、军械兵器、能源工业、土木建筑、电子工业、环境保护等行业尤为重要。振动直接影响机器（或机构）运行的稳定性、安全性和人体感觉的舒适性，直接影响生产的有效性和精确性。例如，对于中距离的交通运输工具来说，随着我国国民经济的发展和火车运行速度的提升，对铁路提出了更高的要求。铁轨受到机车的激励会产生受迫振动，当振动量级过大时会使铁轨产生裂纹、疲劳、断裂、接触面磨损、紧固件松动，从而使铁轨提前报废，严重时甚至会造成车毁人亡的惨痛事故。因此，在机车行车过程中对铁轨的振动状况进行现场在线检测已成为铁道部门的重要课题。以往的铁轨振动测量常采用电阻应变片进行接触式测量。这种测量方法精度低、误差大，且测试手段繁琐。本节介绍采用线阵 CCD 光电传感器对铁轨的振动进行非接触的测量方法，该方法也适用于桥梁等构件振动的非接触测量，运用光学、电子学、CCD 光电传感技术与微机数据处理技术相结合的方法，克服了接触式测量方法的缺点，能同时测量任意 5 点的振动，具有造价低、灵敏度高、安全性好等优点。

13.7.1　工作原理

图 13-25 为采用线阵 CCD 图像传感器测量铁轨振动的原理。将粘贴在铁轨外侧的黑底白条图案（合作目标）经光学成像物镜成像到线阵 CCD 的像面上，线阵 CCD 的输出端将得到图 13-26 所示的输出信号 U_o。

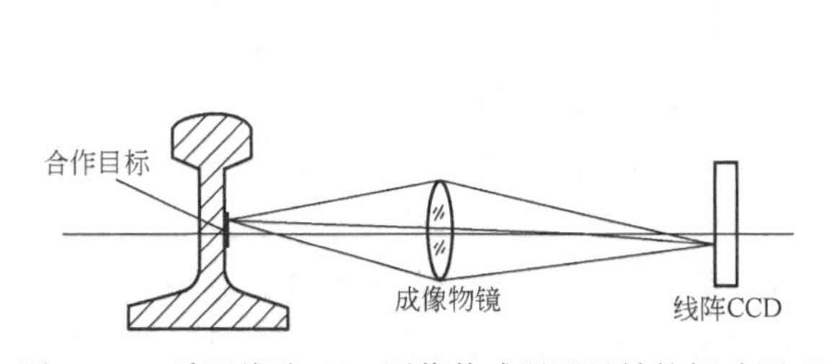

图 13-25　采用线阵 CCD 图像传感器测量铁轨振动原理

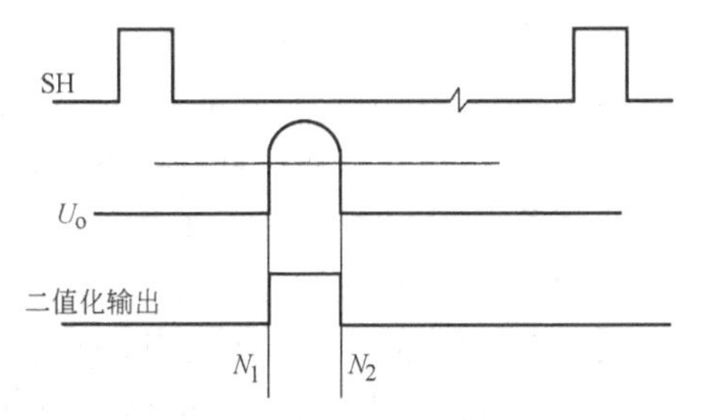

图 13-26　铁轨振动测量波形

SH为线阵CCD的转移脉冲。该脉冲常用作行同步信号，完成CCD与计数器的同步控制。在驱动脉冲作用下，线阵CCD输出如图13-26所示的U_o信号。将U_o信号经二值化电路处理后得到图13-26所示的二值化方波脉冲输出，脉冲的前沿对应于黑白边N_1，而后沿对应于白黑边N_2。白条中心值N应为

$$N(t)=\frac{N_1+N_2}{2} \tag{13-31}$$

设铁轨在没有受到机车冲击时的初始（$t=0$时）位置为$N(t)=N_0$，当铁轨受激振动时（$t\geqslant0$），铁轨上的白条图像在线阵CCD的像元阵列上做上下振动。当线阵CCD的积分时间远小于铁轨振动周期时，线阵CCD不断地输出白条像在CCD像面上不同位置的视频信号U_o。将视频输出信号U_o经二值化处理电路得到每个积分时间的二值化方波信号，并经二值化数据采集电路得到该积分时间的铁轨位置$N(t)$值。$N(t)$值与铁轨的时间位移量$S(t)$的关系为

$$S(t)=\frac{[N(t)-N_0]l}{\beta} \tag{13-32}$$

式中，l为CCD两相邻像元的中心距；β为光学成像系统的横向放大倍率。

β可以通过已知的白条宽度W随时进行标定

$$\beta=\frac{l(N_2-N_1)}{W} \tag{13-33}$$

将式（13-31）与式（13-33）代入式（13-32）得到时间位移量$S(t)$与测量值N_1与N_2的关系

$$S(t)=\frac{[N_1-N_1(0)]+[N_2-N_2(0)]}{2(N_2-N_1)}W \tag{13-34}$$

利用式（13-34）可以得到铁轨在垂直方向上振动的位移$S(t)$。连续采集一段时间，得到一系列$S(t)$值，将这些$S(t)$值按时间段（CCD的光积分时间）展开，便得到铁轨振动波形图。

13.7.2 振动测量的硬件电路

振动测量的硬件电路原理框图如图13-27所示。线阵CCD在驱动电路发出的驱动脉冲作用下将载有黑底白条信息的视频信号U_o送入二值化处理电路进行二值化处理。二值化处理电路输出如图13-26所示的方波脉冲。将此方波脉冲分两路送出，一路直接送给锁存器1的锁存输入端，另一路经反相器反相后送给锁存器2的锁存输入端。锁存器1和锁存器2的数据输出端并联到计算机的数据总线端口上。由于锁存器的锁存控制是以上升边沿有效的，所以锁存器1锁存的是二值化方波脉冲的前沿N_1值，而锁存器2锁存的是二值化方波脉冲的后沿N_2值。计算机通过软件将两个锁存器所锁存的值分时送入内存，便得到了N_1值和N_2值。这两个锁存器的数据均来自于计数器，而计数器的记数脉冲由驱动器输出的像元采样脉冲SP控制，计数器任意时刻的输出数值等于该时刻线阵CCD输出的像元位置数。计数器的复位由驱动器的行同步控制脉冲F_C完成。这样，在一个行周期中计数器所计得的最大数字N_{max}应为大于或等于CCD有效像元量的数值。在一个行周期中的任一时刻所计的值为N_i。只要N_i小于有效像元数2160，N_i值就代表了目标像的边界（线阵CCD输出信号U_o的

变化边沿）在这一时刻处于第 N_i 像元的位置上。

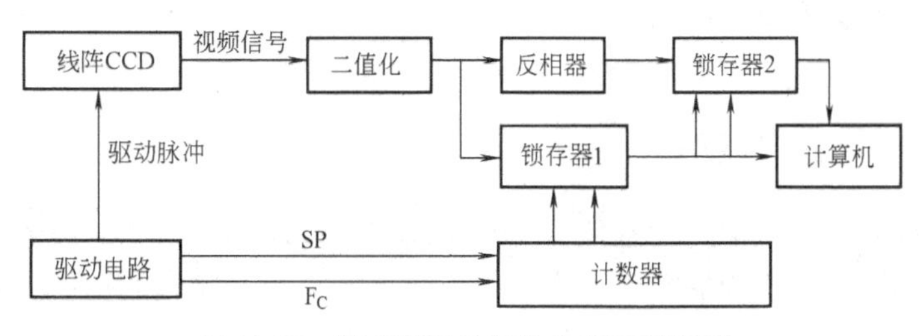

图 13-27　振动测量的硬件电路原理框图

13.7.3　软件设计

本软件的主要功能是把存储在锁存器中的位置信息实时地送入内存进行处理，并为用户提供良好的人机对话界面。因此，程序采用图形菜单界面，具有标定、数据采集、数据显示、打印等功能，同时，由于程序运行的实时性要求，必须保证读写端口的操作与保存数据的周期不大于 CCD 行扫描周期。所以在内存中开辟了一个大的数据区，将读出的数据保存在内存中，在程序运行完成后再写入硬盘保存。由于只考虑列车通过的时间段与 CCD 工作频率等参数，所以选用 2MB 的内存空间就能够满足要求。下面简要介绍一下软件运行过程。数据采集的主模块流程如图 13-28 所示。

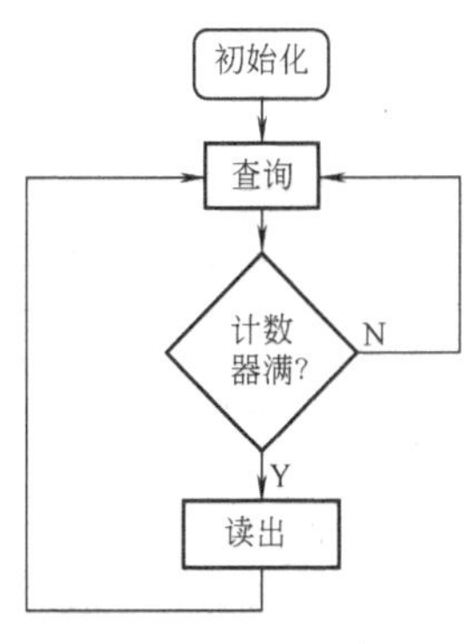

图 13-28　数据采集的主模块流程

程序设置的屏幕显示模式为图形方式，显示主操作界面，根据用户要求选择调用相应的模块。当进行数据采集时，程序先对硬件系统进行初始化。硬件电路便在驱动器同步脉冲的控制下进行二值化数据采集工作。当一行数据采集完成后，计数器的输出端口处于高电平。查询软件通过读数端口查询计数器是否计满 2048。如条件不满足，则继续查询；如条件满足，说明 CCD 的一个积分周期已经结束，计算机执行读数据总线（DB）端口的操作，将锁存器中的数据读入计算机内存，而硬件逻辑电路将在行同步脉冲 F_C 的作用下复位，计数器、锁存器等逻辑电路又开始进行下一个积分周期的数据采集。计算机读数的操作时间是在线阵 CCD 有效像元信号输出完成到下一行数据采集开始之前完成的。这样，既不耽误信号的数据采集工作，又可以在线阵 CCD 输出信号的同时让计算机进行数据处理与运算，将上一周期中被测物体的中心位置计算出来。计算机完成读数据端口操作与计算操作后，返回到查询状态，进行下一周期的采集与计算工作。C 语言程序如下：

```
re2:
t=inportb(0x357);
if(t<=127)goto re2;
for(i=0;i<5;i++)
{
data[i]=inportb(0x340+i*4);
yy[i]=inportb(0x341+i*4);
```

```
    yy[i]=(yy[i]&0x0007);
    data[i]=yy[i]*256+data[i];
}
```

13.7.4 振动台测试实验结果

为了标定和检验铁轨振动的测量仪器，将黑底白条标志贴在标准的液压振动台上。该振动台已通过了我国国家计量局的检定，它可以产生已知振幅和频率的正弦波振动。

图13-29为铁轨振动测量仪对标准振动台进行实测所得到的振动波形。根据实测数据分析，该仪器的振幅测量范围为0.1~200mm，测量精度优于0.1mm。

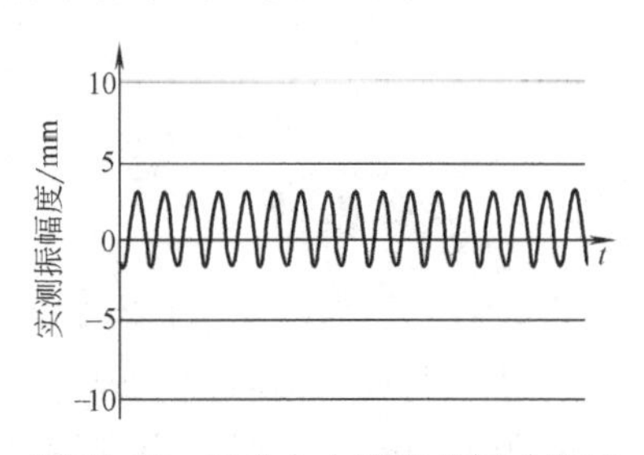

图13-29 振动台上测出的振动波形

实践证明该仪器具有测量速度快、测量精度高、抗干扰能力强、性能稳定、可靠以及对被测物体没有机械、电、磁等扰动，适用于多种现场振动检测的需要，是一种值得推广的非接触测量振动的方法。

它的振动频率的测试受到CCD积分时间的影响。在要求测量较高振动频率的情况下，应尽量选择更高速度的线阵CCD或者选用像元数较少的线阵CCD，以便缩短每次测量的时间段，获得更高分辨率的振动波形。

13.8 CCD在BGA引脚三维尺寸测量中的应用

20世纪70年代初，荷兰Philips公司推出一种新的安装技术——表面安装技术（Surface Mount Thechnology，SMT），其原理是将元器件与焊膏贴在印制电路板上，经过再流焊接将元器件固定在印制电路板上。

球栅阵列（Ball Grid Array，BGA）芯片是一种典型的采用SMT的集成电路芯片，其引脚均匀地分布在芯片的底面。这样在芯片体积不变的情况下可大幅度增加引脚数量，实物如图13-30所示。在安装时要求引脚具有很高的位置精度。如果引脚三维尺寸误差较大，特别在高度方向，将造成引脚顶点不共面，安装时个别引脚和印制电路板接触不良，会导致漏接、虚接。美国的RVSI（Robotic Vision System Inc.）公司针对BGA芯片引脚三维尺寸测试，研发生产了一种基于单光束三角成像法的单点离线测试设备，不过这种设备每次只能测量一根引脚，测量速度慢，无法实现在线测量，另外整套测量系统还要求精度很高的机械定位装置，对具有成百根引脚的BGA芯片测量需大量时间。应用激光线结构光传感器，结合光学图像的拆分、合成技术，通过对分立点图像的实时处理和分析，一次可测得BGA芯片一排引脚的三维尺寸。通过步进电动机驱动工作台作单向运动，让芯片每排引脚依次通过测试系统，就可以更快地完成对整块芯片引脚三维尺寸的在线测试。

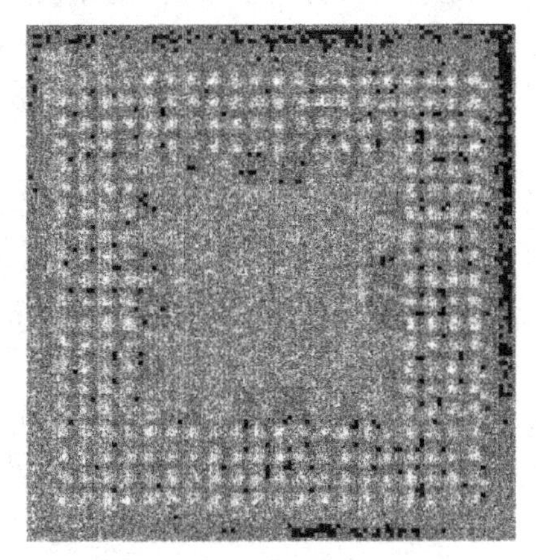

图13-30 BGA芯片实物

13.8.1　测量原理

图13-31为BGA芯片引脚三维在线测试系统原理。半导体激光器发出的光经光束准直和单向扩束器后形成激光线光源，照射到BGA芯片的引脚上。被照亮的一排BGA芯片引脚经两套由成像物镜和CCD摄像机组成的摄像系统采集，形成互成一定角度的图像。将这两幅图像经图像采集卡采集到计算机内存进行图像运算。利用摄像机透视变换模型以及坐标变换关系，计算出芯片引线顶点的高度方向和纵向的二维尺寸。将芯片所在的工作台用步进电动机带动做单向运动，实现扫描测量；同时，根据步进电动机的驱动脉冲数，获得引线顶点的横向尺寸，从而实现三维尺寸的测量。另外，考虑到工作台导轨的直线度误差以及由于电动机的振动引起的工作台跳动都会造成测量误差，尤其是在引线的高度方向的测量误差。为此引入电容测微仪，实时监测工作台的位置变动，进行动态误差补偿。

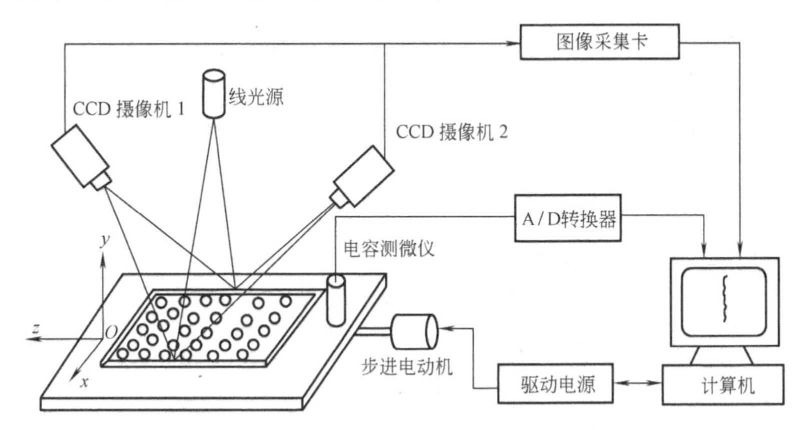

图13-31　BGA芯片引脚三维在线测试系统原理

13.8.2　数学模型

根据以上整体方案建立测试系统的数学模型，如图13-32所示。在光平面内建立光平面坐标系O_1-$x_1y_1z_1$：沿垂直于光平面的方向建立z_1轴，则在光平面内$z_1=0$；在垂直于待测芯片表面的方向建立y_1轴，再按右手法则确定坐标系的x_1轴。由于光平面垂直于被测芯片表面，则光平面坐标系的坐标值可以直接反映出芯片引线的位置信息。

设光平面与芯片引线相交形成的圆弧线上的任一点在传感器光平面坐标系O_1-$x_1y_1z_1$中的坐标为（x_1，y_1，0），在右摄像机坐标系O_r-$x_ry_rz_r$中的坐标为（x_r，y_r，z_r），在右像平面上对应的理想像点的坐标为（x_i，y_i），实际像点为（X_d，Y_d），实际像点对应于计算机图像坐标系（即帧存体坐标系中对应的像元位置）U-V中的坐标为（U，V）。设主点O在帧存体坐标系中的坐标为（U_0，V_0），在CCD摄像机的像面中，像元在x_i方向（水平方向）相邻像元中心距离为δ_u；y_i方向（垂直方向）相邻像元中心距离为δ_v。在帧存体坐标系中，沿V轴方向（垂直方向）相邻像元数所代表的距离与CCD像面中y_i轴方向相邻像元之间的中心距离δ_v相等。而在水平方向上则与CCD驱动频率和图像采集卡的采集频率有关。为此，引入不确定性因子s_x，且$\delta'_u=s_x^{-1}\delta_u$。

根据透视变换理论，以及摄像机坐标系、光平面坐标系和帧存体坐标系之间的转换关

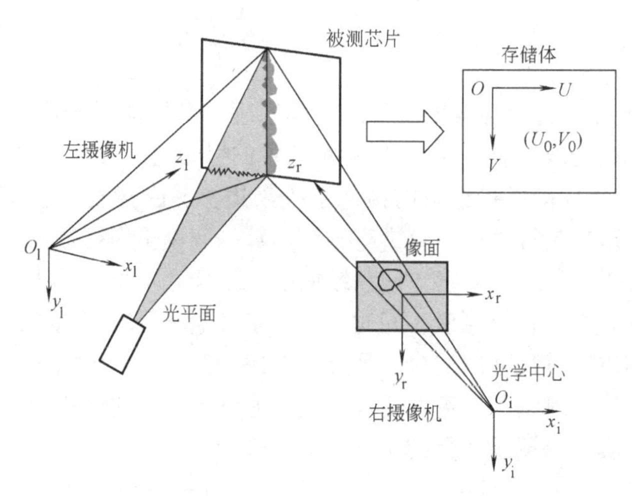

图 13-32 测试系统坐标示意图

系，可以获得光平面内被测芯片引脚上任一点（x_1，y_1，0）与帧存体坐标系中的像元位置（U，V）之间的关系为

$$\begin{cases}X_i=(U-U_0)\delta_u s_x^{-1}\\ Y_i=(V-VF_0)\delta_v\\ X_d=X_i+k_p(X_i^2+Y_i^2)\\ Y_d=Y_i+k_p(X_i^2+Y_i^2)\\ r=\sqrt{X_d^2+Y_d^2}\\ f\dfrac{r_1x_1+r_2y_1+t_x}{r_7x_1+r_8y_1+t_z}=X_d(1+k_pr^2)\\ f\dfrac{r_4x_1+r_5y_1+t_y}{r_7x_1+r_8y_1+t_z}=Y_d(1+k_pr^2)\end{cases} \tag{13-35}$$

式中，$(r_1, r_4, r_7)^T$、$(r_2, r_5, r_8)^T$、$(t_x, t_y, t_z)^T$ 分别为光平面坐标系 $O_1-x_1y_1z_1$ 的 x_1 轴、y_1 轴在右摄像机坐标系 $O_r-x_ry_rz_r$ 中的方向矢量及平移矢量；k_p 为摄像机镜头的畸变系数；f 为镜头有效焦矩。

式（13-35）即为测试系统的数学模型。

13.8.3 系统的标定

由式（13-35）可知，该测量系统中，需要确定的参数有系统内部参数：k_p、s_x、δ_u、δ_v、U_0、V_0、f，以及外部参数：r_1、r_4、r_7、r_2、r_5、r_8、t_x、t_y 和 t_z。

对于内部参数，应用 Tsai 的 RAC（Radial Alignment Constraint）方法求解。图 13-33 为标定使用的圆盘靶标。

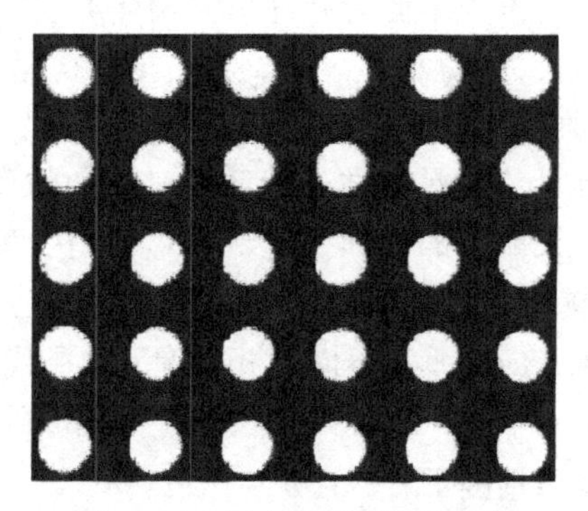

图 13-33 标定使用的圆盘靶标

对于外部参数，采用如图 13-34 所示的标定块，其上设置两个互相垂直的基准面。各棱相对于两个基准面

的位置关系精确已知。光平面垂直投射到靶标上，与其相截，如图 13-35 所示。在光平面内建立光平面坐标系O_1-$x_1y_1z_1$，其中，x_1 轴和 y_1 轴分别平行于两个基准面。在光平面内的靶标的各棱上取点 $p_i(x_1, y_1)$，则各点在光平面内的坐标是精确已知的，且 $z_1=0$。将各已知点 $p_i(x_1, y_1)$ 代入式（13-35），并由正交约束条件

$$\begin{cases} r_1^2 + r_4^2 + r_7^2 = 1 \\ r_2^2 + r_5^2 + r_8^2 = 1 \\ r_1r_2 + r_4r_5 + r_7r_8 = 0 \end{cases} \tag{13-36}$$

得

$$\begin{cases} r_7x_1[k]X_i[k] + r_4y_1[k]X_i[k] + t_zX_i[k] - f r_1x_1[k] - f r_2y_1[k] - f t_x = 0 \\ r_7x_1[k]Y_i[k] + r_4y_1[k]Y_i[k] + t_zY_i[k] - f r_4x_1[k] - f r_5y_1[k] - f t_y = 0 \\ r_1^2 + r_4^2 + r_7^2 = 1 \\ r_2^2 + r_5^2 + r_8^2 = 1 \\ r_1r_2 + r_4r_5 + r_7r_8 = 0 \end{cases} \tag{13-37}$$

式中，$k=1, 2, 3, \cdots, n$，且 $n \geqslant 3$。

用最小二乘法求解上述非线性方程组，即可得外部参数。

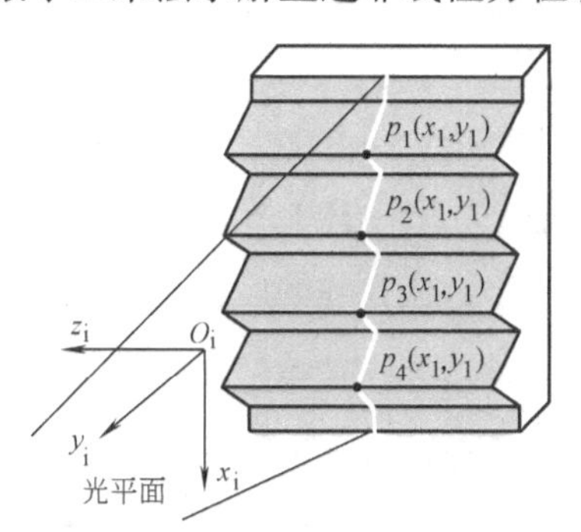

图 13-34　标定靶标示意图

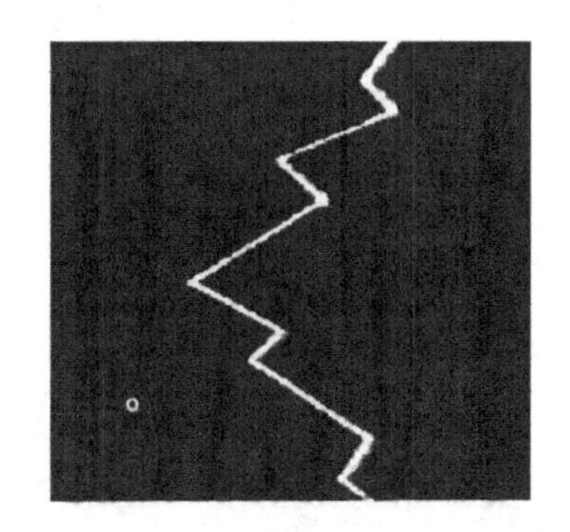

图 13-35　传感器标定用靶标图像

13.8.4　BGA 芯片测量实验

利用如图 13-31 所示的测试系统对如图 13-30 所示的 BGA 芯片进行三维扫描测量，BGA 芯片是引线数为 20×20 的周边球形阵列，其引脚间距为 1.27mm，引脚高度的约为 0.762mm，球形引脚直径约为 0.635mm。

实验设备中，线阵 CCD 为 Mintron 公司的 MS-368P，其像面面积为 4.9mm×3.7mm，像元数为 500(*H*)×582(*V*)。摄像机镜头的相对孔径为 *D/f*=1.8，焦距取*f*=50mm。

光源采用美国 Edmund 科技公司带有线结构光投射头的半导体激光器（型号为 SNF-XXX-635-3），焦距可调，其波长为 635nm，线形光的扩展角为 45°，输出功率为 3mW。

实验中，工作台沿 *z* 方向（见图 13-31）移动，对芯片进行扫描测量。获得各引脚顶点的三维坐标值后，按照共面性评定方法，求出该被测芯片的共面性。同时，还能求出各引脚顶点的高度值和间距值，以及球形引脚的直径等引线参数，表 13-1 给出了某一排引脚的测

量数据。

表 13-1 某一排引脚的测量数据

引脚编号	坐标值			高度/mm	直径/mm
	x	y	z		
1，1	8.001	2.230	0.2605	0.759	0.632
1，2	9.273	2.228	0.3126	0.757	0.630
1，3	10.546	2.237	0.3126	0.766	0.639
1，4	11.817	2.241	0.3126	0.770	0.638
1，5	13.095	2.237	0.2605	0.766	0.639
1，6	14.349	2.230	0.2605	0.759	0.632
1，7	15.638	2.237	0.3126	0.766	0.639
1，8	16.907	2.230	0.2605	0.759	0.632
1，9	18.169	2.228	0.3126	0.757	0.630
1，10	19.469	2.230	0.3126	0.759	0.632
1，11	20.729	2.202	0.2605	0.729	0.621
1，12	22.015	2.237	0.2605	0.766	0.639
1，13	23.275	2.228	0.3126	0.757	0.630
1，14	24.571	2.230	0.2605	0.759	0.632
1，15	25.839	2.241	0.2605	0.770	0.638
1，16	27.099	2.237	0.3126	0.766	0.639
1，17	28.384	2.237	0.3126	0.766	0.639
1，18	29.652	2.202	0.3126	0.729	0.621
1，19	30.925	2.230	0.2605	0.759	0.632
1，20	32.202	2.202	0.2605	0.729	0.621

线形激光扫描法应用于SMIC引脚三维尺寸的测量，在理论上和实验上都得到了满意的结果，为实现在线测试提供了方法和理论依据，具有广阔的应用前景。

13.9 CCD光电传感器用于ICP-AES光谱探测

以电荷为光电信息载体的CCD在很宽的光谱响应区间具有卓越的光电响应量子效率，因而成为光谱分析仪器的理想探测器件。它不但具有固体集成器件体积小、重量轻、抗振性能强、功耗低等一系列优点，还具有能够并行多通道（数千个光电探测通道）探测光谱的特点，尤其它可以进行长时间的电荷积累，使光电探测灵敏度可与传统的光电倍增管相比拟。并且，它能够同时探测多条谱线，所以正逐渐地取代光电倍增管在光谱探测领域的霸主地位，成为现代光谱探测领域具有很强生命力的探测器件。

目前许多 CCD 制造厂商都看到了光谱探测的广阔市场，生产出许多适用于光谱探测的线阵 CCD。表 13-2 列出几种可用于光谱探测的线阵 CCD 光电传感器。

表 13-2 几种可用于光谱探测的线阵 CCD 光电传感器

CCD 型号	生产厂商	像元数	特点
TCD1200D	日本东芝公司	2160	灵敏度较高
TCD1206UD	日本东芝公司	2160	灵敏度较高
TCD1208AP	日本东芝公司	2160	灵敏度高
RL2048DKQ-011	美国 EG GR ETICON 公司	2048	石英玻璃窗
RL1024SBQ-011	美国 EG GR ETICON 公司	1024	像元面积大，光谱探测专用
S3923-1024Q	日本滨松公司	1024	像元面积大，光谱探测专用

以上这些器件各有特点，如何更好地选择 CCD 作为实际 ICP-AES 光谱仪的光谱探测器，以及怎样构成理想的 ICP 光谱探测器是本节要解决的主要问题。

13.9.1 ICP-AES 光谱仪的基本原理

图 13-36 为 CCD-ICP-AES 光谱仪结构框图。该系统由 ICP 光源、光栅分光光谱仪、感光接收单元等硬件设备组成。ICP 光源将含有被测元素的溶液经过高频高压激发点燃，形成稳定的光源。该光源所发出的光经聚光透镜汇聚到光谱仪的入射狭缝，经入射狭缝及光谱仪的凹面反射镜聚焦到分光光栅上，被分成各种单色光谱辐射线散射，散射的光谱再经成像凹面反射镜成像在摄谱仪的焦面上。在摄谱仪的焦面处安放线阵 CCD，它将谱线能量转换为信号电荷存储并转移出来，经 A/D 数据采集与计算机接口卡将谱线强度信息送入计算机内存，在计算机软件的支持下对所采集的信号进行处理计算出光谱强度与光谱的波长，然后进行数据存储与显示。

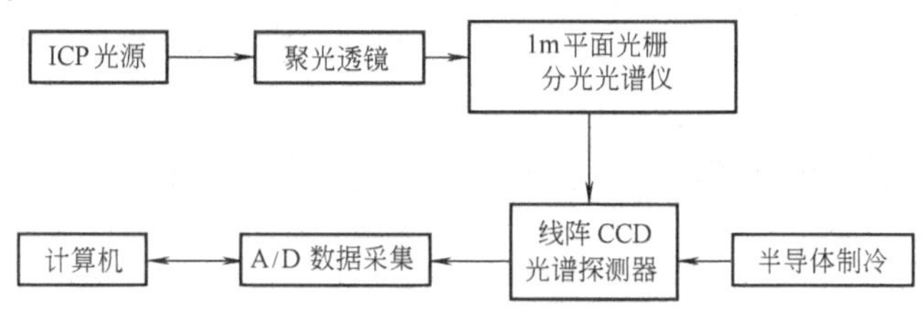

图 13-36 CCD-ICP-AES 光谱仪结构框图

用于 ICP 光谱探测的 CCD 首先应满足光谱响应范围的要求，然后它的灵敏度应满足最弱光谱探测的需要，最后，动态范围要能够满足整个探测谱段的要求。另外，各种 CCD 的价格差异很大。因此，价格因素也应当考虑。表 13-3 为常用于光谱探测的线阵 CCD 的主要特性的对比，作为选择光谱探测器件的参考。

表 13-3 常用于光谱探测的线阵 CCD 的主要特性的对比

CCD 型号	光谱响应范围/nm	灵敏度	动态范围	单价（人民币）
TCD1200D	250~1000	135①	1700	几百元
TCD1206UD	250~1000	135①	1700	几百元
TCD1208AP	300~1000	330①	750	几百元

（续）

CCD 型号	光谱响应范围/nm	灵敏度	动态范围	单价（人民币）
RL2048DKQ-011	200~1000	2.7②	1300	几千元
RL1024SBQ-011	200~1000	2.9×10^{2}②	31250	近万元
S3923-1024Q	200~1000			近万元

① 此灵敏度为在 2854K 标准钨丝白炽灯下测得的典型值，单位为 V/(lx · s)。

② 此灵敏度为 2870K 钨丝白炽灯测得的典型值，单位为 $V/(\mu J\cdot cm^{-2})$。

1. 光栅响应范围

ICP-AES 是对各种样品进行元素组成分析的强有力手段。理想的光谱仪应能检测 ICP-AES 的重要分析波段（197.3~769.9nm）。大多数线阵 CCD 在可见光范围内具有良好的光谱特性，只有少数几种线阵 CCD 在红外区域有较好的光谱特性；而在相同的光谱响应范围下，应选择较高分辨力的器件以减少谱线重叠。另外，某些器件由于采用石英窗口替代玻璃窗口，因而可以获得较好的紫外光谱特性。这里采用 TCD1200D，其光谱响应范围为 250~1000nm，S3923-1024Q 的光谱响应范围为 200~1000nm。

2. 灵敏度

在其他条件相同的情况下，CCD 的灵敏度决定了它检测微弱信号的能力。灵敏度越高，检测微弱信号的能力就越强。但是高灵敏度会使 CCD 器件的暗电流相对增大，并且使干扰信号放大，因此反而会干扰测量。对定性分析来说，不要对灵敏度要求太高。在定量分析时，特别是在某些痕量分析时要求采用较高灵敏度的 CCD。在 ICP-AES 光谱仪中常采取增长光积分时间的方法提高 CCD 对微弱辐射的探测能力。但是，随着积分时间的增长，CCD 的暗电流也增大，因此又要引入对 CCD 进行制冷的技术，使 CCD 在低温下进行长时间的光生电荷的累积，提高对微弱辐射的探测能力。例如，在将 TCD1200D 的工作温度降低至 -35℃ 时，积分时间可增大到 4.3s，以便探测到 10^{-6}lx 的微弱光谱照度。

3. 动态范围

动态范围的定义有两种方式，本书第 8 章介绍了一种，还有一种常用的定义方式，即

$$D_{R}=\frac{U_{sat}}{U_{dak}}$$

式中，U_{sat}为饱和输出电压；U_{dak}为暗信号电压，即对应于暗电流的输出电压。

U_{dak}与积分时间及器件的工作温度有关，积分时间越短，暗电流 U_{dak}越小，相应的动态范围越大，工作温度越低；暗电流 U_{dak}也越小，动态范围也就越大。动态范围表征的是 CCD 的一种综合性能。当同时检测包含强度差异很大的光谱信号时，较低的动态范围使得强度差较大的相邻光谱的探测变得困难，弱信号无法识别出来而强信号又可能出现饱和。

采用分段扫描的方式，在一小段谱区光谱的强弱变化不是太大的情况下，根据光谱的强弱适当地调整光积分时间，配合对器件的制冷可以获得更大的动态范围。

13.9.2 实验结果分析

采用东芝公司生产的 TCD1200D 进行光谱采集实验。ICP 光源为 EH2.5-27-Ⅲ-SDY2 光源。色散系统为 WPG 型平面 1m 光栅摄谱仪，其光栅刻线为 1200 条/mm。

图13-37为1.00mg/L标准溶液的锰经ICP光源激发所发射出的3条灵敏线光谱谱图，即锰的灵敏线257.610nm、259.360nm、260.552nm波谱图。图13-38为上述锰三线的工作曲线，曲线的横坐标为锰的含量，纵坐标为发光光谱的强度。3幅图中曲线的直线性很好，因此，可以根据锰三线的强度，求出锰的相应浓度。分析的结果（相对偏差小于8%）是令人满意的。

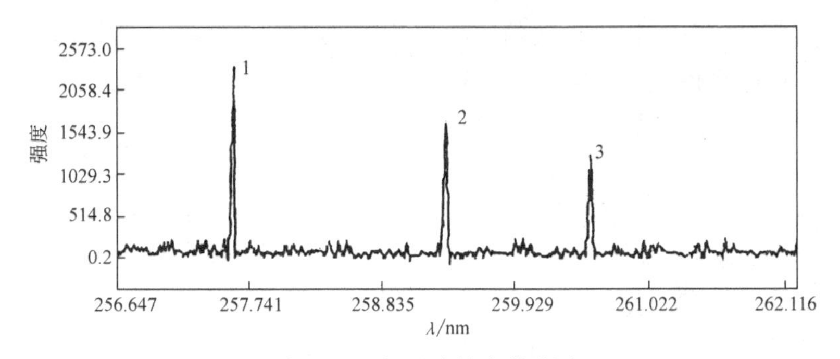

图13-37　锰元素的光谱谱图

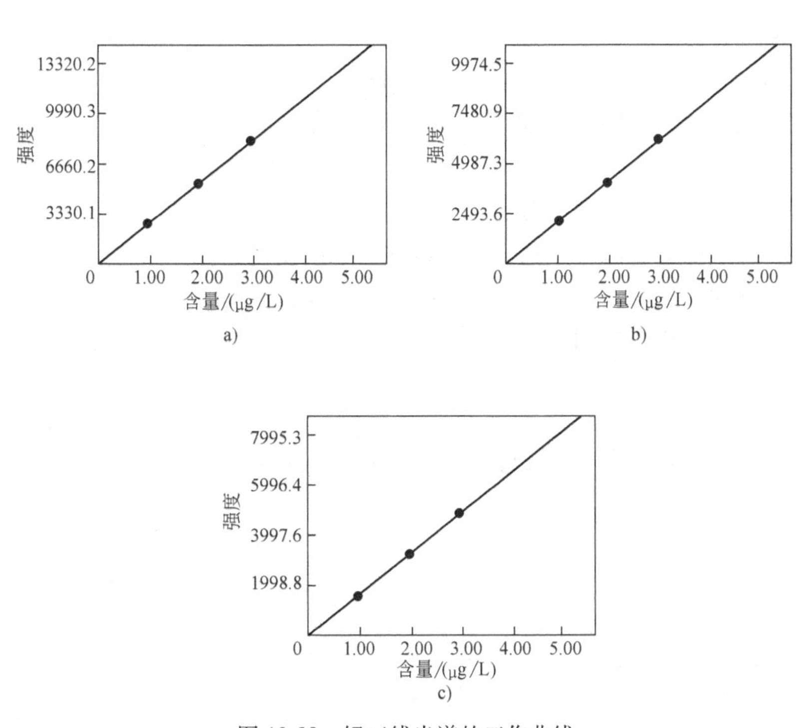

图13-38　锰三线光谱的工作曲线

a）257.61nm工作曲线　b）259.36nm工作曲线　c）260.552nm工作曲线

通过对常见的11种金属元素光谱的探测，在250~700nm波段范围内，对发光光谱进行测试分析，得出下面结论。

1. CCD工作温度对噪声的影响

CCD光谱探测器的几种主要噪声都与温度有关。为了降低暗电流以及电子元器件的输出噪声等的影响，在光谱检测过程中应对CCD进行制冷。实验中采用三级级联方式的半导体制冷技术，对线阵CCD进行制冷控温，使器件的温度降低到-35℃以下。常温情况下和-35℃温度下线阵CCD在不同光积分时间情况下输出噪声的强度不同。图13-39为实测的响应特性曲线，从中可以看出，常温情况下暗电压输出信号随着光积分时间的增加而增大。但是，在制冷情况下，制冷温度降低到-35℃以后，基本上看不出噪声输出信号随积分时间增加的变化，一直维持在较低噪声的水平。因此，当要求探测微弱辐射光谱时，应该采用制冷技术降低CCD的温度。

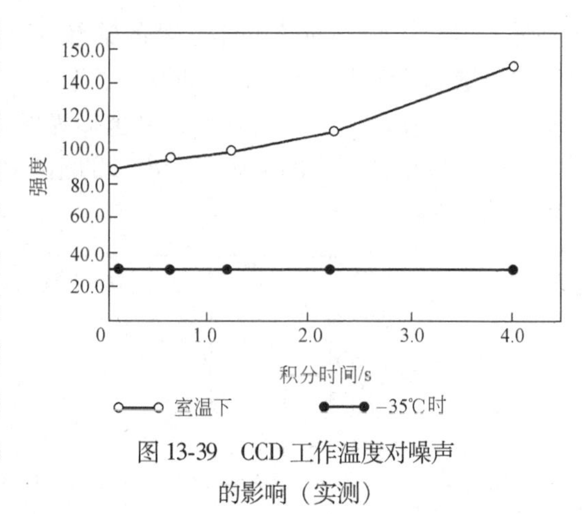

图13-39 CCD工作温度对噪声的影响（实测）

2. 检测限与积分时间的关系

在良好的分析条件下，元素的检测限可以得到改善。延长积分时间能使信号增强和减少光子噪声，是降低仪器对被测元素检测限的有效方法。图13-40为几种被测元素［锰(Mn)、镁(Mg)、钒(V)、钙(Ca)元素］的检测限与CCD光积分时间的关系。由图13-40可以看出，随着积分时间从0.1s增加，检测限将下降。当积分时间由0.1s经0.6s增加到4.0s时，检测限急剧下降，检测限与积分时间的二次方根成反比。

3. 线性动态范围

对于TCD 1200D，在单一积分时间下获得的线性动态范围一般只有两个数量级。如果将检测光谱波段分割成若干个谱段分别检测，根据单个谱段光谱信号的特点，通过改变积分时间，可以扩展线性动态范围。图13-41为线性动态范围扩展后钙的工作曲线。可见3种积分时间使元素的线性动态范围达到了4个数量级。如果把积分时间再缩短或延长，线性动态范围还能进一步扩展。

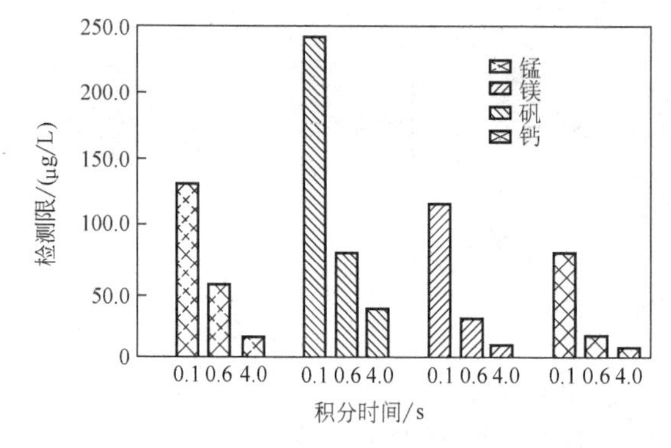

图13-40 元素检测限与CCD光积分时间的关系

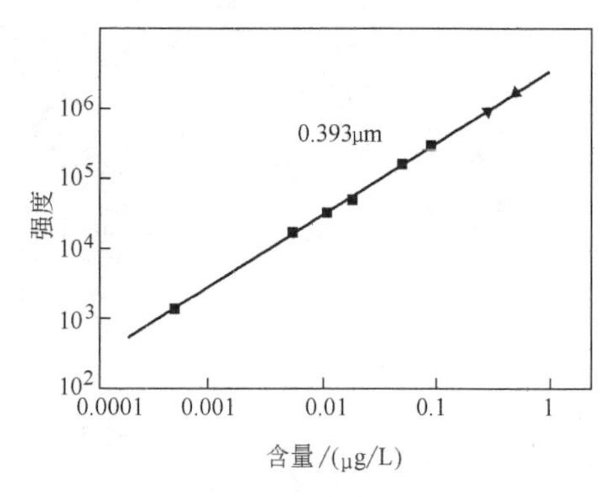

图13-41 线性动态范围扩展后钙的工作曲线（对数坐标）

综上所述，根据ICP-AES检测的特点及其应用领域，选择合适的CCD，并采取适当的措施（制冷、扩展动态范围等），不仅可以获得较好的分析结果，还能大大提高ICP-AES的分析效率。CCD光谱仪在我国目前的光谱分析中的应用前景非常广阔。

13.10　扫描成像技术在表面质量检测中的应用

利用线阵CCD传感器对被测物体表面进行扫描成像的技术在工业生产产品现场实时监测与检测中的应用有着非常重大的意义。尤其是对于连续生产的产品如浮法玻璃生产线、PS版、感光胶片、织物、薄膜与彩色印刷等产品质量的检测方面更显重要。

13.10.1　宽幅面物体表面质量的检测与分析

宽幅面物体表面质量是很多产品的重要检测内容之一，如胶片、纸张、带钢、薄膜等。由于此类产品需要检测的范围较大，同时生产过程中的速度较快，所以一般采用人工的方式只能进行抽样检测。人工抽样检测方法不仅效率低下，而且由于抽样段的密度和人工主观因素的影响不可能确保产品的质量。随着光电技术的迅猛发展，出现了一批高性能的光电器件，圆满地完成连续、客观、全面地检测，确保产品的质量。下面以胶片为例，介绍表面质量检测与分析的基本方法。

1. 检测原理

胶片是一种重要的记录介质，它由片基和感光层等两部分组成。尽管现在民用的成像设备大都被数码相机取代，但是在出版、医疗、工业等诸多领域还被广泛地应用。如图13-42，胶片生产过程可以分为4个主要的工序，即放卷片基，对片基进行感光胶（感光材料）的涂布，分切成适当尺寸的胶片，最后包装出厂。

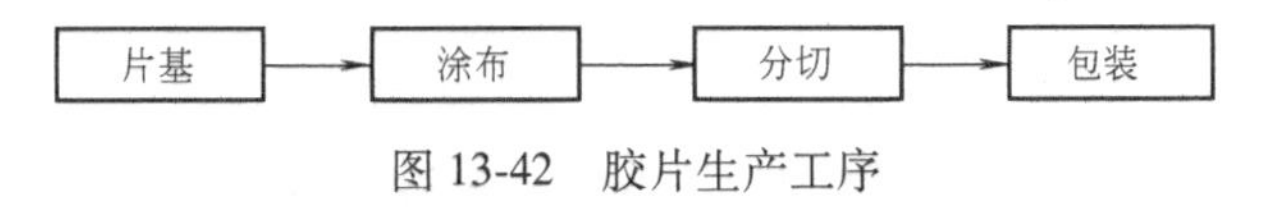

图13-42　胶片生产工序

片基是胶片感光层的支撑体，在片基一侧涂上感光液并干燥后就形成胶片，然后根据产品的规格进行分切，最后再进行包装。由于胶片生产过程必须避光，一般采用人工在分切过程中对每一小轴胶片的头尾进行采样，然后通过曝光的方法判定此轴是否存在问题。这种检测方法属于抽样检测，它难以判定整卷的质量，检测结果往往出现“存伪去真”的情况。另外，由于胶片不能被可见光照射（曝光），而难以实现在生产过程中进行人工检测。

在使用过程中胶片用来记录不同发光强度的光信息，对胶片本身感光液的涂布要求均匀性高，否则用来成像时必然会因涂布不匀出现感光后灰度不匀的伪图像。因此，应当对胶片涂布均匀性与涂布质量进行实时全面检测。判断胶片涂布是否均匀，并根据实际检测的结果对胶片质量进行分档或分类。

图13-43为胶片上有划痕的图像，其水平灰度值将产生突变。

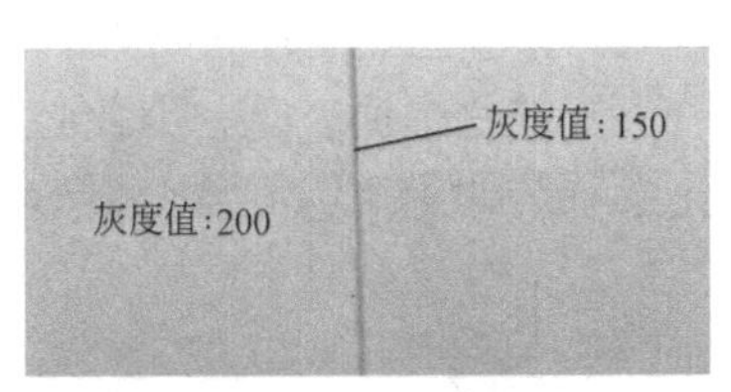

图13-43　具有缺陷的胶片的像的灰度值不同

2. 检测系统的组成

检测系统可以分为硬件系统和软件系统两大部分。其中硬件系统主要实现图像的采集及位置信号的提取，软件系统实现图像的处理及弊病文件的保存。

（1）硬件系统　如图13-44所示，检测系统的硬件系统包括红外光源、光学成像系统、CCD、CCD驱动器、图像采集卡、编码器、计数卡与计算机等几部分。

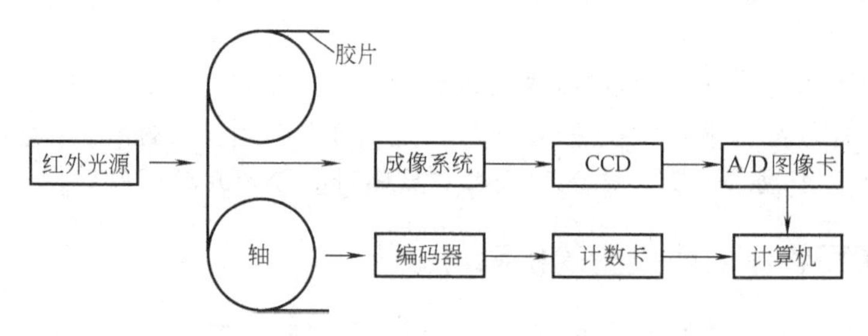

图 13-44 检测系统的硬件组成

由于胶片必须在暗室条件下工作，因此选择红外光源为检测系统的照明光源。经实验验证，波长不小于940nm的红外光源对胶片是安全的。通过成像系统将胶片感光涂层表面成像到CCD的像面上，再经A/D转换与数据采集系统存入计算机。另外，在胶片的传送轴上也安装编码器，不断地将计数卡记录的编码数据送入计算机内存。

设胶片的幅面宽度为D，其运行速度为v_f。若要求检测分辨力在胶片横向为r_h，在纵向（运行方向）为r_z，则CCD的像元数n至少为

$$n=\frac{D}{r_h} \tag{13-38}$$

同时CCD在纵向的采样率S_z至少为

$$S_z=\frac{v_f}{r_z} \tag{13-39}$$

实际系统应当采用两个高速线阵CCD相机实现高速、高分辨力的图像采集。根据上述要求选用DALSA公司的P2-23-08K40型高分辨力线阵CCD相机。其主要技术参数为：

1）像元数为8192。

2）像元尺寸为7μm×7μm。

3）行扫描速率为1000~9000线/s。

4）具有曝光控制和防开花措施。

5）具有平场校正功能，能够将传感器的固定模式噪声和光谱响应的不一致、镜头的渐晕和照明的不一致所造成的影响减小到最小。

6）它的像元为PIN型光电二极管，成像滞后效应较低。

7）相机具有软件调整曝光时间、行扫描速率、增益、偏置等参数功能。

8）接口方式为Camera Link。

9）供电电源为12V或15V。

由于胶片幅面较宽，因此必须选择较大视场的成像物镜才能满足成像系统需要。设胶片到光学系统的距离为l，则成像系统的视场2ω为

$$2\omega=2\tan\left(\frac{D}{4l}\right) \tag{13-40}$$

同时胶片、光学系统和CCD之间满足光学系统的成像关系

$$\frac{1}{l'}-\frac{1}{l}=\frac{1}{f'} \tag{13-41}$$

式中，l'是光学系统到 CCD 之间的距离；f'是光学系统的焦距。

光学系统的放大倍率β为

$$\beta = \frac{l'}{l} \tag{13-42}$$

（2）软件系统　检测系统的软件主要实现对图像的分析、位置计算和弊病文件的存储等功能。由于采集图像的数据量较大，因此采用两台检测计算机分别处理 CCD 采集的图像，另外再设置一台上位机用于综合两台计算机的处理结果。

检测系统的软件流程如图 13-45。

首先启动检测软件等待机器运行，机器运行后开始采集图像。在对采集图像进行分析后判定胶片是否合格，如果合格则判断是否结束。如果有结束信号则停止检测，否则重新采集图像。如果胶片不合格，则计数器记录胶片弊病位置，同时保存弊病图像，然后再判断是否结束。在两台计算机分别记录胶片检测信息后，由上位机将两台检测计算机中的弊病位置记录报告进行合并，然后根据产品的规格进行分解，最终达到每一个产品配有一个全面的质量检测报告。

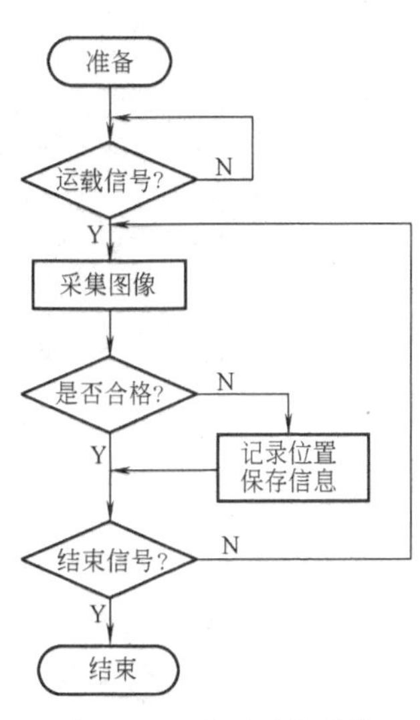

图 13-45　检测系统的软件流程图

3. 检测结果

通过在现场的实际使用，该系统检测效果良好。图13-46是一些胶片弊病的检测结果。

只要根据具体检测对象的特性，合理选择照明光源和成像系统，该系统就可以实现其他宽幅面物体表面质量的检测。

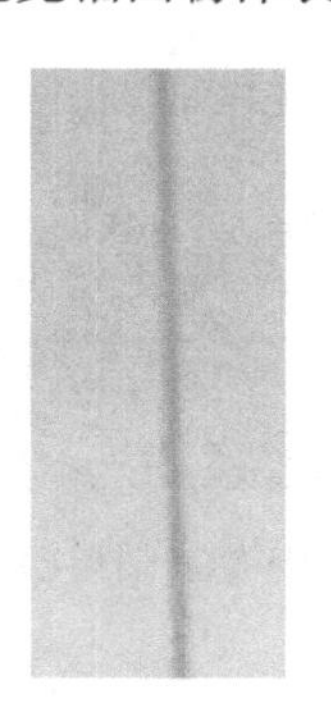

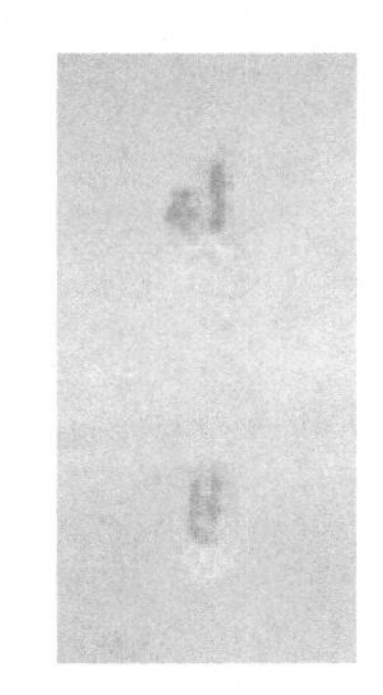

图 13-46　胶片弊病的检测结果

13.10.2　汽车制动钳内凹槽表面质量的检测

汽车制动钳是关系到人身安全的重要产品，也是生产厂家负有极大责任的产品。对汽车制动钳内凹槽表面质量的检测是制动钳质量检测的关键。图 13-47 为汽车制动钳实物图像。可以看出，其制动钳内的凹槽较为隐蔽，不容易用人眼直接观察。检测制动钳内凹槽是否存有异物更是困难。必须采用适当的仪器才能检测出凹槽内表面的状况。线阵 CCD 能够肩负扫描内凹槽表面质量的任务。利用装有线形光源的线阵 CCD 与计算机数据采集系统相结合，开发出图像检测系统，对内凹槽表面进行扫描成像检测。

1. 测量原理

线阵 CCD 对被测物表面扫描成像的原理如图 13-48，光学成像物镜使被光照明的被测物面成像于线阵 CCD 的像面上，再使被测物面做相对于线阵 CCD 像元排列的垂直方向转动（相对运动，也可以转动 CCD），则成像于线阵 CCD 像面上的内凹槽表面圆周图像将全面扫过 CCD 像元，线阵 CCD 在驱动器的作用下将所扫过的图像输出，经置于计算机内的采集卡将每行数据信息存于计算机内存。

图 13-47 汽车制动钳实物图像

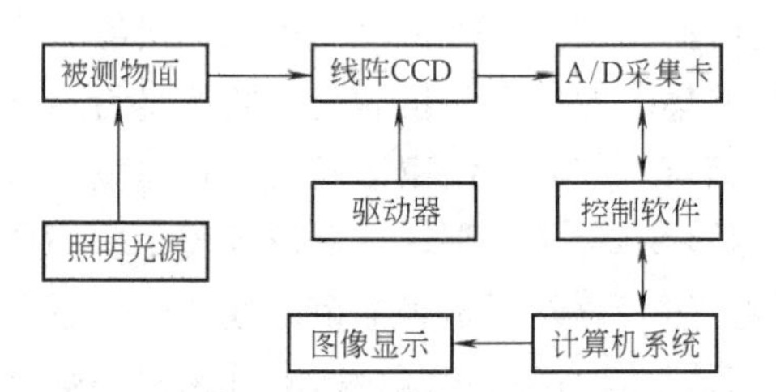

图 13-48 被测物表面扫描成像的原理框图

2. 结果

图 13-49 汽车制动钳内凹槽圆周扫描图像。从所获图像中很容易看到被测凹槽内的铁屑等杂质。这些杂质是直接影响制动钳正常工作的异物，必须将其清除。

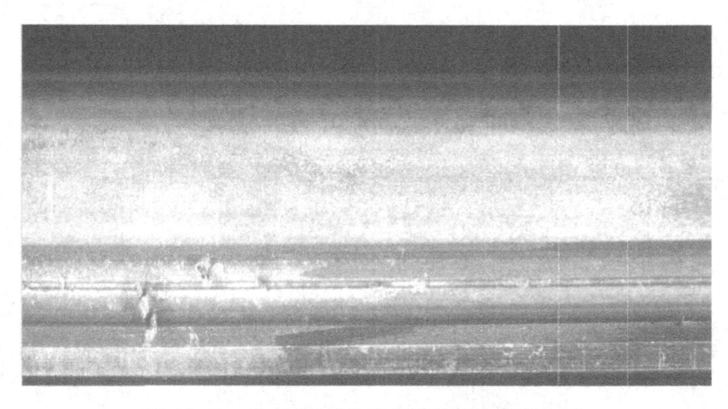

图 13-49 汽车制动钳内凹槽圆周扫描图像

线阵 CCD 扫描所成图像的质量往往好于面阵 CCD 的成像质量，尤其是采用的线阵 CCD 像元数更高情况下扫描所获得的图像分辨力更高。如采用 5000 像元的 CCD，步进电动机带动扫描装置运行一周，线阵 CCD 扫描 5000 行，则所获得的图像分辨力便可达到 2500 万，是面阵 CCD 相机难以做到的。

13.11 面阵 CCD 用于钢板长宽尺寸测量系统

在钢板生产过程中，尤其是在冷轧钢板的剪切过程中，都需要由操作人员先剔除钢板瑕疵较为严重的部位，然后对钢板进行实际尺寸测量，规划钢板的剪切长度并作出剪切标记，操作人员通过控制滚道使标记对准剪刀口进行剪切。这种完全由人工测量、操作的方法使钢板尺寸测量的准确率低，成材率不高，操作人员的劳动强度大，难以满足对钢板质量的控制和生产管理自动化的要求，制约了中厚钢板成品质量的进一步提高。

目前，世界上先进的钢铁企业已采用在线自动测量技术对钢板板材的长度、宽度的测量与剪切。其中，除了采用激光扫描、超声检测、射线测量等技术外，近几年来也正在应用面阵 CCD 对钢板进行尺寸测量方面的研究和技术改造，使钢板的质量检测、尺寸测量与剪切控制实现自动化。

随着国外钢铁企业在钢板生产上测量与控制手段的提高，国际上对钢铁产品尺寸提出了更高的要求。例如，在中厚钢板几何尺寸的控制方面，国际通用的 ISO 9000 长度误差标准规定为 0~25mm；而目前由于缺乏先进可靠的在线检测手段，我国的国家标准只能为 0~40mm。这对我国的钢材产品进入国际市场显然是非常不利的，尤其是我国已经加入了 WTO，我们的国家标准必须要与国际通用标准接轨。

1. 测量系统的基本原理

根据钢板剪切过程和现场情况，在不改动原有设备的基础上，钢板尺寸测量系统应采用图像摄影测量与数字处理技术，可以采用多个面阵 CCD 摄取整块钢板的图像。经高速图像数据采集卡将图像的质量与尺寸信息输入到计算机内存，通过计算机软件对钢板的图像进行预处理、边缘提取与钢板质量的检测后，计算出钢板的长度和宽度，并进行几何尺寸的规划及控制剪切机构进行裁剪。

为测量钢板的长宽尺寸，首先建立光学成像方程，以测量场的某一点为基准，在水平面上定义 x、y 坐标，以铅垂 x、y 平面的正上方为 z 轴建立一个自由测量场。在像方分别以 CCD 阵列的行、列方向定义 x、y 坐标，以投影中心点 s 为原点，过 s 点并垂直于 CCD 阵列的上方为 z 轴。根据投影变换理论，物方任一点 O（X，Y，Z）和像方坐标系中的像点 I（x，y，z）的坐标变换关系可表达为

$$\begin{pmatrix} X \\ Y \\ Z \end{pmatrix} = \lambda M_{3\times3} \begin{pmatrix} x - x_0 \\ y - y_0 \\ -f \end{pmatrix} + \begin{pmatrix} X_s \\ Y_s \\ Z_s \end{pmatrix} \tag{13-43}$$

式中，λ 是比例因子；（x_0，y_0，f）为面阵 CCD 的内方位元素；（X_s，Y_s，Z_s）为投影中心 s 点在测量场内的坐标；$M_{3\times3}$是 3×3 矩阵，又称旋转矩阵，是面阵 CCD 的空间方位函数。

若定义面阵 CCD 在空间的 3 个角元素分别为 ψ、ω、ε，则

$$M = M_{\psi} M_{\omega} M_{\varepsilon} = \begin{pmatrix} \cos\psi & 0 & -\sin\psi \\ 0 & 1 & 0 \\ \sin\psi & 0 & \cos\psi \end{pmatrix} \begin{pmatrix} 1 & 0 & 0 \\ 0 & \cos\omega & -\sin\omega \\ 0 & \sin\omega & \cos\omega \end{pmatrix} \begin{pmatrix} \cos\varepsilon & -\sin\varepsilon & 0 \\ \sin\varepsilon & \cos\varepsilon & 0 \\ 0 & 0 & 1 \end{pmatrix} \tag{13-44}$$

式（13-44）可表达为

$$\begin{aligned} x - x_0 &= -f \frac{m_{11}(X - X_s) + m_{12}(Y - Y_s) + m_{13}(Z - Z_s)}{m_{31}(X - X_s) + m_{32}(Y - Y_s) + m_{33}(Z - Z_s)} \\ y - y_0 &= -f \frac{m_{21}(X - X_s) + m_{22}(Y - Y_s) + m_{23}(Z - Z_s)}{m_{31}(X - X_s) + m_{32}(Y - Y_s) + m_{33}(Z - Z_s)} \end{aligned} \tag{13-45}$$

因此，只要确定了面阵 CCD 的内方位元素（x_0，y_0，f）和传感器在测量场的空间姿态（X_s，Y_s，Z_s，ψ，ω，ε），利用式（13-45），由图像上得到的任一点就可算出测量场上对应

点的空间坐标，进而实现对目标的测量。

2. 测量系统组成

整个测量系统主要由面阵CCD摄像系统、图像采集及处理系统和数据终端系统等组成，如图13-50。面阵CCD摄像机安装在剪切机前滚道的上方，摄像机的数量可根据测量范围与测量精度的要求确定。首先，以剪切机的剪刀口为基准线，确定每个摄像机的空间参数。每台摄像机的视频信号通过可编程视频切换器接入到计算机PCI总线扩展插槽中的图像采集卡上。图像采集卡对所摄的钢板图像进行采样和数据处理，剔除钢板缺陷后得到其长度与宽度尺寸，在钢板运动中进行动态跟踪测量，实时显示规划尺寸距离剪刀口的距离，引导剪切机进行裁剪，并把剪切时刻的尺寸送至钢板尺寸标定现场。

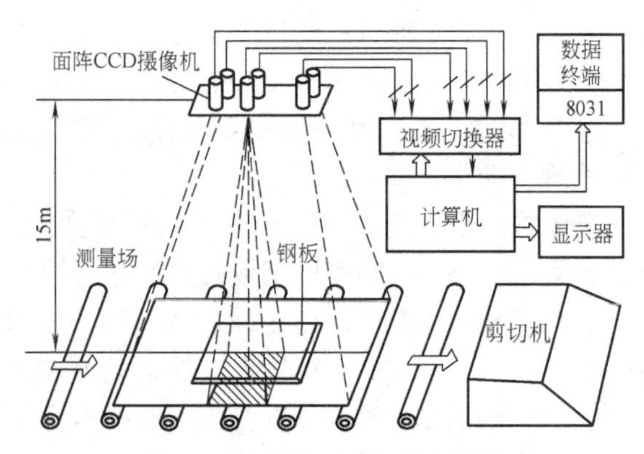

图13-50 测量系统结构示意图

摄像系统采用像元数为795×596的面阵CCD，系统内的温度防护设备确保CCD能在高温环境下正常运行。可编程视频切换器在微机控制下根据需要可将任一路视频信号随时接入图像采集卡，由A/D图像采集卡及系统软件完成对各路视频信号的数据采集与处理工作，为工业控制机提供控制与计算的数据。

系统的软件主要由5大部分组成，分别为：

（1）系统各部分状态检测维护软件　系统的状态检测维护软件主要完成系统各部分检测，系统异常时对故障进行定位。

（2）摄像机空间定位软件　摄像机空间定位软件通过设置人工标记点的办法确定摄像机的空间位置，并形成数据文件。

（3）钢板尺寸测量软件　钢板尺寸测量软件完成钢板有效尺寸的获取、计算并对钢板的测量尺寸进行规划。规划后对钢板进行动态测量，指导剪切，并把钢板实际尺寸送至数据终端。

（4）钢板数据统计、分析及报表软件　对所测量并剪切的钢板的实际剪切数量、检测时日、质量等级等进行统计、分析、存档并提供报表。

（5）低位机系统控制软件　低位机系统控制软件负责数据终端的管理及与主机的数据通信。

3. 测量系统误差分析

（1）光学镜头畸变引起的测量误差　这种误差属系统误差，一般摄像镜头畸变小于2%。根据畸变的对称性，把它折算到物方，即测量方向的误差δ为

$$\delta = R \times q \leqslant 1500\text{mm} \times 2\% = 30\text{mm}$$

式中，R为面阵CCD摄像机视场的半径；q为摄像机镜头的畸变量。

显然，必须对这个误差进行修正，修正测量误差δ的方法是测出所用各个镜头的畸变曲线，由计算机实时修正。修正后的精度可达1%，即0.30mm。

（2）灰度分级给对准判别带来的误差　该误差是指对比度分级造成的目标点对准的误

差。钢板灰度经8位A/D转换后，计算机进行数字图像处理时，边缘提取精度可达到20%的分辨精度。由于系统分辨力为Δx=5.85mm，因此这项误差为1.17mm。

（3）钢板热噪声带来的误差　由于CCD相机光谱范围较宽，热辐射使图像边缘扩展，从而带来测量误差。在方案设计中增加了两个环节来消除它的影响：①是在摄像镜头前加装滤光镜；②是预先测出各滤光镜的光谱透过率曲线及光谱扩展造成的影像展宽量，然后由计算机对实测值进行实时修正。

（4）环境等其他因素引入的误差　包括行车行走、剪切机剪切及其他振动等因素对测量误差带来的影响。

以上这些误差均可通过在地面上布测精密空间控制网来减小或消除，同时也保证了多个摄像机之间相互关联的精密性和稳定性。剪切后检测数据表明，该系统的测量误差小于5mm。

4. 结论

工业现场环境一般较为恶劣，粉尘、噪声和电磁干扰较为严重，裁板机构的动作往往形成较大的电磁干扰。为了适应这种工作环境，测量系统必须配备防尘、减振装置，并对摄像机等探测器进行制冷降温操作。采用适当的抗电磁干扰措施，以提高系统在工业现场环境工作的稳定性。最终保证系统测量范围在（15m×3m），测量精度优于5mm，动态跟踪速度为4m/s。

系统采用面阵CCD对中厚度钢板的尺寸进行非接触测量，是光学、图像测量及计算机技术在工业尺寸测量方面的成功应用，可以方便地移植到冶金、化工、机械加工及其他应用领域。

13.12　图像传感器在内窥镜系统中的应用

根据应用领域的不同，内窥镜系统可分为工业内窥镜、医学电子内窥镜与侦察内窥镜等多种形式。内窥镜的基本类型也有两种：一种称为光纤内窥镜，利用光导纤维将照明光和被测图像送到图像传感器，由图像传感器输出视频信号；另一种称为电子内窥镜，它直接将超小型CCD图像传感器插入被测体内，将采集的图像信息通过电缆或无线电传输到被测体外再进行观测。本节着重讨论图像传感器在各种内窥镜中的应用。

13.12.1　工业内窥镜系统

在工业质量控制、测试及维护检验中，正确地识别裂缝、应力、焊接整体性及腐蚀情况等缺陷非常重要。传统方法是采用光纤内窥镜将内部图像信息通过光纤成像，然后由检查人员观察图像，判断瑕疵。然而由于长期运用，光纤有可能局部被损坏或质量不佳而造成图像清晰度变差或造成图像缺陷而使观察者误判。而且直接用人眼通过光纤观察，劳动强度大，易于疲劳。因此，工业内窥镜成为工业产品质量检测的关键。

采用图像传感器可以将光纤图像转换成电视图像用监视器观察，也可以通过计算机将数据采集传送到远处进行观察、判断与存储。这就是早期的CCD光纤工业内窥镜电视摄像系统。该系统为人类提供了明亮而清晰的图像，减轻了检查人员的劳动强度和判断的准确度。

随着CCD的小型化和分辨力的不断提升，用超小型的CCD相机代替光纤探头深入被测工件内部，直接将工件内部的图像信息转换成视频信号发送出来，就成为现代工业内窥镜系统。利用CCD图像传感器直接成像的办法，不但可以提供比光纤更高分辨力的图像，而且能够克服光纤质量不佳带来的图像瑕疵，另外通过数据采集可将视频信号转换成数字图像，再依据各种故障的现象与类型编制出故障检测软件进行研判，既可省掉人工判断的操作，又可以将故障出现的位置、时间及严重程度存储下来。这种电子成像的工业内窥镜系统最适用于检查焊接、涂装或密封质量，检查孔隙、阻塞或磨损及寻查零件的松动及振动等问题；能够避免为检查工件内表面而必须进行的拆卸，可以迅速地获得清晰的图像，为工业生产提供质量保障。

1. CCD工业内窥镜电视系统原理

CCD工业内窥镜电视系统的基本原理如图13-51所示。利用LED（单色或白光）通过照明窗对被观测区域进行照明。探头的前部为成像物镜，它将被观测的物面成像到面阵CCD的像面上，通过面阵CCD将光学图像转换成全电视信号通过电缆线输出。全电视信号经过放大、滤波及降噪等处理后送入图像处理器，将模拟视频信号转换成数字图像信号进行数字处理（如加入时间信息与故障信息），再送给监视器或存储设备。由于曝光量是自动控制的，因此可使观测区获最佳照明状态。另外，内窥镜电视系统具有γ校正电路，它可以使图像的层次更为丰富，让故障图像或瑕疵图像较黑暗部分的细节显示出来。

2. CCD工业内窥镜电视系统的结构

图13-52为早期光纤CCD工业内窥镜电视系统的基本结构。它包括一个用于观察的CCD探测器及其光源电缆线、一台冷光源及其图像调节器和用来显示图像的电视监视器（或计算机显示器），还可以配备录像机。图中是采用光纤探头插入被测工件将被测图像采集出来送到微小面阵CCD传感器（探测器）的，然后CCD通过电缆线（驱动脉冲输送线、视频信号输送线及光纤为一体的电缆）与冷光源（通过导光光纤为探头提供足够的照明光）相连接。CCD获得导光光纤的图像所形成的视频信号送入监视器与录像机。

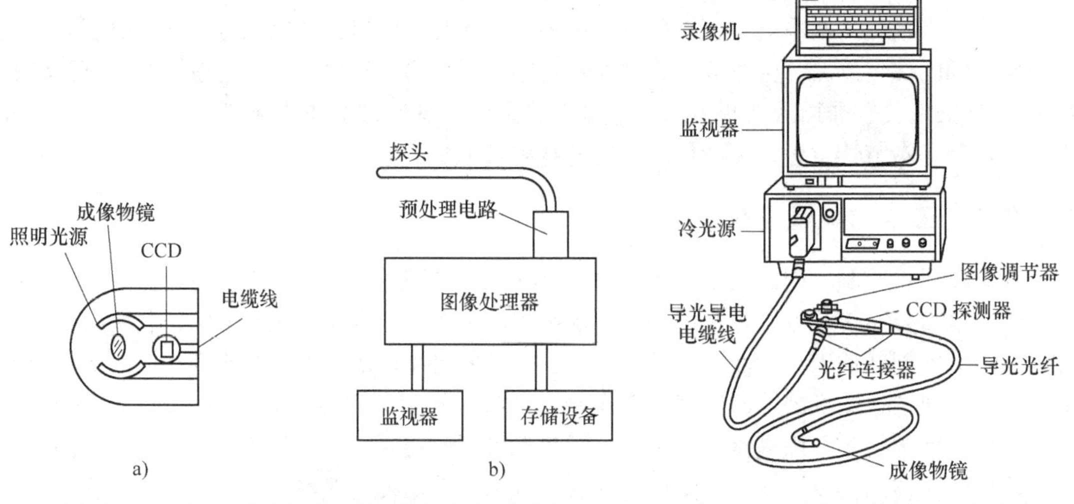

图13-51 CCD工业内窥镜电视系统的基本原理图
a）探头放大图 b）原理图

图13-52 早期光纤CCD工业内窥镜电视系统的基本结构图

在早期光纤CCD工业内窥镜电视系统的基础上进行改进，可以去掉光纤，直接将加有成像物镜和 LED 照明光源的探头插入被测工件，省掉了冷光源，并且 LED 照明光源所需要的电功率很低，可以直接由计算机提供，CCD 探头所需要的驱动脉冲可用小型集成电路（芯片）提供，电缆线只需要提供电源与视频信号及光源控制信号即可，减轻了负担，也减小了电缆线的外径尺寸。

随着小型 CCD、CMOS 图像传感器和图像处理器设备的技术进步与各种便携式计算机的发展，CCD 工业电视内窥镜的种类不断增加，图 13-53 为市场上常见的一款 CCD 工业内窥镜。

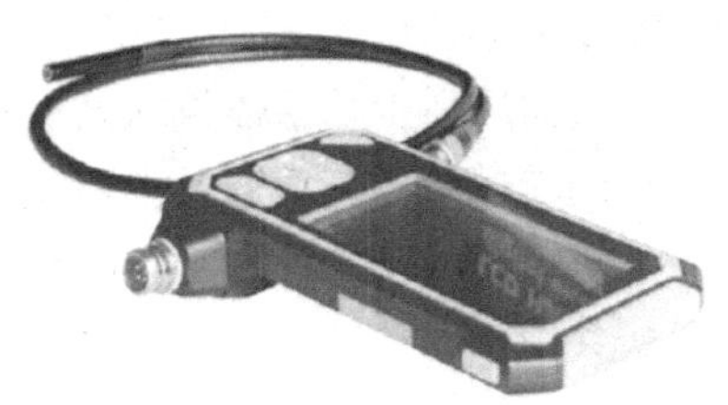

图 13-53　CCD 工业内窥镜

CCD 工业内窥镜电视系统有如下特点：

（1）分辨力高　CCD 工业内窥镜电视系统属于电子内窥镜，它的分辨力远远高于光纤内窥镜。因为传像光纤束的密集度（单位面积光纤个数）没办法与微小面阵 CCD 像元的密度相比，而且传像光纤束还必须与微小面阵 CCD 配合，必然损失分辨力。

目前，电子内窥镜的分辨力已经达到或超过 450TVL，完全满足需要。

（2）景深更大　景深是指在像平面上获得清晰图像的空间深度。CCD 工业内窥镜电视系统比传统的光纤内窥镜有更大的景深，可以节省移动探头及使探头调焦的时间。

（3）不使用光纤，图像清晰可靠　光纤内窥镜会因为长期使用而出现光纤折断、像元失灵的问题使图像呈黑点，出现黑白点混成灰色的现象，导致漏检重点检验部位图像。CCD 工业内窥镜电视系统不使用光纤而采用视频电缆线传送图像信息。视频电缆线能够经受严格工业环境的考验，工作寿命很长。

（4）图像更容易观察　利用液晶显示屏观测视频图像，可以无畸变地放大局部图像，使观察效果更佳，增强了可视性，减轻视觉疲劳感。

（5）可多人同时观察　在检查测试过程中，可支持多人同时观察视频图像。也可以将图像传送到远方进行观察并将图像送入存储设备，以便事后讨论、存档及进一步研究。当然也可以利用软件实现自动判断瑕疵或自动测量瑕疵图像，实现远程教学与会诊等功能。

（6）可做真实彩色检查　在识别腐蚀、焊接区域烧穿及化学分析缺陷时，准确的彩色再现是很重要的。CCD 工业内窥镜系统不存在光纤老化问题，彩色再现逼真。

（7）方便而高质量的文件编制　CCD 工业内窥镜电视系统以视频信号输出，可以采用多种方式记录图像信息，也容易编制成各种格式的文件保存或使用。

3. CCD 工业内窥镜电视系统的应用

图 13-53 所示的 CCD 工业内窥镜能提供精确的图像，操作方便，使用灵活，因而非常适用于工件与部件质量的控制、常规维护及遥控目测检验等领域。

在航空航天方面，CCD 工业内窥镜可用于检查火箭发动机、检查航空发动机的防热罩和发动机工作状态、监视固体火箭燃料的加工操作过程等。

在发电设备方面，可用于核电站中热交换管道的检查、锅炉管道及蒸汽发动机内部工作状况的检查等。

在质量控制方面，可用于检查不锈钢桶的焊缝、船用锅炉内管、制药管道焊接整体、飞机零部件等。

13.12.2 医用电子内窥镜系统

医用电子内窥镜是当前应用非常广泛的一种微创或无创的生物医学仪器，医用电子内窥镜能直接观察到人体内脏器官的组织形态和体内病变情况，便于进行诊断，并且具有直观有效、操作灵活、病人痛苦少等特点。医用电子内窥镜还配有活检钳等工具，可在做病理检查过程中按需取得少量活体组织做病理切片检查，并能发现早期癌变，使病人得到及时治疗，也可利用单模传像光纤通过内窥镜的活检孔对病变部位进行某些治疗。同时医用电子内窥镜在病理研究领域也是一种必备的检测仪器，可用于术后恢复情况的检查，其诊疗优势已为医学界所共识。

医用电子内窥镜按其结构特性分为三类：第一类是以 CCD 为图像传输器件的电子内窥镜，如医用电子胃镜、电子肠镜和电子支气管镜等；第二类是以光纤为图像传输器件的光纤内窥镜，如胃镜、肠镜和支气管镜等；第三类为硬管内窥镜，其图像传输部分主要由透镜系统组成，如腹腔镜、关节镜和宫腔镜等。下面以 KDS-I 型上消化道电子内窥镜为例，介绍一下医用电子内窥镜系统的工作原理及系统设计。

1. 医用电子内窥镜系统的工作原理

医用电子内窥镜系统主要包括内窥镜主体、光学系统、光源、四个控制子系统和计算机图像处理与显示系统。内窥镜主体指内窥镜的镜身部分，包括光学成像系统、面阵 CCD、照明光源和调节机构。控制子系统包括 CCD 驱动电路及图像采集电路（驱动 CCD、控制图像采集）、视频驱动发光强度控制系统（调节光源的光亮度）、图像畸变实时校正系统（实时在线校正内窥镜光学系统的畸变）图像实时采集和显示系统（控制图像采集和显示），如图 13-54 所示。

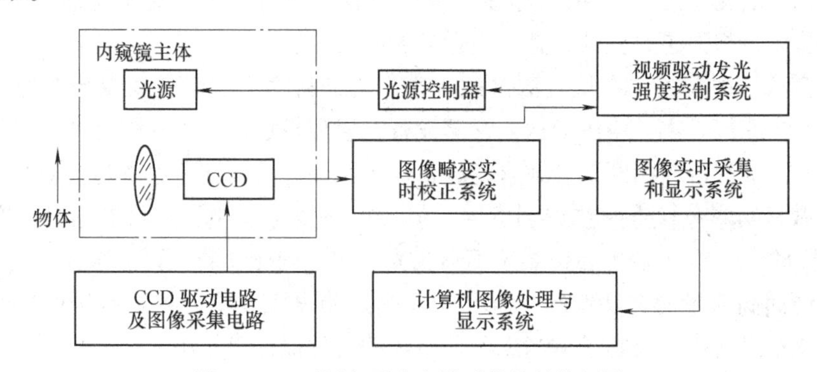

图 13-54 医用电子内窥镜系统的结构框图

医用电子内窥镜系统的工作原理为：经内窥镜主体进入人体内部的光源照亮人体内需要检查的部分，物镜将待检查部分成像在面阵 CCD 上，由 CCD 驱动电路控制 CCD 采集图像器输出标准视频图像信号。调节机构用于调节内窥镜前端的观察角度，可上下、左右和旋转调节。视频驱动光亮度控制系统根据 CCD 输出的视频信号调节光源的光亮度，确保输出图像上没有白色高光亮度（饱和）区域。由于光学系统存在畸变，CCD 实际输出的是带有畸变的视频信号，要经图像畸变实时校正系统对其进行校正再输出校正后的视频信号。最后图像实时采集和显示系统对校正后的视频信号进行保存和处理，并进行病档管理。

2. 医用电子内窥镜的系统设计

根据上消化道电子内窥镜的临床使用要求及所选用成像器件——彩色面阵 CCD 的特性，KDS-I 型上消化道电子内窥镜主机的各项技术指标及参数如下：

1）视场角：120°（CCD 像面对角线为 3. 2mm）。

2）景深：3~100mm。

3）头端部外径：ϕ10mm。

4）窥头弯曲角度：上 180°；下 100°；左 120°；右 120°。

5）插入管外径：ϕ9. 8mm。

6）工作长度：1. 05mm。

7）活检钳最短可视距离：<6mm。

8）钳道内径：ϕ2. 8mm。

9）窥头端面出口照度：≥12000lx。

10）冷光源功率：≤250W。

11）气泵压力：≥35000Pa（0. 35 个标准大气压）。

12）气泵流量：≥5000mL/min。

根据各项技术指标与参数对整机各部分进行结构、光学与控制电路进行设计。先确定总体设计思路，即采用国际上电子内窥镜通用结构形式，便于与现有电子内窥镜的技术及规范接轨；然后根据技术指标确定总体结构设计及各部分的结构，并对各部分进行分解，进行具体设计与计算。最后对所设计的数据进行验证分析，在确保符合设计原则和精度要求的情况下，再考虑加工、装配和调试的可行性。

医用电子内窥镜的系统设计可分为光学系统设计、机械结构设计、成像电路的设计和图像处理软件等部分。下面将各部分的系统设计做进一步分析。

（1）光学系统设计　医用电子内窥镜光学系统的要求如下：

1）应能保证观察清晰。

2）视场角 $2\omega \geq 120°$。

3）鉴别率≥4. 96lp/mm（物距为 10mm 时）。

4）观察景深范围不得小于 3mm。

从光学系统设计参数可知，KDS-I 型上消化道电子内窥镜的物镜为超广角物镜，且要求有大的景深和长的工作距离（相对焦距而言）。那么该物镜应是大视场角，小相对孔径的物镜，所以只能选择由负、正组元构成的反远距型物镜才同时满足这两点要求。反远距型物镜在结构上是以负光焦度透镜组元为前组，正光焦度透镜组元为后组，前组和后组采取分离的形式，如图 13-55 所示。

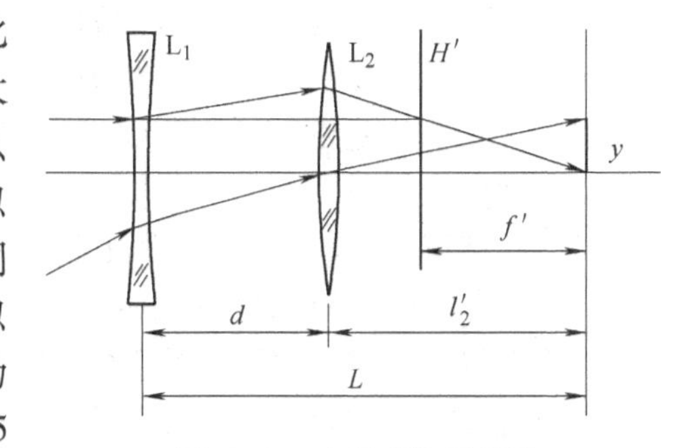

图 13-55　光学系统原理图

（2）机械结构设计　根据仪器的性能和结构特点，把上消化道电子内窥镜主机分为五大部分，分别是头端部分、主软管弯曲部分、操作手柄及控制部分、导光插头部分和输液部分。

KDS-I 型上消化道电子内窥镜使用特殊的蛇骨节结构的设计，扩大了内窥镜头部弯曲范围，转动灵活，实现了内窥镜操作手柄及运动轴系的密封。

（3）成像电路设计　电子内窥镜成像电路系统框图如图 13-56 所示，主要包括视频信号处理电路、编码电路、畸变校正电路、发光强度控制电路以及 PCI 图像采集接口电路。

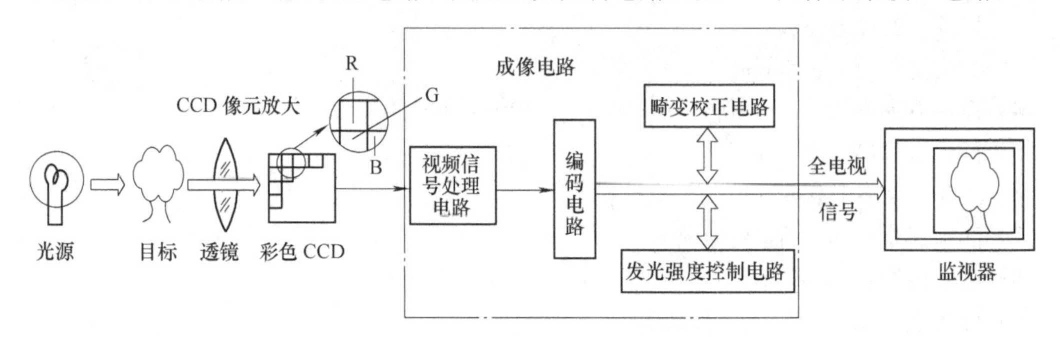

图 13-56　电子内窥镜成像电路系统框图

（4）CCD 驱动、图像采集、编码电路

1）高分辨力 CCD 驱动电路及其图像采集电路的研制。作为医用电子内窥镜图像采集的核心，CCD 在系统中起着举足轻重的作用。这一部分的成败决定着系统的成败。系统采用日本 SONY 公司生产的微型彩色面阵 CCD。其特点为：

① 有效像元 640(H)×480(V)。

② 动态范围大。

③ 高灵敏度，低噪声。

④ 用防开花时钟脉冲实现防开花控制。

⑤ 内置自复位电路和参考电压源。

CCD 驱动脉冲的电平转换电路采用 SONY 公司的专用芯片。本系统采用现场可编程门阵列（FPGA）产生驱动所需要的各路时序脉冲信号。由于 FPGA 是可多次编程的器件，程序更改便利，又具有能够支持多种任务的特点，因此在系统改用其他型号的 CCD 时，无需更改硬件电路，只要对 FPGA 再次编程即可设计出相应 CCD 的驱动脉冲。

2）视频信号处理电路和显示电路设计。面阵 CCD 图像采集电路输出的视频信号属于 PAL 制式的全电视信号，为了解决 CCD 输出的图像信号与 PAL 制式下的彩色监视器上显示的差异问题，需要通过图 13-57 所示的内窥镜图像显示电路以确保在 PAL 制式的监视器上正确显示出图像。

由图 13-57 可见，显示电路大体由四个部分构成，分别是：

1）同步信号及系统时钟发生电路。为了保证图像信号从发送端到接收端稳定、准确地传送，利用同步信号发生电路产生 PAL 制彩色全电视信号所需的所有同步信号。这些信号一方面用于控制图像显示，另一方面混合到图像信号中，和图像信号一起形成全电视信号输出给监视器。

2）显示缓存处理电路。显示缓存处理电路用于场顺序制到同时制的转变、逐行扫描到隔行扫描的奇偶场分离、行和场扫描频率及像元时钟频率的不一致的调整。为了提高信息的显示效果，系统还采用了一些数字视频特技，如多画面效果和图像冻结等。

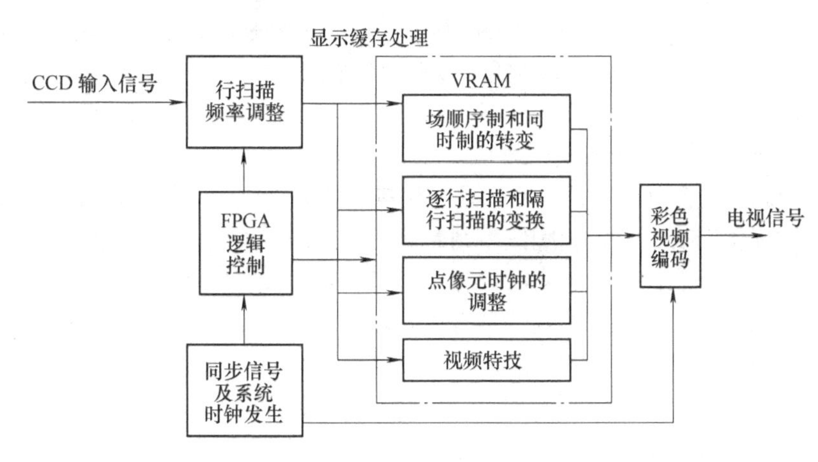

图 13-57 内窥镜图像显示电路

3）FPGA 逻辑控制电路。显示部分的逻辑控制是很复杂的，它包括 FIFO 读写的控制和 VRAM（视频双端口存储器）的读写、刷新的控制。系统采用 FPGA 实现逻辑控制，使得显示部分逻辑控制更容易实现，而且稳定、可靠。

4）彩色视频编码电路。经过显示缓存处理的 CCD 信号和同步信号发生电路的同步信号同时送入 PAL 制彩色视频编码器，经过一系列的处理加工后形成彩色全电视信号。这是图像显示的最后部分，得到的彩色全电视信号就能够送监视器正确地显示出图像。

（5）内窥镜照明光源发光强度调整系统的研制

医用电子内窥镜的影像来自于照明光源照射下体腔内活体组织的反射光，在内窥镜工作时，尤其是内窥镜头在体腔内转动时，由于器官部位的变化和器官运动的不规则性，使得画面发光强度变化很大，也会使图像质量随照度变化，影响视觉观察效果并造成医生视觉疲劳而影响诊断效果。为此需要使图像发光强度稳定在适宜人眼观察的范围内。如图 13-58 所示的发光强度控制系统能够实现较高性能的发光强度控制。系统采用先进的 SoC（System on Chip）电子设计思想，将图像处理单元、通信接口单元以及逻辑控制单元集成于 FPGA，实现控制单元的小型化和集成化；并成功地运用硬件描述语言（HDL）开发的 I^2C 总线通信协

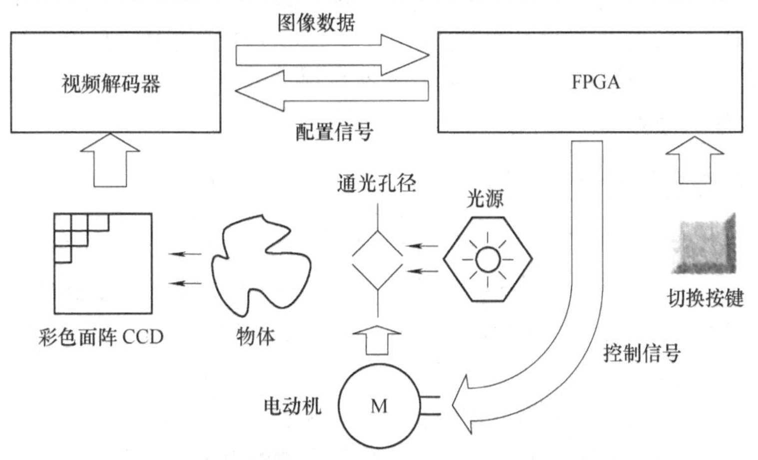

图 13-58 视频驱动发光强度控制系统图

议控制视频解码器，实现由 CCD 视频图像驱动的自动发光强度控制。该视频驱动控制系统具有控制范围大（0~255 灰度）、精度高（±8/256 个灰度级）、响应快（响应时间 20ms）等优点，基本实现了图像发光强度的实时控制。

（6）医用内窥镜视频图像的实时校正

面对大视场角（一般为 120°）、小口径、深景深的光学成像物镜，内窥镜光学成像系统均存在较严重的光学畸变，这将影响医生判断病变部位的正确性。

对内窥镜系统进行图像畸变的实时校正，可以有效地改善图像的畸变失真，实时地反映病变部位，对于快速、准确地定位病灶具有重要意义。

畸变校正可以分为两步：①几何变换；②灰度校正。

1）几何变换。几何变换的目的是找到理想图像与畸变图像之间的映射函数，并由理想图像像元和畸变图像像元的对应关系建立像元的位置偏移量表。

众所周知，对称光学系统是以光轴为对称轴的，其光轴即为系统的光学中心，系统的特性函数也只与光学中心的位置有关，将这种性质应用于图像的几何变换，就可以将二维的坐标处理问题简化为一维的图像处理。

2）灰度校正。灰度校正是针对校正图像像元变换后的坐标落入原始图像，没有恰好落在畸变图像的像元点上，而通过一定的手段计算出该点的灰度值。常用的算法有最近邻点法、三次卷积法和双线性内插法。

（7）PCI 总线内窥镜图像实时采集系统

传统的电子内窥镜是用光学镜头成像于面阵 CCD，并由 CCD 将光学图像转换成视频电信号，经电缆传送到监视器上显示。在传统内窥镜系统的基础上采用 PCI 总线实时地将 CCD 输出、经 A/D 转换的数字图像信号输入计算机进行存储、显示，还可以方便地进行各种处理（包括畸变校正、滤除噪声、病档管理等），达到传统仪器无法比拟的效果。系统基于计算机，因此非常灵活，可随时增加其功能，比起传统的电子内窥镜系统采用硬件电路处理信号再在监视器上显示的方法，这种方法功能更为强大。

（8）图像处理软件

电子内窥镜图像处理工作站能将 CCD 输出的数字图像信号送入计算机进行存储、显示，并进行各种处理（包括畸变校正、图像压缩、噪声消除、病档管理等）。

系统的控制软件采用 VC++6.0 作为编程语言进行设计，用 MATLAB 6.5 作为数学算法的试用研究手段。软件的编程工作主要有：图像采集卡的驱动，图像的保存、显示、处理，病人档案的数据库管理等。

13.12.3 侦察内窥镜系统

侦察内窥镜系统是图像传感器的又一种应用，它在刑事侦察方面起到非常重要的作用。刑事侦察中常常要在十分狭小、黑暗的区域或深洞中提取所需要的证据或线索，这样就需要一些特殊的内窥镜系统，人们称其为侦察内窥镜系统。侦察内窥镜系统种类很多，图 13-59 所示为诸多侦察内窥镜中一些代表性的内窥镜摄像器材。图 13-59a 为可调焦内窥镜探头，这种探头可以通过手动或自动调焦方式使被摄目标更清晰地成像。图 13-59b 为三种不同直径和长度深孔侦察取样的细管探头，例如深入锁孔探测锁内是否存在擦伤痕迹，就需要短而细的取样探头。图 13-59c 为带有各种工具取样的探头，这些工具包括钻孔、消音与扫灰等专用工具。探头的后面具有图像采集处理单元与显示、存储和远距离传输系统等，即构成了侦察内窥镜系统。

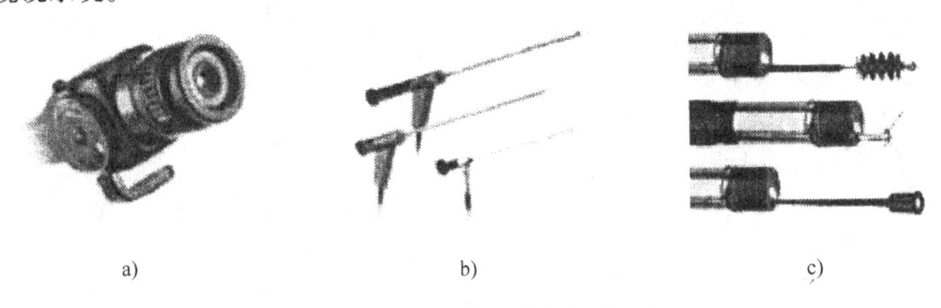

a)　　b)　　c)

图 13-59　几种侦察内窥镜摄像器材
a）可调焦探头　b）细管探头　c）具有取样功能的探头

13.13　利用激光准直技术测量物体的直线度与同轴度

13.13.1　激光准直测量原理

20 世纪 60 年代激光出现后，由于其具有能量集中、方向性和相干性好等优点，给准直测量开辟了新的途径。激光准直仪具有拉钢丝法准直测量的直观性、简单性和普通光学准直测量的精度，并可实现自动控制。激光准直仪主要由激光器、光束准直系统和光电接收及处理电路 3 部分组成。激光准直仪还可以按工作原理分为振幅测量法、干涉测量法和偏振测量法等。

下面仅介绍振幅测量法。

振幅（发光强度）测量型准直仪的特征是以激光束的发光强度中心作为直线基准，在需要准直的点上用光电探测器接收。光电探测器一般采用光电池或 PSD（位置敏感探测器）。将四象限光电池固定在靶标上，靶标放在被准直的工件上，当激光束照射在光电池上时，产生电压 U_1、U_2、U_3 和 U_4。如图 13-60 所示，用两对象限（1 和 3）与（2 和 4）输出电压的差值就能决定光束中心的位置。若激光束中心与探测器中心重合时，由于 4 块光电池接收相同的光量，这时电压表指示为零；当激光束中心与探测器中心有偏离时，将有偏差信号 U_x 和 U_y。$U_x=U_2-U_4$，$U_y=U_1-U_3$，其大小和方向由电压表直接指示。这种方法比用人眼通过望远镜瞄准更方便，精度上也有一定的提高，但其准直度受到激光束漂移、光束截面上发光强度分布不对称、探测器灵敏度不对称以及空气扰动造成的光斑跳动的影响。为克服这些问题，常采用以下几种方法来提高激光准直仪的对准精度。

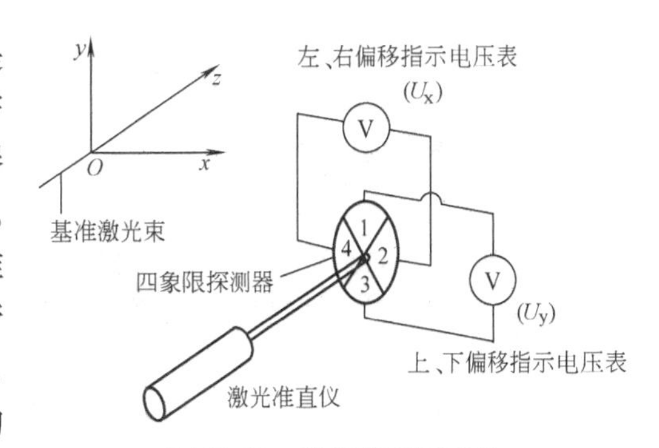

图 13-60　激光准直原理图

（1）菲涅耳波带片法　利用激光的相干性，采用方形菲涅耳波带片来获得准直基线。当激光束通过望远镜后，均匀地照射在波带片上，并使其充满整个波带片。于是在光轴上的某一位置出现一个很细的十字亮线，当用一个屏幕放在该位置上时，可以清晰地看到如图 13-61 所示的十字亮线。调节望远镜的焦距，十字亮线就会出现在光轴的不同位置上，这些十字亮线中心点的连线为一直线，这条线可作为基准来进行准直测量。由于十字亮线为干涉的效果，所以具有良好的抗干扰性。同时，还可以克服发光强度分布不对称的影响。

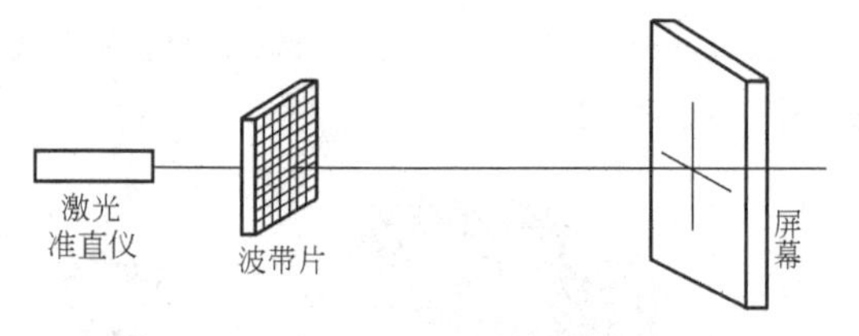

图 13-61 菲涅耳波带片法准直原理图

（2）位相板法 在激光束中放一块二维对称位相板，它由 4 块扇形涂层组成，相邻涂层光程差为 $\lambda/2$（即位相差为 π）。在位相板后面的光束任何截面上都出现暗十字条纹。暗十字线中心的连线是一条直线，利用这条线作基准可直接进行准直测量。若在暗十字中心处插一方孔 P_A，在孔后的屏幕 P_B 上可观察到一定的衍射分布，如图 13-62 所示。如果方孔中心与光轴精确重合，在 P_B 上的第二衍射图像将出现 4 个对称的亮点，并被两条暗线（十字线）分开。若方孔中心与光轴有偏移，那么，在 P_B 上的衍射图像就不对称。这些亮点强度的不对称随着孔的偏移而增加。因此，这个偏移的大小和方向可以通过测量 P_B 上的 4 个亮点的强度获得。在 P_B 处放一四象限光电池来探测，若 I_1、I_2、I_3、I_4 分别表示 4 个象限上 4 块光电池探测到的信号，则靶标的位移为

$$\Delta x = A + B;\ \Delta y = A - B \tag{13-46}$$

式中，$A = I_1 - I_3$；$B = I_2 - I_4$。

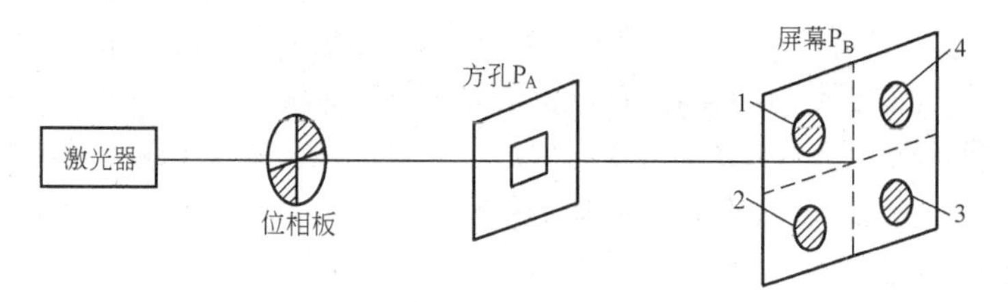

图 13-62 位相板法准直原理

菲涅耳波带片和位相板准直系统都采用三点准直方法，即连接光源、菲涅耳波带片的焦点（或方孔中心）和像点，从而降低了对激光束方向稳定性的要求。任何中间光学器件（如波带片或方孔）的偏移都将引起像的位移，为消除像移的影响，可以将中间光学器件装在被准直的工件上，而把靶标装在固定不动的位置上。

（3）双光束准直法 该准直法使用一个复合棱镜将光束分为两束，当激光器的出射光束漂移时，经过棱镜以后的两个光束的漂移方向相反，采用两光束的平分线作为准直基准可以克服激光器的漂移和部分空气扰动的影响。

激光准直仪可用在各种工业生产中，其中以大型机床、飞机及轮船等制造工业的应用最为典型。在重型机床制造中，激光准直仪的用途很多，如机床导轨的不直度和齿轮等不同轴度的检测。采用激光准直仪不但提高了效率，还能直接测出各点沿垂直和水平方向的偏差，提高测量精度。另外，对机床工作台的运动误差也可进行测量。将光电探测器的输出信号输入记录仪或计算机，则其偏差量和工作台运动误差的连续变化就可以用曲线表示。

13.13.2 不直度的测量

图 13-63 为用激光准直仪测量机床导轨不直度的原理。将激光准直仪固定在机床床身上或放在机床体外，在滑板上固定光电探测靶标，光电探测器件可选用四象限光电池或 PSD。测量时首先将激光准直仪发出的光束调到与被测机床导轨大体平行，再将光电探测靶标对准光束。

滑板沿机床导轨运动，光电探测器输出的信号经放大、运算处理后，输入到记录仪或计算机记录不直度曲线。也可以对机床导轨进行分段测量，读出每个点相对于激光束的偏差值。

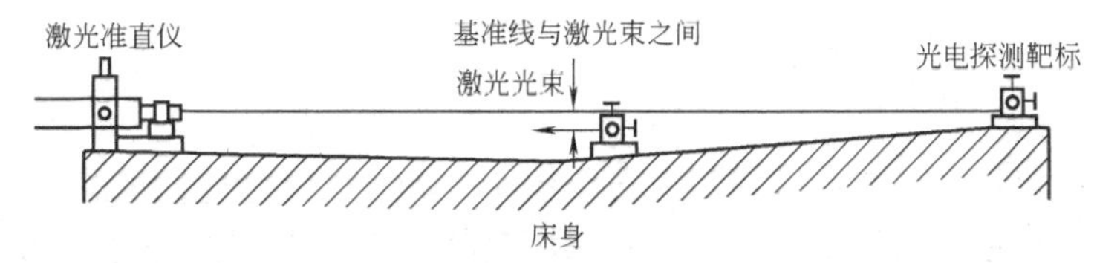

图 13-63　用激光准直仪测量机床导轨不直度的原理

13. 13. 3　不同轴度的测量

大型柴油机轴承孔的不同轴度，以及轮船轴系的不同轴度等的测量均可以采用激光准直仪和定心靶来进行，其测量原理如图 13-64 所示。在轴承座两端的轴承孔中各置一定心靶，并调整激光准直仪使其光束通过两定心靶的中心，即建立了直线度基准。再将测量靶（与定心靶同）依次放入各轴承孔，测量靶中心相对于激光束基准的偏移值。但要将激光束精确地调到两定心靶的中心位置比较麻烦。

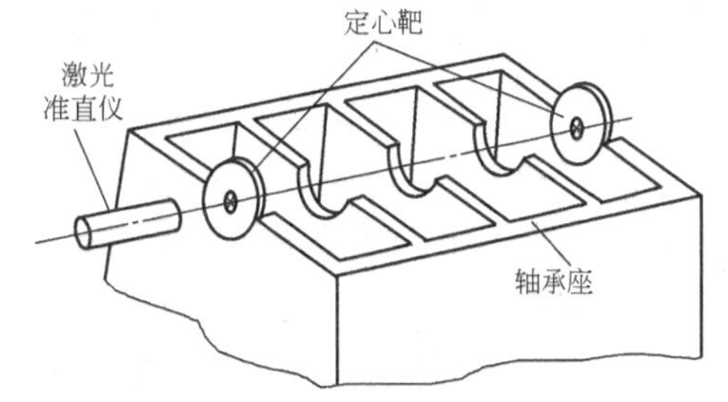

图 13-64　不同轴度的测量原理

如图 13-65a 所示，要调整激光束通过 A、B 两点，仪器需要完成升降、左右平移、左右偏摆、上下俯仰等动作，因此相应的仪器结构也比较复杂。为了减少这些困难，可使激光光轴通过支承球体中心。这样，在测量不同轴度时，调整就比较简单，仪器结构也大为简化。测量时仪器的支承球安装在 A 点上，如图 13-65b 所示，仪器仅需调整偏摆、俯仰就可很快对准 B 点。这种激光准直仪还有一个优点，就是可以随时在球心处设置定心靶（见图 13-66），来检查光束漂移的情况。光束漂移后还可通过非共轴的倒置伽利略望远镜系统，调整目镜或物镜的径向位置使光轴重新通过球心，从而在测量过程中消除仪器因激光束漂移所带来的误差。

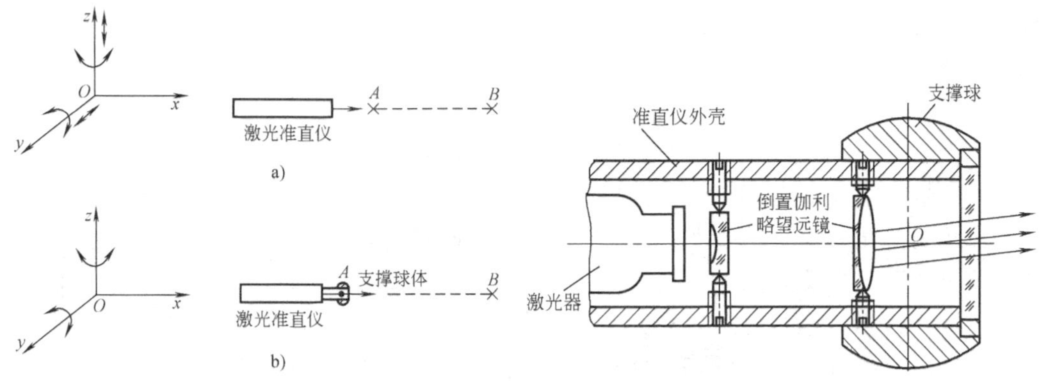

图 13-65　调整定心靶标
a）调整光束使其通过 A、B 两点
b）激光光轴通过支撑球体中心

图 13-66　非共轴倒置伽利略望远镜准直仪

13.14 光电信息变换技术在搜索、跟踪与制导中的应用

13.14.1 搜索仪与跟踪仪

根据各种辐射目标的辐能特性，利用光学系统、调制器和光电探测器可以构成各种光电搜索仪与跟踪仪。搜索仪与跟踪仪的任务通常是发现能量辐射目标，确定它的空间位置以及对它的运动进行跟踪。也就是说，首先确定在视场中的目标，再确定目标的坐标，并使目标与仪器跟踪线（通常指仪器的光轴）重合。跟踪线的偏移会产生偏差信号，可用该信号驱动伺服系统，使跟踪线与目标重新重合。

这种仪器主要用于发现和跟踪火箭、控制火箭，跟踪卫星、控制卫星、保持卫星的水平稳定性，跟踪太阳，跟踪行星等。

搜索仪与跟踪仪由单元探测器组成，并且系统的信噪比仅受探测器噪声限制，与仪器的分辨力无关，这说明了离目标越近，探测器越灵敏；仪器的辐射入射孔径越大，视场越小；仪器的电子频带的带宽越窄，系统信噪比越高。

搜索与跟踪系统可以分为不用调制器，不调制目标辐射的跟踪仪与使用调制器，调制目标辐射的跟踪仪两类。

不用调制器的跟踪仪的优点是能够直截了当地确定目标的位置。但是，这种仪器必须具有很高的扫描频率，所以它受探测器和电子系统时间常数以及目标运动速度的限制。

用单元探测器时，可以用正弦形、螺旋形或正方形来扫描视场。这 3 种形式的扫描具有很高的扫描速度，但是，扫描速度常常是非线性的（如正弦形扫描），或扫描光栅距离不等（上述 3 种形式均如此）。

由许多探测器镶嵌而成的组合探测器，如图 13-67a 所示。它能避免上述困难，并能立即提供精确的目标位置坐标。然而，这种镶嵌探测器阵列难于制造，因而很昂贵。用图 13-67b 所示的四象限探测器，可以得到与镶嵌组合探测器较为近似的结果。四象限探测器中每两对相对位置的探测器放在同一桥式电路中工作，若目标位于 4 个象限的正中部位，输出信号为零。

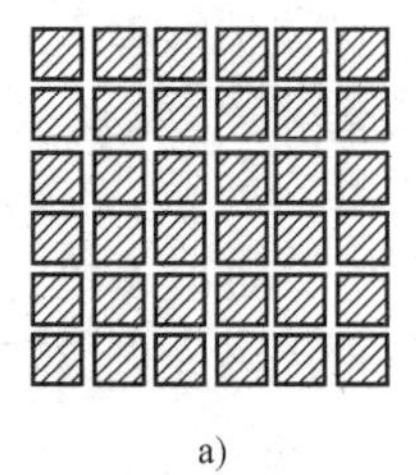
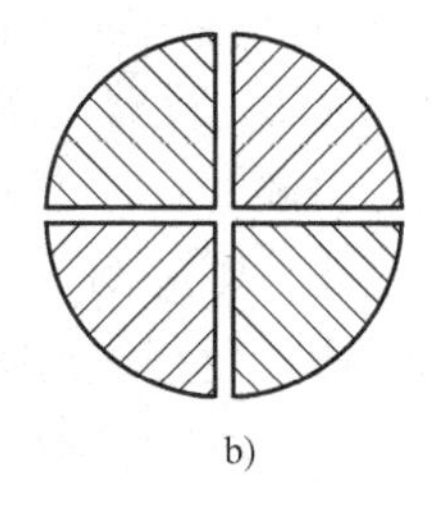

a)　　b)

图 13-67　非调制目标探测的探测器

a）组合探测器　b）四象限探测器

不用调制器的跟踪仪在背景辐射较弱（如太阳跟踪系统中）的情况下能够很好地工作。但是，在背景辐射较强且不均匀的情况下，这种仪器是不能使用的。

使用调制器（即所谓调制盘）对目标辐射进行调制（斩波）的跟踪仪，可以在很高的扫描频率下产生大的跟踪偏差信号，因而能精确地提供系统轴心与目标的偏差信息。它可用于 F 值（即光圈数）较小的光学系统，并且通过适当的调制方法可以大大降低背景的干扰信号。可以用机械调制器进行所有在经典无线电技术中常见的各种调制，而它们的电子学处理系统则立足于现代处理手段。

用调制盘可以产生与预选的瞄准线有关的偏差信号。典型调制系统的光学结构如图 13-68所示。在大多数情况下，调制盘直接放在探测器前光学透镜的焦平面上。转动调制盘，

则入射辐射在到达探测器之前就被调制盘截断（调制）。因此，探测器可以产生与目标辐射的调制频率成比例的交变电压信号。

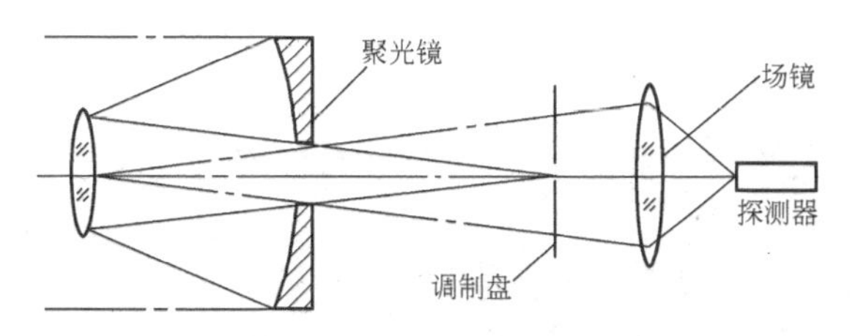

图 13-68　典型调制系统的光学结构

通常，选择调制盘图案的原则是目标辐射的调制能够确切地确定目标的位置。这样，调制盘的图案形式应能把空间信息转变为电信号的幅度、频率和时间等信息，也就是说，探测器输出的已调制信号的幅度、相位和频率能给出视场中目标的位置。

图 13-69 为用于各种调制方法的调制盘的图案，以及它们的偏差信号随时间变化的波形。

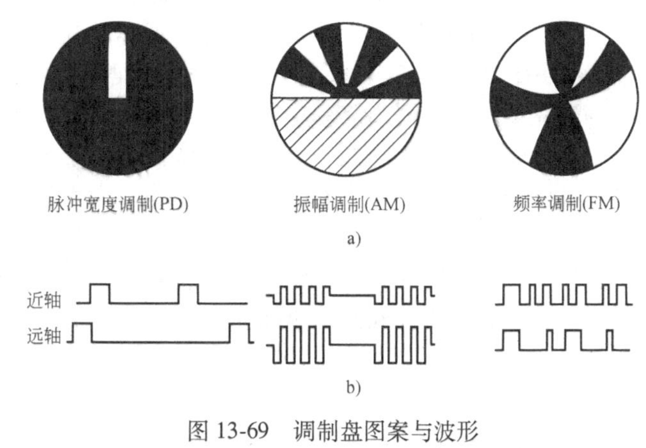

图 13-69　调制盘图案与波形

a）调制图案　b）波形

上述各种调制盘的图案太简单，不能分开视场内多个目标的偏差信号，并且在目标很近时，即当目标几乎或者完全充满视场时，这些调制盘就要失效。

不转动调制盘，使目标的像作相对于调制盘的转动，也可以产生调制。但是，这种方法在工艺上会有较大的困难。且调制度与目标的像离开系统轴心的径向位移有关，这个位移将产生仰角，此时与基准信号有关的调制相位便可确定目标的方位。

此外，为了跟踪目标，搜索系统安装在万向支架上，在万向轴旁设置转矩电动机，用它使搜索系统偏转。偏转控制指令来自偏差信号，而偏差信号由搜索系统的轴线与目标像的偏离而产生。为此，需要一个基准信号，它不断地将调制盘的角度位置提供给两个万向轴。调制盘支点给出关于目标位于上面、下面、左面或右面的信息，后续电子线路将这些信息分开，然后与基准信号一起控制搜索系统，使目标的像重新与光学系统的轴线重合。

背景辐射产生干扰信号，其干扰强度随调制频率的提高而减小。因此，用一个小的精密扫描光阑扫描背景是有益的。用这种方法有 3 个优点：①准确地确定目标的位置；②能够削弱来自大面积背景的信号；③在许多情况下，较高的调制频率带来较低的探测器噪声和电子噪声。

为了进一步降低背景噪声，可以在系统的光路中采用滤光片滤除不在目标发射光谱范围内的干扰辐射。

13.14.2 激光制导

激光制导分为激光驾束制导与激光寻的制导两种方式，均常见于导弹之类武器的制导上。

激光驾束制导导弹的种类很多，其中瑞典的 RBS70 导弹系统具有典型性。它具有简单、精度高、抗干扰性能好等特点，主要用于超低空防空，也可用于反坦克，可以车载也可以单兵肩射。其工作原理为以瞄准线作为坐标基线，将激光束在垂直平面内进行空间位置编码发射，弹上的寻的器接收激光信息并译码，测出导弹偏离瞄准线的方向及大小，形成控制信号，控制导弹沿瞄准线飞行，直至击中目标。

激光寻的制导是由弹外或弹上的激光束照射在目标上，弹上的激光寻的器利用目标漫反射的激光，实现对目标的跟踪和对导弹的控制，使导弹飞向目标的一种制导方法。按照激光光源所在位置，激光寻的制导有主动和半主动之分。迄今只有照射光束在弹外的激光半主动寻的制导系统得到了应用。若干次战争中大量使用了这类武器，这类武器的命中率常在90%以上，比常规武器的命中率（25%）高得多。在激光半主动寻的制导情况下，系统由弹上的激光寻的器和弹外的激光目标指示器两部分组成。激光半主动寻的制导的特点是制导精度高、抗干扰能力强、结构较简单、成本较低、可与其他寻的系统兼容。由于在摧毁目标之前需要有人用指示器向目标发射激光以增加击中目标的可靠性，但也有被敌方发现的可能性。

自 20 世纪 60 年代以来，发展的激光半主动制导武器主要有三类，即激光半主动制导航空炸弹、导弹和炮弹等。激光目标指示器和激光寻的器是激光半主动制导武器的部件，下面分别介绍。

1. 激光目标指示器

激光目标指示器是半主动激光制导中的关键技术。其作用就如同给篮球运动员设置篮筐一样，目标指示器就是在形态复杂的地物中划出一个“篮筐”，以便使导弹或炸弹有一个落点，由于这个“篮筐”是用激光造出来的，所以经常被通俗地称之为光篮。激光目标指示器可以分别装在不同的地方，包括单座飞机、双座飞机、直升机、遥控飞行器、车辆等，也有便携式的，可以对目标形成立体包围圈，总之是视战场条件决定选用合适的方式。不管用于何种激光半主动制导武器，这些系列化的指示器都是通用的。激光脉冲在激光指示器内编码，在寻的器内解码，这是激光半主动制导中的一个特点，目的是在作战时不致引起混乱，在有多目标的情况下，按照各自的编码，导弹只攻击与其对应编码的指示器所指示的目标。

2. 激光寻的器

激光半主动制导航空炸弹、导弹和炮弹的激光寻的器各不相同。早期的航空炸弹都采用目标式激光寻的器，但后来的型号都趋向于导弹用的陀螺稳定式寻的器。炮弹用的激光寻的器最重要的一个难题是解决耐高过载的要求。炸弹与导弹的最大区别就在于炸弹本身没有发动机，不能持续水平飞行或爬高，全凭下滑行阶段的空气动力特性保证导向，因而只适用于从空中攻击地面固定目标或运动缓慢的目标。而导弹有发动机，可以像无人驾驶的小型飞机一样做各种飞行动作，以保证准确地跟踪目标直至击毁。通俗地讲，炸弹是被投进光篮的，而导弹则是自己奔向光篮的。所以导弹多用于攻击运动目标。

13.14.3 红外跟踪制导

红外线自动寻的制导系统的导引头利用的红外线来自目标的发热部分，如飞机的发动机、机头和机翼前沿等，是一种被动式自动寻的制导系统。红外导引头主要由红外探测系统和电子线路两部分组成。红外探测系统是一个使光学系统跟踪目标的机电装置，它的作用是接收目标辐射的红外线，探测目标和导弹的相对位置，并将红外线信号转变为电信号。电子线路主要是由误差信号放大电路和一些辅助电路组成，它的作用是将红外探测系统输出的电信号（误差信号）进行放大和变换，形成控制指令。红外导引头可分为点源式和成像式两种。点源式是把目标作为一个点来取得信号，成像式则把目标作为一个面源。

1. 红外点源制导系统

（1）红外探测系统 红外探测系统一般称为红外目标位标器，它由光学系统、调制盘、光敏元器件和陀螺系统等组成。探测系统上一般装有制冷器，以提高探测器的灵敏度和探测范围。

1）光学系统。光学系统的作用是接收和汇集目标辐射的红外线能量，并把它聚焦在调制盘上。为了缩短导引头的长度，一般都采用反射式光学系统，如图 13-70。光学系统由整流罩、主反射镜、次反射镜、校正透镜和扇形光阑等组成。来自目标辐射的红外线，透过球形整流罩射到主反射镜上，再经主反射镜反射到次反射镜上，然后通过校正透镜在调制盘上聚焦成像，像点红外线最后照射到光敏元器件上，光敏元器件将红外信号转变为电信号。扇形光阑用来遮盖校正透镜，防止目标以外的光线直接照射到调制盘上形成干扰信号。

2）调制盘。调制盘的作用是用来确定目标相对于导弹的位置和抑制背景的干扰。它用透红外材料（如熔石英玻璃）作底板，表面上安装某种图案镀银的圆片。它被安置在陀螺系统转子上，随着转子一起转动，把目标连续辐射来的红外线切割成按一定规律变化的脉冲能流。脉冲能流频率的变化取决于调制盘图案和调制盘的旋转速度。这样，选择调制盘的图案和旋转速度，便可得到所需要的调频信号。

以图 13-71 所示的调制盘为例说明调制盘的工作原理，图上的黑色线均匀镀银层，红外线能量透不过去，调制盘的上半区（称为感应区）分成 12 个等角扇形区，黑白格互相交替，下半区为半透光区（称之为调制区），因为黑线的宽度与其间间距相等，所以有一半红外线能量透过。从目标所辐射来的红外线以平行光束进入光学系统并聚焦在调制盘上，形成一个很小的像点。

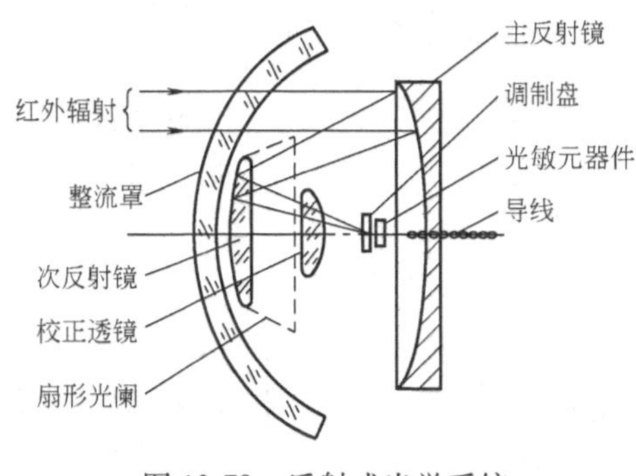

图 13-70 反射式光学系统

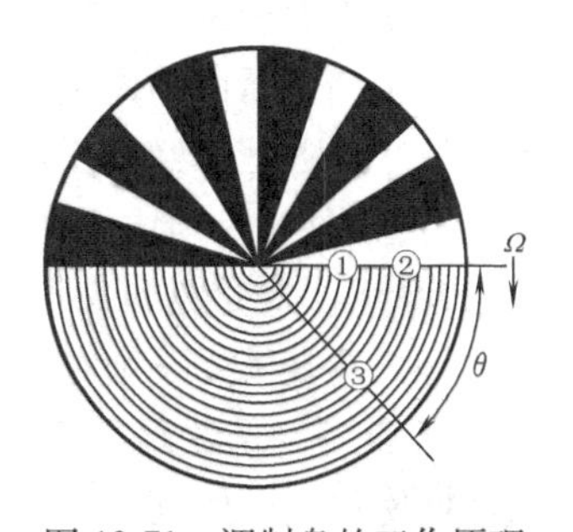

图 13-71 调制盘的工作原理

当目标像点在调制盘中心位置时，像点能量始终透过一半（不随调制盘旋转而变化），光敏元器件输出的信号是一个不变的直流信号，其波形如图 13-72a。这种波形说明光轴对准目标。

当目标像点在调制盘上的位置①时，像点由于调制盘旋转而不断地经过黑白相间的格，发生红外能量交替透过的现象，因而光敏元器件输出 6 个大幅值（透过的红外能量多）的短脉冲信号，当调制盘转过半周后，像点进入半透光区，该区透过的红外能量始终是一半，因而光敏元器件输出两个小幅值（只透过一半红外能量）的直流信号。当调制盘转动一周后，像点又开始进入黑白格相间区，光敏元器件又重复输出前一周相同的信号，其波形如图13-72b所示。

当目标像点在调制盘上位置②时像点仍不断地经过黑白相间的格，但此时透过的红外能量较位置①时的多，故光敏元器件输出的脉冲信号的幅值增大，此外目标像点透过和不透过的时间增长，即脉冲信号在最大值和最小值的时间长了，故脉冲的前后沿变得陡了，并在最大值和最小值处有一段持续时间，其波形如图 13-72c 所示。

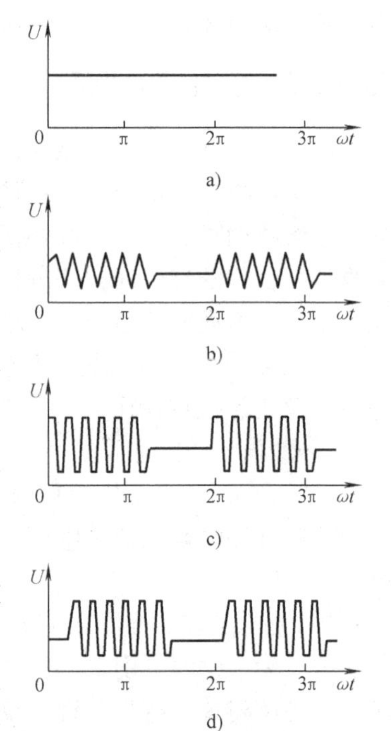

图 13-72 调制盘输出信号波形
a）对准目标 b）目标在位置① c）目标在位置② d）目标在位置③

图 13-72b 和图 13-72c 波形相位相同，但图 13-72c 的波形幅值却比图 13-72b 的幅值大，这种现象说明像点位置①和②两者的方位角相同，而失调角（光轴偏离目标视线的角度）不同，后者的失调角大，像点②反映目标偏离光轴较像点①远。

当目标像点在调制盘位置③时，光敏元器件输出的波形信号如图 13-72d 所示，波形的相位较像点②滞后 θ 角，脉冲信号的幅值与像点②相同，这种现象说明两者方位角相差 θ 角，而失调角相同。

上述分析表明，信号波形的相位反映了方位角的大小，幅值则反映了失调角的大小，所以，调制盘的输出信号把目标相对于导弹的位置完全确定了。

调制盘抑制目标背景的干扰是利用它的空间滤波特性。背景在红外导引头的探测器工作波段内往往有相当强的辐射。例如，云所反射的太阳光线对探测器的照度值比远距离的涡轮喷气发动机对探测器的照度值大很多倍，导弹在低空飞行时还会受到地面辐射的红外线的干扰。如果背景是大面积的均匀辐射，则背景辐射经光学系统入射后成像于整个调制盘上，在这种情况下，调制盘后面的光敏元器件接收的红外线是一个恒定值，它的输出信号不产生调制的直流信号，这种信号经过交流放大后即被滤除。这样，调制盘就抑制了背景的干扰。

3）光敏元器件。目前主要使用的光敏元器件是锑化铟探测器。

4）陀螺系统。这是三自由度随动陀螺系统，其作用为对准目标的光学系统、调制盘、光敏元器件等，使其不受导弹在飞行过程中摆动的影响而偏离目标，实现对目标的跟踪。

（2）电子线路 光敏元器件输出的误差信号经前置放大器放大和变换后，分成两路输出，一路经推挽放大，使其成为陀螺的进动信号输入给进动线圈；另一路经磁放大器放大，使极坐标信号通过坐标变换器变换成为控制舵机动作以及操纵舵面偏转的直流坐标信号。这样，便能控制导弹跟踪，飞向目标。

2. 红外成像制导系统

（1）红外成像制导技术的特点

1）灵敏度高。噪声等效温差 NETD≤0.1℃，很适合探测远程小目标的需求。

2）抗干扰能力强。具有目标识别能力，可在复杂干扰背景下探测、识别目标。

3）具有“智能”，可实现“发射后不管”。具有在各种复杂战术环境下自主搜索、捕获、识别和跟踪目标的能力，并且能按威胁程度自动选择目标和目标薄弱部位命中。

4）具有准全天候功能。工作在 8~14μm 远红外波段，该波段具有穿透烟雾能力，并可昼夜工作，是一种能在恶劣气候条件下工作的准全天候探测系统。

5）具有很强的适应性。红外成像制导系统可以装在各种型号的导弹上使用，只是识别、跟踪的软件不同。

（2）红外成像制导系统的组成及工作原理　图 13-73 为红外成像制导系统的原理框图。它主要由实时红外成像器和视频信号处理器两部分组成。实时红外成像器用来获取和输出目标与背景的红外图像信息，视频信号处理器用来对视频信号进行处理，对背景中可能存在的目标，完成探测、识别和定位，并将目标位置信息输送到目标位置处理器，求解出弹体的导航和寻的矢量。视频信号处理器还向红外成像器反馈信息，以控制它的增益（动态范围）和提供偏置。还可以与放置在红外成像器中的光纤陀螺系统组合，完成对红外图像传感系统的稳定，达到稳定图像的目的。

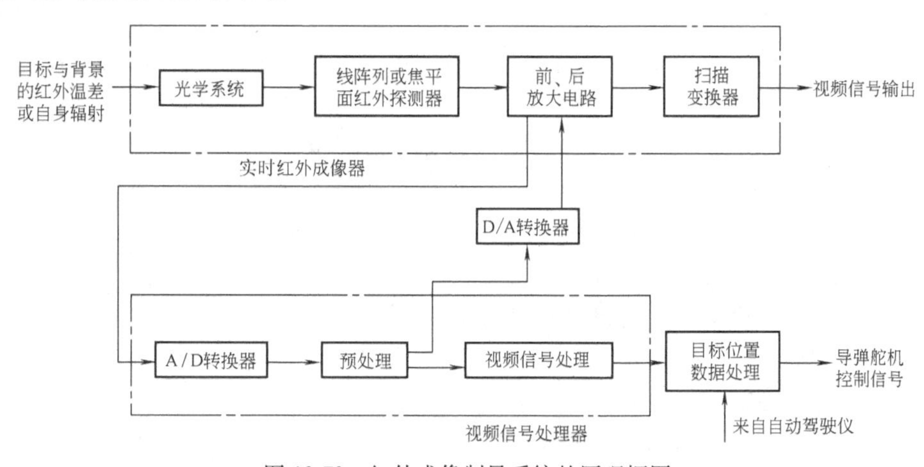

图 13-73　红外成像制导系统的原理框图

13.15　激光多普勒测速技术

1842 年，奥地利科学家多普勒（C. A. Doppler）等人首次发现，以任何形式传播的波，由于波源、接收器、传播介质或散射体的运动会使波的频率发生变化，即所谓的多普勒频率移动。1964 年，Yeh 和 Cummins 首次观察到水流中粒子的散射光有频率移动，证实可以用激光多普勒的频移技术确定粒子的流动速度。随后又有人用该技术测量气体的流速。目前，激光多普勒频移技术已被广泛地应用到流体力学、空气动力学、燃烧学、生物医学以及工业生产中的速度测量。

13.15.1 多普勒测速原理

激光多普勒测速仪（LDV）的工作原理是基于运动物体散射光线的多普勒效应。

1. 多普勒效应

多普勒效应可以由波源和接收器的相对运动产生，也可以由波传输通道中的物体运动产生。LDV通常利用后一种情况。

多普勒效应可以通过图13-74所示的观察者P相对波源S运动来解释。假设波源S静止，观察者以速度v移动，波速为c，波长为λ。如果和λ相比，P离开S足够远，可把P处的波看成是平面波。

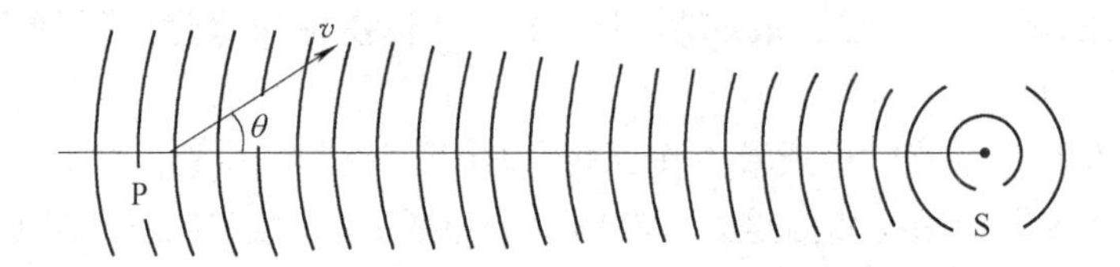

图13-74 观察者相对波源移动的多普勒频移

设单位时间P朝S方向移动的距离为$v\cos\theta$（θ是速度矢量和波运动方向的夹角）比单位时间P点静止时多接收$v\cos\theta/\lambda$个波，移动的观察者所感受到的频率将增加

$$\Delta f=\frac{v\cos\theta}{\lambda} \tag{13-47}$$

由于$c=f\lambda$，f为S波源发射的频率（即观察者静止时感受到的频率），则频率的相对变化可写为

$$\frac{\Delta f}{f}=\frac{v\cos\theta}{c} \tag{13-48}$$

式（13-48）为基本的多普勒频移方程。

2. 激光多普勒测速公式

分析式（13-47）可知，如果已知运动方向θ、波速c和波长λ，若测量出观察者感受到的频率增量Δf，便可求出观察者的运动速度v。下面根据多普勒效应来研究微粒运动速度的测量技术。其测速原理如图13-75所示，L为固定的激光光源，频率为f，波长为λ，D为接收器。L发出的光束照射在运动速度为v的微粒P上，$\boldsymbol{U}$和$\boldsymbol{K}$分别代表接收方向和入射方向的单位矢量。当微粒P静止时，单位时间内通过微粒的波前数即为光波的频率f，$f=c/\lambda$。

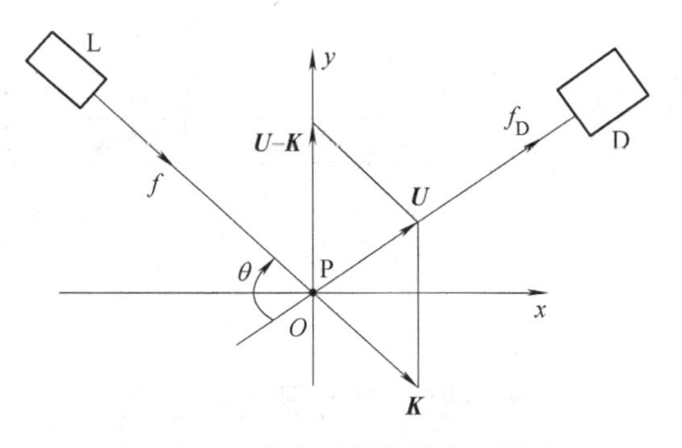

图13-75 激光多普勒测速原理图

设微粒P以速度v运动，则单位时间内通过微粒的波前数

$$f_P=\frac{c-vK}{\lambda} \tag{13-49}$$

同理，一个固定观察者沿接收方向U观察时，每单位时间达到D的波前数

$$f_D = \frac{c + vU}{\lambda_P} \tag{13-50}$$

呈现在微粒 P 上的波长 λ_P和频率 f_P之间的关系为

由于 $f_P = c/\lambda_P$，所以，有

$$f_D = f\left[1 + \frac{v(U - K)}{c} - \frac{(vK)(vU)}{c^2}\right] \tag{13-51}$$

由于 $v \ll c$，式（13-51）中的最后一项可以略去，变为

$$f_D = f\left[1 + \frac{v(U - K)}{c}\right] \tag{13-52}$$

则多普勒频移

$$\Delta f = f_D - f = \frac{1}{\lambda}v(U - K) \tag{13-53}$$

式（13-53）表明，多普勒频移 Δf 在数值上等于散射微粒的速度在（$\boldsymbol{U}-\boldsymbol{K}$）方向的投影与入射光波长之比。如果接收散射光和光源入射光之间的夹角为 θ，则式（13-53）可以写为

$$\Delta f = \frac{2v}{\lambda}\sin\frac{\theta}{2}$$

或

$$v = \frac{\lambda}{2\sin\frac{\theta}{2}}\Delta f \tag{13-54}$$

式中，v 为速度矢量 v 在 y 轴上的分量。因为 θ 和 λ 都是已知的，故 Δf 和 U 呈严格的线性关系，只要测出 Δf，便可知道微粒 P 的运动速度 v。式（13-54）为多普勒测速公式。

在实际测量中，多采用光外差多普勒测速技术，即把入射光和散射光同时送到光接收器上，由光敏器件的二次方律检波特性，在它们的输出电流中只包含两束光的差频部分，这样能接收到由于粒子的运动速度不同所引起的光频微小变化。

13.15.2　激光多普勒测速仪的组成

图 13-76 所示为典型的双散射型 LDV 的原理图。

1. 激光器

多普勒频移相对光源波动频率来说变化很小，因此，必须用频带窄及能量集中的激光为光源。通常采用连续发光的气体激光器，如氦-氖激光器或氩离子激光器。氦-氖激光器功率较小，适用于流速较低或者被测粒子较大的情况；氩离子激光器功率较大，信号较强，用得最广。

2. 光学系统

LDV 按光学系统的结构可分为双散射型、参考光束型和单光束型三种光路。参考光束型和单光束型 LDV 在使用和调整等方面条件要求苛刻，现已很少使用。下面主要介绍广泛使用的双散射型光路。

图 13-76 所示的光学系统由发射和接收两部分组成，发射部分由分束器 F 及反射器 S 把光线分成发光强度相等的两束平行光，然后通过会聚透镜 L_1聚焦到待测粒子 P 上，接收部分由接收透镜 L_2将散射光束收集到光电接探测器 PM 上。为避免直接入射光及外界杂散光也

进入探测器，在相应位置上设置挡光板 R 及小孔光阑 D。

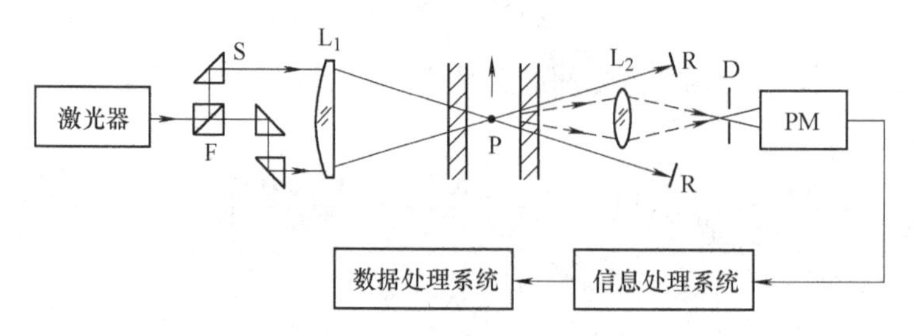

图 13-76 双散射型 LDV 的原理图

双散射型光路的多普勒频移中不出现散射光的方向角，表明散射光的频差与光电探测器的方向无关。因此，使用时不受现场条件的限制，可在任意方向测量，且可以使用大口径的接收透镜，粒子散射的光量得到充分利用，信噪比高。进入光电探测器的散射光来自两束具有同样发光强度的光线的交点，它对所有尺寸的散射微粒都发生高效率的拍频作用，避免了信号的脱落现象。调整时也只需根据两束光交点处干涉条纹的清晰度进行调整，使用很方便。

为使仪器结构紧凑，常使光源和接收器置于同侧，图 13-77 所示的光路称为后向散射光路。图中，激光光源、光电接收器和光学系统均在被测件的同侧。发出的激光经分光镜 M_1 分成两束光，一路经 M_1 直接经透镜 L_1 入射到被测粒子上，另一路经 M_2 反射后入射到被测粒子上。粒子运动产生的激光多普勒频移信号经透镜 L_1，反射镜 M_3、M_4，聚光镜 L_2 汇聚到光电接收器件。

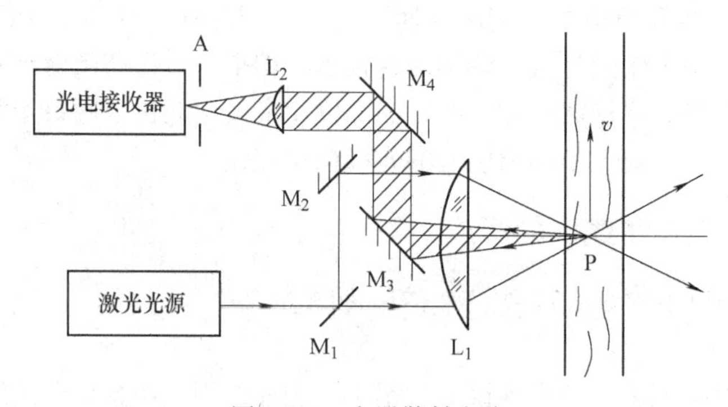

图 13-77 向后散射光路

3. 信号处理系统

激光多普勒信号非常复杂。由于流速通常存在起伏，所以信号频率也会在一定范围内起伏变化。粒子的尺寸及浓度不同会使散射发光强度发生变化，频移的幅值也按一定的规律变化。粒子是离散的，每个粒子通过测量区又是随机的，故波形有断续且随机的变化。同时，光学系统、光电探测器及电子线路都存在噪声，加上外界环境因素的干扰，使信号中伴随着许多噪声。因此信号处理系统的任务就是从复杂的信号中提取那些反映流速的真实信号，而传统的测频仪很难满足要求。现在已有多种多普勒信号处理方法，如频谱分析法、频率跟踪法、频率计数法、滤波器组分析法、光子计数相关法及扫描干涉法等。下面介绍广泛应用的频率跟踪法及近几年发展较快的频率计数法。

(1) 频率跟踪法　频率跟踪法能使信号在很宽的频带范围内（2. 25kHz～15MHz）得到均匀的放大，并采用窄带滤波，提高了信噪比。它输出的频率量可用频率计测出平均流速。输出的模拟电压与流速速度成正比，能够给出瞬时流速以及流速随时间变化的过程，配合方均根电压表可测量湍流的速度。图 13-78 所示为频率跟踪器电路框图。

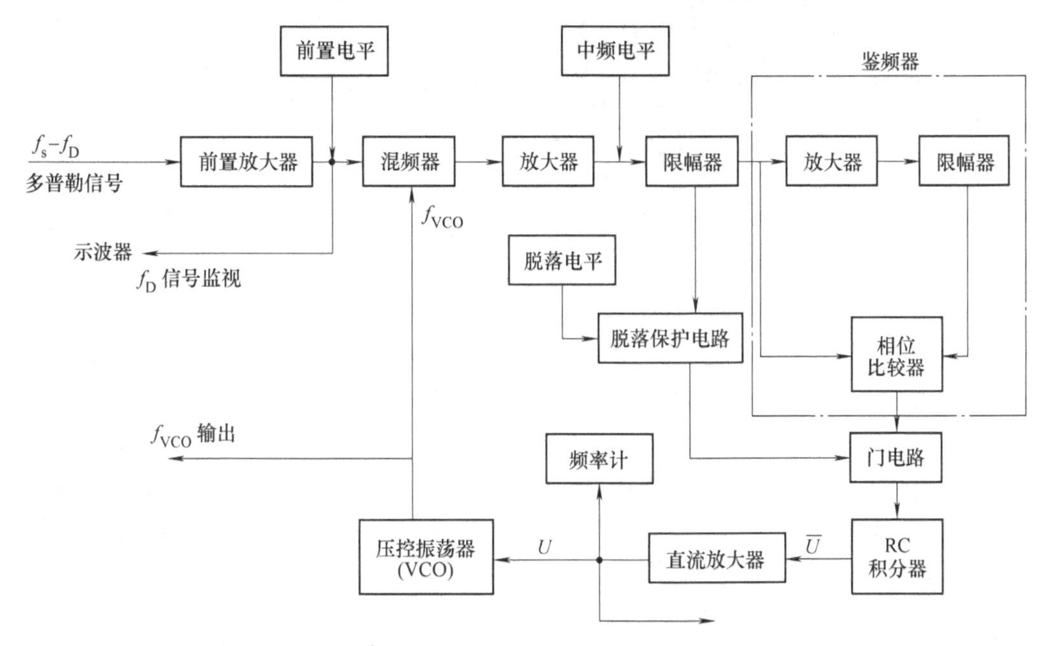

图 13-78　频率跟踪电路框图

初始多普勒信号先经滤波器除去低频分量和高频噪声，成为频移信号 f_D，它和来自电压控制振荡器（以下简称压控振荡器）的信号 f_{VCO} 同时输入到混频器中，混频后得出中频信号 $f=f_{VCO}-f_D$，混频器起频率相减作用。中频 f 输入中心频率为 f_0 的调谐中频放大器中进行放大，f 和 f_0 大致相同。将放大后的幅度变化的中频信号 f 送入限幅器，经整形变成幅度相同的方波。限幅器本身具有一定的门限值，能去掉低于门限电平的信号和噪声，然后将方波送入鉴频器。鉴频器给出直流分量大小正比于中频频偏（$f-f_0$）的电压值，经时间常数为 T_0 的积分器平滑作用后，再经直流放大器放大，用于控制电压反馈给压控振荡器。只要选择合适的电路增益，反馈会使压控振荡器的频率紧紧跟踪输入的多普勒信号频率。压控振荡频率反映平均流速的大小，压控振荡器的控制电压 U 反映流体的瞬时速度。

频率跟踪测频仪还特别设计了脱落保护电路，避免由于多普勒信号间断引起的信号脱落。

(2) 频率计数法　频率计数法信号处理原理如图 13-79 所示。

频率计数测频仪是计时装置，用测量已知条纹数所对应的时间来测量频率的装置。流体速度 v 为

$$v=\frac{nd}{\Delta t} \tag{13-55}$$

式中，d 为条纹间隔；n 为人为设定的穿越条纹数；Δt 为穿越 n 条条纹所用的时间。

频率计数信号处理系统的主体部分相当于一个高频的数字频率计。以频率高于被测信号

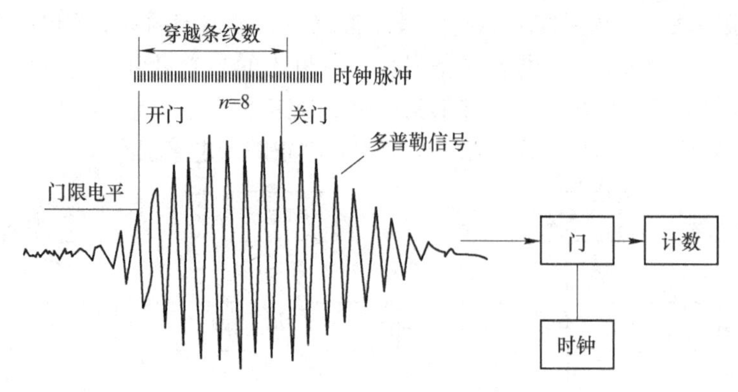

图 13-79 频率计数法信号处理原理

若干倍的振荡器的信号作为时钟脉冲（常用 200～500MHz），用计数电路记录门开启和关闭期间通过的脉冲数，也就是粒子穿过两束光在空间形成的 n 个干涉条纹所需的时间 Δt，如此可以换算出被测信号的多普勒频移。

频率计数测频仪的测量精度高，可送入计算机处理，得出平均速度、湍流速度、相关系数等参数。同时，由于它是采样保持型的仪器，没有信号脱落，特别适用于低浓度粒子或高速流体的测试。频率计数法几乎包括了所有其他方法所能适用的范围，从极低速到高超音速流体的测量，且不必人工添加散射粒子，是一种极具发展前途的测频方法。丹麦 DISA 公司生产的 55L90 信号处理器，测频范围为 1kHz～100MHz，可以测量的速度范围为 2.0mm/s～2000m/s，测量精度在 40MHz 时为 1%，在 100MHz 时为 2.5%。

13.15.3 激光多普勒测速技术的应用

激光多普勒测速仪（LDV）具有非接触测量、不干扰测量对象、测量装置可远离被测物体等优点，在生物医学、流体力学、空气动力学、燃烧学等领域得到了广泛应用。

（1）血液流速的测量 LDV 具有极高的空间分辨力，如果再配置一台显微镜就可用以观察毛细血管内血液的流动。图 13-80 所示为激光多普勒显微镜光路图，将多普勒测速仪与

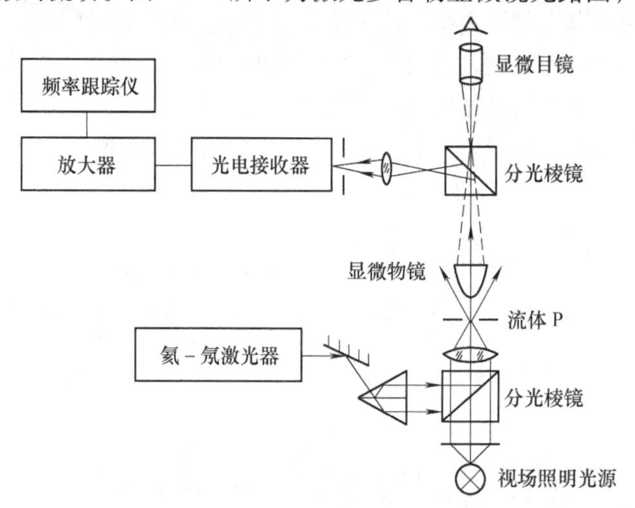

图 13-80 激光多普勒显微镜光路图

显微镜组合起来，显微镜用视场照明光源照明观察对象，用以捕捉目标。测速仪经分光棱镜将双散射信号投向光电接收器，被测点可以为直径 60μm 的粒子。

测量血液流速时，由于被测对象为生物体，而光束不易直接进入生物体内部，且要求测量探头尺寸小。考虑到光纤探头体积小，便于调整测量位置，可以深入到难以测量的角落，并且抗干扰能力强，密封型的光纤探头还可直接放入液体中使用。因此这些优点正适合于血液的测量。图 13-81 所示为光纤 LDV 原理图，采用后向散射参考光束型光路，参考光路由光纤端面反射产生。为消除透镜反光的影响，利用安置在与入射激光偏振方向正交的检偏器接收血液质点 P 的射散光和参考光。

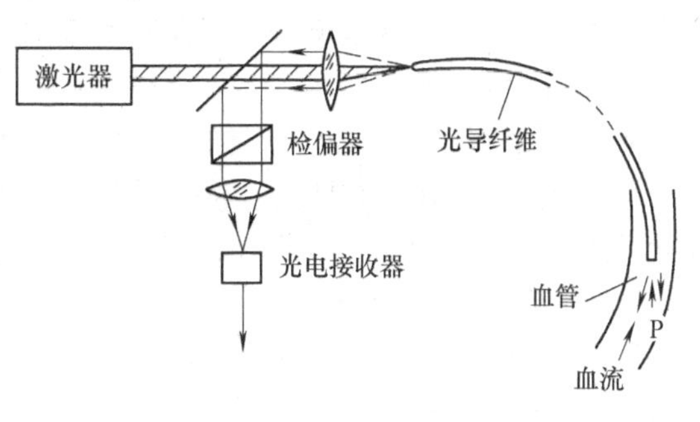

图 13-81　光纤 LDV 原理图

（2）管道内水流的测量　图 13-82 所示为测量圆管或矩形管内水流速度分布的多普勒测量系统原理图，采用最典型的双散射型测量光路。激光器发出的光经分束器分为两束，分别经聚光物镜汇聚到被测管道 P 内的水流上，产生多普勒频移，再经接收透镜汇聚到光电接收器上。光电接收器输出的信号经滤波放大后，可由示波器观测也可送频谱分析仪进行分析。

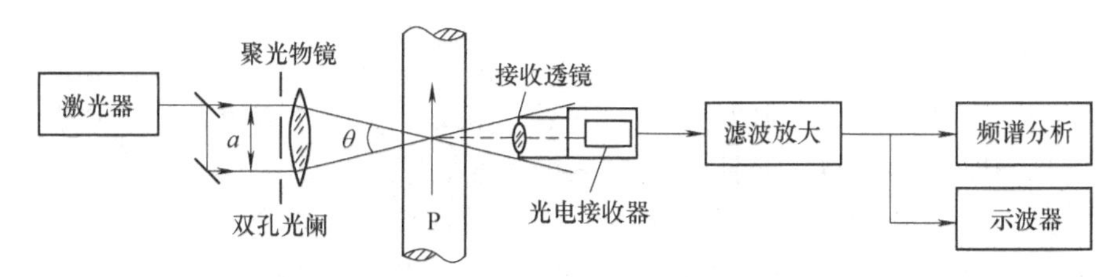

图 13-82　测量管道内水流速度分布的多普勒测量系统原理图

13.15.4　多普勒全场测速技术

LDV 为对流场中的某一固定点进行测量的方法。如要做全场测量，还需逐点扫描，故只限于变化较小的流动，不能用于非定量流。近年来在此基础上新发展了一种多普勒全场测速技术（DGV），可对流体做全场测量，对粒子的选择、播发没有严格的要求，特别适合于气流的测量。

（1）测量原理　DGV 的基本原理是利用了某些物质的选择吸收特性，把多普勒频移转换成发光强度，通过视频相机拍摄后进行处理，获得全场的速度信息，从而实现全场、实时及三维测量。

图 13-83 所示为某些原子或分子蒸气的吸收曲线图，f_0为吸收频率，在该处吸收最大（即透过率 t 最小），两边吸收逐渐减少，即吸收大小随入射光频率变化而变化。若频率为 f_i的激光对该物质透过率为 T_i，

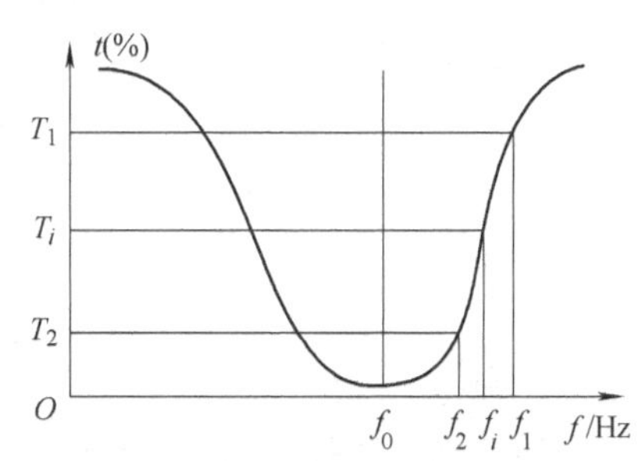

图 13-83　蒸气的吸收曲线

穿过流体后的多普勒频率为f_D，则透过率发生ΔT的变化，于是把频移转换成发光强度的改变。使用时经常让激光的谱线处于吸收曲线的线性区的中部，透过率为50%，使频率变化与发光强度成正比。线性部分的工作频率范围约为600MHz。

分子碘、溴蒸气或碱蒸气是最合适的吸收物质，它们的原子和分子有很多吸收线能匹配现有的激光频率，氩原子激光的514.5nm谱线在碘吸收线的近旁，YAG激光倍频后的532.0nm谱线与碘及溴相匹配。将分子蒸气灌注到密封容器中并保持恒温，当把缓冲气体加到分子蒸气室，可以增加吸收区，扩宽频率范围。由于从不同方向入射到分子蒸气中的光线互不干扰，故可对整个视场中的各点同时进行测量。分子室为一个分析器，称为鉴频器，它是本技术的关键部件。用一台视频相机（如CCD摄像机）对被光屏照明的物面进行拍摄，记录下该物面散射并透过鉴频器后的光线。视频信号采集后送入计算机进行分析处理，得到实时的全场定量速度值。

DGV可用于三维速度测量，用三个放于不同位置的记录装置进行记录，对于光屏面上任意一点P，处在不同方向的记录装置各自接收到与该点所对应的多普勒频移f_{D1}、f_{D2}和f_{D3}，由式（13-50）可知

$$\begin{cases} f_{D1} = \dfrac{1}{\lambda}\boldsymbol{V}(\boldsymbol{U}_1 - \boldsymbol{K}) \\ f_{D2} = \dfrac{1}{\lambda}\boldsymbol{V}(\boldsymbol{U}_2 - \boldsymbol{K}) \\ f_{D3} = \dfrac{1}{\lambda}\boldsymbol{V}(\boldsymbol{U}_3 - \boldsymbol{K}) \end{cases} \tag{13-56}$$

式中，$\boldsymbol{U}_1$、$\boldsymbol{U}_2$、$\boldsymbol{U}_3$表示三个不同的接收方向矢量。联立上述三个方程可解出P点处的速度矢量值，因此，DGV可以测量空间任意点的三维速度信息。

（2）测量装置　激光通过光学系统形成光屏，照明流场中一个待测截面。流场按通常激光多普勒技术那样施以微小的示踪粒子，散射的多普勒频移光线被置于前方的记录装置以便接收和转换。记录装置如图13-84所示，它主要包括变焦镜头、CCD摄像机及位于摄像机前端的一个充以碘蒸气的鉴频器。CCD摄像机的每一个像元与光屏中的一个测量点对应，这些点是一个被光屏厚度及摄像机成像分辨力决定的微小体积元。DGV用以测量微体积元中粒子的平均速度，用变焦镜头可改变观察范围及空间分辨力。

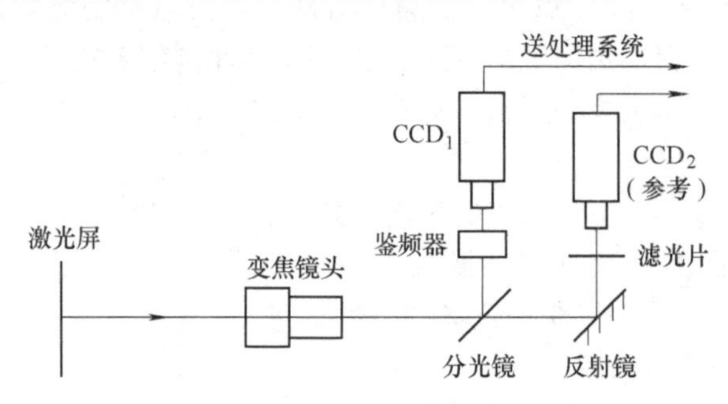

图13-84　DGV记录装置示意图

为消除光源波长漂移对测量结果的影响，要求激光的谱线宽度窄、单模、稳频，鉴频器也要放在恒温室内。

在装置中附加一个 CCD 摄像机，把未经过鉴频器的背景光记录下来作为参考像，测得的信号发光强度和参考发光强度进行相除比较，消除屏照明及各区域粒子散射强度不均匀造成的影响。

设变焦镜头像平面上某点 P′的发光强度为 I'，光线频率为f，经分光镜分为两路，发光强度分别为 I_S'及 I'_R。其中 I'_S经鉴频器后的发光强度变为 $I'_S T(f)$，为信号发光强度。I'_R经一块中性滤光片滤波后发光强度变为 $I'_R T_F$，作为参考发光强度。$T(f)$ 及 T_F分别为鉴频器及滤光片的透过率。中性滤光片用来平衡两路光的发光强度。CCD 摄像机输出信号电压为

$$U_S = \alpha I'_S T(f) \tag{13-57}$$

$$U_R = \alpha I'_R T_F$$

式中，α 为 CCD 摄像机的发光强度-电压转换系数，则

$$\frac{U_S}{U_R} = \frac{I'_S}{I'_R T_F} T(f) = \beta T(f) \tag{13-58}$$

由式（13-58）可知，参考信号和测量信号相除比较后的信号与散射光的强弱无关，仅与频率有关。

若鉴频器吸收特性曲线的线性区斜率为 K，激光输出频率为f_s，f_D为多普勒频移，则鉴频器的透过率为

$$T(f) = T(f_s + \Delta f) = T(f_s) + Kf_D \tag{13-59}$$

于是有

$$\frac{U_S(f)}{U_R(f)} - \frac{U_S(f_s)}{U_R(f_s)} = \beta T(f_s + f_D) - \beta T(f_s) = \beta K f_D \tag{13-60}$$

即

$$f_D = \frac{1}{\beta K}\left[\frac{U_S(f)}{U_R(f)} - \frac{U_S(f_s)}{U_R(f_s)}\right] \tag{13-61}$$

式中，$U_S(f_s)/U_R(f_s)$ 为激光束无频移时两 CCD 摄像机输出信号的比值，它由鉴频器的特性确定。

在测量过程中，只要实时记录两台 CCD 摄像机输出信号的比值，便可求得任意时刻的多普勒频移 f_D。

测量过程中，要保证两台 CCD 摄像机精确定位，以保证物面的像在两台摄像机上完全对应。同时，两台 CCD 摄像机要实时同步，即两台摄像机拍摄一帧图像的时间要一致。

思考题与习题 13

1. 在板材定长剪切系统中的硅光电池采用了怎样的偏置电路？怎样将伸入光学视场的板材长度信号转变成电压信号输出的？

2. 为什么说在板材定长剪切系统中采用远心照明光源要好于其他照明光源？

3. 在尺寸测量系统中如何根据测量范围和测量精度的要求选择线阵 CCD，如何选择线阵 CCD 的像元数和像元尺寸？

4. 若要求测量 25mm 的圆柱体的直径，测量精度要求为±0. 05mm，试选择恰当的线阵 CCD，并对光学系统的像方视场、横向放大倍率和成像物镜的分辨力提出适当的要求。

5. 在尺寸测量系统中如何根据测量范围和测量精度的要求选择成像物镜的视场、分辨力、放大倍率和物镜的焦距？

6. 在尺寸测量系统中，当安装被测件的机构倾斜时，发现向左和向右倾斜同样角度情况下的测量结果相差很大，试分析是什么原因造成的，如何解决。

7. 若用 TCD1209D 作物体振动的非接触测量传感器，当它的驱动频率为 20MHz 时，它所能测量的最高振动频率为多少赫兹？

8. 试说明光学拼接与机械拼接的优缺点。若要求测量 150mm 精度要求为±0.01mm 的精密大轴直径时（测量范围为 150±2.01mm），应考虑用怎样的拼接方式？选用何种线阵 CCD 更为合适？

9. 在如图 13-32 所示测量平面物体在垂直方向的位移时，光束平面的入射角发生变化是否会产生测量误差？怎样控制该误差的范围？

10. 非接触测量材料拉伸变形量方法中所画出的标距也是具有一定宽度的，在拉伸过程中也会因拉力而产生形变。在 CCD 测量系统中，采用什么方法克服标距宽度变化误差的？

11. 在采用线阵 CCD 为测量物体振动的光电检测器件时，如何从测量精度、振动频率、振动幅度和 CCD 与被测物的距离要求出发选择 CCD 的像元尺寸、像元数、光学成像物镜的焦距、光学系统放大倍率和驱动脉冲频率？

12. 当要求用线阵 CCD 测量某大桥的振动时，若估计大桥的振动频率在 20Hz 以下，振动幅度不会大于 50mm，若要在距离大桥 100m 处测量大桥桥体的振动当选用焦距为 500mm 的镜头为成像物镜时该如何选择线阵 CCD，它的最低驱动频率为多少？

13. 线阵 CCD 探测发射光谱时常采用 16 位 A/D 转换器进行 A/D 转换，为什么？若所用线阵 CCD 在所测波段的辐照灵敏度为 $0.8\mathrm{V}/(\mu\cdot\mathrm{J}\cdot\mathrm{cm}^{-2})$，测出某光谱的幅度为 4280，CCD 输出放大器的饱和输出电压幅度为 10V，恰好与 16 位 A/D 转换器的满量程输入电压值相同，试问该光谱的辐出度为多少？

14. 为什么要对光谱探测中所用的线阵 CCD 进行制冷控温？线阵 CCD 在低温下出现结霜现象或结冰现象时输出的光谱谱线将会如何？怎样消除线阵 CCD 的结霜或结冰现象？

15. 用线阵 CCD 扫描所成图像的分辨力与哪些因素有关？若将线阵 CCD 水平放置，垂直方向的分辨力与扫描速度有关吗？

16. 若采用 TCD2252D 扫描彩色图像，其扫描速度为 1.0m/s，驱动频率为 2MHz，设光学系统的横向放大倍率 $\beta=1$，问所能获得的图像分辨力为多少？

17. 为什么说微型面阵 CCD 为探头的电子内窥镜要好于光纤内窥镜？你能够查找并列举两款工业用电子内窥镜吗？其性能指标如何？

18. 为什么医用电子内窥镜需要对光学畸变进行校正，而工业内窥镜和侦察内窥镜不涉及光学畸变的校正问题？

19. 为什么在测量血管内血液流速的 LDV 中，光学系统要采用后向散射光路？激光光源还要采用氦-氖激光器？

20. 如果在激光准直仪中引入 CCD 传感器，会使激光准直仪的哪些性能有所提高？你能查找并列举用 CCD 作探测器的激光准直仪吗？它们都有哪些特点？

21. 在图 13-84 所示的 DGV 记录装置中使用了两部 CCD 摄像机，为什么要求两部摄像机要保持实时同步拍摄？

第 14 章　课程设计与毕业设计的典型实例

“光电传感器应用技术”是适合于光电信息科学与工程和测控技术与仪器两个专业学生掌握的专业基础课。通过课程设计的训练，学生将会比较全面地掌握光电信息理论与应用技能，提高运用光电传感器技术完成光电信息变换与光电非接触检测项目的能力，为更好完成毕业设计奠定扎实的基础。两个专业方向不同，性质不同，重点也不相同。光电信息科学与工程专业侧重在利用光电传感器应用技术获取信息，然后利用光电信息更好地服务于国民经济各个领域。而测控技术与仪器专业则侧重在利用光电传感器应用技术完成对非电物理量的检测，侧重检测方法与仪器设计。因此，课程设计的内容要有一定的差异，而且对于毕业设计，两个专业要求的不同更明显。为此，本章将安排一些典型的课程设计实例与毕业设计实例，目的是帮助两个专业的学生理解相关教学环节，以便学生顺利完成学业。

光电传感器应用技术涉及的内容很广，一般可分为 3 个层次。第 1 个层次为能够掌握光电传感器的基本物理原理；第 2 个层次为能够掌握基本光电器件与单元转换电路，并能获得有一定使用价值的信号输出，能够实现某种特定的应用；第 3 个层次为能够构建某种功能的光电系统与实现较为复杂的信息变换与检测工程系统设计。本章立足于第 2 个层次，对第 1 个层次的基本物理原理进行理解，并对通过辐度学、光度学等的物理量进行观察、测量和信息变换的概念与方法进行理解，并为第 3 个层次的应用奠定基础。

光学的物理量较多，其基本的物理量包括幅度、频率（波长）、偏振和相干性等。而光度学的物理量是基于幅度和波长的宏观统计参数，本章只针对辐度学和光度学物理量进行测量、设计和信息变换，而牵涉偏振和相干性等内容不在本课程的学习范围之内。

14.1　原子发射光谱仪的课程设计

14.1.1　预备知识

1. 辐射体的光谱发布与探测器的光谱响应

辐度学参数（如 Q_e、Φ_e、I_e、L_e、M_e、P_e、H_e、E_e）和光度学参数（如 Q_v、Φ_v、I_v、L_v、M_v、P_v、H_v、E_v）都是波长的函数，在不同的波长或波段，大小并不相同。通常说的数值，实际上是每个波段数值的积分或求和。以辐通量和光通量为例，辐射源发出的辐能为所有波长辐能之和，即

$$Q_e = \int_0^\infty Q_{e,\lambda}(\lambda)\,d\lambda \tag{14-1}$$

由于实际的辐射源和发光体只在有限的波段（$\lambda_1 \sim \lambda_2$）范围内才有一定的辐能和光量，而在该波段外的能量近似为 0。因此式（14-1）通常写为

$$Q_e = \int_{\lambda_1}^{\lambda_2} Q_{e,\lambda}(\lambda)\,d\lambda \tag{14-2}$$

同时，探测器的响应也与光谱（波长 λ）有关，是波长 λ 的函数。探测器的响应为

$$S_e = \int_0^{\infty} Q_{e,\lambda}(\lambda) S_{e,\lambda}(\lambda) d\lambda \tag{14-3}$$

同样，实际的探测器只能响应有限的波段范围，在该波段范围之外没有响应。因此式（14-3）通常写为

$$S_e = \int_{\lambda_a}^{\lambda_b} Q_{e,\lambda}(\lambda) S_{e,\lambda}(\lambda) d\lambda \tag{14-4}$$

波长范围 $\lambda_1 \sim \lambda_2$ 和 $\lambda_a \sim \lambda_b$ 是独立的。只有两者重叠的波段才对总响应值有贡献。如图14-1所示，只有 $\lambda_a \sim \lambda_2$ 波长范围内的辐射才能被探测器所接收到。

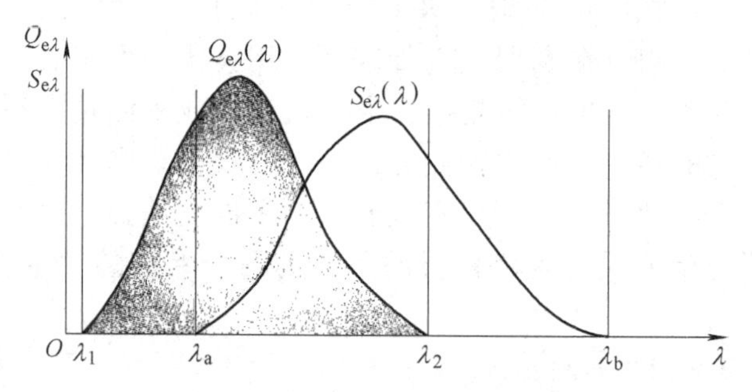

图 14-1 被测辐射体的光谱分布与探测器的光谱响应

2. 辐射量的测量

从式（14-4）和图14-1看出，准确地探测出辐射体的辐能 Q_e 并不容易，需要知道辐射体的光谱分布，也要了解探测器的光谱响应特性才能更加准确地测得辐射源的能量。

可以通过设置理想探测器或理想光源的方法讨论辐射源能量探测问题。

（1）理想探测器 所谓理想探测器是指探测器在 $\lambda_1 \sim \lambda_2$ 范围内灵敏度表现为平坦的直线，为与波长无关的量 S_{e0}，那么式（14-4）变为

$$\begin{aligned} S_e &= \int_{\lambda_a}^{\lambda_b} Q_{e\lambda}(\lambda) S_{e\lambda}(\lambda) d\lambda \\ &= S_{e0} \int_{\lambda_1}^{\lambda_2} Q_{e\lambda}(\lambda) d\lambda \\ &= S_{e0} Q_e \end{aligned} \tag{14-5}$$

辐能 $Q_e = S_e / S_{e0}$。

（2）理想辐射源 如果被测辐射源的光谱分布为平坦直线，则式（14-4）将变为

$$\begin{aligned} S_e &= \int_{\lambda_a}^{\lambda_b} Q_{e\lambda}(\lambda) S_{e\lambda}(\lambda) d\lambda \\ &= Q_{e0} \int_{\lambda_a}^{\lambda_b} S_{e\lambda}(\lambda) d\lambda \\ &= Q_{e0} S_{e0} \end{aligned} \tag{14-6}$$

式中，S_{e0} 为特定探测器光谱响应在 $\lambda_a \sim \lambda_b$ 范围内的积分值，也可设为常数，同样可以求得单位波长辐能 Q_{e0} 和总辐能 Q_e。

（3）实际探测器和实际辐射源 实际探测器在波长范围 $\lambda_1 \sim \lambda_2$ 不是一条平坦的直线，即使已知 $S_e(\lambda)$，也不能一次从 S_e 准确得到辐能 Q_e。通常需要通过滤波器或分光器进行分

波段探测。每次测量窄小的波段 $\lambda_i \sim \lambda_i+\Delta\lambda$ 的辐能，然后将其叠加，得到辐射源的总能量

$$\begin{aligned} S_{ei} &= \int_{\lambda_i}^{\lambda_i+\Delta\lambda} Q_{e,\lambda}(\lambda) S_{e,\lambda}(\lambda)\mathrm{d}\lambda \\ &\approx S_{e,\lambda}(\lambda_i) \int_{\lambda_i}^{\lambda_i+\Delta\lambda} Q_{e,\lambda}(\lambda)\mathrm{d}\lambda \\ &= S_{e,\lambda}(\lambda_i) Q_e(\lambda_i) \end{aligned} \tag{14-7}$$

$$Q_e(\lambda_i) = \frac{S_{ei}}{S_{e,\lambda}(\lambda_i)} \tag{14-8}$$

这里认为探测器在 $\lambda_i \sim \lambda_i+\Delta\lambda$ 的窄小波段范围内的响应为常数 $S_e(\lambda_i)$。滤波器或分光器每次只让 $\lambda_i \sim \lambda_i+\Delta\lambda$ 的窄小波段范围内的光通过，其他波长的光被全部阻拦。

$$\Delta\lambda = (\lambda_2 - \lambda_1)/n \tag{14-9}$$

总辐能为

$$Q_e = \sum_{i=0}^{i=n} Q_e(\lambda_i) \tag{14-10}$$

式中，n 为分的段数。显然，n 越大，段分得越细，测量值就越准确。

在实际的近似测量中，经常把光源近似为理想光源，或者把探测器分段近似为理想探测器。但是不要忘记这里只是近似。

3. 原子发射光谱

原子中的电子受到热或电、磁场激发时，其基带（价带）电子吸收能量后将从基态跃迁到激发态，当从激发态回落到基态时将以其特征光谱的方式发出辐射。所发出的辐射谱线与原子本身的电子结构有关，如氢原子可以发出 656. 210nm 的红色谱线、486. 074nm 的绿色谱线、434. 010nm 的蓝色谱线和 410. 120nm 紫色谱线。钠原子光谱很特殊，它的两条黄色谱线靠得很近，分别为 588. 995nm 和 589. 592nm。每种原子都有自己的电子结构，即各自的基态和激发态都不相同，所发出的特征谱线也不相同，通过特征谱线的测量能够发现该原子的存在。

从上述分析还可以看出，已知原子的特征谱线都具有相当高的光谱精确度，而且，谱线的波长宽度都很窄，可以说是线光谱。如何将光源发出的各种波长的辐射分开，以便用探测器进行测量其辐强度或发光强度呢？这就必须采用分光的手段，才能将其按波长分开一定的距离。

4. 光栅分光

玻璃的色散是指玻璃的折射率随波长变化而变化的性质。根据折射定律，以一定角度入射的一束平行白光到棱镜的斜面上，白光中所含各种波长的光都要在入射界面产生折射，折射角度与光的波长有关，波长越短，折射角越大，当光从第 2 个斜面发射出来时，也要产生折射，再次折射后，各种波长的光将如图 14-2 所示被分开，也就使白光中所含的各种颜色的光按波长顺序从空间角度上分开。

由于常规玻璃的色散系数的限制，玻璃棱镜对分光的角度范围有限，同时由于玻璃的波长透过率的限制，紫外和红外光不能通过常规玻璃棱镜进行分光。因此，当前光谱仪主要采用光栅进行分光。

光栅是一种介质特性按照周期分布变化的光学器件。这里的介质特性可以是透过率特性

（如狭缝）、反射特性或折射率分布特性。当平行光入射到平面光栅时，衍射光束的出射方向遵守光栅方程，如式（14-11）为

$$d(\sin\alpha \pm \sin\theta) = m\lambda \qquad m = 0, \quad \pm 1, \quad \pm 2, \cdots \tag{14-11}$$

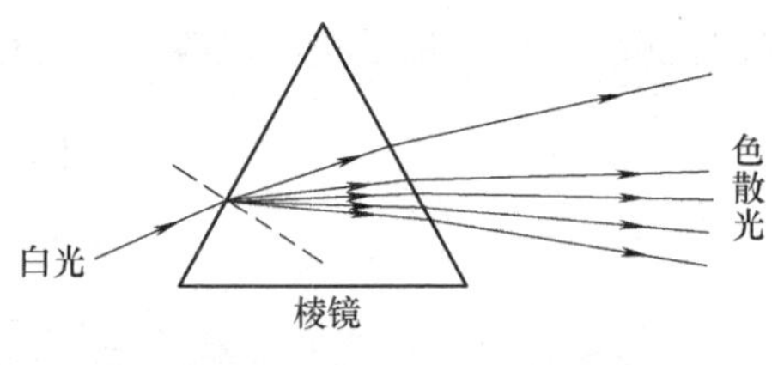

图 14-2 棱镜分光原理图

式中，d 为光栅周期，亦称光栅常数；λ 为光波长；m 为衍射级次。当入射角 α 不变时，衍射光出射角 θ 随波长 λ 变化而变化。显然，光栅常数越小，光栅分光能力越强，光栅的密集度也越高。为了准确确定出射方向角 θ 与波长 λ 的准确对应关系，这里要求各个位置入射光的入射角 θ 相同，即平行光入射。因此，通常采用狭缝来限制入射光斑的尺寸。且狭缝位于准直镜的焦面上，那么出射的光束为平行光束。平行光的发散角为

$$\delta \approx \frac{\Delta/2}{f} \tag{14-12}$$

式中，Δ 为狭缝宽度；f 为镜头焦距。狭缝越小、焦距越大，光束的平行性就越好，但同时光束的光量就越少。通常在满足分光分辨力的情况下采用尽可能大的狭缝宽度。

由于金属在紫外到红外波段都有很高且平坦的反射系数，因此通常采用金属反射光栅，波长的适应范围可以从紫外到长波红外波段。

对于普通的平面反射光栅，衍射光线的主要能量集中在零级（m=0）上，无色散性能。而具备色散性能的高级色散光（m>0）能量较少。如果把光栅的周期结构设计成反射三角形状，如图 14-3 所示，那么衍射光线的主要能量集中在夹角 β 方向上。当 β 与 1 级衍射方向重合时，称为 1 级闪耀。因此也把三角形反射光栅称为闪耀光栅，β 称为闪耀角。闪耀光栅属于反射型光栅，入射光在光栅面发生反射和衍射而分光。光栅基本不会吸收入射光谱的能量，这对光谱仪的设计非常有利，因此，大多数光谱仪均采用闪耀光栅为分光器件。

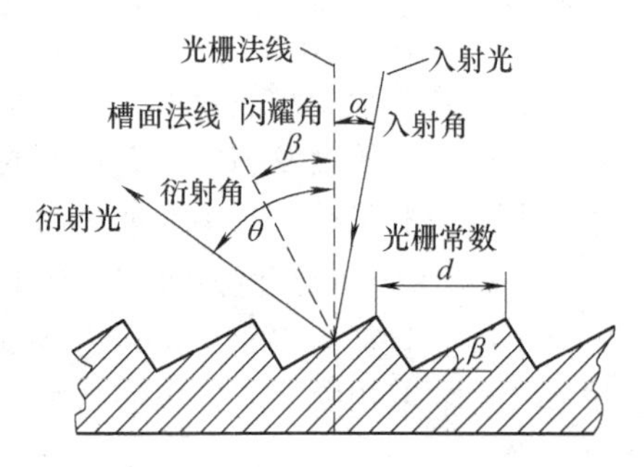

图 14-3 闪耀光栅剖面图

如果把闪耀光栅再设计成球面或柱面结构，那么该光栅就同时具备球面或柱面准直功能和分光功能。准直的等效焦距取决于球面或柱面的曲率半径。

一般的闪耀光栅的“刻线”都是非常密集的，有 600 条/mm、1200 条/mm 和 2400 条/mm 等多种规格，光栅常制于 10mm 厚的玻璃基体上，闪耀面因对白光的分光作用而呈现出多种光谱的色泽，肉眼无法分辨出刻线。图 14-4 所示为市场供应的闪耀光栅示意图。在观察光栅时，切忌不要用手触碰闪耀面，否则手上的汗液会直接损坏闪耀面，且这种损坏是永久损坏。手应当拿光栅两侧玻璃毛边的非工作面。

图 14-4 闪耀光栅示意图

5. 光谱探测器

由图 14-1 可见，能够作为光谱探测器的光电传感器的光谱响应必须覆盖所探测光源的

主要光谱，否则将不可能探测到需要探测的谱线。

纵观各种光电器件的光谱响应与光电灵敏度，PMT 与线阵 CCD 都是光谱探测的最理想的光谱探测器。PMT 灵敏度很高，尤其是它的灵敏度与供电电压有关，可以通过调整供电电压来调整灵敏度，在光源变化很大的情况下表现出很好的适应性。

线阵 CCD 的光电灵敏度不如 PMT 高，但是可以采用制冷技术实现较长时间的光积分使其灵敏度可与 PMT 相比，因此也被广泛应用于光谱探测器。线阵 CCD 作为光谱探测器的优点是它密集的像元能够探测更多通道的光谱，而且它的光谱响应范围也比较宽，尤其是采用了石英窗口玻璃后，其紫外波段的光谱响应有很大提高。表 13-2 列举的线阵 CCD 都可作为可见光波段的光谱探测器件。在选用线阵 CCD 为光谱探测器件时也必须考虑它的光谱响应是否能够覆盖被测光源所发出的光谱。

14.1.2　课程设计的目的

在掌握“光电传感器应用技术”课程基本理论的基础上，通过对典型光电传感器设备（如线阵 CCD 光谱实验仪）的分析，了解线阵 CCD 光谱实验仪的基本结构，掌握光谱探测器的安装、调试方法，掌握测量范围与测量精度（分辨力）间的关系，同时掌握汞灯等用来标定光谱仪的灯的光谱分布，通过掌握光谱仪的标定方法，学会对用于非接触测量的光电仪器进行现场标定的技术。

课程设计是为后面即将进行的毕业设计奠定基础。课程设计侧重于教师指导下对各个设计环节的训练，包括课程设计方案的提出、任务的理解、方案的论证、部分硬件的设计、光谱仪的标定方法的理解和总结报告的书写方法等。加深理解“光电传感器应用技术”课程的基本理论知识，尤其是加深理解 13.9 节内容，学会应用光电传感器应用技术设计光电探测仪器。

希望学生通过课程设计能够对光谱探测仪器建立基本概念，尤其对仪器在设计、使用与校准时经常遇到的诸如测量范围、测量精度、测量数据的准确性与可靠性等问题，能够有一定的处理能力。

14.1.3　课程设计的任务与要求

该课题适合于光电信息科学与工程专业以及测控技术与仪器专业，但是考虑到两个专业的区别，对于两个不同专业的学生应提出不同的任务与要求。

1. 对光电信息科学与工程专业学生提出的课程设计要求　要求为围绕线阵 CCD 光谱仪的光路结构、分光器件的选择、光学部件的结构与装调方法、光谱图像的采集与处理系统等进行，让学生掌握用线阵 CCD 采集光谱的基本方法，学会使用线阵 CCD 获取光谱分布，对谱面上的光谱进行标定，完成仪器的设计与调试。

课程设计具体要求如下：

1）熟悉本次课程设计的基本内容，确定设计思路和方案。

2）学习现有线阵 CCD 光谱仪的结构，找到光学系统的基本组成及其各主要部件的功能。

3）画出分光系统的光路图，找出各部件的位置关系和它们的调整手段与调整能力。

4）通过对已知光谱的光源（如汞灯、单色 LED 或激光）光谱的测试，考察所用光谱仪的测量范围与光谱分辨力。

5）利用所用光谱仪的数据采集系统对已知光源的光谱进行多次数据采集，分析光谱仪的光谱测量精度。

6）根据所测光谱数据与线阵 CCD 数据采集知识，找出以线阵 CCD 为光谱探测器的光谱仪基本标定方法。

2. 对测控技术与仪器专业学生提出的课程设计要求

要求把线阵 CCD 光谱仪器的结构设计作为课程设计的重点，既要掌握光谱仪光学系统的结构设计，也要掌握光谱仪各个部件的安装与调试机构的设计，包括狭缝、分光系统、探测器、印制电路板、机壳与仪器外观等设计内容。当然重点要放在如何保证光谱仪测量范围与光谱分辨力的调整机构上。为此，课程设计的具体要求为：

1）熟悉课程设计的任务，确定课程设计思路。

2）通过解析线阵 CCD 光谱仪了解光谱仪的主要部件如狭缝、衍射光栅、柱面凹面镜、反光镜、线阵 CCD 板、数据采集卡、电源与开关等的安装与调整方式。

3）画出仪器的结构图，找出关键部件（狭缝、光栅、凹面镜、反射镜与 CCD）的位置关系并了解调整机构的设计。

4）利用现有光谱仪对已知光谱光源（汞灯、单色 LED 或激光）进行实测，找出光谱仪的光谱测量范围与光谱分辨力。

5）通过对现有光谱仪各主要部件位置的调试，找到影响光谱测量范围与光谱分辨力的因素。

6）根据对所用光谱仪对已知光谱的光源进行多次数据采集，利用所采集的数据分析光谱仪的光谱测量精度。

14.1.4 原子发射光谱课程设计指导

为了使学生能够尽快完成“原子发射光谱”课程设计，尤其是帮助一些没有光谱仪的学校的学生完成此项课程设计，这里选用了典型的由线阵 CCD 为光谱探测器的 YHLS-Ⅱ型光谱测试仪作为样机给予课程设计指导。下面分几个部分进行介绍。

1. 仪器简介

YHLS-Ⅱ型光谱测试仪外形图如图 14-5 所示。仪器面板上有被测 LD 与 LED（半导体激光器）的供电电源插孔，可为安装在狭缝前端的 LD 或 LED 光源提供电源（图 14-5 所示为 LED 光源供电）。

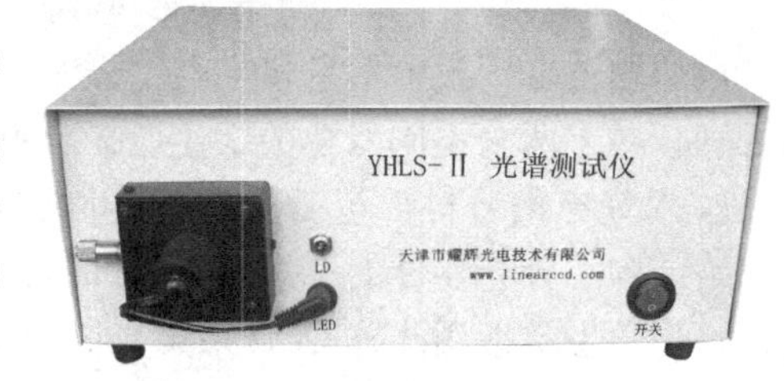

图 14-5 光谱测试仪的外形图

仪器左侧为调整狭缝宽度的旋钮，可以通过千分尺读数调节狭缝的宽度。将安装在前端的 LD 或 LED 安装装置拧下便可以看到狭缝，外部光源（汞灯等）也可以通过狭缝射入光谱测试仪。

打开光谱测试仪的上盖，可以看到图 14-6 所示的仪器内部结构，由狭缝、柱面闪耀衍射光栅、凹面反射镜、线阵 CCD、A/D 数据采集卡和电源等主要部件构成。

被测光通过狭缝入射。当狭缝和光栅长度较小而距离较大时，入射到光栅面上的光束可以近似当作平行光。更严格的方式是采用凹面反射镜作为准直镜，把狭缝入射光束准直为平行光束后，再入射到光栅上。平行光束以一定的角度入射到闪耀衍射光栅表面，被衍射出来的就是不同波段的单色近似平行光组，它们再通过凹面反射镜汇聚到位于焦面上的线阵 CCD 像面上，线阵 CCD 在驱动脉冲的作用下输出含有某波段发光强度信息的时序脉冲信号，由 A/D 数据采集卡与计算机软件配合获得该波段光谱信息（波长与幅度）。

光谱测试仪主要部件的布局与安装尺寸如图 14-7 所示。要注意狭缝的中心与衍射光栅旋转轴（光栅衍射面与旋转轴共线）之间的距离，可以看出该距离为 200mm。衍射光栅是利用相距 36mm 的两只 M4 螺钉固定在仪器底板上。衍射光栅旋转中心与凹面反射镜旋转中心在垂直方向的距离为 $a=200\text{mm}$，水平距离为 $b=80\text{mm}$。可见，衍射光栅的散射半径应为

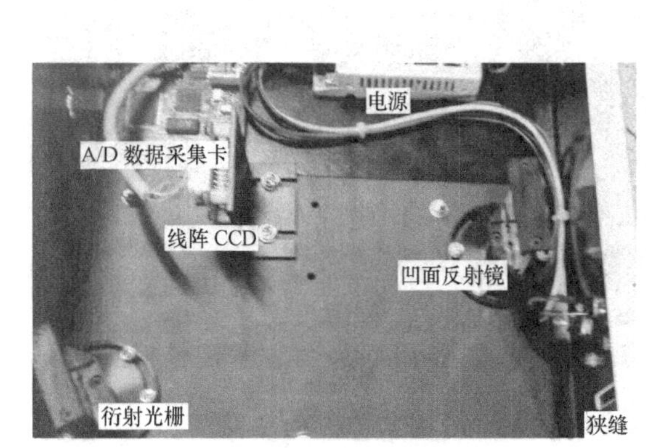

图 14-6　光谱仪的基本结构图

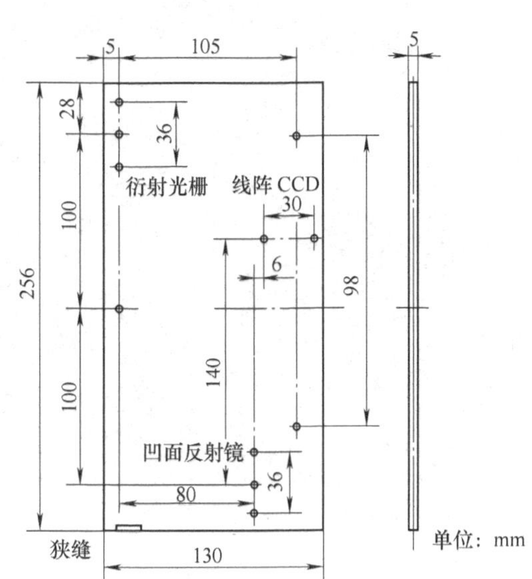

图 14-7　光谱测试仪的布局与安装尺寸图

$$R=\sqrt{a^2+b^2}=215.4\text{mm}$$

凹面反射镜旋转中心与线阵 CCD 安装孔间的距离为 140mm。

衍射光栅的安装必须保证它的工作面在其旋转轴的中心线上，这样能够保证光栅在旋转过程中距离狭缝的位置（间距）始终不变。

凹面反射镜也是可以绕中心旋转的，同样它的安装也要确保它的工作面与旋转中心共线。

线阵 CCD 与凹面反射镜的相对位置要求能够调整，确保光谱能够通过凹面反射镜汇聚到线阵 CCD 的像面上，使谱线能够清晰成像。

2. 对已知光谱的光源进行实测

对已知光谱分布的光源进行实测会加深学生对光谱仪器的认识，可以根据学校的条件找出一些已知光谱分布的光源进行实测。

（1）测量半导体激光器光源的光谱　将半导体激光器安装到光谱测试仪配置的半导体

激光器安装装置上，用光谱测试仪提供的电源供电，看到 LD 发光后，拔掉电源再将半导体激光器安装到光谱测试仪上进行测试。

在光谱测量软件的支持下，可以在计算机显示屏上获得图 14-8 所示的 LD 发光光谱特性曲线。由曲线可以看出光谱的单色性很好，谱带非常窄，而且误差很小。因此 LD 常用作光谱测试仪的光谱位置的标定。实验中用 650nm 的半导体激光器光源，学生可自行测量出光谱特性曲线，从测量出的光谱分布特性曲线可以看出，光谱的单色性非常好（光谱线非常陡），带宽很窄，用软件测量出它的中心波长为 657. 78nm，与标称波长 650nm 有一定的误差。但是误差较小，仅为 7. 78nm。

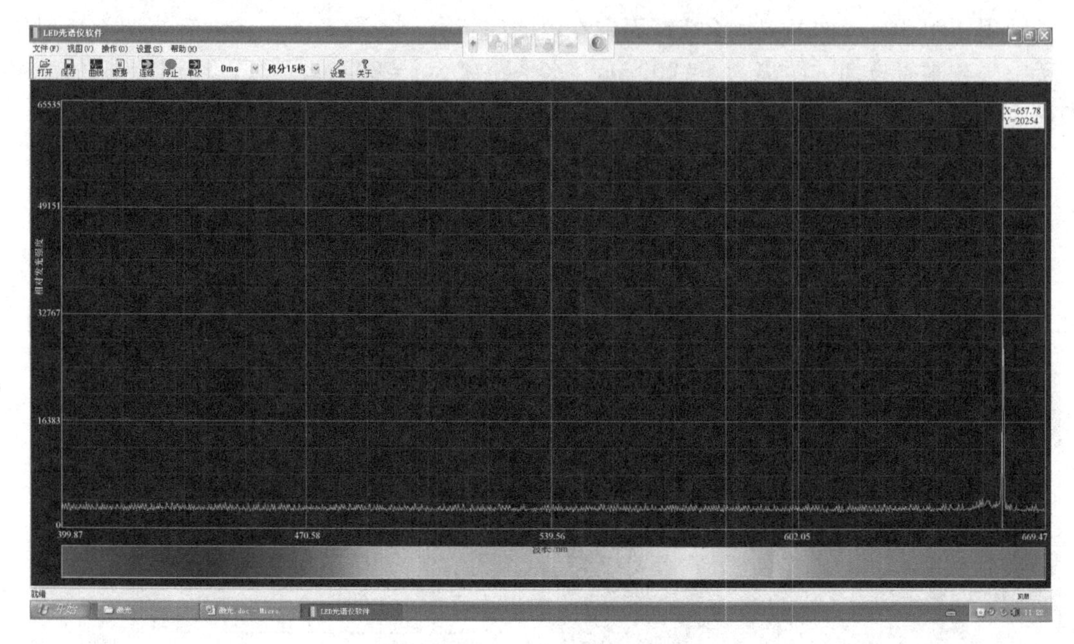

图 14-8 LD 发光光谱特性曲线

（2）测量汞灯的谱线 将点燃一段时间的汞灯（通常经过 2min 预热后，汞灯将发出稳定的光谱）置于光谱测试仪狭缝的前面，通过适当的调整灯的位置（高度）与狭缝的缝宽，再调整线阵 CCD 的积分时间等参数，使计算机采集到的汞灯谱线的幅度恰当（不要出现有谱线太亮而饱和的现象），获得图 14-9 所示较为满意的光谱图。

借助于鼠标（按光谱测试仪实验指导的提示操作）可以在特性曲线图中测量出谱线的波长与幅度（图中显示的 X 为波长，Y 为幅值）。

由光谱图 14-9 可以看出，不同的波长汞灯发出的光谱强度相差很大，这是它的特征谱线，查阅相关资料可知汞灯的标准特征光谱图如图 14-10 所示。

汞灯发出的标准特征谱线通常是由 4m 光栅摄谱仪测得的谱线图。

根据已知汞灯的标准特征光谱图能够完成对线阵 CCD 光谱测试仪的标定。在进行标定之前必需了解所用线阵 CCD 的基本参数，然后才能进行线阵 CCD 光谱测试仪的标定工作。

（3）线阵 CCD 光谱测试仪的标定 线阵 CCD 光谱测试仪的标定问题需要掌握线阵 CCD 探测光谱的规律，观察图 14-8~图 14-10 三个光谱图，它们的纵坐标是输出信号的幅度（发光强度），而横坐标为波长 λ（由短波至长波），实际上又是线阵 CCD 的像元序列号（由 1~

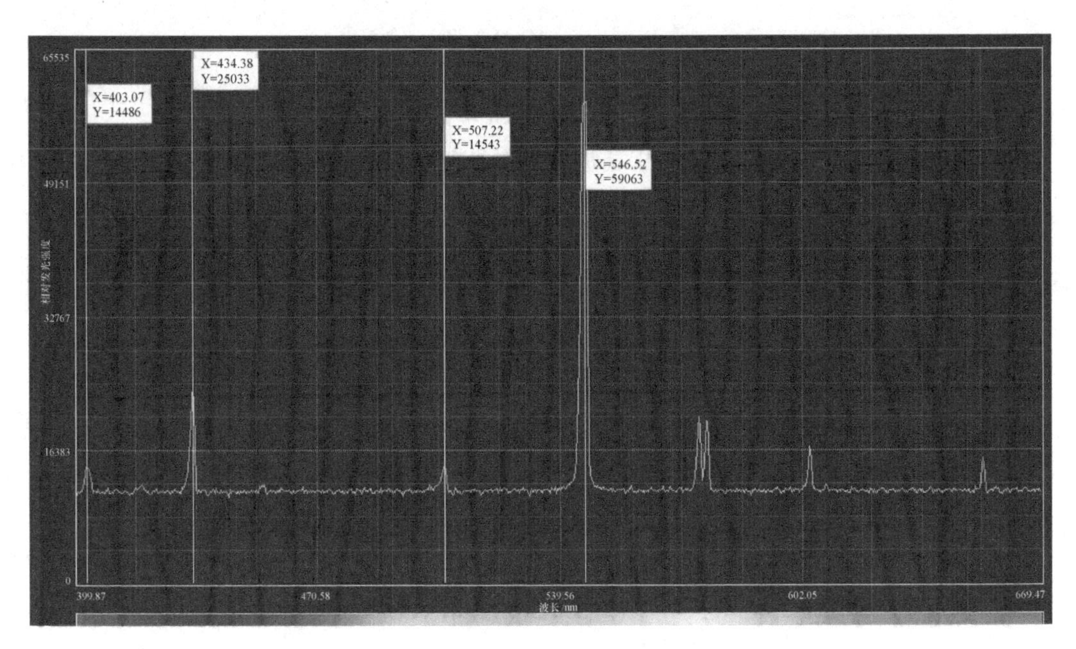

图 14-9　汞灯的光谱图

N_m)。其中 N_m 为线阵 CCD 的最大像元数，如 TCD1252D 的 N_m 为 2700 像元。在出现两个以上波峰时，便可以用两个波峰的位置与波长的关系进行校准。

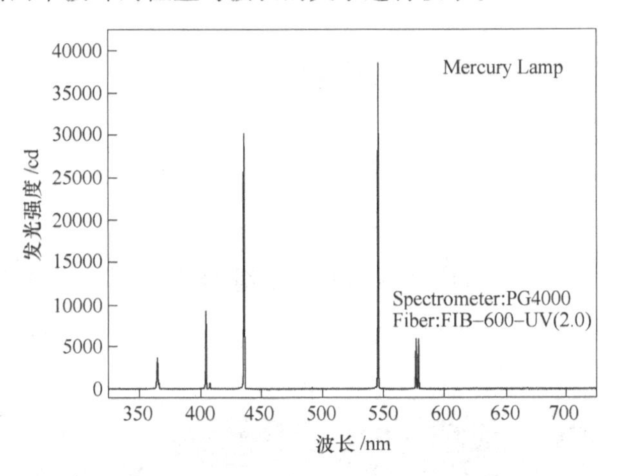

图 14-10　PG4000 光栅摄谱仪拍摄的汞灯的标准特征光谱图

校准时，首先找到出现的光谱峰值所在的像元数（从原始数据中容易找到），得到两波峰的序号差 ΔN。再根据波峰的特征，在汞灯特征光谱图中找到它们的光谱峰值波长，找到两峰值波长的变量 $\Delta\lambda$，然后根据光谱测试仪的线性条件（两相邻谱线段光谱分布具有线性关系）进行标定。具体标定方式请参考 14. 5. 2 节内容。

3. 狭缝宽度和狭缝到光栅距离对光谱测量结果的影响

如果在不同的狭缝宽度和狭缝距离下进行各光源光谱分布的测量。但是这里没有采用准直镜头，所以入射光是近似的。入射光角度 α 的变化范围为

$$\delta_{\alpha} \approx \pm \frac{(\Delta + S)/2}{L} \tag{14-13}$$

式中，Δ 为狭缝宽度；S 为光栅长度；L 为狭缝到光栅的距离。

可以发现，入射光角度的变化直接叠加到出射光角度上，从而降低了光谱测量的准确性和光谱分辨力。

14.2 LED 发光角度特性测试的课程设计

14.2.1 课程设计要求

LED 发光角度特性测试的课程设计选用 LED 发光角度特性测试仪为样机。通过对样机的分析与研究，从中找出构成发光角度测试仪器的关键部件，例如标准立体角装置、LED 的角度定量旋转装置、LED 发光强度的测试装置与 LED 工作参数测试装置等。

引导学生在剖析实际仪器过程中理解“光电传感器应用技术”课程中学到的基本理论知识和相关技术在实际应用时的实现手段与方法，找出仪器关键部件的设计思想，分析仪器设计的构想。

在分析原有仪器的各主要部件的设计思路基础上找出它们的特点、优点与不足，并以此为依托完成仪器原理框图的设计。

针对仪器某个主要部件进行结构分析，找出其设计特点、优点与不足，给出该部件优化改进设计的思路。

写出课程设计总结，总结中要求包含有仪器原理框图和一个主要部件的设计思路，并写出本次课程设计的心得体会。

14.2.2 课程设计基本内容

1. 剖析样机

LED 发光角度特性测试仪典型样机的外形图如图 14-11 所示，首先看到的是样机上方的黑色长管，它是测量发光强度的标准立体角装置，是 LED 发光角度测量的关键部件之一。

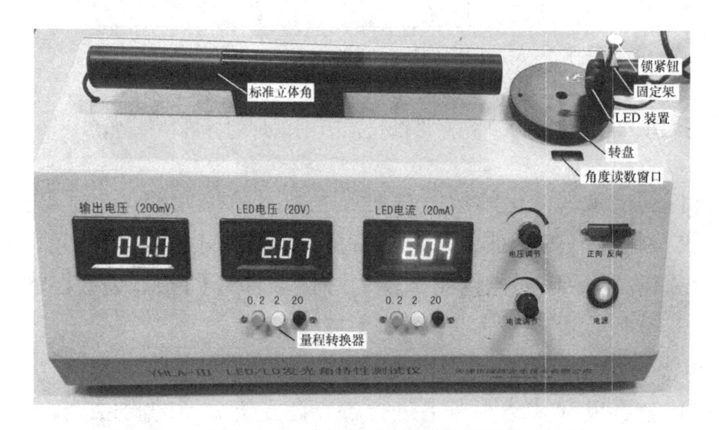

图 14-11 LED 发光角度特性测试仪的外形

它的右侧是安装在转盘上的 LED 安装装置，能够将被测 LED 安装在它端面的两个插孔上（上面标有正负极标志）。安装装置的上方是紧固螺钉，松开后能够使 LED 绕水平轴转动，测试时要将其拧紧。

转盘能够带动 LED 绕发光中心（铅锤轴）转动，实际转动的度数可以从角度读数窗口内的度盘刻度上获得。上述部件主要用于测量 LED 在各个方位的发光强度。

仪器表面上还安装了三块数字表头，左面第一块表头是电压表，用来测量标准立体角。标准立体角装置内安装有硅光电池（圆形），通过输出电压的大小反映标准立体角的大小，它的输出电压就是跨接在这块电压表（满量程 200mV）上。

中间位置的表头是跨接在被测 LED 两电极间的电压表，用于测量 LED 的正反向电压（下面有量程转换开关）。

右侧的表头为与 LED 电路串联的电流表，用于测量流过 LED 的电流（量程转换开关最大为 20mA）。

旁边的两个旋钮分别用来调整流过 LED 的电流和 LED 两端的电压。最右端为切换开关，用来切换加在 LED 上的电压极性。电源开关不必再述。

2. 关键部件

由上面的介绍可知，测量 LED 发光角度特性的主要部件应为以下四部分：

1）标准立体角装置。由发光强度的定义可知，单位立体角内所发的光通量定义为发光强度，因此，标准立体角装置为发光强度测量的关键部件。它由装置前端直径 2mm 的小孔和装置内设置的两个光阑与直径 36mm 的圆形硅光电池构成。学生可以讨论实现每次测量时使出射和接收的光束立体角相等的方法。

2）LED 装调装置。这是被测 LED 的安装与调整装置，将被测 LED 安装到确定的位置（使发光面置于转盘的旋转中心），才能对被测 LED 完成规定运转，实现各个方位发光角的测量。

3）三块测量数字表头。①通过测量内置光电池的输出电压测量发光强度；②测量正反向 LED 电压；③测量流过 LED 的工作电流，用来测量 LED 正反向工作特性。

4）LED 旋转装置。这是使 LED 旋转的装置，帮助仪器完成 LED 各方向发光强度的测量，从而获得 LED 不同方向的发光强度，获知它的发光角度特性。

3. LED 发光角度特性实验

尽管在光电传感器应用技术的实验课中已经完成了 LED 发光角度测试实验，但在课程设计中做这项实验是有别于实验课内容的，这里需要仔细认真完成每个实验过程，认真记录与分析所测出的数据，描绘出发光角度特性曲线，只有认真分析才能发现仪器的优点与缺点，找到需要改进的地方并写出实验报告。这是课程设计的一项重要内容，在此基础上才能构思出新的设计方案。

4. 对主要部件的拆卸与安装

在完成认识性实验的基础上，如果有必要对仪器某部件进一步研究，然后找出需要改进的地方，可以对一些重要部件进行必要的拆卸，实测其装配尺寸与部件尺寸，研究原设计的思路。在拆卸之前必须做好充分的准备，认真做记录，包括被拆卸部件的原始位置与状态等。用手机拍摄保留影像记录是可取的记录手段，可以为将来使仪器恢复到原始状态提供依据。

边拆边测边记录是较好的方法，这可以随时勾画出部件的草图，为后续装调和整理提供依据，并为课程设计报告准备充足的技术资料。

针对 LED 发光角度特性测试仪，可拆装的部件如下：

1）标准立体角装置的拆装。拆装标准立体角装置的时候，一定要注意硅光电池的引出线，它比较细，容易断，所以尽量不要动它。其前面两节是螺纹连接的，容易拆装，也可以观察到标准立体角的构成。通过标准立休角装置的拆装，要求测绘出组成立体角各个零件的尺寸，尤其是所构成立体角的基本数据。

2）LED 旋转装置的拆装。包括绕水平轴转动的结构与固定（锁紧）的结构，还有绕铅锤轴转动的结构。LED 旋转装置有部分部件在仪器机壳内部，拆装前要认真研究，弄清拆装步骤，不可盲目动手。在拆装转盘时，要注意先拆仪器外壳或者不要将部件全拆卸下来，只要能够测量出必要的尺寸，了解转动机构的设计思路就可以了。

3）仪器外壳的拆装。仪器外壳由前面板、后面板与底板三个部分构成，后面板最容易拆装。拆下六个固定螺钉就可以将其卸下，但是要注意先将电源线拔下来，还要注意卸下后面板之后电源线与仪器内部的连接。拆下后面板就能从后面看到仪器的基本结构。

拆下底板后，可以看到仪器的大部分机构都直接安装在前面板上，也能够清楚地看到仪器的内部结构，一些部件的安装与调整关系也就一目了然。

在拆装过程中应该尽量避免动用电烙铁（不要焊接），只要可以了解仪器结构、部件或电路的连接方法和各部件在仪器中所起的主要作用即可。

装好仪器以后一定要进行试验，以验证仪器已经恢复到正常使用状态，如果没有达到理想状态，可以适当进行调整。

5. 展开课程设计工作

针对找出的仪器优缺点，在学习小组内进行讨论，最后统一思想，形成小组意见（包括改进意见与继承发扬之处）。然后在组内进行分工，形成团队的集体思路，上报指导教师审核批准。

可以针对某一项主要部件进行改进设计，也可以针对整个仪器进行综合设计；可以针对仪器的外形尺寸进行改进设计，也可以针对仪器中部件的安装位置进行改进设计；但是，所有的改动都要说明理由和改进后的预期目标，并将其写在课程设计报告中。

6. 提交课程设计报告

根据指导教师发来的“光电传感器应用技术课程设计指导”内容及要求，写出“光电传感器应用技术课程设计报告”。

写课程设计报告要注意包含以下内容：

1）列出本组同学名单，注明组长和本人在组内所承担的具体工作。

2）对本组课程设计的贡献，包括对本组课程设计工作提出的方案建议与改进意见等。

3）课程设计中曾对哪些部件的结构设计提出了改进意见，改进后能够达到怎样的预期目标？

4）课程设计中在哪些层面有创新之处，本次课程设计过程中获得哪些收获？

5）通过本次光电传感器应用技术课程设计，你认为需要加强的环节和需要改进的方面。

14.3　红外测温仪的课程设计

14.3.1　物体热辐射概念

红外测量技术由于其独特的优势，越来越广泛地应用到各个测量领域。同时，在光电传感器应用技术课程中，物体热辐射是非常重要的内容。以前由于器件和成本的限制，经常只是在原理层面进行学习，本节以红外测温仪为例，巩固物体热辐射的相关知识并学习相关的应用技术。

图 14-12 所示为黑体辐出度随温度和波长的变化关系。黑体辐射光谱分布严格遵守普朗克辐射定律。

$$M_{\lambda B} = \frac{c_1}{\lambda^5} \cdot \frac{1}{e^{c_2/(\lambda T)} - 1} \tag{14-14}$$

$$c_1 = 2\pi hc^2 = 3.7415 \times 10^8 \mathrm{W} \cdot \mu\mathrm{m}^4/\mathrm{m}^2 \tag{14-15}$$

$$c_2 = hc/K_B = 1.43879 \times 10^4 \mu\mathrm{m} \cdot \mathrm{K} \tag{14-16}$$

式中，c_1与c_2分别为第一宇宙系数与第二宇宙系数。

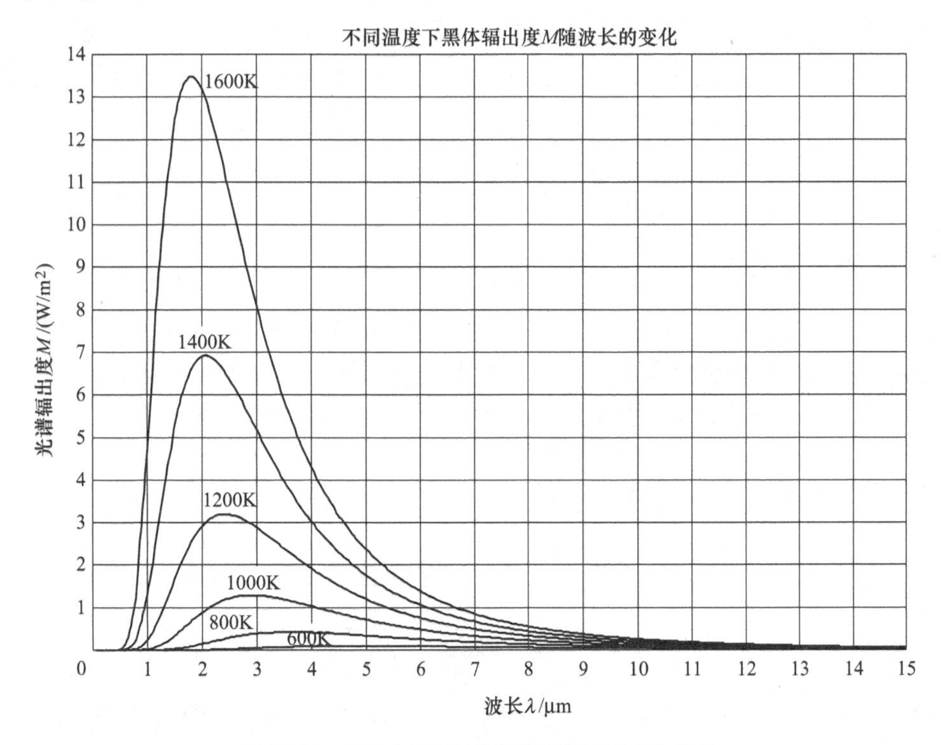

图 14-12　黑体辐出度随温度和波长的变化关系

可见，能够找到黑体的光谱辐出度 $M_{\lambda B}$，就可以获得黑体的温度 T。然而，找到 $M_{\lambda B}$ 并非易事，而且实际物体的辐射分布规律也各有千秋，如图 14-13 所示为不同物体的辐射特性。

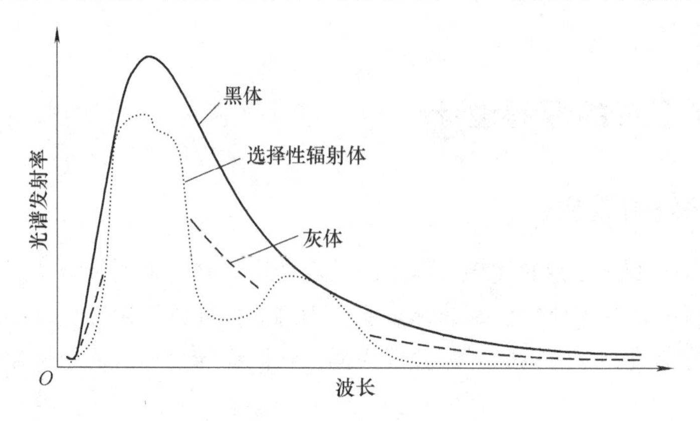

图 14-13 不同物体的辐射特性

实际物体与同温度黑体辐射的分布有所不同。它们之间的差别可用发射率 ε 来描述：

$$\varepsilon = W/W_B \tag{14-17}$$

式中，W 为实际物体的辐出度；W_B 为同温度黑体的辐出度。

发射率是对物体表面辐射能力大小的描述。严格来说物体的发射率 ε 不是常数，它与物体的表面性质、温度、辐射波长及观测条件等都有关系。在一定限制条件下，有些实际物体的发射率 ε 可以认为是与波长 λ 无关的常数，该类物体称为灰体。有一些物体的发射率 ε 明显随波长变化，称其为选择性辐射体。因此，在进行红外测温时，必须知道被测物体的发射率，通常用实验测量方法获得。本节以灰体为对象，设计非接触式的红外高温测量仪，式（14-14）变为

$$M_{\lambda B} = \varepsilon \frac{c_1}{\lambda^5} \frac{1}{e^{c_2/(\lambda T)} - 1} \tag{14-18}$$

14.3.2 红外测温方法

观察式（14-18)，只有 ε、λ 和 T 三个变量。如果能够找到某物体的发射系数 ε，可以通过测量黑体发出波长 λ 的 $M_{\lambda B}$，就可以计算出对应的温度 T。实际应用时，物体的 ε 并不容易精确获得，且受环境的影响较大，因此通常采用双波长测量法，即

$$M_{\lambda 1} = \varepsilon \frac{c_1}{\lambda_1^5} \frac{1}{e^{c_2/(\lambda_1 T)} - 1} \tag{14-19}$$

$$M_{\lambda 2} = \varepsilon \frac{c_1}{\lambda_2^5} \frac{1}{e^{c_2/(\lambda_2 T)} - 1} \tag{14-20}$$

$$R = \frac{M_{\lambda 1}}{M_{\lambda 2}} = \frac{\lambda_2^5 \left[e^{c_2/(\lambda_2 T)} - 1 \right]}{\lambda_1^5 \left[e^{c_2/(\lambda_1 T)} - 1 \right]} \tag{14-21}$$

分别测量波长 λ_1 和 λ_2 的辐射值，两者相除，能够消除 ε。这里所用的两个波长应尽量接近，确保 ε 基本不变。同时又要有足够的差别，使辐射量有相当的变化量，保证足够的测量和计算的精度。

双波长红外测温原理如图14-14所示。

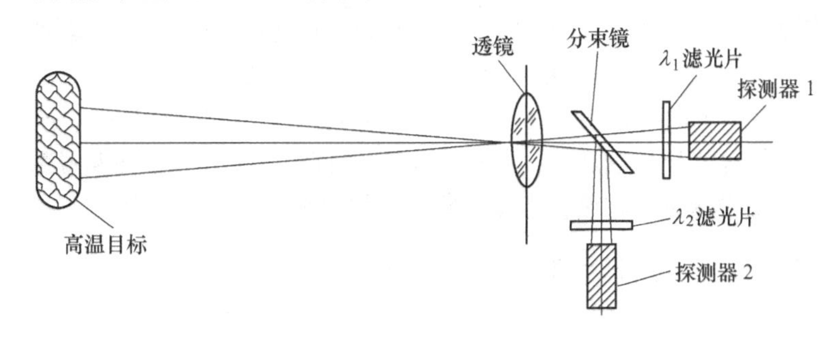

图14-14　双波长红外测温原理示意图

14.3.3　红外测温仪的设计原则

1. 温度测量范围的选择

由黑体辐射规律可知，物体温度越高，发出辐射中短波的成分就越高，且能量以4次幂指数上升，因此温度越高，红外测温越有利。反之，温度越低，辐射的红外波成分越多，且能量下降很快。因此红外测温仪必须针对一定的温度范围。观察图14-12，600K的辐射峰值波长在5μm左右，而1400K的辐射峰值波长则在2μm左右。考虑到红外材料和器件的成本，选择300~2000℃（570~1770K）的温度测量范围。

2. 双波长的选择

被探测波长越短，光学镜头、探测器和滤光片就越容易获得，且价格越低，因此在1.5~2.5μm波段选择波长比较合理。波长选择以探测器为依据。市场上有多款探测器可供选择使用。例如PbS光敏电阻，覆盖0.4~2.8μm波段，峰值在2μm左右，可以选择1.9μm和2.1μm波长对；InGaAs光电二极管，覆盖0.8~1.9μm波段和0.8~2.6μm波段，在很大范围内响应平坦，可以选择1.6μm和1.8μm、2.2μm和2.4μm波长对。

3. 探测距离及其区域范围选择

探测距离及其区域范围决定了测试角。辐通量与测试方向有关，测试角越大，测试误差越大，在用红外测温仪进行测温时，这一点容易被忽视。一般来说，测试角最好在30°之内，一般不宜大于45°。同时，距离越远，探测位置分辨力就越低，相同镜头口径下获得的能量就越小。

4. 单色窄带滤光片的设计

选取的波段越窄，理论上计算和测量精度会越高，但是获得的辐能也越小，对探测和放大带来的要求就越高。一般情况下，滤光片的半宽度选为10~20nm比较合适。这种干涉滤光片容易设计和加工，也能满足计算要求。

5. 分光器、聚光镜头的设计

对于3μm以内的波段，可选用的红外材料较多。最常见的有CaF、Si和Ge。由于像差要求较低，一般情况下单透镜就可以满足要求。

6. 杂光预防和结构设计

探测器视场范围内的各个部件都在发射红外辐射，并且一部分在波长探测范围内，因此要合理设计光路，尽量减少其他部件红外辐射的干扰。

7. 放大电路与 A/D 转换器的选择

红外测温的速度要求不高，因此放大电路设计的重点是低噪声、高精度和大的动态范围。由于辐能随温度变化很大，因此 A/D 转换器要有足够的分辨力，一般应选择低速高精度的 16 位及以上 A/D 转换器。当然，有条件也可以进行程控放大和量程切换。

由于红外测温是双波长比较探测，因此两个通道的最终放大倍数和偏置都需要精密调整和标定，可以通过硬件电路和软件补偿来消除两路的探测误差。

14.3.4 红外测温仪的设计内容

红外测温仪的设计内容包括：

1）温度范围和波长对的选择和设计，包括探测器、滤色片的参数设计和选型。

2）探测光路和机械结构的设计，包括镜头光学设计、结构设计。

3）I/U 变换电路、A/D 转换电路、微处理电路与键盘输入电路等部件的设计工作。

4）最终结果的校正补偿，消除电路放大、ADC 变化、入射方向、环境温度等因素的影响。

5）红外测温仪外壳与数字显示部件的设计工作。

上述几个部分可以分别进行设计，也可以根据学生掌握的程度进行全面设计。

14.4 红外遥控开关的设计

随着集成电路技术的飞速发展，基于各类集成电路芯片产生了不同类型的遥控装置，它们的中心控制部件已从早期的分立元件、集成电路逐步发展到现在的单片机，智能化的程度越来越高。在无线遥控领域，目前常用的遥控方式主要有超声波遥控、红外线遥控和无线电遥控等。

由于红外遥控技术是通过红外脉冲发送的各种控制信号，具有控制方便、遥控距离较远、抗干扰性能强、密码编制简单、解码容易、控制功能多和不易串扰的优点。另外，红外遥控使用的频带宽，且不受电磁波谱的控制（管制），因此在短距离遥控领域已经取代无线电遥控获得广泛应用。

红外遥控技术应用于家用电器、工业控制和智能仪器仪表等系统，随着人类生产力水平和生活质量的提高，对遥控器的质量与功能提出越来越多需求，然而目前市场上的遥控器几乎都是针对各自设备特制的，不能直接应用于通用的智能仪器，也不能满足一般控制场合的需要（如利用一个遥控器同时控制多部设备的工作）。

为了减少对厂家的依赖，自行研发设计红外遥控系统就显得十分必要了。例如，设计具有更多功能的遥控开关，要求它带有可扩充的输出端口并显示时钟及各开关状态（如通、断、定时、延时状态等），还要求它能够按设定时间完成诸如定时开、定时关、设定延迟时间以及同时对多种设备或多个同类设备进行控制等动作，或用户需要的其他特殊功能。

14.4.1 设计思路

1. 设计要求

红外遥控开关的设计要求如下：

1）设计一套能够用于 10m 距离的多功能红外遥控开关。

2）利用现有的红外遥控实验仪和相关知识，学习掌握红外遥控系统的码制、编码方式、方法。然后，设计出控制码。

3）画出遥控开关电路的 PCB 图（接收与发射两部分）。

4）调试完成红外遥控开关系统。

2. 画出系统原理框图

根据设计具体要求进行设备的设计是设计工作的基本规律，红外遥控开关设计也不例外。设计前一定要把设计要求搞清楚，根据设计要求提出设备或系统结构的原理框图，用框图将满足设计要求的设备或系统结构描述清楚，然后再着手设计。

根据技术要求，具有密码设置功能的多功能红外遥控开关可分四部分：控制信号与密码编码器、发送器（遥控器）、接收与解码器（受控电路）与执行器。其框图如图 14-15 所示。

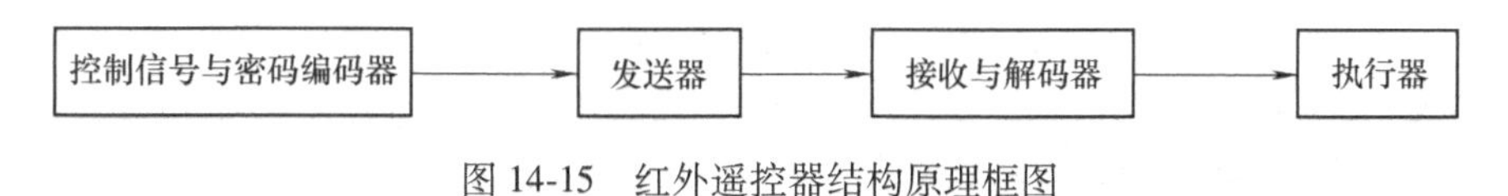

图 14-15　红外遥控器结构原理框图

画出正确的框图之后，根据框图进行机械结构、电路系统与光学系统设计是光电仪器设计的基本原则。红外遥控开关也不例外，不过这里侧重于光电系统的设计，所以仪器结构与机械设计的部分不做过多讨论。

14.4.2　密码的编制方法

图 14-15 所示的红外遥控器电路主要由发射和接收两大部分组成，发射部分由光电接收电路、解码器与执行电路构成。密码的编制方法很多，这里主要介绍由键盘操作将密码编程写入到遥控器内部的编码方式。由键盘编码方式的发射器结构框图如图 14-16 所示，由按键编址器、编码器、调制器与红外发射器四部分构成。编码过程完成后通过红外发射系统将控制信号与密码发送出去。

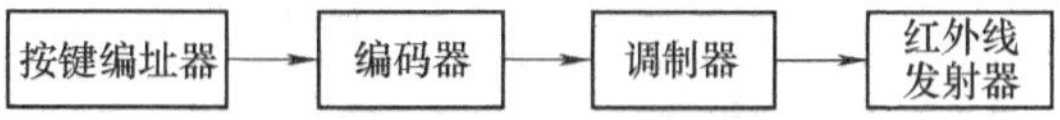

按键编址器 → 编码器 → 调制器 → 红外线发射器

图 14-16　键盘编码结构框图

遥控器的功能是将操作者的指令（控制信息）用按键发送出去，为接收器提供能够识别的信息。如果把按键的动作称作信源，那么发射系统就是一个信源信息的转换装置，把转换后的信息通过红外信道传输出去。而信源信息的转换方式即为图 14-16 中按键编址的编写过程，一般有频分制和码分制两种方式。

1. 频分制

频分制是以不同频率的信号代表不同的按键信号。遥控信号的频率范围在几百赫兹到几万赫兹之间。这种编码方式发送出去的遥控信号具有较强的抗干扰能力，但是，它所占用的频带也较宽，尤其是在遥控按键指令集复杂的场合，需要较多的遥控通道，占用更多的频率资源。因此这种方式只适合指令集简单的场合。

2. 码分制

码分制适用于按键指令集复杂的场合，它以不同的脉冲或者脉冲组合代表不同的按键指令。与频分制相比，码分制电路简单，使用灵活，在实际应用中常采用这种方式。

实现码分制的方法一般有两种。一种为采用编码器芯片，编码器芯片包括普通编码器和优先编码器等。HC147 为一种可供选择的优先编码器，它有 9 个输入端和 4 个输出端，输入输出均是低电平有效，并且编码带有优先级的限制，即当有大于或等于 2 个输入时，仅有优先级高的那个输入有效。另一种实现方式为使用微处理芯片，如使用单片机来实现将键盘扫描信息转化成相应的二进制数据。

编码的作用是将按键编址后的数据转换成固定的数据格式。遥控器的编码格式有很多种，但是，其数据格式大致相同，即由引导码、用户识别码、用户识别反码、数据码和数据反码组成。例如 LC7461M 遥控发射芯片采用 PWM 方法来发送信号。当按下某个键后，就会发出一组长 108ms 的编码。它由引导码（脉冲）与 42 位信息码（13 位用户识别码、13 位用户识别反码、8 位操作码和 8 位操作反码）组成。其中引导码（脉冲）的高电平时间为 9ms，低电平时间为 4. 5ms。

常用的 NEC 编码格式由引导码、用户码、数据码及数据反码组成，编码一共 32 位。红外遥控信号从引导码开始，接下来是 16 位用户码，然后是 8 位数据代码和取反的二进制 8 位代码，最后 1 位是结束位。

引导码是为接收端得到接收信号所设计的提示信息。

用户码是对不同的受控对象发出的编码信息，不同的红外受控对象接收了与己相同的编码信息后才能响应，显然各个受控对象都必须具有各自的唯一编码，它们从接收到的信息中解调出它的用户码后才能接收数据码，并根据数据码执行相应的功能和动作。在许多系统中，用户码就是编码芯片的地址码，通过设定不同的受控对象芯片的地址，可以将任一受控对象和其他受控对象区分开来。

数据码也称功能码，是遥控器上的键值经按键编址后得到的数据编码，代表操作者的操作信息。

编码过程可以由专用的编码芯片完成，如 PT2262IR、VD5206 等，也可以在单片机等微处理器中通过软件编程实现。

如果仅把经过编码数据处理的脉冲以红外的形式发送出去，由于其编码频率低，周期在毫秒级，所以抗干扰能力较低。因此实际的发送器往往把信息脉冲序列经过调制后再以较高频率的载波发送出去，提高系统的抗干扰能力。图 14-16 中的调制器就是为此目的而设置的。目前常用的载波频率有 30kHz、38kHz、40kHz 及 56kHz 等几种。

红外线发射一般由相应功率的红外发光二极管（IRLED）及其驱动电路完成。

14. 4. 3 多功能红外遥控开关的技术要求

多功能红外遥控开关的主要技术要求为：

1）具有密码设置功能。

2）具有多个设备的控制功能。

3）具有时间设置功能。

4）具有时间延迟功能。

实际设计工作应该依据技术要求进行发射与接收系统的设计。例如，发射系统和接收系统都要考虑前两项功能的要求，而时间设置与时间延迟功能可以放在发射部分也可以放在接收部分，由于一般要求遥控器体积小、重量轻、耗电低并且手持方便，所以尽量设置到接收装置上，但是也不尽然，根据具体情况设计出适合具体要求的系统才是最重要的。

红外遥控开关的发射系统是采用 IRLED 来发出经过调制的红外线；接收系统的接收电路由红外接收光电二极管、晶体管或硅光电池组成，将红外发射器发射的红外线转换为相应的电信号，再经过放大及解调出控制信号后送给执行电路执行开或关的操作。

多功能红外遥控开关系统的结构如图 14-17 所示。

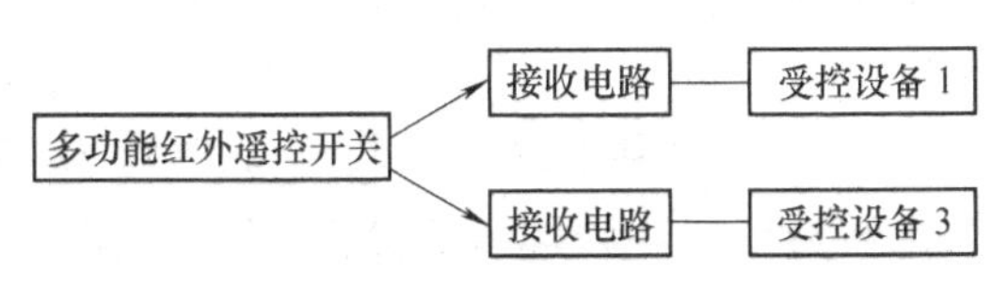

图 14-17　多功能红外遥控开关的结构图

14.4.4　对器材的需求

完成设计工作所需的器材如下：

1）电阻、电容、二极管若干（数量和标称值 14.4.5 节给出），5V 直流电源两个，发射系统和接收系统印制电路板各一片。

2）发射系统：操作按键若干，数码管 LG3911AH 两个，编码器 PT2262IR 一个，；晶体管 1815 两个，微控制器 AT80C51 一个。

3）接收系统：解码器 SC2272 一个，红外接收器 LT0038 一个，晶体管 S8085 一个，数码管 LG3911AH 两个，微控制器 AT80C51 一个。

14.4.5　多功能红外遥控开关的设计

14.4.3 节和 14.4.4 节已经介绍过多功能红外遥控开关系统的结构和所用相关器件，下面具体介绍多功能红外遥控开关系统的两个组成部分，即发射系统和接收系统的设计与搭建方法。

发射系统一般由指令键或操作杆、编码系统、调制电路、发射电路等几部分组成。当按下指令键或推动操作杆时，编码系统便产生所需的指令编码信号，编码信号被载波信号调制，再由发射电路向外发射经调制的编码信号。

接收系统一般由光电接收电路、解调电路、译码电路和执行电路等几部分组成。接收电路将发射器发出的已调制编码指令信号接收下来并送入解调电路，解调电路将已调制的指令编码信号解调出来，即还原为编码信号。解调后的数据送单片机，由单片机根据此数据去控制相应的开关进行动作。图 14-18 所示为发射系统的结构框图，图 14-19 所示为接收系统的结构框图。

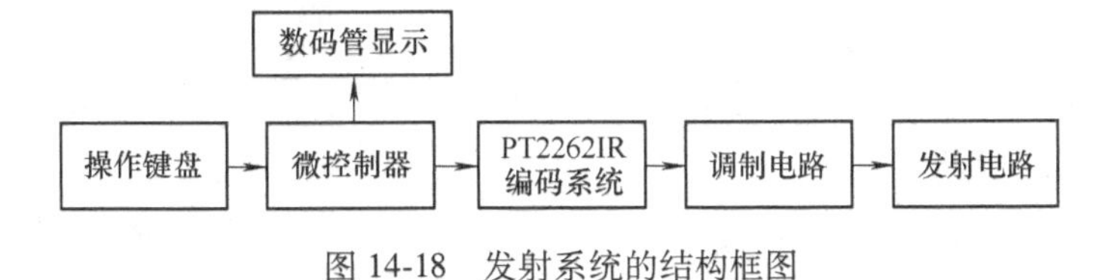

图 14-18　发射系统的结构框图

操作键盘中的按键采用矩阵形式排列，以 80C51 单片机为微控制器，编写出相应的键盘扫描程序将信息码写入存储器，键盘扫描电路及其外部电路如图 14-20 所示。

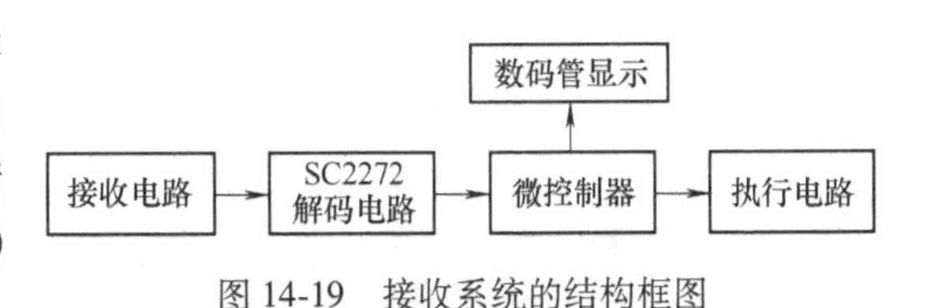

图 14-19　接收系统的结构框图

单片机将存储器内存储的操作信息用数码管显示出来，以便核实与继续编写，同时将键盘扫描信息转化成相应的二进制数据，传送给编码系统（PT2262）。

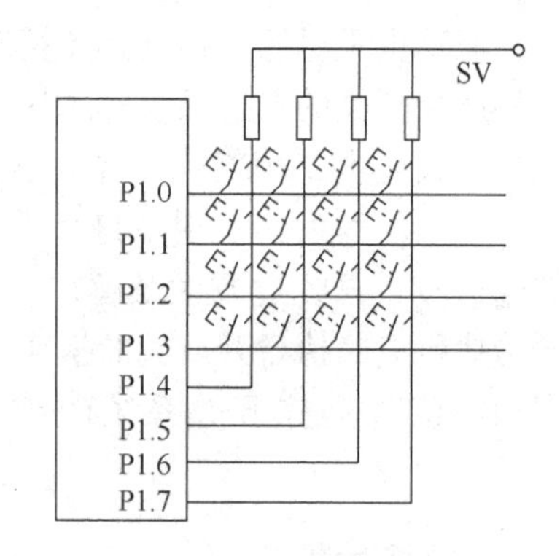

图 14-20 键盘扫描电路及其外部电路图

PT2262 是一种低功耗、低价位的 CMOS 通用编码与解码电路。PT2262 最多有 12 位（$A_0 \sim A_{11}$）三态地址端引脚（开路，接高、低电平），任意组合可提供 531441 个地址码，PT2262 最多可有 6 位（$D_0 \sim D_5$）数据端引脚，设定的地址码和数据码均由第 17 脚串行输出，可用于无线遥控发射电路。PT2262 芯片电源电压范围为 2~15V，输出电平为 $0.3V_{CC} \sim 0.7V_{CC}$，最大功耗为 300mW。

PT2262IR 是 PT2262 系列用于红外遥控的专用芯片，可以通过调整发射端 R_{osc} 电阻的大小使接收距离更远，发射端电阻的调整范围为 390~420kΩ。

接收电路采用 SC2272 作为解码芯片。SC2272 同样是 CMOS 芯片，它最大拥有 12 位的三态地址引脚，可支持 531 441 个地址的编码。因此，极大减少了码的冲突和对非法编码进行扫描以使之匹配的可能性。PT2262IR 和 SC2272 引脚说明见表 14-1。

表 14-1 PT2262IR 和 SC2272 引脚说明

引脚号	PT2262IR		SC2272	
	名称	说明	名称	说明
1~8、10~13	$A_0 \sim A_{11}$	地址引脚，用于进行地址编码，可置为“0”“1”“f”（悬空）	$A_0 \sim A_{11}$	地址引脚，用于进行地址编码，可置为“0”“1”“f”（悬空）
1~8、10~13	$D_0 \sim D_5$	数据输入端，有一个为“1”即有编码发出，内部下拉	$D_0 \sim D_5$	地址或数据引脚，做数据引脚时，只有地址码与 PT2262IR 一致，数据引脚才能输出与 PT2262IR 数据端对应的高电平，否则输出为低电平
18	V_{CC}	电源正端（+）	V_{CC}	电源正端（+）
9	V_{SS}	电源负端（-）	V_{SS}	电源负端（-）
16	OSC_1	振荡电阻输入端，与 OSC_2 所接电阻决定振荡频率	OSC_1	振荡电阻输入端，与 OSC_2 所接电阻决定振荡频率
15	OSC_2	振荡电阻振荡器输出端	OSC_2	振荡电阻振荡器输出端
14	TE	编码启动端，用于多数据的编码发射，低电平有效	D_{IN}	数据输入引脚，接收到的编码信号由此引脚串行输入
17	D_{out}	编码输出端（正常时为低电平）	VT	有效传输确认，高电平有效。当 SC2272 收到有效信号时，VT 端变为高电平

图 14-21 所示为 PT2262IR 的编码发射电路。PT2262IR 发出的编码信号由地址码、数据码、同步码组成一个完整的码字，地址线、数据线和控制线分别和单片机相应的 I/O 口连接。当没有按键按下时，PT2262IR 的第 14 脚为高电平，第 17 脚为低电平，高频发射电路不工作。当有按键按下时，单片机控制 PT2262IR 的第 14 脚为低电平，同时把数据和地址送往 PT2262IR 相应的引脚（图 14-21 中的第 17 脚），它输出经过调制的串行数据信号，使两

个 1815 晶体管（VT_1 和 VT_2）驱动 IRLED 发出高频脉冲辐射。

高频发射电路完全受控于 PT2262IR 的数字信号：当它为高电平期间高频发射电路振荡并发射出等幅高频信号，当它为低电平期间高频发射电路停止振荡，从而对高频电路完成幅度键控（ASK 调制）功能，相当于调制度为 100%的调幅。

遥控信号接收端的电路结构如图 14-22 所示，解码电路采用 SC2272。LT0038 为一体化的红外接收器，接入电源后就可以将入射的红外辐射信号转换为电压信号输送到 SC2272 的第 14 脚（输入端），SC2272 对其进行解码。所送入的编码波形被译成字码，它含有码地址位、数据位和同步位，SC2272 的 A_0 ~ A_7 端是芯片的地址码设置端口，只有接收端的地址码和发射端的地址码设置完全相同，输出端才有输出信号。如果所设置的地址与连续两个字码匹配，则 SC2272 做以下动作：

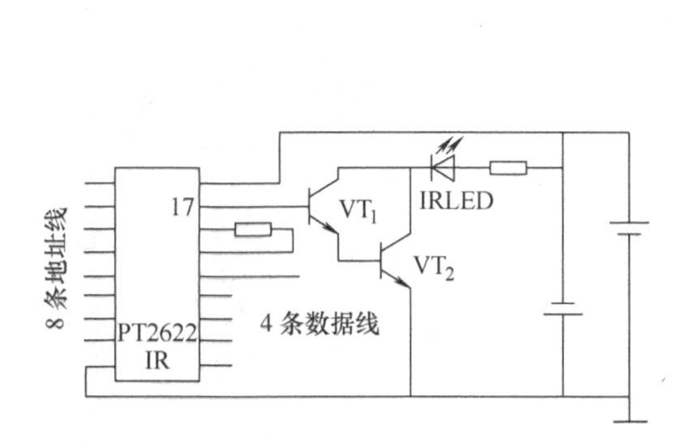

图 14-21　PT2262IR 的编码发射电路

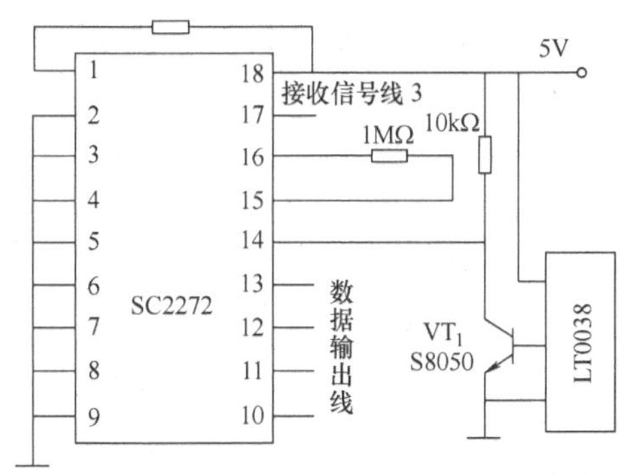

图 14-22　遥控信号接收端的电路结构

1）当解码得到有“1”数据时，驱动相应的数据输出端为高电平。

2）驱动 VT 端（第 17 脚）输出高电平。

上电后 SC2272 进入待机状态，检查是否有接收信号，若无接收信号，则仍停留在待机状态，否则在收到信号后，进行接收码地址与设置码地址的比较。当接收地址与设置地址相互匹配时，数据存于寄存器中。当检查到连续两帧的码地址都匹配，且数据都一致时，相应的数据输出端有输出，并且驱动 VT 端输出。当连续两帧的码地址不匹配时，VT 端不会被驱动。对于瞬态型输出，输出数据后输出端复位；对于锁存型输出，输出数据后输出端维持原态。

当发射电路、接收电路两者地址编码完全一致时，接收端对应的 D_0 ~ D_3 端（第 10 ~ 13 脚）输出约 4V 互锁高电平控制信号，同时 VT 端也输出解码有效高电平信号。

D_0 ~ D_3 端输出与发射系统所发射的相对应的信息给单片机电路，由单片机控制相应的开关电路动作。

在通常使用中，一般采用 8 位地址码和 4 位数据码，这时 PT2262IR 和 SC2272 的第 1 ~ 8 脚为地址设定脚，有 3 种状态可供选择：悬空、接高电平、接低电平。3 的 8 次方为 6561，所以地址编码不重复度为 6561 组，只有发射端 PT2262IR 和接收端 SC2272 的地址编码完全相同才能配对使用，遥控模块的生产厂家为了便于生产管理，出厂时遥控模块的 PT2262IR 和 SC2272 的 8 位地址编码端全部悬空，这样用户可以很方便选择各种编码状态，用户如果想改变地址编码，只要将 PT2262IR 和 SC2272 的第 1 ~ 8 脚设置相同的数字即可。

例如，在图 14-22 所示电路中将接收芯片的 SC2272 的第 1 脚接正电源，其他引脚接地，为了实现对此电路的控制，只要在发射电路中通过单片机将 PT2262IR 的第 1 脚置为高电平

（相当于接正电源），其他引脚置零（相当于接地）就能实现配对接收的目的。当两者地址编码完全一致时，接收电路对应的 $D_0 \sim D_3$ 端的输出都约为4V，互锁高电平控制信号，同时VT端也输出解码有效的高电平信号。用户通过发射电路单片机将PT2262IR的地址引脚变换电平，即可以遥控具有不同地址码的接收电路，从而实现一个遥控器控制多个受控电路。

开关电路可以由晶体管、二极管和继电器构成。对于负载较大的情况下需要采用控制功率较高的继电器，它的输入电流较高，不能直接用集成电路芯片驱动，为此在单片机与大功率继电器之间必须设置一个驱动继电器的电路，可以利用晶体管的截止和饱和两个状态来关闭或打开继电器的触头完成较大负载的控制。

14.4.6 典型红外遥控发射器

一般远距离红外遥控实验装置由红外信号发射器、红外信号接收器和执行机构三部分构成。

红外信号发射器可以采用IRC160N-1遥控发射器，其外形如图14-23所示。它的前部（图14-23的上部）为IRLED，面板上安装有功能控制键和电源开关键。其内部主要由SC6122构成，它是具有逻辑编码的红外遥控专用芯片，其引脚分布与原理结构如图14-24所示。它是24只引脚的表面贴器件，其外形如图14-25所示，各个引脚的功能见表14-2。从表14-2可以看出，用户地址码的键扫描输入端为16位，它占用第14~21引脚（I/O双功能脚），输入16位码制的信息。用户可以通过这些引脚将所设计的密码和信息发出。

图14-23 IRC160N-1遥控发射器外形图

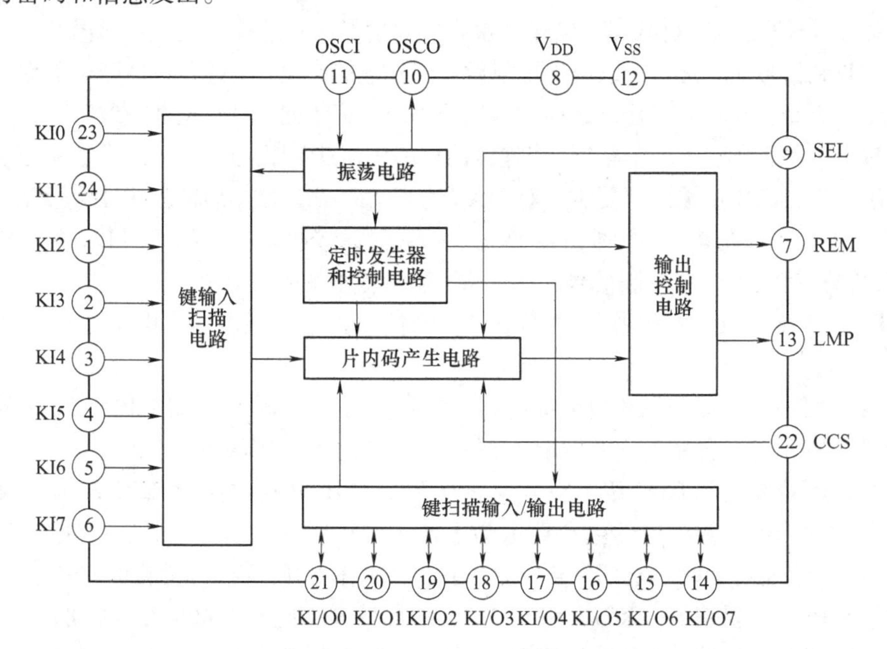

图14-24 红外遥控发射芯片引脚分布与原理结构图

第 11 脚与第 10 脚是用来产生内部时钟的引脚，它们与晶体振荡器直接相连，为内部电路提供时钟脉冲。

第 7 脚（REM）为红外发射输出端，它与 IRLED 直接相连，发射红外脉冲信息。

第 13 脚为指示灯输出端，接 LED 指示灯显示 SC6122 的工作状态。

1. 遥控信号发射原理

通过按键编写的信息码经由 KI0～KI7 送入键输入扫描电路，它向片内码产生电路送入控制信息编码，两者相符后向输出控制电路发送信号，然后由第 7 脚控制 IRLED 发出带有控制信息的红外线信息。

2. 红外信息码

遥控信息输出波形如图 14-26 所示，当按下按键后，SC6122 将按图 14-26 所示的波形工作。显然，波形分为三个时段进行定义与分析，图中①段为含有引导码、用户地址码和数据码周期。

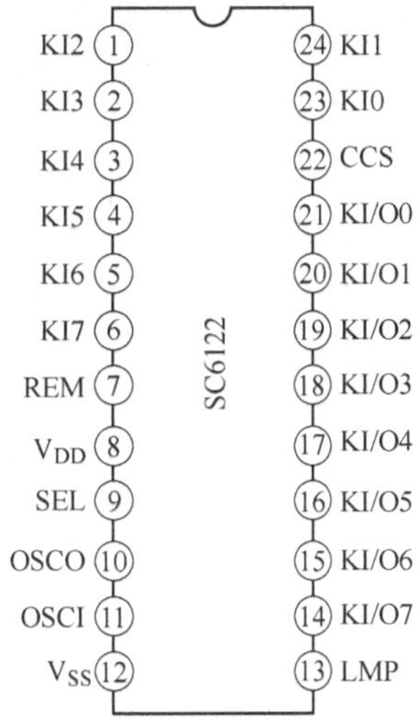

图 14-25　红外遥控发射芯片的外形图

表 14-2　SC6122 各引脚功能

引脚号	符号	I/O	功能描述
23，24，1～6	KI0～KI7	I	键扫描输入端
7	REM	O	遥控输出
8	V_{DD}		正电源
9	SEL	I	D7 数据选择端
10	OSCO	O	振荡器输出端
11	OSCI	I	振荡器输入端
12	V_{SS}		电源地
13	LMP	O	指示灯输出端
21～14	KI/O0～KI/O7	I/O	键扫描输入/输出引脚
22	CCS	I	低 8 位用户码扫描输入端

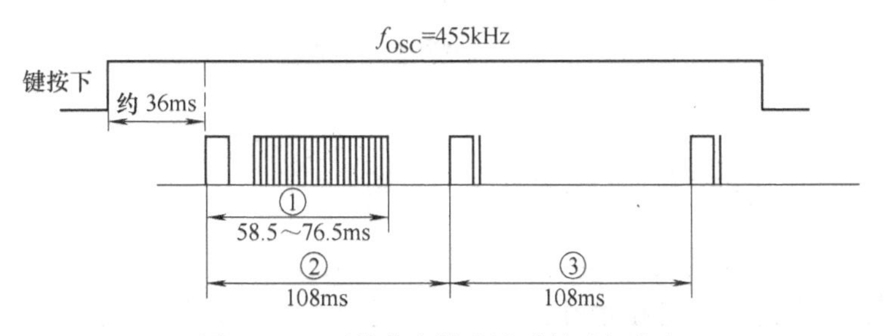

图 14-26　遥控信息输出波形的时间分配

1）58.5~76.5ms 时间段（即①段）中的内容如图 14-27 所示，它又分为三段，由引导码（13.5ms）、16 位用户编码（18~36ms）、键数据码及其反码（27ms）构成。

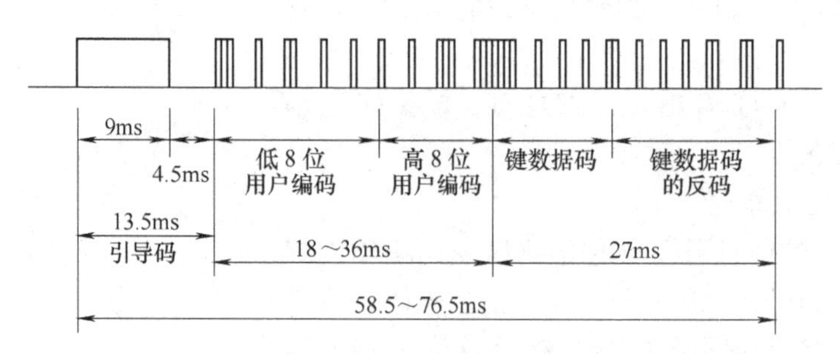

图 14-27 时间段波形的展开

2）引导码、数据码的规则（即 108ms 期间的②段内容）如图 14-28 所示，引导码由 9ms 的脉冲与 4.5ms 时间的间隙构成，数据码由二进制数 0 与 1 构成，在 0 的周期内，脉冲与间隙时长对称，均为 0.56ms，而 1 的周期比 0 的周期长，为 2.25ms，且脉冲与间隙时长不等。

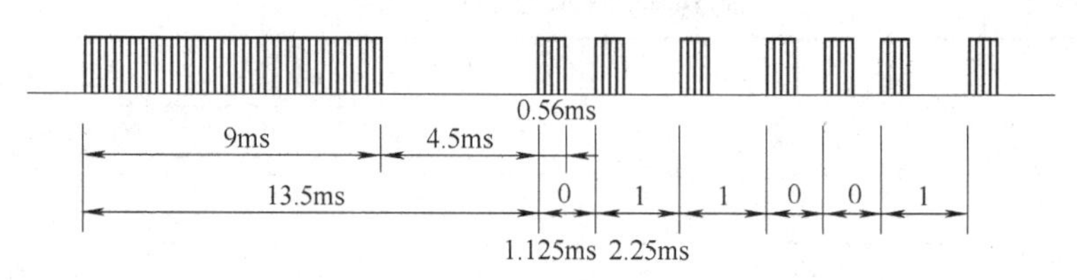

图 14-28 引导码与数据码时间分配

3）载波频率与波形如图 14-29 所示。载波脉冲的频率为是 38kHz，周期为 26.3μs，脉冲宽度为 8.77μs。引导码 9ms 期间有 342 个脉冲，数据码 0.56ms 期间有 21 个载波脉冲。

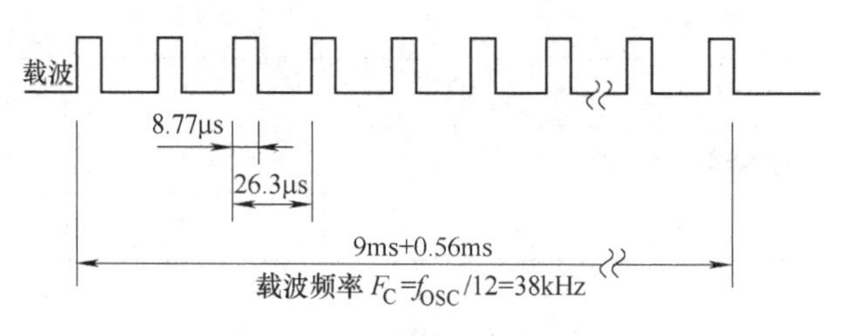

图 14-29 载波频率与波形图

4）SC6122 的编码方式如图 14-30 所示，它由引导码、低 8 位用户编码、高 8 位用户编码、8 位键数据码与 8 位键数据码的反码五部分构成。

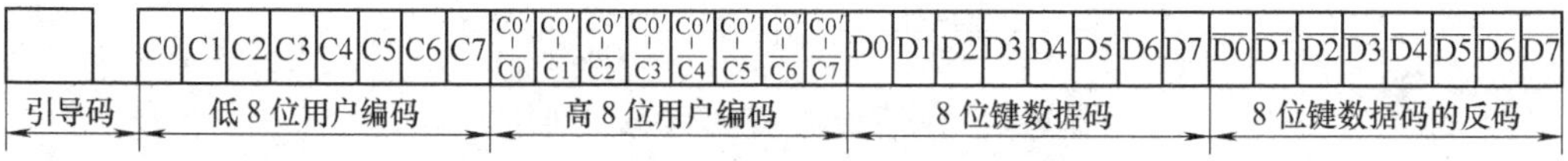

引导码	低 8 位用户编码	高 8 位用户编码	8 位键数据码	8 位键数据码的反码
	C0 C1 C2 C3 C4 C5 C6 C7	C0′/$\overline{C0}$ C0′/$\overline{C1}$ C0′/$\overline{C2}$ C0′/$\overline{C3}$ C0′/$\overline{C4}$ C0′/$\overline{C5}$ C0′/$\overline{C6}$ C0′/$\overline{C7}$	D0 D1 D2 D3 D4 D5 D6 D7	$\overline{D0}$ $\overline{D1}$ $\overline{D2}$ $\overline{D3}$ $\overline{D4}$ $\overline{D5}$ $\overline{D6}$ $\overline{D7}$

图 14-30 SC6122 编码方式示意图

编码采用脉冲位置调制（PPM）方式。利用脉冲时间间隔区分“0”与“1”，每次发射数据码的同时也将其反码发射出去，以便减少系统的误码率。

本次远距离红外遥控实验装置选用的 IRC160N-1 型红外遥控器发射器，采用 32 个按键的编码方式，所用的用户码为 807F，32 键码值如图 14-31 所示。

当按动发射器面板上的按键时相应的数据将以红外线的方式发射出去，用户地址码为 807F。如果接收器的地址码也为 807F 则可以接收到相应的信息码，再经译码过程获得相应的操作指令，完成相应的动作。

用户地址码：807F

80	90	91	92
84	94	95	96
8C	98	99	9A
88	D8	9C	9D
C0	8A	83	82
89	85	86	87
C4	97	81	9E
C8	D4	9F	8B

图 14-31　32 键码值定义

14.4.7　典型红外遥控接收器

红外遥控接收器一般都安装在被控设备的内部，因此它不像发射器有自己的外形尺寸。接收器的结构与原理的内容主要是它的接收电路的构成、使用的芯片的功能等。

图 14-32 为典型红外遥控接收器芯片 BC7210 的外形及引脚分布。

BC7210 具有如下特点：

1）支持多种编码方式。

2）可以选择有/无用户码（Customer Code）方式。

3）可由外接电阻或二极管设置用户码。

4）可选择并行或串行解码输出。

5）兼容 SPI 与 UART（波特率为 9600bit/s）的串行输出。

6）采用数字滤波技术，抗干扰能力强，无误码。

7）接收有效指示输出。

8）工业级温度范围。

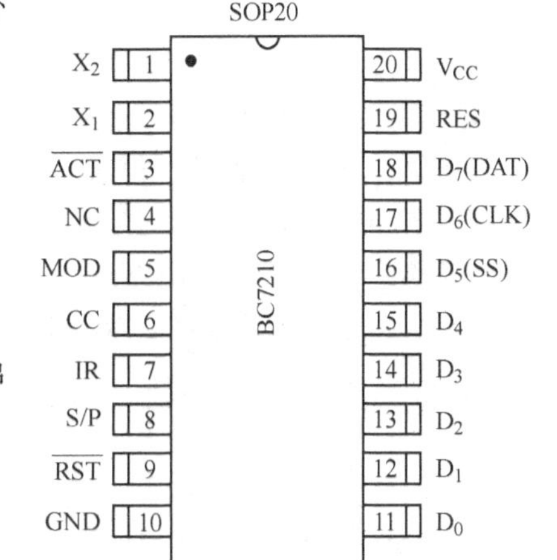

图 14-32　BC7210 的外形及引脚分布

BC7210 的各引脚定义与功能见表 14-3。它是 20 脚的表面贴器件，支持不设用户地址码、RC5 编码模式与 NEC 编码模式，工作模式的设置由第 6 脚（CC）的状态决定。

表 14-3　BC7210 的各引脚定义与功能

引脚号	名称	说　明
1	X_2	外接晶振输出
2	X_1	外接晶振输入
3	$\overline{ACT}$	接收有效输出，低电平有效
4	NC	空脚，内部无连接
5	MOD	工作模式选择，高电平为 RC5 解码，低电平为 NEC 解码
6	CC	用户码选择
7	IR	红外编码信号输入端，一般接红外接收头的输出端

（续）

引脚号	名称	说　　明
8	S/P	串/并输出选择，接地为串行输出，与 CC 相连时为并行输出
9	$\overline{RST}$	复位，低电平有效，一般通过一电阻上拉至 V_{CC}
10	GND	接地引脚
11~15	D_0~D_4	并行数据输出 D0~D4
16	D_5(SS)	并行数据输出 D5，串行数据输出时作使能信号
17	D_6(CLK)	并行数据输出 D6，串行数据输出时作时钟信号
18	D_7(DAT)	并行数据输出 D7，串行数据输出时作数据信号
19	RES	保留引脚，为保证与将来产品兼容，不要有任何外部连接
20	V_{CC}	电源引脚

如果第 6 脚串联不小于 10kΩ 的电阻接于 V_{CC}，则处于不设用户地址码的接收方式，对接收到的红外遥控数据，BC7210 将用户地址码与按键码顺序以串行方式输出，不管第 8 脚的设置如何。

如果第 6 脚没有串联上拉电阻，则工作在设用户地址码的接收方式，BC7210 在复位时将读取用户码的设置，并在解码时将接收到的用户地址码与设置的用户码进行比较，只有接收到的用户地址码与设定的用户地址码相同时才会将接收到的按键数据输出，否则数据被忽略。在这种模式下，BC7210 只输出 1B 的数据。输出方式由第 8 脚（S/P）的状态选择串行还是并行输出方式。例如，采用 NEC 模式并行输出不设用户码方式的电路如图 14-33。从电路图很容易看到第 5 脚（MOD）接地，标志 BC7210 处于 NEC 模式，第 6 脚（CC）串联 4.7kΩ 电阻接到电源 V_{CC}上，第 9 脚（$\overline{RST}$）接电源 V_{CC}，被无效设置。

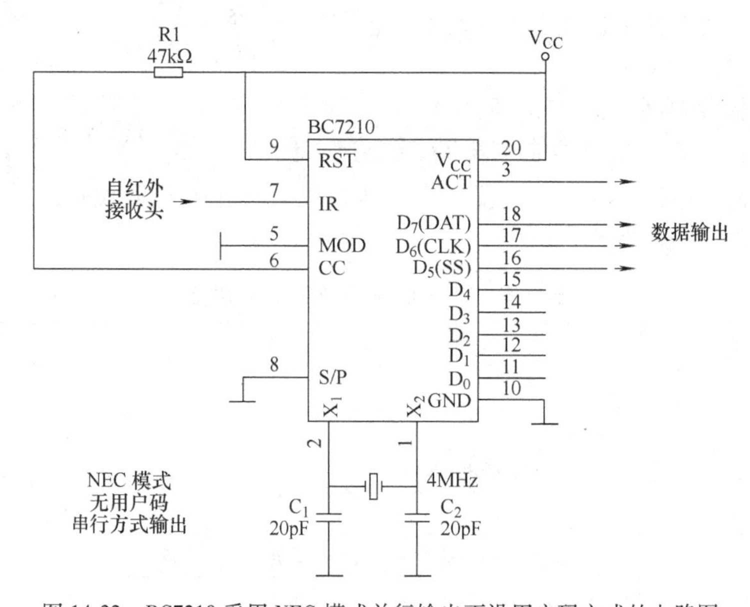

图 14-33　BC7210 采用 NEC 模式并行输出不设用户码方式的电路图

在这种状态下，BC7210 每收到一次指令即输出 3B 的数据，分别是 2B 的用户码和 1B 的数据码。先输出 8 位高字节用户地址码，再输出 8 位低字节用户码，最后输出 8 位数据码。

图 14-34 为 NEC 模式设置 8 位用户码，8 位并行输出模式的电路图。第 6 脚与第 8 脚相连接完成设置，用户码通过拨码开关进行设置，接通则为“0”，断开则为“1”。

当第 3 脚（$\overline{\text{ACT}}$）有效时 8 位并行数据输出才有效，否则为三态。

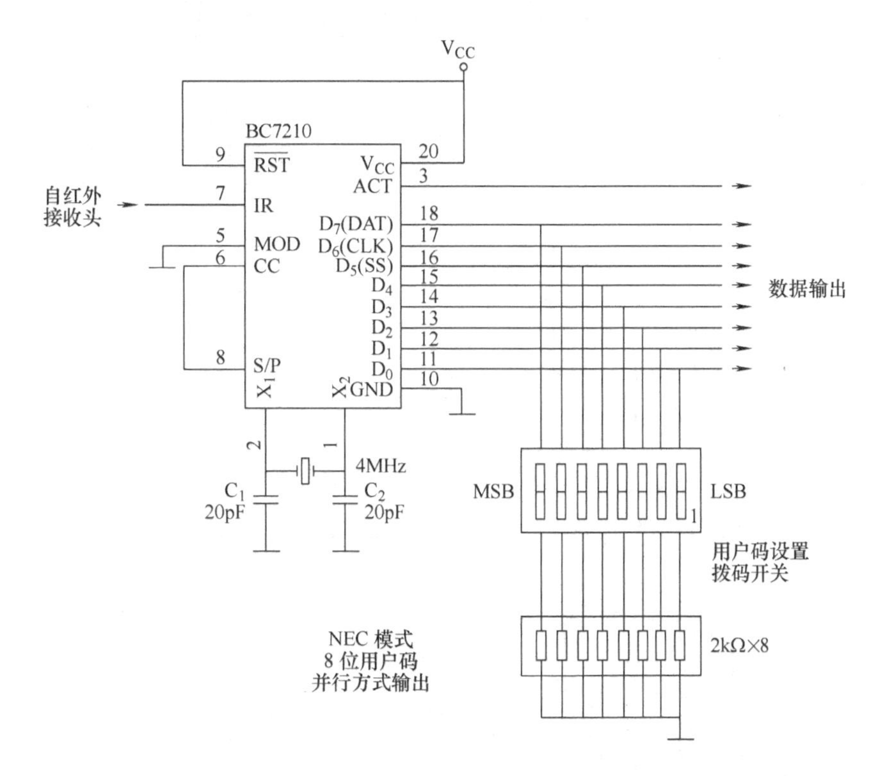

图 14-34　NEC 模式设置 8 位用户码，8 位并行输出模式的电路图

图 14-35 为 16 位用户码的并行红外遥控接收输出电路，它与图 14-34 的区别在用户码的设置上，增加了 8 只二极管和 8 只拨码开关，用来设置高 8 位用户码。

16 位用户码在开机初始化时间段将被设置到内部存储器，在接收到发射器发出的用户码时内部电路将对其进行判断，判断出与发射来的用户码相符时，便将数据码通过 8 位数据线并行输出。

14.4.8　译码与功能控制器

译码与功能控制器的作用是将接收到的数据转换成各种目的操作或控制，它由如图 14-36所示译码与操作或控制器构成。通过多个八选一译码电路将各种控制的代码译成各种与之对应的单一操作或控制指令，再通过各自的驱动电路完成各自功能的操作或控制。8 位数据码能够编制出 256 种功能的操作或控制，因此，它的控制功能基本能够满足家用电器等功能不是十分复杂的电器设备的需要。

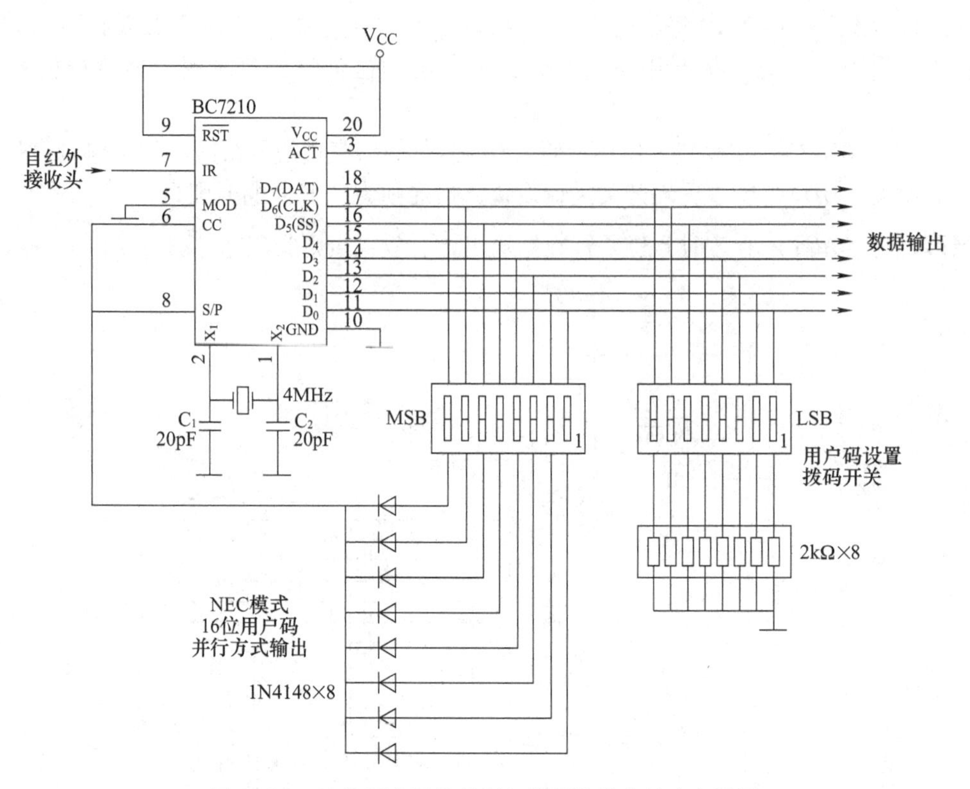

图 14-35　16 位用户码的并行红外遥控接收输出电路图

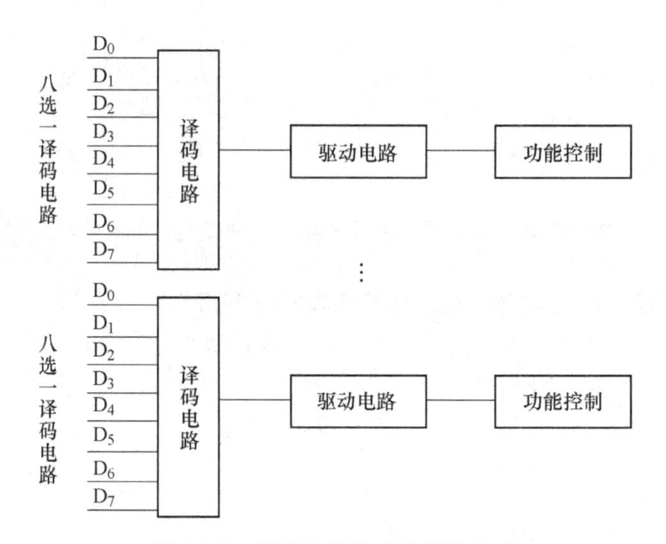

图 14-36　译码与操作或控制器构成

14.5　微型光纤光谱仪的毕业设计

本课题来自于“大学生创新创业设计”，是经过综合课题组毕业设计论文集成与提升改造后的毕业设计论文。

14.5.1　设计要求

1）要求能够设计出便于手持的微型光纤光谱仪。设计内容包括选择构成光谱仪的主要部件并完成以下几方面的内容：①仪器整体结构设计；②关键部件机械结构与安装结构的设计；③导光光纤输入探头及连接器的机械结构设计；④说明主要部件的安装调试方法及各部件对光纤光谱仪性能的影响；⑤光纤光谱仪光谱波长的标定方法。

2）要求该光纤光谱仪能够快速多通道采集辐射源发出的光谱，光谱范围为 0.38～0.78μm，光谱分辨力要求不低于 0.2nm 波长。

3）要求能够利用各类便携式计算机采集并显示光谱图像、波长与幅值等数据。

4）给出导光光纤的选型，以及对光谱测量的影响和补偿方法。

5）要求给出所设计的光纤光谱仪的光谱波长校正方法，并能够进行正确的光谱校正。

6）按照学校对毕业设计的格式要求写出毕业设计论文。

14.5.2　设计思路与内容

微型光纤光谱仪的毕业设计，课题内容较为丰富，需要整个课题组成员分工协作才能完成。根据设计要求，将课题分为 5 部分，分别为整体仪器机械结构设计、光学系统设计、导光光纤输入探头及连接器的机械结构设计、CCD 驱动器与数据采集系统硬软件的设计、微型光纤光谱仪的光谱波长标定与校正方法的设计，分别由 5 个学生独立完成。

整体仪器机械结构设计需要整组同学一起通过大量实验研究，共同探讨，选择出能够买得到的主要部件，形成仪器设计原理框图后再进行分工，给出各自的设计题目、任务、要求与相互之间的关系，然后再分头完成各自的毕业设计工作。

下面针对该课题的关键部分，即 CCD 光谱仪的光谱标定与校正来介绍此毕业设计。

CCD 光谱仪的光谱标定与校正是应该在光谱仪整体设计完成后进行的设计工作，需要利用自行设计安装，并调试好的光谱仪，根据采集的光谱特征曲线展开设计工作。但是，毕业设计由于自身特性，不能拖延更长的时间，因此可以借助现有的其他 CCD 光谱仪进行实验研究。

设计内容共有 5 项，下面分别介绍。

1. 设定标定光源

标定光源选取的原则是该光源发出的发射光谱应该具有稳定的多条特征谱线，并且具有一定宽度的光谱分布。

通过考察多种光源的光谱特征谱线，选择汞灯作为标定光源是比较合适的。汞灯在可见光谱范围内（380～760nm）具有多条分布较为广泛的特征谱线。汞灯的特征谱线只与汞原子有关，在高压等离子发光情况下稳定可靠。因此，可以通过查阅资料获知汞灯的光谱分布图，如图 14-37 所示。由图 14-37 可以看出汞灯有 6 条明显的谱线，即 313.2nm、365.02nm、404.66nm、435.83nm、546.07nm 和 507.96nm 处的 253.65nm 紫外谱线的二次光谱，其中 313.2nm 和 365.02nm 处的两条谱线不在可见光范围内。可以利用 404.66nm、435.83nm、546.07nm 和 507.96nm 处的这 4 条谱线作为汞灯的标准谱线。实际上，很多科研单位也都使用汞灯的标准谱线对一些光谱仪器进行标定。

找到汞灯的标准谱线后即可对线阵 CCD 像面上测得的光谱分布特性曲线进行标定方法

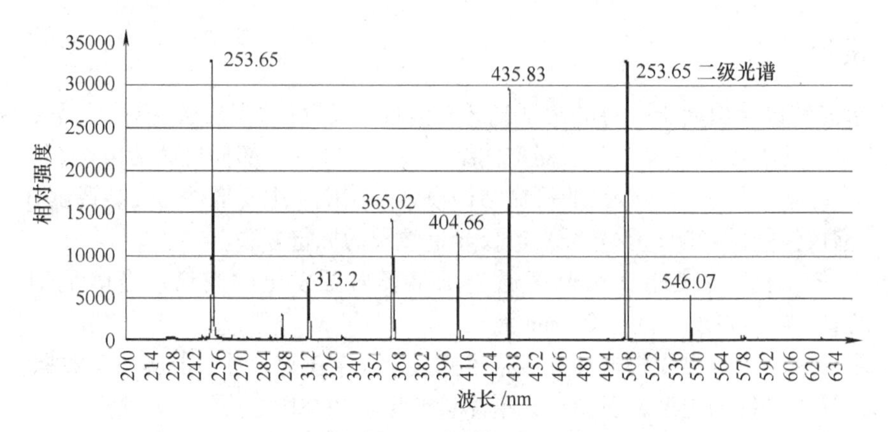

图 14-37 汞灯的光谱分布特性曲线

的研究，进而根据 CCD 像面分布特性找到完成 CCD 光谱仪标定的方法。

2. 研究 CCD 像面光谱的分布特性

利用现有被标定过的线阵 CCD 光谱仪采集汞灯发出的光谱。注意到仪器所用的线阵 CCD 为 TCD1304AP，它的有效像元数为 3648。为讨论方便，先设置一个如图 14-38 所示的直角坐标系，其横轴以像元数（0~3000）标出，纵坐标为光谱的波长（0~700nm）。光谱仪测出的光谱峰值点在线阵 CCD 像面上的位置标注在图 14-38 所示测量点的下方，即 48、451、1398、1930 像元处，表示汞灯在可见光范围内的 4 个峰值点的位置。根据汞灯的标准谱图（见图 14-37），判断它们应为 404. 66nm、435. 83nm、507. 96nm（253. 65nm 紫外谱线的二次光谱）和 546. 07nm4 条谱线，而蓝光（313. 2nm 与 365. 02nm）的两条谱线因仪器的可见光条件限制或仪器调整偏差而不能显现。利用这 4 条谱线可以对 CCD 光谱仪的像面光谱特性进行研究。

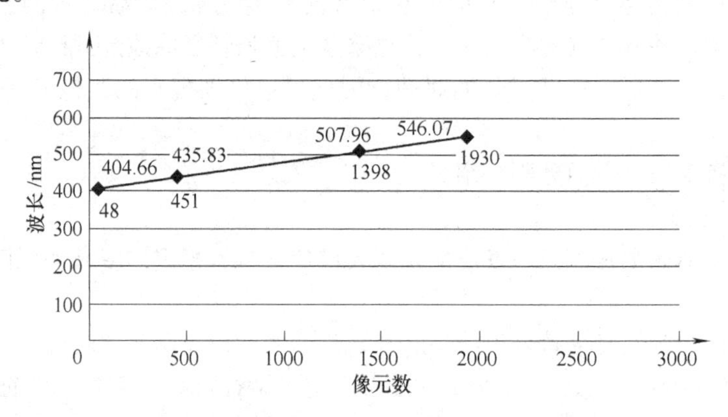

图 14-38 实测汞灯波长与像元的位置关系

将能够显现的谱线波长值分别标注在图 14-38 所示的纵轴上，找到它的位置，并将光谱峰值波长数值标注在峰值点的上方。将这 4 个峰值点用曲线相连，便可获得完整的如图 14-38 所示的像元数与波长的关系曲线。

分析图 14-38 的像元数与波长的关系曲线，可以从感官上发现曲线近似为直线，表明二者似乎存在着线性关系。

为进一步分析二者的关系，综合图 14-37 和图 14-38，可以得到汞灯谱线峰值与线阵 CCD 像面位置的数据对应关系（表 14-4）。

分别求出像元位置差和对应的波长差，得到谱线波长差为 $\Delta\lambda_{2-1}=31.17\text{nm}$，$\Delta\lambda_{3-2}=72.13\text{nm}$，$\Delta\lambda_{4-3}=38.11\text{nm}$；对应的位置差为 $\Delta N_{2-1}=403$，$\Delta N_{3-2}=947$，$\Delta N_{4-3}=532$；考察分段斜率为 $k_{2-1}=\Delta\lambda_{2-1}/\Delta N_{2-1}=0.077\text{nm}$/像元，$k_{3-2}=\Delta\lambda_{3-2}/\Delta N_{3-2}=0.076\text{nm}$/像元，$k_{4-3}=\Delta\lambda_{4-3}/\Delta N_{4-3}=0.072\text{nm}$/像元。可见，从曲线的相对偏差斜率上看，并不很大，可以认为二者确实存在着线性关系，能够利用线性分析方法标定其光谱，即用波长代替像元数。

3. 探讨用最小二乘法进行光谱标定

对于线性光谱仪的标定，可以采用最小二乘法中的一元线性拟合完成。最小二乘法也称为回归分析法，用来分析一个直角坐标系内的各散点与标准回归方程 $y_i=a+bx_i$ 之间关系，式中 a 与 b 为待定系数。

回归分析法是研究散点图的偏离问题和探索变量之间关系最重要的方法，用以找出变量之间关系的具体表现形式。回归分析法遵从误差二次方和最小原理。

按照最小二乘法的一元回归方程的回归分析法，根据表 14-4 的数据，设汞灯的 4 条特征谱线波长分别为 λ_1、λ_2、λ_3、λ_4，4 条特征谱线波长对应像元位置数分别为 x_1、x_2、x_3、x_4。根据最小二乘法的一元线性拟合来进行标定，一元线性拟合公式为 $\lambda_i=a+bx_i(i=1,2,3,4)$。

表 14-4　汞灯谱线峰值与线阵 CCD 像面位置的数据对应关系

个数	1	2	3	4
波长/nm	404.66	435.83	507.96	546.07
像元数	48	451	1398	1930

$$\begin{cases}\lambda_1=a+bx_1\\\lambda_2=a+bx_2\\\lambda_3=a+bx_3\\\lambda_4=a+bx_4\end{cases}\tag{14-22}$$

式中，a、b 为通过实验数据确定的待定系数。该方程组称为回归线性方程组，待定系数 a、b 称为线性回归系数。

由于实验数据总存在着偶然误差，因此，将各组数据代入一元线性公式后，并不能保证两边的值均相等。即在作图时，测量数据点不可能落在理想的直线上，而是散落在理想直线的两侧，如图 14-38 所示。每一个数据点与直线间存在着偏差 V_i

$$V_i=\sqrt{\Delta\lambda_i^2+\Delta x_i^2}\tag{14-23}$$

由于同类型光谱仪采集光谱所用的探测器均为同一型号的器件（如同型号线阵 CCD），因此可以用 CCD 的像元数 x_i 作为测量仪器显示光谱分布的横轴（横坐标），用像元数 x_i 为标准汞灯特征谱线时的横坐标表示谱线的波长 λ_i，由于线阵 CCD 型号相同，可认为像元数 x_i 是准确的。而数据产生的偏差为波长 λ_i 的偏差，故

$$V_i=\Delta\lambda_i=[\lambda_i-(a+bx_i)]\tag{14-24}$$

用一元线性拟合方程标定光谱仪的最终目的是求得准确的回归系数 a 与 b 值，并希望确定出来的 a 与 b 能使数据点尽量靠近直线，即偏差最小。

对 λ_i 的偏差进行求和运算，得到

$$\partial \sum_{i=1}^{n} V_i^2 = \sum_{i=1}^{n} (\lambda_i - a - bx_i)^2 \tag{14-25}$$

根据最小二乘法法则，最佳拟合于各数据点的最佳曲线应使各数据点与曲线偏差的二次方和为最小。简单地说是误差二次方最小原则。根据二元函数求极值的方法，对式（14-24）的 a 与 b 分别求偏导数，得

$$\begin{cases} \dfrac{\partial \sum\limits_{i=1}^{n} V_i^2}{\partial a} = -2\sum\limits_{i=1}^{n}(\lambda_i - a - bx_i) \\ \dfrac{\partial \sum\limits_{i=1}^{n} V_i^2}{\partial b} = -2\sum\limits_{i=1}^{n}(\lambda_i - a - bx_i)\,x_i \end{cases} \tag{14-26}$$

令式（14-26）等于0，可得到

$$\begin{cases} \sum\limits_{i=1}^{n} \lambda_i - na - b\sum\limits_{i=1}^{n} x_i = 0 \\ \sum\limits_{i=1}^{n} \lambda_i x_i - a\sum\limits_{i=1}^{n} x_i - b\sum\limits_{i=1}^{n} x_i^2 = 0 \end{cases} \tag{14-27}$$

解式（14-27），可得：$a = \bar{\lambda} - b\bar{x}$，$b = \dfrac{S_{x\lambda}}{S_{xx}}$，其中

$$\begin{cases} S_{x\lambda} = \sum\limits_{i=1}^{n} x_i\lambda_i - \dfrac{\sum\limits_{i=1}^{n} x_i \sum\limits_{i=1}^{n} \lambda_i}{n} \\ S_{xx} = \sum\limits_{i=1}^{n} x_i^2 - \dfrac{\left(\sum\limits_{i=1}^{n} x_i\right)^2}{n} \\ \bar{x} = \dfrac{\sum\limits_{i=1}^{n} x_i}{n} \end{cases} \tag{14-28}$$

利用 $a = \bar{\lambda} - b\bar{x}$，$b = S_{x\lambda}/S_{xx}$ 两式，将实测数据代入，即可求得 a、b 的值，它们分别为 $a=400.5863$，$b=0.0759$。经过实验数据检验，由 a、b 两值所确定的曲线 $\lambda_i = a+bx_i$ 是最小二乘法拟合的最佳曲线。得到由实测数据得到的一元线性方程为 $\lambda_i = 400.5863+0.0759x_i$。

该回归方程的截距为 400.5863nm，回归方程的斜率为 0.0759nm/像元。以此一元线性方程式 $\lambda_i = 400.5863+0.0759x_i$ 确定的光谱峰值波长的散点分布如图 14-38 所示。

根据图 14-38，汞灯的 4 条特征谱线的波长所对应的像元位置 x 和波长 λ，分别为（48，404.66）、（451，435.83）、（1398，507.96）与（1930，546.07）四个点。4 个点最靠近线

性回归方程 $\lambda_i = a+bx_i$ 直线，与 CCD 像元之间存在对应关系，且像元的位置数与特征谱线的波长具有确定的对应关系。也就是说标准特征谱线的波长和像元位置数存在着确定的联系，它们是一一对应的。

在光谱仪标定的过程中，光谱是以线阵 CCD 像元数为接收单位，一个像元接收一个光谱波段的数据，标定光谱波长的实质也是特征谱线波长被 CCD 像元数表示的关系，标定方法应符合回归方程 $\lambda = 400.5863 + 0.0759x_i$。其中，$x_i$ 为特征谱线的波长所对应像元位置、λ_i 为特征谱线波长。

总之，像元序号分别为 50、453、1390、1932 的 4 个像元的位置分别对应着特征谱线的波长为 403.53nm、434.92nm、507.96nm 和 547.33nm。

4. 标定方法的验证

（1）用现有光谱仪验证　将 YHLS-Ⅱ型光谱测试仪重新启动，将光谱仪的光谱计算软件关掉，让光谱仪以像元数为横坐标，采集到 4 个对应峰值点的像元数分别为 50、453、1390、1932。

再将仪器的光谱计算软件打开，恢复以波长为横坐标采集到四条谱线的峰值波长列于表 14-5，再将 4 个以像元数标志峰值点与回归系数（$a=400.5863$，$b=0.0759$）代入回归方程 $\lambda=400.5863+0.0759x_i$ 得到的波长填入表 14-5。再观察实验采集峰值波长与计算所得的波长差，即为测量值与计算值之间的误差。根据误差状况验证标定方法是否可行。

表 14-5　实测值与计算值的偏差

峰值对应像元位置数	50	453	1390	1932
仪器采集峰值波长/nm	403.53	434.92	507.96	547.33
计算峰值波长/nm	404.38	434.97	506.09	547.22
偏差量/nm	−0.85	−0.05	1.87	0.11

从表 14-5 所列数据不难得出回归方法是可行的。

观察表 14-5 的数据，比较采集峰值点的波长与通过回归方程计算出来的波长数据，偏差都不是太大，一般小于 1nm，除个别峰值点如 λ_3 偏差大于 1nm 外，基本都在合理的范围之内。

再考察计算值与标准值的误差情况，得到表 14-6 的数据。可见误差确定存在但不超过 1nm。

表 14-6　计算值与标准值的偏差

基准峰值点的波长/nm	404.38	434.97	506.09	547.22
计算峰值点的波长/nm	404.23	434.82	506.70	547.07
偏差量/nm	0.15	0.15	−0.61	0.15

误差的形成，是因为落在 CCD 像面上的光谱其实是按照罗兰圆分布，并不是按直线分布，而 CCD 采集的光谱设定了直线分布的规律，因此形成了回归误差。

（2）用设计的微型光纤光谱仪验证　将上述方法获得的特定系数 a 与 b 构成的回归方程放入相关的软件程序中，并编写出相应的数据采集与光谱显示软件，完成整个光谱仪的数据采集工作。分别用蓝光 LED 和绿光 LED 为光源，采集到的光谱分布如图 14-39 和图 14-40 所示。

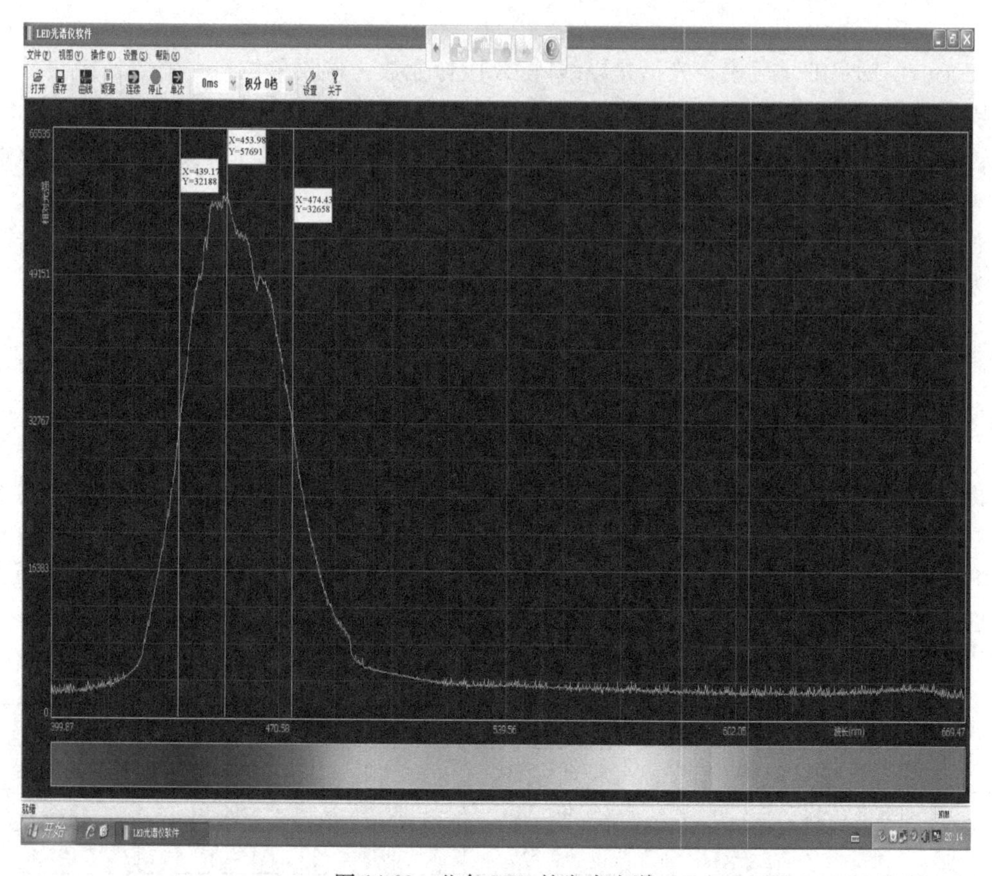

图 14-39 蓝色 LED 的发光光谱

（3）剩余标准差 σ 与相关系数 R 为了评估线性回归方程的精度，需要进一步计算每个数据点偏离最佳回归曲线 $\lambda_i=a+bx_i$ 的大小，为此引入两个量，即剩余标准差 σ 与相关系数 R。相关系数 R 为罗兰圆与直线之间的偏差，只存在于剩余标准差 σ 的计算公式中。R 反映着回归方程与各数据点的拟合程度。剩余标准差 σ 的公式为

$$\sigma=\sqrt{\frac{\sum_{i=1}^{n}V_i^2}{n-2}}=\sqrt{\frac{(1-R^2)\,S_{\lambda\lambda}}{n-2}} \tag{14-29}$$

根据剩余标准差式（14-29）$S_{\lambda\lambda}$ 和 R 分别为

$$S_{\lambda\lambda}=\sum_{i=1}^{n}\lambda_i^2-\frac{\left(\sum\lambda_i\right)^2}{n} \tag{14-30}$$

$$R=\frac{S_{x\lambda}}{\sqrt{S_{xx}S_{\lambda\lambda}}} \tag{14-31}$$

R 的数值可正可负，一般可认为 R 的绝对值在 0~1 范围内。当 R 为 1 时，剩余标准差 σ 为 0，代表坐标上的每一数据点完全落在该直线上。R 越接近于 1，该直线的直线性越好。

经过计算前文数据可得，相关系数 R 为 0.99995，剩余标准差 σ 为 0.83869。当 R 的绝对值无限接近于 1，剩余标准差 σ 越小，说明该一元拟合方程 $\lambda_i = 400.5863+0.0759x_i$ 的拟合程度越好，标定的精度也越高，用来标定光谱仪是比较理想的。

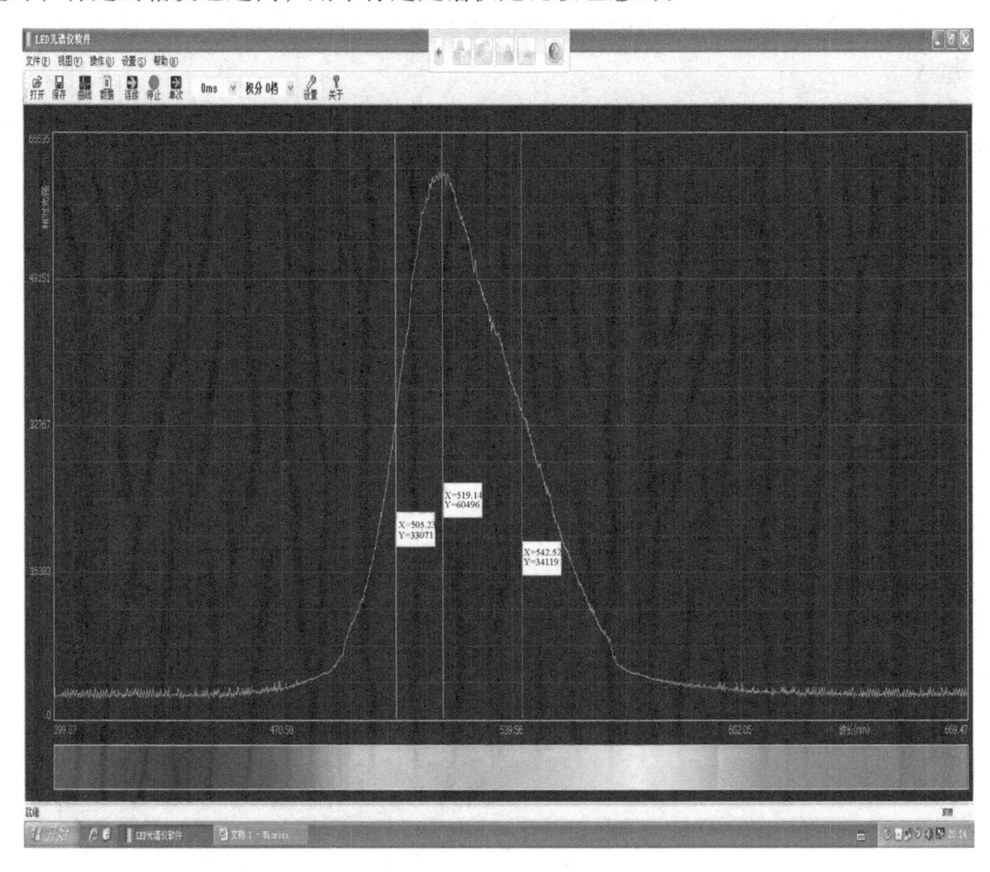

图 14-40　绿色 LED 的发光光谱

5. 影响光谱采集准确性的因素

（1）导光光纤的选型与影响　对于光纤，要区分单模光纤、多模光纤的各自特点，并明确各种导光光纤的模式和波长传输特性，同时考虑不同长度和不同材料的光纤对光谱透过率的影响。更进一步，应考虑光纤弯曲角度不同时损耗的变化以及各弯曲角度下损耗随波长变化的情况，并讨论如何对这些因素进行补偿和校正。

（2）光谱仪分光部件固定部件带来的误差　分光部件包括衍射光栅与凹面反射镜，在安装调试过程中需要调整到合适的位置，然后锁紧、固定。要确保在运输过程中能够不受振动的影响，否则，由此带来的微位移会使标定好的仪器发生较大的测量误差，需要紧固后重新标定。

（3）环境因素对光谱采集准确性的影响　室内温、湿度，环境照明条件，电磁干扰与噪声等都会或多或少影响光谱采集准确性。因此，在要求较高的情况下，光谱仪应该安放在条件较好的恒温、恒湿的暗室内。同时要注意避免杂散光通过狭缝进入光谱仪造成对测量数据的干扰。

（4）光谱仪结构带来的测量系统误差　衍射光栅与凹面反射镜构成的分光系统产生的

光谱平面实际上是按罗兰圆分布的曲面，而多通道线阵 CCD 的像面是平面，用平面探测曲面光谱谱线必然产生系统误差。而且衍射光栅与凹面反射镜间的距离（散射半径）越长，罗兰圆的半径越长，其弧与弦长误差越小，系统误差也越小。反之则系统误差增大。对于微型光纤光谱仪，散射半径受结构限制不可能增长太多，因此，它的光谱测量精度仅能达到 0.2nm 量级。

（5）线阵 CCD 像元间距对测量误差的影响　光谱仪的主要部件之一为线阵 CCD，它的像元具有一定的宽度与高度，我们选择的 TCD1304AP 像元宽度为 8μm，中心距为 8μm，高度为 200μm，像元总长为 29mm。因此在本次设计中采用 8μm 中心距的线阵 CCD 为光谱探测器能够获得较高的光谱分辨力。

（6）光谱分辨力要求满足的条件　根据设计要求确定选用的探测器件。设计要求能够探测整个可见光谱范围，光谱分辨力不低于 0.2nm。实际上给出的光谱探测范围是 380~780nm（400nm 的范围）。所选择的线阵 CCD 像元数必须大于 400/0.2=2000 像元，本课题选用 TCD1304AP 是 3648 像元，满足要求。

将计算出来的 a、b 参数用最小二乘法方法标定出 CCD 像元数并转换成波长后，整个微型光纤光谱仪的设计工作就基本完成了。

参 考 文 献

[1] 王之江，顾培森．实用光学技术手册［M］. 北京：机械工业出版社，2006.

[2] 王庆有，黄战华，张存林，等．光电技术［M］.4 版．北京：电子工业出版社，2018.

[3] 雷玉堂，王庆有，何加铭，等．光电检测技术［M］.2 版．北京：中国计量出版社，2009.

[4] 王庆有，尚可可，逯力红．图像传感器应用技术［M］.3 版．北京：电子工业出版社，2019.

[5] 王庆有．CCD 应用技术［M］. 天津：天津大学出版社，2000.

[6] 张以谟．应用光学［M］.4 版．北京：电子工业出版社，2015.

[7] 江月松．光电技术与实验［M］. 北京：北京理工大学出版社，2000.

[8] 范志刚．光电测试技术［M］. 北京：电子工业出版社，2004.

[9] 安毓英，刘继芳，李庆辉，等．光电子技术［M］.4 版．北京：电子工业出版社，2016.

[10] 吕联荣，姜道连，田春苗，等．电视原理及其应用技术［M］. 天津：天津大学出版社，2001.

[11] 张存林，张岩，赵国忠，等．太赫兹感测与成像［M］. 北京：国防工业出版社，2007.

[12] 唐贤远，刘岐山．传感器原理与应用［M］．成都：电子科技大学出版社，2000.

[13] 郁有文，常健，程继红．传感器原理及工程应用［M］.4 版．西安：西安电子科技大学出版社，2000 年．

[14] 克利克苏诺夫．红外技术原理手册［M］．俞福堂，孙星南，程促华，等译．北京：国防工业出版社，1986.

[15] 陈衡．红外物理学［M］．北京：国防工业出版社，1985.

[16] 陈继述，胡燮荣，徐平茂．红外探测器［M］．北京：国防工业出版社，1986.

[17] WILLARDSENR K，BILL A C. 红外探测器［M］．《激光与红外》编辑组，译．北京：国防工业出版社，1973.

[18] 巴德年．当代免疫学技术与应用［M］. 北京：北京医科大学中国协和医科大学联合出版社，1998.

[19] 荀殿栋，徐志军．数字电路设计实用手册［M］. 北京：电子工业出版社，2003.

[20] 孙景鳌，蔡安妮．电视摄像机与视频处理［M］. 北京：电子工业出版社，1984.

[21] 胡汉才．单片机原理及接口技术［M］.3 版．北京：清华大学出版社，2010.

[22] 梁全廷．物理光学［M］.5 版．北京：电子工业出版社，2018.

[23] 陈家碧，彭润玲．激光原理及应用［M］.3 版．北京：电子工业出版社，2013.

[24] 王庆有．光电信息综合实验与设计教程［M］. 北京：电子工业出版社，2010.

[25] PASAHOW E J. 微型计算机接口技术［M］. 吕炳朝，龚家豹，译．重庆：重庆出版社，1987.

[26] 金篆芷，王明时．现代传感技术［M］. 北京：电子工业出版社，1995.

[27] 高岳，王霞，王吉晖，等．光电检测技术与系统［M］.3 版．北京：电子工业出版社，2015.

[28] MEYER-BAESE U. 数字信号处理的 FPGA 实现：第 4 版［M］. 刘凌，胡永生，译．北京：清华大学出版社，2017.

[29] GONZALEZ R C，WOODS R E. 数字图像处理：第 3 版［M］. 阮秋琦，阮宇智，译．北京：电子工业出版社，2010.

[30] 贾云得．机器视觉［M］. 北京：科学出版社，2000.

[31] 章毓晋．图象工程：下册 图像理解与计算机视觉［M］. 北京：清华大学出版社，2000.

[32] 李方慧，王飞，何佩琨．TMS320C6000 系列 DSPs 原理与应用［M］. 北京：电子工业出版社，2005.

[33] 周立功，夏宇闻．单片机与 CPLD 综合应用技术［M］. 北京：北京航空航天大学出版社，2003.

[34] CANT C. Windows WDM 设备驱动程序开发指南 [M]. 孙义，马莉波，国雪飞，等译. 北京：机械工业出版社，2003.
[35] 尹勇，王洪成. 单片机开发环境 uVision2 使用指南及 USB 固件编程与调试 [M]. 北京：北京航空航天大学出版社，2004.
[36] BOGGESS A. 小波与傅里叶分析基础：第 2 版 [M]. 芮国胜，康健，译. 北京：电子工业出版社，2010.
[37] PALNITKAR S. Verilog HDL 数字设计与综合 [M]. 夏宇闻，译. 北京：电子工业出版社，2005.
[38] 吴继华，蔡海宁，王诚. Altera FPGA/CPLD 设计：高级篇 [M]. 2 版. 北京：人民邮电出版社，2011.
[39] HAYT W H JR. 电路基础 [M]. 李春茂，译. 北京：电子工业出版社，2005.
[40] HAMBLEY A R. 电子技术基础 [M]. 李春茂，译. 北京：电子工业出版社，2005.
[41] LEE T H. CMOS 射频集成电路设计 [M]. 余志平，周润德，译. 北京：电子工业出版社，2005.
[42] KATZ R H. 现代逻辑设计：第 2 版 [M]. 罗嵘，译. 北京：电子工业出版社，2006.
[43] 王庆有，于涓汇. 利用线阵 CCD 非接触测量材料变形量的方法 [J]. 光电工程，2002 (4)：20-23.
[44] 汪丽，田维坚. 光锥 CCD 耦合器件对提高 CCD 成像分辨率的探讨 [J]. 光电子技术与信息，2004 (3)：21-25.
[45] 陈久康，刘志扬. 光纤坯管径在线自动检测 CCD 输出信号的分析与处理 [J]. 上海计量测试，1987 (1)：77.
[46] 王庆有，王飞. 制动钳内凹槽图像采集系统 [J]. 光电子技术与信息. 2005 (1)：50-53.
[47] 董文武. 一种使用线阵 CCD 实现高精度二维位置测量的方法 [J]. 光学技术，1998 (5)：42-45.
[48] 王庆有. 轨道振动的非接触测量 [J]. 光学技术，1998 (6)：69-70.
[49] 何树荣. 用 CCD 细分光栅栅距的位移传感器 [J]. 光学技术，1999 (3)：1-3.
[50] 王庆有. 采用 CCD 拼接术的外径测量研究 [J]. 光电工程，1997 (5)：22-26.
[51] 陈卫剑. CCD 在测量运动物体瞬时位置中的应用 [J]. 光学技术，1998 (4)：49-50.
[52] 吕海宝. CCD 交汇测量系统优化设计的建模与仿真 [J]. 光学技术，1998 (6)：10-13.
[53] 王庆有. 用一个线阵 CCD 检测刚体瞬态平面运动的研究 [J]. 天津大学学报，2000 (4)：487-489.
[54] 沈为民. 线阵 CCD 应用于多目标测量时的图像拼接技术 [J]. 光电工程，1997 (5)：63-66.
[55] WANG Q. Study on vibration measurement with the use of CCD [J]. SPIE，1998 (3558)：339-343.
[56] LI K. Study on measuring instantaneous planar motion of rigid body with linear CCD [J]. SPIE，1998 (3558)：344-347.
[57] 王庆有. 高速运动物体的图像数据采集 [J]. 光电工程，2000 (3)：51-53.
[58] 沈忙作. 线阵 CCD 图像传感器的焦平面拼接 [J]. 光电工程，1991 (4)：149-154.
[59] 王庆有. 采用面阵 CCD 对大尺寸轴径进行高精度测量的研究 [J]. 光电工程，2003 (6)：36-38.
[60] 杨华勇，吕海宝. 双 CCD 交会测量系统结构参数的优化设计 [J]. 光学技术，2001 (4)：348-349，351.
[61] 王庆有. 测角 CCD 多功能光谱仪的研究 [J]. 光电子·激光，2003 (10)：1025-1028.
[62] 王庆有，朱晓华，王飞，等. 梳状体二值化数据采集方法的研究 [J]. 半导体光电，2004 (5)：408-410.
[63] 孙东岩. 线阵 CCD 遥感侦查系统中 CCD 焦平面的光学拼接 [J]. 光子学报，1993 (2)：161-166.
[64] 李长贵. 线阵 CCD 用于实时动态测量材研究 [J]. 光学技术，1999，(2)：5-8.
[65] 苗振魁. 自动显微图像处理系统的研制 [J]. 光学技术，1997，(1).
[66] 孙传东. 敏通摄像机在新型水下电视系统中的应用 [J]. 敏通科技，1997，(10)：11-12.
[67] 郑文学，安伟，谷东兵. 一种非接触光电尺寸检测仪研制 [J]. 长春理工大学学报，1996 (3)：

46-48.
[68] 王军，魏仲慧，何昕，等．基于最小二乘回归多 CCD 拼接相机模型研究［J］．半导体光电，2004（5）：398-400.
[69] 江洁，郁道银，王金刚．基于 FPGA 的电子内窥镜 CCD 彩色图像采集与显示系统［J］．仪器仪表学报，2000，21（1）：50-57.
[70] 陈晓冬，郁道银，宋玲玲，等．医用电子内窥镜成像系统的研制［J］．仪器仪表学报，2005，26（10）：1047-1051.
[71] 陈晓冬，宋玲玲，张树华，等．医用电子内窥镜畸变实时校正系统的视频控制［J］．天津大学学报，2004，37（12）：1073-1076.
[72] Du J，LIU H，GUAN X，et al. Real-time correction of optical distortion with digital circuit［J］. SPIE. 1996，(2866)：26-29.
[73] CHEN X，YU D，XIE H，et al. Design of medical electronic endoscope imaging system［J］. SPIE，2004（5630）：531-537.
[74] HAMILTON D J，HOWARD W G. Basic integrated circuit engineering［M］. New York：MCGraw-Hill，1975.
[75] WALDEN R H，KRANBECK R H，STRAIN R J，et al. The buried channel charge coupled device［J］. Bell System Technical Journal，1972，51（7）：1635-1640.
[76] BEYNON J D E，LAMB D R. Charge coupled devices and their applications［M］. London：MCGraw-Hill，1980.
[77] GRADL D A. 250 MHz CCD driver［J］. IEEE Jour. of Solid-State Circuits，1981（16）：100.
[78] SEQUIN C H，MOHSEN A M. Linearity of electrical charge injection into charge coupled devices［J］. IEEE Jour. of Solid-State Circuits，1975（10）：186.
[79] LAMB D R，SINGH M P，ROBERTS P C. Edge effect in three-phase surface channel charge coupled devices［J］. Porc. IEEE，1976（5）：389.
[80] MCKENNA J，SCHRYER N L，WALDEN R H. Design considerations for a two-phase，buried-channel，charge-coupled device［J］. Bell System Technical Journal，1974，53（8）：1581-1597.
[81] WEN D D. Design and operation of a floating gate amplifier［J］. IEEE Journal of Solid State Circuits，1974，9（6）：410-414.
[82] RODGERS R L. Development and application of a prototype CCD color television camera［J］. RCA Engineer，1979（25）：42.
[83] TAKEMURA Y，OOI K. New frequency interleaving CCD color television camera［J］. IEEE Transactions on Consumer Electronics，1982，CE-28（4）：618-624.
[84] SUN C，SHI H，QIU Y，et al. Line-structured laser scanning measurement system for BGA lead coplanarity［C］. IEEE Apccas the IEEE Asia-pacific Conference on Circuits & Systems. Piscataway：IEEE，2000.
[85] ULRICH F，MA J，BIEMAN L H. Scanning Moiré interferometer［C］//Photonics East. Los Ageles：SPIE，1999.
[86] KIM P，RHEE S. Three-dimensional inspection of ball grid array using laser vision system［J］. IEEE transactions on electronics packaging manufacturing，1999，22（2）：151-155.
[87] RUSS D. Applying scanning laser technology to BGA inspection［J］. Surface Mount Technology Magazine，1995，9（10）：893-898.
[88] AMELIO G F，TOMPSETT M F，SMITH G E. Experimental verification of the charge coupled device concept［J］. Bell System Technical Journal，1970，49（4）：593-600.